中 国 国 家 标 准 汇 编

376

GB 21647～21670

（2008 年制定）

中国标准出版社　编

中 国 标 准 出 版 社

北　京

图书在版编目（CIP）数据

中国国家标准汇编：2008年制定.376：GB 21647～21670/中国标准出版社编.—北京：中国标准出版社，2009

ISBN 978-7-5066-5303-9

Ⅰ.中…　Ⅱ.中…　Ⅲ.国家标准-汇编-中国-2008　Ⅳ.T-652.1

中国版本图书馆CIP数据核字（2009）第079173号

中国标准出版社出版发行
北京复兴门外三里河北街16号
邮政编码:100045
网址 www.spc.net.cn
电话:68523946　68517548
中国标准出版社秦皇岛印刷厂印刷
各地新华书店经销

*

开本 880×1230　1/16　印张 36.75　字数 1 092 千字
2009年6月第一版　2009年6月第一次印刷

*

定价 200.00 元

ISBN 978-7-5066-5303-9

出 版 说 明

1.《中国国家标准汇编》是一部大型综合性国家标准全集。自1983年起，按国家标准顺序号以精装本、平装本两种装帧形式陆续分册汇编出版。它在一定程度上反映了我国建国以来标准化事业发展的基本情况和主要成就，是各级标准化管理机构，工矿企事业单位，农林牧副渔系统，科研、设计、教学等部门必不可少的工具书。

2.《中国国家标准汇编》收入我国每年正式发布的全部国家标准，分为"制定"卷和"修订"卷两种编辑版本。

"制定"卷收入上一年度我国发布的、新制定的国家标准，顺延前年度标准编号分成若干分册，封面和书脊上注明"20××年制定"字样及分册号，分册号一直连续。各分册中的标准是按照标准编号顺序连续排列的，如有标准顺序号缺号的，除特殊情况注明外，暂为空号。

"修订"卷收入上一年度我国发布的、被修订的国家标准，视篇幅分设若干分册，但与"制定"卷分册号无关联，仅在封面和书脊上注明"20××年修订-1，-2，-3，……"字样。"修订"卷各分册中的标准，仍按标准编号顺序排列(但不连续)；如有遗漏的，均在当年最后一分册中补齐。需提请读者注意的是，个别非顺延前年度标准编号的新制定的国家标准没有收入在"制定"卷中，而是收入在"修订"卷中。

读者配套购买《中国国家标准汇编》"制定"卷和"修订"卷则可收齐上一年度我国制定和修订的全部国家标准。

3. 由于读者需求的变化，自1996年起，《中国国家标准汇编》仅出版精装本。

4. 2008年我国制修订国家标准共5946项。本分册为"2008年制定"卷第376分册，收入国家标准GB 21647～21670的最新版本。

中国标准出版社

2009年5月

目　　录

ICS 33.180.20
M 33

中华人民共和国国家标准

GB/T 21647—2008

B-ISDN ATM 适配层(AAL)类型 2 技术规范

B-ISDN ATM adaptation layer specification: Type 2 AAL

2008-04-11 发布　　2008-11-01 实施

中华人民共和国国家质量监督检验检疫总局
中国国家标准化管理委员会　发布

前 言

本标准对应于ITU-T I.363.2(2000)《B-ISDN ATM适配层2规范》(英文版)、ITU-T I.366.1(1998)《AAL2的分段和重装特定业务会聚子层》(英文版)和ITU-T I.366.2(2000)《用于窄带业务的AAL2特定业务会聚子层》(英文版)。主要差异如下:

——本标准的第4章对应于ITU-T I.363.2的第6章~第11章,即:4.1等同于ITU-T I.363.2的第6章、4.2等同于ITU-T I.363.2的第7章、4.3等同于ITU-T I.363.2的第8章、4.4等同于ITU-T I.363.2的第9章、4.5等同于ITU-T I.363.2的第10章、4.6等同于ITU-T I.363.2的第11章;

——本标准的第5章对应于ITU-T I.366.1的第5章~第10章,即:5.1等同于ITU-T I.366.1的第5章、5.2等同于ITU-T I.366.1的第6章、5.3等同于ITU-T I.366.1的第7章、5.4等同于ITU-T I.366.1的第8章、5.5等同于ITU-T I.366.1的第9章、5.6等同于ITU-T I.366.1的第10章;

——本标准的第6章对应于ITU-T I.366.2的第6章~第18章,即:6.1等同于ITU-T I.366.2的第6章、6.2等同于ITU-T I.366.2的第7章、6.3等同于ITU-T I.366.2的第8章、6.4等同于ITU-T I.366.2的第9章、6.5等同于ITU-T I.366.2的第10章、6.6等同于ITU-T I.366.2的第11章、6.7等同于ITU-T I.366.2的第12章、6.8等同于ITU-T I.366.2的第13章、6.9等同于ITU-T I.366.2的第14章、6.10等同于ITU-T I.366.2的第15章、6.11等同于ITU-T I.366.2的第16章、6.12等同于ITU-T I.366.2的第17章、6.13等同于ITU-T I.366.2的第18章;

——本标准的附录A等同于ITU-T I.363.2的附件A(ANNEX A);

——本标准的附录B等同于ITU-T I.363.2的附件B(ANNEX B);

——本标准的附录C等同于ITU-T I.363.2的附件C(ANNEX C);

——本标准的附录D等同于ITU-T I.366.1的附件A(ANNEX A);

——本标准的附录E对应于ITU-T I.366.2的附件A~附件I(ANNEX A~ANNEX I),即:E.1等同于ITU-T I.366.2的附件A、E.2等同于ITU-T I.366.2的附件B、E.3等同于ITU-T I.366.2的附件C、E.4等同于ITU-T I.366.2的附件D、E.5等同于ITU-T I.366.2的附件E、E.6等同于ITU-T I.366.2的附件F、E.7等同于ITU-T I.366.2的附件G、E.8等同于ITU-T I.366.2的附件H、E.9等同于ITU-T I.366.2的附件I;

——本标准的附录F等同于ITU-T I.363.2的附件J(ANNEX J);

——本标准的附录G等同于ITU-T I.363.2的附件K(ANNEX K);

——本标准的附录H等同于ITU-T I.363.2的附件L(ANNEX L);

——本标准的附录I等同于ITU-T I.363.2的附件M(ANNEX M);

——本标准的附录J等同于ITU-T I.363.2的附件N(ANNEX N);

——本标准的附录K等同于ITU-T I.363.2的附件O(ANNEX O);

——本标准的附录L等同于ITU-T I.363.2的附件P(ANNEX P);

——本标准的附录M等同于ITU-T I.363.2的附件Q(ANNEX Q);

——本标准的附录N等同于ITU-T I.363.2的附件R(ANNEX R);

——本标准的附录O等同于ITU-T I.363.2的附件S(ANNEX S);

——本标准的附录P等同于ITU-T I.366.2附录Ⅱ(APPENDIX Ⅱ);

——本标准的附录 Q 等同于 ITU-T I.363.2 附录Ⅵ(APPENDIX Ⅵ)；

——本标准的附录 R 等同于 ITU-T I.363.2 附录Ⅰ(APPENDIX Ⅰ)；

——本标准的附录 S 等同于 ITU-T I.366.2 附录 Ⅲ(APPENDIX Ⅲ)；

——本标准的附录 T 等同于 ITU-T I.366.2 附录 Ⅳ(APPENDIX Ⅳ)；

——本标准的附录 U 等同于 ITU-T I.363.2 附录Ⅱ(APPENDIX Ⅱ)；

——本标准的附录 V 等同于 ITU-T I.366.1 附录Ⅰ(APPENDIX Ⅰ)；

——本标准的附录 W 等同于 ITU-T I.366.2 附录 Ⅴ(APPENDIX Ⅴ)；

——新增了附录 X,列出了本标准与 ITU-T I.363.2、ITU-T I.366.1 和 ITU-T I.366.2 具体章条的对应关系。

本标准的附录 A、附录 B、附录 C、附录 D、附录 E、附录 F、附录 G、附录 H、附录 I、附录 J、附录 K、附录 L、附录 M、附录 N、附录 O、附录 P 和附录 Q 为规范性附录,附录 R、附录 S、附录 T、附录 U、附录 V、附录 W 和附录 X 为资料性附录。

本标准由中华人民共和国信息产业部提出。

本标准由中国通信标准化协会归口。

本标准起草单位:信息产业部电信研究院、华为技术有限公司。

本标准主要起草人:段世惠、何宝宏、杨贤侦、王东。

B-ISDN ATM 适配层(AAL)类型 2 技术规范

1 范围

本标准规定了 AAL2 公共部分子层(CPS)、AAL2 分段和重装特定业务会聚子层和用于窄带业务的特定业务会聚子层,本标准不包括 AAL2 的信令部分。

本标准适用于 AAL2 的 ATM 交换机与 ATM 接入设备。

2 规范性引用文件

下列文件中的条款通过本标准的引用而成为本标准的条款。凡是注日期的引用文件,其随后所有的修改单(不包括勘误的内容)或修订版均不适用于本标准,然而,鼓励根据本标准达成协议的各方研究是否可使用这些文件的最新版本。凡是不注日期的引用文件,其最新版本适用于本标准。

ITU-T G.704(1998) 用于 1 544,6 312,2 048,8 488 和 44 736 kbit/s 结构的同步帧结构
ITU-T G.711(1988) 语音频率的脉冲编码调制(PCM)
ITU-T G.722(1988) 在 64 kbit/s 内的 7 kHz 语音编码
ITU-T G.723.1(1996) 传送速率为 5.3 和 6.3 kbit/s 的多媒体通信双速率话音编码器
ITU-T G.726(1990) 40,32,24,16 kbit/s 自适应差分脉码调制(ADPCM)
ITU-T G.727(1990) 5-,4-,3-和 2-bits/采样嵌入式自适应差分脉码调制(ADPCM)
ITU-T G.728(1992) 低延迟码激励线性预测 16 kbit/s 话音编码
ITU-T G.729(1996) 编码速率为 8 kbit/s 的共轭代数码激励线性预测(CS-ACELP)
ITU-T I.231.1(1988) 电路模式承载业务类-电路模式 64 kbit/s 无限制,8 kHz 结构化承载业务
ITU-T I.231.10(1992) 电路模式承载业务类:电路模式多速率无限制 8 kHz 结构化承载业务
ITU-T I.361 B-ISDN ATM 层规范
ITU-T I.363.5 B-ISDN ATM 适配层规范:类型 5 AAL
ITU-T I.610(1999) B-ISDN 操作与维护原理与功能
ITU-T M.20(1992) 电信网维护基本原理
ITU-T Q.23 按键话机的技术特性
ITU-T Q.24 多频按键信号的接收
ITU-T Q.2110 B-ISDN ATM 适配层 业务规定的面向连接的规程(SSCOP)
ITU-T T.4(1996) 用于文档传送的 3 类传真终端的标准
ITU-T T.30(1996) 在普通交换电话网络中的文档传真传输程序
ITU-T V.17(1991) 速率最大为 14 400 bit/s 用于传真应用的 2-线调制解调器
ITU-T V.21(1988) 在普通交换电话网络中 300 bit/s 全双工调制解调器的标准使用
ITU-T V.27ter(1988) 在普通交换电话网络中 4 800/2 400 bit/s 调制解调器的标准使用
ITU-T V.29(1988) 在点到点 4 线租用电话类型电路上 9 600 bit/s 调制解调器的标准使用
ITU-T V.33(1988) 在点到点 4 线租用电话类型电路上 14 400 bit/s 调制解调器的标准使用
3GPP TS 26.094 强制语音编解码器语音处理功能;AMR 语音编解码器;语音激活检测(VAD)

3 术语、定义和缩略语

3.1 术语和定义

下列术语和定义适用于本标准。

3.1.1

活动话音　active voice

已经确定是话音而不是静音的抽样语音间隔。这种分类是由活动话音检测算法来完成的。它能实现语音的不连续传输，其中有效信号的比特速率在静音期间将会减少。

3.1.2

AAL2 连接　AAL type 2 connection

在两个 AAL2 业务终端点之间的一个或多个 AAL2 链路的逻辑级联。

3.1.3

AAL2 链路　AAL type 2 link

在两个相邻的 AAL2 交换实体或终端点实体之间的逻辑用户平面通信设施。一个 AAL2 链路由一个 CID 值指定。

3.1.4

语音　audio

在本标准中，语音是作为可听媒体信号的一般术语来使用的，包括话音和语音带宽的数据。

3.1.5

随路信令比特　channel associated signalling bits

专用于通过 1 544 kbit/s 或 2 048 kbit/s 接口的连接控制的比特，这些接口承载 64 kbit/s 信道。控制程序是基于四个信令比特(A,B,C,D)的状态的，这些比特在每个多帧中对每个信道分配的。可参见 ITU-T G.704/3.1.3.2 节和 ITU-T G.704/5.1.3.2 节。

3.1.6

电路模式数据　circuit mode data

速率为 $N \times 64$ kbit/s 且具有 8 kHz 结构的连续数字信息流。

3.1.7

拨号数字　dialled digits

一般用于呼叫建立期间的寄存器间地址信号或在已建立呼叫后用于端到端设备控制的多频话音音调。依据实现的系统，可以为数字 0～9 的电话按键和其他辅助信号定义编码。

3.1.8

编码数据单元　encoding data unit

一个或多个语音算法帧按照字节定位的级联，并承载了比特的特殊格式。每个语音分组和 SDU 包含了整数个 EDU。预定义轮廓参考定义在附录 E 中的 EDU。

3.1.9

传真解调/再调制　facsimile demodulation/remodulation

检测传真业务，从输入模拟调制信号中提取数字信息，将该信息通过中继以分组形式传输并通过再调制在另一端再生传真控制和图像信息的过程。

3.1.10

帧模式数据　frame mode data

包含具有确定界限的信息单元的间断数据流，可能具有可变大小，而流之间存在间隔。

3.1.11

分组　packet

在本标准中，分组即为 AAL2 CPS-PDU。

3.1.12

分组时间　packet time

该概念适用于包含语音和SID的分组。对于语音,它是由编码数据单元所表示的总的语音间隔。对于SID,它是由相应轮廓条目所指示的最小静音间隔;静音的延伸是不确定的,因为SID不必以规则的间隔来发送。

3.1.13

轮廓　profile

轮廓就是一组条目,每个条目以UUI范围和长度规定了编码格式(参见附录E)。这种条目集定义了类型1分组的接收者怎样去解释分组内容,即正在使用轮廓中的哪种编码格式。一旦轮廓在发送方和接收方之间被采纳,则发送方可以选择所采纳轮廓中的任意条目,而接收方应接受由发送方所选择的任意条目。

3.1.14

序列号码间隔　sequence number interval

增加在分组中的序列号码的时间间隔,这些分组传递语音流。该间隔是作为轮廓中每个条目定义的一部分来规定的。

3.1.15

业务数据单元　service data unit

这是在用户和SSCS间的原语中传递的数据单元。在由SSCS提供的语音业务的环境中,SDU表示一定持续期的语音信号,按照由所采纳的轮廓允许的方式编码。

3.1.16

静音插入描述符　silence insertion descriptor;SID

可以在静音间隔期间发送的背景噪音的压缩表示。SID可以是不连续的,且可仅当噪音特征发生变化时被发送。释放接收到的SID就是所知的舒缓噪音的产生。

3.1.17

SSCS状态　SSCS state

该状态变量采取三个值之一:话音、电路模式或传真解调。其目的即建立最初的相应信息流。为了传输最初的信息流,在每个方向上一致地设置其本地SSCS状态是在AAL2连接的终端上的用户的责任。SSCS状态的概念并不适用于$N\times64$ kbit/s($N>1$)业务,但适用于64 kbit/s业务。

3.1.18

用户状态　user state

该状态编码采取四个值中之一:语音、语音带宽数据、电路模式或传真解调。它与SSCS状态相分离但可以映射至SSCS状态中。用户状态的解释已经超出了SSCS协议的范围。用户状态的概念并不适用于$N\times64$ kbit/s($N>1$)业务,但适用于64 kbit/s业务。

3.2　缩略语

下列缩略语适用于本标准。

AAL	ATM Adaptation Layer	ATM适配层
AAL-CEP	AAL Connection End Point	AAL连接终端点
AAL-SDU	AAL Service Data Unit	AAL业务数据单元
AIS	Alarm Indication Signal	告警指示信号
AMR	Adaptive Multi-Rate	自适应多速率
ANP	AAL type 2 Negotiation Procedures	AAL2协商程序

ATC	ATM Transfer Capability	ATM 传递能力
ATM	Asynchronous Transfer Mode	异步转移模式
ATM-CEP	ATM Connection End Point	ATM 连接终端点
ATM-SDU	ATM Service Data Unit	ATM 业务数据单元
AUU	ATM-User-to-ATM-User Indication	ATM 用户至 ATM 用户指示
CAS	Channel-Associated Signalling	随路信令
CEP	Connection End Point	连接终端点
CI	Congestion Indication	拥塞指示
CID	Channel Identifier	信道标志符
CLP	Cell Loss Priority	信元丢失优先级
CPS	Common Part Sublayer	公共部分子层
CPS-INFO	CPS Interface Data	CPS 接口数据
CPS-PDU	CPS Protocol Data Unit	CPS 协议数据单元
CPS-PH	CPS Packet Header	CPS 分组头
CPS-PP	CPS Packet Payload	CPS 分组净荷
CPS-SDU	CPS Service Data Unit	CPS 业务数据单元
CPS-UUI	CPS User-to-User Indication	CPS 用户至用户指示
CRC	Cyclic Redundancy Check	循环冗余校验
DTMF	Dual-Tone Multi-Frequency	双音多频
EDU	Encoding Data Unit	编码的数据单元
EPT	Echo Protection Tone	回声检测音调
HDLC	High-level Data Link Control	高级数据链路控制
HEC	Header Error Control	信头差错控制
LI	Length Indicator	长度指示
LM	Layer Management	层管理
LP	Loss Priority	丢失优先级
LSB	Least Significant Bit	最低意义比特
MSB	Most Significant Bit	最高意义比特
MSC	Mobile Switching Centre	移动交换中心
NT	Network Termination	网络终端
OAM	Operation and Maintenance	运行、管理和维护
OSF	Offset Field	偏移域
PA	Protocol Analysis	协议分析
PAD	Padding	填充字段
PCI	Protocol Control Information	协议控制信息
PDU	Protocol Data Unit	协议数据单元
PICS	Protocol Implementation Conformance Statement	协议实现一致性陈述
QOS	Quality of Service	服务质量
RAI	Remote Alarm Indication	远端告警指示
RAN	Radio Access Network	无线接入网络

RDI	Remote Defect Indication	远端故障指示
RLP	Received (Cell) Loss Priority	接收到的(信元)丢失优先级
SAP	Service Access Point	业务访问点
SDL	Specification and Description Language	规范和描述语言
SDU	Service Data Unit	业务数据单元
SEG-SSCS	Segmentation and Reassembly Service Specific Convergence Sublayer	分段和重装特定业务会聚子层
SID	Silence Insertion Descriptor	静音插入描述符
SLP	Submitted (Cell) Loss Priority	提交的(信元)丢失优先级
SN	Sequence Number	序列号
SSADT	Service Specific Assured Data Transfer Sublayer	特定业务有保证数据传输子层
SSADT-SDU	SSADT Service Data Unit	SSADT 业务数据单元
SSCOP	Service Specific Connection Oriented Protocol	特定业务面向连接协议
SSCS	Service-Specific Convergence Sublayer	特定业务会聚子层
SSCS-PDU	SSCS Protocol Data Unit	SSCS 协议数据单元
SSSAR	Service Specific Segmentation and Reassembly Sublayer	特定业务分段和重装子层
SSSAR-INFO	SSSAR Interface Data	SSSAR 接口数据
SSSAR-PDU	SSSAR Protocol Data Unit	SSSAR 协议数据单元
SSSAR-SDU	SSSAR Service Data Unit	SSSAR 业务数据单元
SSSAR-UUI	SSSAR User-to-User Indication	SSSAR 用户至用户指示
SSTED	Service Specific Transmission Error Detection Sublayer	特定业务传输差错检测子层
SSTED-CI	SSTED Congestion Indication	SSTED 拥塞指示
SSTED-INFO	SSTED Interface Data	SSTED 接口数据
SSTED-LP	SSTED Loss Priority	SSTED 丢失优先级
SSTED-PDU	SSTED Protocol Data Unit	SSTED 协议数据单元
SSTED-SDU	SSTED Service Data Unit	SSTED 业务数据单元
SSTED-UU	SSTED User-to-User Indication Field	SSTED 用户至用户指示域
SSTED-UUI	SSTED User-to-User Indication	SSTED 用户至用户指示
STF	Start Field	开始域
TDM	Time Division Multiplexing	时分复用
UUI	User-to-User Indication	用户至用户指示
VCC	Virtual Channel Connection	虚通道连接
WA	Waveform Analysis	波形分析

4 AAL2 公共部分子层(CPS)

4.1 AAL2 的一般框架结构

4.1.1 AAL2 的结构

AAL2 被分为如图 1 所示的公共部分子层(CPS)和特定业务会聚子层(SSCS),详见附录 B。

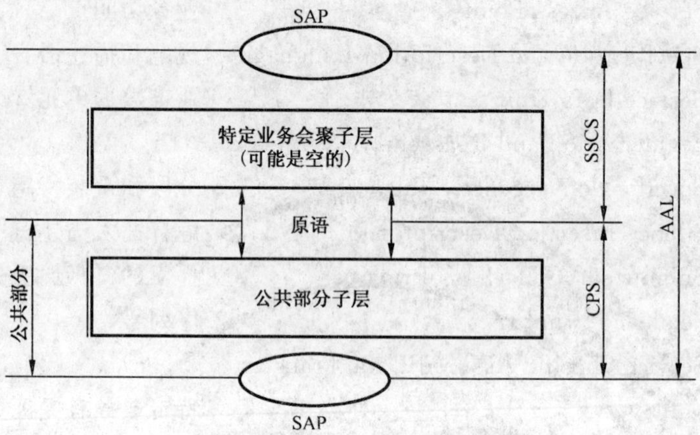

CPS——公共部分子层；
SAP——业务访问点；
SSCS——特定业务会聚子层。

图 1 **AAL2 结构**

可以定义不同的 SSCS 协议以支持特定的 AAL2 用户业务或集团业务。SSCS 也可能是空的，仅仅提供等价的 AAL 原语至 AAL2 CPS 原语的映射或反之。SSCS 协议在本标准的单独章节中予以定义。

AAL2 提供了从一个 AAL-SAP 通过 ATM 网络向另一个 AAL-SAP 传递 AAL-SDU 的能力，见图 2a)。非保证操作模式的 AAL2 提供了从一个 AAL-SAP 通过点到多点 ATM 层能力向多个 AAL-SAP 传递 AAL-SDU 的功能，见图 2b)。

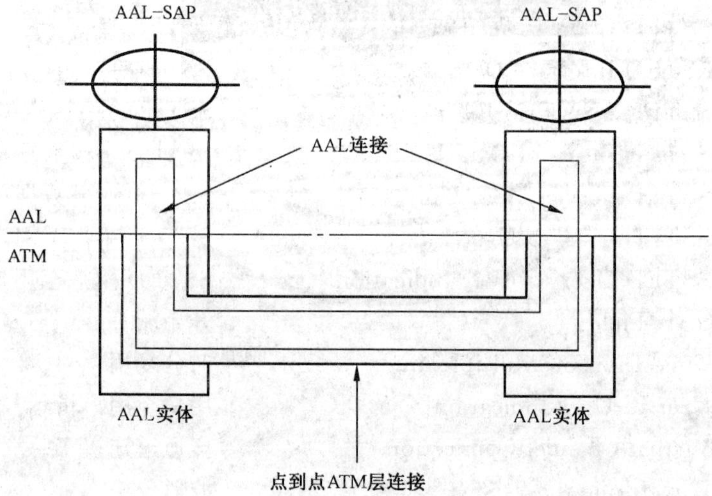

图 2a) AAL2 连接

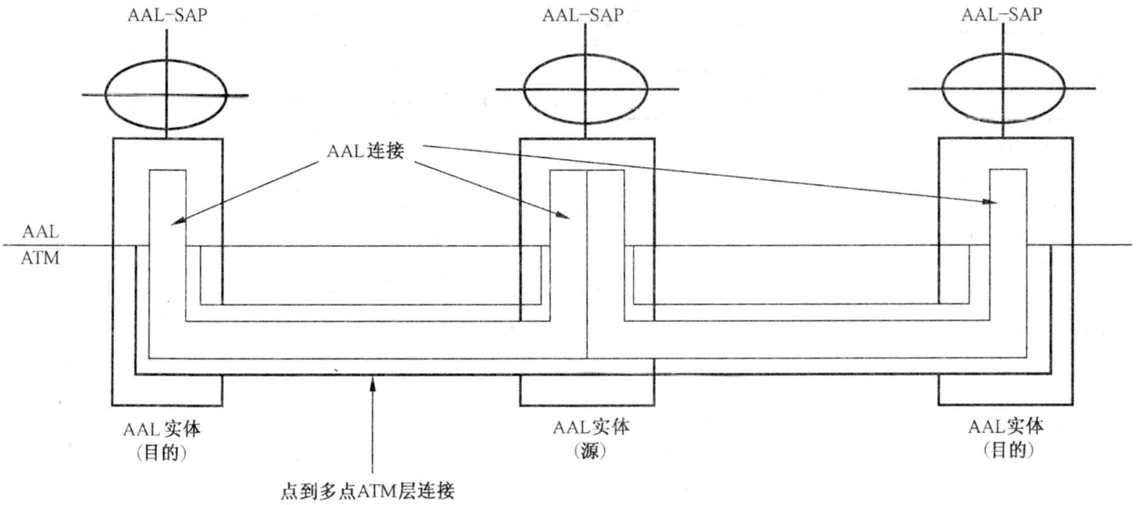

图 2b) 由点到多点 ATM 层能力提供的点到多点 AAL 连接

AAL2 用户具有选择给定 AAL-SAP 的能力，该 AAL-SAP 与需要用于传输 AAL-SDU 的 QOS（例如，延迟和丢失敏感度）相关，见图 3。AAL2 使用下层 ATM 层所提供的业务。多个 AAL 连接可以与单个 ATM 层连接相关，允许在 AAL 上进行复用；在 AAL2 上的复用发生在公共部分子层(CPS)中。AAL 用户通过对用于数据传输的 AAL-SAP 的选择来选择由 AAL 所提供的 QOS。在本标准中，服务质量(图 3 中的 QOS_x)是由 ATM 层提供且在 AAL2 层上不存在提供 QOS 的标准化方法。

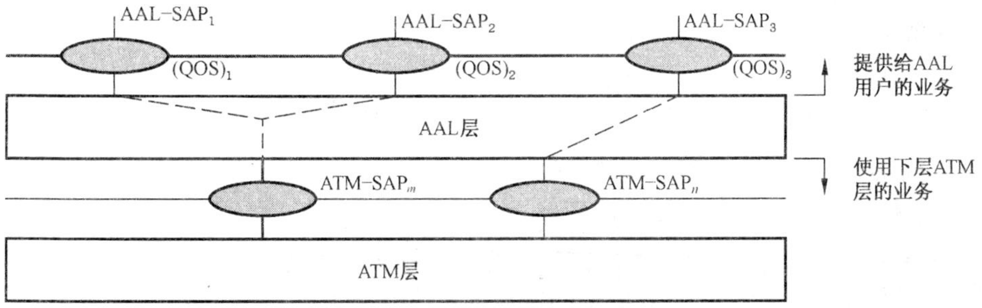

注：在 AAL 复用过程中，AAL-SAP 上的 QOS 怎样映射至 ATM-SAP 上的 QOS 还需要进一步研究。

图 3　AAL-SAP 和 ATM-SAP 之间的关系

AAL2 连接的交换观念在附录 C 中规定。

4.1.2　AAL2 向高层提供的原语

通过 AAL2 SAP 的原语是针对业务的并包含在规定 SSCS 协议的章节中。

SSCS 可能是空的，仅仅提供对等的 AAL 原语至 CPS 原语的映射或反之。在这种情况中，AAL 的原语等价于 AAL2 CPS 原语(见 4.2.2)，但被作为在 SAP 上与原语命名惯例一致的 AAL-UNITDATA. request 和 AAL-UNITDATA. indication 原语来识别。

4.1.3　通过 AAL-ATM 边界的信息流

AAL2 采用 ITU-T I. 361 中所定义的 ATM 层业务。通过 ATM-SAP 的原语定义在 ITU-T I. 361 中，总结在表 1 中。如果在下列总结和 ITU-T I. 361 中的定义之间出现任何差异，则 ITU-T I. 361 中的定义具有优先权。

表 1 ATM 层的原语和参数

参数	ATM-DATA request	ATM-DATA indication	注释
ATM-SDU (INFO)	m	m	48 字节的 ATM 用户数据
ATM 用户至 ATM 用户指示(AUU)(注)	m	m	1 比特的 ATM 用户信息
提交的丢失优先级(SLP)(注)	m	—	CLP=1 增加了 ATM 网络丢弃信元的概率
接收的丢失优先级(RLP)	—	m	CLP 可能会由 ATM 网络从“0”修改至“1”
拥塞指示(CI)(注)	o	m	CI=“1”指示在传输之前或传输过程中经历了拥塞

m：必选参数；
o：可选参数；
—：不出现的参数。
注：ATM-DATA. request 的 AUU、SLP 和 CI 设置为“0”(见 4.5)。

4.2 AAL2 公共部分子层(CPS)的一般框架结构

4.2.1 由 AAL2 CPS 提供的业务

AAL2 CPS 提供从一个 CPS 用户通过 ATM 网络向其他 CPS 用户传递 CPS-PDU 的能力。支持两种类型的 CPS 用户：

- SSCS 实体；
- 层管理。

该业务提供对等层的操作：

- 最多 45(缺省)或 64 字节(见 4.4.1)的 CPS-SDU 数据传输；
- 复用和解复用多个 AAL2 信道；
- 在每个 AAL2 信道上维护 CPS-SDU 序列的完整性。

以上业务是非保证的，即：

- 完整的 CPS-PDU 可能被发送或被丢失；
- 丢失的 CPS-PDU 将不会通过重传来纠正。

AAL2 CPS 具有下列特征：

- AAL2 CPS 连接是作为 AAL2 信道的级联而定义在端到端基础上的。

注：AAL2 信道的级联需要公共部分子层中的中继功能；细节还需要进一步研究。

- AAL2 信道是双向虚信道，在两个方向上应该使用同样的信道标志符。
- AAL2 信道可以在 ATM 层的永久虚电路(PVC)或交换虚电路(SVC)上建立。

4.2.2 AAL2 CPS 和 SSCS 实体之间的原语

由 AAL2 CPS 提供用于与 SSCS 实体通信的原语是 CPS-UNITDATA. request 和 CPS-UNITDATA. indication，这些原语用于数据传递。

原语中定义了下列参数：

CPS-INFO：

该参数规定了在 CPS 和 SSCS 实体之间互换的接口数据单元。接口数据长度是一个字节的整数倍。CPS 接口数据表示了一个完整的 CPS-SDU。

CPS-UUI：

该参数由 CPS 在对等 CPS 用户之间透明地传输。

这些参数的用法总结在表 2 中。

表 2　在 CPS 和 SSCS 之间的原语和参数

参　　数	CPS-UNITDATA request	CPS-UNITDATA indication	注　　释
CPS-INFO	m	m	1..45（缺省的）或 1..64 字节的 CPS 用户数据［见 4.4.1］
CPS-UUI	m	m	5 比特的 CPS 用户信息（注）
m：必选参数。 注：仅有值“0”…“27”是允许的。			

4.3　管理和控制平面的交互作用

4.3.1　管理平面

4.3.1.1　管理平面与 AAL2 CPS 用户平面的交互作用

层管理提供了原语 MAAL-SEND. request 去通知 AAL2 CPS：对 ATM 连接有效的 ATM 转移能力（ATC）将允许传输 CPS-PDU；该原语没有参数。AAL2 CPS 也通过使用 MAAL-ERROR. indication 原语向层管理报告检测到的传输错误，该原语具有指示错误个数（错误类型，见表 6）的单个参数。

为了实现通过 AAL2 信道进行对等的 AAL2 管理通信，MAAL-UNITDATA. request 原语用于从管理平面向 CPS 发送方传递数据。MAAL-UNITDATA. indication 原语用于从 CPS 接收方向管理平面传递数据。这些原语中定义了下列参数：

CPS-INFO：

该参数规定了在 CPS 和层管理之间互换的数据单元。接口数据长度是一个字节整数倍数。

CPS-UUI：

该参数由 CPS 在对等层管理实体之间透明地传输。

CPS-CID：

该参数包含了信道标志符（CID），它识别用于互换管理信息的 CPS 连接。

这些参数的用法总结在表 3 中。

与管理平面的其他交互作用还要进一步研究。

表 3　在 CPS 和层管理之间的原语和参数

参　　数	MAAL-UNITDATA request	MAAL-UNITDATA indication	注　　释
CPS-INFO	m	m	1..45（缺省的）或 1..64 字节的层管理用户数据［见 4.4.1］
CPS-UUI	m	m	5 比特的层管理信息（注）
CPS-CID	m	m	8 比特的 CPS 信道标志符指示 AAL2 信道，在该信道上信息将被发送或已经发送
m：必选参数。 注：仅有值“30”…“31”是允许的。			

4.3.2　控制平面

AAL2 和控制平面（C 平面）之间的交互作用已经超出了本标准的范围。如果 AAL2 用于交换虚电路（SVC）上，该 SVC 通过控制平面功能（信令）建立，则该 SVC 是建立在 AAL2 层次上的且不属于 AAL2 内所包含的单个信道层次。在 AAL2 内单个信道层次上的交换需要进一步研究。

4.4　AAL2 公共部分子层（CPS）的格式和编码

本章规定了 CPS 分组的格式和编码以及 CPS 分组打包成 AAL2 CPS-PDU 的方法。

本章编码遵守在 ITU-T I.361 的 2.1 中规定的编码惯例。

4.4.1　CPS 分组的格式与编码

CPS 分组包含 3 字节的 CPS 分组头（CPS-PH），其后跟着 CPS 分组净荷（CPS-PP）。CPS 分组中各个域的大小和位置如图4所示。

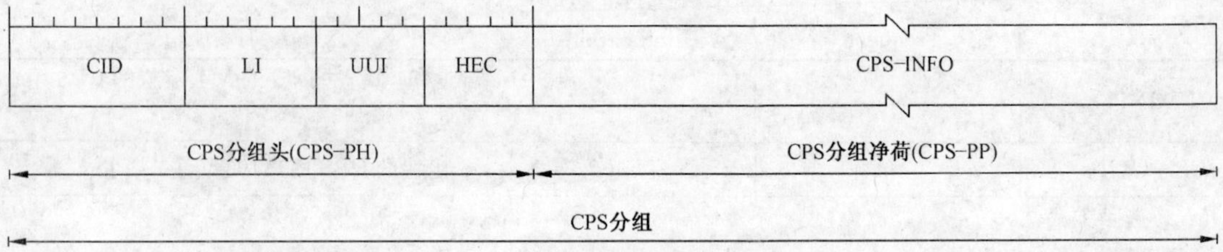

CID——信道标志符(8比特);

LI——长度指示(6比特);

UUI——用户至用户指示(5比特);

HEC——信头差错控制(5比特);

CPS-INFO——信息(1..45/64字节)。

图4 AAL2 CPS分组

CPS-PH由4个域组成:

a) 信道标志符(CID)

CID值用于识别信道的AAL2 CPS用户,AAL2信道是双向信道,在两个方向上应该使用同样的值。

值"0"不用于信道识别,因为全0的字节用于填充字节功能(见4.4.2)。值"1"…"7"预留给AAL2使用且在本标准中加以规定,见表4。

值"8"…"255"用于识别AAL2 CPS的用户;在两种类型的用户之间的更进一步的识别是由UUI域来提供的[见本条的c)],即SSCS和层管理之间的识别。

表4 CID域的编码

CID值	使用
0	未使用
1 2 3..7	预留给层管理的对等程序 预留给信令 预留
8..255	识别AAL2 CPS用户实体

b) 长度指示符(LI)

LI域按照二进制编码,该数值比CPS分组净荷中的字节数目少1。CPS分组净荷缺省的最大长度是45字节;否则,最大长度可以设置为64字节。

最大长度是与信道相关的,即这个数值并不是对所有AAL2信道都一样。当然,对于给定的CID值,所有的CPS分组净荷必须遵守公共的最大长度值。该最大长度值是由信令或管理程序设置的。

当最大长度是45字节时,LI值45..63是不允许使用的。

c) 用户至用户指示(UUI)

UUI域服务于两个目的:

- 在CPS用户之间透明地传送特定信息,即在SSCS实体之间或层管理之间;且
- 区别CPS的SSCS和层管理用户(见表2和表3中的允许值范围)。

5比特的UUI域提供了32个代码点,"0"…"31"。代码点"0"…"27"可用于SSCS实体,代码点"30"…"31"可用于层管理,而代码点"28"…"29"预留给将来的标准化。

UUI域的内容用于传输CPS-UNITDATA和MAAL-UNITDATA原语的UUI参数。

d) 信头差错控制(HEC)

发送方应该计算除法的余数(模 2),利用 x^5 和 CPS-PH 前 19 个比特内容的乘积去除以生成多项式 x^5+x^2+1。剩余多项式的系数应插入至 HEC 域且 x^4 项的系数应位于 HEC 域的最高比特位上。

接收方使用 HEC 域的内容来检测 CPS-PH 中的错误。

4.4.2 CPS-PDU 的格式与编码

CPS-PDU 包含一字节的开始域和 47 字节的净荷。48 字节的 CPS-PDU 就是 ATM-SDU。CPS-PDU 中各个域的大小和位置如图 5 所示。

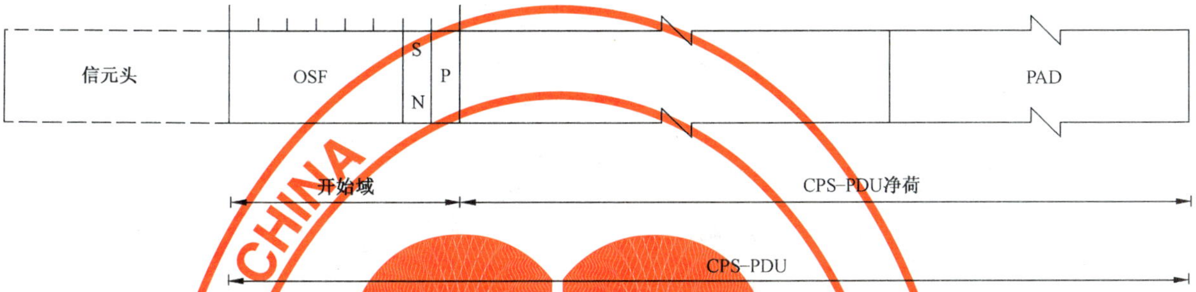

OSF 偏移域(6 比特)
SN 序列号(1 比特)
P 奇偶校验位(1 比特)
PAD 填充(0~47 字节)

图 5 CPS-PDU 的格式

4.4.2.1 CPS-PDU 开始域(STF)

CSP-PDU 头也被称为开始域(STF)。STF 包括下列子域:

a) 偏移域(OSF)

该域承载了偏移值的二进制数值,以字节来计算,在 STF 末端和 CPS 分组开始字节之间的字节数目,或在缺乏开始字节的情况下,STF 和 PAD 域开始字节之间的字节数目。值 47 指示在 CPS-PDU 净荷中没有开始界线。大于 47 的值是不允许的。

b) 序列号(SN)

该比特用于对 CPS-PDU 流进行计数(模 2)。

c) 奇偶校验位(P)

该比特由接收方用于检测在 STF 中的差错。发送方设置该比特的值以对 8 比特的 STF 进行奇校验。

4.4.2.2 CPS-PDU 净荷

CPS-PDU 净荷可以承载 0 个、一个或多个(完整的或部分的)CPS 分组。未使用的净荷用 0 值的填充字节来填充。CPS 分组可以重叠在一个或两个 ATM 信元的边界上。CPS 分组被分割的重叠点可以发生在 CPS 分组内的任何位置上,包括 CPS 分组头中。

注:CPS-PDU 净荷使用的范例如附录 R 所示。

4.5 AAL2 公共部分子层(CPS)的程序

在公共部分子层中的复用功能将几个 CPS 分组合并到单个 ATM 连接上。调度不同的流和可能使用的优先级使用在本标准中并没有规定。

SDL 系统图如图 6 所示,SDL 块结构如图 7 所示。SDL 符号清单在图 8 中给出。

公共部分子层从一个或多个 SSCS 发送方程序中接收 CPS-SDU。它将这些 CPS-SDU 复用和打包成 CPS 分组并形成 CPS-PDU。在 CPS 接收方,CPS 分组被解包和解复用并被传送至某个 SSCS 接收方。

在本章中给出了公共部分子层程序的 SDL 图。如果在本章所给出的文字描述和 SDL 图之间存在任何差异，则 SDL 图具有优先权。

注：除了本章的 SDL 图外，在 CPS-PDU 中的字节，即 ATM 信元的净荷，编号是从“0”～“47”。

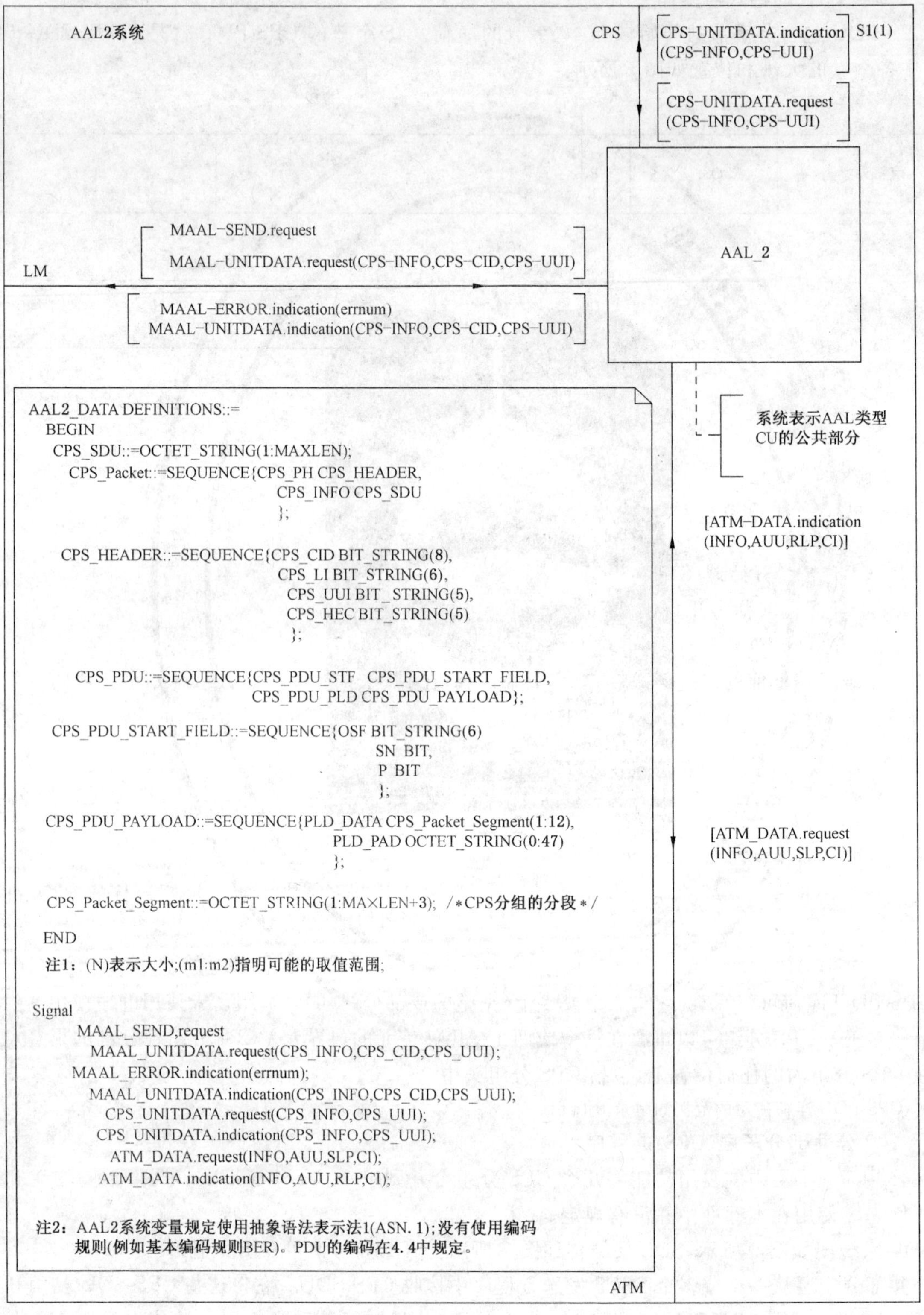

图 6 AAL2 的 SDL 系统

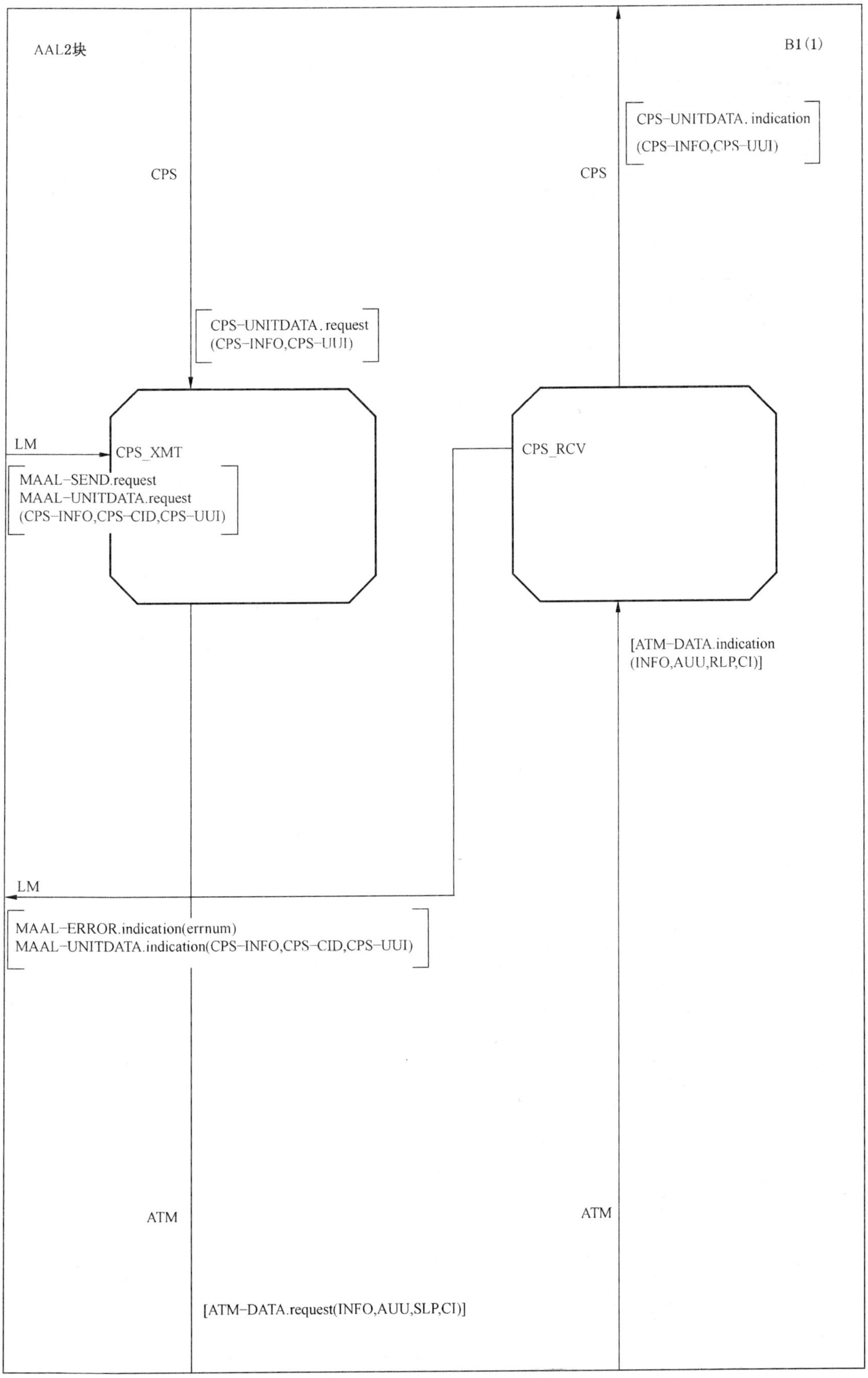

图 7 AAL2 的 SDL 块结构

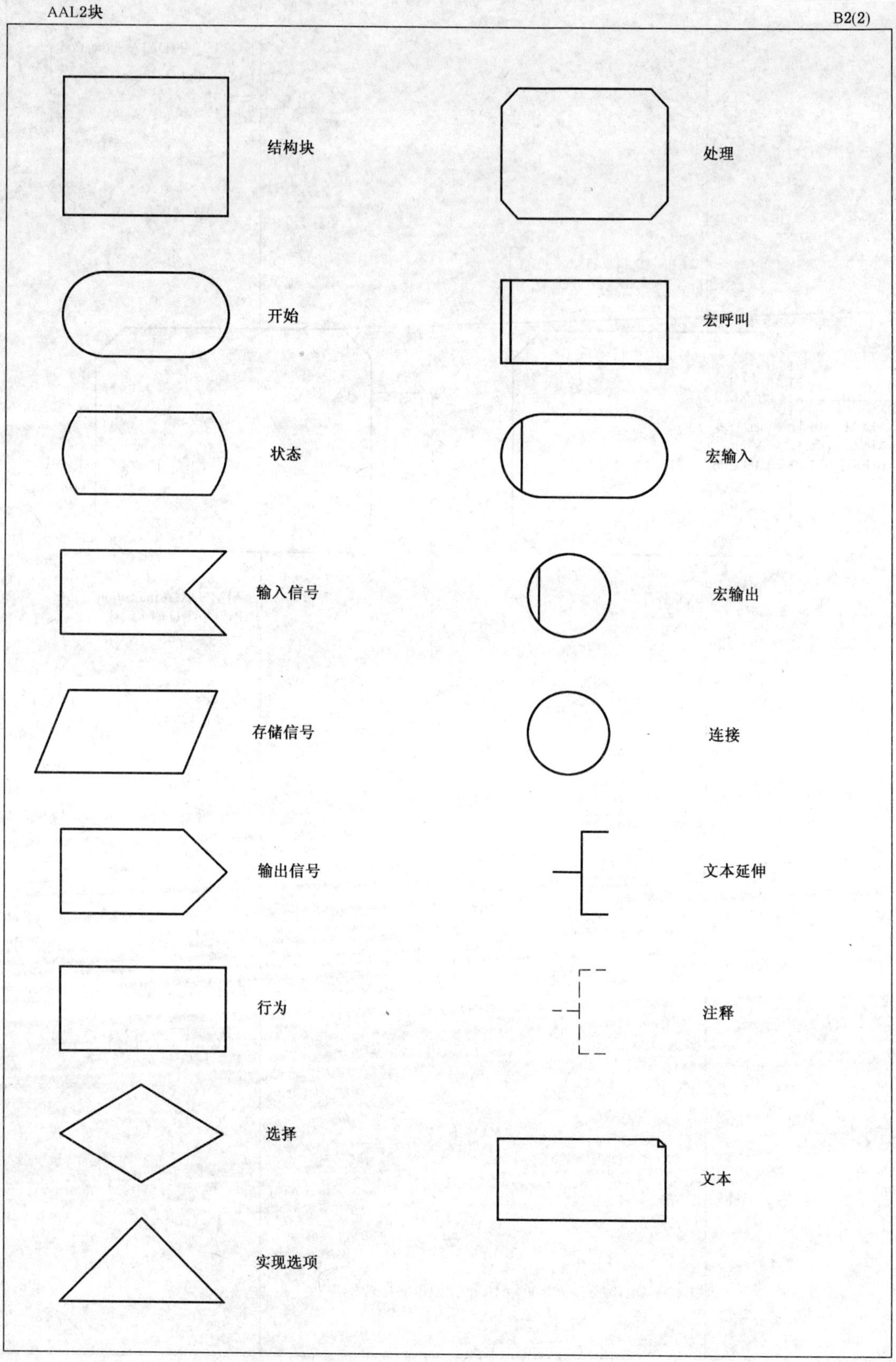
AAL2块
B2(2)
结构块
处理
开始
宏呼叫
状态
宏输入
输入信号
宏输出
存储信号
连接
输出信号
文本延伸
行为
注释
选择
文本
实现选项

图 8 SDL 符号清单

4.5.1 CPS 发送方

CPS 发送方的操作由包含下列状态的状态机来模型化：

IDLE　CPS-PDU 是空的且 0 字节内的 OSF 包含值"0"，"联合使用的"Timer_CU 不运行。

PART　某些 CPS 分组信息存储在 CPS-PDU 中且 CPS-PDU 有更多的空间去存储分组；"联合使用的"Timer_CU 处于运行状态。

FULL　CPS-PDU 是满的；如果最后一个 CPS 分组重叠在下一个 CPS-PDU 上，则 Timer_CU 处于运行状态。程序等待层管理的 MAAL-SEND. request 原语以允许发送 CPS-PDU。

SEND　Timer_CU 期满，但是层管理仍然没有发送 MAAL-SEND. request 原语以允许发送 CPS-PDU。

CPS 发送方的状态转移图如图 9 所示。

对 CPS 发送方操作的描述使用了下列状态变量：

CPS-PDU　在将 CPS-PDU 提交给 ATM 层之前所维护的用于填充 CPS-PDU 的缓冲区。

CPS-PH　所维护的用于构建 CPS 分组头的缓冲区。

ptrBUF　该状态变量指出在 CPS-PDU 缓冲区中的下一个空闲字节。下一个 CPS 分组或 PAD 域将从这里开始。

rem　该状态变量指示当前需要打包的 CPS 分组的长度，即将要放入 CPS-PDU 的 CPS 净荷。

part　该状态变量指示需要放置在随后一个或两个 CPS-PDU 中的 CPS-PP 的字节数。

split　该状态变量指示需要放置在下一个 CPS-PDU 开始位置的 CPS-PH 的字节数目以完成重叠在两个 PDU 上的 CPS 分组头。

seq　该状态变量用于设置下一个要传输的 CPS-PDU 的 SN 域。

permit　当该状态变量为"TRUE"时，指示层管理已经允许去发送 CPS-PDU。

tmp　该状态变量用于算术计算中。

对 CPS 发送方操作的描述使用下列定时器：

Timer_CU　"联合使用的"Timer_CU 保证已经打包了一个或多个字节的 CPS 分组在调度安排传输之前等待 Timer_CU 的持续时间（实际传输发生在从层管理接收到 MAAL_SEND. request 原语后）。

注 1：如果下层 ATM 连接在每次接收到 MAAL-SEND. request 原语时需要发送 CPS-PDU（尽管在这时候没有这样的需要存在），该定时器可以是不必要的；在这种情况下，将定时器设置为"无限长时间"或根本就不设置定时器将会获得所期望的结果；当然，这在本标准中不再进一步定义了。

CPS 分组可能重叠在一个或两个 CPS-PDU 边界上。当 CPS 分组的一部分已经完全填充了一个 CPS-PDU 时，状态变量"split"和"part"将指示重叠的数目。其各自的参数值总结在表 5 中。

表 5　当 CPS 分组重叠在 CPS-PDU 边界上时状态变量的参数值

"split"	"part"	注　释
0	0	没有重叠
0	1..64	（整个或部分）CPS-PP（"part"字节）重叠
1..2	1..64	CPS-PH 的"split"字节和整个 CPS-PP（"part"字节）重叠

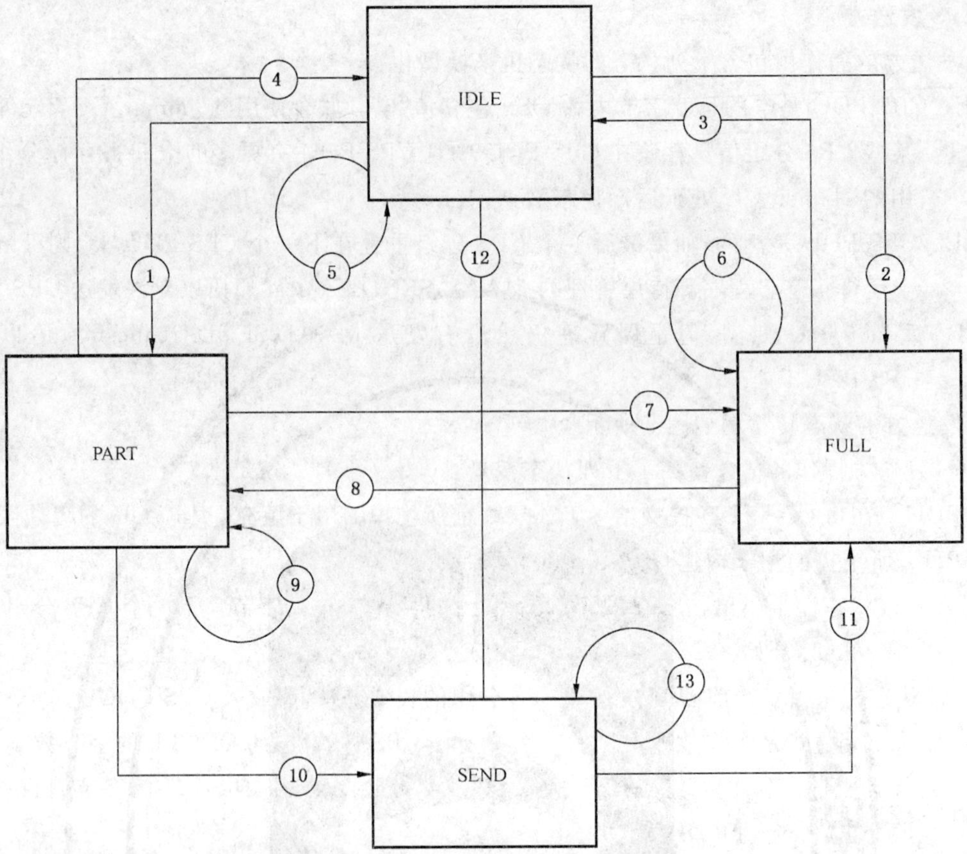

① 接收到 CPS-UNITDATA. request 或 MAAL-UNITDATA. request 且"rem＜44"；

② 接收到 CPS-UNITDATA. request 或 MAAL-UNITDATA. request 且"rem≥44"；

③ 接收到 MAAL-SEND. request 且"split＝part＝0"；

④ {接收到 MAAL-SEND. request 且下层 ATM 连接请求需要发送 CPS 分组}或{事先接收到 MAAL-SEND. request 且接收到明确填充了 CPS-PDU 剩余部分的 CPS-UNITDATA. request 或 MAAL-UNITDATA. request}或{事先接收到 MAAL-SEND. request 且定时器 Timer_CU 期满}；

⑤ 接收到 MAAL-SEND. request；

⑥ 接收到 MAAL-SEND. request 且"split＋part≥47"；

⑦ 接收到 CPS-UNITDATA. request or MAAL-UNITDATA. request 且"rem＋ptrBUF≥45"；

⑧ 接收到 MAAL-SEND. request 且"0＜split＋part＜47"；

⑨ 接收到 CPS-UNITDATA. request or MAAL-UNITDATA. request 且"rem＋ptrBUF＜45"；

⑩ 定时器 Timer_CU 期满；

⑪ 接收到 CPS-UNITDATA. request or MAAL-UNITDATA. request 且"rem＋ptrBUF≥45"；

⑫ 接收到 MAAL-SEND. request；

⑬ 接收到 CPS-UNITDATA. request or MAAL-UNITDATA. request 且"rem＋ptrBUF＜45"。

图 9　CPS 发送方的状态转移图

CPS 分组发送方程序的 SDL 定义如图 10 所示。

1）当 CPS 发送方处于 IDLE 状态且传递一个 CPS-SDU 时：

● 该 SDU 来自 CPS 发送方且收到 CPS-UNITDATA. request 原语；或

● 该 SDU 来自层管理且收到 MAAL-UNITDATA. request 原语。

"联合使用"的 Timer_CU 被启动且 CPS 分组头被构造且被拷贝至 CPS-PDU 中。CPS 分组头中的 UUI 域被设置成 CPS-UUI 参数值。如果该 CPS 分组没有重叠至下一个 CPS-PDU 中，则整个 CPS-SDU 被拷贝至 CPS-PDU 且状态变量"ptrBUF"被适当地修改。否则，当前的 CPS-PDU 从该 CPS 分组开始处填充且状态变量"part"按照表 5 中的规定进行设置。

当缓冲区中仍有空闲字节可用于多个 CPS 分组时，程序去处理状态 PAPT；否则，如果层管理仍未允许发送 CPS-PDU，则程序进入 FULL 状态。

注 2：当处于 IDLE 状态时，开始域(OSF、SN 和 P)已经被设置。

注 3：在 IDLE 状态，当一个承载了超过 44 字节的 CPS-SDU 的 CPS 分组在 IDLE 状态时被打包时，该 CPS 分组将被重叠至下一个 CPS-PDU 上。

2) 当 CPS 发送方处于状态 PART 且需要传递一个 CPS-SDU 时：

- 该 SDU 来自 CPS 发送方且收到 CPS-UNITDATA. request 原语；或
- 该 SDU 来自层管理且收到 MAAL-UNITDATA. request 原语。

则 CPS 分组头(CPS-PP)被构造。CPS 分组头中的 UUI 域被设置成 CPS-UUI 参数值。如果该 CPS 分组没有重叠至下一个 CPS-PDU 中，则 CPS-PH 和 CPS-SDU 被拷贝至 CPS-PDU 中且状态变量“ptrBUF”被适当地修改。否则，当前的 CPS-PDU 从该 CPS 分组开始处填充且状态变量“split”和“part”按照表 5 中的规定进行设置。

如果当前的 CPS-PDU 中仍有空闲字节可用于多个 CPS 分组时，程序停留在 PAPT 状态；否则，如果层管理仍未允许发送 CPS-PDU，则程序进入 FULL 状态。

如果该 CPS 分组重叠在下一个 CPS-PDU 上，则当前的 CPS-PDU 从 CPS 分组的开始位置起填充。状态变量“split”和“part”按照表 5 中的规定进行设置且“联合使用”的 Timer_CU 重新启动；如果层管理仍未允许发送 CPS-PDU，则程序进入 FULL 状态。

注 4：该程序也处理 CPS 分组从 CPS-PDU 的最后一个或两个字节开始的情况。

3) 当 CPS 发送方处于状态 FULL 时，程序等待得到允许去发送 CPS-PDU；这允许是由层管理以 MAAL-SEND. request 原语来给出。一旦接收到该原语，CPS-PDU 用 ATM-DATA. request 原语传递至 ATM 层。

下一个 CPS-PDU 的开始域被构造。如果“part＋split”之和大于或等于 47，则 OSF 域设置为值“47”；否则，OSF 域设置为“part＋split”。SN 被赋予“seq”的值，而且“seq”加 1 递增(模 2)并计算 P 域。如果没有 CPS 分组重叠至新的 CPS-PDU 中(状态变量“part”和“split”都为 0)，则程序进入 IDLE 状态；否则，重叠的 CPS 分组的剩余部分被拷贝至 CPS-PDU 且状态变量“ptrBUF”也做相应地调整。于是程序进入 PART 或 FULL 状态，这依据在 CPS-PDU 中是否存在多个零值的空闲字节。

注 5：在状态 FULL 中，除了 MAAL-SEND. request 外没有原语被处理。定时器 Timer_CU 期满的情况由 CPS 发送方所记录。

注 6：当 CPS 分组重叠至下一个 CPS-PDU 中时，定时器 Timer_CU 继续运行在 FULL 状态中；否则，它在进入 FULL 状态之前要重新设置。

4) 当定时器 Timer_CU 期满而程序处于 PART 状态，则程序进入 SEND 状态。在状态 SEND 中，程序等待得到允许去发送 CPS-PDU，该允许是由层管理以 MAAL-SEND. request 原语给出的。一接收到该原语，在 CPS-PDU 中剩余的字节就被设置为全 0(填充字节)且 CPS-PDU 用 ATM-DATA. request 原语传递至 ATM 层。进一步的处理就按照上面 3)所述发生了。

5) 在 SEND 状态中，CPS-PDU 没有完全被填充。如果新的 CPS-SDU 被传递：

- 该 SDU 来自 CPS 发送方且收到 CPS-UNITDATA. request 原语；或
- 该 SDU 来自层管理且收到 MAAL-UNITDATA. request 原语。

则 CPS 分组头(CPS-PH)被构造。如果该 CPS 分组没有重叠至下一个 CPS-PDU，则 CPS-PH 和整个 CPS-SDU 被拷贝至 CPS-PDU 中且状态变量“ptrBUF”被适当地修改。

当该 CPS 分组重叠至下一个 CPS-PDU 时，当前的 CPS-PDU 则从该 CPS 分组的开始位置起进行填充。状态变量“part”和“split”按照表 5 中所规定的设置。

如果在 CPS-PDU 中仍然留有空间可用于多个 CPS 分组，则程序返回至 SEND 状态；否则，程序进入 FULL 状态且定时器 Timer_CU 被启动，如果 CPS 分组正处理至下一个 CPS-PDU 的重叠。

6) 在 IDLE 和 PART 状态接收到的 MAAL-SEND. request 通过设置状态变量“permit”由 CPS 发送方记录。

另一方面，如果每次接收到 MAAL-SEND. request 时，下层 ATM 连接需要发送 CPS-PDU(尽管这样的要求在这时可能并不存在)，则空的或部分填充的 CPS-PDU 用填充信息填充，定时器 Timer_CU 被停止且 CPS-PDU 按照以上 3)所述提交给 ATM 层。

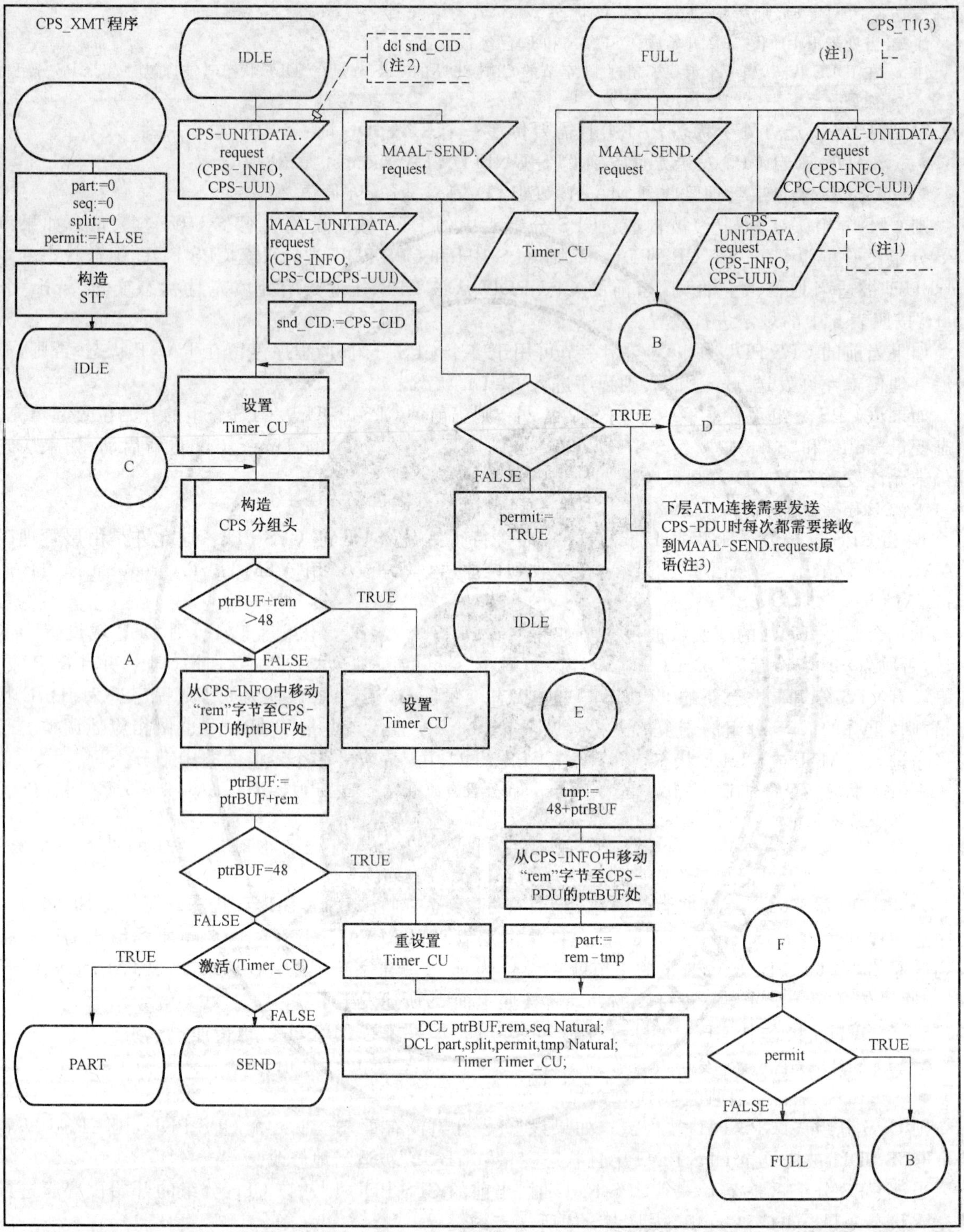

注 1：由 SSCS 提供用于传输的信息可能超过 ATM 连接的 ATC：这种情况的处理在本规范中没有规定。

注 2：参数值"snd-CID"是与业务访问点的连接终端点下标相关的，通过该访问点可以接收到 CPS-UNITDATA. request 原语。

注 3：这时候不存在这样的要求。

注 4：层管理可以请求 ATM-DATA. request 原语的 SLP 参数设置为"1"。

a)

图 10　CPS 发送方 SDL 图

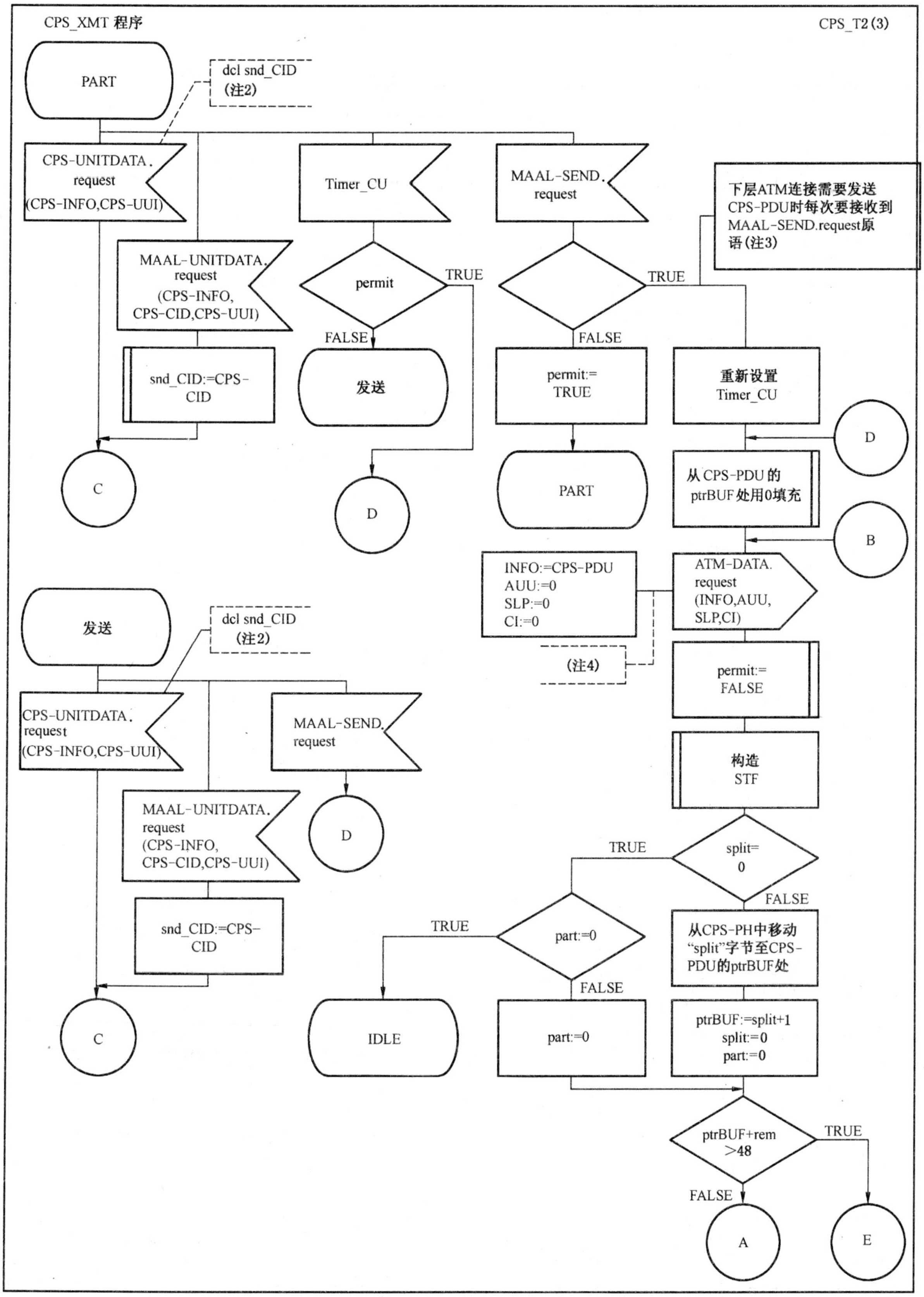
CPS_XMT 程序
CPS_T2(3)
PART
dcl snd_CID
(注2)
CPS-UNITDATA.
request
(CPS-INFO,CPS-UUI)
Timer_CU
MAAL-SEND.
request
下层ATM连接需要发送CPS-PDU时每次要接收到MAAL-SEND.request原语(注3)
MAAL-UNITDATA.
request
(CPS-INFO,
CPS-CID,CPS-UUI)
permit
TRUE
FALSE
发送
permit:=
TRUE
重新设置
Timer_CU
snd_CID:=CPS-
CID
C
D
PART
从CPS-PDU的
ptrBUF处用0填充
B
INFO:=CPS-PDU
AUU:=0
SLP:=0
CI:=0
ATM-DATA.
request
(INFO,AUU,
SLP,CI)
(注4)
permit:=
FALSE
发送
dcl snd_CID
(注2)
CPS-UNITDATA.
request
(CPS-INFO,CPS-UUI)
MAAL-SEND.
request
MAAL-UNITDATA.
request
(CPS-INFO,
CPS-CID,CPS-UUI)
构造
STF
split=
0
从CPS-PH中移动
"split"字节至CPS-
PDU的ptrBUF处
part:=0
IDLE
part:=0
ptrBUF:=split+1
split:=0
part:=0
ptrBUF+rem
>48
A
E

b)

图 10（续）

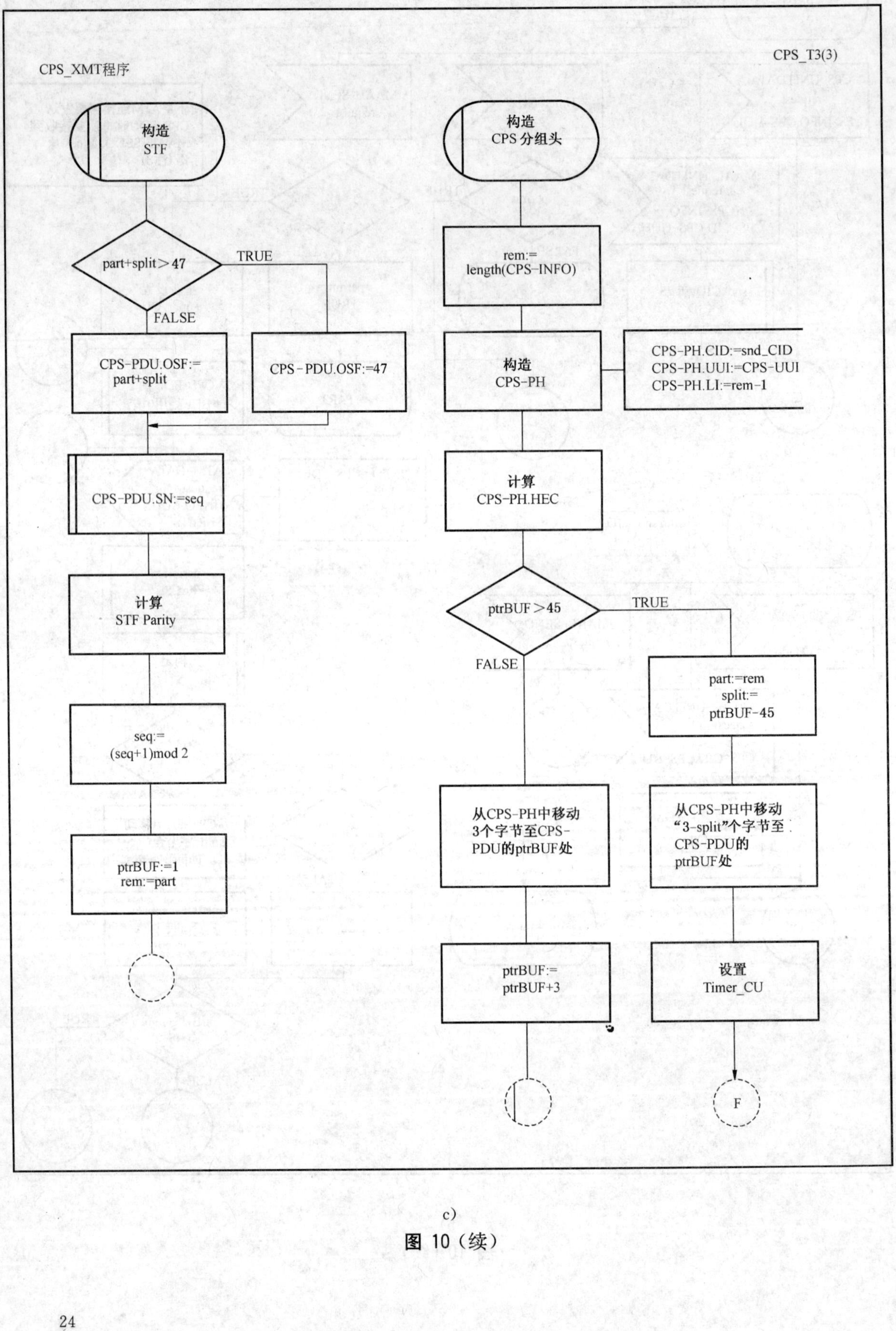
CPS_XMT程序
CPS_T3(3)
构造
STF
part+split＞47
TRUE
FALSE
CPS-PDU.OSF:=
part+split
CPS-PDU.OSF:=47
CPS-PDU.SN:=seq
计算
STF Parity
seq:=
(seq+1)mod 2
ptrBUF:=1
rem:=part
构造
CPS 分组头
rem:=
length(CPS-INFO)
构造
CPS-PH
CPS-PH.CID:=snd_CID
CPS-PH.UUI:=CPS-UUI
CPS-PH.LI:=rem-1
计算
CPS-PH.HEC
ptrBUF＞45
TRUE
FALSE
part:=rem
split:=
ptrBUF-45
从CPS-PH中移动
3个字节至CPS-
PDU的ptrBUF处
从CPS-PH中移动
“3-split”个字节至
CPS-PDU的
ptrBUF处
ptrBUF:=
ptrBUF+3
设置
Timer_CU
F

c)

图 10（续）

4.5.2 CPS 接收方

CPS 接收方的操作由包含下列单一状态的状态机来模型化：

IDLE　仅有一个状态；在每次转移发生之后程序返回至这个状态。

CPS 接收方的操作描述使用下列状态变量：

INFO_buffer　该缓冲区用于临时存储或组装分割的 CPS 分组净荷。

PH_buffer　该缓冲区被维护以有助于分析 CPS 分组头。

expct　该状态变量指示从下一个 CPS-PDU 开始为了完成重叠的 CPS 分组净荷所期望的数目。

len　该状态变量指示 CPS 分组净荷的长度。

split　该状态变量指示从下一个 CPS-PDU 开始为了完成重叠的 CPS 分组净荷所期望的 CPS-PH 的字节数目。

ptrEXT　该状态变量是指针，指示 CPS-PDU 内即将处理的信息的所在位置。

seq　该状态变量是下一个所期望的序列号并有助识别连续 CPS-PDU 的 SN 域。

CPS　接收方维持下列参数：

Max_CPS-SDU_Length　该参数以字节为单位指示 CPS-SDU 的最大长度，即在一个 ATM 连接上任何 AAL2 信道上所能传输的最大长度。该参数值可以是“45”或“64”并由信令或管理程序设置。

Max_SDU_Deliver_Length　该参数以字节为单位指示了 CPS-SDU 的最大长度，即在一个特定 AAL2 信道上所能传输的最大长度。它也指示了可能传递给相应 CPS 用户的 CPS-SDU 的最大长度。在接收方，该参数的值与每个所要传递的 CPS-SDU 长度进行比较。任何长度大于 Max_SDU_Deliver_Length 的 CPS-SDU 将被丢弃且该事件报告给层管理。该参数值可以是“45”或“64”且由信令或管理程序设置。下列不等式必须得到维持：

Max_SDU_Deliver_Length ≤ Max_CPS-SDU_Length。

CPS 接收方程序的 SDL 定义如图 11 所示。

1) 一旦在 ATM-DATA. indication 原语中接收到 CPS-PDU，开始域被证实；如果奇偶校验位不正确，则差错被通知给层管理且该 CPS-PDU 被丢弃。任何部分接收、等待其重叠的第二或第三部分的 CPS 分组及其随后部分都被丢弃。

2) 如果 CPS-PDU 的 SN 域指示序列错误，该错误通知给层管理。任何部分接收、等待其重叠的第二或第三部分的 CPS 分组及其随后部分都被丢弃。如果 CPS-PDU 的 OSF 包含值“47”，则没有更多的信息可以从该 CPS-PDU 中获得；否则，状态变量“ptrEXT”根据 OSF 域来设置（即 OSF+1）。

3) 如果 CPS-PH 重叠在 CPS-PDU 边界上（即状态变量 split 非 0），则对 OSF 的验证可以延迟到整个 CPS 分组被处理时。因此，一个或两个字节（依据状态变量“split”）被添加至 PH_buffer 中且 HEC 被验证。如果验证失败，则通知层管理，部分接收的 CPS 分组被丢弃且进一步的信息获取在由 STF 的 OSF 域所指示的字节处（ptrEXT 被设置为 OSF+1）继续进行。

如果 HEC 验证没有检测到任何传输差错，则 CPS 分组的 LI 域被用于确定 CPS 分组净荷的长度。这用于设置状态变量“expct”。

4) 如果对重叠 CPS 分组的净荷字节是可期望的（状态变量“expct”是非零的）且所期望的长度超过了 CPS-PDU 的剩余字节，则 OSF 域与值“47” 进行比较。如果相等，则该 CPS-PDU 净荷将所有剩余字节都被拷贝至 INFO_buffer 且状态变量“expct”设置为仍未处理字节的长度。对该 CPS-PDU 的处理完成了。

如果 OSF 域不等于值“47”,则通知层管理且部分接收的 CPS 分组被丢弃。如果 OSF 域小于值“47”,则可以继续在 STF 的 OSF 域所指示的字节处(即 ptrEXT 设置为 OSF+1)获取进一步的信息。

5) 如果所期望的长度没有超过 CPS-PDU 的剩余字节长度,则所期望的重叠 CPS 分组的最后部分就接收到了。如果 CPS 分组被组装,则所期望的字节数目是“0”。OSF 与所期望的字节数目进行比较,如果不相等,则通知层管理,部分接收的 CPS 分组被丢弃且在 STF 的 OSF 域所指示的字节处(即 ptrEXT 设置为 OSF+1)继续获取进一步的信息。

6) 如果重叠 CPS 分组的最后部分是可期望得到的,则该部分被添加至已经存在于 INFO_buffer 中的信息之后以表示一个完整的 CPS-SDU。如果该 CPS-SDU 的长度超过了在 Max_SDU_Deliver_Length 中所指示的长度,则 CPS-SDU 被丢弃且通知层管理。另一方面,如果 UUI 域在范围“0”…“27”内,则该信息用 CPS-UNITDATA. indication 原语传递给用户;否则,如果 UUI 域在范围“30”…“31”内,则该信息用 MAAL-UNITDATA. indication 原语传递给层管理。

注 1:所传递的信息包括在 CPS-INFO 参数中传递的 CPS-SDU 和在各自原语的 CPS-UUI 参数中传递的用户至用户信息。CPS-CID 被传递给层管理。

7) 如果仍然存在一些字节需要处理且“ptrEXT”所指示的字节为“0”,则该字节属于 PAD 域;因此,对该 CPS-PDU 的处理完成了。

8) 如果仍然存在一些字节需要处理且“ptrEXT”所指示的字节是非零的,则其后三个字节被假定是一个 CPS 分组头。这些字节被拷贝至状态变量“PH_buffer”中且对 HEC 进行验证。如果验证失败,则通知层管理且该 CPS-PDU 的剩余部分被丢弃。

注 2:如果 CPS-PDU 的末端被丢弃,则任何重叠的 CPS 分组都会丢失。

如果剩下不足三字节且由“ptrEXT”所指示的字节是非零的,则可用部分被拷贝至“PH_buffer”中且状态变量“split”依据缺少 1 个或 2 个字节而设置为“1”或“2”。在这时候是不可能进行 HEC 验证的且对该 CPS-PDU 的处理完成了。

9) 如果 HEC 验证没有检测到任何传输差错,则 CPS 分组头中的 LI 域用于确定 CPS 分组净荷的长度。如果长度没有超过 CPS-PDU 的剩余字节长度,则 CPS 分组被拷贝至 INFO_buffer 中。如果该 CPS-SDU 的长度超过了 Max_SDU_Deliver_Length 中所指示的长度,则该 CPS-SDU 被丢弃且通知层管理。在另一方面,如果 UUI 域在范围“0”…“27”内,则该信息用 CPS-UNITDATA. indication 原语传递给用户;否则,如果 UUI 域在范围“30”…“31”内,则该信息用 MAAL-UNITDATA. indication 原语传递给层管理。在调整状态变量“ptrEXT”后,程序继续从 7)处进行。

注 3:所传递的信息包括在 CPS-INFO 参数中传递的 CPS-SDU 和在各自原语的 CPS-UUI 参数中传递的用户至用户信息。CPS-CID 被传递给层管理。

10) 如果 CPS 分组的长度指示在当前 CPS-PDU 中仍然存在有效但未被处理的字节,则 CPS-PDU 的剩余部分被拷贝至 INFO_buffer 中。状态变量“expct”设置为还未处理的字节数。对该 CPS-PDU 的处理完成。

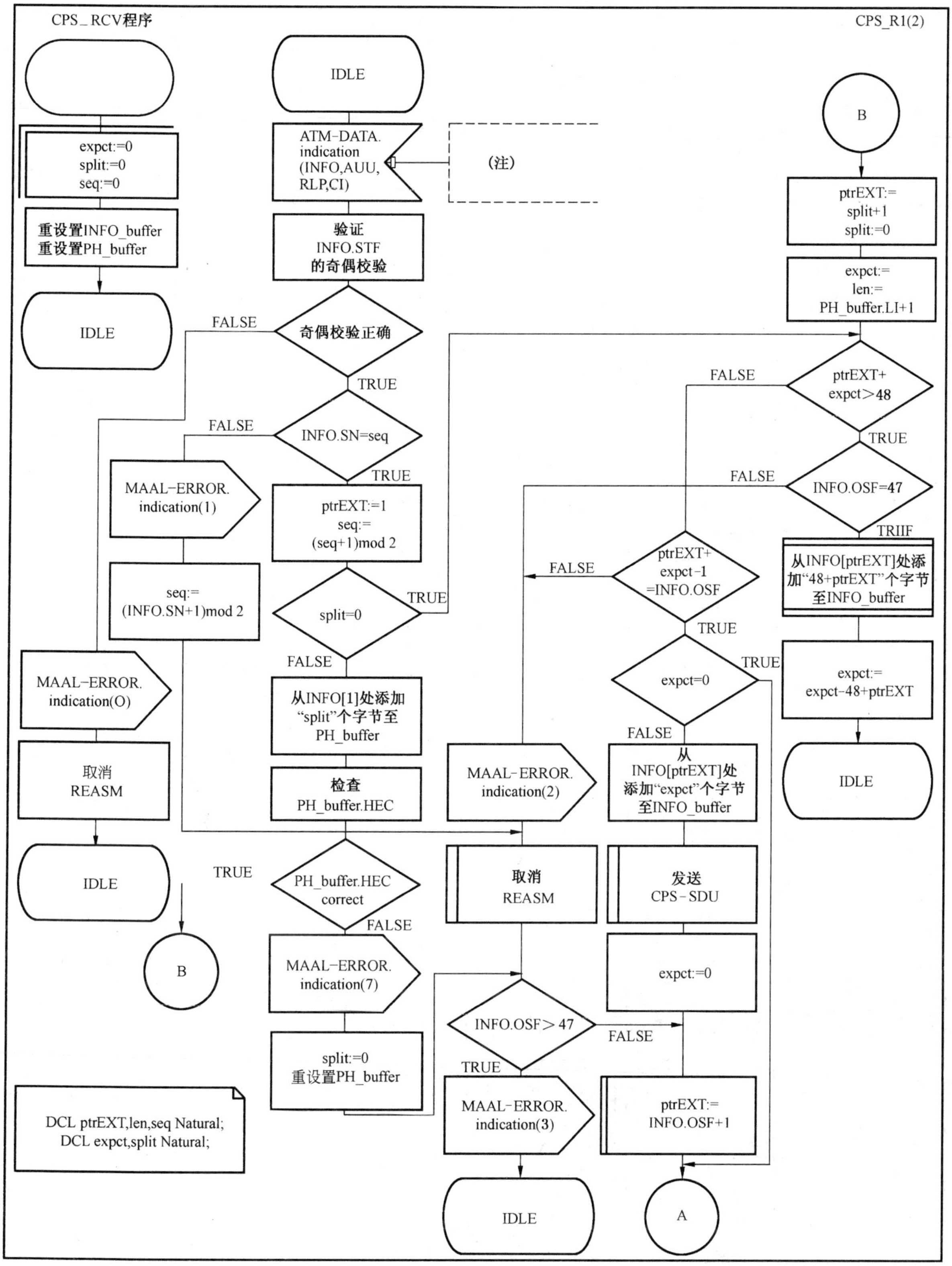

注 1：参数 AUU、RLP 和 CI 被忽略。是否有不期望的 RLP 和 CI 参数需要传递给层管理还需要进一步研究。

注 2：PH_buffer. CID 域确定了该信号的目的程序。

注 3：对预留的 CID 或导致超过最大允许同时激活的 CPS 连接数目的 CID 是没有相关的 SAP 的。

a)

图 11　CPS 接收方 SDL 图

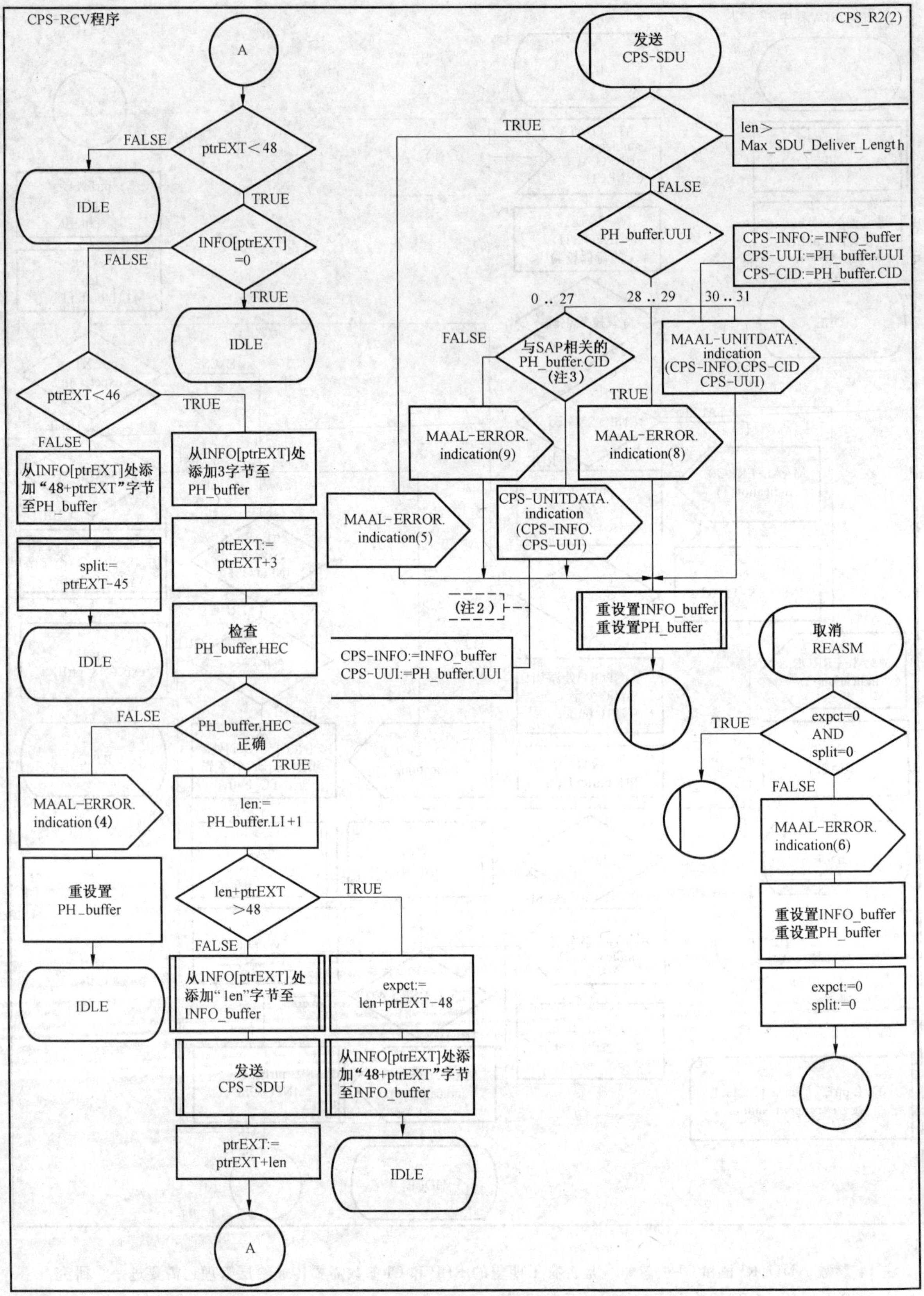
CPS-RCV程序
CPS_R2(2)
A
ptrEXT＜48
FALSE
TRUE
IDLE
INFO[ptrEXT]
=0
FALSE
TRUE
IDLE
ptrEXT＜46
TRUE
FALSE
从INFO[ptrEXT]处添
加“48+ptrEXT”字节
至PH_buffer
split:=
ptrEXT-45
IDLE
从INFO[ptrEXT]处
添加3字节至
PH_buffer
ptrEXT:=
ptrEXT+3
检查
PH_buffer.HEC
PH_buffer.HEC
正确
FALSE
TRUE
MAAL-ERROR.
indication(4)
重设置
PH_buffer
IDLE
len:=
PH_buffer.LI+1
len+ptrEXT
>48
TRUE
FALSE
从INFO[ptrEXT]处
添加“len”字节至
INFO_buffer
发送
CPS-SDU
ptrEXT:=
ptrEXT+len
A
expct:=
len+ptrEXT-48
从INFO[ptrEXT]处添
加“48+ptrEXT”字节
至INFO_buffer
IDLE
发送
CPS-SDU
TRUE
len>
Max_SDU_Deliver_Length
FALSE
PH_buffer.UUI
CPS-INFO:=INFO_buffer
CPS-UUI:=PH_buffer.UUI
CPS-CID:=PH_buffer.CID
0 .. 27
28 .. 29
30 .. 31
FALSE
与SAP相关的
PH_buffer.CID
(注3)
TRUE
MAAL-UNITDATA.
indication
(CPS-INFO.CPS-CID
CPS-UUI)
MAAL-ERROR.
indication(9)
MAAL-ERROR.
indication(8)
MAAL-ERROR.
indication(5)
CPS-UNITDATA.
indication
(CPS-INFO.
CPS-UUI)
(注2)
CPS-INFO:=INFO_buffer
CPS-UUI:=PH_buffer.UUI
重设置INFO_buffer
重设置PH_buffer
取消
REASM
expct=0
AND
split=0
TRUE
FALSE
MAAL-ERROR.
indication(6)
重设置INFO_buffer
重设置PH_buffer
expct:=0
split:=0

b)

图 11（续）

4.5.3 对层管理的错误指示总结

层管理错误指示总结在表6中。

表6 对层管理的错误指示

(错误代码)	错误指示
0	STF的奇偶校验位指示有传输错误;整个CPS-PDU被丢弃
1	STF的序列号码错误;如果OSF小于47,则处理在由OSF所指出的字节处开始进行,否则整个CPS-PDU被丢弃
2	对重叠在该CPS-PDU上的CPS分组所期望的字节数与STF中所包含的信息不匹配;如果OSF的值小于47,则处理在由OSF所指出的字节处进行
3	STF的OSF包含了值48或更大的数值;整个CPS-PDU被丢弃
4	CPS分组头的信头差错控制(HEC)码指示在CPS分组头中有传输差错;在CPS-PDU中未处理的信息被丢弃
5	所接收到的CPS分组净荷(CPS-SDU)的长度超过了在"Max_SDU_Deliver_Length"中所指示的最大长度
6	事先已经接收了部分CPS分组,但由于在CPS分组组装完成之前检测到差错而必须丢弃
7	重叠在CPS-PDU边界上的CPS分组的信头差错控制(HEC)码指示在CPS分组头中有传输差错;如果OSF的值小于47,则处理在由OSF所指出的字节处进行
8	在所接收到的CPS分组中的UUI域包含预留给将来标准化的数值("28"或"29")
9	在所接收到的CPS分组头中的CID值与SAP无关(注)
注:对于预留的CID或导致超过最大允许同时激活的CPS连接数目的CID是没有SAP与之相关的	

4.6 AAL2的参数和值的总结

在单个AAL2信道建立之前必须确定在表7中所列出的参数值和系统资源。这些确定可以通过预提供方式或信令方式,但超出了本标准的范围。在没有预提供方式或信令方式(ATM层的控制)的情况下,采用缺省数值。这些AAL2系统参数的数值在ATM VCC之间可能是不同的。

表7 AAL2系统的参数

意义	参数	允许数值	缺省数值
对等方	可复用信道的最大数目(注)	255	255
	Max_CPS-SDU_Length	45或64字节	45
发送方	"联合使用"的定时器Timer_CU值	需要进一步研究	需要进一步研究
注:可复用信道的最大数目包括全部7个预留信道,即用户信道的最大数目就是可复用信道的最大数目减去7。			

在单个AAL2信道建立之前(或建立期间)必须确定表8中所列出的用于信道资源的参数值。这些确定可以通过预提供方式或信令方式,但超出了本标准的范围。在没有预提供方式或信令方式(ATM层的控制)的情况下,采用缺省数值。这些AAL2系统参数的数值在信道之间可能是不同的。

表8 AAL2信道的参数

意义	参数	允许数值	缺省数值
对等方	Max_SDU_Deliver_Length	45或64字节	45字节

5 AAL2的分段和重装特定业务会聚子层

5.1 分段和重装特定业务会聚子层的一般框架结构

5.1.1 分段和重装特定业务会聚子层的结构

分段和重装特定业务会聚子层可以细分为特定业务分段和重装子层(SSSAR)、特定业务传输差错检测子层(SSTED)和特定业务有保证数据传递子层(SSADT),如图12所示。

由该子层所提供的最小业务就是在5.3条中规定的分段和重装功能。5.4条中规定的传输差错检测机制和5.5条中规定的有保证数据传递都作为可选功能来实现,即当检测到传输差错时,组装的SDU可以不向用户传递。

注:损坏的数据传递选项需要更进一步的研究。

5.1.2 AAL2向高层提供的原语

依据所选择的可选机制来确定通过AAL2 SAP的原语。如果既没有选择特定业务传输差错检测子层,也没有选择特定业务有保证数据传递子层,则将AAL的原语等价于SSSAR原语(见5.3.2),但作为与SAP上原语命名惯例相一致的AAL-UNITDATA. request和AAL-UNITDATA. indication原语来识别。

另一方面,如果选择了传输差错检测机制但没有选择有保证数据传递机制,则将AAL的原语等价于SSTED原语(见5.4.2),但作为与SAP上原语命名惯例相一致的AAL-UNITDATA. request和AAL-UNITDATA. indication原语来识别。

如果两种机制都选择了,即传输差错检测和有保证数据传递机制都选择了,则在5.5条中定义的原语使AAL2业务对其用户而言是可用的。

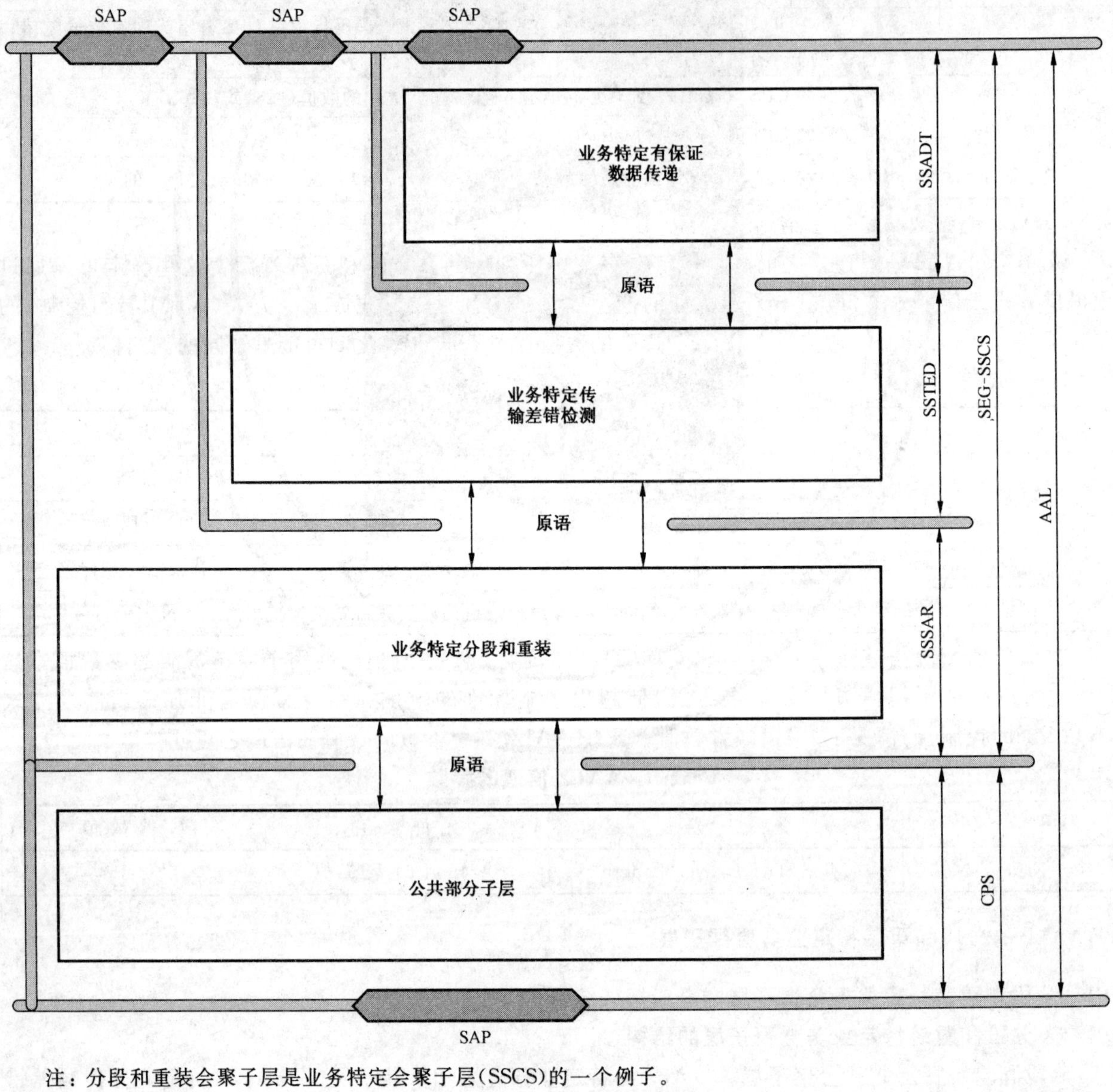

注:分段和重装会聚子层是业务特定会聚子层(SSCS)的一个例子。

图12 分段和重装会聚子层的结构

5.1.3 通过 SEG-SSCS 与 AAL2 CPS 边界的信息流

AAL2 的分段和重装子层使用在第 4 章定义的公共部分子层业务。穿过两个子层间边界的原语也在第 4 章中定义了,并总结在表 9 中。如果下面的总结和第 4 章中的定义之间出现任何差异,则在第 4 章中的定义具有优先权。

表 9 公共部分子层的原语和参数

参　　数	CPS-UNITDATA.request	CPS-UNITDATA.indication	注　　释
CPS-INFO	m	m	1..45（缺省）或 1..64 字节的 CPS 用户数据
CPS-UUI	m	m	5 比特的 CPS 用户信息(注)
m：必选参数。 —：不出现的参数。 注：仅有值“0”…“27”是允许的。			

注：如果选择了损坏数据传递选项则可能需要更多的参数，当然，该选项需要进一步研究。

5.1.4 分段和重装特定业务会聚子层的系统和程序块结构

分段和重装特定业务会聚子层的 SDL 系统图如图 13 所示，SDL 块结构如图 14 所示。SDL 符号清单在图 8 中给出。

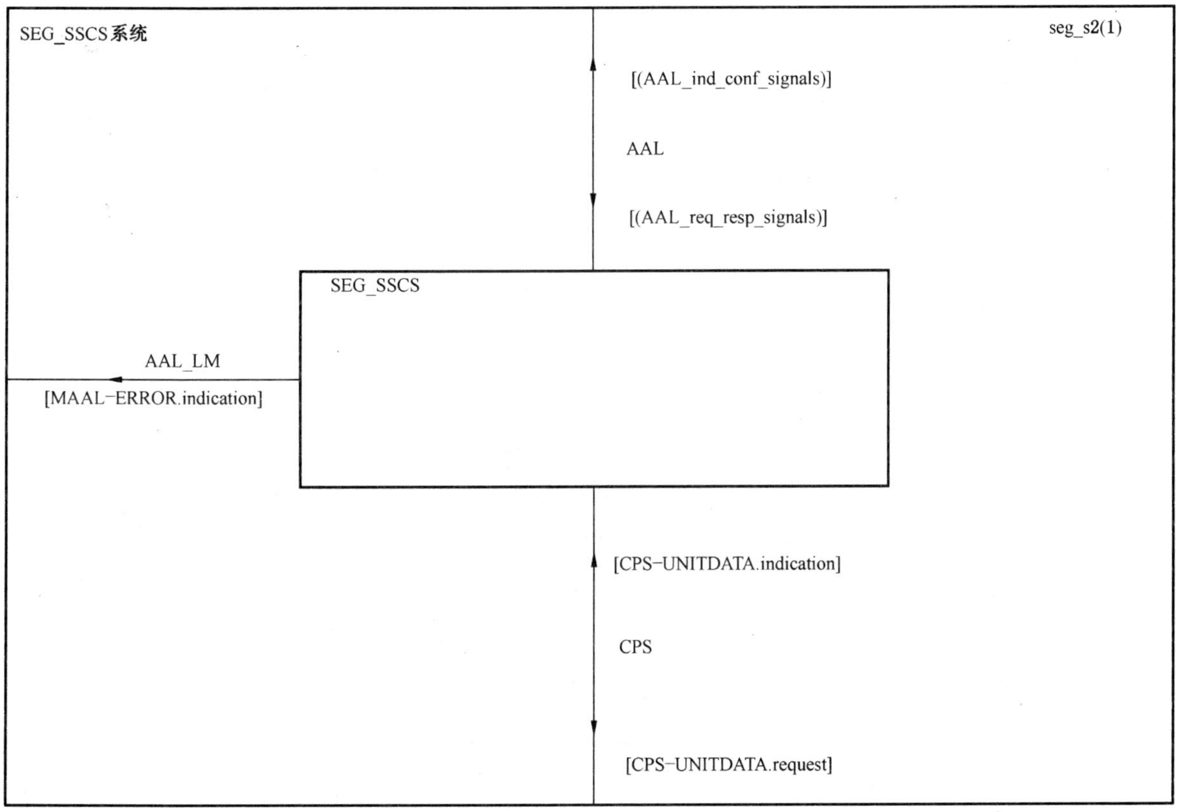

图 13 AAL2 分段和重装特定业务会聚子层的 SDL 系统图

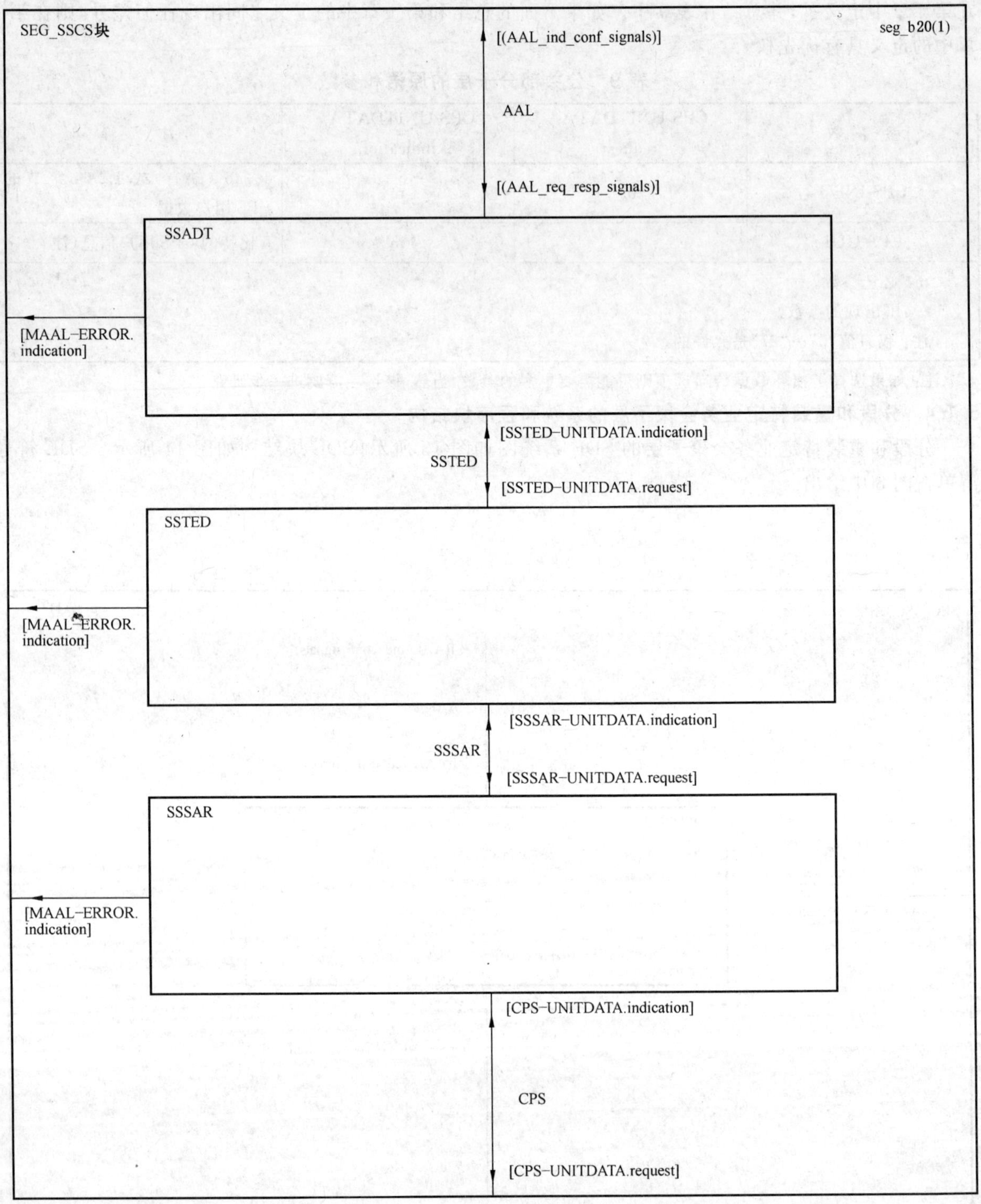

图 14　AAL2 的分段和重装业务特定会聚子层的 SDL 块结构

5.2　管理和控制平面的交互作用

5.2.1　管理平面

5.2.1.1　管理平面与 AAL2 CPS 用户平面的交互作用

AAL2 分段和重装子层使用 MAAL-ERROR.indication 原语向层管理汇报检测到的错误，该原语具有指示错误号码(错误类型，见表 11 和表 13)的单个参数。

特定业务分段和重装子层的业务可以对层管理是可用的；在这种情况下，采用下列规定：

- CPS 信道整个地专用于层管理实体之间的通信；
- 特定业务分段和重装子层的原语被重新命名为“MSAR-UNITDATA.request”和“MSAR-UNITDATA.indication”；
- 不使用特定业务传输差错检测子层和特定业务有保证数据传递子层。

特定业务传输差错检测子层可以对层管理是可用的；在这种情况下，采用下列规定：

- CPS 信道整个专用于层管理实体之间的通信；
- 业务传输差错检测子层的原语被重新命名为“MTED-UNITDATA.request”和“MTED-UNITDATA.indication”；且
- 不使用特定业务有保证数据传递子层。

特定业务有保证数据传递子层可以对层管理是可用的；在这种情况下，采用 5.5 条中的规定。

与管理平面的其他交互作用还需要进一步研究。

5.2.2 控制平面

AAL2 和控制平面(C 平面)之间的交互作用超出了本标准的范围。

5.3 特定业务分段和重装子层(SSSAR)

5.3.1 由 SSSAR 提供的业务

AAL2 SSSAR 提供从一个 SSSAR 用户通过公共部分子层(CPS)向其他 SSSAR 用户传递 SSSAR-SDU 的能力。该业务提供对等层的操作：

- SSSAR-SDU 的数据传递最多达 65 568 字节。
- SSSAR-SDU 序列的完整性从 AAL2 的公共部分子层继承获得。

以上业务是非保证的。

- SSSAR-SDU 提交给分段和重装子层；另一方面，下列情况可能发生：
  a) 在重装 SSSAR-SDU 的过程中，SSSAR 可能会检测差错并丢弃整个 SDU；或
  b) SSSAR 并不检测部分或整个 SSSAR-SDU 的丢失，不检测比特差错，不检测从单独的 SDU 合并在一起的数据。因此，它可能向其用户发送已损坏的数据。
- 丢失或损坏的 SSSAR-SDU 将不会通过重传来得到校正。

注：损坏数据传递的选项需要进一步研究。

AAL2 SSSAR 连接使用 AAL2 CPS 连接。因此，它们继承了 CPS 连接的特征；特别是，AAL2 SSSAR 连接是双向的虚信道。

5.3.2 在 SSSAR 和 SSSAR 用户实体之间的原语

由 AAL2 SSSAR 所提供的用于 SSSAR 用户实体之间通信的原语是 SSSAR-UNITDATA.request 和 SSSAR-UNITDATA.indication，它们都用于数据传递。

注：由于丢失的可能性和/或 SSSAR-SDU 的合并，SSSAR-UNITDATA.request 和 SSSAR-UNITDATA.indication 之间的关系不必是一对一的。

定义了下列参数：

- SSSAR-INFO

该参数规定了在 SSSAR 和 SSSAR 用户实体之间互换的接口数据单元，接口数据长度是一个字节的整数倍，SSSAR 接口数据表示了一个完整的 SSSAR-SDU。

- SSSAR-UUI

该参数由 SSSAR 透明地在对等 SSSAR 用户之间传递。

参数的用法总结在表 10 中。

表 10 在 SSSAR 和 SSSAR 用户之间的原语和参数

参　数	SSSAR-UNITDATA. request	SSSAR-UNITDATA. indication	注　释
SSSAR-INFO	m	m	1..65 568 字节的 SSSAR 用户数据
SSSAR-UUI	m	m	5 比特的 SSSAR 用户信息(注)
m：必选参数。 —：不出现的参数。 注：仅有值“0”…“26”是允许的。			

5.3.3 **SSSAR 的格式与编码**

SSSAR-PDU 的格式如图 15 所示。CPS 用户至用户指示(CPS-UUI)用于实现“More Data”比特(M)。值为“27”的 CPS-UUI 指示更多的数据需要完成一个 SSSAR-PDU 的重装。任何其他值，即“0”～“26”之间的值，指示接收到 SSSAR-SDU 的最后数据。

注：如果 SSSAR 用户不需要多个 SSSAR-UUI 代码点，则值“26”将被选择用于与其他 SSCS 标准相兼容(参见 5.4.4.1中的例子)。

SSSAR-SDU 的最大长度基于每个 SSSAR 连接且以参数“Max_SDU_Length”来限制，该参数通过信令或管理程序进行协商。

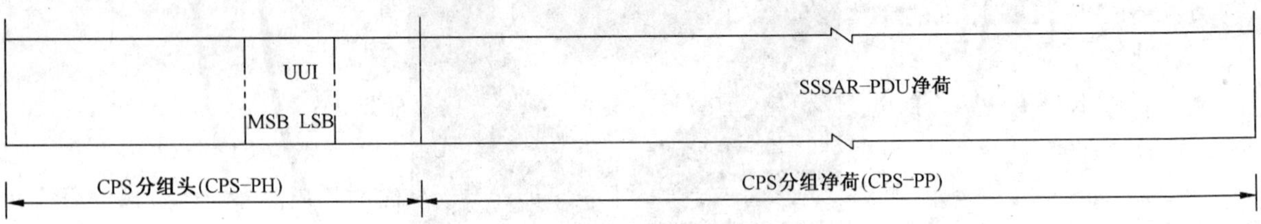

图 15 **SSSAR-PDU 的格式**

5.3.4 **SSSAR 程序**

分段和重装子层的程序的 SDL 块结构如图 16 所示。

特定业务分段和重装子层从一个 SSSAR 用户发送方程序中接收 SSSAR-SDU。如果有必要，它会将这些 SDU 分段成许多 SSSAR-PDU(即 CPS-SDU)并将之提交给 AAL2 的公共部分子层来传输。在 SSSAR 接收方，SSSAR-PDU 在传递给 SSSAR 用户之前被重装成 SSSAR-SDU。

如果 SSSAR-SDU 需要分段，除了最后一个 PDU 外，所有的 SSSAR-PDU 通常是同样的长度，这是基于每个 CPS 连接基础上确定的。将 SSSAR-SDU 分段成各种长度 SSSAR-PDU(例如为了动态带宽管理)的其他方案也是允许的，虽然在本标准中并没有规定。该长度可以在“1”和 CPS 连接所能支持的最大长度之间。

特定业务分段和重装子层的程序的 SDL 图在本条中给出。如果本条给出的文字描述和 SDL 图之间存在任何差异，则 SDL 图具有优先权。

注：在本条的 SDL 图中，在所有 PDU 和 SDU 中的字节，即 SSSAR-SDU，编号是从“0”开始，最多到“65 567”。

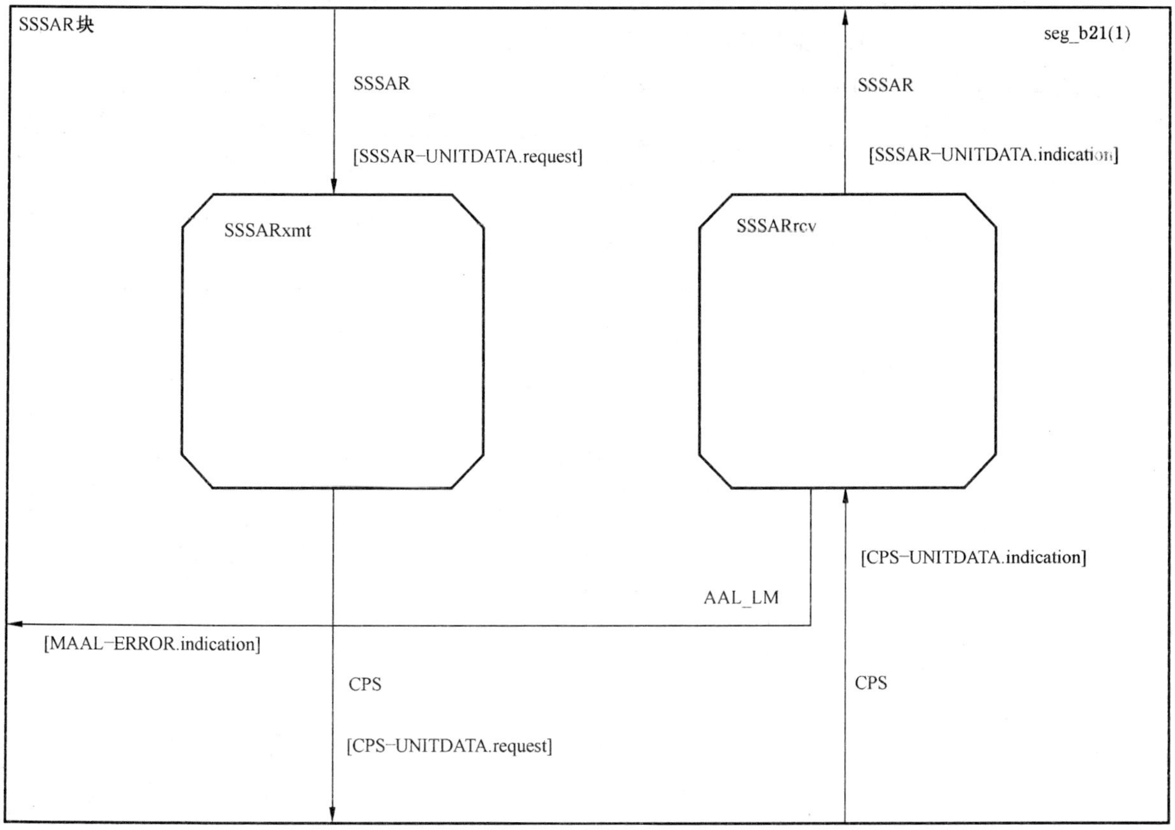

图 16 特定业务分段和重装子层的 SDL 块结构

5.3.4.1 SSSAR 发送方

SSSAR 发送方的操作由具有以下单个状态的状态机来模型化：

IDLE 仅有一个状态存在；在每次转移之后程序返回到这里。

SSSAR 发送方操作的描述使用下列状态变量：

len 该状态变量指示需要处理的 SSSAR-PDU(即 SSSAR-INFO 参数)的(剩余)长度。

ptrSEG 该状态变量指出在 SSSAR-PDU(即 SSSAR-INFO 参数)中需要处理的下一个字节，下一个 SSSAR-PDU 的净荷从这里开始拷贝。

SSSAR 发送方维护下列参数：

Segment_Length 该参数以字节为单位指示 SSSAR-PDU 的最大长度。该参数是由 SSSAR 发送方的执行而确定的。

注：Segment_Length 参数应被选择以便满足下列目标：

- 净荷的高效使用；
- 对延迟敏感应用的低抖动；且
- 与 AAL5 的简单互通。

SSSAR 发送方的 SDL 定义如图 17 所示。

1) 当 SSSAR-SDU 从 SSSAR 用户在 SSSAR-UNITDATA. request 原语中传递时，变量“len”设置为 SSSAR-INFO 参数的长度。
2) 如果在 SSSAR-INFO 参数中仍未处理该长度或信息的长度(变量“len”)超过了 SSSAR-PDU 的最大允许长度，则“Segment_Length”个字节从 SSSAR-INFO 参数拷贝至 CPS-INFO 参数中。该信息以 CPS-UNITDATA. request 原语来传输，其中 SSSAR-UUI 参数设置为“27”。变量“len”于是减去“Segment_Length”且变量“ptrSEG”增加同样的数目。

3）如果在 SSSAR-INFO 参数中仍未处理的信息的剩余长度（变量"len"）超过了 SSSAR-PDU 的最大允许长度，则程序按照条目 2 继续进行。

4）如果在 SSSAR-INFO 参数中仍未处理的信息的长度（变量"len"）没有超过了 SSSAR-PDU 的最大允许长度，则剩余的"len"个字节从 SSSAR-INFO 参数拷贝至 CPS-INFO 参数中。该信息以 CPS-UNITDATA. request 原语传递至 CPS，其中 CPS-UUI 参数设置为 SSSAR-UUI 参数值。

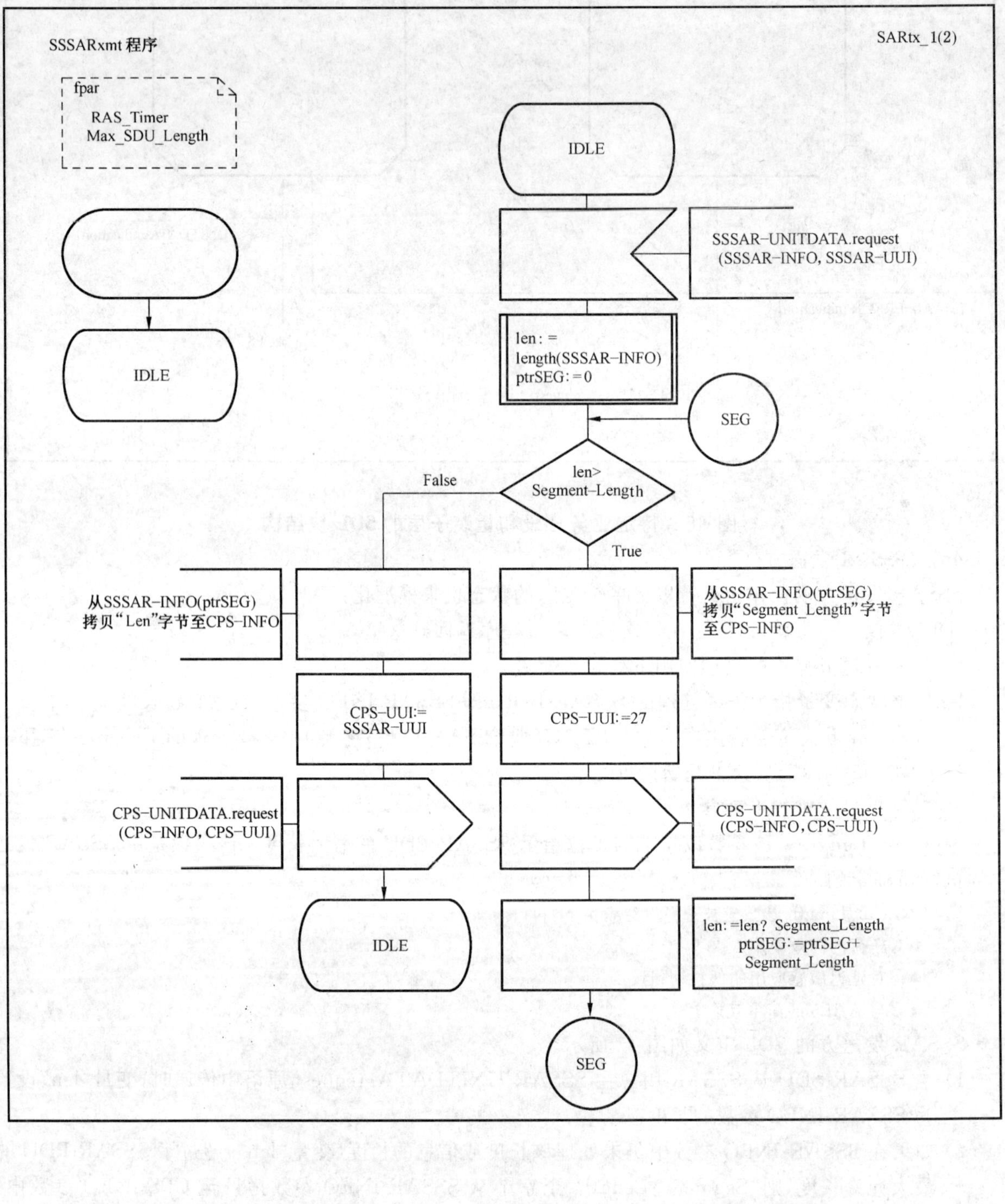

图 17 **SSSAR 发送方的 SDL 图**

5.3.4.2 **SSSAR 接收方**

SSSAR 接收方的操作由包含下列状态的状态机来模型化：

IDLE　当前没有 SSSAR-SDU 重装；重装定时器“RAS_Timer”没有运行。

PART　当前正在重装的 SSSAR-SDU 的一些但不是全部的信息已经到达且正在被缓存；重装定时器“RAS_Timer”处于运行状态。

ABORT　SSSAR-SDU 的最大允许长度已经在重装过程中被超过。如果已知被损坏的数据没有被传递，则 SSSAR 接收方保持在该状态直到接收到 SSSAR-SDU 的结束；重装定时器“RAS_Timer”处于运行状态。

SSSAR 接收方的状态转移图如图 18 所示。

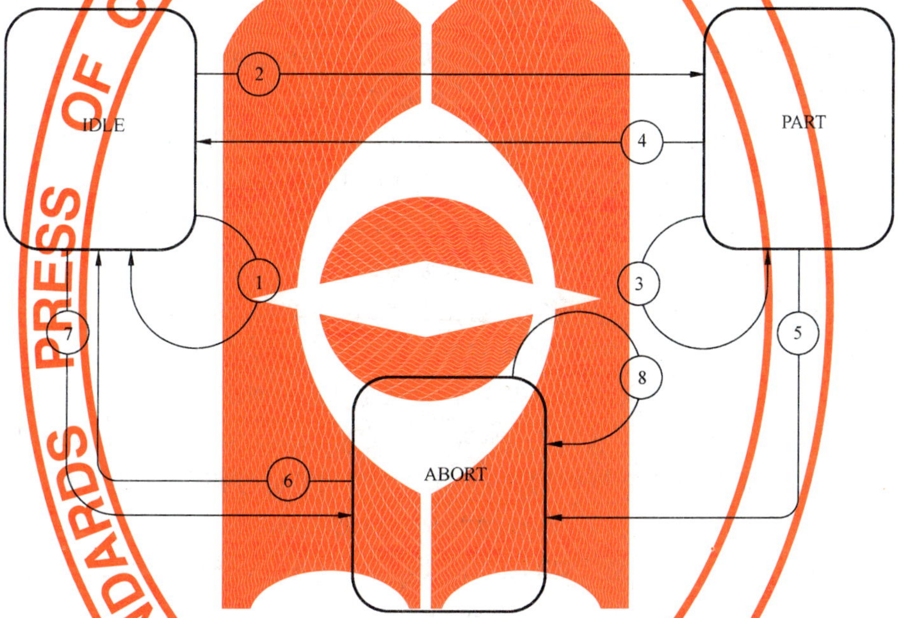

① 接收到 CPS-UNITDATA. indication 且检测到 SSSAR-SDU 的结束；

② 接收到 CPS-UNITDATA. indication 且没有检测到 SSSAR-SDU 结束；

③ 接收到 CPS-UNITDATA. indication 且没有检测到 SSSAR-SDU 结束；

④ {接收到 CPS-UNITDATA. indication 且检测到 SSSAR-SDU 结束}或{RAS_Timer 期满}；

⑤ 超过 Max_SDU_Length；

⑥ {接收到 CPS-UNITDATA. indication 且检测到 SSSAR-SDU 结束}或{RAS_Timer 期满}；

⑦ 超过 Max_SDU_Length；

⑧ 接收到 CPS-UNITDATA. indication 且没有检测到 SSSAR-SDU 结束。

图 18　SSSAR 接收方的状态转移图

SSSAR 接收方操作的描述使用下列状态变量：

len　该状态变量指示接收到的 SSSAR-PDU 的长度。

ptrRAS　该状态变量指出在重装缓冲区内的下一个空闲字节，下一个 SSSAR-PDU 净荷将被拷贝在这里。

INFO_buffer　该缓冲区用于暂时存储或重装 SSSAR-SDU。

CPS 发送方操作的描述使用下列定时器：

RAS_Timer　重装定时器 RAS_Timer 保证对 SSSAR-SDU 的重装不超过一定时间限制；如果该定时器不需要，则设置为无限大值。

注 1：如果 SSSAR-SDU 的最后一个 SSSAR-PDU 已经丢失了，则该定时器将会期满。

SSSAR 接收方维护下列参数：

Max_SDU_Length　该参数按字节指示 SSSAR-SDU 的最大长度，该长度是允许被传输的最大长度。

SSSAR 接收方程序的 SDL 定义如图 19 所示。

1）当 SSSAR 接收方处于 IDLE 状态且接收到 CPS-UNITDATA. indication 原语时，则 SSSAR 接收方将变量“ptrRAS”设置为“0”并启动重装定时器“RAS_Timer”。变量“len”设置成 CPS-INFO 参数的长度。CPS-INFO 被拷贝至变量“INFO_buffer”且变量“ptrRAS”增加“len”。

注 2：CPS-INFO 参数的长度在同一 SSSAR-SDU 内可能随 CPS-UNITDATA. indication 的不同而不同。

2）如果 CPS-UUI 参数设置为“27”，则 SSSAR 接收方进入或保持在 PART 状态。否则，发出具有下列参数的 SSSAR-UNITDATA. indication 原语：

- 在变量“INFO_buffer”中的信息被拷贝至 SSSAR-INFO 参数中；且
- 最后接收到的 CPS-UUI 参数的值被拷贝至 SSSAR-UUI 参数中。

重装定时器“RAS_Timer”被重新设置且程序进入（或保持在）IDLE 状态。

3）当 SSSAR 接收方处于 PART 状态且接收到 CPS-UNITDATA. indication 原语时，SSSAR 接收方将变量“len”设置成 CPS-INFO 参数的长度。如果信息已经存在于变量“INFO_buffer”中且新到达的信息超过了最大允许长度（参数“Max_SDU_Length”），则程序从条目 4）继续进行。否则 CPS-INFO 被添加到变量“INFO_buffer”中且变量“ptrRAS”增加“len”。程序从条目 2）继续进行。

4）如果信息在变量“INFO_buffer”中已经存在且新到达的信息超过了最大允许长度（参数“Max_SDU_Length”），则已知损坏的数据将不被传递且向层管理通知该事件，程序进入状态 ABORT。

5）当 SSSAR 接收方处于 PART 状态且定时器“RAS_Timer”期满，则向层管理通知该事件且程序进入 IDLE 状态。

6）当 SSSAR 接收方处于 ABORT 状态且接收到 CPS-UNITDATA. indication 原语，SSSAR 接收方检查 CPS-UUI 参数。如果该参数值为“27”，则程序保持在 ABORT 状态而不需要采用进一步行为；否则，程序进入 IDLE 状态也不需要采取任何进一步的行为。

当 SSSAR 接收方处于 ABORT 状态且定时器“RAS_Timer”期满，则程序进入 IDLE 状态而不需要采取任何进一步的行为。

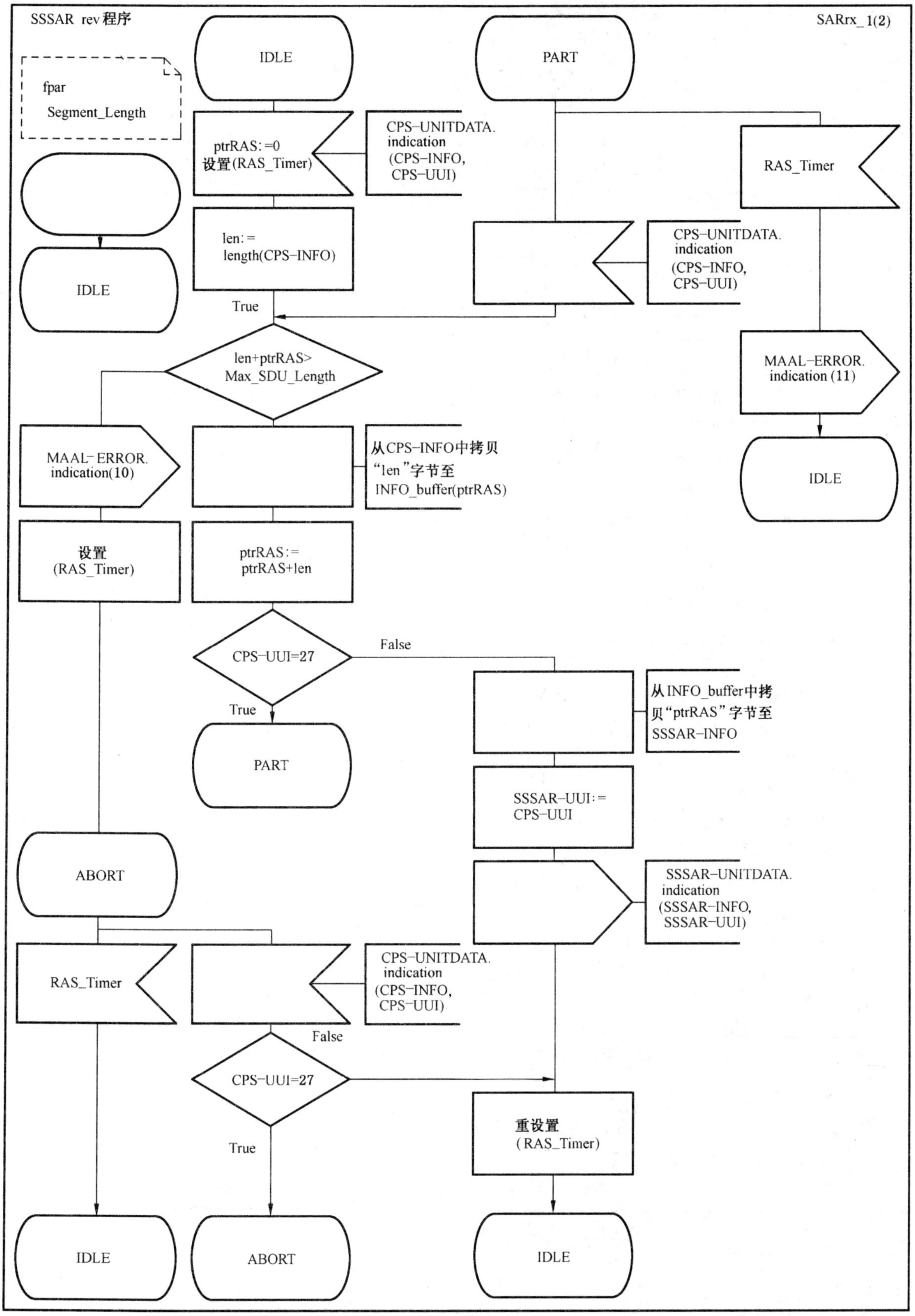

图 19 SSSAR 接收方的 SDL 图

5.3.4.3 由SSSAR向层管理提供的错误指示总结

对层管理的错误指示总结在表11中。

表11 对层管理的错误指示

(错误号码)	所指示的错误
10	已经超过了所重装的SSSAR-SDU的最大允许长度("Max_SDU_Length")
11	重装定时器RAS_Timer已经期满

5.4 特定业务传输差错检测子层(SSTED)

5.4.1 由SSTED提供的业务

AAL2 SSTED提供了从一个SSTED用户通过公共部分子层(CPS)向其他SSTED用户传递SSTED-SDU的能力。业务提供对等层的操作:

- 最多65 535字节的SSTED-SDU的数据传递;
- 从特定业务分段和重装子层(SSSAR)继承并获得SSTED-SDU序列的完整性。

以上业务是非保证的:

- 完整的SSTED-SDU可能会被传递、丢失或损坏;
- 损坏的SSTED-SDU被丢弃且不会传递给SSTED用户;
- 损坏或丢失的SSTED-SDU将不会通过重传来校正。

注1:检测到错误的事例包括:接收到的长度和SSTED-PDU的长度域不匹配,不正确格式的SSTED-PDU和SSTED CRC错误(缓冲区上溢由SSSAR处理)。

注2:损坏数据传递的选项需要进一步研究。

AAL2 SSTED连接使用AAL2 CPS连接;因此,它们继承了CPS连接的特征;特别是,AAL2 SSTED连接是双向虚信道。

5.4.2 在SSTED和SSTED用户实体之间的原语

由AAL2 SSTED提供的用于SSTED用户实体之间通信的原语是SSTED-UNITDATA. request和SSTED-UNITDATA. indication原语,它们用于数据传递。

定义了下列参数:

- SSTED-INFO

该参数规定了在SSTED和SSTED用户实体之间互换的数据单元。接口数据长度是一个字节的整数倍。SSTED接口数据表示了一个完整的SSTED-SDU。

- SSTED-LP

该参数提供用于与AAL5的CPCS业务相兼容;它由SSTED在对等的SSTED用户之间透明地传输。

- SSTED-CI

该参数提供用于与AAL5的CPCS业务相兼容;它由SSTED在对等的SSTED用户之间透明地传输。

- SSTED-UUI

该参数SSTED在对等的SSTED用户之间透明地传输。

这些参数的用法总结在表12中。

表12 在SSTED和SSTED用户之间的原语和参数

参　数	SSTED-UNITDATA. request	SSTED-UNITDATA. indication	注　释
SSTED - INFO	m	m	1..65 535字节SSTED用户数据
SSTED - LP	m	m	SSTED-LP=1:低优先级(注) SSTED-LP=0:高优先级

表 12（续）

参　　数	SSTED-UNITDATA. request	SSTED-UNITDATA. indication	注　　释
SSTED - CI	m	m	SSTED-CI=1:经历拥塞(注) SSTED-CI=0:未经历拥塞
SSTED - UUI	m	m	8 比特的 SSTED 用户信息
m：必选参数。 —：不出现的参数。 注：这些参数提供用于与 AAL5 业务的兼容性；它们由 SSTED 透明地传输。			

5.4.3 SSTED 的格式和编码

SSTED-PDU 的编码遵守在 ITU-T I.361 的 2.1 条中规定的编码惯例。

一个 SSTED-PDU 包含 SSTED 净荷和 SSTED 尾。SSTED-PDU 中各域的大小和位置如图 20 所示。

SSTED-PDU 包含 7 个域：

a) SSTED-PDU 净荷

该域承载 SSTED-SDU 并由 SSTED 发送方从 SSTED-UNITDATA. request 原语的 SSTED-INFO 参数中拷贝出来，而且由 SSTED 接收方拷贝至 SSTED-UNITDATA. indication 原语的 SSTED-INFO 参数中。

b) 预留域

该域预留用于将来的标准化，它由发送方设置为“0”且在接收时被忽略。

c) 拥塞指示(CI)

该域提供用于与 AAL5 的 CPCS 业务相兼容，它透明地从发送方用户传输至接收方用户。

d) 丢失优先级(LP)

该域提供用于与 AAL5 的 CPCS 业务相兼容，它透明地由发送方用户传输至接收方用户。

e) SSTED 用户至用户指示(SSTED - UU)域

CPCS-UU 域用于透明地传递 CPCS 用户至用户信息。

f) 长度域

长度域用于编码 SSTED-PDU 净荷域的长度，长度域的值也为接收方所用于检测信息的丢失或获得。长度域按照字节数目的二进制数来编码，值为“0”的长度域用于指示接收到的 SSTED-PDU 将被丢弃。

g) CRC 域

CRC-32 用于检测在 SSTED - PDU 中的比特差错。

CRC 域以在整个 SSTED - PDU 内容上执行 CRC 计算所得的数值来填充，不包括 SSTED-PDU 尾。CRC 域应包含下列和(模 2)的补码：

1) $x^k \times (x^{31} + x^{30} + \cdots + x + 1)$ 由生成多项式除后(模 2)的余数，这里 k 是进行 CRC 计算的信息比特数目；

2) x^{32} 与 CRC 所计算信息的乘积由生成多项式除后(模 2)的余数。

CRC-32 生成多项式是：

$$G(x) = x^{32} + x^{26} + x^{23} + x^{22} + x^{16} + x^{12} + x^{11} + x^{10} + x^8 + x^7 + x^5 + x^4 + x^2 + x + 1$$

CRC 计算的结果从左至右放置在 CRC 域内。

作为在发送方上的典型实现，计算除法余数设备的寄存器的初始内容都预设置为“1”，在接收到用 CRC 计算的信息后由生成多项式(如上所述)通过除法来修改；由此产生余数的补码被放置在 CRC 域中。

作为在接收方的典型实现，计算除法余数设备的寄存器的初始内容都预设置为“1”。在连续进入的

CPCS-PDU 与 x^{32} 相乘且由生成多项式除后(模 2),最后的余数将是(在没有错误的情况下):$C(x)=x^{31}+x^{30}+x^{26}+x^{25}+x^{24}+x^{18}+x^{15}+x^{14}+x^{12}+x^{11}+x^{10}+x^{8}+x^{6}+x^{5}+x^{4}+x^{3}+x+1$。

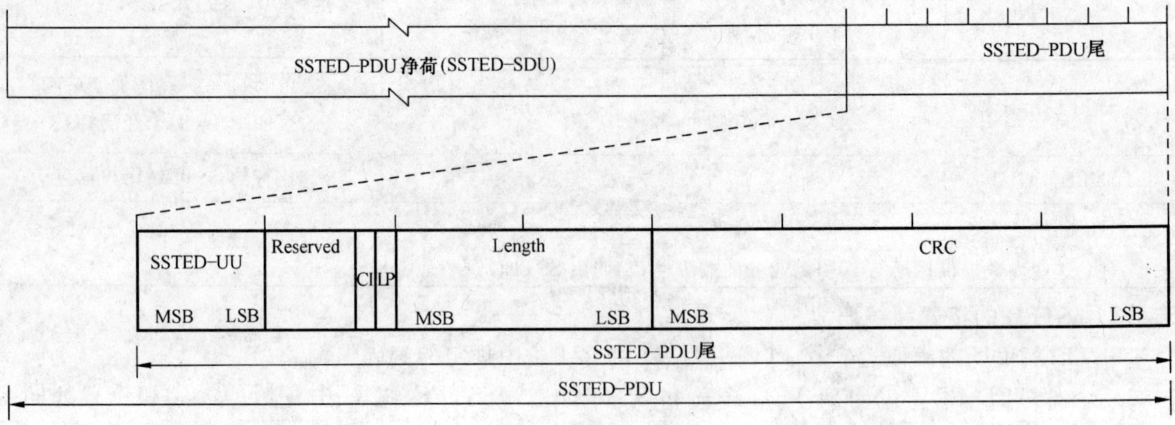

CI	拥塞指示	(1 比特)
CRC	循环冗余校验	(4 字节)
Length	SSTED-SDU 长度	(2 字节)
LP	丢失优先级	(1 比特)
Reserved	预留(设置为 0)	(6 比特)
SSTED-UU	SSTED 用户至用户指示域	(1 字节)

图 20　SSTED-PDU 格式

5.4.4　SSTED 程序

特定业务传输差错检测子层程序的 SDL 块结构如图 21 所示。

特定业务传输差错检测子层从一个 SSTED 用户发送方程序接收 SSTED-SDU,它将 SSTED-PDU 放入 SSTED-PDU 净荷中,设置长度域并计算 CRC。SSTED-PDU 被提交给特定业务分段和重装子层来传输。在 SSTED 接收方,SSTED-PDU 的长度与长度域中的值进行比较而且验证 CRC。如果任何一个检测失败,则所接收的 SSTED-PDU 被丢弃;否则,未损坏的 SSTED-SDU 被传递给 SSTED 用户。

特定业务传输差错检测子层程序的 SDL 图在本条中给出。如果在本条的文字描述和 SDL 图之间存在任何差异,则 SDL 图具有优先权。

注:在本条的 SDL 图中,在所有 PDU 和 SDU 中的字节,即 SSTED-SDU,编号是从"0"最多到"65 534"。

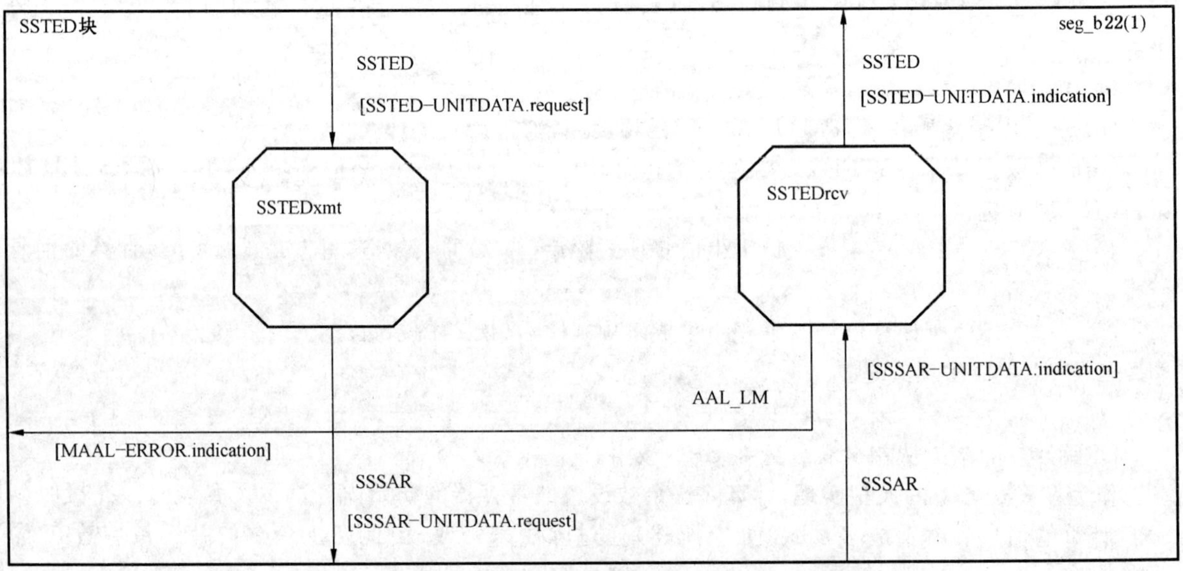

图 21　特定业务传输错误检测子层的 SDL 块结构

5.4.4.1 **SSTED 发送方**

SSTED 发送方的操作是由包含下列单个状态的状态机模型化的：

IDLE　仅有一个状态存在；程序在每次转移完成后会返回该状态的。

SSTED 发送方操作的描述不使用任何状态变量。

SSTED 发送方程序的 SDL 定义如图 22 所示。

1) 当 SSTED-SDU 以 SSTED-UNITDATA. request 原语从 SSTED 用户传递时，SSTED-PDU 便被构造了。SSTED-PDU 净荷被设置成在 SSTED-INFO 参数中接收到的 SSTED-SDU，长度域被设置成 SSTED-INFO 参数中的长度值，SSTED-UU 域被设置成 SSTED-UUI 参数，预留域被设置为"0"，CI 域被设置为 SSTED-CI 参数的值，LP 域被设置为 SSTED-LP 参数的值，而且 CRC 域被计算。

2) 所构造的 SSTED-PDU 以 SSTED-UNITDATA. request 原语提交给 SSSAR 来传输；参数设置如下：

- SSSAR-INFO 设置成所构造的 SSTED-PDU；
- SSSAR-UUI 设置为"26"。

程序保持在 IDLE 状态。

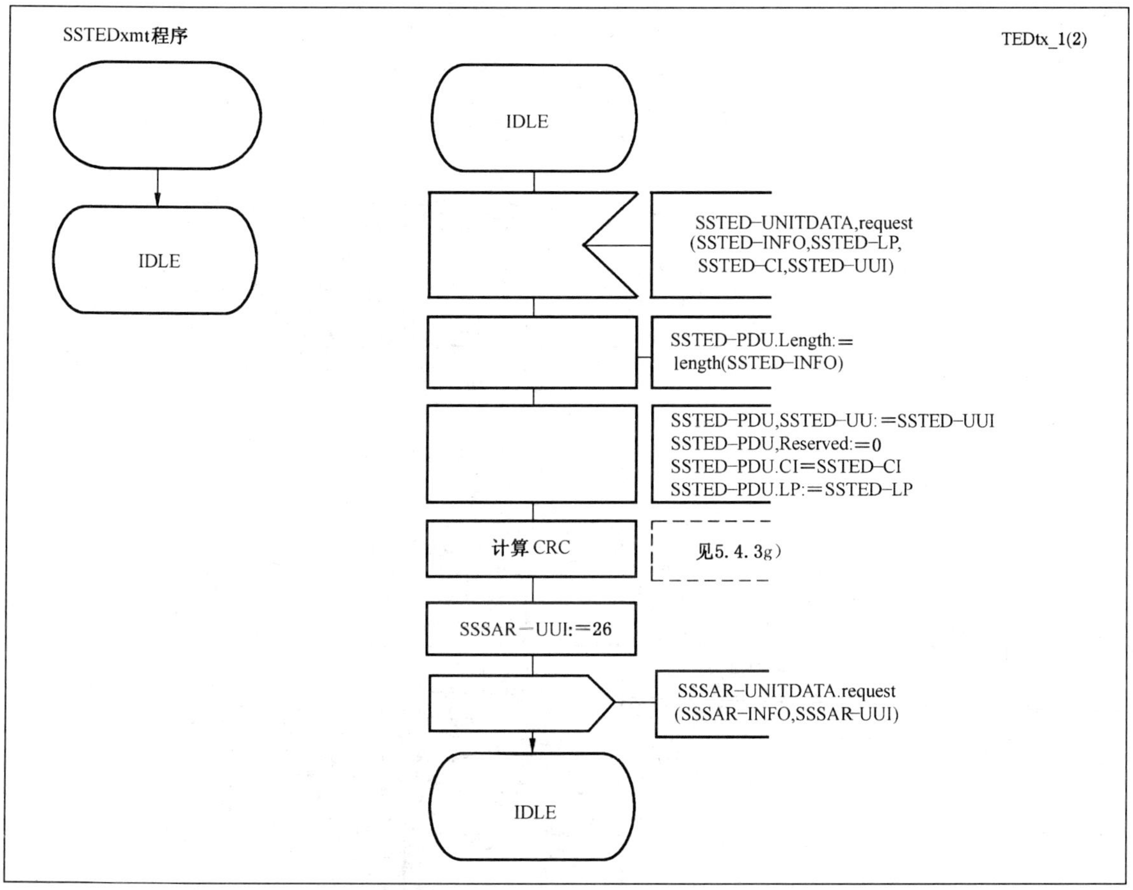

图 22　**SSTED 发送方的 SDL 图**

5.4.4.2 **SSTED 接收方**

SSTED 接收方的操作是由包含下列单个状态的状态机模型化的：

IDLE　仅有一个状态存在；程序在每次转移完成后会返回该状态的。

SSTED 接收方操作的描述使用下列状态变量：

len　该状态变量指示所接收的即将被处理的 SSTED-PDU（即 SSSAR-INFO 参数）的长度。

SSTED 接收方程序的 SDL 定义如图 23 所示。

1) 当 SSTED-PDU 以 SSSAR-UNITDATA. indication 原语的形式从 SSSAR 接收到时，变量"len"被设置为 SSTED-PDU 的长度，即 SSSAR-INFO 参数的长度。如果"len"小于"9"，则 PDU 编码不正确。
2) 如果变量"len"不等于 SSTED-PDU 长度域的值加上 8，则信息被丢弃且程序保持在 IDLE 状态。此外，如果 SSTED-PDU 长度域中的值不等于"0"，则向层管理通知此事。
3) CRC 计算并进行验证(参见 5.4.3)。如果验证失败，向层管理通知该事件，信息被丢弃且程序维持在 IDLE 状态。
4) 信息被认为是未受损坏则以 SSTED-UNITDATA. indication 原语传递给 SSTED 用户；参数 SSTED-INFO 设置成 SSTED-SDU(从 SSTED-PDU 净荷开始)，SSTED-UUI 设置为 SSTED-UU 的值，参数 SSTED-CI 设置成 CI 域的值，且参数 SSTED-LP 设置为 LP 域的值。

注：损坏数据传递选项需要进一步研究。

5.4.4.3 由 SSTED 向层管理提供的错误指示总结

对层管理的错误指示总结在表 13 中。

表 13 对层管理的错误指示

(错误号码)	所指示的错误
20	接收到长度为 8 或更小的 SSTED-PDU
21	SSTED-PDU 中长度域的数值与接收到的 SSTED-PDU 的长度不匹配
22	CRC 域的数值不等于在所接收信息上计算出的 CRC 值

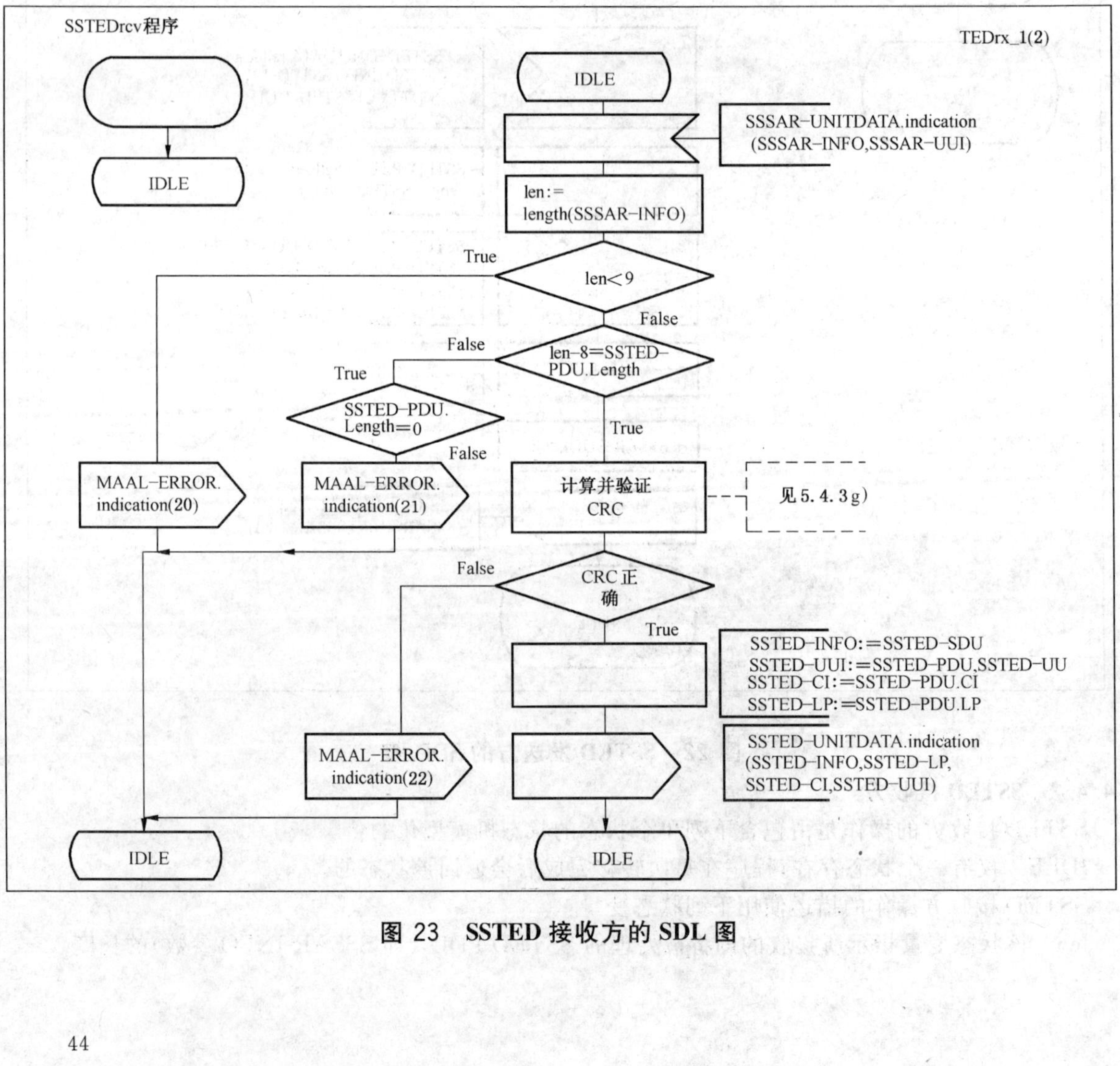

图 23 SSTED 接收方的 SDL 图

5.5 特定业务保证数据传输子层(SSADT)

特定业务有保证数据传递子层的业务与 ITU-T Q.2110 中定义的 SSCOP(特定业务面向连接协议)业务一样。

本节主要包含关于 SSCOP 业务的信息,但也规定了对 SSTED 子层的必要适配方法。

注:提供有保证数据传递机制的其他程序标准还有待进一步研究。

5.5.1 由 SSADT 所提供的业务的信息

AAL2 SSADT 提供了从一个 SSADT 用户通过公共部分子层(CPS)向其他 SSADT 用户传递 SSADT-SDU 的能力。业务提供了对等层的操作:

- 最多 65 531 字节的 SSADT-SDU 数据传递。
- 从特定业务传输差错检测子层(SSTED)继承并获得 SSADT-SDU 序列的完整性。

以上业务具有有保证和无保证模式。

在有保证模式中:

- SSADT-SDU 提交给有保证数据传递子层来传输的;
- 损坏的 SSADT-SDU 被检测出来并不传递给 SSADT 用户;
- 通过序列检查机制,接收方 SSADT 实体检测丢失的 SSADT-SDU;丢失或损坏的 SSADT-SDU 通过选择性重传得到校正;
- 流控机制允许 SSADT 接收方去控制对等 SSADT 发送方实体发送信息的速率;
- 保持激活机制验证了参与某个连接的两个对等 SSADT 实体在长时间没有数据传递的情况下仍保持链路连接的建立状态。

注 1:检测到差错的事例包括检测到丢失的 SSADT-PDU(检测到损坏的 PDU 则由 SSTED 所丢弃)。

注 2:损坏的数据传递选项需要进一步的研究,对 SSTED 则不使用。

AAL2 SSADT 连接使用 AAL2 CPS 的连接;因此,它们继承了 CPS 连接的特征;特别是,AAL2 SSADT 连接是双向的虚信道。

5.5.2 在 SSADT 和 SSADT 用户实体之间的原语

定义在 ITU-TQ.2110 中的原语也可以运用于 SSADT 子层。如果需要,ITU-TQ.2110 可以由特定业务协调功能(SSCF)补充以在 AAL 业务访问点(SAP)处提供业务。

5.5.3 SSADT 的格式、编码和程序

定义在 ITU-TQ.2110 中的格式、编码和程序可以不加任何限制地采用。

5.5.4 与管理平面的交互作用

特定业务有保证数据传递子层的业务对层管理是可以使用的;在这种情况下,CPS 信道完全专用于层管理实体之间的通信。

5.6 分段和重装特定业务会聚子层的参数和数值的总结

在表 14 中列出的系统资源的参数值必须在部署了分段和重装特定业务会聚子层的 AAL2 信道建立之前得到确定。这种确定可能通过预提供方式或超出本标准范围的信令方式来完成。在没有预提供方式或信令方式的情况下,将采用缺省值。这些 AAL2 系统参数的数值可能在 CPS 信道之间是不同的。

表 14 用于分段和重装特定业务会聚子层的参数

意义	参数	允许值	缺省值
发送方	Segment_Length	“1”至 Max_CPS_Deliver_Length(注 1)	没有
接收方	重装定时器 (RAS_Timer)	要进一步研究	要进一步研究

表 14（续）

意 义	参 数	允 许 值	缺 省 值
对等方	SSSAR-SDU 的最大长度（Max_SDU_Length）	“1”～“65 568”	要进一步研究
	传输差错检测机制的选择（SSTED）	“not selected”或“selected”	没有
	有保证数据传递机制的选择（SSADT）（注 2 和注 3）	“not selected”或“selected”	没有
注 1：该参数在 AAL2 的公共部分中规定。 注 2：如果传输差错检测机制也选择了，则仅能选择有保证数据传递机制。 注 3：SSADT 的参数在 ITU-TQ. 2110 中规定。			

6 用于窄带业务的 AAL2 特定业务会聚子层

6.1 参考模型

图 24 显示了 SSCS 的参考模型。

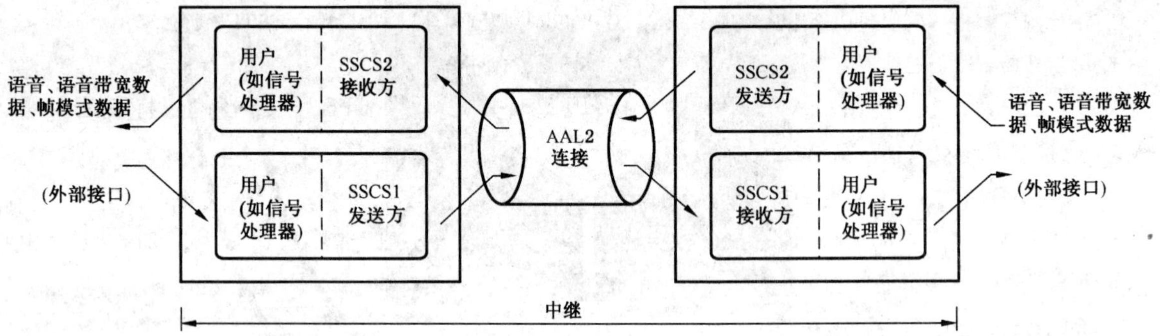

图 24 用于窄带中继的 SSCS 参考模型

SSCS 用于承载每个 AAL2 连接上的窄带呼叫的信息内容——用承载能力指示语音、语音带宽数据或电路模式数据——这由中继接口上的外部输入确定。但是第二种信息，诸如帧模式数据、拨号数字、随路信令比特、告警和环回可能会在同一 AAL2 连接上交织传输。

注：如果帧模式数据在外部接口上被单独提交，没有和其他信息如语音等一起提交，则它可以直接由定义在第 5 章中的分段 SSCS 来处理。

信息内容的编码在连接期间通过用户状态改变，速率控制或信令能够动态地变化。例如，一旦检测到语音带宽的数据业务，如 2 100 Hz 音调，编码速率可以从其标称速率增加到更高的速率以适应语音带宽数据。如果检测到传真业务且支持传真解调，则编码可能会切换至传真解调。

SSCS 直接支持随路信令比特的传输且使帧模式数据对共路信令消息进行传输。

在中继任何一端的接入接口上，外部输入可以来自使用 ISDN 或模拟技术实现的专用窄带交换系统。图 25a)、图 25b)、图 25c)给出了中继可能部署的例子。

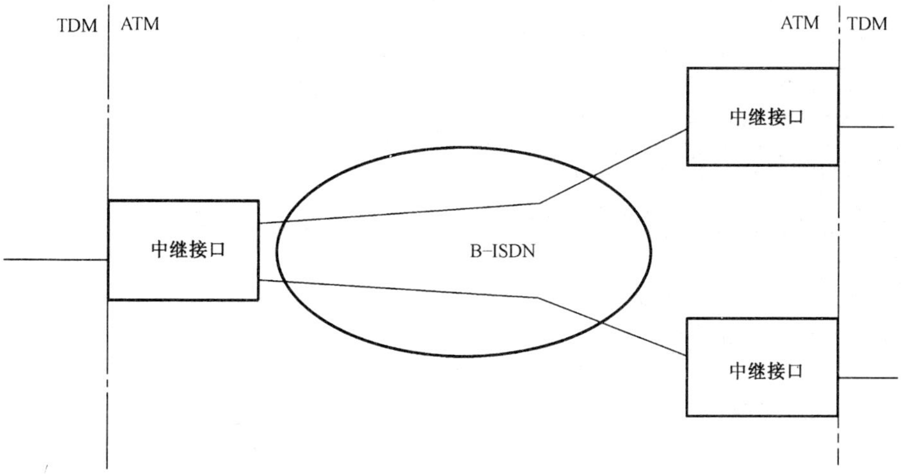

图 25a）窄带中继部署举例一

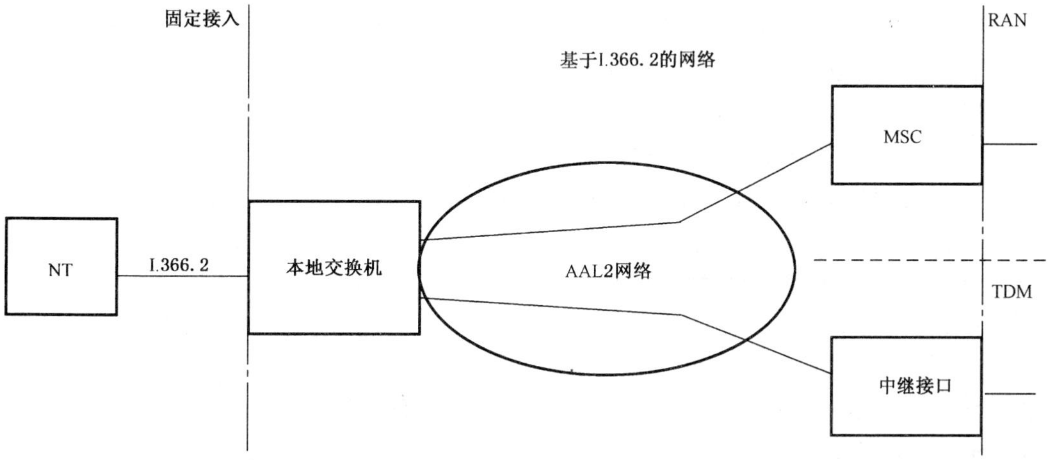

图 25b）窄带中继部署举例二

图 25c）对固定接入的部署举例

用于 AAL2 中继的 ATM 连接可以是交换的或永久的 VC。依据特殊的应用，窄带信息流（例如在一次群速率接口上的时隙）至 AAL2 连接的映射也可以是静态的或动态的。基于对目的地址的分析，窄带连接在某个中继接口上甚至可以交换至几个输出 ATM 连接中的任意一个。这些是 SSCS 的可能应用且超出了本标准的范围。

6.2 功能描述

在 AAL2 连接的每个末端，SSCS 的操作是由用户协调的，例如信号处理。如参考模型所示，这些是明确的实体。本条在这些实体之间定义了界限。

6.2.1 发送方功能

下列功能，如果能被支持，在发送方被认为是用户的责任：

a） 将语音抽样编码成比特序列。

b） 基于呼叫特征和资源状况对语音编码算法进行选择，例如拥塞指示。

c） 通过对话音活动的检测进行静音压缩和对静音插入描述符的不连续传输。

d) 在每个时隙内将电路模式数据作为 8 kHz 字节流来传递。

e) 提取数据帧并消除标志符、填充比特和 CRC 码，如果有这些相应的编码。

f) 检测并优先处理传真和调制解调器业务，例如高保真度编码。

g) 从多频音调中提取拨号数字编码。

h) 提取随路信令比特并分析其变化。

i) 将传真解调至基带比特用于页面控制和图形数据。

j) 检测告警。

k) 同步化向 SSCS 传递已处理信号。

l) 用户状态控制操作的请求和响应。

m) 速率控制。

n) SSCS 操作中变化的同步。

o) 环回。

以下相应的功能，如果被支持，则在发送方是 SSCS 的责任：

a) 将已编码的语音比特插入至分组中。

b) 通过分组头或分组净荷中的域(例如 UUI 代码点和长度指示符)指示所使用的算法。

c) 插入 SID 比特和指示所使用的 SID，就像任何语音算法一样。

d) 基于时隙将字节流插入分组中。

e) 采用差错保护，将数据帧分段成分组序列。

f) 为语音带宽数据插入编码比特并指示所使用的算法，就像任何其他语音一样。

g) 将拨号数字插入到分组中。

h) 将随路信令比特流转变插入到分组中。

i) 将传真基带比特插入到明确用于此目的的分组中。

j) 将告警插入到分组中。

k) 对分组进行序列编号以有助于在接收方进行信息流的同步重构。

l) 产生用户状态控制消息。

m) 将速率控制命令插入到明确的分组结构中。

n) 将 SSCS 操作中变化的同步插入到明确的分组结构中。

o) 将环回插入到明确的分组结构中。

6.2.2 接收方功能

下列相应的功能，如果被支持，则在接收方是 SSCS 的责任：

a) 根据分组头或分组净荷的域来确定输入分组类型。

b) 缓存对时间敏感的分组以减少延迟变化(减低抖动)。

c) 注意及时向用户释放的分组内容中的序列编号，例如丢弃迟到的分组。

d) 提取算法标志并从分组结构中提供编码的语音比特。

e) 指示在比特流中任何不可恢复的无信息时间段。

f) 基于时隙从分组中提取字节流。

g) 采用差错检测，从分组序列中重装数据帧。

h) 提取拨号数字代码。

i) 提取随路信令比特转变。

j) 提取传真基带比特。

k) 提取告警。

l) 解释用户状态控制消息。

m) 从分组结构中提取速率控制命令。

n) 从分组结构中提取 SSCS 操作中变化的同步。

o) 从分组结构中提取环回。

下列功能,如果能被支持,在接收方被认为是用户的责任:

a) 对应用于信息流的编码识别。

b) 消除任何由用户解码引入的延迟变化。

c) 同步来自 SSCS 的编码信息的传递。

d) 将语音比特解码为语音抽样序列,包括缓解由静音插入描述符直接导致的噪音。

e) 如果期望的语音比特丢失,尝试有意识地标记差错。

f) 将电路模式数据的再生作为每个时隙内的 8 kHz 字节流。

g) 再生数据帧并恢复标志符、填充比特和 CRC 码,如果有相应的这些编码。

h) 从拨号数字字节中再生多频音调。

i) 从比特转变中再生随路信令。

j) 从基带比特中再调制传真。

k) 告警解释。

l) 指示并证实用户状态控制操作。

m) 速率控制。

n) SSCS 操作中变化的同步。

6.3 所提供的业务

由 SSCS 所提供的业务是通过如图 26 所示的两个业务访问点(SAP)来传递的。

语音 SAP 传递 64 kbit/s 业务,且语音业务是缺省的。多速率 SAP 传递电路模式 $N\times64$ kbit/s 业务,$N\geqslant1$。在每个 SAP 上传递的业务如表 15 所示。

为了实现每种业务,原语通过 SAP 传递。原语及其参数根据业务在下面的章条中描述。

语音、电路模式数据和传真解调/再调制业务代表了语音业务的主要信息流。在这些业务流中,仅有一个能在给定的时间内在 AAL2 连接上传输。主要的信息流由 SSCS 状态确定,SSCS 状态按照状态控制业务中描述进行设置。

拨号数字业务是第二种信息流。它可以与主要信息流中的一种同时传输,但是在传输拨号数字时其所参与的主要信息流状态应是空闲的。随路信令、速率控制、SSCS 操作中变化的同步、告警和环回业务是能够和主要信息流中的一种同时传输的第二种信息流。

表 15 在两个 SSCS SAP 上传递的业务

业务类型	传递的业务	必选/可选
语音业务类型 (通过语音 SAP)	话音 用于 64 kbit/s 的电路模式数据 帧模式数据 拨号数字 随路信令 传真解调/再调制 告警 状态控制 速率控制 SSCS 操作中改变的同步 环回	C O O O O O M O O O O
多速率业务类型 (通过多速率 SAP)	用于 $N\times64$ kbit/s 的电路模式业务,$N\geqslant1$ 帧模式数据 告警 环回	C O M O
M=必选,C=有条件,O=可选。 注 1:应该实现某个业务类型或两者。告警业务在所有情况下都是必须实现的。 注 2:如果实现了语音业务类型,则语音业务是必须实现的。对实现特殊的编码算法并没有要求,除了在 6.8.4 中规定的必选轮廓外。 注 3:如果实现了多速率业务类型,则电路模式数据业务是必须实现的。实现该业务对特殊的 N 值没要求。		

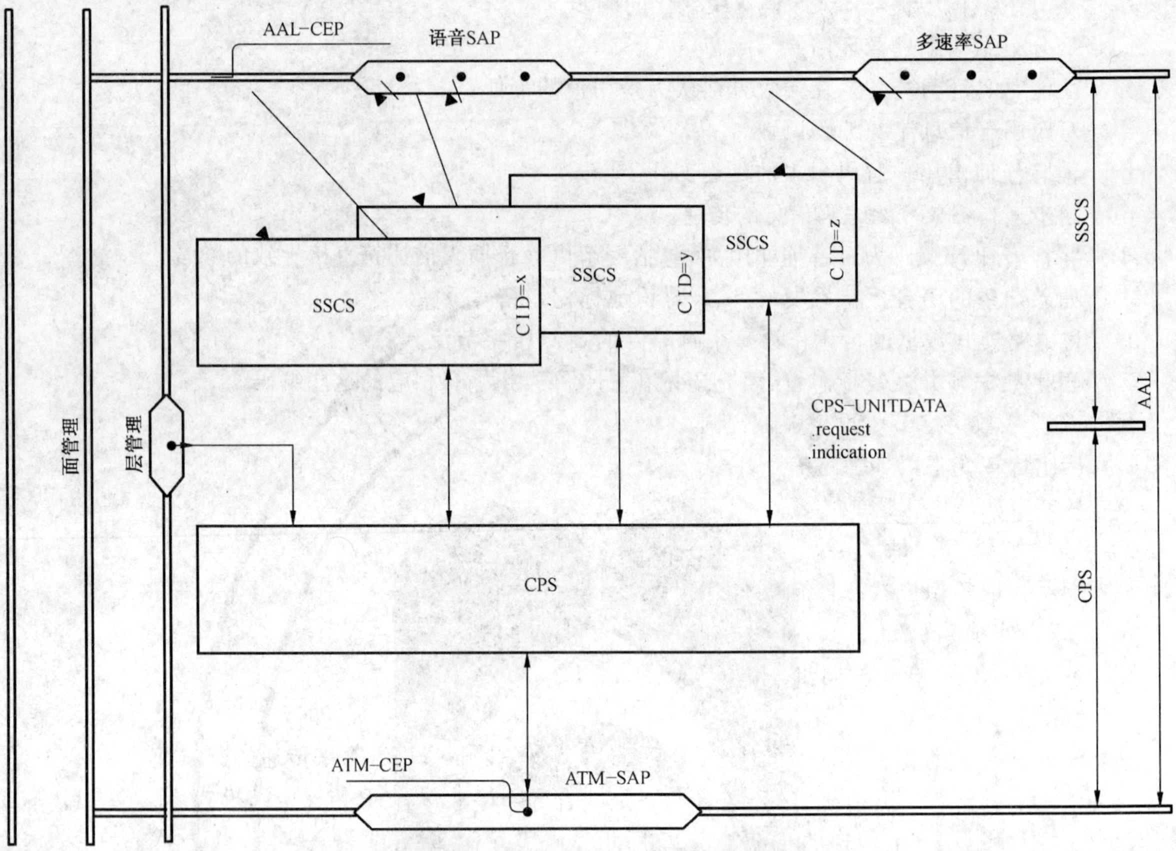

图 26 AAL2 子层的功能模型

6.3.1 话音业务

该业务就是传递话音信号(语音、语音带宽数据和传真)。

通过 SAP 的数据单元(SSCS SDU)包含语音编码或静音编码。静音使用静音插入描述符(SID)数据单元明确地通过 SAP 传递或使用空数据单元来隐含地传递。关于数据单元语义内容的补充信息伴随着每个非空数据单元通过 SAP 来传递。该信息规定了对语音信号的编码算法和对静音的通用或特定算法的 SID,允许用户根据呼叫特征和资源使用状况的变化而瞬时地改变算法。

仅仅非空数据单元由发送方 SSCS 实体发送给接收方 SSCS 实体。接收方 SSCS 实体也能够再生丢失的空数据。语音业务是实时业务——在发送方 SAP 上任何两个连续数据单元之间的临时间隔都由 SSCS 在接收方 SAP 上再生。

SSCS 对数据单元本身不提供差错保护并对补充信息也不提供差错检测。

该业务原语是 Audio Request 和 Indication。下一条原语在上一条原语通过 k ms 后通过 SAP 传递,这里 k 是与原语的数据单元有关的临时时间持续。

有一个基本时钟与语音 SAP 相关,该时钟用于定义 $k$ms 间隔的持续时间。SSCS 发送方和接收方实体对某个公共时钟锁定频率或向某个可跟踪的基本参考时钟进行单独提取各自的时钟,在这种意义上可以认为业务是同步的。由发送方用户使用的时钟由发送方 SSCS 实体定义。

用于两个原语的参数如表 16 所示:

● Service Data Unit:数据单元包含适当编码和格式化的语音信号,由一个或多个由所采用的轮廓所确定 EDU 构成。数据单元可以是空的,这是静音的隐含指示。

● Data Type:该参数提供了需要由接收方用户去解释数据单元内容的语义信息。例如,参数值可以是 64 kbit/s (ITU-T G.711 A-law)、16 kbit/s(ITU-T G.728)、12.8 kbit/s (ITU-T G.728)、Generic SID、8 kbit/s(ITU-T G.729)、ITU-T G.729 SID、空。

表 16 用于话音业务的原语和参数

参　数	Audio_request	Audio_indication
Service Data Unit	m	m
DATA TYPE	m	m
m=必选。		

Audio 原语仅应用于语音 SAP。

6.3.2 电路模式数据业务

该业务就是传递电路模式数据。

电路模式数据业务是仿真建议 ITU-T I.231.1 和 ITU-T I.231.10 中的 $N\times64$ kbit/s ($N=1$, 2,…,30)无限制、8 kHz 结构化电路模式业务。值 $N=31$ 也是允许的,N 的值在呼叫的存活期间是不变的。

当接收方 SSCS 实体发现在输入数据单元中存在瞬间的无信息间隔(来自于数据丢失或过度延迟的分组),它用空数据单元替代并将之传递给用户。如果存在无信息间隔,消除该间隔的适当的填充模式是面向特定应用的且由 SSCS 上某些协议层确定。

SSCS 对数据单元不提供差错保护。

该业务原语是 Circuit_Mode *Request* 和 *Indication*。下一个原语是在上次原语传递 $k$ms 后通过 SAP 传递的,这里 k 是与原语数据单元相关的临时时间持续。k 的值在呼叫存活期间是不变的。

有一个基本时钟与提供该业务的 SAP 相关,而且该时钟用于定义 $k$ms 间隔的持续时间。SSCS 发送方和接收方实体对某个公共时钟锁定频率或向某个可跟踪的基本参考时钟进行单独提取各自的时钟,在这种意义上可以认为业务是同步的。发送方用户使用的时钟由发送方 SSCS 实体定义。

用于两个原语的参数定义在表 17 中。

- Service Data Unit:该数据单元包含 P 个字节,这里 P 是 N 的整数倍。数据单元对于 Indication 原语可以是空,在这种情况下它指示由于 SSCS 的错误情况使数据流中存在的无信息间隔。

表 17 电路模式数据业务的原语和参数

参　数	Circuit_Mode_request	Circuit_Mode_indication
Service Data Unit	m	m
m=必选。		

6.3.3 帧模式数据业务

该业务就是传递在第 5 章规定的传输差错检测业务中规定的数据单元。对数据单元的传递是没有保证的,如果进行了传递,则数据单元相关的序列和比特完整性会得到保证。该业务是与 ITU-T I.363.5中 AAL5 的公共部分所提供的业务相符合,除了损坏数据传递选项不用以外。

该业务原语是 Frame_Mode *Request* 和 *Indication*,且具有如表 18 所示的参数:

- Info:最多至 65535 字节的用户数据。

表 18 帧模式数据业务的原语和参数

参　数	Frame_Mode request	Frame_Mode indication
Info	m	m
m=必选。		

6.3.4 拨号数字业务

该业务名义上是传递拨号数字,但要传递 5 种描述符:数字类型、数字字符、起始时间、结束时间和双音频脉冲的电平功率。

作为通过 SAP 的原语中的参数,起始时间和结束时间不是明确地传递的;每个都由原语通过 SAP 传递的时间点来隐含地指示的。起始时间和结束时间由 SSCS 以 1 ms 的精度传递。

由 SSCS 所传递的电平功率的范围是－31 至 0dBm0；超出范围的值由接收方用户来限幅。

该业务原语是 Dialled_Digits *Request* 和 *Indication*，且具有如表 19 所示的下列参数：

- Digit Type：DTMF；
- Character：0、1、2、3、4、5、6、7、8、9、*、#、A、B、C、D 和 Tone-off；
- Power Level：－31、－30、…、－1、0dBm0。

双音频脉冲的起始时间由包含 3 个参数的原语指示：Digit Type、Character 和 Power Level。结束时间由包含 Tone-off 字符的原语指示。

表 19　拨号数字业务的原语和参数

参　数	Dialled_Digits_request	Dialled_Digits_indication
Digit Type	m	m
Character	m	m
Power Level	m	m
m＝必选。		

Dialled_Digits 原语仅应用在语音 SAP 上。

6.3.5　随路信令业务

该业务就是传递随路信令信息，即传递 ABCD 比特。一般地，(A,B,C,D)向量在时间扩展期间内并不改变。为了极大地提高传输效率，SSCS 发送方实体识别这种静寂期，在该期间它仅向接收方 SSCS 实体传输刷新信息。用户察觉到连续业务，即(A,B,C,D)向量以精确的周期通过 SAP 来传递。

SSCS 提供差错检测能力，且在信令比特变化的期间内传输(A,B,C,D)向量 3 次以获得前向差错校正，在这种意义上来说，业务是有保证的。

该业务原语是 CAS *Request* 和 *Indication*。原语每 2 ms 或 3 ms 通过 SAP 传递。用于获得 2 ms 或 3 ms 间隔的时钟是用在语音 SAP 上的基本时钟。两个原语都具有一个如表 20 所示的参数：

- Bit Vector：(A,B,C,D)向量包含 4 个比特。

表 20　随路信令业务的原语和参数

参　数	CAS_request	CAS_indication
Bit Vector	m	m
m＝必选。		

CAS 原语仅应用于语音 SAP 上。

6.3.6　传真解调/再调制业务

该业务就是从解调用户向再调制用户传递解调的传真图像信息和控制信息。

解调用户一般地每 20 ms 向 SSCS 传递图像信息块。SSCS 在没有差错保护的情况下向再调制用户传递信息块。SSCS 通过使用序列编号来补偿分组延迟变化，以便连续的图像信息传递经历相等的延迟。

对于控制信息，SSCS 提供比特差错检测，传递信息三次以获得前向差错校正，并在 ITU-T T.30_Data 传递中识别由于分组丢失引起的(不可恢复)无信息间隔，在这种意义上来说，SSCS 传递业务是有保证的。SSCS 也通过使用时间戳来补偿分组迟延变化，以便控制信息的连续传递经历等长的延迟。

该业务有两个业务原语 Fax_Demod *Request* 和 *Indication*。两个原语至少都具有如表 21 所示的两个参数。第一个参数是：

- Info type：图像，控制。

对于图像信息，有一个伴随参数：

- Image Data：6、12、18、24、30、36 字节。

对于控制信息，至少有一个伴随参数：

● Control type：ITU-T T.30 前文，EPT(回声保护音调)，训练信号，Fax Idle，ITU-T T.30_Data。

用于每个控制类型的伴随参数如下：

ITU-T T.30 前文和 Fax Idle 没有伴随参数。

EPT 由下列参数伴随：

● EPT Frequency：1 700 Hz，1 800 Hz。

训练信号由两个参数伴随：

● Modulation Type：ITU-T V.27ter，ITU-T V.29，ITU-T V.17 长时间训练信号，ITU-T V.17。短时间训练信号：

● Modulation Rate：未知、2 400 bit/s、4 800 bit/s、7 200 bit/s、9 600 bit/s、12 000 bit/s、14 400 bit/s。

ITU-T T.30_Data 由两个参数伴随：

● Data Framing：Continue，End。

● Data Bits：N 比特值

$N=8$ 如果是 Continue。

$1\leqslant N\leqslant 8$ 如果是 End。

表 21 传真解调/再调制业务的原语和参数

参　数	Fax_Demod_request	Fax_Demod_indication
Info Type	m	m
Image Data	c	c
Control Type	c	c
EPT Frequency	c	c
Modulation Type	c	c
Modulation Rate	c	c
Data Framing	c	c
Data Bits	c	c
m＝必选，c＝有条件(见 6.4.6)		

Fax_Demod 原语仅应用于语音 SAP 上。

6.3.7 告警业务

该业务就是在两个对等用户之间传递外部和内部告警指示。该业务原语是 Alarm *Request* 和 *Indication*。两个原语都具有如表 22 所示的参数：

● Alarm Type：外部 AIS，外部 RAI，AAL2 连接 AIS，AAL2 连接 RDI。

● Alarm Status：On，Off。

表 22 告警业务的原语和参数

参　数	Alarm_request	Alarm_indication
Alarm Type	m	m
Alarm Status	m	m
m＝必选。		

6.3.8 状态控制业务

该业务就是在两个对等用户之间传递用户状态信息。SSCS 提供差错检测并传递信息三次以获得前向差错校正，在这种意义上来说，该业务是有保证的。

该业务原语是 State_Control Request、Indication、Response 和 Confirm。这些原语至少包含如表 23所示的一个参数：

● User State:话音,语音带宽数据,电路模式,传真解调。

如果用户状态处于传真解调,则所支持的调制能力子集通过附加的参数来报告:

● Modulations:0 或多个 ITU-T V.17、ITU-T V.27ter、ITU-T V.29。

每个用户分别在 Request 或 Response 原语中声明自己解调/再调制能力,其对等用户的能力是在相关的 Confirm 或 Indication 原语中接收到的。每个用户因此包含足够的信息来计算哪些调制能力对二者而言是共同的。

此外,Response 和 Confirm 原语也包含下列参数:

● Ack:Accept、Reject。

此外,用户能够设置本地 SSCS 的发送或接收状态。该原语是具有如表 23 所示参数的 Set_SSCS_State *Request*:

● Direction:Transmit、Receive。

● SSCS State:语音,电路模式,传真解调。

表 23 状态控制业务的原语和参数

参　数	State_Control request	State_Control indication	State_Control response	State_Control confirm	Set_SSCS_State request
User State	m	m	m	m	—
Modulations	c	c	c	c	—
Ack	—	—	m	m	—
Direction	—	—	—	—	m
SSCS State	—	—	—	—	m
m=必选,c=有条件(见 6.3.8 条),—=无。					

State_Control 和 Set_SSCS_State 原语仅应用在语音 SAP 上。

用户初始状态是话音,而 SSCS 初始状态是语音业务。

6.3.9 速率控制业务

该业务是从一个 SSCS 向其对等方传递请求以使用协商轮廓的指示条目集来操作连接。

原语是具有如表 24 所示参数的 Rate_Control *Request* 和 *Indication*:

● Profile_Entry_Index:轮廓条目的索引。

表 24 SSCS 改变同步业务的原语和参数

参　数	Rate_Control_request	Rate_Control _indication
Profile_Entry_Index	m	m

6.3.10 改变 SSCS 操作业务

所提供的业务从一个 SSCS 用户向其对等方传递请求以修改 SSCS 属性(例如轮廓号、DTMF 支持等)。

原语是具有如表 25 所示参数的 SSCS_Change *Request* 和 *Indication*:

● Correlation_Identifier:1 字节。

表 25 SSCS 改变同步业务的原语和参数

参　数	Rate_Control_request	Rate_Control _indication
Correlation_Identifier	m	m

6.3.11 环回业务

所提供的业务是从一个 SSCS 用户向远端 SSCS 实体传递环回请求。原语是 Loopback *Request* 和

Response，且不包含任何参数。

6.4 获得均等时间的方法

对 SSCS 的一个主要影响就是对等时性的要求——在发送方产生的激励应该以与发送方同样的时间间隔在接收方被复制。也就是说，信息流的端到端延迟应该是恒定的。

这一点对语音带宽数据是很重要的，因为如果发生延迟变化，则调制解调器将侦听到异常的相位漂移。这对话音也很重要，如果端到端延迟从一个激励源变化至另一个激励源，则简短的静音期也因此而削短或拉长，因此会产生讨厌的话音失真。这与新算法特别有关，如 ITU-T G.723.1 和 ITU-T G.729，因为这些算法对静音抑制包含一比特的精确规定，该比特不允许对话音活动检测的参数和释放延迟时间(静音的最小持续时间)进行明确地控制。

因为信息流被打包来传输，等时性依赖对每个分组发出时间的正确调度。为了保持端到端延迟的恒定，接收方必须获得足够的定时信息以消除分组延迟变化，最大的延迟变化是所参与的 AAL2 连接的信元延迟变化。

6.4.1 在用户处理中的延迟变化

6.3 条中的原语采用了用户和 SSCS 交互作用的同步模型。在这个模型中，语音原语是在上次原语传递结束 *k*ms 后通过 SAP 传递的，这里 *k* 是与原语数据单元相关的临时时间持续。同样的原则适用于电路模式数据和传真图像数据。SSCS 负责为这些分组产生序列号或在控制分组中产生时间戳，这基于用户通过申请 corresponding 原语来请求传输的时间。

由于其自身在处理不同信息单元中的行为，该模型会请求发送方用户去补偿和消除任何延迟变化。例如，延迟可能产生在语音编码中，因为算法可能处理不同的帧大小和前行信号，而且算法的复杂性也需要不同的计算时间。延迟也可能产生在传真解调中，由于在呼叫的连续时间内获取和分析不同输入信号所花费的时间不同所造成的。

为了消除这些延迟变化，对于用户(接收方或发送方)可用的方法就是在这些很快完成的操作中插入额外的延迟——精确而足够的延迟以使其每个实时信息流的处理达到恒定的最大延迟。

为了维护恒定的延迟，用户必须参与各种它所申请的操作。延迟范围可以根据在实际中用于语音的语音编码轮廓和其他所使用选项的处理延迟范围来设置，诸如传真解调。这些延迟是 SSCS 的参数，应该在通信的两个方向上进行协商并使用户知道这些参数。

恒定延迟适用于发送方和接收方用户。每个用户都能最好地理解其所拥有的处理单元并能插入所需要的精确数量的延迟。这能充分使用 SSCS 提供的等时性。这种方法比允许在发送方用户延迟变化并在接收方以额外的延迟进行补偿的方法更加有效。

6.4.2 在 SSCS 子层下的延迟变化

SSCS 发送方向公共部分子层(CPS)无延迟变化地传递来自其用户的信息。

在接收方向上，通过对序列号码和时间戳的额外构建和分析，SSCS 引入了经计算的分组延迟，其影响就是消除通过 CPS 传输而引起的延迟变化，从而向用户提供等时业务。

除了导致分组延迟的下层 ATM 连接的信元延迟变化外，影响分组延迟的另一个主要因素就是在话务量过重期间在 AAL2 CPS 发送方的分组排队，即当来自太多的 AAL2 连接的话音，而不是静音，同时直接连接至同一 ATM 连接上。如果不通过有效的呼叫允许策略来控制，则排队的影响很容易导致分组延迟极大地超过信元延迟变化。

如果用户得到反馈且编码格式轮廓允许快速切换至在拥塞期间所提供的更高压缩率的算法，则分组排队延迟可以减少。然而，这样会丢失一定的保真度；它适用于很多算法但不是全部适用，而且它不能消除每种过载情况，例如突发的调制解调器业务。

当在分组延迟具有重要意义的范围内进行操作时，分组的序列编号有助于 SSCS 接收方去检测和从异常情况中恢复——如分组丢失、过早或过迟到达——并比缺乏或忽略序列号码的情况进行更少的差错分组重构。

序列号码的使用是在这样的假设上断定的，即分组的基本数据单元由发送方以某种固定的频率产生，接收方也知道这频率，而且该频率通过序列号增加的方式反应出来。如果这些情况属实，则序列号会作为相关的时间戳来解释，该时间戳在解释之前具有限定的解析度和范围。

注1：某些研究建议，对不连续的传输，即使用静音抑制，序列编号的模数应与接收方的去抖动缓冲建造延迟和分组延迟变化的目标数值相关。

当SSCS规定了某给定域代表一个序列号码时，对发送方来说支持按照6.8中正确增加的数值是必要的。对接收方而言，对序列号码有所行为是可选的，而且它使用的算法是非标准化的。

例如，如果静音间隔短，则接收方可以使用序列号码来精确地定位与前一个通话期间相关的下一个通话期间的开始。但是如果它考虑到静音间隔足够长，则它可以选择算法而不是再初始化定位过程。

除了序列号码的正确使用会产生附加的延迟外，由太多同时出现的通话引起的拥塞也应该避免，可以在拥塞开始时限制参与通话的用户数目（呼叫允许控制）或采用高压缩率的算法（转移至低速编码）。

注2：拥塞的检测和处理及其对用户的通知在本标准中没有规定。

6.5 分组格式类型

SSCS的协议数据单元是作为CPS分组在某个AAL2连接上使用定义在表2中的原语和参数来传输的。

SSCS明确地使用CPS-UUI域并隐含地使用在CPS分组头中的长度指示符。CPS-INFO，分组净荷，是长度可变的，最多达45字节。

CPS分组头对其所有域提供了差错控制，包括UUI和LI，但CPS分组净荷没有内在的保护机制。通过在净荷的某些或全部部分指定附加的差错控制，SSCS定义了三种分组类型。

帧模式数据使用定义在5.4条中的SSTED-PDU分组格式。

6.5.1 类型1——无保护

图27a）定义了分组类型1的格式。净荷是没有保护的。这种格式是缺省使用的，除非在本标准中明确规定了替代类型。

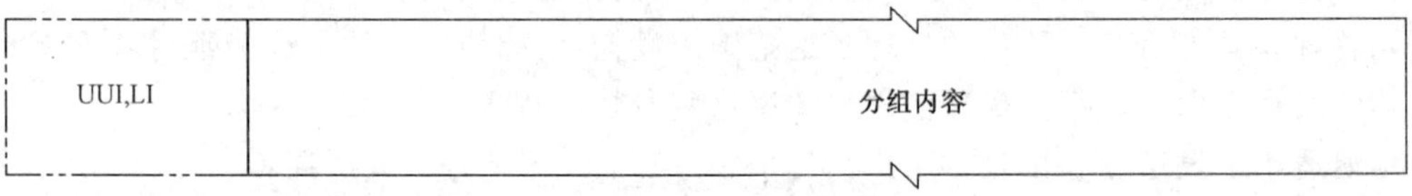

图27a）分组格式类型1——无保护型

6.5.2 类型3——完全保护

图27b）定义了分组类型3。整个分组净荷是由10比特CRC来保护的。

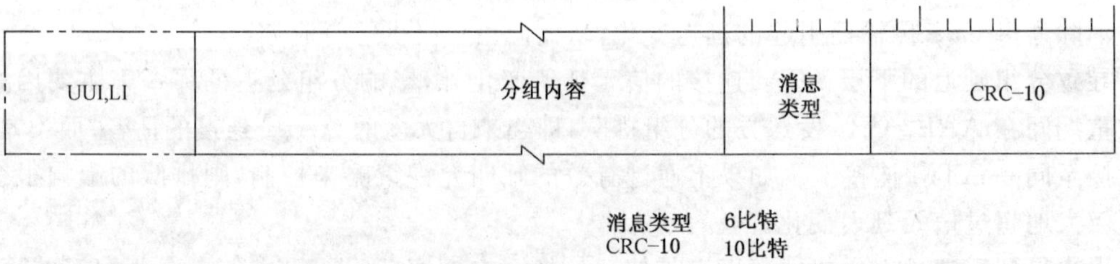

图27b）分组格式类型3——完全保护型

CRC-10域也对OAM信元进行计算，按照ITU-T I.610中7.1节的定义，使用多项式$x^{10}+x^9+x^5+x^4+x+1$。

两字节尾部中的剩余6比特组成了消息类型域。

类型3分组用于下列信息流：

- 拨号数值；
- 随路信令比特；
- 传真解调控制数据；
- 告警；
- 用户状态控制信息；
- 速率控制；
- SSCS 操作中变化的同步；
- 环回。

消息域按照表 26 来编码。

表 26　分组格式类型 3 的消息类型代码

信　息　流	消息类型编码	分组格式	参　　考
拨号数字	000010	拨号数字	图 G.1
随路信令	000011	CAS 比特	图 H.1
传真解调控制	100000	ITU-T T.30_Preamble	图 I.1
	100001	EPT	图 I.2
	100010	训练信号	图 I.3
	100011	Fax_Idle	图 I.4
	100100	ITU-T T.30_Data	图 I.5
OAM	000000	告警	图 J.1
		环回	图 J.2
用户状态控制	000001	用户状态控制	图 K.1
速率控制	000100	速率控制	图 N.1
在 SSCS 操作中的变化同步	000101	在 SSCS 操作中的变化同步	图 O.1

6.6　用于类型 3 分组的公共设施

某些，并非全部的类型 3 分组共享如图 28 所示的结构。该结构应用于拨号数字、随路信令比特、传真解调控制和用户状态控制分组。告警采用 OAM 信元的形式且不使用用于类型 3 分组的公共设施。

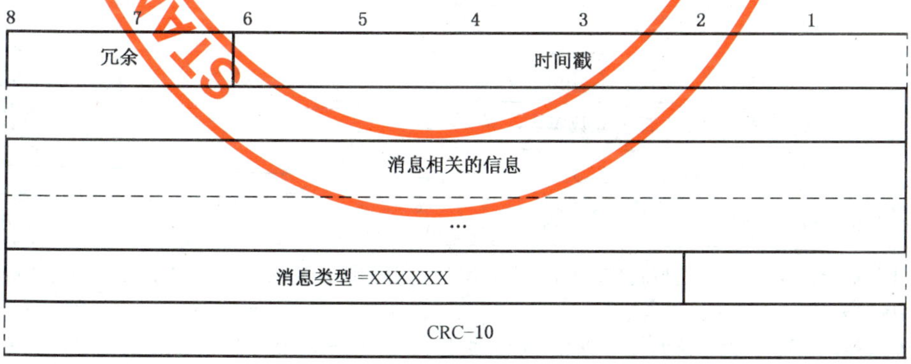

图 28　用于类型 3 分组的公共设施

在图 28 中，依据消息类型的不同，消息相关信息代表不同的分组内容，它不是公共设施的一部分。

6.6.1　相关事件定时

时间戳域用于计算分组延迟变化并允许接收方精确地再生由短暂间隔分隔的连续事件的相关定时。由长时间间隔分隔的事件，例如多次最大分组延迟变化，通常不需要精确的定时。

时间戳域是 14 个比特。最高位比特是第一字节的比特 6，而最低位是第二字节的比特 1。发送方以任意值作为时间戳开始并每毫秒加1。在到达最大无符号数值后，时间戳又返回至0。整个循环比16.4 s稍微小点。

接收到两个类型3分组，指定为事件E1和E2，且其各自的时间戳为TS1和TS2，接收方应该确定接收分组之间的间隔是否足够短以需要进行事件的精确定时。如果是这样，则接收方应该调度播放分组的时间PT1和PT2以便PT2－TS2＝PT1－TS1。

6.6.2 三次冗余与刷新

需要差错校正的类型3分组公共设施是三次冗余的传输。这些分组要以固定的传输间隔发送三次。

冗余发送间隔依据信息流而定。它对拨号数字和随路信令比特是5 ms，而对传真解调控制分组和用户状态控制分组是20 ms。

除了冗余域不同之外，冗余分组的每个拷贝包含同样的内容。一个分组的三个拷贝是相互关联的，因为它们都具有相同的时间戳。

冗余域对三次冗余传输中的第一、第二和第三个分组分别设置为0、1和2。

为3的冗余值指示不再使用三次冗余，而某些具有同样格式的消息仅发送一次，这些消息是按照表26中指出的相应附录中规定的。这种方法的一个目的就是用于状态信息的长时间刷新，诸如用于AAL2连接的CAS比特值。这些消息可以周期性的产生，但是时间间隔要长很多。接收方不应期望在冗余间隔中分布有这些消息的三份拷贝。

注：当AAL2传输以可忽略的差错和丢失率操作时，是否应提供关闭三次冗余的选项还要进一步的研究。

6.7 UUI代码点分配

表27定义了SSCS怎样使用UUI代码点。

表27　UUI代码点的分配

UUI代码点	分组内容	参考
0～15 (注1)	使用类型1分组的语音、电路模式数据和解调传真图像数据的编码格式(注2，注3)	附录E 附录F，附录I
16～22	预留于将来分配	—
23	预留给类型2分组	6.5.2条
24	类型3分组，除了告警分组外	6.5.3条
25	非标准范围(注4)	—
26	帧模式数据，最后一个分组	6.11条
27	帧模式数据，下面还有数据	6.11条
28～30	预留(参见ITU-T I.363.2)	—
31	告警分组	附录J

注1：UUI代码点0～15的最低位比特可用于序列编号。用于该目的的比特数目依据编码格式的形式，在6.9条中解释。

注2：对于语音，编码格式的轮廓是发送方和接收方之间协商的SSCS操作参数。附录E定义了由ITU-T语音算法输出的比特是怎样形成类型1分组的。这些附录由附录L的预定义轮廓所涉及。它们也可由其他用户轮廓所参考。

注3：附录F和附录I定义了电路模式数据和解调传真图像数据怎样格式化成类型1分组。

注4：对非标准范围的代码点可以是编码厂家和操作者的专用特征。如果使用非标准范围的代码是不可理解或协商的，则接收方应丢弃这样的分组但不采取进一步的行为。

当通过语音SAP访问SSCS时，类型1分组(UUI代码点0～15)的传输和接收在任何时候专用于一种主要信息流——话音、电路模式数据或解调的传真图像数据，这由在该方向上SSCS的有效状态决定。AAL2 连接的两个方向可以设置成不同的状态，可以是短暂的或是维持一段时期。

当通过多速率 SAP 访问 SSCS 时，类型 1 分组的传输和接收采用附录 F 的格式唯一地专用于电路模式数据。

6.8 轮廓的编码格式

6.8.1 轮廓的功能

本节将特征化用于 UUI 代码点 0～15 的轮廓的编码格式。轮廓涉及语音编码格式，这些格式就像在附录中定义的那些一样。特定的轮廓必须是在 SSCS 发送方和接收方之间协商的用于 AAL2 连接的两个方向上的操作参数。

所协商的轮廓仅适用于一条 AAL2 连接，同样或不同的轮廓可以协商用于其他 AAL2 连接。

轮廓是一种映射，即通知类型 1 语音分组的接收方怎样去解释分组的内容。

该映射的范围是（UUI，Length）参数对的集合。每对参数的第一个元素就是范围在 0～15 中的 UUI 域，第二个元素就是用于轮廓中所包含的某种编码格式的分组长度。

轮廓映射的结果就是明确的分组格式加上用于序列编号间隔的数值。预定义的轮廓即指在附录 M 中定义的明确分组格式。用户轮廓可采用额外的方法去定义相互协商的分组格式。

因此，轮廓定义了有效参数对（UUI，Length）的集合。没有在协商的轮廓中出现的参数对是无效的并不应作为类型 1 分组传输。

对所有各自的长度具有同样轮廓映射的相邻 UUI 代码点应被认为是形成了序列编号的子范围。在这样子范围内的最低代码点表示序列号码 0 且其余的表示连续的序列号码，最多至与子范围的大小相等的模数。因此，如果轮廓规定了 UUI 代码点 0～7 具有一种解释，则代码点 8～15 是另外一种解释，且在每个子范围中采用模 8 的序列编号。

当编码格式从一个子范围转移至另一个子范围时，对于序列编号的连续性而言，一个轮廓的所有子范围应具有同样的大小和统一的模数。而且，该值应该是 2 的乘幂，则有效的模数是：1，2，4，8 和 16。

每个轮廓都尝试平衡两种竞争的利益：编码的数目应该足够多以适应具有可接受效率的窄带业务的有意义范围。但是编码的数目也应该足够小以允许用户使用序列编号，除非操作环境是如此良好以致不需要使用序列编码。

将编码格式包含至已协商的轮廓中使得接收方允许发送方在任何时候无须预备就可动态地选择格式。这是限制在轮廓中算法多样性的另一个原因，因为信号处理的资源可能会耗尽，如果事先必须加载太多的算法而不知道在下一个分组中会期望使用什么算法。

注：编码格式的变化能够影响 AAL2 连接所使用的带宽，可能减少也可能增加。这种差异必须由呼叫允许控制来考虑。当然，这些事情超出了本标准的范围。

6.8.2 业务数据单元和序列号码间隔的关系

用于话音的业务数据单元（SDU）的定义涉及在给定 AAL2 连接上所采用的编码格式的轮廓。相应于不同长度的分组，产生于给定轮廓中的每个算法可能会在多个入口条目上出现。这些分组长度应出现在简单序列排列中，而每个长度都是该算法最小分组长度（以给定的比特速率）的整数倍。最小分组长度是算法的 SDU 长度，与给定的轮廓相关。

对同样的算法发生在轮廓中的任何其他入口条目是 SDU 的 M 倍数。$M=1$ 的值对应于 SDU 本身。为了很好地形式化，如果轮廓对特定的算法包括了 M 倍的 SDU，则它应该也包括 $M-1$ 倍。它允许这样，即对每一种算法，轮廓将包含其 SDU 的所有倍数，从 1 直到 M 的某些最大值。

为了理解容易，下列章节中的例子轮廓和附录 L 中的预定义轮廓都包含标记为“M”的列，指示对轮廓中发生的每种算法的 SDU 的倍数。

每个分组具有序列号码，这号码是由前一个分组号码增加一定整数值得到的，按照在轮廓入口条目上设置的序列号码间隔增加。能被发送的最小语音分组就是一个 SDU。它允许发送 SDU 的时间是序列编号间隔的整数倍数。

必要的关系式可以按照如下表述：

语音分组＝M×SDU，SDU＝N_1×EDU，SDU时间＝N_2×序列号码间隔。

在EDU和序列编号间隔之间没有直接的关系。

注：在6.8.3条中的示例轮廓中，这些关系式具有值：$N_1=5$用于话音编码，除了$N_1=1$用于ITU-T G.729-8，$N_1=1$用于SID，和$N_2=2$用于ITU-T G.729-8，$N_2=1$其他。

6.8.3 轮廓结构举例

本条将提供一些范例来描述对于编码格式轮廓的一些可能结构。

这些例子并不保证一般是有用的且也不维持用于将来的参考。这些需要由附录L中预定义的轮廓满足。

● 在表28中的例子A显示了使用最大UUI域用于序列编号的轮廓，因此分组长度在算法入口条目之间提供了区别。

● 在表28中的例子B显示了这样的轮廓，即为了区别使用同样分组长度的算法而将UUI域分割成两半的轮廓。

表28 例子轮廓

轮廓入口条目索引	UUI代码点范围	分组长度/字节	编码格式参考	算法描述	M	分组时间/ms	序列编号间隔/ms
例子轮廓A							
0	0～15	40	图E.1	ITU-T G.711-64 generic	1	5	5
1	0～15	25	图E.14	ITU-T G.727(5,2)	1	5	5
2	0～15	20	图E.15	ITU-T G.727(4,2)	1	5	5
3	0～15	15	图E.16	ITU-T G.727(3,2)	1	5	5
4	0～15	10	图E.17	ITU-T G.727(2,2)	1	5	5
—	0～15	1	图E.26	通用SID	1	5	5
例子轮廓B							
0	0～7	40	图E.1	ITU-T G.711-64 A-律	1	5	5
1	0～7	35	图E.2	ITU-T G.711-56 A-律	1	5	5
—	0～7	1	图E.26	一般SID	1	5	5
3	8～15	40	图E.1	ITU-T G.711-64 μ-律	1	5	5
4	8～15	35	图E.2	ITU-T G.711-56 μ-律	1	5	5
—	8～15	1	图E.26	通用SID	1	5	5
例子轮廓C							
0	0～3	40	图E.1	ITU-T G.711-64 A-律	1	5	5
1	0～3	35	图E.2	ITU-T G.711-56 A-律	1	5	5
2	4～7	40	图E.11	ITU-T G.726-32	2	10	5
3	4～7	20	图E.11	ITU-T G.726-32	1	5	5
4	8～11	40	图E.21	ITU-T G.729-8	4	40	5
5	8～11	30	图E.21	ITU-T G.729-8	3	30	5
6	8～11	20	图E.21	ITU-T G.729-8	2	20	5
7	8～11	10	图E.21	ITU-T G.729-8	1	10	5

● 在表 28 中的例子 C 显示了使用三个 UUI 域的轮廓，每个 UUI 域有 4 个值。因此，没有使用 UUI 值 12～15。

在每个例子中的“轮廓入口条目索引”由速率控制业务所使用。

6.8.4 必选的轮廓支持

如果实现了语音业务类型，则为了遵守本标准的要求应实现表 29 中预定义的轮廓。它应对一般 PCM 的 A 律或 μ 律选项实现或对二者都实现。

6.9 序列编号

6.9.1 基本原则

语音编码分组伴随着分组号码域，分组号码域与用于类型 1 分组的 UUI 代码点范围 0～15 一起嵌在 CPS 分组头中。发送方必须以相应于序列编号间隔的频率来增加指定的比特，该序列编号间隔在定义了上次分组传输的形式算法入口条目中规定。

接收方对序列号码采取行为是可选的，而且它可以使用的算法没有标准化。

序列号码应该以任意整数值开始，诸如 0。从所指定的最低位比特开始，序列号码应能从全 1 返回至 0。

发送方应更新和传输整个域。如果期望，通过从所接收的更少数目的最低位比特中提取信息，接收方可以获得减少的模数。

分组的序列号码应对应于在分组中第一个业务数据单元的开始时间，话音分组所花费的时间可能会比规定的序列号码间隔大一些，随后分组的序列号码应增加一个等于其比率的数值。

6.9.2 在 UUI 代码点中的嵌套

序列号码是怎样嵌入到 UUI 代码点范围 0～15 中是编码轮廓所采用形式的一个方面。某些附录 L 中预定义的形式，像表 28 中的例子 A，采取简单的方法使整个范围用于模 16 的序列编号。

其他轮廓可能将 0～15 分成一些子范围，如 0～7 和 8～15，这些在整个轮廓中代表了不同的编码格式族。如果分组长度存在冲突，则这样细分可能是必要的，以便两个子范围需要在两个不同的具有同样 LI 值的编码格式之间进行区分。LI 值加上 UUI 代码点 0～7 表明了一种格式，而同样的 LI 值加上 UUI 代码点 8～15 表示了另一种不同的格式。序列编号在这种情况中是模 8 的，在每个 UUI 代码点使用三个最低位比特。在两个编码族之间转换是允许的，从分组至分组，但仍然保持在 UUI 最低位中的序列号码的连续性。

对于序列号码的连续性，每个 UUI 子范围包含同样数目的代码点是必要的。如果范围 0～15 被细分，而模必须是 2 的乘幂，则仅有 5 个划分是可能的：(最大数目的子范围，序列编号模数)=(1,16)，(2,8)，(4,4)，(8,2)，(16,1)。极端情况下，模 1 对应于序列编号的抑制，这是允许的，但一般不建议使用。

6.9.3 在静音期间序列编码的递增

根据上次传输分组的序列号码间隔，语音序列号码应在静音期间增加，该分组可以是语音编码或静音插入描述符。当没有分组传输时，这种增加将序列号码作为相关时间戳来维持。语音序列号码在通话的开始或结束阶段不应该重新设置。

在静音期间增加语音序列号码的原因是为了精确地定位下一个通话开始相对于前一个通话结束的位置，这是消除发送方和接收方之间可能发生的静音持续时间变化的一种方法，诸如连续字节间的短暂静音期的削短或延长都有可能作为语音质量的失真而被察觉。

6.9.4 序列号码间隔的改变

在使用同样序列号码间隔的不同轮廓入口条目之间的切换对序列号码的连续性没有影响。当然，如果当在入口条目之间进行切换时序列号码间隔可发生变化，则序列号码间隔增加的意义会和以前的及以后的都不同。一些接收方可能不会顺从这种变化。在这种情况下，序列号码带来的好处即将丢失。如果当间隔发生变化时存在任何不明确的地方——例如由于分组丢失，也会失去这种好处。如果新的间隔维护用于整个模数，则将会再获得该好处。

一般地，在编码格式的轮廓中序列号码间隔的改变是允许的但应最小化。

对于使用类型1分组的非语音编码——电路模式数据和解调传真图像数据——增加序列号码的频率在本标准的附录F或附录I规定且不能改变。在两种情况中，序列号码模数固定为16。

6.10 电路模式数据

电路模式数据是具有8 kHz结构的$N\times64$ kbit/s速率的数字信息。8 kHz字节定时来源于同步时钟参考信号。N的值是用于窄带呼叫持续期间的固定参数，也是编码格式的参数。

范围在0～15的整个UUI代码点应以序列号码模数16用于编码电路模式数据。在加强电路模式数据的完整性中，大的序列编号模数是一个重要因素。

由于分组流是连续的，模数16应足够处理小的N值遇到的异常情况。电路模式数据的序列编号不需要足够大以限制分组延迟变化，该延迟也许会占据一个静音间隔，因为此时不存在静音间隔，此时仅仅需要检测迟到的和丢失的分组。

当然，随着N的值增大，分组间隔也随之缩短。当共享同一ATM连接的不连续业务的统计波动导致拥塞产生时，这使电路模式数据在连续传输几个分组后倾向于传输中断。如果大量的电路模式数据需要传输，则下层ATM连接的能力和呼叫允许策略应按照这些要求进行工程化。

电路模式数据的分组格式在附录F中规定。

6.11 帧模式数据

帧模式数据单元应是字节定位的。

注1：如果明确使用标记或其他方法标记数据单元之间的界限，则这些标记应由用户在输入时消除且在输出时恢复。如果明确采用比特填充用于标记的透明性，则比特填充应由用户在输入时消除且在输出时恢复。

帧模式数据应按照第5章中规定的使用UUI代码点26和27以描述在数据单元里重装的分组序列。

定义在第5章中的传输差错检测能力应用于外部帧模式数据流和内部产生的逻辑信息流。

注2：在外部信息流中的帧模式数据被期望包含其自身风格的差错保护机制，其CRC或其他这些域应被验证和丢弃，差错保护不应通过分段子层来透明的传递。

在给定AAL2连接上发送帧模式数据的许可应是在发送方和接收方之间协商的SSCS操作参数。

帧模式数据可以和主要信息流(语音、电路模式数据、解调的传真图像数据)中的一种同时承载在AAL2连接上。

注3：帧模式数据和主要信息流的同时使用需要采用当前并不存在的业务机制。

6.12 传真解调/再调制

6.12.1 功能要求

传真解调/再调制是一种在AAL2连接上更有效地传输传真业务的方法。

传真解调的基本功能是检测传真业务、解调传真信号并使用传真分组格式和附录I中的程序将解调的传真图像数据和相关的控制信号传递给远端传真模块。在远端传真模块中，基带信号被再次调制到语音频带以传输到对等传输终端上。不能解调的传真业务通过适合于语音带宽数据的语音编码来传递，如40 kbit/s ADPCM或64 kbit/s PCM。

表29总结了对传真解调的要求。

6.12.2 两种分析方法

处理传真解调存在两种方法：协议分析和波形分析。

附录I的程序和分组格式支持两种方法和这两种方法之间的互操作性。

6.12.2.1 协议分析

协议分析(PA)方法是基于对传真终端之间互换的程序信号进行译码和解释的。最小数量的信号分析，诸如活动检测和低速/高速识别，也在该方法中执行。

使用ITU-T T.30消息信息，协议分析可保持跟踪标准设备的业务状态并获得控制解调器的必要信息。

表 29　传真解调的要求

解调的传真业务	ITU-T 第 3 组传真 ITU-T T.30 和 ITU-T T.4 标准设备； ITU-T T.30 非标准设备作为可选
不能解调的传真业务 （例如由 ITU-T G.726-40 或 ITU-T G.711-64 处理）	ITU-T 第 1 组和第 2 组； 一些或全部 ITU-T T.30 非标准设备
图像数据高速调制（注）	ITU-T V.17(14 400 bit/s、12 000 bit/s、9 600 bit/s、7 200 bit/s)； ITU-T V.29(9 600 bit/s、7 200 bit/s)； ITU-T V.27ter(4 800 bit/s、2 400 bit/s)
调制的控制信号	ITU-T V.21(300 bit/s)
再调制信号功率	−17 dBm0
传真终端类型	自动和手工的
传真解调能力	支持/不支持
注：支持 V.34 调制的方案需要进一步研究。	

在非标准模式的操作中，协议分析依据识别非标准的 ITU-T T.30 协议标志代码、解释在传真终端之间信息互换的方式，从而解调或再调制传真信号。

6.12.2.2　波形分析

波形分析(WA)方法是基于对传真终端所传递的波形进行分析和分类的。

波形分析并不解释 ITU-T T.30 传真协议，因此对经过不同状态的传真业务不保持跟踪。

在波形分析中，在标准设备和非标准设备之间不存在差异。该方法能处理两种传真业务的解调。

6.12.3　对非标准设施的可选支持

附录 I 的分组格式和程序支持具有非标准 ITU-T T.30 设备的传真业务的可选解调方法。

在传真建立期间，被叫传真终端可以识别其所具有的非标准能力。主叫传真终端则可以指示被叫终端按照非标准的 ITU-T T.30 模式进行操作。当两个终端都属于同一厂家时，一般会发生这种情况。

6.12.4　ITU-T T.30_Data 的透明性

ITU-T T.30 是在传真机之间的端到端的握手协议。解调的 ITU-T T.30 HDLC 帧结构化信号在近端和远端 SSCS 之间透明的传递（包括 HDLC 标记），甚至当检测到差错（例如循环冗余校验失败）时也如此。HDLC 零填充也是透明地传递的。提供该机制以便由于非字节定位而可能产生的额外比特不需要传递给远端传真终端。

前导信号标记不被传递但被指出，并应在远端上再生。

对于协议分析，HDLC 帧中的一些信息域可任意改变以控制协议，例如使非标准设备不工作。这对 ITU-T T.30_Data 的透明性来说是一个例外且需要模块进行干涉来重新计算 HDLC 定帧。

6.12.5　定时要求

传真再调制器的输出信号遵循在 ITU-T T.30 中规定的定时要求是很重要的。

在 ITU-T T.30 协议中，在某些连续信号之间存在时间间隔，这些信号需要保持在规定的时间容差内。特别是，在某些低速信号（例如 DCS）结束和随后的高速信号（例如 EPT 或训练信号）开始之间存在 75 ms±20 ms 间隔的要求。在某些高速信号（例如页面数据）结束和随后的低速信号（例如程序的结束 EOP）开始之间也存在同样的要求。

传真传输协议的另一个要求即在训练信号结束和数据开始之间不应该存在时间间隔，在 EPT 和训练信号序列之间的前行间隔是 20 ms～25 ms。

附录 I 中的程序和分组格式通过在传真解调控制分组中设置时间戳来保证重构这些间隔的能力，控制分组中包含的信息从解调用户向 SSCS 传递。时间戳指定了相应事件的开始。

注：按照 6.4.1 条中所解释的，解调用户同时与 SSCS 进行交互作用且应对不同的事件保证恒定的延迟。这从输入

信号的开始进行测量,直到请求 SSCS 产生控制分组,该输入信号被分析和分类。在传真解调控制分组中的时间戳因此维护对下层事件的恒定时间偏移,而且事件之间的间隔被精确地传达。

再调制用户不需要遵守接收到的时间戳以作为其行为的唯一指导。在线路码严重错误情况下,在解调器中时间戳内维持恒定延迟是不可能的,而且接收方可以选择在再调制器中重构 ITU-T T.30 信号以保证满足定时要求。

ITU-T T.30 定时容差可以使用可选技术来扩充,如额外低速或高速标记序列的插入。

6.12.6 传真解调的开始和结束

当检测到 ITU-T T.30 前行报文时,呼叫按照传真业务进行分类。作为任选,呼叫可以按照 ITU-T T.30 中规定的基于 CNG 和 CED 音调检测按照传真业务分类。当然,这两个或某个音调在手工操作传真设备的情况下可以被忽略。

用户应通过与对等用户的协商来进入和退出传真解调状态。如果任何一个用户确定呼叫不能由传真解调处理,则它们可以回转至语音带宽数据状态并保持在该状态直到传真结束。

指示对等用户去进入和退出传真解调状态的用户状态控制消息如附录 K 所述。

SSCS 由其用户进行本地控制以在语音或传真解调模式中进行操作。SSCS 的发送和接收方可以处于不同的状态。

6.12.7 传真解调分组

传真解调使用下列分组类型,其格式定义在附录 I 中:

- 调制控制消息和 ITU-T T.30_Data 使用类型 3 分组(由 10 比特 CRC 保护分组净荷)进行传输。
- 图像数据使用类型 1 分组(具有无保护净荷)。

传真解调事例的分组流如附录 S 所示。

6.13 SSCS 参数的操作

在表 30 中列出的 SSCS 操作参数的值必须在该 SSCS 用于一条 AAL2 连接上之前被确定。这种确定可以通过预提供方式或信令方式,但超出了本标准的范围。在对给定参数没有预提供方式或信令方式(在 ATM 层上或 AAL2 层上)的情况下,应采用该参数的缺省值。这些 SSCS 参数值可能在 AAL2 连接之间是不同的。

表 30 SSCS 的操作参数

SSCS 参数	语音业务类型		多速率业务类型允许值
	允 许 值	缺 省 值	
1 业务类型(注 1)	语音	语音	多速率
2 语音信息的传输	允许	允许	N/A
3 编码格式形式的来源	ITU-T 预定义,其他预定义,客户定义	ITU-T 预定义	N/A
3a ITU-T 预定义形式(附录 L,图 L-1)	1..255	1	N/A
3b 其他预定义形式	1..255	N/A	N/A
3c 客户形式:其内容的描述	需要进一步研究	N/A	N/A
4 定义在附录 E.2 中的一般 PCM 编码格式解释	A-律,μ-律	A-律	N/A
5 解调传真数据传输(注 2)	允许,禁止	禁止	N/A
6 随路信令比特的传输	允许,禁止	禁止	N/A
7 DTMF 拨号数值的传输	允许,禁止	禁止	N/A

表 30（续）

SSCS 参数	语音业务类型		多速率业务类型允许值
	允 许 值	缺 省 值	
8 电路模式数据的传输(注 2)	允许,禁止	禁止	允许
8a $N\times64$ kbit/s 电路模式数据中的 N	1	1	1..31
9 帧模式数据的传输	允许,禁止	禁止	允许,禁止
9a 帧模式数据单元的最大长度	1..65 535	N/A	1..65 535
10 速率控制的传输	允许,禁止	禁止	N/A
11 SSCS 操作中变化的同步的传输	允许,禁止	禁止	N/A
12 环回	允许,禁止	禁止	允许,禁止

N/A=不适用

注 1：缺省业务类型是语音业务类型。

注 2：如果该参数的值为“禁止”，则用户不应分别申请 Set_SSCS_State.request 以改变相应的 SSCS 状态、电路模式或传真解调。

附 录 A
（规范性附录）
CPS 数据单元命名惯例

本附录提供了用于第 4 章的数据单元的命名惯例，如图 A.1 所示。

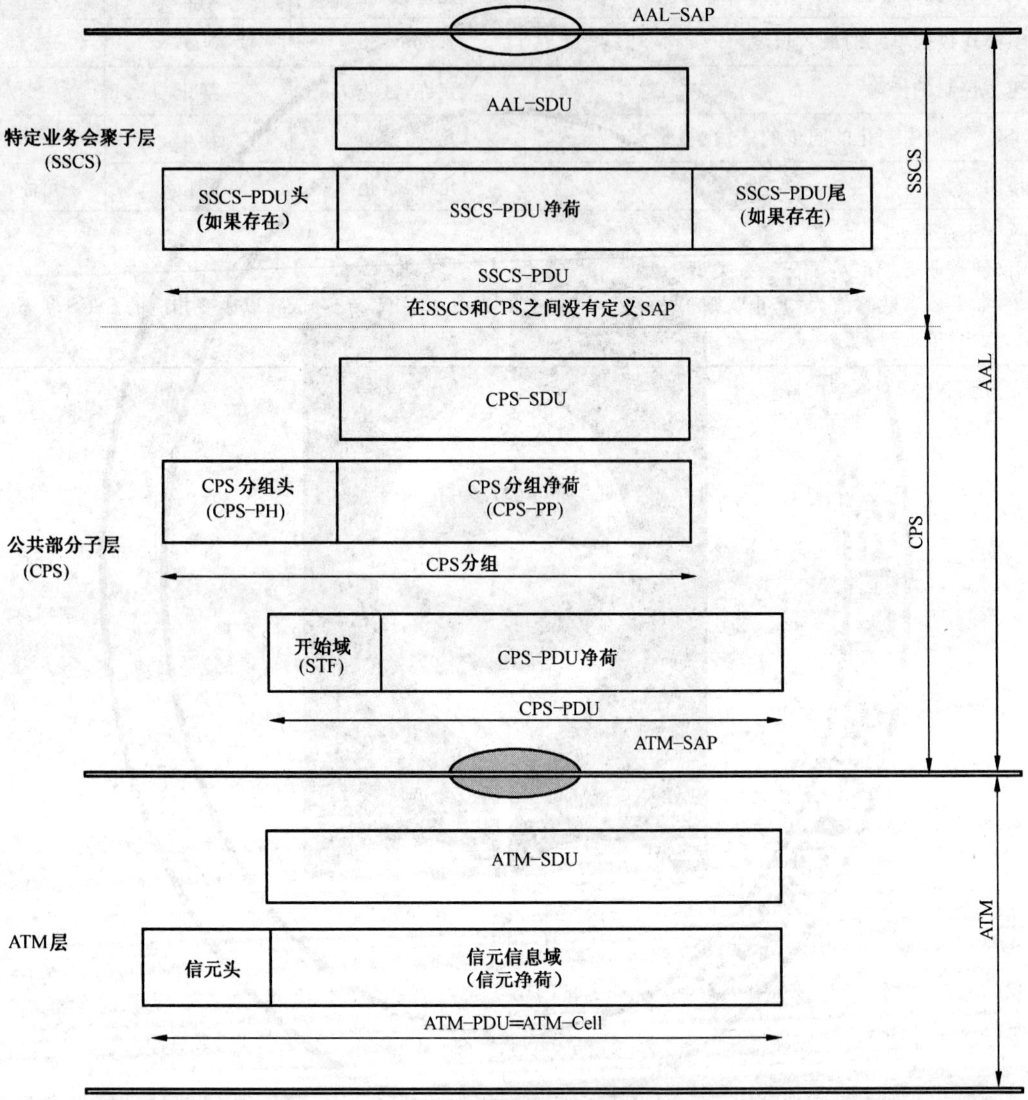

图 A.1 AAL2 数据单元命名惯例

附 录 B
（规范性附录）
AAL2 的功能模型

对于 AAL2，SSCS 的功能可能仅提供 AAL 的等价原语至 CPS 的映射或反之。另一方面，SSCS 可能实现诸如有保证数据传递的功能。这些功能，当然，在图 B.1 和图 B.2 中没有显示出来。

注：与层管理的交互作用在该模型中没有显示。

在发送方的 AAL2 功能模型如图 B.1 所示。该模型由几个功能块组成，这些功能块一起提供 AAL2 业务。

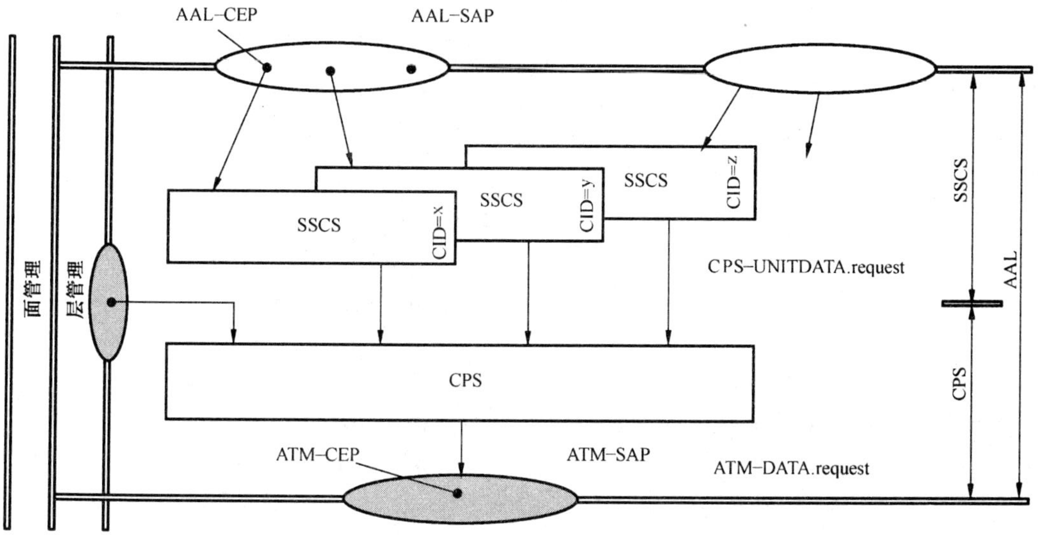

图 B.1 AAL2 发送方的功能模型

在接收方的 AAL2 功能模型如图 B.2 所示。该模型由几个功能块组成，这些功能块一起提供 AAL2 业务。

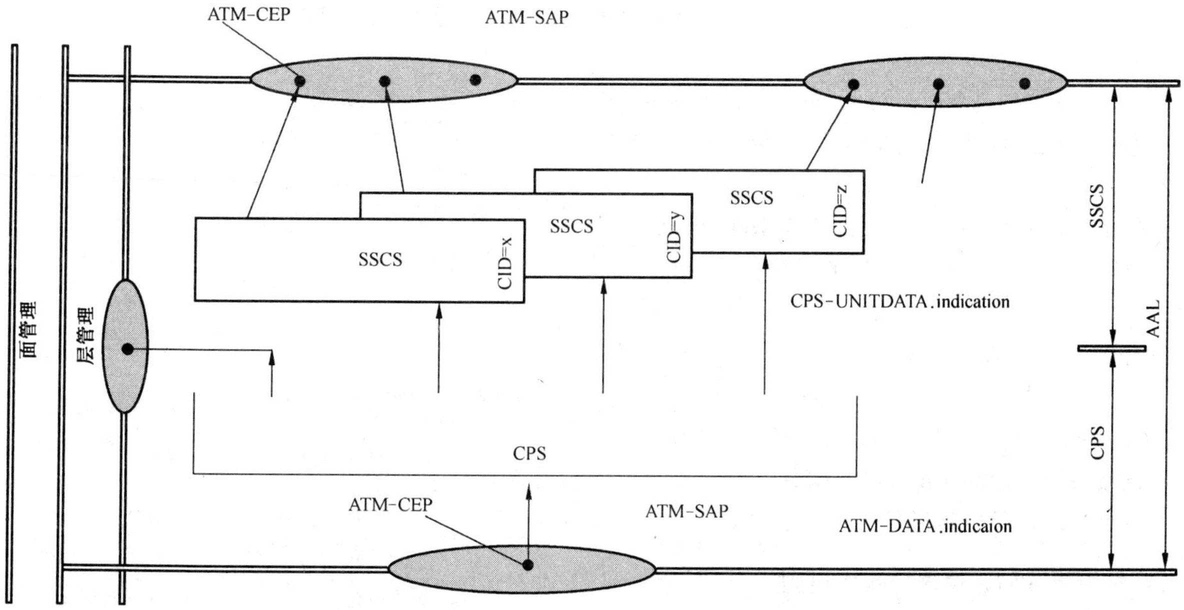

图 B.2 AAL2 接收方的功能模型

附 录 C
（规范性附录）
AAL2 连接的交换观念

C.1 概述

本附录特别提出了与交换式 AAL2 连接相关的功能。

C.2 定义

下列定义适用于本附录。

C.2.1

AAL2 信道 AAL type 2 Channel

在第 4 章的主要部分中采用的概念，用于描述在 ATM VCC 上 CPS 分组的传输，这些 CPS 分组是与称为 CID 的公共唯一标志符值相关的。

C.2.2

AAL2 连接 AAL type 2 Connection

在两个 AAL2 业务终端点之间的一个或多个 AAL2 链路的逻辑级联。

C.2.3

AAL2 链路 AAL type 2 Link

在两个相临的 AAL2 交换实体或终端点实体之间的逻辑用户平面通信设施。一个 AAL2 链路由一个 CID 值指定。它指示出了与在本标准第 4 章的主体部分所使用的“AAL2 信道”相同的概念。

C.2.4

AAL2 链路特征 AAL type 2 Link Characteristics

描述 AAL2 链路属性的信息。

C.2.5

AAL2 通路 AAL type 2 Path

在两个 AAL2 实体之间的 ATM VCC。该 ATM VCC 可以是 SVC、SPVC 或 PVC。

C.2.6

AAL2 通路标志符 AAL type 2 Path Identifier

AAL2 通路的标志符。

C.2.7

AAL2 交换实体 AAL type 2 Switch Entity

能够实现交换 AAL2 连接的系统。

C.2.8

ATM VCC ATM VCC

在两个 ATM 业务终端点之间的一个或多个 ATM 虚通道链路的逻辑级联。

C.2.9

链路特征 Link Characteristics

参见“AAL2 链路特征”

C.3 交换式 AAL2 连接的基本原则

在本附录中，AAL2 用于表示特殊的面向分组的传递模式，该模式使用异步时分复用技术。复用的信息流被组织成称为 CPS 分组的可变大小的数据块。CPS 分组由 CPS 分组净荷和 CPS 分组头构成。分组头的主要作用就是在异步时分复用中识别属于同一 AAL2 连接的 CPS 分组。

AAL2 是一种面向连接的技术。当请求连接时，连接标志符被分配给 AAL2 连接的每条链路；当连接不再需要时，则释放连接标志符。

AAL2 对一些业务提供了共同的灵活传递能力。在 AAL2 公共部分子层之上的附加功能，例如在特定业务会聚子层(SSCS)中的功能，被提供以适应各种业务。在公共部分子层和特定业务会聚子层之间的界限对应于由 CPS 分组头中内容所支持的功能和由特定业务信息所支持的功能之间的界限。特定业务信息包含在 CPS 分组净荷中。

注：特定业务信息也可在用户至用户指示(在 CPS 分组头中的 UUI 域)中传输。

CPS 分组净荷由 AAL2 的公共部分子层透明地传输；在 AAL2 的公共部分子层上不对 CPS 分组净荷进行处理，例如错误控制，见图 C.1。

CPS 分组净荷的最大大小为 45 字节。

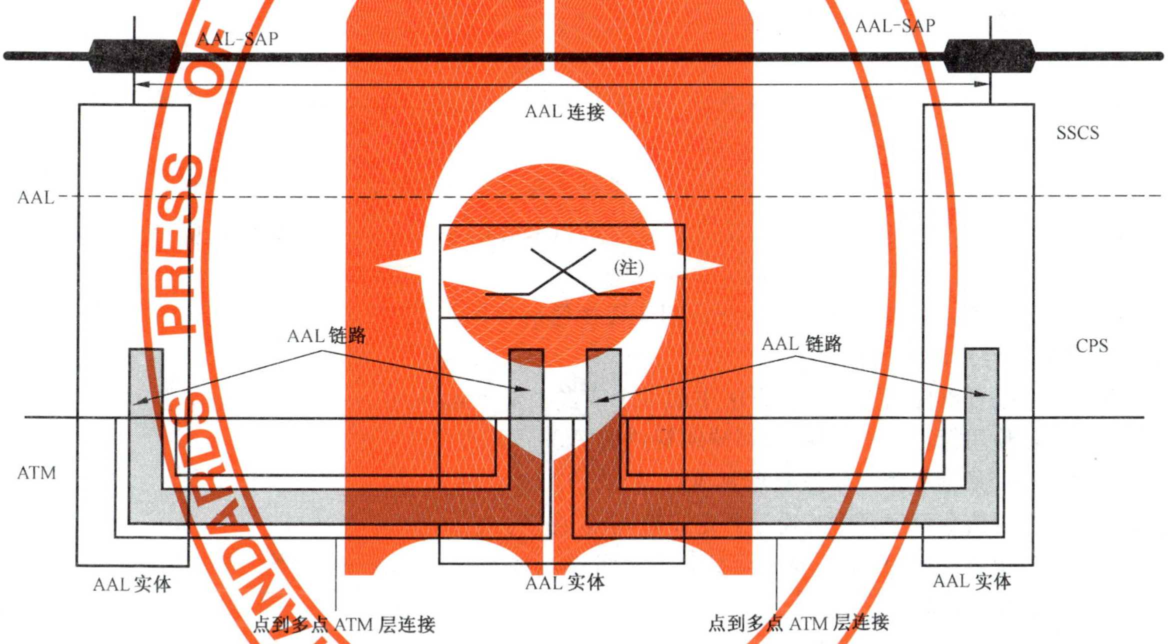

注：这实体表示了一个交换机、中继、交叉连接等。

图 C.1　交换式 AAL2 连接

C.4　AAL2 连接

C.4.1　连接定义

AAL2 连接由 AAL2 的 CPS 链路级联构成以提供端到端的传递能力。

C.4.2　连接标志符

在给定的接口上，在给定的方向上，在 AAL2 公共部分子层上被复用至同一 AAL2 通路上的不同 AAL2 链路是由 CID 来区分的。在 AAL2 通路上的不同 AAL2 链路由图 C.2 中所指示的 CID 区分。

C.4.3　AAL2 连接/AAL2 通路的关系

如果 AAL2 连接是交换式的，则特定的 CID 值没有端到端的意义。CID 可以在 AAL2 通路(ATM VCC)终止的任意地方发生改变(例如交叉连接、集中器、交换机等)。CID 也可以仅在 AAL2 通路终止的地方发生改变。因此，CID 值在一个 AAL2 通路上被保持。

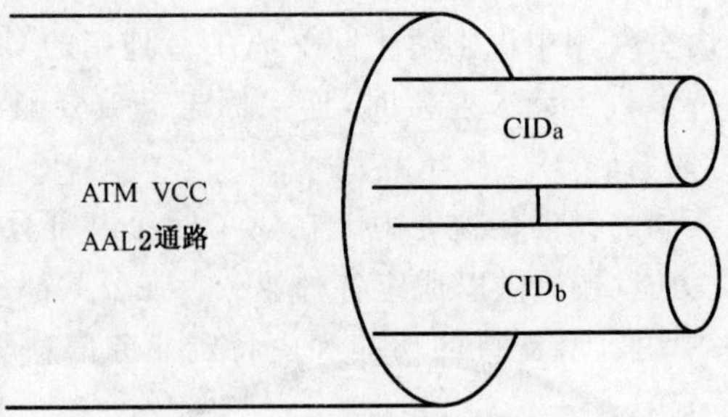

注：CID_a 和 CID_b 表示在 AAL2 通路(ATM VCC)中的 CID 的两个可能值。

图 C.2　交换式 AAL2 连接

C.5　AAL2 连接的观念

C.5.1　AAL2 连接的一般特征

AAL2 连接的定义在 C.4.条中给出。本条提供了附加解释以促进对下列话题的理解：

a)　服务质量——服务质量(QoS)由 ATM 层提供且在 AAL2 层上不存在提供 QoS 的标准方法。

b)　交换式和(半)永久 AAL2 连接——交换式和(半)永久 AAL2 连接可以在交换或(半)永久的基础上提供。

c)　CPS 分组序列完整性——CPS 分组序列的完整性在 AAL2 连接中是被保护的。

d)　AAL2 链路特征——当 AAL2 连接建立被请求时，AAL2 链路特征被提供给每个 AAL2 连接并以后可能会被修改。

e)　特定业务会聚子层(SSCS)——AAL2 连接包括特殊的 SSCS。

C.5.2　AAL2 连接的建立和释放

AAL2 连接可以使用下列四个方法中的一个或多个来建立/释放。

a)　通过使用管理程序来建立/释放所提供的 AAL2 连接；

b)　通过使用信令程序来按照需要建立/释放 AAL2 连接；

c)　不使用信令程序，例如，通过预定-(半)永久连接。

对使用以上方法的 AAL2，分配给 CID 的值可以通过下列方法之一来分配：

a)　预提供程序；

b)　网络使用信令程序；和

c)　标准方法。

一般地，分配给 CID 的特定值与该 AAL2 连接上所提供的业务无关。为了终端的互变性和初始化，对所有 AAL2 连接上的某些功能使用同样的值是所期望的。例如，为了简化终端设备的初始化，对信令 AAL2 连接将使用同样 CID 值。

在 AAL2 连接建立期间，连接允许程序需要对每个 AAL2 链路和每个 AAL2 交换机执行。这些连接允许程序一般地考虑了所请求的服务质量、所指示的 AAL2 特征和指定的 SSCS。

附 录 D
（规范性附录）
AAL2 分段和重装特定业务会聚子层数据单元命名惯例

AAL2 分段和重装特定业务会聚子层内数据单元的命名惯例如图 D.1 所示。

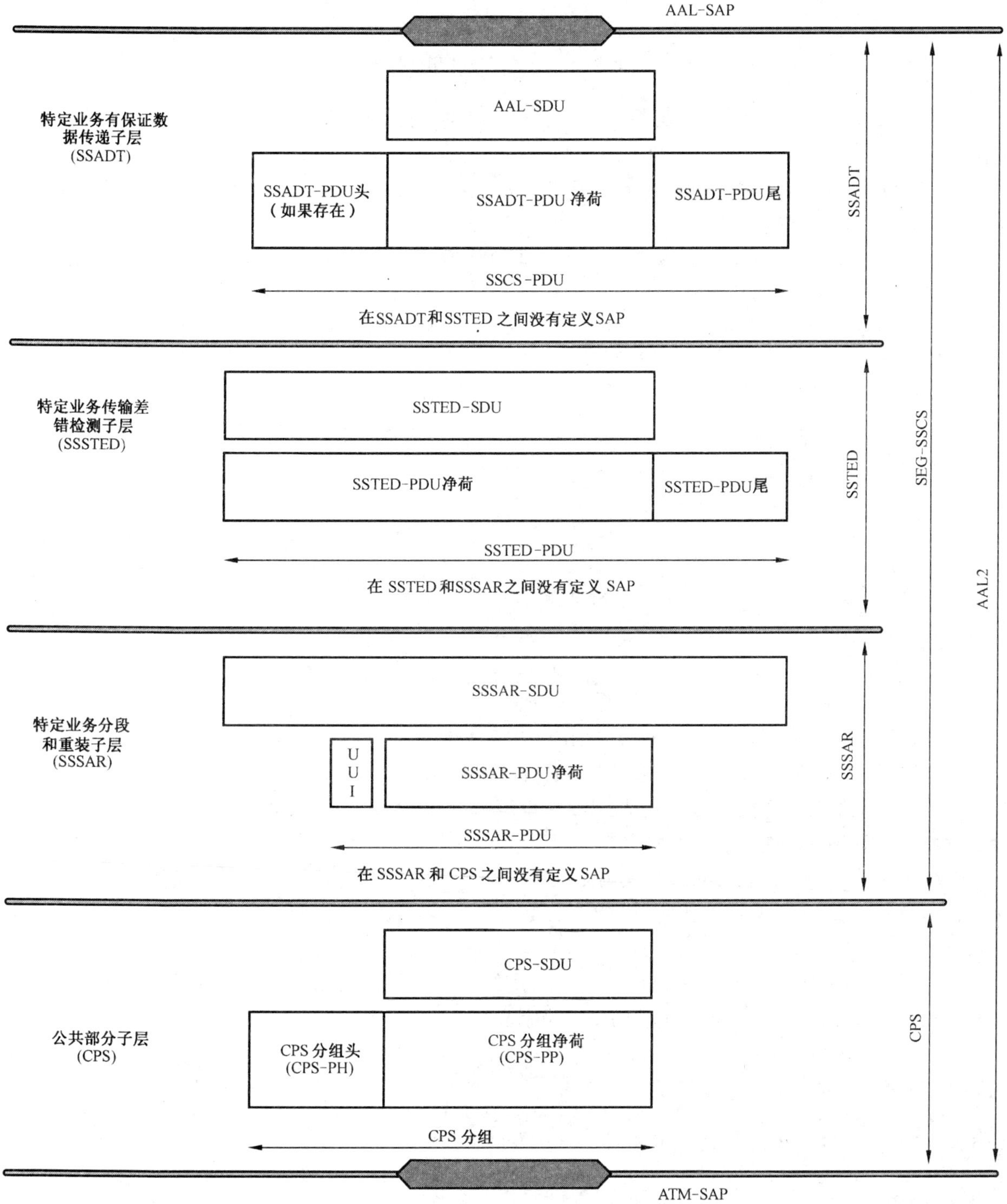

图 D.1 对分段和重装特定业务会聚子层的数据单元命名的惯例

附 录 E
（规范性附录）
语音编码格式的标准

E.1 概述

对 ITU-T 语音算法的编码格式，包括静音插入，定义在本附录的 1 至 8 章中。

注：与本附录的 1 至 8 章中定义的那些不同的用户编码格式在用户轮廓中是允许的。用户格式和轮廓的定义超出了本标准的范围。

在语音编码的每种情况中，规定了编码的数据单元(EDU)。在某些情况中，这被定义成多个算法帧的串联，以便所得到的 EDU 是按字节定位的。

EDU 可以按照最先到达的次序相加地串联，以形成按照编码格式形式的输入条目中所规定的分组。轮廓入口条目按字节规定了由此所得到的长度。这对所参考的编码格式而言，必须是 EDU 大小的整数倍数。在单个分组中的所有数据应是同一编码格式，即同样的语音算法和比特速率。

在单个分组中 EDU 可以复制的程度由构成轮廓的入口条目范围来确定。考虑到最大 CPS 分组大小的限制，所允许的 EDU 的编号可能小于由该限制所能得到的最大编号。

业已形成的轮廓遵守在 6.8.2 条所陈述的原则并允许业务数据单元(SDU)以所有的倍数来标志，从 1 最多到 M 的某些最大值。一个 SDU 是 EDU 的整数倍。

静音插入描述符被不同地对待。在单个分组中，SID 不会被复制，且不与其他数据单元混合在一起。每个 SID 是一个 SDU 自身。

E.2 语音算法 ITU-T G.711 的编码格式

E.2.1 概述

ITU-T G.711 脉冲编码调制(PCM)是每隔 125 μs 产生一个 8 比特代表语音抽样符号和幅度数值的编码器。推荐使用两种编码律，即所说的 A 律和 μ 律。

一般 PCM 编码格式的概念也是有用的。这表示对 A 律或 μ 律的选择并不是明确地作为编码轮廓的一部分。相反，它是通过单个的 SSCS 操作参数知道的。

编码的数值在 SSCS 中用极性(符号)比特作为最高位(参考 ITU-T G.711 的表 1 和表 2)来表示。在 ITU-T G.711 中的比特编号与 ITU-T I.361 中采用的惯例相反。

因为这些数值与语音抽样的幅度成正比，所以编码值的一个或多个最低位比特是可以丢弃的，而剩余的比特仍然提供有用的信息。实际上，在 1 544 kbit/s 接口的 CAS 情况中，最低位比特通常在中间交换和传输系统中被损坏。丢弃一个或两个比特并以 56 kbit/s 和 48 kbit/s 速率传输 ITU-T G.711 编码的先例可以在 ITU-T H.221 附录 A 中找到。

E.2.2 编码的数据单元

数据单元格式要求 ITU-T G.711 输出在 1 ms 的间隔上可以累积以产生 8 个编码值的序列。这些值按照时间顺序串联在一起，最早出现的值位于字节的最高位比特。

对于 64 kbit/s、56 kbit/s 和 48 kbit/s 的格式如图 E.1、图 E.2、图 E.3 所示。它们对 A 律、μ 律和通用 PCM 是一样的。

E.3 语音算法 ITU-T G.722 的编码格式

E.3.1 概述

ITU-T G.722 子带自适应脉冲编码调制(SB-ADPCM)是每隔 125 μs 产生一个 8 比特数值并以比 ITU-T G.711 PCM 更高的保真度表示语音抽样的编码器。ITU-T G.722 是这样操作的，即将频带

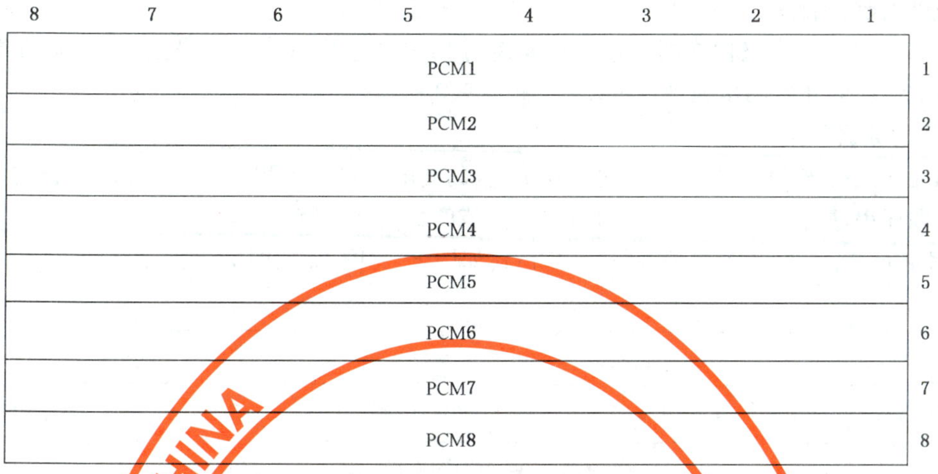

图 E.1　ITU-T G.711-64 EDU 格式

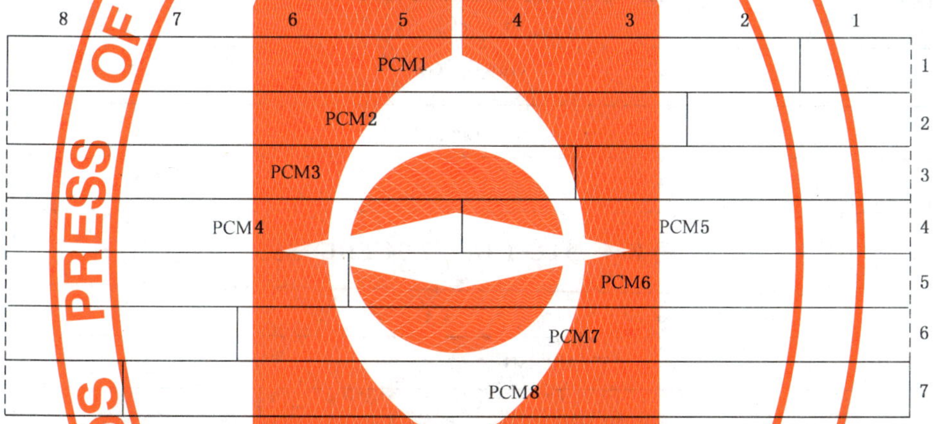

图 E.2　ITU-T G.711-56 EDU 格式

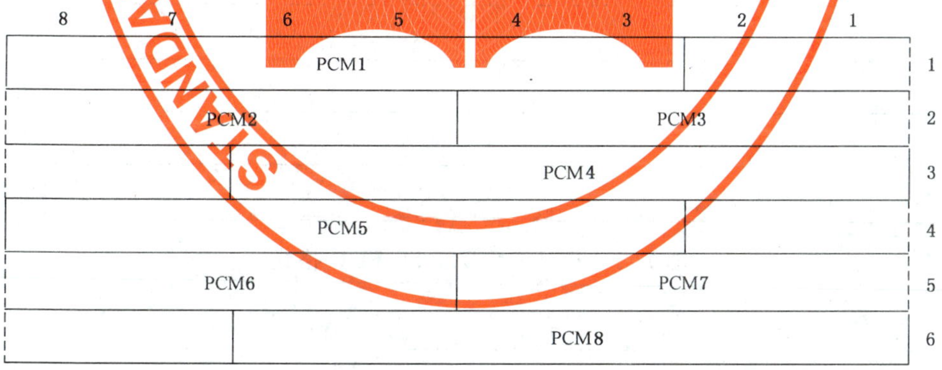

图 E.3　ITU-T G.711-48 EDU 格式

50 Hz～7 000 Hz 分割成两个子带并单独使用 ADPCM 编码每个子带以产生 2 比特代表高频子带和 6 比特代表低频子带的抽样数值。

编码数值在 SSCS 中是以高频子带 ADPCM 码字位于最高位比特而其后跟随的低频子带 ADPCM 码字位于最低位比特来表示的(参见 ITU-T G.722 的 1.4.4 条)。在 ITU-T G.722 中的比特编号是与 ITU-T I.361 中采用的惯例相反的。

ITU-T G.722 提供了三种模式的操作，而低频子带编码值的第 0、1 和 2 比特是可以丢弃的。因此，64 kbit/s、56 kbit/s 或 48 kbit/s 可用于传递语音信息。从算法的观点来看，在任何语音抽样完成后操作模式是可以改变的。

ITU-T G.722 并不定义内在的 SID 并可能使用 E.9 的通用 SID。如果是这样，则语音编码器和解码器应在每次通话的开始同步地进行重设置，如 E.9.3 所述。

E.3.2 编码的数据单元

数据单元格式要求 ITU-T G.722 输出在 1 ms 的间隔上可以累积以产生 8 个编码值的序列。这些值按照时间顺序串联在一起，最早出现的值位于字节的最高位比特。

用于 64 kbit/s、56 kbit/s 或 48 kbit/s 的格式如图 E.4、图 E.5、图 E.6 所示。

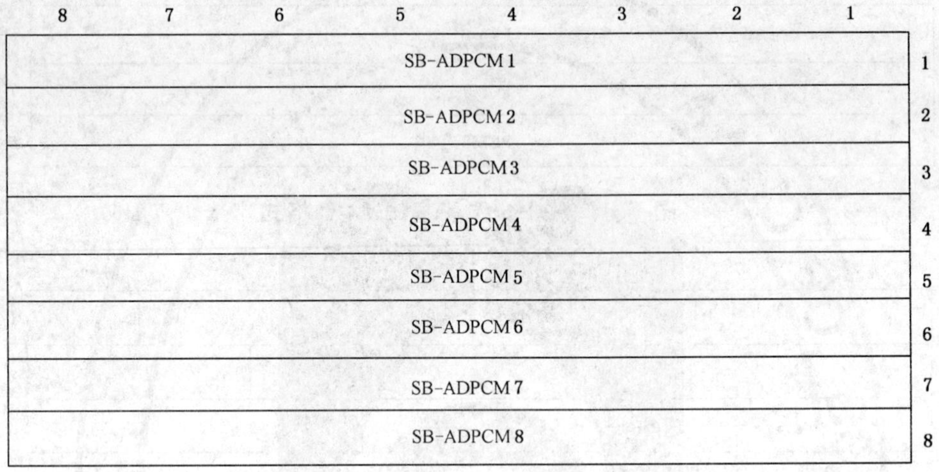

图 E.4 ITU-T G.722-64 EDU 格式

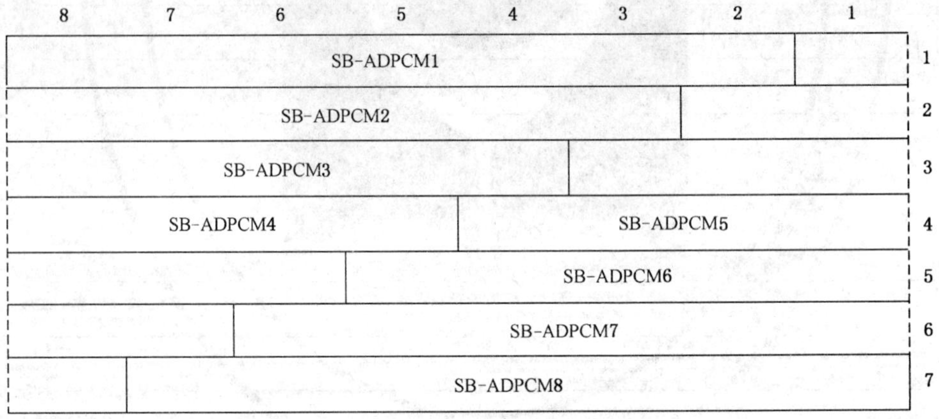

图 E.5 ITU-T G.722-56 EDU 格式

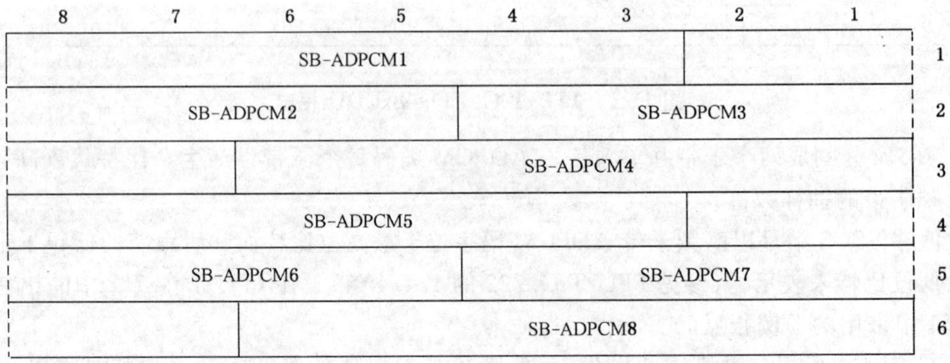

图 E.6 ITU-T G.722-48 EDU 格式

E.4 语音算法 ITU-T G.723.1 的编码格式

E.4.1 概述

ITU-T G.723.1 操作在 5.3 kbit/s 或 6.4 kbit/s 速率上，两种速率都是编码器和译码器的必选成分。每隔 30 ms，ITU-T G.723.1 允许分别发送 160 或 192 比特，这些比特特征化一个话音抽样。在任何30 ms 结束时，在两种速率之间切换也是可能的。

E.4.2 编码的数据单元

ITU-T G.723.1 帧的比特如图 E.7 和图 E.8 所示格式化（参考 ITU-T G.723.1 的表 5 和表 6）。在数据单元的这些域中，越靠后的字节也就越重要。这与 ITU-T I.361 的惯例相反。

<table>
<tr><th>8</th><th>7</th><th>6</th><th>5</th><th>4</th><th>3</th><th>2</th><th>1</th><th></th></tr>
<tr><td colspan="6">LPC_B5..B0</td><td>0</td><td>0</td><td>1</td></tr>
<tr><td colspan="8">LPC_B13..B6</td><td>2</td></tr>
<tr><td colspan="8">LPC_B21..B14</td><td>3</td></tr>
<tr><td colspan="6">ACL0_B5..B0</td><td colspan="2">LPC_B23..B22</td><td>4</td></tr>
<tr><td colspan="5">ACL2_B4..B0</td><td colspan="2">ACL1_B1..B0</td><td>ACL0_B6</td><td>5</td></tr>
<tr><td colspan="4">GAIN0_B3..B0</td><td colspan="2">ACL3_B1..B0</td><td colspan="2">ACL2_B6..B5</td><td>6</td></tr>
<tr><td colspan="8">GAIN0_B11..B4</td><td>7</td></tr>
<tr><td colspan="8">GAIN1_B7..B0</td><td>8</td></tr>
<tr><td colspan="4">GAIN2_B3..B0</td><td colspan="4">GAIN1_B11..B8</td><td>9</td></tr>
<tr><td colspan="8">GAIN2_B11..B4</td><td>10</td></tr>
<tr><td colspan="8">GAIN3_B7..B0</td><td>11</td></tr>
<tr><td>GRID3</td><td>GRID2</td><td>GRID1</td><td>GRID0</td><td colspan="4">GAIN3_B11..B8</td><td>12</td></tr>
<tr><td colspan="7">MSBPOS_B6..B0</td><td>0</td><td>13</td></tr>
<tr><td colspan="2">POS0_B1..B0</td><td colspan="6">MSBPOS_B12..B7</td><td>14</td></tr>
<tr><td colspan="8">POS0_B9..B2</td><td>15</td></tr>
<tr><td colspan="2">POS1_B1..B0</td><td colspan="6">POS0_B15..B10</td><td>16</td></tr>
<tr><td colspan="8">POS1_B9..B2</td><td>17</td></tr>
<tr><td colspan="4">POS2_B3..B0</td><td colspan="4">POS1_B13..B10</td><td>18</td></tr>
<tr><td colspan="8">POS2_B11..B4</td><td>19</td></tr>
<tr><td colspan="4">POS3_B3..B0</td><td colspan="4">POS2_B15..B12</td><td>20</td></tr>
<tr><td colspan="8">POS3_B11..B4</td><td>21</td></tr>
<tr><td colspan="6">PSIG0_B5..B0</td><td colspan="2">POS3_B13..B12</td><td>22</td></tr>
<tr><td colspan="3">PSIG2_B2..B0</td><td colspan="5">PSIG1_B4..B0</td><td>23</td></tr>
<tr><td colspan="5">PSIG3_B4..B0</td><td colspan="3">PSIG2_B5..B3</td><td>24</td></tr>
</table>

图 E.7 ITU-T G.723.1-6.4 EDU 格式

8	7	6	5	4	3	2	1	
LPC_B5..B0						0	1	1
LPC_B13..B6								2
LPC_B21..B14								3
ACL0_B5..B0						LPC_B23..B22		4
ACL2_B4..B0					ACL1_B1..B0		ACL0_B6	5
GAIN0_B3..B0				ACL3_B1..B0		ACL2_B6..B5		6
GAIN0_B11..B4								7
GAIN1_B7..B0								8
GAIN2_B3..B0				GAIN1_B11..B8				9
GAIN2_B11..B4								10
GAIN3_B7..B0								11
GRID3	GRID2	GRID1	GRID0	GAIN3_B11..B8				12
POS0_B7..B0								13
POS1_B3..B0				POS0_B11..B8				14
POS1_B11..B4								15
POS2_B7..B0								16
POS3_B3..B0				POS2_B11..B8				17
POS3_B11..B4								18
PSIG1_B3..B0				PSIG0_B3..B0				19
PSIG3_B3..B0				PSIG2_B3..B0				20

图 E.8 ITU-T G.723.1-5.3 EDU 格式

E.4.3 静音插入描述符

ITU-T G.723.1 附录 A 定义了话音活动检测器和用于与 ITU-T G.723.1 一起使用的缓解噪音发生器，它将每 30 ms 的抽样分类为活动话音或背景噪音。

活动话音按照图 E.7 和图 E.8 来编码。背景噪音按照图 E.9 作为静音插入描述符来编码（参考

8	7	6	5	4	3	2	1	
LPC_B5…B0						1	0	1
LPC_B13..B6								2
LPC_B21..B14								3
GAIN_B5..B0						LPC_B23..B22		4

图 E.9 ITU-T G.723.1 SID 分组格式

ITU-T G.723.1 表 A1)。当在背景噪音的性质中检测到可感知的变化时,SID 仅仅断续地发送。

E.5 语音算法 ITU-T G.726 的编码格式

E.5.1 概述

ITU-T G.726 自适应脉冲编码(ADPCM)支持 40 kbit/s、32 kbit/s、24 kbit/s 和 16 kbit/s 的比特速率。编码每 125 μs 分别产生 5、4、3 或 2 个比特。

编码值在 SSCS 中以符号比特作为最高位比特来表示(参考 ITU-T G.726 的表 7～表 10)。在 ITU-T G.726 中的比特编号与 ITU-T I.361 中所采用的惯例相反。

24 kbit/s 和 16 kbit/s 速率的主要应用就是处理话音复用设备中的暂时过载。40 kbit/s 速率的主要应用在于承载以大于 4.8 kbit/s 速率操作的语音带宽的调制解调器信号。

ITU-T G.726 没有定义内在的 SID 并可以使用 E.9 章的通用 SID。如果是这样,则语音编码器和解码器应在每次通话的开始同步地进行重设置,如 E.9.3 所述。

E.5.2 编码的数据单元

数据单元格式要求 ITU-T G.711 输出在 1 ms 的间隔上可以累积以产生 8 个编码值的序列。这些值按照时间顺序串联在一起,最早出现的值位于字节的最高位比特。

编码速率为 40 kbit/s、32 kbit/s、24 kbit/s 和 16 kbit/s 的格式在图 E.10、图 E.11、图 E.12 和图 E.13中所示。

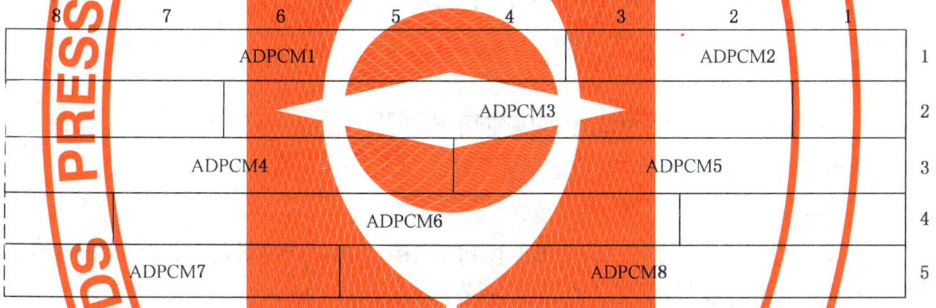

图 E.10 ITU-T G.726-40 EDU 格式

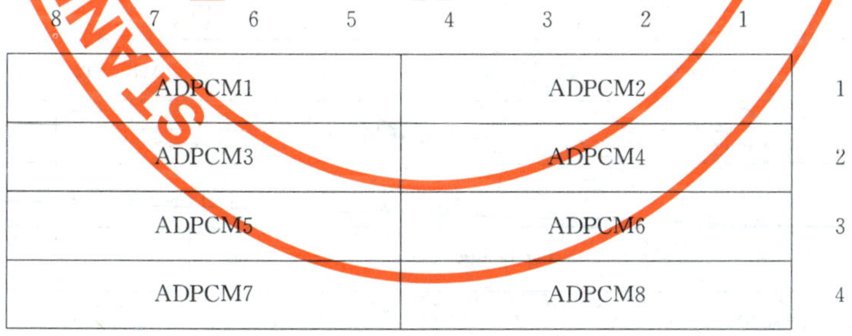

图 E.11 ITU-T G.726-32 EDU 格式

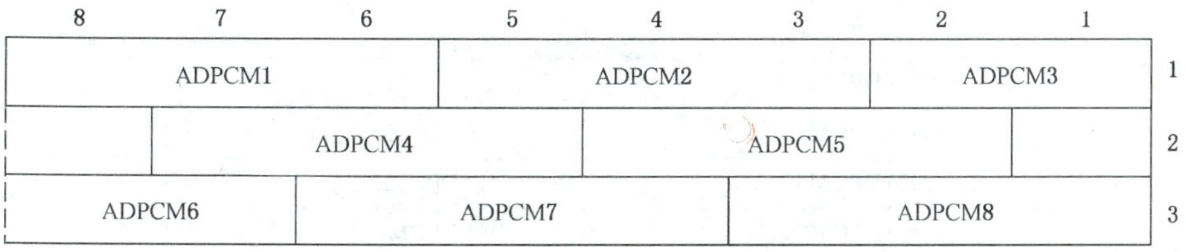

图 E.12 ITU-T G.726-24 EDU 格式

	8 7	6 5	4 3	2 1	
	ADPCM1	ADPCM2	ADPCM3	ADPCM4	1
	ADPCM5	ADPCM6	ADPCM7	ADPCM8	2

图 E.13 ITU-T G.726-16 EDU 格式

E.6 语音算法 ITU-T G.727 的编码格式

E.6.1 概述

ITU-T G.727 嵌入式自适应脉冲编码调制(EADPCM)是具有在编码器和译码器模块外比特丢弃能力的可变比特速率编码算法系列。ITU-T G.727 产生包含强化比特和核心比特的码字。强化比特在网络拥塞期间能够被丢弃,核心比特的数目必须保持一致以避免在发送方和接收方自适应状态的误跟踪发生。

编码值在 SSCS 中以核心比特作为最高位比特而其后跟随的强化比特作为最低位比特来表示的(参考 ITU-T G.727 表 8、表 9、表 10、表 11)。在 ITU-T G.727 中的比特编号与 ITU-T I.361 中所采用的惯例相反。

ITU-T G.727 系列算法涉及到(x,y)参数对,这里 x 是核心比特数目加上强化比特数目,y 是核心比特数目。

ITU-T G.727 提供了核心速率为 16 kbit/s、24 kbit/s 和 32 kbit/s 的 40 kbit/s、32 kbit/s、24 kbit/s和 16 kbit/s 比特速率。这对应于(x,y)参数对:(5,2),(4,2),(3,2),(2,2);(5,3),(4,3),(3,3);(5,4),(4,4)。

ITU-T G.727 没有定义内在的 SID 并可以使用 E.9 规定的通用 SID。如果是这样,则语音编码器和检测器应在每次通话的开始同步地进行重设置,如 E.9.3 所述。

E.6.2 编码的数据单元

数据单元格式要求 ITU-T G.711 输出在 1 ms 的间隔上可以累积以产生 8 个编码值的序列。这些值按照时间顺序串联在一起,最早出现的值位于字节的最高位比特。

编码速率为 40 kbit/s、32 kbit/s、24 kbit/s 和 16 kbit/s 的格式在图 E.14、图 E.15、图 E.16 和图 E.17中所示。

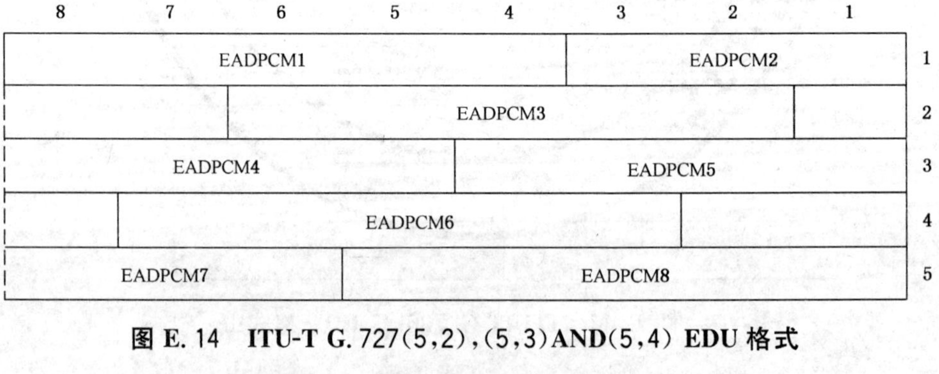

图 E.14 ITU-T G.727(5,2),(5,3)AND(5,4) EDU 格式

	8 7 6 5	4 3 2 1	
	EADPCM1	EADPCM2	1
	EADPCM3	EADPCM4	2
	EADPCM5	EADPCM6	3
	EADPCM7	EADPCM8	4

图 E.15 ITU-T G.727(4,2),(4,3)AND(4,4) EDU 格式

<table>
<tr><td>8</td><td>7</td><td>6</td><td>5</td><td>4</td><td>3</td><td>2</td><td>1</td><td></td></tr>
<tr><td colspan="3">EADPCM1</td><td colspan="3">EADPCM2</td><td colspan="2">EADPCM3</td><td>1</td></tr>
<tr><td></td><td colspan="3">EADPCM4</td><td colspan="3">EADPCM5</td><td></td><td>2</td></tr>
<tr><td colspan="2">EADPCM6</td><td colspan="3">EADPCM7</td><td colspan="3">EADPCM8</td><td>3</td></tr>
</table>

图 E.16 ITU-T G.727(3,2) AND(3,3) EDU 格式

<table>
<tr><td>8</td><td>7</td><td>6</td><td>5</td><td>4</td><td>3</td><td>2</td><td>1</td><td></td></tr>
<tr><td colspan="2">EADPCM1</td><td colspan="2">EADPCM2</td><td colspan="2">EADPCM3</td><td colspan="2">EADPCM4</td><td>1</td></tr>
<tr><td colspan="2">EADPCM5</td><td colspan="2">EADPCM6</td><td colspan="2">EADPCM7</td><td colspan="2">EADPCM8</td><td>2</td></tr>
</table>

图 E.17 ITU-T G.727(2,2) EDU 格式

E.7 语音算法 ITU-T G.728 的编码格式

E.7.1 概述

ITU-T G.728 低延迟编码激励线性预测(LD-CELP)是每隔 2.5 ms 产生一组 4 个码字的编码器。每组码字被称为一个适配周期或帧。

整形码字向量指数和增益指数在 SSCS 中按照 ITU-T I.361 的惯例表示,排在前面的字节和编号高的比特是具有更重要的意义。

ITU-T G.728 的基本算法运行在 16 kbit/s 上。E.8 通过增加了两个低速 12.8 kbit/s 和 9.6 kbit/s来扩展操作。

ITU-T G.728 没有定义内在的 SID 并可以使用 E.9 所规定的通用 SID。如果是这样,则语音编码器和解码器应在每次通话的开始同步地进行重设置,如 E.9.3 所述。

E.7.2 编码的数据单元

ITU-T G.728 在 16 kbit/s、12.8 kbit/s 和 9.6 kbit/s 上的格式如图 E.18、图 E.19 和图 E.20 所示(参考 ITU-T G.728 的 5.11 和 ITU-T G.728 附录 H 的 3.1.1 和 4.1.1)。在数据单元的那些域内,比特和字节排列意义遵循 ITU-T I.361 中所采用的惯例。

<table>
<tr><td>8</td><td>7</td><td>6</td><td>5</td><td>4</td><td>3</td><td>2</td><td>1</td><td></td></tr>
<tr><td colspan="7">整形码字向量指数1</td><td>增益</td><td>1</td></tr>
<tr><td colspan="2">指数1</td><td colspan="6">整形码字向量指数2</td><td>2</td></tr>
<tr><td></td><td colspan="3">增益指数2</td><td colspan="4">整形码字向量指数3</td><td>3</td></tr>
<tr><td colspan="3"></td><td colspan="3">增益指数3</td><td colspan="2"></td><td>4</td></tr>
<tr><td colspan="5">整形码字向量指数4</td><td colspan="3">增益指数4</td><td>5</td></tr>
</table>

图 E.18 ITU-T G.728-16 EDU 格式

<table>
<tr><td>8</td><td>7</td><td>6</td><td>5</td><td>4</td><td>3</td><td>2</td><td>1</td><td></td></tr>
<tr><td colspan="6">整形码字向量指数 1</td><td colspan="2">增益指数 1</td><td>1</td></tr>
<tr><td colspan="6">整形码字向量指数 2</td><td colspan="2">增益指数 2</td><td>2</td></tr>
<tr><td colspan="6">整形码字向量指数 3</td><td colspan="2">增益指数 3</td><td>3</td></tr>
<tr><td colspan="6">整形码字向量指数 4</td><td colspan="2">增益指数 4</td><td>4</td></tr>
</table>

图 E.19 ITU-T G.728-12.8 EDU 格式

<table>
<tr><td>8</td><td>7</td><td>6</td><td>5</td><td>4</td><td>3</td><td>2</td><td>1</td><td></td></tr>
<tr><td colspan="4">整形码字向量指数 1</td><td colspan="2">增益指数 1</td><td colspan="2">整形码字-</td><td>1</td></tr>
<tr><td colspan="2">向量指数 2</td><td colspan="2">增益指数 2</td><td colspan="4">整形码字向量指数 3</td><td>2</td></tr>
<tr><td colspan="2">增益指数 3</td><td colspan="4">整形码字向量指数 4</td><td colspan="2">增益指数 4</td><td>3</td></tr>
</table>

图 E.20 ITU-T G.728-9.6 EDU 格式

E.8 语音算法 ITU-T G.729 的编码格式

E.8.1 概述

ITU-T G.729 的基本算法运行在 8 kbit/s 上。每 10 ms，它就发送 80 比特以特征化一个语音抽样的。

编码值在 SSCS 中按照 ITU-T I.361 的惯例来表示，排在前面的字节和编号高的比特是具有更重要的意义。

ITU-T G.729 附录 A 定义了复杂度减少且可与基本 ITU-T G.729 进行互操作的编码器。ITU-T G.729 附录 C 定义了可互操作的 ITU-T G.729 正文和 ITU-T G.729 附录 A 的浮点版本。编码值的格式对 ITU-T G.729、ITU-T G.729 附录 A 和 ITU-T G.729 附录 C 是一样的。ITU-T G.729 附录 A 和 ITU-T G.729 附录 C 的发送方可与 ITU-T G.729 接收方一起使用。

ITU-T G.729 附录 B 定义了语音活动检测器和可与 ITU-T G.729 或 ITU-T G.729 附录 A 一起使用的缓解噪声发生器。它将 10 ms 的抽样值分类为活动语音或背景噪音。

ITU-T G.729 附录定义了 ITU-T G.729 的 6.4 kbit/s 速率扩展以减少瞬间的信道容量，例如处理过载的情况。ITU-T G.729 附录 E 提供了 ITU-T G.729 的 11.8 kbit/s 速率扩展以在广泛的输入信号上获得更好的性能，诸如具有背景噪音和音乐的语音。

E.8.2 编码的数据单元

ITU-T G.729 帧的比特如图 E.21 所示格式化(参考 ITU-T G.729 的表 8)。在数据单元的那些域内，比特和字节排列意义遵循 ITU-T I.361 中所采用的惯例。

<table>
<tr><td>8</td><td>7</td><td>6</td><td>5</td><td>4</td><td>3</td><td>2</td><td>1</td><td></td></tr>
<tr><td>L0</td><td colspan="7">L1</td><td>1</td></tr>
<tr><td colspan="5">L2</td><td colspan="3">L3</td><td>2</td></tr>
<tr><td colspan="2"></td><td colspan="6">P1</td><td>3</td></tr>
<tr><td colspan="2"></td><td>P0</td><td colspan="5"></td><td>4</td></tr>
<tr><td colspan="8">C1</td><td>5</td></tr>
<tr><td colspan="4">S1</td><td colspan="3">GA1</td><td></td><td>6</td></tr>
<tr><td colspan="3">GB1</td><td colspan="5">P2</td><td>7</td></tr>
<tr><td colspan="8">C2</td><td>8</td></tr>
<tr><td colspan="5"></td><td colspan="3">S2</td><td>9</td></tr>
<tr><td></td><td colspan="3">GA2</td><td colspan="4">GB2</td><td>10</td></tr>
</table>

图 E.21 ITU-T G.729-8 EDU 格式

E.8.3 静音插入描述符

活动话音按照图 E.21 编码。背景噪音按照图 E.22 作为静音插入描述符来编码(参考 ITU-T

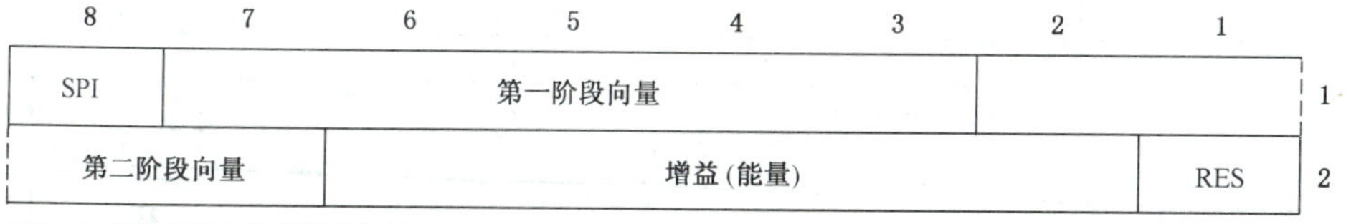

SPI=LSF量化器的交换预测符指数　　RES=预留(设置为0)

图 E.22　ITU-T G.729 SID 分组格式

G.729的表 B.2)。当在背景噪音中检测到可感知的变化时,SID 仅仅断续地发送。

E.8.4　ITU-T G.729-6.4 编码数据单元

ITU-T G.729-6.4 帧的比特按照图 E.23 所示来格式化(参考 ITU-T G.729 的表 D.1)。在数据单元的那些域内,比特和字节排列意义遵循 ITU-T I.361 中所采用的惯例。

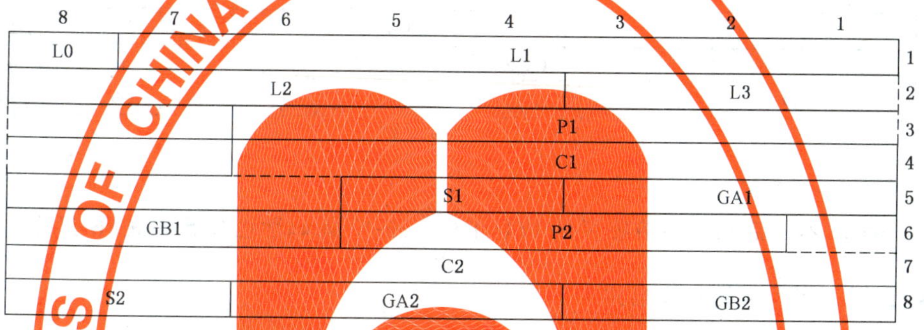

图 E.23　ITU-T G.729-6.4 编码数据单元格式

E.8.5　ITU-T G.729-12 编码数据单元

ITU-T G.729-12 帧的比特按照图 E.24 所示来格式化(参考 ITU-T G.729 的表 E.3a 和 ITU-T G.729 的表 E.3b)。图 E.24 的 A 部分和 B 部分分别描述了用于 ITU-T G.729 附录 E 算法的前向自适应模式和后向自适应模式的域。ITU-T G.729 附录 E 算法的实际比特速率是 11.8 kbit/s,该速率通过使用两个填充比特 UB 被封装在字节的边界之内,因此这两个 UB 比特使总的比特速率达到 12 kbit/s。UB 比特的值没有定义。在数据单元的那些域内,比特和字节排列意义遵循 ITU-T I.361 中所采用的惯例。

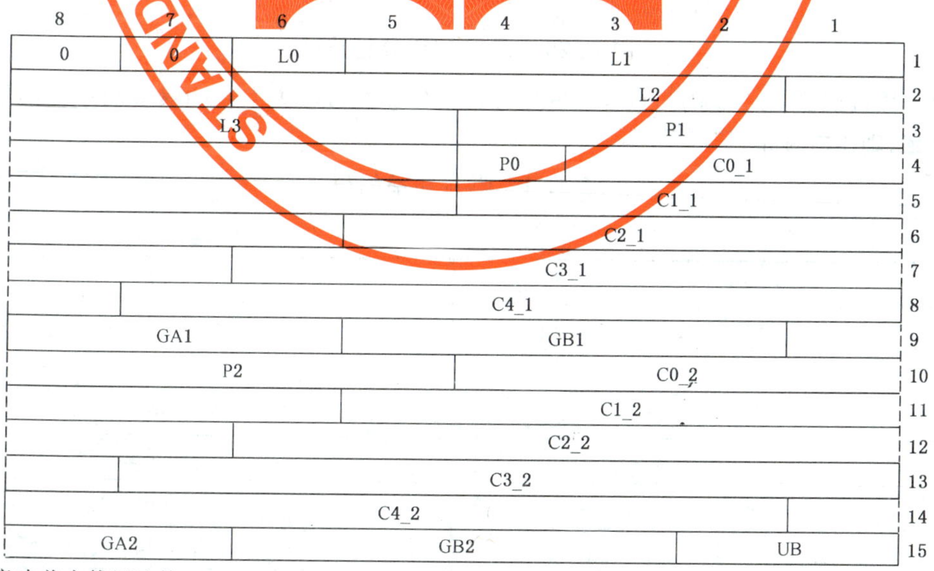

注:UB 意味着未使用比特。

图 E.24　前向自适应模式的 ITU-T G.729-12 编码数据单元格式(A 部分)

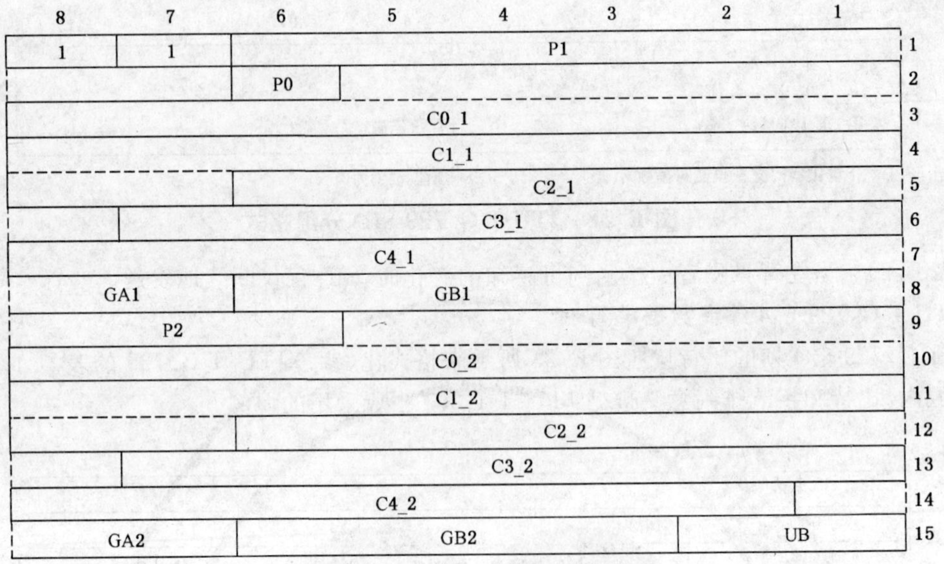

注：UB 意味着未使用比特。

图 E.24 后向自适应模式的 ITU-T G.729-12 编码数据单元格式(B 部分)

E.9 通用静音插入指示符的编码格式

E.9.1 概述

ITU-T G.711、ITU-T G.722、ITU-T G.726、ITU-T G.727 和 ITU-T G.728 不包括提供话音活动的检测、不连续传输和缓解噪音产生机制以适应于特殊的算法。这些程序由发送方和接收方以通用的方法添加上去。

E.9.2 分组格式

用于此目的，使用如图 E.25 所示的通用 SID。

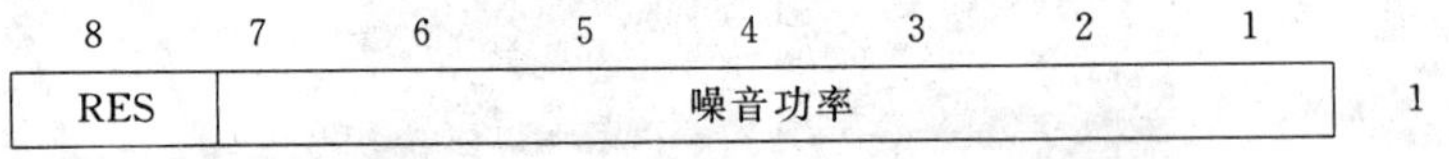

RES=预留(设置为 0)

图 E.25 通用 SID 分组格式

噪音功率域按照表 E.1 编码。它表示发送方希望传递给接收方发总的噪音功率。其他噪音特征，诸如频谱失真，则没有规定。

表 E.1 噪音功率编码

噪音功率	意　义
0～29	预留
30	－30 dBm0
31	－31 dBm0
…	…
77	－77 dBm0
78	－78 dBm0
79～126	预留
127	空闲代码(无噪音)

注：表 E.1 提供了用于测量噪音功率的代码点，完全或部分使用这些代码点则需要等到本标准的实现。

E.9.3 程序

在上次通话的活动话音分组结束之后，即按照序列号的正确操作的第一次过程结束后，通用 SID 分组应立即发送。该分组标记静音的开始并提示接收方去期待随后没有活动话音分组。SID 在静音期间也可以发送任意次数，以同样或不同的噪音功率。

除了功率外，由于没有规定噪音的其他特征，它们可以由接收方来选择。如果接收方不能产生所指定的总功率，它可能会产生不同的功率或采用空闲代码，即没有噪音，否则，所规定的功率应被视为一个指标。

如果跟随在通用 SID 分组后的第一个活动话音分组选择了某种自适应话音算法，诸如 ITU-T G.722，ITU-T G.726、ITU-T G.727 或 ITU-T G.728，该分组的编码和译码应被完成，从已经被重新设置为其所规定初始值的语音编码器状态开始。

注：当活动话音分组没有被发送且接收方状态没有被更新时，如果发送方状态在静音期间即将变化，这消除了可能会发生的故障。以这种方式重新设置编码器和译码器维持了同步状态并对每个通话初始化了刷新自适应，而不受前一次通话过程影响。

附 录 F
（规范性附录）
$N\times64$ kbit/s 电路模式数据的编码格式

F.1 分组格式

时隙数目 N 是分组编码格式的一个参数。对于 N 的值，打包倍数 M 可以按照表 F.1 所规定的获得。

表 F.1 电路模式数据分组格式

时隙数目 N	每个分组的倍数 M	序列号码间隔 /ms	每 5 ms 的 分组数目
1	40	5.000	1
2	20	2.500	2
3～4	10	1.250	4
5	8	1.000	5
6～8	5	0.625	8
9～10	4	0.500	10
11～20	2	0.250	20
21～31	1	0.125	40

这两个参数，N 和 M，确定了如图 F.1 所示的每个分组的格式。分组净荷包括 N 字节时隙交织块的 M 倍。每个字节块由每个时隙的一个同时期字节按照在窄带呼叫中该时隙出现的顺序组成，N 字节的第一个字节块先出现，N 字节的第 M 个字节块最后出现。

每个字节的最高位比特按照其时隙的最高位比特排列。

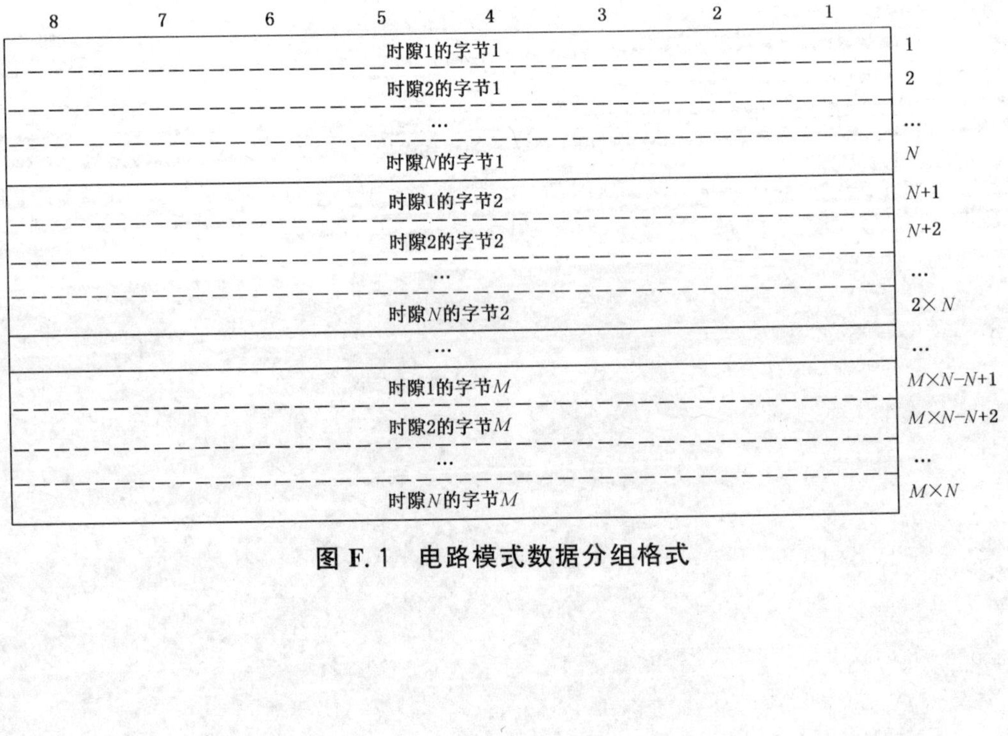

图 F.1 电路模式数据分组格式

附 录 G
（规范性附录）
拨号数字的分组格式和程序

G.1 概述

拨号数字分组格式可通过 AAL2 连接传输双音多频(DTMF)信号以在其他站点再生这些信号。ITU-T Q.23 定义了 DTMF 的频率编码，而且 ITU-T Q.24 给出了不同机构对信号接收的容差。

拨号数字分组组成了避免依赖于语音编码形式的独立的第二类信息流，诸如 ITU-T G.723.1，不以可接受的保真度传递多频率音调。其他具有更高保真度的语音编码可能不需要支持拨号数字分组，但仍能通过使用拨号数字程序发现带宽的节余。

拨号数字分组的传输是可选的，SSCS 的操作参数能传递 DTMF 拨号数字。

在呼叫建立期间，拨号数字可以用于传达目的地址信息。它们也可用于呼叫的进行期。拨号数字是一种向位于连接远端设备传递用户命令的方法，诸如自动语音消息记录系统。

拨号数字和语音编码分组可以同时产生。它们是独立的信息流且在信息重建或处理时可能会经历不同的延迟。一般的，拨号数字信号被产生以便由机器来识别，而在操作间隔期间则忽略了在同一方向上的其他语音。在处理拨号数字期间，接收方应丢弃语音而不是努力合并这两个信息流。

G.2 分组格式

拨号数字分组是格式类型 3 且受益于 CRC-10 差错保护。它们使用定义在 6.5 条中的用于类型 3 分组的公共方法，包括 3 次冗余性。时间戳为拨号数字的停顿期间提供了精确的相关定时。拨号数字分组的格式如图 G.1 所示。

8	7	6	5	4	3	2	1	
冗余		时间戳						1
								2
RES			信号功率					3
数字类型			数字代码					4
消息类型=000010								5
CRC-10								6

RES＝预留(设置为 0)。

图 G.1 拨号数字分组格式

时间戳和冗余域按照 6.5 条中定义的类型 3 分组公共方法来编码。

信号功率域以 0～31 的二进制来编码，规定了 0～－31 dBm0 的总功率。－31 dBm0 功率和更低的功率由值 31 指示，而 0 dBm0 和更高的功率由值 0 指示。

数字类型域按照表 G.1 编码。

表 G.1 拨号数字类型编码

数 字 类 型	意 义
000	DTMF
100～111	预留

数字编码域对 DTMF 按照表 G.2 编码。

表 G.2 DTMF 拨号数字

数字代码	意义
00000	0
00001	1
00010	2
00011	3
00100	4
00101	5
00110	6
00111	7
01000	8
01001	9
01010	*
01011	#
01100	A
01101	B
01110	C
01111	D
10000～11110	预留
11111	Tone-off

G.3 发送方程序

当发送方希望向接收方传递拨号数字或停顿的开始时，拨号数字分组应以 5 ms 间隔按 3 次冗余来发送。

如果音调持续存在，则每 500 ms 后拨号数字分组应被发送以刷新处理过程(冗余域编码为 3)。

如果新的事件在前一个事件的 3 次冗余完成之前传递到了，为了避免两个不同的时间戳发生交错，则发送方应停止为前一事件发送分组。

发送拨号数字的用户应保证不超过 20 ms 的 DTMF 音调允许通过编码的语音通路传递，以便在两个信息流之间的不同延迟在远端接收方不会引起双倍的错误信号。

如果发送方检测到多频音调但不能确定其功率，则它应将信号功率域设置成预设置值。

G.4 接收方程序

接收拨号数字的用户被期望按照所传递的参数尽其所能地再生拨号数字。至少，一个信号应在任何给定的时间出现。转变应被明确的指出，且新的拨号数字隐含地指示旧的数字的结束。向静音的转变也是明确的且也有 3 次冗余指示，就像其他的一样。

当再生信号时，一个音调对的两个频率和其相关功率应处于本地环境的容差内。总的功率应是按照所指示的功率。

为了充分使用3次冗余性而不引入额外的延迟变化，在指示拨号数字或停顿之前，SSCS接收方应等待，直到它应已经接收到一个转变的三次拷贝。

接收到拨号数字的用户在再生信号之前不应忽略掉转变持续时间。

如果尽管有3次冗余但仍丢失了一次或多次转变，用户应继续处理前一个音调。如果在2 s内没有更进一步接收到拨号数字分组，则指示音调的结束是SSCS的可选项。

附 录 H
(规范性附录)
随路信令比特的分组格式和程序

H.1 概述

本附录定义了用于在 AAL2 连接上传输的作为独立的第二类信息流的随路信令(CAS)比特的分组格式和程序。

CAS 的概念定义在 ITU-T G.704(具体见 3.1 条的 1 544 kbit/s 接口和 5.1 条的 2 048 kbit/s 接口)。

CAS 分组的传输是可选的且由 SSCS 操作参数实现。

H.2 分组格式

CAS 分组是格式类型 3 且受益于 CRC-10 差错检测。它们使用定义在 6.5 条中的用于类型 3 分组的公共方法,包括 3 次冗余性。时间戳为 CAS 比特状态的转变提供了精确的相关定时。

CAS 分组的格式如图 H.1 所示。

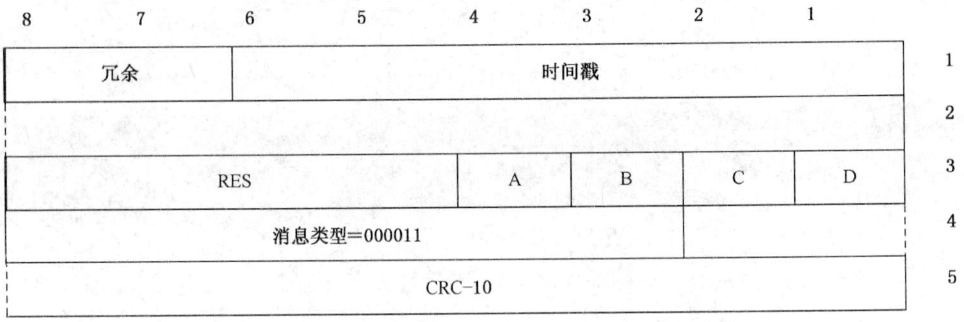

RES=预留(设置为0)

图 H.1 随路信令比特分组格式

时间戳和冗余域按照 6.5 中定义的类型 3 分组公共方法来编码。

指定为 A、B、C 和 D 的域包含对应 CAS 比特的当前值。

H.3 发送方程序

当发送方希望向接收方传递 ABCD 比特的状态变化时,CAS 分组应在 5 ms 间隔内以 3 次冗余来发送。

每 5 s 后,CAS 分组被发送以刷新 ABCD 状态(冗余域编码值为 3)。

在发送方限制 CAS 状态变化的程序超出了本标准的范围。在一定限制内,CAS 状态的暂时变化可视为无关紧要的。

如果新的状态变化在前次状态变化的 3 次冗余完成之前被传递了,则发送方应停止向前次状态发送分组以避免两个不同时间戳发生交错。

如果外部接口提供了比 4 个独立 CAS 比特更少的比特,例如具有 12 多帧的 1 544 kbit/s,发送方用户汇集并映射所提供的比特至 SSCS 发送方发的 CAS 比特中。例如,序列{A,B,A′,B′}应作为 C=A′,D=B′且序列{A,A′,A″,A‴}作为 B=A′,C=A″,D=A‴来传递。

H.4 接收方程序

如果用户正在解释信令的语义，它应该过滤掉(限制)CAS比特中无意义的暂时状态变化。

为了充分使用3次冗余而不引入额外的延迟变化，在指示CAS状态变化之前，SSCS接收方应等待，直到它应已经接收到一个转变的3次拷贝。尽管传输了3次，对CAS状态的改变而言，仅需要正确地接收一个分组来识别。

附　录　I
（规范性附录）
传真解调的分组格式和程序

传真解调是传递语音带宽数据呼叫的有效内容的更有效方法，该呼叫包含可推断的分类符来表示传真的传输。

本附录定义了传递第3类传真业务的分组格式和程序，比特速率最大可达14.4 kbit/s。

注：对V.34调制方案的支持需要进一步研究。

在本附录中，“低速”即指ITU-T T.30控制信息的ITU-T V.21调制，而“高速”即指传真图像数据的ITU-T V.17、ITU-T V.27ter或ITU-T V.29调制。

I.1　传真解调控制概念

I.1.1　消息类型

调制控制消息和ITU-T T.30_Data使用类型3分组传输（净荷由10比特CRC保护）。

下列消息类型的代码点定义在表26中：

- ITU-T T.30_Preamble；
- EPT；
- 训练信号；
- Fax_Idle；
- ITU-T T.30_Data。

这些消息的分组格式定义在I.2中。

I.1.2　调制控制消息

ITU-T T.30_Preamble、EPT、训练信号和Fax_Idle用于在SSCS近端用户和远端用户之间的传真解调和再调制程序中控制状态转变。

I.1.3　ITU-T T.30_Data

ITU-T T.30_Data用于在近端用户和远端用户之间传输ITU-T V.21解调的HDLC帧化传真控制数据比特。

整个HDLC帧都通过ITU-T T.30_Data分组格式传递，包括0比特填充和帧间标志。在前行的ITU-T T.30前行报文标记之后不存在HDLC标记的消除。

甚至当出现差错时（如CRC错误），HDLC帧化数据也被透明地传递，不需要计算CRC。HDLC 0比特填充也被透明地传递。

对于协议分析，HDLC的某些信息域可以可选地改变以控制协议，例如禁止非标准设备。对ITU-T T.30_Data的透明性而言，这是一个例外并需要进行干涉以再计算HDLC帧定位的模块。

I.1.4　公共方法

调制控制分组和ITU-T T.30_Data使用定义在6.6条中用于类型3分组的公共方法。特别是，时间戳为转变事件提供了精确的相关定时。

调制控制消息在20 ms间隔内以3次冗余发出。尽管传输了3次，对调制控制分组而言，仅需要正确地接收一个分组来识别。

ITU-T T.30_Data消息具有其独特的冗余性方案，直到低速调制的结束。仅有T.30_Data结束字节在20 ms间隔内以3次冗余使用公共方法发送。尽管传输了3次，对其内容而言，仅需要正确地接收一个分组来识别。

I.1.5 时间戳

调制控制和 ITU-T T.30_Data 分组以时间戳开始。14 比特的时间戳域以 ms 为单位编码，最高位比特位于第一字节内。它表示了解调器的输入事件的相关定时。时间戳从与语音 SAP 相关的同步时钟频率中获得。在其到达最大记数后它将重新开始。

I.1.6 序列号码

ITU-T T.30_Data 分组包含 4 比特的序列号码。序列号码域用于确定 ITU-T T.30_Data 分组是否已经丢失。

在 ITU-T T.30_Preamble 后的第一个 ITU-T T.30_Data 分组应以序列号码 0 开始记数。序列号码在每个后续的 ITU-T T.30_Data 分组中都是递增的而且在其达到最大记数时返回至 0。

I.1.7 对分组丢失的强壮性

调制控制消息通过发送三次来获得对分组丢失的强壮性，重复分组之间的时间间隔一般是 20 ms。第二次和第三次传输应使用第一次发送分组的时间戳，冗余域在这三次传输中分别设置为 0、1 和 2。

ITU-T T.30_Data 通过下列字节翻转的方法来获得强壮性的：每个 ITU-T T.30_Data 分组包含三个数据字节：当前字节(n)、前一个字节(n－1)和前两个字节(n－2)。在这种方法中，数据字节以 3 次冗余发出。每个数据字节出现在三个连续分组中的移动位置上。在 ITU-T T.30_Data 分组之间的时间间隔一般是 26.7 ms(以 300 bit/s 速率发送 8 个比特的时间)。

ITU-T T.30_Data 结束字节不用字节翻转的方法发送，而以 20 ms 间隔用 3 次冗余使用公共方法来发送。

I.2 传真解调控制分组

I.2.1 ITU-T T.30_Preamble

一旦检测到 ITU-T T.30_Preamble HDLC 标记(只要用户处于解调状态)，这消息就会发送给远端设备。

一旦接收到该消息，远端设备就应开始再生前行 HDLC 标记。

ITU-T T.30_Preamble 分组格式如图 I.1 所示。

8	7	6	5	4	3	2	1	
冗余		时间戳						1
								2
消息类型＝ITU-T T.30_Preamble								3
CRC-10								4

图 I.1 ITU-T T.30_PREAMBLE 分组格式

I.2.2 EPT

为了使回声抵消器失效，回声检测音调(EPT)信号可以由传真终端在进行高速调制之前发送。该信号具有 185 ms～200 ms 的持续期和 1 700 Hz 或 1 800 Hz 频率中的一个。

一旦检测到 EPT 音调，近端用户应向远端设备发送 EPT tone-on 消息。在处理训练信号之前，EPT 音调应关闭一段指定的时间(20 ms～25 ms)。

一旦检测到该消息的接收，远端用户应重构 EPT 信号。

EPT 分组格式如图 I.2 所示。

EPT 频率域按照表 I.1 编码。

I.2.3 训练信号

训练信号由传真终端用于指示高速调制的开始。

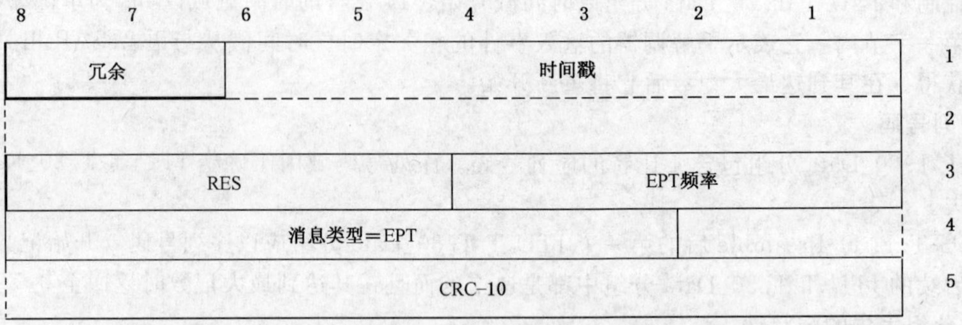

RES＝预留(设置为0)

图 I.2　EPT 分组格式

表 I.1　EPT 频率代码点

EPT 频率	意　义
0000	1 700 Hz
0001	1 800 Hz
0010～1111	预留

一旦检测到从传真终端接收到的训练信号，近端用户应向远端用户发送训练消息。

一旦接收到训练消息，远端用户应在其再调制器输出中开始产生各自的训练序列。

训练分组的格式如图 I.3 所示。

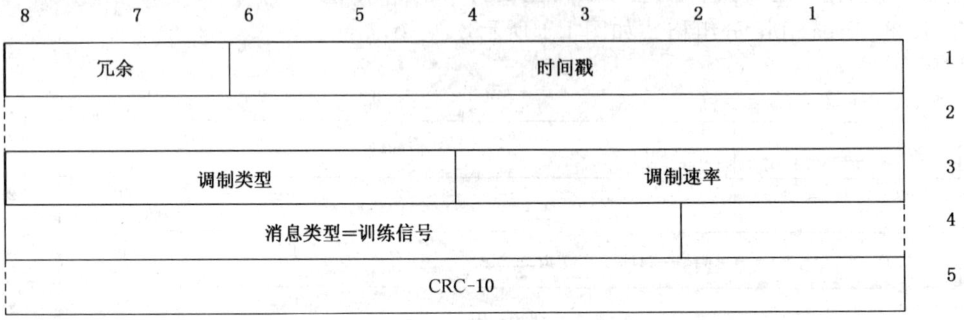

图 I.3　训练信号分组格式

调制类型和调制速率域分别按照表 I.2 和表 I.3 来编码。

表 I.2　调制类型代码点

调　制　类　型	意　义
0000	ITU-T V.27ter
0001	ITU-T V.29
0010	ITU-T V.17 长时训练信号
0011	ITU-T V.17 短时训练信号
0100～1111	预留

表 I.3 调制速率代码点

调制速率	意义/(bit/s)
0000	未知速率
0001	2 400
0010	4 800
0011	7 200
0100	9 600
0101	12 000
0110	14 400
0111～1111	预留

对于 ITU-T V.17 调制，存在两种类型的训练序列。在训练检测(TCF)之前的是长训练序列，而在页面数据之前的是短序列。调制速率和调制类型(短或长)不能从训练序列自身的开始推论出来。

基于其对 ITU-T T.30 协议的理解，协议分析可以预测 ITU-T V.17 训练序列，但是波形分析在获得类型和速率的全部细节之前就需要额外的时间了。

因此，一旦检测到 ITU-T V.17 训练序列的开始，调制速率设置为“未知速率”的 ITU-T V.17 长训练消息可以被发送的。信号分析应确定其后训练序列的类型和速率并应以特定的调制速率产生附加的短或长训练消息。

如果在以未知速率产生 ITU-T V.17 长训练序列时，短训练消息被远端用户接收到，则应改成短训练序列，使用在消息中指示的调制速率在序列添上加扰码的。

I.2.4 Fax_Idle

一旦检测到来自本地传真终端的高速调制数据已经终止了，则应发送 Fax_Idle 消息。

Fax_Idle 分组格式如图 I.4 所示。

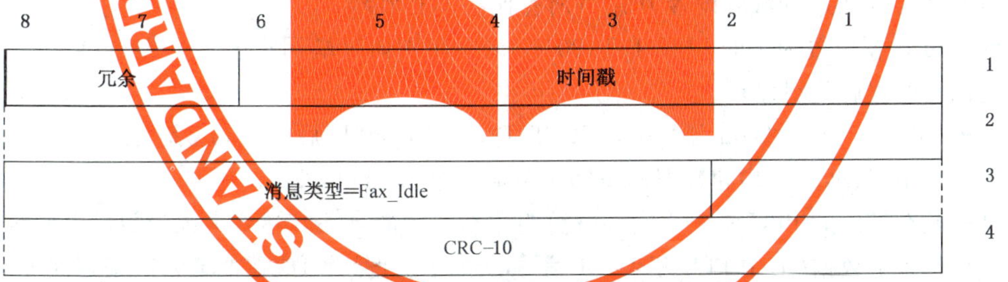

图 I.4 FAX_IDLE 分组格式

I.2.5 ITU-T T.30_Data

ITU-T T.30_Data 由 ITU-T V.21 解调的 HDLC 帧的连续字节构成。解调的字节以没有解开的 HDLC 帧结构传递的。帧间标志、0 比特填充和帧校验序列都未加处理地传递。

ITU-T T.30_Data 分组格式如图 I.5 所示。

每个分组包含以下三个连续字节：

数据(n)＝当前数据字节

数据(n－1)＝前一个数据字节

数据(n－2)＝前两个数据字节

在每个字节中，最先传输的比特是最高位比特。

End 域按照表 I.4 编码。

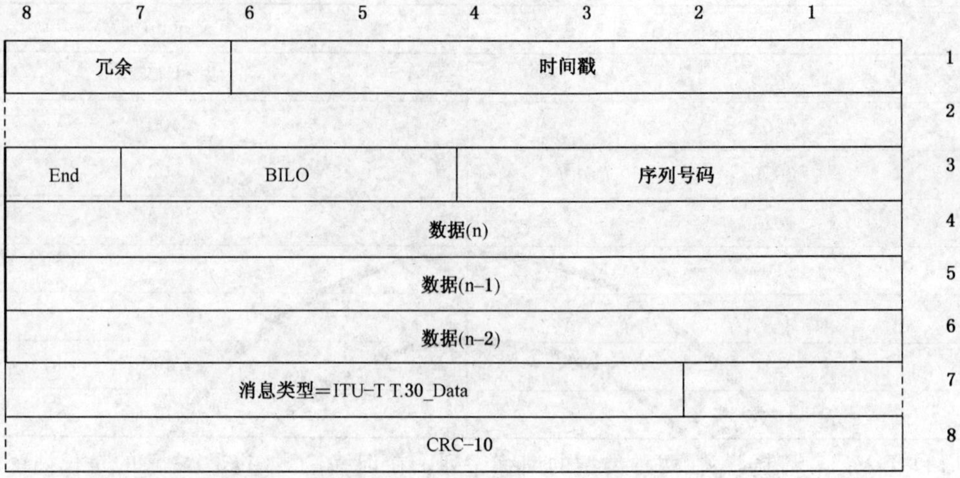

BILO＝最后字节中的比特

图 I.5　ITU-T T.30_Data 分组格式

表 I.4　ITU-T T.30_Data 的 END 标记

End	BILO	意　　义	冗　　余
0	预留	还有更多的 ITU-T T.30_Data	3
1	最后字节里的比特－1	数据(n)是 ITU-T T.30_Data 的最后一个字节	0,1,2

BILO 域指示从最高位开始有多少比特在 ITU-T T.30_Data 的最后一个字节是有效的：

BILO＝(结束分组的数据(n)字节中的有效比特数目)－1

该域可以被视为可选的，因为在 ITU-T V.21 信号末端添加几个无用的比特对传真终端并没有任何影响。当不使用时，BILO 域应设置为值 7(所有比特都有效)。

接收到 End 比特设置为 1 的 ITU-T T.30_Data 分组则向远端用户表示 ITU-T V.21 调制应在上次有效数据比特处理后关闭掉。

在第一个 ITU-T T.30_Data 分组中，ITU-T T.30_Preamble 后的序列号码域应设置为 0。在所传输的第一个分组中，数据(n－1)和数据(n－2)字节应设置为 0111 1110。

序列号码域在随后的 ITU-T T.30_Data 分组中是递增的且在其达到最大记数后返回至 0 值。

End 分组包含了数据(n)中 ITU-T V.21 信号的最后一个字节，应按照通常的根据前一个所传递的 ITU-T T.30_Data 增加其序列号码。该分组应被固定不变地在 20 ms 间隔内传输 3 次。在这三次传输中，序列号码和 End 指示应保持恒定。冗余域对三次传输应分别具有值 0、1 和 2。

冗余域在所有分组中应具有值 3，除了 End 分组。

I.3　传真图像数据分组

传真图像数据在类型 1 分组中发送，在分组间的时间间隔一般是 20 ms。在分组中的数据字节数目依赖高速调制速率。训练检测序列(TCF)以同样的方法对普通的页面数据进行端到端的发送。图像数据分组没有包括明确的序列号码。相反，序列号码来源于分组头中的 UUI 域(代码点 0～15)，序列号码间隔是 20 ms，而模数是 16。

图像数据比特由解调器输出，近端用户应在 20 ms 间隔内将之打包并发送给远端用户。实际分组时间来源于输入传真比特速率且可能由于在调制中的容差而会轻微变化。在所传递分组中的字节数目依靠调制类型且如表 I.5 所示：

表 I.5　图像数据分组长度

传真比特速率/(bit/s)	分组长度/字节
2 400	6
4 800	12
7 200	18
9 600	24
12 000	30
14 400	36

注：对 V.34 传真解调，将需要 10 ms 的标称分组大小；对 33 600 bit/s 的分组长度是 42 字节。支持 V.34 传真解调需要进一步研究。

一旦检测到来自本地传真终端的高速调制数据已经终止，则近端用户应确定图像数据分组且应发送最后的图像数据分组，即使分组长度没有达到表 I.5 所给出的值。在最后一个要发送字节中的任何比特应以 1 来填充，其后跟随的 Fax_Idle 消息应发送(以 3 次冗余发送)给远端用户。传真图像数据分组格式如图 I.6 所示，最先传输的比特是第一字节的最高位比特。

8　7　6　5　4　3　2　1	
数据 1	1
数据 2	2
…	⋮
数据 N	N

图 I.6　传真图像数据分组格式

附 录 J
（规范性附录）
OAM(告警和环回)的分组格式和程序

J.1 概述

告警指示由表J.1所定义。

表J.1 告警指示

信号	描述	参考
外部AIS	告警指示信号——与在故障维护期间检测到的与维护告警相关的信号,它作为正常信号的替代向故障方向发送。其目的在于向下游实体显示故障已经被识别,以便随之发生的其他维护告警能被禁止。AIS的外部比特流表示可以是全1的信号	ITU-T M.20 5.4.2 a)
外部RAI	远端告警指示——检测到故障持续了足够长时间,由终端向上游传输的信号。其目的在于向后向方向报告在前向方向存在业务的中断	ITU-T G.704 2.1.3.1.3 表5A注3, 表14注4
AAL2连接AIS (内部)	告警指示信号——从首先检测到影响AAL2连接的故障的AAL2连接端点向下游发送的信号;这包括由下层所指示的故障	ITU-T I.610 6.2.2.1.1.1
AAL2连接RDI (内部)	远端故障指示——由处于告警状态的AAL2连接终端点向上游传输的信号,作为接收到AAL2连接AIS或已经检测到影响AAL2连接的故障的结果	ITU-T I.610 6.2.2.1.1.2
环回	用于按需连接性监视 用于故障定位 用于开展业务前的连接性验证	N/A

注1:对AAL2中OAM流的要求正在研究之中。本附录的材料在将来可能会转移至单独的建议中去,并维护在这里所描述的格式和程序的兼容性。

注2:将来用于AAL2的OAM流的其他潜在的有用特征可能是:连续性检测、根据AAL2分组进行性能管理和激活/去激活。

J.2 分组格式

OAM使用UUI代码点值31来发送。OAM类型和功能域按照表J.2编码。

注:在AAL2 CPS分组头中承载的UUI和LI域如图27b)所示。在将来,与OAM相关的分组的可变长度最大可达45字节。

表J.2 OAM类型和功能域的编码

OAM类型	编码	功能类型	编码
外部告警	1100	外部AIS 外部RAI	0000 0001
故障管理	0001	AAL2连接AIS AAL2连接RDI AAL2环回(LB)	0000 0001 1000
预留	其他值	预留	其他值

J.2.1 告警分组格式

告警指示在类型 3 分组中传递，其格式定义在图 J.1 中。它们不使用用于类型 3 分组的公共方法。

8	7	6	5	4	3	2	1
OAM类型				功能类型			
消息类型=000000							
CRC-10							

图 J.1 告警分组格式

J.2.2 环回分组格式

告警指示在类型 3 分组中传递，其格式定义在图 J.2 中。它们不使用用于类型 3 分组的公共方法。

——环回指示(LBI)(1 比特)：该比特对 CPS 分组是否已经环回提供逻辑指示。该域证实了环回已经在 CID 上发生并避免了无限环回的问题。在源点编码该域为 1。环回点将编码改变为 0。

8	7	6	5	4	3	2	1
OAM 类型				功能类型			
LBI	预留						
消息类型=000000						CRC-10	
CRC-10							

图 J.2 环回分组格式

J.3 程序

J.3.1 告警程序

当相应的告警分组产生时，告警状况就被确定。

只要告警情况持续，告警分组应至少每秒传输一次。如果在接收方 3.5 s 的时间间隔过去了而没有确定告警信号，这应解释为消除了相应的告警。此外，除了 AAL2 连接 AIS 告警分组外，接收任何分组都应表示消除 AAL2 连接 AIS 告警情况。

图 J.3 描绘了处于 AAL2 连接的一个终端点的中继接口 A 具有向 AAL2 连接另一个终端点的中继接口 B 发送告警分组的能力。这样的分组作为在中继接口 A 上三个流中的一个产生故障的结果而被发送。OAM 类型和功能类型域的编码指示了在哪个方向上发生了故障和它对 AAL2 连接而言是外部的还是内部的。

在图 J.3 中，在 1 和 2 处的故障可能仅在整个中继群的基础上被检测，这可能映射至多个 AAL2 连接上。在这种情况中，对外部 AIS 或 RAI 的分组应在每个被影响的 AAL2 单个连接上被发送。3 处的故障被检测且相应的告警由 AAL2 连接点产生，不由 AAL2 终端点的中继接口产生。

J.3.2 环回程序

环回可以在 AAL2 接入网络中在单个 AAL2 连接上从 AAL2 本地交换机向远端 AAL2 NT 插入，如图 J.4 所示。发起环回的 AAL2 本地交换机发送 LBI 设置为 0 的 LB 分组。一旦接收到 LB 分组，AAL2 NT 向发起该环回的 AAL2 本地交换机发送 LBI 设置为 1 的 LB 分组。

注：在本附录中的环回程序考虑用在单个本地交换机和 Q.2630.1 附录 A 中定义的 NT 之间具有固定关系的 AAL2 非交换接入应用上。交换式接入应用超出了本附录的范围。

在一个连接上连续 LB 分组传输之间的等待时间应是 5 s。如果在 5 s 内环回信元没有返回至发起端，则认为是不成功的。

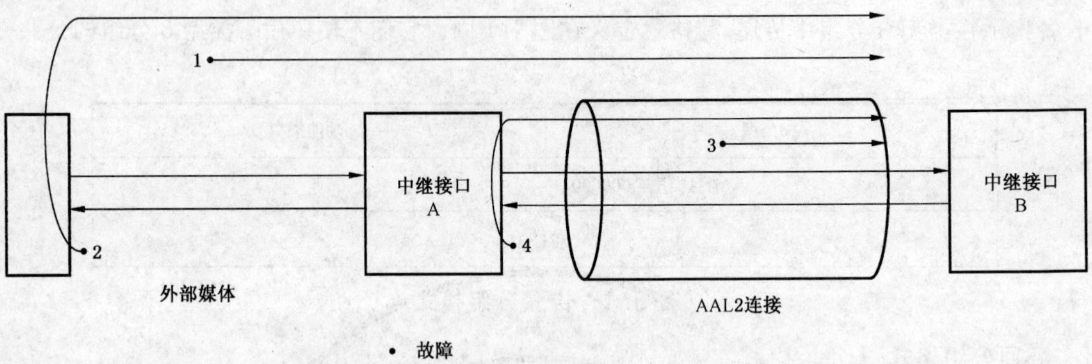

故障：	与 OAM 类型和功能类型的关系：
1	外部 AIS
2	外部 RAI
3	AAL2 连接 AIS
4	AAL2 连接 RDI

图 J.3 与告警指示相关的故障

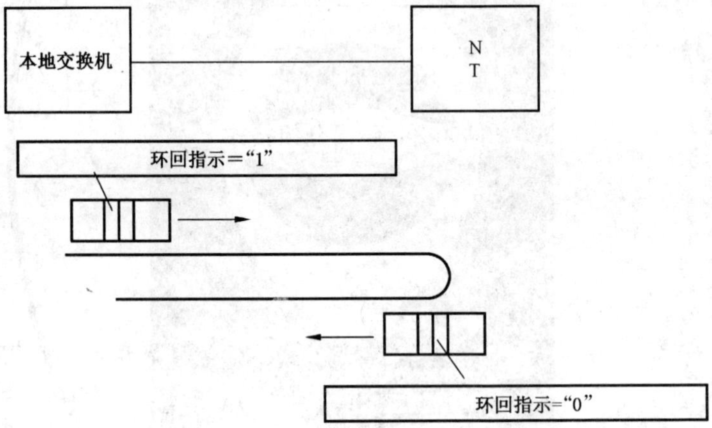

图 J.4 具有 LBI 功能的 CID 环回

附 录 K
（规范性附录）
用户状态控制的分组格式和程序

K.1 概述

SSCS在语音SAP上支持下列窄带电话业务：

- 话音；
- 语音带宽数据；
- 电路模式(64 kbit/s)；
- 传真解调。

用户应对这些业务中的每种使用不同的程序和编码格式。为了区别话音、语音带宽数据、电路模式和传真解调的处理，需要知道用户状态。

用户状态控制消息用于与对等用户进行状态控制通信。通过使用类型3分组的3次冗余传输的公共方法，SSCS提供了可靠的传递方式。

通过信号分类符的确定和对以状态控制消息的形式与对等用户进行通信的考虑，用户状态是本地确定的。用户状态变化的对称性和冲突是用户自身的责任。

K.2 分组格式

用户状态控制分组是格式类型3的且受益于CRC-10差错保护。它们使用定义在6.5条中用于类型3分组的公共方法，包括3次冗余传输。

在这种情况中，时间戳不需要用于请求和响应的精确相关定时。相反，它作为基础用于过滤和抑制多余的对接收方用户的原语指示和证实。

用户状态控制分组的格式如图K.1所示：

<table>
<tr><th>8</th><th>7</th><th>6</th><th>5</th><th>4</th><th>3</th><th>2</th><th>1</th><th></th></tr>
<tr><td colspan="2">冗余</td><td colspan="6">时间戳</td><td>1</td></tr>
<tr><td colspan="8"></td><td>2</td></tr>
<tr><td>类型</td><td colspan="4">用户状态</td><td>Ack</td><td colspan="2">RES</td><td>3</td></tr>
<tr><td colspan="5">RES</td><td>ITU-T V.17</td><td>ITU-T V.27ter</td><td>ITU-T V.29</td><td>4</td></tr>
<tr><td colspan="6">消息类型=000001</td><td colspan="2"></td><td>5</td></tr>
<tr><td colspan="8">CRC-10</td><td>6</td></tr>
</table>

RES=预留(设置为0)

图K.1 用户状态控制分组格式

时间戳和冗余域按照定义在6.5条中用于类型3分组的公共方法编码。冗余值3不使用。

类型、用户状态、Ack、ITU-T V.17、ITU-T V.27ter和ITU-T V.29域按照表K.1至表K.4编码。

Ack域仅在响应分组中有意义，即类型=1。

ITU-T V.17、ITU-T V.27ter和ITU-T V.29域仅在向传真解调的状态改变中有意义，即用户状态=0011。这些比特相互独立设置以指示使用相应的调制解调和再调制传真图像数据的能力。每个用户应分别在请求和响应分组中宣称其自己的能力。在状态改变结束时，每个用户将处理同样的信息并能推断出哪些能力对两个用户是公共具有的。

表 K.1　类型编码

类　型	意　义
0	请求
1	响应

表 K.2　用户状态编码

用户状态	意　义
0000	话音
0001	语音带宽数据
0010	电路模式
0011	传真解调
0100～1111	预留

表 K.3　ACK 编码

Ack	意　义
0	拒绝
1	接受

表 K.4　ITU-T V.17、ITU-T V.27TER 和 ITU-T V.29 编码

值	意　义
0	不支持
1	支持

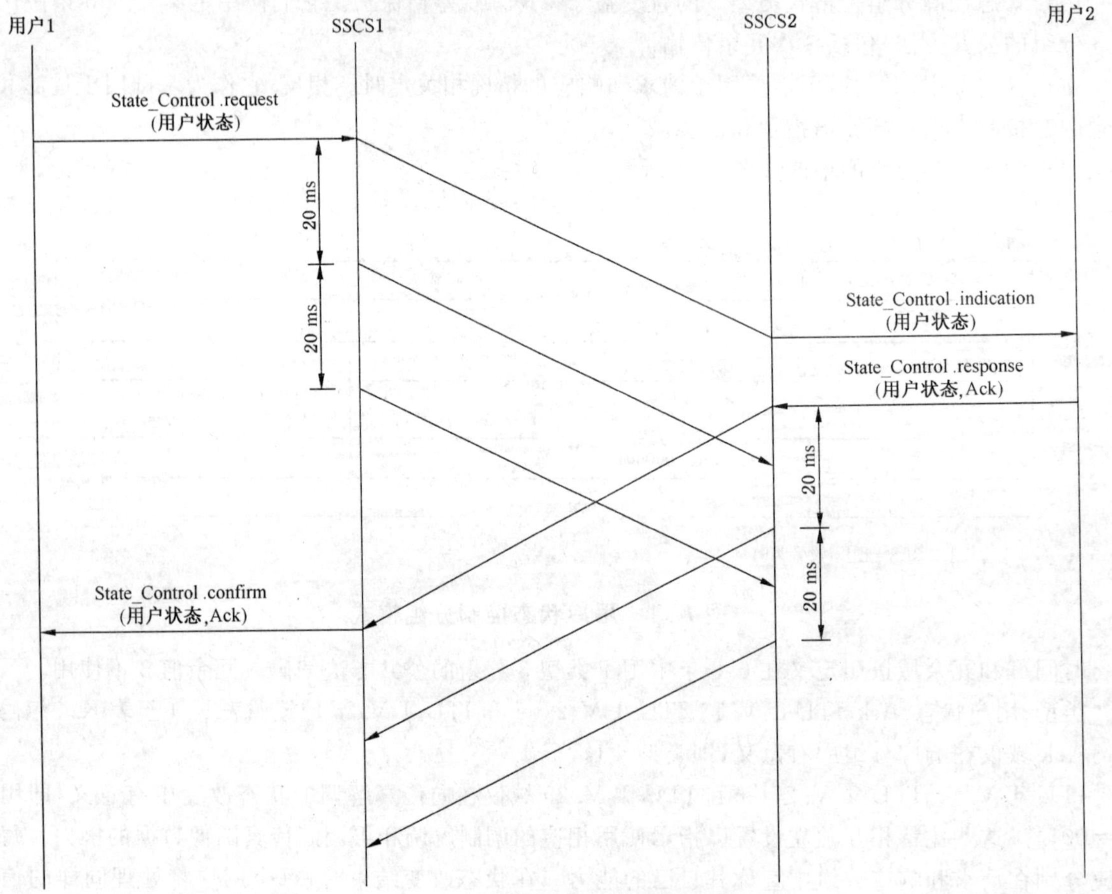

图 K.2　用户状态控制消息流

K.3 程序

对分组丢失的强壮性可通过重复发送每个用户状态控制消息三次来获得。重复分组之间的时间间隔是 20 ms。第二和第三次传输应使用第一个分组的时间戳。相应信号的时间戳与请求信号的时间戳是无关的。

接收方 SSCS 应过滤掉重复的分组并向其用户扩展合适的原语类型(指示或证实原语)。

程序如图 K.2 所描述。

附 录 L
（规范性附录）
预定义的编码格式轮廓

本附录定义了一些由语音信息流使用的 ITU-T 预定义轮廓，这些使用类型 1 分组的 UUI 域代码点 0～15。通过参考这些轮廓的标志符，接收方和发送方能够对 SSCS 主要操作参数中的某些协商一致。

本标准并不包括使用这些标志符的程序。这些程序可以是其他建议的主题，但那些建议也应允许对非 ITU-T 预定义轮廓的使用。

本附录所包含的内容并不暗示所有的协议实现都需要支持每个轮廓。一个协议实现可以选择支持任何和不支持这里定义的轮廓，除了在 6.8.4 中规定的必选轮廓外。此外，一个协议实现也可以支持一个或多个这里定义的轮廓。

图 L.1 列出了已分配的 ITU-T 标准代码用于预定义轮廓的识别，而其余的表格定义了单个轮廓。每个轮廓的定义包括下列信息：

- 轮廓入口条目索引；
- UUI 代码点范围；
- 分组长度；
- 对描述编码数据单元格式的图的参考；
- 算法描述；
- M 值，即在一个分组中的业务数据单元的数目；
- 分组时间；
- 序列号码间隔。

标志符	轮廓描述	参考
0	未使用	—
1	PCM-64	表 L.1
2	PCM-64 和静音	表 L.2
3	ADPCM 和静音	表 L.3
4	具有更高效率的 ITU-T G.728	表 L.4
5	具有低延迟的 ITU-T G.728	表 L.5
6	具有更高效率的 ITU-T G.729 和用于语音带宽数据的 ITU-T G.726	表 L.6
7	具有低延迟的 ITU-T G.729	表 L.7
8	具有低延迟的 ITU-T G.729 和在低速率上用于语音带宽数据的 ITU-T G.726-32	表 L.8
9	具有低延迟的 ITU-T G.729 和在高速率上用于语音带宽的 ITU-T G.726-40	表 L.9
10	具有可变比特速率的 ITU-T G.729	表 L.10
11	AMR	表 L.11
12	ITU-T G.723	表 L.12
13	PCM 64 kbit/s 和 ADPCM 32 kbit/s	表 L.13
14-255	预留用于将来 ITU-T 分配	—

图 L.1　ITU-T 预定义轮廓的标志符

表 L.1 使用 PCM-64 的轮廓

轮廓入口条目索引	UUI 代码点范围	分组长度/字节	编码格式参考	算法描述	M	分组时间/ms	序列号码间隔/ms
0	0～15	40	图 E.1	PCM,ITU-T G.711-64,generic	1	5	5

表 L.2 使用 PCM-64 和静音的轮廓

轮廓入口条目索引	UUI 代码点范围	分组长度/字节	编码格式参考	算法描述	M	分组时间/ms	序列号码间隔/ms
0	0～15	40	图 E.1	PCM,ITU-T G.711-64,一般算法	1	5	5
—	0～15	1	图 E.25	通用 SID	1	5	5

表 L.3 使用 ADPCM 和静音的轮廓

轮廓入口条目索引	UUI 代码点范围	分组长度/字节	编码格式参考	算法描述	M	分组时间/ms	序列号码间隔/ms
0	0～15	40	图 E.1	PCM,ITU-T G.711-64,一般算法	1	5	5
1	0～15	25	图 E.10	ADPCM,ITU-T G.726-40	1	5	5
2	0～15	20	图 E.11	ADPCM,ITU-T G.726-32	1	5	5
3	0～15	15	图 E.12	ADPCM,ITU-T G.726-24	1	5	5
4	0～15	10	图 E.13	ADPCM,ITU-T G.726-16	1	5	5
—	0～15	1	图 E.25	通用 SID	1	5	5

表 L.4 使用具有高效率 ITU-T G.728 的轮廓

轮廓入口条目索引	UUI 代码点范围	分组长度/字节	编码格式参考	算法描述	M	分组时间/ms	序列号码间隔/ms
1	0～15	40	图 E.1	PCM,ITU-T G.711-64,一般算法	1	5	5
2	0～15	20	图 E.18	LD-CELP,ITU-T G.728-16	2	10	5
3	0～15	16	图 E.18	LD-CELP,ITU-T G.728-12.8	2	10	5
4	0～15	12	图 E.18	LD-CELP,ITU-T G.728-9.6	2	10	5
5	0～15	10	图 E.18	LD-CELP,ITU-T G.728-16	1	5	5
6	0～15	8	图 E.19	LD-CELP,ITU-T G.728-12.8	1	5	5
7	0～15	6	图 E.20	LD-CELP,ITU-T G.728-9.6	1	5	5
—	0～15	1	图 E.25	通用 SID	1	5	5

表 L.5 使用具有低延迟 ITU-T G.728 的轮廓

轮廓入口条目索引	UUI 代码点范围	分组长度/字节	编码格式参考	算法描述	M	分组时间/ms	序列号码间隔/ms
0	0～15	40	图 E.1	PCM,ITU-T G.711-64,一般算法	1	5	5
1	0～15	10	图 E.18	LD-CELP,ITU-T G.728-16	1	5	5
2	0～15	8	图 E.19	LD-CELP,ITU-T G.728-12.8	1	5	5
3	0～15	6	图 E.20	LD-CELP,ITU-T G.728-9.6	1	5	5
—	0～15	1	图 E.25	通用 SID	1	5	5

表 L.6 使用具有高效率 ITU-T G.729 和用于语音带宽数据 ITU-T G.726 的轮廓

轮廓入口条目索引	UUI 代码点范围	分组长度/字节	编码格式参考	算法描述	M	分组时间/ms	序列号码间隔/ms
0	0～15	40	图 E.1	PCM,ITU-T G.711-64,一般算法	1	5	5
1	0～15	25	图 E.10	ADPCM,ITU-T G.726-40	1	5	5
2	0～15	20	图 E.21	CS-ACELP,ITU-T G.729-8	2	20	5
3	0～15	16	图 E.23	CS-ACELP,ITU-T G.729-6.4	2	20	5
4	0～15	10	图 E.21	CS-ACELP,ITU-T G.729-8	1	10	5
5	0～15	8	图 E.23	CS-ACELP,ITU-T G.729-6.4	1	10	5
—	0～15	2	图 E.22	ITU-T G.729 SID	1	10	5

表 L.7 使用具有低延迟 ITU-T G.729 的轮廓

轮廓入口条目索引	UUI 代码点范围	分组长度/字节	编码格式参考	算法描述	M	分组时间/ms	序列号码间隔/ms
0	0～15	40	图 E.1	PCM,ITU-T G.711-64,一般算法	1	5	5
1	0～15	10	图 E.21	CS-ACELP,ITU-T G.729-8	1	10	5
—	0～15	2	图 E.22	ITU-T G.729 SID	1	10	5

表 L.8 使用具有低延迟 ITU-T G.729 和在低速率上用于语音带宽数据 ITU-T G.726-32 的轮廓

轮廓入口条目索引	UUI 代码点范围	分组长度/字节	编码格式参考	算法描述	M	分组时间/ms	序列号码间隔/ms
0	0～15	40	图 E.1	PCM,ITU-T G.711-64,一般算法	1	5	5
1	0～15	20	图 E.11	ADPCM,ITU-T G.726-32	1	5	5
2	0～15	10	图 E.21	CS-ACELP,ITU-T G.729-8	1	10	5
—	0～15	2	图 E.22	ITU-T G.729 SID	1	10	5

表 L.9 使用具有低延迟 ITU-T G.729 和在高速率上用于语音带宽数据 ITU-T G.726-40 的轮廓

轮廓入口条目索引	UUI 代码点范围	分组长度/字节	编码格式参考	算法描述	M	分组时间/ms	序列号码间隔/ms
0	0～15	40	图 E.1	PCM,ITU-T G.711-64,一般算法	1	5	5
1	0～15	25	图 E.10	ADPCM,ITU-T G.726-40	1	5	5
2	0～15	10	图 E.21	CS-ACELP,ITU-T G.729-8	1	10	5
3	0～15	8	图 E.23	CS-ACELP,ITU-T G.729-6.4	1	10	5
—	0～15	2	图 E.22	ITU-T G.729 SID	1	10	5

表 L.10 使用具有完全可变比特速率的 ITU-T G.729 的轮廓

轮廓入口条目索引	UUI 代码点范围	分组长度/字节	编码格式参考	算法描述	M	分组时间/ms	序列号码间隔/ms
0	0～15	40	图 E.1	PCM,ITU-T G.711-64,generic	1	5	5
1	0～15	30	图 E.24	CS-ACELP,ITU-T G.729-12	2	20	5
2	0～15	20	图 E.21	CS-ACELP,ITU-T G.729-8	2	20	5
3	0～15	16	图 E.23	CS-ACELP,ITU-T G.729-6.4	2	20	5
4	0～15	15	图 E.24	CS-ACELP,ITU-T G.729-12	1	10	5
5	0～15	10	图 E.21	CS-ACELP,ITU-T G.729-8	1	10	5
6	0～15	8	图 E.23	CS-ACELP,ITU-T G.729-6.4	1	10	5
—	0～15	2	图 E.22	ITU-T G.729 SID	1	10	5

表 L.11 使用 AMR 的轮廓

轮廓入口条目索引	UUI 代码点范围	分组长度/字节	编码格式参考	算法描述	M	分组时间/ms	序列号码间隔/ms
7	0～7	31	图 M.1	AMR 12.2	1	20	20
7	8～15	31	图 M.1	AMR 12.2(errored)	1	20	20
6	0～7	26	图 M.2	AMR 10.2	1	20	20
6	8～15	26	图 M.2	AMR 10.2(errored)	1	20	20
5	0～7	21	图 M.3	AMR 7.95	1	20	20
5	8～15	21	图 M.3	AMR 7.95(errored)	1	20	20
4	0～7	19	图 M.4	AMR 7.4	1	20	20
4	8～15	19	图 M.4	AMR 7.4(errored)	1	20	20
3	0～7	18	图 M.5	AMR 6.7	1	20	20
3	8～15	18	图 M.5	AMR 6.7(errored)	1	20	20
2	0～7	16	图 M.6	AMR 5.9	1	20	20
2	8～15	16	图 M.6	AMR 5.9(errored)	1	20	20
1	0～7	14	图 M.7	AMR 5.15	1	20	20
1	8～15	14	图 M.7	AMR 5.15(errored)	1	20	20
0	0～7	13	图 M.8	AMR 4.75	1	20	20
0	8～15	13	图 M.8	AMR 4.75(errored)	1	20	20
—	0～15	2	图 M.9	AMR SID_First	1	—	—
—	0～15	6	图 M.10	AMR SID_Update	1	160	160
—	8～15	6	图 M.10	AMR SID_Update(errored)	1	160	160

表 L.12 使用 ITU-T G.723 的轮廓

轮廓入口条目索引	UUI 代码点范围	分组长度/字节	编码格式参考	算法描述	M	分组时间/ms	序列号码间隔/ms
0	0～15	24	图 E.7	ITU-T G.723.1-6.4	1	30	5
1	0～15	20	图 E.8	ITU-T G.723.1-5.3	1	30	5
2	0～15	4	图 E.9	ITU-T G.723.1 SID	1	30	5

表 L.13 使用 PCM 64 kbit/s 和 ADPCM 32 kbit/s 的轮廓

轮廓入口条目索引	UUI 代码点范围	分组长度/字节	编码格式参考	算法描述	M	分组时间/ms	序列号码间隔/ms
0	0～7	40	图 E.1	PCM,ITU-T G.711-64,generic	1	5	5
—	0～7	2	图 E.25	通用 SID	1	5	5
1	8～15	40	图 E.11	ADPCM,ITU-T G.726-32	2	10	5
2	8～15	20	图 E.11	ADPCM,ITU-T G.726-32	1	5	5
—	8～15	2	图 E.25	通用 SID	1	5	5

附　录　M
(规范性附录)
语音算法 AMR 的编码格式

M.1　概述

AMR 语音编码器由多速率语音编码器,包括语音活动检测器、缓解噪音产生系统的源控制速率方案和错误取消机制构成,错误取消机制用于对抗传输错误和丢失分组的影响。

多速率语音编码器是单个集成语音编码解码器,具有从 4.75 kbit/s～12.2 kbit/s 的 8 个业务源速率和一个低比特速率背景噪音的编码模型。语音编码器能够根据命令每隔 20 ms 语音帧来切换其比特速率。

编码值在 SSCS 中按照 ITU-T I.361 的惯例来表示,即其中较早字节和高编号比特更有意义。

M.2　编码数据单元

在自适应多速率编码解码器中,比特的详细分配对每种模式分别基于表 M.1a)/b)～表 M.8a)/b)在图 M.1～图 M.8 中显示。表 M.1a)～表 M.8a)显示了由语音编码器引入的比特顺序。在这些表中,MSB 位总是最先发送的。表 M.1b)～表 M.8b)用于重新排序由语音编码器所产生的比特序列。排序算法以伪代码的形式描述为:

for　j=0toK－1

d(j):=s($table_m$(j)+1);

其中,$table_m$(j)指与特定 AMR 模式 m=0..7 相关的表。AMR 模式直接映射到轮廓 P11 的“轮廓入口条目索引”上。表 M.1b)～表 M.8b)应一行一行地从左至右读取。表的第一个单元就是索引 0。

AMR 语音帧的大小对所有操作模式而言并不是按字节定位的。因此,使用比特填充以对 AMR 帧获得字节的完整结构。填充比特就是表中和下列图中的 UB 比特(未使用比特)。

表 M.1a)　在 244 bit/20 ms,12.2 kbit/s 模式中出现的业务源编码器输出参数和比特定位

Bits (MSB～LSB)	描　述
s1～s7	index of 1st LSF submatrix
s8～s15	index of 2nd LSF submatrix
s16～s23	index of 3rd LSF submatrix
s24	sign of 3rd LSF submatrix
s25～s32	index of 4th LSF submatrix
s33～s38	index of 5th LSF submatrix
子帧 1	
s39～s47	adaptive codebook index
s48～s51	adaptive codebook gain
s52	sign information for 1st and 6th pulses
s53～s55	position of 1st pulse
s56	sign information for 2nd and 7th pulses
s57～s59	position of 2nd pulse

表 M.1a)（续）

Bits (MSB～LSB)	描　　述
s60	sign information for 3rd and 8th pulses
s61～s63	position of 3rd pulse
s64	sign information for 4th and 9th pulses
s65～s67	position of 4th pulse
s68	sign information for 5th and 10th pulses
s69～s71	position of 5th pulse
s72～s74	position of 6th pulse
s75～s77	position of 7th pulse
s78～s80	position of 8th pulse
s81～s83	position of 9th pulse
s84～s86	position of 10th pulse
s87～s91	fixed codebook gain
子帧 2	
s92～s97	adaptive codebook index (relative)
s98～s141	与 s48～s91 同样的描述
子帧 3	
s142～s194	与 s39～s91 同样的描述
子帧 4	
s195～s244	与 s92～s141 同样的描述

表 M.1b) 用于 12.2 kbit/s 模式的语音编码器比特顺序：$table_7(j)$

0	1	2	3	4	5	6	7	8	9
10	11	12	13	14	23	15	16	17	18
19	20	21	22	24	25	26	27	28	38
141	39	142	40	143	41	144	42	145	43
146	44	147	45	148	46	149	47	97	150
200	48	98	151	201	49	99	152	202	86
136	189	239	87	137	190	240	88	138	191
241	91	194	92	195	93	196	94	197	95
198	29	30	31	32	33	34	35	50	100
153	203	89	139	192	242	51	101	154	204
55	105	158	208	90	140	193	243	59	109
162	212	63	113	166	216	67	117	170	220
36	37	54	53	52	58	57	56	62	61
60	66	65	64	70	69	68	104	103	102
108	107	106	112	111	110	116	115	114	120

表 M.1b)(续)

0	1	2	3	4	5	6	7	8	9
119	118	157	156	155	161	160	159	165	164
163	169	168	167	173	172	171	207	206	205
211	210	209	215	214	213	219	218	217	223
222	221	73	72	71	76	75	74	79	78
77	82	81	80	85	84	83	123	122	121
126	125	124	129	128	127	132	131	130	135
134	133	176	175	174	179	178	177	182	181
180	185	184	183	188	187	186	226	225	224
229	228	227	232	231	230	235	234	233	238
237	236	96	199						

8	7	6	5	4	3	2	1	
d(7)	…	…	…	…	…	…	d(0)	1
d(15)	…	…	…	…	…	…	d(8)	2
……								…
UB	UB	UB	UB	d(243)	…	…	d(240)	31

图 M.1　AMR 12.2 EDU 格式

表 M.2a)　在 204 bit/20 ms,10.2 kbit/s 模式的语音帧中出现的业务源编码器输出参数和比特定位

Bits (MSB～LSB)	描　述
s1～s8	index of 1st LSF subvector
s9～s17	index of 2nd LSF subvector
s18～s26	index of 3rd LSF subvector
子帧 1	
s27～s34	adaptive codebook index
s35	sign information for 1st and 5th pulses
s36	sign information for 2nd and 6th pulses
s37	sign information for 5th and 7th pulses
s38	sign information for 4th and 8th pulses
s39～s48	position for 1st, 2nd and 5th pulses
s49～s58	position for 3rd, 6th and 7th pulses
s59～s65	position for 4th and 7th pulses
s66～s72	codebook gains
子帧 2	
s73～s77	adaptive codebook index (relative)
s78～s115	与 s35～s72 同样的描述
子帧 3	
s116～s161	与 s27～s72 同样的描述
子帧 4	
s162～s204	与 s73～s115 同样的描述

表 M.2b） 用于 10.2 kbit/s 模式的语音编码器比特的顺序：$table_6(j)$

7	6	5	4	3	2	1	0	16	15
14	13	12	11	10	9	8	26	27	28
29	30	31	115	116	117	118	119	120	72
73	161	162	65	68	69	108	111	112	154
157	158	197	200	201	32	33	121	122	74
75	163	164	66	109	155	198	19	23	21
22	18	17	20	24	25	37	36	35	34
80	79	78	77	126	125	124	123	169	168
167	166	70	67	71	113	110	114	159	156
160	202	199	203	76	165	81	82	92	91
93	83	95	85	84	94	101	102	96	104
86	103	87	97	127	128	138	137	139	129
141	131	130	140	147	148	142	150	132	149
133	143	170	171	181	180	182	172	184	174
173	183	190	191	185	193	175	192	176	186
38	39	49	48	50	40	52	42	41	51
58	59	53	61	43	60	44	54	194	179
189	196	177	195	178	187	188	151	136	146
153	134	152	135	144	145	105	90	100	107
88	106	89	98	99	62	47	57	64	45
63	46	55	56						

8	7	6	5	4	3	2	1	
d(7)	…	…	…	…	…	…	d(0)	1
d(15)	…	…	…	…	…	…	d(8)	2
			……					…
UB	UB	UB	UB	d(203)	…	…	d(200)	26

图 M.2 AMR 10.2 EDU 格式

表 M.3a） 在 159 bit/20 ms，7.95 kbit/s 模式的语音帧中出现的业务源编码器输出参数和比特定位

Bits (MSB～LSB)	描 述
s1～s9	index of 1st LSF subvector
s10～s18	index of 2nd LSF subvector
s19～s27	index of 3rd LSF subvector
子帧 1	
s28～s35	Adaptive codebook index
s36～s38	Position of 1st pulse

表 M.3a)(续)

Bits (MSB～LSB)	描　述
s39～s41	Position of 2nd pulse
s42～s44	Position of 3rd pulse
s45～s48	Position of 4th pulse
s49	sign information for 1st pulse
s50	sign information for 2nd pulse
s51	sign information for 3rd pulse
s52	sign information for 4th pulse
s53～s56	Adaptive codebook gain
s57～s61	Fixed codebook gain
子帧 2	
s62～s67	adaptive codebook index (relative)
s68～s93	与 s36～s61 同样的描述
子帧 3	
s94～s127	与 s28～s61 同样的描述
子帧 4	
s128～s159	与 s62～s93 同样的描述

表 M.3b)　用于 7.95 kbit/s 模式的语音编码器比特顺序:$table_5(j)$

8	7	6	5	4	3	2	14	16	9
10	12	13	15	11	17	20	22	24	23
19	18	21	56	88	122	154	57	89	123
155	58	90	124	156	52	84	118	150	53
85	119	151	27	93	28	94	29	95	30
96	31	97	61	127	62	128	63	129	59
91	125	157	32	98	64	130	1	0	25
26	33	99	34	100	65	131	66	132	54
86	120	152	60	92	126	158	55	87	121
153	117	116	115	46	78	112	144	43	75
109	141	40	72	106	138	36	68	102	134
114	149	148	147	146	83	82	81	80	51
50	49	48	47	45	44	42	39	35	79
77	76	74	71	67	113	111	110	108	105
101	145	143	142	140	137	133	41	73	107
139	37	69	103	135	38	70	104	136	

8	7	6	5	4	3	2	1	
d(7)	…	…	…	…	…	…	d(0)	1
d(15)	…	…	…	…	…	…	d(8)	2
……								…
UB	D(158)	…	…	…	…	…	d(152)	20

图 M.3　AMR 7.95 EDU 格式

表 M.4a)　在 148 bit/20 ms,7.40 kbit/s 模式的语音帧中出现的业务源编码器输出参数和比特定位

Bits (MSB～LSB)	描　述
s1～s8	index of 1st LSF subvector
s9～s17	index of 2nd LSF subvector
s18～s26	index of 3rd LSF subvector
子帧 1	
s27～s34	adaptive codebook index
s35～s37	position of 1st pulse
s38～s40	position of 2nd pulse
s41～s43	position of 3rd pulse
s44～s47	position of 4th pulse
s48	sign information for 1st pulse
s49	sign information for 2nd pulse
s50	sign information for 3rd pulse
s51	sign information for 4th pulse
s52～s58	codebook gains
子帧 2	
s59～s63	adaptive codebook index (relative)
s64～s87	与 s35～s58 同样的描述
子帧 3	
s88～s119	与 s27～s58 同样的描述
子帧 4	
s120～s148	与 s59～s87 同样的描述

表 M.4b)　用于 7.4 kbit/s 模式的语音编码器的比特顺序:table$_4$(j)

0	1	2	3	4	5	6	7	8	9
10	11	12	13	14	15	16	26	87	27
88	28	89	29	90	30	91	51	80	112
141	52	81	113	142	54	83	115	144	55
84	116	145	58	119	59	120	21	22	23
17	18	19	31	60	92	121	56	85	117

表 M.4b)（续）

0	1	2	3	4	5	6	7	8	9
146	20	24	25	50	79	111	140	57	86
118	147	49	78	110	139	48	77	53	82
114	143	109	138	47	76	108	137	32	33
61	62	93	94	122	123	41	42	43	44
45	46	70	71	72	73	74	75	102	103
104	105	106	107	131	132	133	134	135	136
34	63	95	124	35	64	96	125	36	65
97	126	37	66	98	127	38	67	99	128
39	68	100	129	40	69	101	130		

8	7	6	5	4	3	2	1	
d(7)	…	…	…	…	…	…	d(0)	1
d(15)	…	…	…	…	…	…	d(8)	2
……								…
UB	UB	UB	UB	d(147)	…	…	d(144)	19

图 M.4　AMR 7.4 EDU 格式

表 M.5a)　在 134 bit/20 ms,6.70 kbit/s 模式的语音帧中出现的业务源编码器输出参数和比特定位

Bits (MSB～LSB)	描　述
s1～s8	Index of 1st LSF subvector
s9～s17	Index of 2nd LSF subvector
s18～s26	Index of 3rd LSF subvector
子帧 1	
s27～s34	Adaptive codebook index
s35～s37	Position of 1st pulse
s38～s41	Position of 2nd pulse
s42～s45	Position of 3rd pulse
s46	sign information for 1st pulse
s47	sign information for 2nd pulse
s48	sign information for 3rd pulse
s49～s55	codebook gains
子帧 2	
s56～s59	Adaptive codebook index (relative)
s60～s80	与 s35～s55 同样的描述
子帧 3	
s81～s109	与 s27～s55 同样的描述
子帧 4	
s110～s134	与 s56～s80 同样的描述

表 M.5b） 用于 6.7 kbit/s 模式的语音编码器的比特顺序：$table_3(j)$

0	1	4	3	5	6	13	7	2	8
9	11	15	12	14	10	28	82	29	83
27	81	26	80	30	84	16	55	109	56
110	31	85	57	111	48	73	102	127	32
86	51	76	105	130	52	77	106	131	58
112	33	87	19	23	53	78	107	132	21
22	18	17	20	24	25	50	75	104	129
47	72	101	126	54	79	108	133	46	71
100	125	128	103	74	49	45	70	99	124
42	67	96	121	39	64	93	118	38	63
92	117	35	60	89	114	34	59	88	113
44	69	98	123	43	68	97	122	41	66
95	120	40	65	94	119	37	62	91	116
36	61	90	115						

8	7	6	5	4	3	2	1	
d(7)	…	…	…	…	…	…	d(0)	1
d(15)	…	…	…	…	…	…	d(8)	2
……								…
UB	UB	d(133)	…	…	…	…	d(128)	17

图 M.5 AMR 6.7 EDU 格式

表 M.6a） 在 118 bit/20 ms，5.90 kbit/s 模式的语音帧中出现的业务源编码器输出参数和比特定位

Bits (MSB～LSB)	描 述
s1～s8	index of 1st LSF subvector
s9～s17	index of 2nd LSF subvector
s18～s26	index of 3rd LSF subvector
子帧 1	
s27～s34	adaptive codebook index
s35～s38	position of 1st pulse
s39～s43	position of 2nd pulse
s44	sign information for 1 st pulse
s45	sign information for 2 nd pulse
s46～s51	codebook gains
子帧 2	
s52～s55	adaptive codebook index (relative)
s56～s72	与 s35～s51 同样的描述
子帧 3	
s73～s97	与 s27～s51 同样的描述
子帧 4	
s98～s118	与 s52～s72 同样的描述

表 M.6b） 用于 5.9 kbit/s 模式的语音编码器的比特顺序：$table_2(j)$

0	1	4	5	3	6	7	2	13	15
8	9	11	12	14	10	16	28	74	29
75	27	73	26	72	30	76	51	97	50
71	96	117	31	77	52	98	49	70	95
116	53	99	32	78	33	79	48	69	94
115	47	68	93	114	46	67	92	113	19
21	23	22	18	17	20	24	111	43	89
110	64	65	44	90	25	45	66	91	112
54	100	40	61	86	107	39	60	85	106
36	57	82	103	35	56	81	102	34	55
80	101	42	63	88	109	41	62	87	108
38	59	84	105	37	58	83	104		

8	7	6	5	4	3	2	1	
d(7)	…	…	…	…	…	…	d(0)	1
d(15)	…	…	…	…	…	…	d(8)	2
……								…
UB	UB	d(117)	…	…	…	…	d(112)	15

图 M.6 AMR 5.90 EDU 格式

表 M.7a） 在 103 bit/20 ms，5.15 kbit/s 模式的语音帧中出现的业务源编码器输出参数和比特定位

Bits (MSB～LSB)	描　述
s1～s8	index of 1 st LSF subvector
s9～s16	index of 2 nd LSF subvector
s17～s23	index of 3 rd LSF subvector
子帧 1	
s24～s31	adaptive codebook index
s32	position subset
s33～s35	position of 1 st pulse
s36～s38	position of 2 nd pulse
s39	sign information for 1 st pulse
s40	sign information for 2 nd pulse
s41～s46	codebook gains
子帧 2	
s47～s50	adaptive codebook index (relative)
s51～s65	与 s32～s46 同样的描述
子帧 3	
s66～s84	与 s47～s65 同样的描述
子帧 4	
s85～s103	与 s47～s65 同样的描述

表 M.7b） 用于 5.15 kbit/s 模式的语音编码器的比特顺序：$table_1(j)$

7	6	5	4	3	2	1	0	15	14
13	12	11	10	9	8	23	24	25	26
27	46	65	84	45	44	43	64	63	62
83	82	81	102	101	100	42	61	80	99
28	47	66	85	18	41	60	79	98	29
48	67	17	20	22	40	59	78	97	21
30	49	68	86	19	16	87	39	38	58
57	77	35	54	73	92	76	96	95	36
55	74	93	32	51	33	52	70	71	89
90	31	50	69	88	37	56	75	94	34
53	72	91							

8	7	6	5	4	3	2	1	
d(7)	…	…	…	…	…	…	d(0)	1
d(15)	…	…	…	…	…	…	d(8)	2
……								…
UB	d(102)	…	…	…	…	…	d(96)	13

图 M.7 AMR 5.15 EDU 格式

表 M.8a） 在 95 bit/20 ms，4.75 kbit/s 模式的语音帧中出现的业务源编码器输出参数和比特定位

Bits (MSB～LSB)	描 述
s1～s8	index of 1st LSF subvector
s9～s16	index of 2nd LSF subvector
s17～s23	index of 3rd LSF subvector
子帧 1	
s24～s31	adaptive codebook index
s32	position subset
s33～s35	position of 1st pulse
s36～s38	position of 2nd pulse
s39	sign information for 1st pulse
s40	sign information for 2nd pulse
s41～s48	codebook gains
子帧 2	
s49～s52	adaptive codebook index (relative)
s53～s61	same description as s32～s40
子帧 3	
s62～s65	与 s49～s52 同样的描述
s66～s82	与 s32～s48 同样的描述
子帧 4	
s83～s95	与 s49～s61 同样的描述

表 M.8b） 用于 4.75 kbit/s 模式的语音编码器的比特顺序：$table_0(j)$

0	1	2	3	4	5	6	7	8	9
10	11	12	13	14	15	23	24	25	26
27	28	48	49	61	62	82	83	47	46
45	44	81	80	79	78	17	18	20	22
77	76	75	74	29	30	43	42	41	40
38	39	16	19	21	50	51	59	60	63
64	72	73	84	85	93	94	32	33	35
36	53	54	56	57	66	67	69	70	87
88	90	91	34	55	68	89	37	58	71
92	31	52	65	86					

8	7	6	5	4	3	2	1	
d(7)	…	…	…	…	…	…	d(0)	1
d(15)	…	…	…	…	…	…	d(8)	2
……								…
UB	d(94)	…	…	…	…	…	d(88)	12

图 M.8 AMR 4.75 EDU 格式

M.3 静音描述符

对 AMR 的语音活动检测算法在 3GPP TS26.094 中规定，这是发送方的实现选项。如果实现了，则静音描述符(SID)帧在静音期间被发送。静音期的第一个 SID 基本上是空的并仅仅指示静音期的开始。SID_First 帧的编码如图 M.9 所示。在 SID_First 帧中两个字节的实际内容无关并应被接收方忽略。

8	7	6	5	4	3	2	1	
预留(设置为 0)								1
预留(设置为 0)								2

图 M.9 AMR SID_FIRST EDU 格式

随后的 SID 帧(SID_Update 帧)包含缓解噪声比特。AMR 特殊的缓解噪声发生器在 3GPP 20.092中规定。缓解噪声编码中的比特定位和比特顺序基于表 M.9 如图 M.10 所示。

表 M.9 SID_Update 中出现业务源编码器输出参数和比特定位(AMR 缓解噪声编码)

Bits (MSB～LSB)	描 述
s1～s3	index of reference vector
s4～s11	index of 1 st LSF subvector
s12～s20	index of 2 nd LSF subvector
s21～s29	index of 3 rd LSF subvector
s30～s35	index of logarithmic frame energy

8	7	6	5	4	3	2	1	
s8	s7	s6	s5	s4	s3	s2	s1	1
s16	s15	s14	s13	s12	s11	s10	s9	2
s24	s23	s22	s21	s20	s19	s18	s17	3
s32	s31	s30	s29	s28	s27	s26	s25	4
UB	UB	UB	UB	UB	s35	s34	s33	5

图 M.10 AMR SID_UPDATE EDU 格式

SID_Update 帧在静音期间每 160 ms 就产生一次。在 SID_Update 帧之间，AMR 编码器每 20 ms 就产生 No_Data 帧，No_Data 帧是“空数据单元”且不被传输。

附 录 N
（规范性附录）
速率控制的分组格式和程序

N.1 概述

仅仅使用连接轮廓的入口条目集来进行操作，速率控制分组可用于从 SSCS 用户向其对等方传递请求。

N.2 分组格式

速率控制分组是类型 3 的分组且得益于 CRC-10 差错检测。它们使用定义在 6.6 条的用于类型 3 分组的公共设施，包括 3 次冗余。

速率控制分组的格式如图 N.1 所示。

8	7	6	5	4	3	2	1	
冗余		时间戳						1
时间戳								2
轮廓入口索引								3
消息类型＝000100						CRC-10		4
CRC-10								5

图 N.1 速率控制分组的格式

“轮廓入口条目索引”是 8 比特域，是轮廓表中的“轮廓入口条目索引”的二进制表示。比特 8 是 MSB，比特 1 是 LSB。

N.3 发送方程序

从远端 SSCS 用户接收到速率控制的发送方被期望使用所请求的轮廓入口条目索引以确定其将继续操作的实际轮廓入口条目，该轮廓入口条目必须是所请求的条目或以相等或更低速率的条目进行操作。

N.4 接收方程序

当接收方希望向发送方传递速率控制请求时，速率控制分组应在 5 ms 间隔内以 3 次冗余的形式发出。

如果在前一个事件的 3 次冗余完成之前就传递新事件，则接收方应停止为前一个事件发送分组，以便避免两个不同时间戳交叉。

附 录 O
（规范性附录）
SSCS 操作中变化同步的分组格式和程序

O.1 概述

SSCS 操作变化分组格式可用于从一个 SSCS 用户向其对等方传递请求以重新将 SSCS 的属性(例如轮廓号码、DTMF 支持等)配置为两个对等方以前所协商的值。外部机制，例如信令，在两个对等方之间使用以协商 SSCS 的新属性并互换识别 SSCS 操作变化的关联标志符(每个 SSCS 用户一个)。

O.2 分组格式

SSCS 操作变化分组是类型 3 分组且得益于 CRC-10 差错检测。它们使用定义在 6.7 条的用于类型 3 分组的公共设施，包括 3 次冗余。

SSCS 操作变化分组的格式如图 O.1 所示。

<table>
<tr><td>8</td><td>7</td><td>6</td><td>5</td><td>4</td><td>3</td><td>2</td><td>1</td><td></td></tr>
<tr><td colspan="2">冗余</td><td colspan="6">时间戳</td><td>1</td></tr>
<tr><td colspan="8">时间戳</td><td>2</td></tr>
<tr><td colspan="8">相关联的 ID</td><td>3</td></tr>
<tr><td colspan="6">消息类型=000101</td><td colspan="2">CRC-10</td><td>4</td></tr>
<tr><td colspan="8">CRC-10</td><td>5</td></tr>
</table>

图 O.1 SSCS 操作变化分组格式

O.3 发送方程序

当发送方希望向接收方传递 SSCS 操作变化请求时，SSCS 操作变化分组应在 5 ms 间隔内以 3 次冗余的形式发出。

如果在前一个事件的 3 次冗余完成之前就传递新事件，则发送方应停止为前一个事件发送分组，以便避免两个不同时间戳交叉。

O.4 接收方程序

接收到操作变化的用户应立即切换至新的 SSCS 配置中并以新配置继续进行操作。

为了能够尽可能快地同步，一旦接收到第一个 SSCS 操作变化分组，SSCS 接收方应向用户传递 SSCS_Change. indication，而不等待它应接收到 SSCS 操作变化命令的 3 次冗余。

附 录 P
（规范性附录）
用于序列编号的模型的简单推论

P.1 分组流定时注释和关系

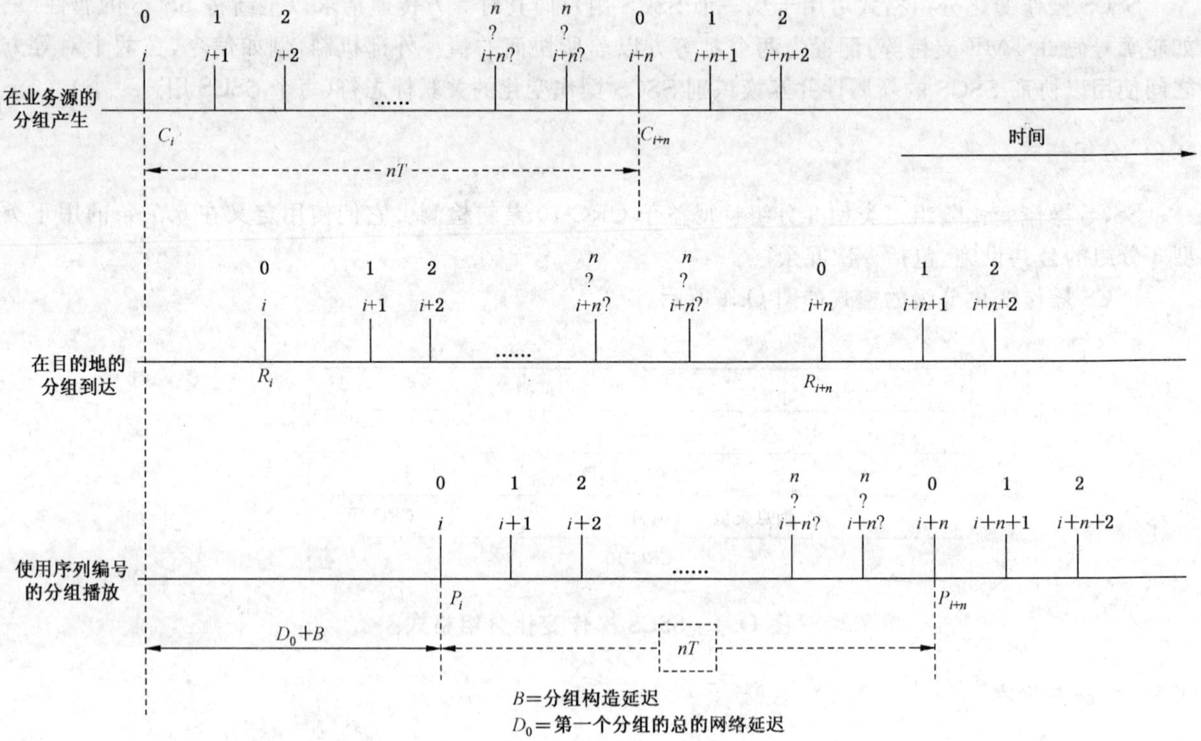

假设第一个分组定义为第 0 个分组，分组 i 即指第 i 个分组。

T=序列号码间隔

C_i=分组 i 的业务源产生时间

R_i=分组 i 的目的地接收时间

P_i=分组 i 的调度播放时间

D_i=分组 i 的总的网络延迟

根据以上定义，有下列等式：

$$C_i = C_0 + iT$$

$$R_i = C_i + D_i = C_0 + iT + D_i$$

$$P_0 = R_0 + B = C_0 + D_0 + B$$

$$P_i = P_0 + iT = C_0 + D_0 + B + iT$$

P.2 模型的简单推论

在分析中，n 表示对序列编号的试验性模数，这也是序列号码再次返回至 0 的地方。即使用分配给序列编号域的有限比特是不可能在 i 和 $i+n$ 之间的数进行识别的。

推论来源于两个客观事实：

1）从高概率事件上说，分组 i 应在其播放之间前到达：$R_i \leqslant P_i$。

2) 但是分组不应到达的过早以致于混淆了前一次的播放时间模数 n：$P_{i-n} \leqslant R_i$。

对于1)的道理是很清楚的：如果分组到达晚了，则其位置则由某些错误隐藏策略来填充。序列号码所能做的就是检测和丢弃迟到的分组，以便它不会引起永久的波动。但是错误仍然是有的，可以通过将分组构造时间设置得足够长就可以使错误变少。

第二条在大部分时候应用于新通话开始的时候(尽管它也可以在 n 个分组循环出现极少丢失之后立即应用)。新的通话应准时开始，而不应提前一整个周期。选择 n 的值足够大能使错误足够少。

根据以上和简化的关系，可以推出两个不等式：

$$P_{i-n} \leqslant R_i \leqslant P_i$$

$$C_0 + D_0 + B + (i-n)T \leqslant C_0 + iT + D_i \leqslant C_0 + D_0 + B + iT$$

$$D_0 + B - nT \leqslant D_i \leqslant D_0 + B$$

从右半部分可以得到一个更低的范围：$D_i - D_0 \leqslant B$

从左半部分可以得到另一个：$(B + D_0 - D_i)/T \leqslant n$

$(D_i - D_0)$或$(D_0 - D_i)$的差值是分组延迟变化(PDV)的抽样。为了保证两个最初的对象满足考虑到的足够精确的概率，例如99%或99.9%或99.99%等，应以PDV的对应分布来替代该差值。

因此，为了保证分组准时播放，应满足：

- $B \geqslant \text{PDV}$；
- $n \geqslant (B + \text{PDV})/T$。

这些不等式确定了接收方的分组构造延迟 B 和序列号码模数 n，确定是基于序列号码间隔 T 和在最大参与负荷情况下所经历的分组延迟变化。

另一方面，如果序列模数 n 已经固定了，这些不等式可以用于确定可容忍多大的分组延迟变化，作为排除在呼叫允许上设置相应的限制：

- $\text{PDV} \leqslant nT/2$。

附　录　Q
（规范性附录）
本标准对移动应用的使用

本附录提供了本标准用于支持移动应用的指导方针。表 Q.1 是表 30 的改编，显示了支持当前移动应用的推荐的各级功能。

表 Q.1　用于移动应用的 SSCS 操作参数

SSCS 参数	语音业务种类		多速率业务种类
	允许值	缺省值	
1　业务类型	语音	语音	N/A
2　语音信息的传递	允许	允许	N/A
3　业务源的编码格式轮廓	ITU-T 预定义的， 其他预定义的， 用户自定义的	ITU-T 预定义的	N/A
3a　ITU-T 预定义的轮廓(附录 L，图 L.1)	11	无	N/A
3b　其他预定义的轮廓	1…255	N/A	N/A
3c　用户轮廓；其内容的描述	还要进一步研究	N/A	N/A
4　在附录中定义的通用 PCM 编码格式的解释	N/A	N/A	N/A
5　传输解调的传真数据	N/A	N/A	N/A
6　传输随路信令比特	N/A	N/A	N/A
7　传输 DTMF 拨号数字	允许，禁止	禁止	N/A
8　传输电路模式数据	N/A	N/A	N/A
8a　在 $N\times 64$ kbit/s 电路模式数据中的乘数 N	N/A	N/A	N/A
9　传输帧模式数据	N/A	N/A	N/A
9a　帧模式数据的最大长度	N/A	N/A	N/A
10　用户速率控制	允许，禁止	允许	N/A

附　录　R
（资料性附录）
将 CPS 分组打包成 ATM 信元示例

R.1　等长 CPS 分组的复用和打包

图 R.1 显示了这种情况，这里相等长度的 CPS 分组被提交给公共部分子层来复用和打包。CPS 分组是否来自单个 CPS 用户（例如一个 SSCS 实体）或来自几个 CPS 用户在图中是不可识别的；对于打包规则的讨论，这是无关的。

CPS-SDU 的所选择长度允许下列现象出现：

a）前两个 CPS-SDU（即 SSCS-PDU）被放置在 CPS 分组中，该分组整个装配至第一个 CPS-PDU 中（ATM 信元净荷）。

b）放置在 CPS 分组中的第三个 CPS-SDU 并不能装配至第一个 CPS-PDU 的剩余部分；因此，它必须被分割在第一和第二个 CPS-PDU 中。CPS 分组的整个长度在第一个信元中的 CPS 分组头中指示；随后 CPS-PDU 的 STF 指出下一个 CPS 分组头，因此，可以用于验证第三个 CPS 分组剩余部分的长度。

c）第 5 个 CPS 分组仅有单个字节重叠在第 3 个 CPS-PDU 中。

注：重叠的 CPS 分组净荷的字节数目可以是 1～45 或 64 字节之间的任何数值；CPS 分组头的 1 个或 2 个字节也可以重叠在下一个 CPS-PDU 中。

表 R.1　等长 CPS 分组的开始和结束字节

		CPS 分组													
		1	2	3	4	5	6	7	8	9	10	11	12	13	14
SDU 长度	字节	16	16	16	16	16	16	16	16	16	16	16	16	16	16
CPS-PH 的开始	PDU/字节	1/01	1/20	1/39	2/11	2/30	3/02	3/21	3/40	4/12	4/31	5/03	5/22	5/41	6/13
CPS-PP 的开始	PDU/字节	1/04	1/23	1/42	2/14	2/33	3/05	3/24	3/43	4/15	4/34	5/06	5/25	5/44	6/16
CPS-PP 的结束	PDU/字节	1/19	1/38	2/10	2/29	3/01	3/20	3/39	4/11	4/30	5/02	5/21	5/40	6/12	6/31

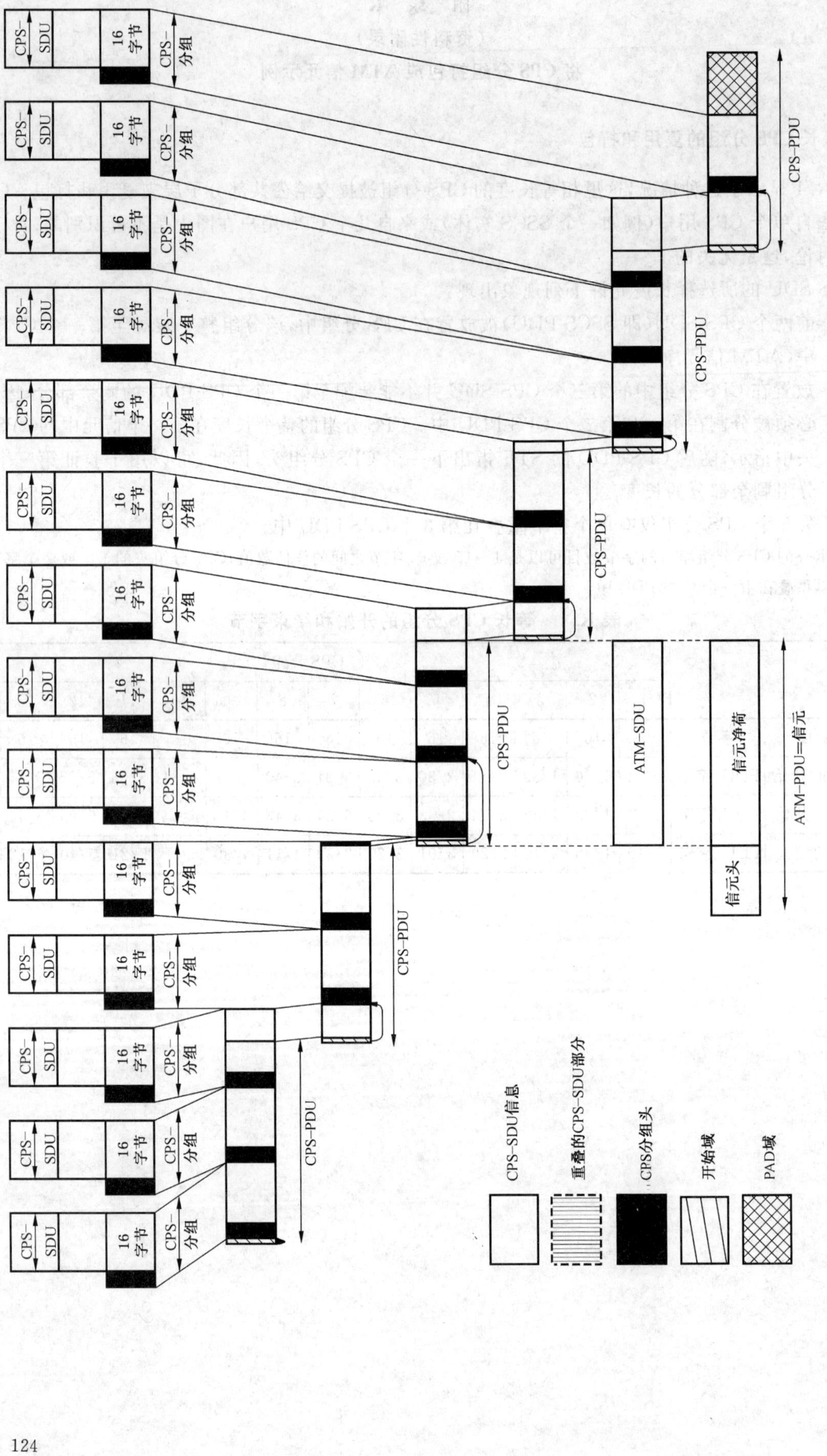

图 R.1 将等长 CPS 分组复用和打包至 CPS-PDU 中(ATM 信元)

R.2 不同长度的 CPS 分组的复用和打包

图 R.2 显示了这种情况，这里各种长度的 CPS 分组被提交给公共部分子层来复用和打包。CPS 分组是否来自单个 CPS 用户(例如一个 SSCS 实体)或来自几个 CPS 用户在图中是不可识别的；对于打包规则的讨论，这是无关的。

在假定 CPS SDU 最大长度为 45 字节的情况下，CPS-SDU 的所选择长度允许下列现象出现：

a) 前两个 CPS-SDU 来源于大的被分割的 SSCS-SDU。第一个最大长度的 CPS-SDU 并不能装在单个 CPS-PDU 中；即使当 CPS 分组头位于 CPS-PDU 净荷的开始位置时，最后的字节也需要重叠至下一个 CPS-PDU 中。

b) 第 4 个 CPS 分组仅有 CPS 分组头能被放置在第二个 CPS-PDU 中。整个 CPS 分组净荷(CPS-SDU)是在第三个 CPS-PDU 的 STF 域之后传输的。

c) 第 6 个 CPS 分组是这样的一个长度以致正好打包并完全填充满一个 CPS-PDU。

d) 在第 7 个 CPS 分组填充至 CPS-PDU 中之后，该 PDU 中还剩下两个字节。这两个字节用于传输第 8 个 CPS 分组头的一部分，CPS 分组头的剩余部分和 34 字节的 CPS 净荷一起被承载于下一个 CPS-PDU 中。

e) 假定在如图所示的 8 个 CPS 分组之后没有更多的 CPS-SDU 到达，则在假定的时间限制之内，第 6 个 CPS-PDU 在传输之前需要用 PAD 字节来进行填充。

f) 在最后一个 CPS-PDU 包头中的 STF 指出第一个 PAD 字节的位置，因为在该 CPS-PDU 中没有 CPS 分组的开始部分了(CPS 分组头)。

注：在 CPS-SDU 的最大长度限制为 45 时，则一个 CPS 分组的开始或结束总会出现在一个 CPS-PDU 中的。

表 R.2 不同长度 CPS 分组的开始和结束字节

		CPS 分组							
		1	2	3	4	5	6	7	8
SDU 长度	字节	45	19	18	22	22	44	42	34
CPS-PH 的开始	PDU/字节	1/01	2/02	2/24	2/45	3/23	4/01	5/01	5/46
CPS-PP 的开始	PDU/字节	1/04	2/05	2/27	3/01	3/26	4/04	5/04	6/02
CPS-PP 的结束	PDU/字节	2/01	2/23	2/44	3/22	3/47	4/47	5/45	6/35

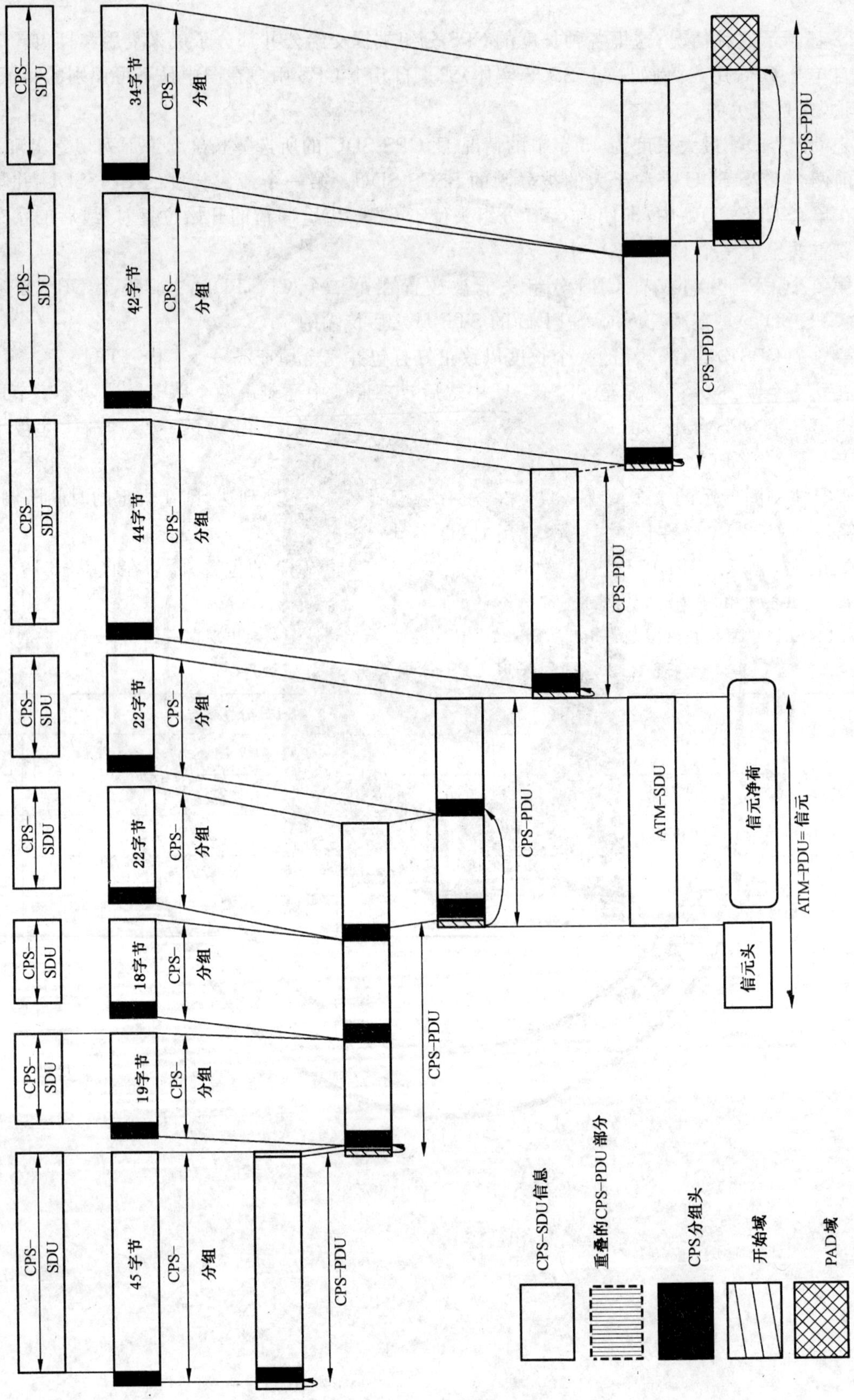

图 R.2 将不同长度的 CPS 分组复用和打包至 CPS-PDU 中(ATM 信元)

R.3 最大长度 CPS 分组的复用和打包

图 R.3 显示了这种情况，这里最大长度的 CPS 分组(64 字节的 CPS-SDU)被提交给公共部分子层来复用和打包。CPS 分组是否来自单个 CPS 用户(例如一个 SSCS 实体)或来自几个 CPS 用户在图中是不可识别的；对于打包规则的讨论，这是无关的。

CPS-SDU 的所选择长度允许下列现象出现：

a) 第 1 个最大长度的 CPS-SDU 不能放置在单个 CPS-PDU 中；即使当 CPS 分组头位于 CPS-PDU 净荷的开始位置，还有 20 个字节重叠在第 2 个 CPS-PDU 中。

b) 第 3 个最大长度的 CPS-SDU 开始于第 3 个 CPS-PDU 的末端；第 4 个 CPS-PDU 仅包含 STF 和该 CPS-SDU 的 47 字节数据。第 5 个 CPS-PDU 承载第 3 个 CPS-SDU 的最后部分。

注：即使没有 CPS-SDU 到达的情况下，也可能需要传输 CPS-PDU(例如，当 ATC 被设置为 DBR 时)。在这种情况下，在 STF 后(其中 OSF 设置为 0)，完全由 PAD 字节构成 47 字节净荷的 CPS-PDU 将被传输；这当然在本附录中没有进行描述。

表 R.3 最大长度 CPS 分组的开始和结束字节

		CPS 分组			
		1	2	3	4
SDU 长度	字节	64	64	64	64
CPS-PH 的开始	PDU/字节	1/01	2/21	3/41	5/14
CPS-PP 的开始	PDU/字节	1/04	2/24	3/44	5/17
CPS-PP 的结束	PDU/字节	2/20	3/40	5/13	6/33

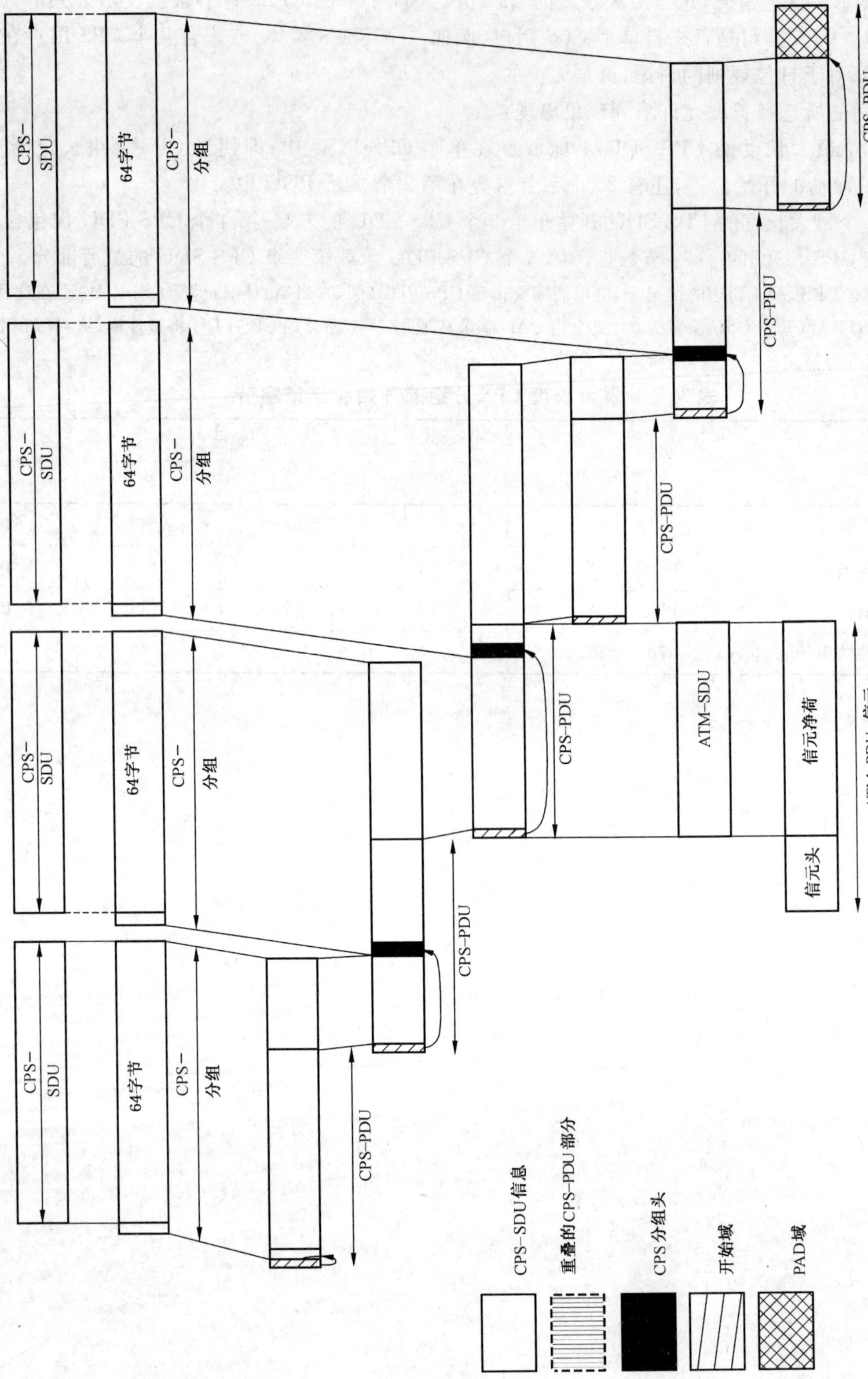

图 R.3 将最大长度 CPS 分组复用和打包至 CPS-PDU 中(ATM 信元)

附 录 S
（资料性附录）
传真解调事件举例

本附录涉及了三个示例：

- S.1 描述了以正常解调完成的典型传真呼叫。
- S.2 描述了由于不支持非标准 ITU-T T.30 设备而返回至语音带宽数据。
- S.3 描述了由于解调故障而返回至语音带宽数据。

缩略语列表

CED	Called Terminal Identification	被叫终端识别
CFR	Confirmation To Receive	对接收的证实
CNG	Calling Tone	主叫音调
DCN	Disconnect	断开连接
DCS	Digital Command Signal	数字命令信号
DIS	Digital Identification Signal	数字识别信号
EOP	End Of Procedure	程序结束
EPT	Echo Protection Tone	回声保护音调
FTT	Failure to Train	训练故障
MCF	Message Confirmation	消息证实
NSF	Non-Standard Facilities	非标准设备
NSS	Non-Standard Set-up	非标准 Set-up
TCF	Training Check	训练检测

S.1 典型的传真解调事例——正常完成

图 S.1 显示了典型的 ITU-T V.29 传真呼叫，使用定义在附录 I 中的分组格式解调和传输。

下面是对传真控制和数据流的简短描述：

a） 被叫方

在第一次接收到来自传真终端的 ITU-T V.21 信号(DIS)结束时，用户发出向远端用户发出 State_Control(facsimile_demodulation)请求。仅在如果主叫方肯定地以 State_Control(facsimile_demodulation, accept)响应确认时，在连接两端的用户状态都改变至传真解调，仅在此后解调器/再调制器对被分配给 AAL2 连接。

b） 主叫方

用户通过发出 State_Control(facsimile_demodulation, accept)响应来响应接收到的 State_Control(facsimile_demodulation)指示。接收到来自传真终端的下一个 ITU-T V.21 信号(通常是 DCS)，用户检测 HDLC 标记并向远端用户发送 T30_Preamble 消息。其后，它从解调器接收解调的数据并向远端用户透明地发送 T30_Data 消息。

c） 主叫方

一旦检测到来自传真终端的回声保护音调(EPT)，近端用户向远端用户发送 EPT 消息(包括 EPT 频率)。远端用户向被叫方传真终端再生相应的音调。

d） 主叫方

一旦检测到来自传真终端的训练信号，近端用户向远端用户发送训练消息。远端用户在开始再生训练信号之前关闭 EPT 音调 20 ms。

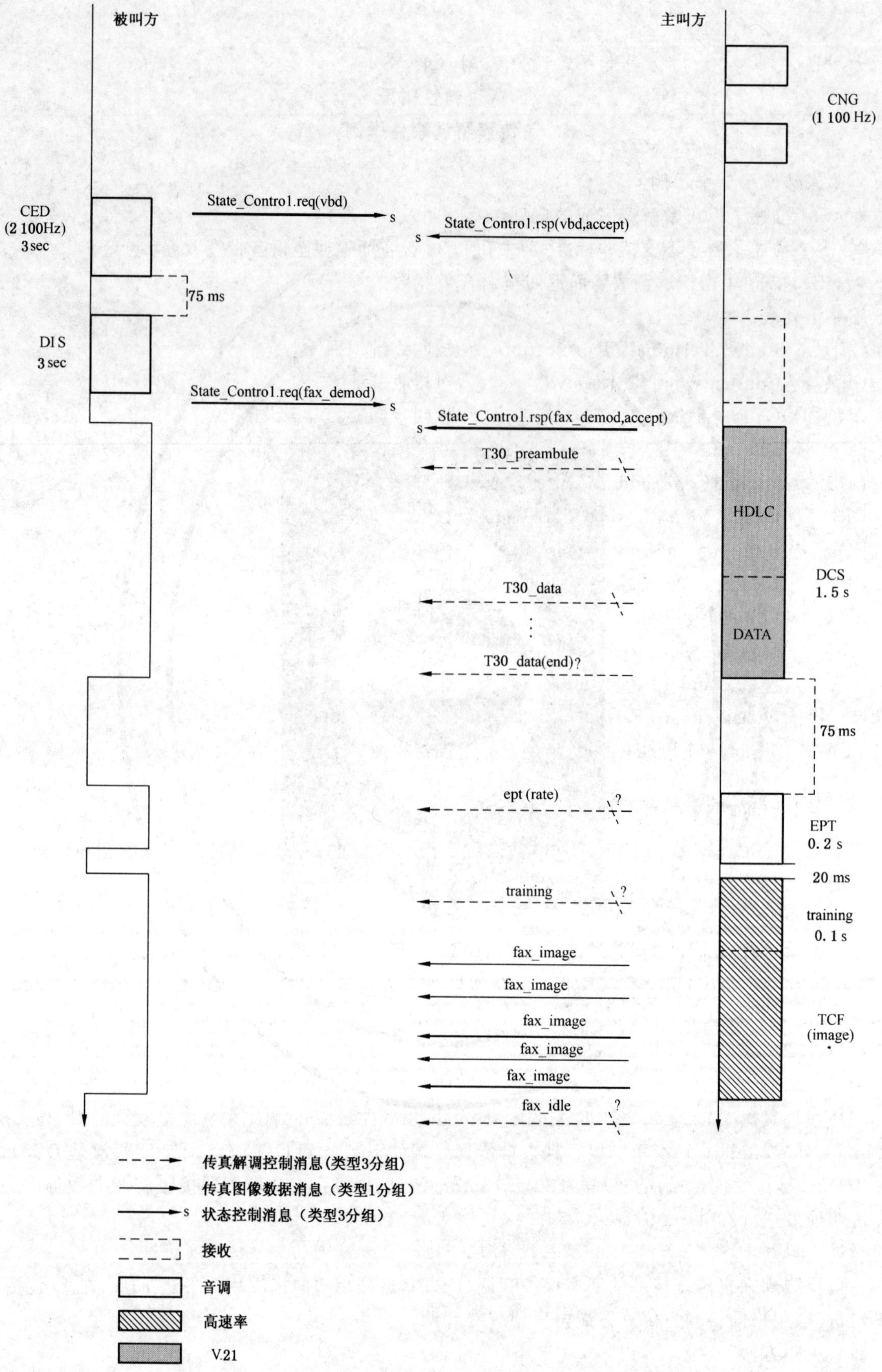

图 S. 1a）典型传真解调事例——正常完成

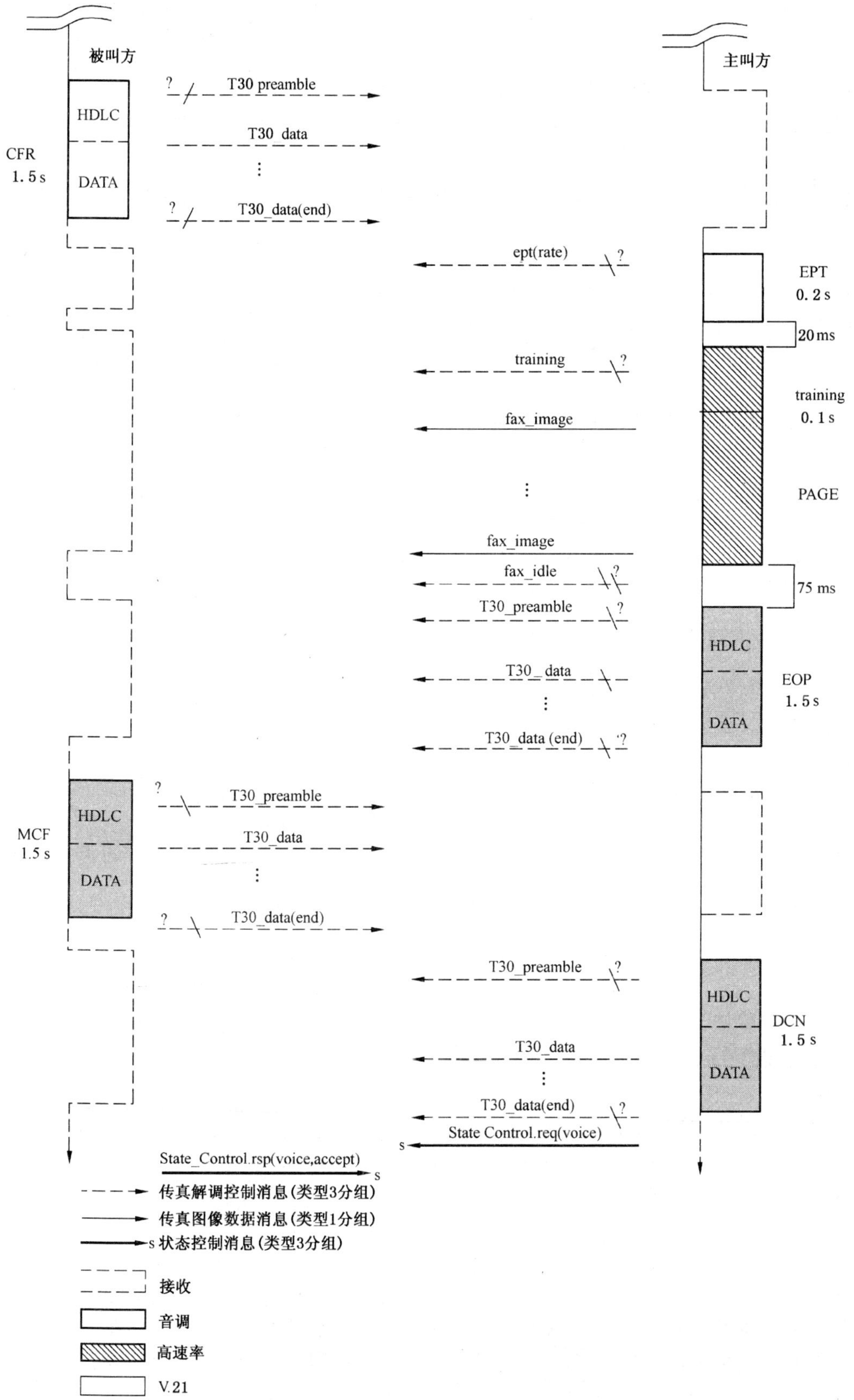

图 S.1b）典型传真解调事例——正常结束

e） 主叫方

随着 TCF 图形比特由解调器输出，近端用户在 20 ms 的标称间隔内将之打包并发送给远端用户。

远端用户向再调制器传递接收到的数据，再调制器向传真终端发送再次调制的数据。

f) 主叫方

在高速信号结束时，近端用户向远端用户发送 Fax_Idle 消息。

g) 主叫方

紧随着第一个高速信号(通常是 TCF)，被叫方传真终端发送确认的 ITU-T V.21 信号(CFR)。用户按照与其他 ITU-T V.21 信号同样的方式来处理——参见条目 b)。

h) 主叫方

在接收到 CFR 后由传真终端发送的 EPT、训练信号和图形数据块由用户同样地按照与以上描述用于 EPT、训练信号和 TCF 信号的处理方式来处理——参见条目 c)～f)。

i) 主叫方

下一个 ITU-T V.21 信号(EOP)由用户按照与其他 ITU-T V.21 信号同样的方式来处理。

j) 被叫方

传真终端使用 ITU-T V.21 控制信号(MCF)确认接收到图像。用户按照与其他 ITU-T V.21 信号同样的方式来处理该图像。

k) 主叫方

紧随着图像传输，主叫方传真终端向被叫方终端发送 DCN 信号。近端用户识别来自传真终端的 DCN 信号并在其传输之后向远端用户发送 State_Control(voice)请求。远端用户发出 State_Control (voice, accept)响应。在这时，连接两端的用户都退回至话音状态。

S.2 返回至语音带宽数据——不支持 NSS

图 S.2 显示了由于不支持非标准的 ITU-T T.30 设备而返回至语音带宽数据。

下面是对传真控制和数据流的简短描述。

a) 被叫方

在第一次接收到来自传真终端的 ITU-T V.21 信号(DIS)结束时，用户发出向远端用户发出 State_Control(facsimile_demodulation)请求。仅在如果主叫方以 State_Control(facsimile_demodulation, accept)响应肯定地确认时，连接两端的用户状态都改变至传真解调，仅在此后解调器/再调制器对被分配给 AAL2 连接。

b) 主叫方

用户通过发出 State_Control(facsimile_demodulation, accept)响应来响应接收到的 State_Control (facsimile_demodulation)指示。接收到来自传真终端的下一个 ITU-T V.21 信号(通常是 DCS)，用户检测 HDLC 标记并向远端用户发送 T30_Preamble 消息。其后，它从解调器接收解调的数据并向远端用户透明地发送 T30_Data 消息。

c) 主叫方

用户分析 T30_Data 并发现它是申请非标准 ITU-T T.30 设备的 NSS 消息，该设备消息是不能解调的。用户向远端用户发出 State_Control(voiceband_data)请求。

d) 被叫方

用户通过发出 State_Control(voiceband_data, accept)响应来响应接收到的 State_Control(voiceband_data)指示。

e) 双方

从这时开始直到传真传递的结束，双方用户都保持在语音带宽数据状态。双方的接收者都按照实际的语音编码形式来处理类型 1 分组，注意序列号码(UUI 域)和每个分组的长度。

f) 主叫方

紧随着图像传输，主叫方传真终端向被叫方终端发送 DCN 信号。近端用户识别来自传真终端的 DCN 信号并在其传输之后向远端用户发送 State_Control(voice)请求。远端用户发出 State_Control (voice, accept)响应。在这时，双方用户都退回至话音状态。

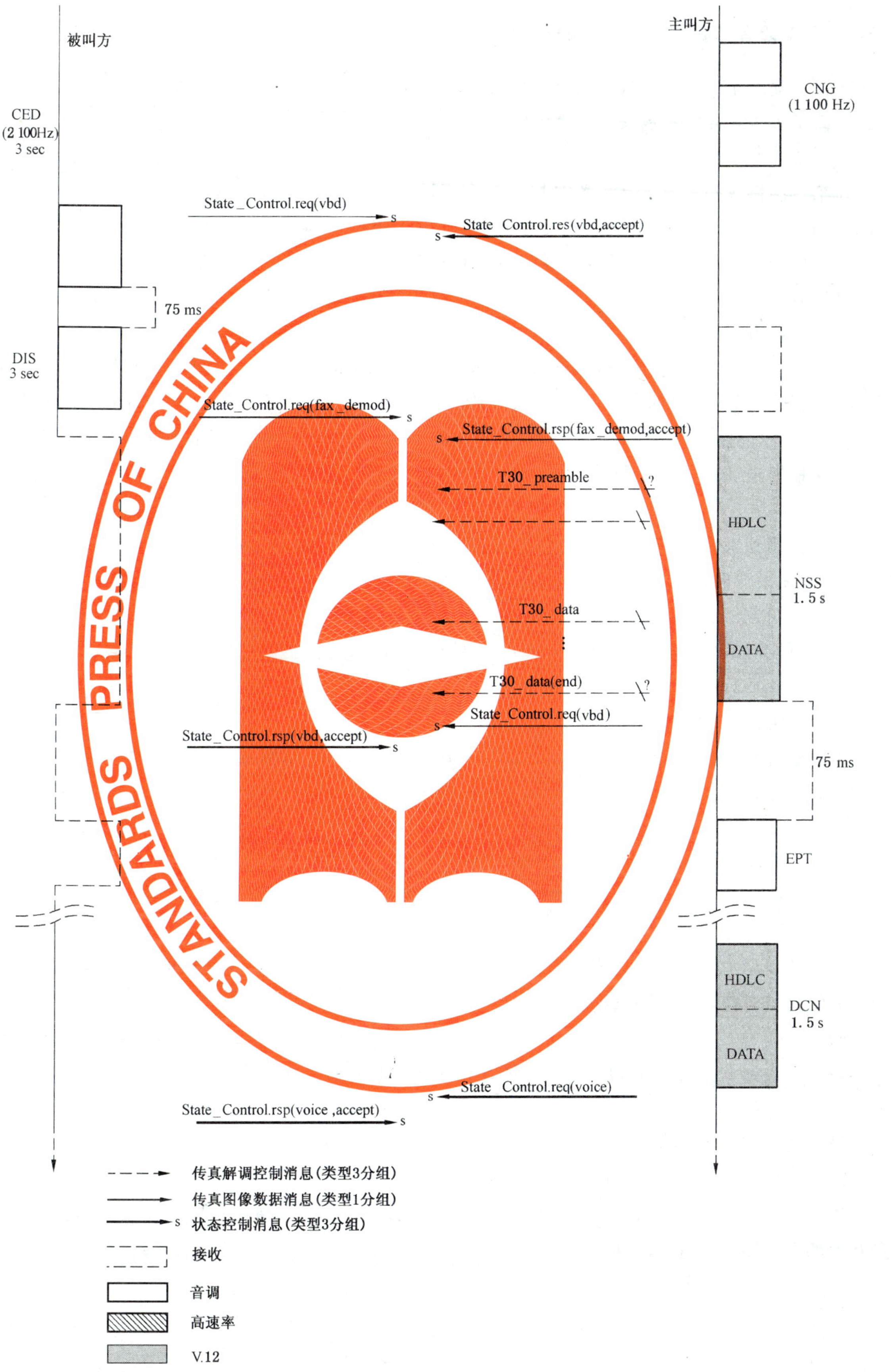

图 S.2 返回至语音带宽数据——不支持 NSS

S.3 返回至语音带宽数据——解调故障

图 S.3 显示了由于解调故障而返回至语音带宽数据。

下面是对传真控制和数据流的简短描述。

a) 被叫方

在第一次接收到来自传真终端的 ITU-T V.21 信号(DIS)结束时,用户向远端用户发出 State_Control(facsimile_demodulation)请求。仅在如果主叫方以 State_Control(facsimile_demodulation, accept)响应肯定地确认且仅在此后解调器/再调制器对被分配给 AAL2 连接,在连接两端的用户状态都改变至传真解调。

b) 主叫方

用户通过发出 State_Control(facsimile_demodulation, accept)响应来响应接收到的 State_Control(facsimile_demodulation)指示。接收到来自传真终端的下一个 ITU-T V.21 信号(通常是 DCS),用户检测 HDLC 标记并向远端用户发送 T30_Preamble 消息。其后,它从解调器接收解调的数据并向远端用户透明地发送 T30_Data 消息。

c) 主叫方

一旦检测到来自传真终端的回声保护音调(EPT),近端用户向远端用户发送 EPT 消息(包括 EPT 频率)。远端用户向被叫方传真终端再生相应的音调。

d) 主叫方

用户不能对从传真终端接收到的训练信号进行分类。近端用户向远端用户发出 State_Control(voiceband_data)请求。

e) 主叫方

用户通过发出 State_Control(voiceband_data, accept)响应来响应接收到的 State_Control(voiceband_data)指示。

f) 双方

从这时开始直到传真传递的结束,双方用户都保持在语音带宽数据状态。双方的接收者都按照实际的语音编码形式来处理类型 1 分组,注意序列号码(UUI 域)和每个分组的长度。

g) 被叫方

因为被叫用户可能接收无效的训练检测序列(TCF),所以在活动传输期间返回至语音带宽数据可能是突然的。对此,它通过发送 FTT 来否认。

h) 主叫方

一旦接收到 FTT,主叫方用户重复 DCS 和训练检测序列。

i) 主叫方

被叫用户接收到有效的训练检测序列并以 CFR 响应。

j) 双方

当双方用户保持在语音带宽数据状态时,任何一方的传真终端通过在事例Ⅲ.1 中描述的进一步信息互换的正常序列来进行活动。

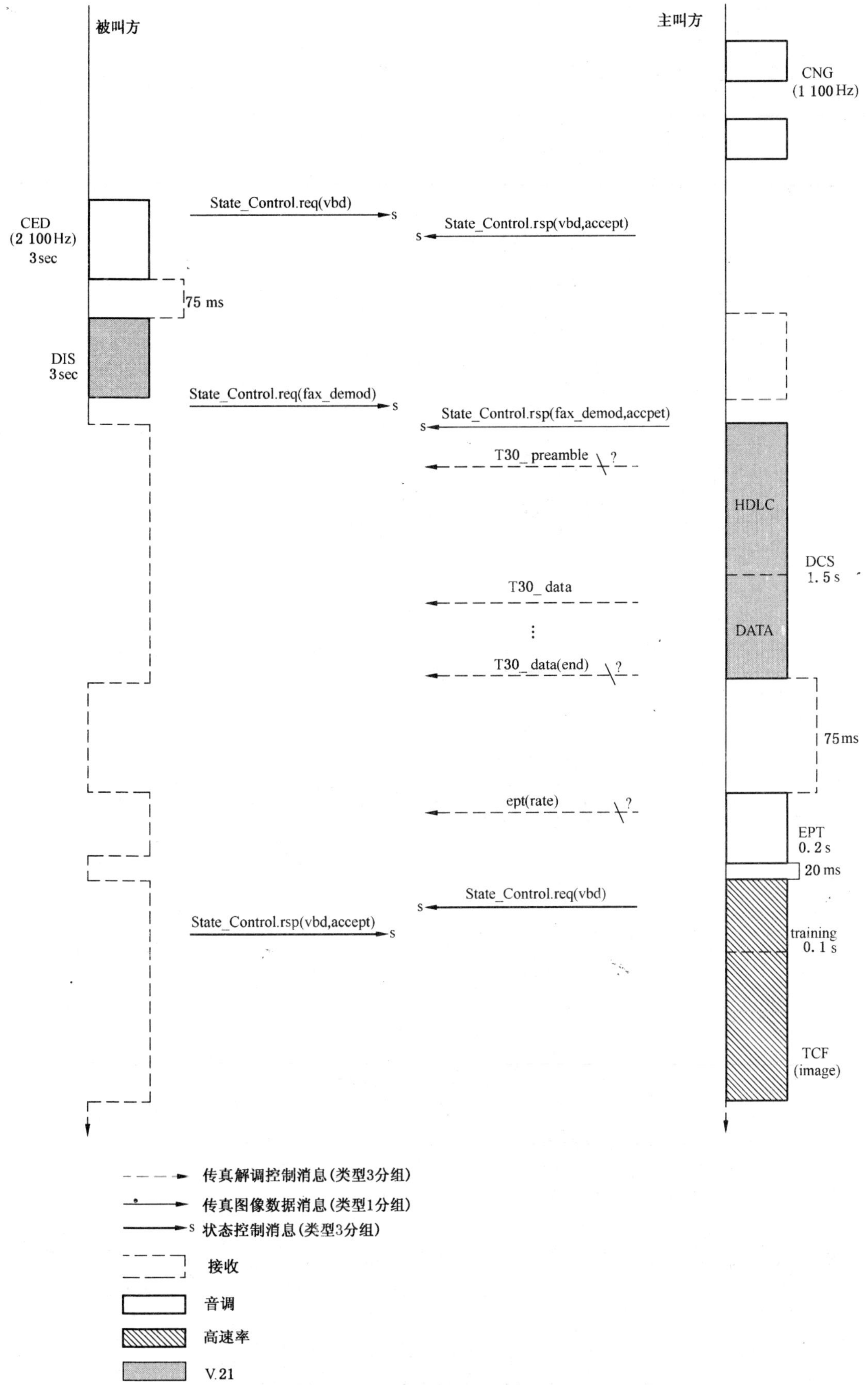

图 S.3a) 返回至语音带宽数据——解调故障

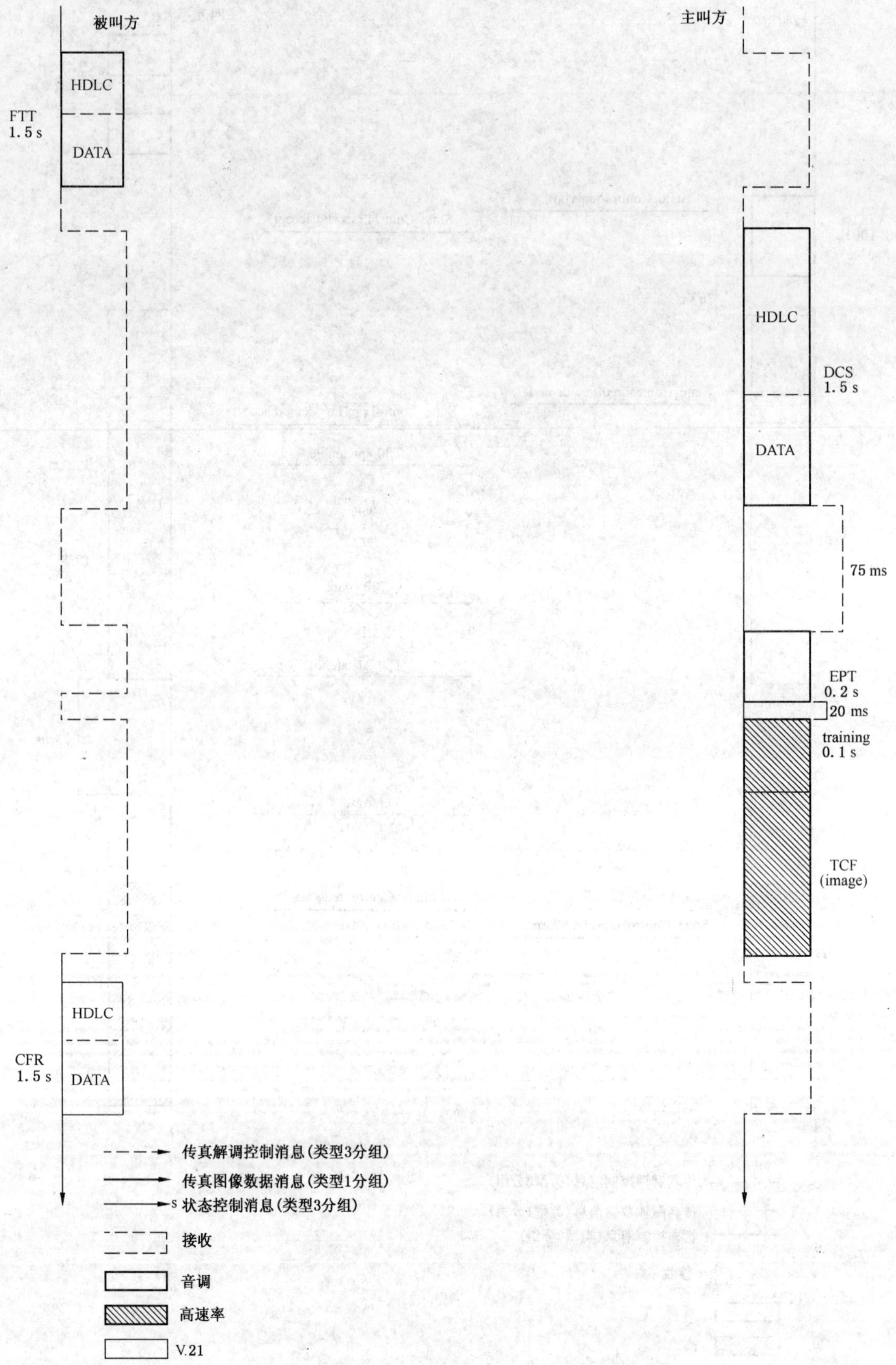

图 S.3b）返回至语音带宽数据——解调故障

附 录 T
（资料性附录）
传真解调 ITU-T V.17 训练示例

I.2.3 描述了 ITU-T V.17 短或长训练序列是如何影响传真解调的。下列例子描述了波形分析和协议分析对训练信号和其互操作的不同行为。

- 波形分析—解调器方

一旦检测到 ITU-T V.17 训练序列的开始，WA 发送 ITU-T V.17 长训练消息且调制速率设置为“未知速率”。信号分析随后确定训练序列的类型和速率，且 WA 以特定的调制速率发送一个额外的短或长的训练消息。

- 协议分析—解调器方

一旦检测到 ITU-T V.17 训练序列的开始，PA 以特定调制速率发送 ITU-T V.17 短或长的训练消息。PA 从以前分析的 ITU-T T.30_Data 中确定类型和速率。PA 不需要使用值“未知速率”。

- 波形分析—再调制器方

WA 从接收到的训练消息中获得调制类型和调制速率。

一旦接收到具有“未知速率”的 ITU-T V.17 长训练消息，WA 开始产生 ITU-T V.17 长训练序列。

如果在以未知速率产生 ITU-T V.17 长训练信号时接收到具有特定调制速率的 ITU-T V.17长训练消息，WA 继续产生长训练序列，采用桥接信号，在消息中以指示的速率以加扰码的 1 结束。

如果在以未知速率产生 ITU-T V.17 长训练信号时接收到具有特定调制速率的 ITU-T V.17短训练消息，WA 改变训练信号至短序列，不采用桥接信号，在消息中以指示的速率以加扰码的 1 结束。

一旦接收到具有指定速率和类型消息的 ITU-T V.17 训练消息，WA 按照规定的产生 ITU-T V.17 短或长训练序列。这发生在当 WA 再调制器与 PA 解调器对应时。

- 协议分析—再调制器方

PA 通过以前分析的 ITU-T T.30_Data 来确定训练序列的类型和速率。

接收到训练消息仅仅激励 PA 去启动训练序列。

当产生训练序列时，PA 忽略额外训练消息的接收。这发生在当 PA 再调制器于 WA 解调器对应时。

附 录 U
(资料性附录)
AAL2 CPS 子层协议实现一致性陈述(PICS)

U.1 概述

在对测试下实现(IUT)进行一致性测试和互操作性测试之前,具有对某种产品实现的 PICS(协议实现一致性陈述)文档是很必要的。

这个特殊的 PICS 处理 B-ISDN ATM 适配层 2 规范的实现。

U.1.1 范围

本附录为 B-ISDN ATM 适配层 2 提供了 PICS 表格,并遵守建议 X.296 中相关要求和按照其中的相关指导来进行。

U.1.2 标准参考

[1] ITU-T X.290 (1995),对 ITU-T 应用的协议建议的 OSI 一致性测试方法和框架 一般概念

[2] ITU-T X.296 (1995),对 ITU-T 应用的协议建议的 OSI 一致性测试方法和框架 实现一致性陈述

U.1.3 缩略语

下列缩略语适用于本附录。

ATM	Asynchronous Transfer Mode	异步传输模式
CID	Channel Identifier	信道标志符
CPS	Common Part Sublayer	公共部分子层
FCP	Format and Coding for CPS-Packet	CPS 分组的格式和编码
FCU	Format and Coding for CPS-PDU	CPS-PDU 的格式和编码
HEC	Header Error Control	信头差错控制
OSF	Offset field	偏移域
PDU	Protocol Data Unit	协议数据单元
PH	Packet Header	分组头
RC	Receiver	接收方
S.<i>	Supplementary information number I	补充信息编号 i
SAR	Segmentation and Reassembly (Sublayer)	分段和重装(子层)
SDU	Service Data Unit	业务数据单元
SN	Sequence Number	序列号
SSCS	Service Specific Convergence Sublayer	特定业务会聚子层
IUT	Implementation Under Test	测试下实现
LI	Length Indicator	长度指示符
M	Mandatory	必选的
N/A	Not applicable	不适用的
NOT	item not supported; absence of item	不支持的条目;没有该条目
O	Optional	任选的
O.<n>	Optional, but, if chosen, support is required for either at least one or only one of the options in the group labelled by the same numeral <n> 任选的,但是,如果选择了,则在标记同样号码<n>的一组选项中应至少支持一项或仅	

	支持一项。	
STF	Start Field	开始域
SUT	System Under Test	代测系统
TX	Transmitter	发送方
UUI	User-to-User Indication	用户至用户指示
X. <i>	Exceptional information number I	异常的信息编号 i

U.1.4 一致性陈述

宣布遵守 B-ISDN ATM 适配层 2 规范的协议实现的提供者需要完成在 U.2 中提供的 PICS 表格并需要提供必要的信息以识别提供者和实现。

U.2 PICS 表格

U.2.1 PICS 表格错误的确认

应用于该 PICS 表格的错误确认	建议:第 4 章 错误: 错误:

U.2.2 完成 PICS 表格的指导

PICS 表格是固定格式的调查表。调查表的答案应提供在最右一列,可以是简单地指示一个限定的选择(诸如 Yes 或 No)或可以输入一个数值或数值范围的集合。

提供者必须提供附加的信息,按照异常或补充信息来分类。这些附加信息应按照标记为 X. <i> 的条目提供给异常信息或 S. <i> 的条目用于补充消息,为了交叉参考的目的,这里 <i> 对该条目应是任何明确的确认。异常条目应包含适当的合理性。

补充信息不是必选的且 PICS 可以不需要借助这些信息完成。可选的补充或异常信息的出现不应影响测试的执行,且也将不应互操作性的验证。

注:尽管产品实现能够以多种方式进行配置,但单个 PICS 可能能够描述所有这些配置。然而,提供者可以选择提供多个 PICS,每个 PICS 覆盖实现配置能力的某个子集,这可使信息的表示更为容易或更明确。

U.2.3 实现的确认

测试下实现(IUT)

<u>确认</u>

IUT 名字:________________________________

IUT 版本:________________________________

____

<u>待测系统(SUT)</u>

SUT 名字:________________________________

____

硬件配置:________________________________

____

____

操作系统:________________________________

<u>产品提供者</u>

名字:________________________________

地址:________________________________

____

电话号码:________________________________

传真号码：______________________________

Email 地址(可选)：______________________________

附加信息：______________________________

客户

名字：______________________________

地址：______________________________

____

电话号码：______________________________

传真号码：______________________________

Email 地址(可选)：______________________________

附加信息：______________________________

PICS 联系人

名字：______________________________

地址：______________________________

____

电话号码：______________________________

传真号码：______________________________

Email 地址(可选)：______________________________

附加信息：______________________________

协议的确认

本 PICS 表格应用于本标准的第 4 章。

U.2.4 一致性的全局陈述

在本 PICS 中描述的实现满足参考协议的必选要求。

___ Yes

___ No

注：回答“No”指示对规定协议的不一致。不支持的必选能力在下列表格中被标志，即在每个表格的注释部分中解释为什么实现是不一致的。

U.2.4.1 角色功能

条目号	条 目 描 述	参 考	状态	支持
R1	接收方和发送方	4.2.1	M	

U.2.4.1.1 AAL2 公共部分子层的程序(发送方)

条目号	协 议 特 征	参 照	状态	支持
TX1	当传输 PDU 时，开始域(ST)中的序列号码是否增加 1(模 2)？	4.4.2.1 b)	M	Yes_ No_ X_ S_
TX2	发送方是否设置奇偶比特值以使 8 比特开始域的奇偶校验是奇校验？	4.4.2.1c)	M	Yes_ No_ X_ S_
TX3	当 IUT 处于 IDLE 状态且产生了 CPS-UNITDATA. request 时，CPS 分组是否被构造？	4.5.1 1)，图 10a)	M	Yes_ No_ X_ S_
TX4 (注 1)	当 IUT 除以 IDLE 状态且产生了 CPS-UNITDATA. request 时，Timer_CU 是否被置位？	4.5.1 1)，图 10a)	M	Yes_ No_ X_ S_
TX5	当 IUT 处于 IDLE 状态且产生了 MAAL-UNITDATA. request 时，CPS 分组是否被构造？	4.5.1 1)，图 10a)	M	Yes_ No_ X_ S_

条目号	协 议 特 征	参 照	状态	支持
TX6 (注 1)	当 IUT 处于 IDLE 状态且产生了 MAAL-UNITDATA. request 时,Timer_CU 是否被置位?	4.5.1 1),图 10a)	M	Yes_ No_ X_ S_
TX7	当 IUT 处于 IDLE 状态且产生了 CPS-UNITDATA. request 时,CPS 分组被构造且在当前的 CPS-PDU 中有多个剩余的空闲字节用于其他 CPS 分组,IUT 是否进行到了 PART 状态?	4.5.1 1),图 10a)	M	Yes_ No_ X_ S_
TX8	当 IUT 处于 IDLE 状态且产生了 MAAL-UNITDATA. request 时,CPS 分组被构造且在当前的 CPS-PDU 中有多个剩余的空闲字节用于其他 CPS 分组,IUT 是否进行到了 PART 状态?	4.5.1 1),图 10a)	M	Yes_ No_ X_ S_
TX9	当 IUT 处于 IDLE 状态且产生了 CPS-UNITDATA. request 时,CPS 分组被构造且当前的 CPS-PDU 正好填充满了,IUT 是否进行到 FULL 状态并重新设置 Timer_CU?	4.5.1 1),图 10a)	M	Yes_ No_ X_ S_
TX10	当 IUT 处于 IDLE 状态且产生了 MAAL-UNITDATA. request 时,CPS 分组被构造且当前的 CPS-PDU 正好填充满了,IUT 是否进行到 FULL 状态并且重新设置 Timer_CU?	4.5.1 1),图 10a)	M	Yes_ No_ X_ S_
TX11	当 IUT 处于 IDLE 状态且产生了 CPS-UNITDATA. request 时,CPS 分组被构造且目前的 CPS-PDU 中没有为更多的 CPS 分组剩余空闲字节,而且交叠到了下一个 CPS-PDU,IUT 是否进行到 FULL 状态并设置 Timer_CU?	4.5.1 1),图 10a)	M	Yes_ No_ X_ S_
TX12	当 IUT 处于 IDLE 状态且产生了 MAAL-UNITDATA. request 时,CPS 分组被构造且当前的 CPS-PDU 中没有为更多的 CPS 分组剩余空闲字节,而且交叠到了下一个 CPS-PDU,IUT 是否进行到 FULL 状态并设置 Timer_CU?	4.5.1 1),图 10a)	M	Yes_ No_ X_ S_
TX13	当 IUT 处于 PART 状态且产生了 CPS-UNITDATA. request 时,CPS 分组是否被构造?	4.5.1 2),图 10a)和图 10b)	M	Yes_ No_ X_ S_
TX14	当 IUT 处于 PART 状态且产生了 MAAL-UNITDATA. request 时,CPS 分组是否被构造?	4.5.1 2),图 10a)和图 10b)	M	Yes_ No_ X_ S_
TX15	当 IUT 处于 PART 状态且产生了 CPS-UNITDATA. request 时,CPS 分组被构造且当前的 CPS-PDU 中为更多的 CPS 分组剩余了多个空闲字节,IUT 是否保持在 PART 状态?	4.5.1 2),图 10a)和图 10b)	M	Yes_ No_ X_ S_
TX16	当 IUT 处于 PART 状态且产生了 MAAL-UNITDATA. request 时,CPS 分组被构造且当前的 CPS-PDU 中为更多的 CPS 分组剩余了多个空闲字节,IUT 是否保持在 PART 状态?	4.5.1 2),图 10a)和图 10b)	M	Yes_ No_ X_ S_
TX17	当 IUT 处于 PART 状态且产生了 CPS-UNITDATA. request 时,CPS 分组被构造且当前的 CPS-PDU 中没有为更多的 CPS 分组剩余空闲字节,并且允许<>true, IUT 是否进行到 FULL 状态?	4.5.1 2),图 10a)和图 10b)	M	Yes_ No_ X_ S_
TX18	当 IUT 处于 PART 状态且产生了 MAAL-UNITDATA. request 时,CPS 分组被构造且当前的 CPS-PDU 中没有为更多的 CPS 分组剩余空闲字节,并且 permit<>true, IUT 是否进行了 FULL 状态?	4.5.1 2),图 10a)和图 10b)	M	Yes_ No_ X_ S_
TX19 (注 1)	当 IUT 处于 PART 状态且产生了 CPS-UNITDATA. request 时,CPS 分组被构造且 CPS 分组交叠到了下一个 CPS-PDU,是否设置了 Timer_CU?	4.5.1 2),图 10a)和图 10b)	M	Yes_ No_ X_ S_

条目号	协议特征	参照	状态	支持
TX20（注1）	当IUT处于PART状态且产生了MAAL-UNITDATA. request时,CPS分组被构造且CPS分组交叠到了下一个CPS-PDU,是否设置Timer_CU?	4.5.1 2)，图10a)和图10b)	M	Yes_ No_ X_ S_
TX21	当IUT处于PART状态且产生了CPS-UNITDATA. request时,CPS分组被构造且CPS分组正好填满，是否设置了Timer_CU?	4.5.1 2)，图10a)和图10b)	M	Yes_ No_ X_ S_
TX22	当IUT处于PART状态且产生了MAAL-UNITDATA. request时,CPS分组被构造且CPS分组正好填满，是否重新设置Timer_CU?	4.5.1 2)，图10a)和图10b)	M	Yes_ No_ X_ S_
TX23	当IUT处于FULL状态且收到了MAAL-SEND. request时，IUT是否生成了ATM-DATA. request?	4.5.1 3)，图10a)和图10b)	M	Yes_ No_ X_ S_
TX24	当IUT处于FULL状态,是否不处理除MAAL-SEND. request以外的原语?		M	Yes_ No_ X_ S_
TX25（注1）	当处于PART状态且permit＝false，且Timer_CU超时，IUT是否进入SEND状态?	4.5.1 4)，图10a)	M	Yes_ No_ X_ S_
TX26（注1）	当处于PART状态且permit＝true，且Timer_CU超时,IUT是否填充了剩余的字节(如果有)并发送ATM-DATA. request?	4.5.1 4)，图10a)和图10b)	M	Yes_ No_ X_ S_
TX27	当处于SEND状态且收到MAAL-SEND. request,IUT是否填充了剩余字节并发送ATM-DATA. request?	4.5.1 4)，图10a)和图10b)	M	Yes_ No_ X_ S_
TX28	当IUT处于SEND状态且生成了CPS-UNITDATA. request时，CPS分组是否被构造?	4.5.1 4)，图10a)和图10b)	M	Yes_ No_ X_ S_
TX29（注1）	当IUT处于SEND状态且生成了CPS-UNITDATA. request，且数据交叠到了下一个CPS-PDU，IUT是否设置Timer_CU并进入FULL状态?	4.5.1 4)，图10a)和图10b)	M	Yes_ No_ X_ S_
TX30	当IUT处于SEND状态且生成了CPS-UNITDATA. request，且数据正好完全填充到下一个CPS-PDU中，IUT是否重新设置Timer_CU并进入FULL状态?	4.5.1 4)，图10a)和图10b)	M	Yes_ No_ X_ S_
TX31	当IUT处于SEND状态且生成了CPS-UNITDATA. request，且数据既没有交叠又没有完全填充到下一个CPS-PDU中，IUT是否构造新的分组并把字节移到CPS-PDU中,且状态返回至SEND?	4.5.1 4)，图10a)和图10b)	M	Yes_ No_ X_ S_
TX32	当IUT处于SEND状态且生成了MAAL-UNITDATA. request,IUT是否构造了一个CPS分组?	图10a)和图10b)	M	Yes_ No_ X_ S_
TX33（注1）	当IUT处于SEND状态且生成了MAAL-UNITDATA. request,且数据交叠到了下一个CPS-PDU，IUT是否设置Timer_CU并进入FULL状态?	图10a)和图10b)	M	Yes_ No_ X_ S_
TX34	当IUT处于SEND状态且生成了MAAL-UNITDATA. request,数据正好填充到了下一个CPS-PDU，IUT是否重新设置Timer_CU并进入状态FULL了?	图10a)和图10b)	M	Yes_ No_ X_ S_
TX35	当IUT处于SEND状态且生成了MAAL-UNITDATA. request,数据既没有交叠也没有正好填充到下一个CPS-PDU，IUT是否构造新的分组并把字节移到CPS-PDU,返回状态SEND?	图10a)和图10b)	M	Yes_ No_ X_ S_

条目号	协 议 特 征	参 照	状态	支持
TX36 (注 1, 注 2)	在状态 IDLE 或 PART 中,并且每次接收到 MAAL-SEND. request 时,下层 ATM 连接需要发送 CPS-PDU,IUT 是否 ——重新设置(停止) Timer_CU(除非处于状态 IDLE); ——填充 CPS-PDU, 如果有必要;并且 ——产生 ATM-DATA. request?	4.5.1 5), 图 10a)和图 10b)	M	Yes_ No_ X_ S_
TX37 (注 2)	在状态 IDLE 或 PART 中,并且每次接收到 MAAL-SEND. request 时,下层 ATM 连接不需要发送 CPS-PDU, 而接收到 MAAL-SEND. request 时,IUT 是否设置 permit=true?	4.5.1 5), 图 10a)和图 10b)	M	Yes_ No_ X_ S_
注 1:当前的标准没有规定 Timer_CU 的缺省值,也没有规定其值的范围。 注 2:目前,下层的 ATM 连接还没有这样的要求。				

U.2.4.1.2 AAL2 公共部分子层的程序(接收方)

条目号	协 议 特 征	参 照	状态	支持
RC1	如果收到的 CPS-PDU 的开始域的奇偶检验位不正确,是否报告了 MAAL-ERROR (0)并丢弃了 CPS-PDU?	4.5.2 1),图 11a)	M	Yes_ No_ X_ S_
RC2	如果收到的 CPS-PDU 的开始域的奇偶检验位不正确,是否遵循 Cancel REASM 程序 (即 PICS RC46)?	4.5.2 1), 图 11	M	Yes_ No_ X_ S_
RC3	如果 CPS-PDU 的开始域中 SN 域指示了序列错误,是否报告了 MAAL-ERROR (1)?	4.5.2 2), 图 11	M	Yes_ No_ X_ S_
RC4	如果 CPS-PDU 的开始域中 SN 域指示了序列错误,是否遵循 Cancel REASM 程序 (即 PICS RC46)?	4.5.2 2), 图 11a)	M	Yes_ No_ X_ S_
RC5	如果 CPS-PDU 的开始域中 SN 域指示了序列错误且 OSF 包含的值超过了"47", 是否报告了 MAAL-ERROR (3)?	图 11a)	M	Yes_ No_ X_ S_
RC6	如果 CPS-PDU 的开始域中 SN 域指示了序列错误且 OSF 包含的值小于或等于"47", 是否把 ptrEXT 设置为了 OSF+1 并继续处理(A)(即 RC28~RC39)?	图 11	M	Yes_ No_ X_ S_
RC7	如果收到的 CPS-PDU 的奇偶位和序列号都正确且 split<>0, 则"split"个字节是否被添加到 PH_buffer 中?	图 11a)	M	Yes_ No_ X_ S_
RC8	如果 RC7 成立且 PH_buffer. HEC 正确, ptrEXT 是否设置为 split+1 且 split 设置为 0; 且 expct 和 len 是否设置为 PH_buffer. LI+1 了?	图 11a)	M	Yes_ No_ X_ S_
RC9	如果 RC7 成立且 PH_buffer. HEC 不正确, 是否报告了 MAAL-ERROR(7)?	图 11a)	M	Yes_ No_ X_ S_
RC10	如果 RC9 成立, split 是否设置为 0 且 PH_buffer 被重新设置?	图 11a)	M	Yes_ No_ X_ S_
RC11	如果 RC10 成立且 OSF 包含的值小于或等于"47", ptrEXT 是否设置为 OSF+1 并继续过程(A)(即 RC28~RC39)?	图 11a)	M	Yes_ No_ X_ S_
RC12	如果 RC10 成立且 OSF 包含的值大于"47", 是否报告了 MAAL-ERROR(3)?	图 11a)	M	Yes_ No_ X_ S_
RC13	如果收到的 CPS-PDU 中的奇偶校验位和序列号正确, split=0, expct≤47 且 expct<>INFO. OSF, 是否报告了 MAAL-ERROR (2) ?	图 11a)	M	Yes_ No_ X_ S_

条目号	协 议 特 征	参 照	状态	支持
RC14	如果 RC13 成立，是否遵循 Cancel REASM 程序（即 PICS RC46）？	图 11a)	M	Yes_ No_ X_ S_
RC15	如果 RC14 成立且 OSF 包含的值小于或等于“47”，ptrEXT 是否设置为 OSF＋1 且继续过程(A)(即 RC28～RC39)？	图 11a)	M	Yes_ No_ X_ S_
RC16	如果 RC14 成立且 INFO. OSF 包含的值大于“47”，是否报告了 MAAL-ERROR (3)？	图 11a)	M	Yes_ No_ X_ S_
RC17	如果收到的 CPS-PDU 中的奇偶校验位和序列号正确，split＝0，expct≤47，expct 等于 INFO. OSF 且 expct 等于零，ptrEXT 是否设置为 1 并继续过程(A)(即 RC28～RC39)？	图 11a)	M	Yes_ No_ X_ S_
RC18	如果收到的 CPS-PDU 中的奇偶校验位和序列号正确，split＝0，ptrEXT＋expct≤48，ptrEXT＋expct－1 等于 INFO. OSF 并且 expct <> zero，所期望的字节是否添加至部分组装的 CPS 分组后并遵循 Deliver CPS-SDU 程序(RC40～RC45)？	图 11a)	M	Yes_ No_ X_ S_
RC19	如果 RC18 成立，expct 是否设置为 0 且 ptrEXT 设置为 INFO. OSF＋1？	图 11a)	M	Yes_ No_ X_ S_
RC20	如果 RC19 成立，是否进行过程(A)(即 RC28～RC39)？	图 11a)	M	Yes_ No_ X_ S_
RC21	如果收到的 CPS-PDU 中的奇偶校验位和序列号正确，split＝0，ptrEXT＋expct＞48，并且 INFO. OSF 等于 47，是 48－ptrEXT 字节是否添加至 INFO_buffer 中了？	图 11a)	M	Yes_ No_ X_ S_
RC22	如果 RC21 成立，expct 是否设置为 expct－48＋ptrEXT？	图 11a)	M	Yes_ No_ X_ S_
RC23	如果收到的 CPS-PDU 中的奇偶校验位和顺序号正确，split＝0，ptrEXT＋expct＞48，并且 INFO. OSF<>47，是否报告 MAAL-ERROR (2)？	图 11a)	M	Yes_ No_ X_ S_
RC24	如果 RC23 成立，是否遵循 Cancel REASM 程序（即 PICS RC46）？	图 11a)	M	Yes_ No_ X_ S_
RC25	如果 RC24 成立且 INFO. OSF＞47，是否报告 MAAL-ERROR (3)？	图 11a)	M	Yes_ No_ X_ S_
RC26	如果 RC24 成立且 INFO. OSF≤47，ptrEXT 是否设置为 INFO. OSF＋1？	图 11a)	M	Yes_ No_ X_ S_
RC27	如果 RC26 成立，是否继续过程(A)了(即 RC28～RC39)？	图 11a)	M	Yes_ No_ X_ S_
过程(A)				
RC28	如果 ptrEXT≥48，是否停止处理 CPS-PDU？	图 11a)	M	Yes_ No_ X_ S_
RC29	如果 ptrEXT＜48 且 INFO[ptrEXT]等于 0，是否停止处理 CPS-PDU？	图 11a)	M	Yes_ No_ X_ S_
RC30	如果 ptrEXT＜48，INFO[ptrEXT]<>0，且 ptrEXT≥46，48－ptrEXT 个字节是否添加到 PH_buffer 中且 split 是否设置为 ptrEXT—45？	图 11a)	M	Yes_ No_ X_ S_

条目号	协 议 特 征	参 照	状态	支持
RC31	如果 ptrEXT＜48，INFO[ptrEXT]＜＞0 且 ptrEXT＜46，3 个字节是否添加到 PH_buffer 中且 ptrEXT 是否设置为 ptrEXT＋3？	图 11a)	M	Yes_ No_ X_ S_
RC32	如果 RC31 成立且 PH_buffer. HEC 不正确，是否报告 MAAL-ERROR (4)且重新设置 PH_buffer？	图 11a)	M	Yes_ No_ X_ S_
RC33	如果 RC31 成立且 PH_buffer. HEC 正确，len 是否设置为 PH_buffer. LI＋1？	图 11a)	M	Yes_ No_ X_ S_
RC34	如果 RC33 成立且 len＋ptrEXT＞48，expct 是否设置为 len＋ptrEXT－48？	图 11a)	M	Yes_ No_ X_ S_
RC35	如果 RC34 成立，是 48－ptrEXT 个字节是否添加到 INFO_buffer 中？	图 11a)	M	Yes_ No_ X_ S_
RC36	如果 RC33 成立且 len＋ptrEXT≤48，len 个字节是否添加到 INFO_buffer 中？	图 11a)	M	Yes_ No_ X_ S_
RC37	如果 RC36 成立，是否遵循 Deliver CPS-SDU 程序(即 RC40～RC45)？	图 11a)	M	Yes_ No_ X_ S_
RC38	如果 RC37 成立，是否把 ptrEXT 设置为 ptrEXT＋len？	图 11a)	M	Yes_ No_ X_ S_
RC39	如果 RC38 成立，是否遵循(A)的程序（即 RC28～RC39)？	图 11b)	M	Yes_ No_ X_ S_
Deliver CPS-SDU				
RC40	如果 len＞Max_SDU_Deliver_Length，是否报告 MAAL-ERROR (5)？	图 11b)	M	Yes_ No_ X_ S_
RC41	如果 len≤Max_SDU_Deliver_Length，PH_buffer. UUI 等于 0～27 中的任何值，且 CID 与 SAP 相关联，CPS-INFO 和 CPS-UUI 是否发送给用户？	图 11b)	M	Yes_ No_ X_ S_
RC42	如果 len≤Max_SDU_Deliver_Length，PH_buffer. UUI 等于 0～27 中的任何值，且 CID 不与 SAP 相关联，是否报告了 MAAL-ERROR(9)？	图 11b)	M	Yes_ No_ X_ S_
RC43	如果 len≤Max_SDU_Deliver_Length，PH_buffer. UUI 等于 30～31 中的任何值，CPS-INFO，CPS-CID 和 CPS-UUI 是否被发送给管理平面？	图 11b)	M	Yes_ No_ X_ S_
RC44	如果 len≤Max_SDU_Deliver_Length 且 PH_buffer. UUI 等于 28 或 29，是否报告了 MAAL-ERROR (8)错误？	图 11b)	M	Yes_ No_ X_ S_
RC45	如果 RC40、RC41、RC42、RC43 或 RC44 成立，是否重新设置了 INFO_buffer 和 PH_buffer？	图 11b)	M	Yes_ No_ X_ S_
Cancel REASM				
RC46	如果 expct＜＞0 或 split＜＞0，是否报告了 MAAL-ERROR (6)且重新设置 INFO_buffer 和 PH_buffer，而且 expct 和 split 设置为 0？	图 11b)	M	Yes_ No_ X_ S_

U.2.4.1.3　**发送方和接收方**

条目号	协 议 特 征	参　照	状态	支持
TXRC1	是否在两个方向所使用同样的信道标志符?	4.4.1 a)	M	Yes_ No_ X_ S_

U.2.4.2　**主要功能**

条目号	协 议 特 征	参　照	状态	支持
MC1	支持45-字节的CPS-INFO域	4.2.1	M	
MC2	支持64-字节的CPS-INFO域	4.2.1	O	
注:对MC2回答"Yes"并不意味着在所有通道上可使用多达64-字节的CPS-INFO域,但是支持此能力的实现取决于实际的协商。				

U.2.4.3　**PDUs**

条目号	协 议 特 征	参　照	状态	支持
P1	CPS-分组	4.4.1	M	
P2	CPS-PDU	4.4.2	M	

U.2.4.3.1　**CPS分组**

条目号	格式和编码	参考	状态	支持	值	
					允许的	支持的
FCP1	每个CPS分组包含如图4所示的格式化的包头	4.4.1,图4	M	Yes_ No_ X_ S_		
FCP2	CID域	4.4.1 a)	M	Yes_ No_ X_ S_	1,8～255	
FCP3	长度指示符域	4.4.1 b)	M	Yes_ No_ X_ S_	MC1:0～44 MC2:0～63	
FCP4 (注1)	用户到用户指示(UUI)域	4.4.1 c)	M	Yes_ No_ X_ S_	0～27,30～31	
FCP4.1	服务的SSCS实体	4.4.1 c)	M		0～27	
FCP4.2 (注2)	AAL层管理	4.4.1 c)	M		30～31	
FCP5	是否在CPS-PH的前19个字节上计算HEC?	4.4.1 d)	M	Yes_ No_ X_ S_		
FCP6	HEC计算结果的X^4项的系数是否为HEC域的最高比特位?	4.4.1 d)	M	Yes_ No_ X_ S_		
FCP7	在一个域中的比特次序和意义是否遵守2.1/I.361中规定的惯例?	4.4	M	Yes_ No_ X_ S_		
注1:值28和29预留给将来功能。 注2:值30和31预留给AAL2的层管理功能;AAL2的层管理功能可能会在以后定义。						

U.2.4.3.2 CPS-PDU

条目号	格式和编码	参考	状态	支持	值	
					允许的	支持的
FCU1	是否每个 CPS-PDU 由一个字节的开始域和如图 5 所示格式的 47 字节的净荷构成？	4.4.2，图 5	M	Yes_ No_ X_ S_		
FCU2	偏移字段	4.4.2.1a)	M	Yes_ No_ X_ S_	0～47	
FCU3	所有未使用的 CPS-PDU 净荷是否用值为 0 的字节填充？	4.4.2.2	M	Yes_ No_ X_ S_		

U.2.5 定时器

条目号	条目描述	参考	状态	支持	值	
					允许的	支持的
T1	Timer_CU	4.6	M			

附 录 V
（资料性附录）
AAL2 分段和重装特定业务会聚子层的协议实现一致性陈述(PICS)

V.1 概述

在对测试下实现(IUT)进行一致性测试和互操作性测试之前，具有对某种产品实现的 PICS(协议实现一致性陈述)文档是很必要的。

这个特殊的 PICS 处理 AAL2 分段和重装特定业务会聚子层的实现。

V.1.1 范围

本附录为 AAL2 分段和重装特定业务会聚子层提供了 PICS 表格，并遵守建议 X.296 中相关要求和按照其中的相关指导来进行。

V.1.2 标准参考

[1] ITU-T 建议 X.290 (1995)，对 ITU-T 应用的协议建议的 OSI 一致性测试方法和框架 一般概念

[2] ITU-T 建议 X.296 (1995)，对 ITU-T 应用的协议建议的 OSI 一致性测试方法和框架 实现一致性陈述

V.1.3 缩略语

下列缩略语适用于本附录。

CI	Congestion Indication	拥塞指示
CPS-UUI	CPS-User-to-User Indication	CPS 用户至用户指示
IUT	Implementation Under Test	测试下实现
LP	Loss Priority	丢失优先级
M	Mandatory	必选的
N/A	Not applicable	不适用
NOT	item not supported; absence of item	不支持该条目
O	Optional	可选的
O.<n>	Optional, but, if chosen, support is required for either at least one or only one of the options in the group labelled by the same numeral <n> 任选的，但是，如果选择了，则在标记同样号码<n>的一组选项中应至少支持一项或仅支持一项。	
PDU	Protocol Data Unit	协议数据单元
PICS	Protocol Implementation Conformance Statement	协议实现一致性陈述
S.<i>	Supplementary information number I	补充信息编号 i
SDU	Service Data Unit	业务数据单元
SSCOP	Service Specific Connection Oriented Protocol	特定业务面向连接协议
SSSAR	Service Specific Segmentation and Reassembly sublayer	特定业务分段和重装子层
SSSAR-PDU	SSSAR Protocol Data Unit	SSSAR 协议数据单元
SSSAR-SDU	SSSAR Service Data Unit	SSSAR 业务数据单元
SSTED	Service Specific Transmission Error Detection sublayer	特定业务传输差错检测子层

SSTED-SDU	SSTED Service Data Unit	SSTED 业务数据单元
SUT	System Under Test	待测系统
X.<i>	Exceptional information number I	异常信息编号 i

V.1.4 一致性陈述

宣布遵守 B-ISDN ATM 适配层 2 规范的协议实现的提供者需要完成在 V.2 中提供的 PICS 表格并需要提供必要的信息以识别提供者和实现。

V.2 PICS 表格

V.2.1 PICS 表格错误的确认

应用于该 PICS 表格的错误确认	建议：第 5 章 错误： 错误：

V.2.2 用于完成 PICS 形式的指示

PICS 表格是固定格式的调查表。调查表的答案应提供在最右一列，可以是简单地指示一个限定的选择（诸如 Yes 或 No）或可以输入一个数值或数值范围的集合。

提供者必须提供附加的信息，按照异常或补充信息来分类。这些附加信息应按照标记为 X.<i>的条目提供给异常信息或 S.<i>的条目用于补充消息，为了交叉参考的目的，这里<i>对该条目应是任何明确的确认。异常条目应包含适当的合理性。

补充信息不是必选的且 PICS 可以不需要借助这些信息完成。可选的补充或异常信息的出现不应影响测试的执行，且也将不应互操作性的验证。

注：尽管产品实现能够以多种方式进行配置，但单个 PICS 可能能够描述所有这些配置。然而，提供者可以选择提供多个 PICS，每个 PICS 覆盖实现配置能力的某个子集，这可使信息的表示更为容易或更明确。

V.2.3 实现的确认

测试下实现（IUT）

确认

IUT 名字：________________

IUT 版本：________________

____

待测系统（SUT）

SUT 名字：________________

____

硬件配置：________________

____

____

操作系统：________________

产品提供者

名字：________________

地址：________________

____

电话号码：________________

传真号码：________________

Email 地址（可选）：________________

附加信息：________________

客户
名字：______
地址：______
______
电话号码：______
传真号码：______
Email 地址(可选)：______
附加信息：______
PICS 联系人
名字：______
地址：______
______
电话号码：______
传真号码：______
Email 地址(可选)：______
附加信息：______
协议的确认
本 PICS 表格应用于本标准第 5 章。

V.2.4 一致性的全局陈述

在本 PICS 中描述的实现满足参考协议的必选要求。

___ Yes

___ No

注：回答"No"指示对规定协议的不一致。不支持的必选能力在下列表格中被标志，即在每个表格的注释部分中解释为什么实现是不一致的。

V.2.4.1 角色功能

条目号	条 目 描 述	参考	状态	支持
R1	接收方和发送方	5.3.1	M	

V.2.4.2 主要功能

条目号	条 目 描 述	参考	状态	支持
MC1	支持分段和汇聚功能	5.1	M	
MC1.1	支持做多达 65568 字节的 SSSAR-SDU 数据传输	5.3.1	M	
MC1.2	支持 AAL2 CPS	5.3.1	M	
MC1.3	支持双向的 AAL2 SSSAR 连接	5.3.1	M	
MC1.4	是否把检测到的 SSSAR 错误报告给层管理了？	5.2.1.1，表 11	M	
MC2	支持传输差错检测	1，5.1，8	O	
MC2.1	当检测到传输错误时，SDU 是否被传递？	5.1，5.4.1，表 13	MC2 M NOT MC2 N/A	
MC2.2	是否把检测到的 SSTED 错误报告给层管理？	5.2.1.1，表 13	MC2 M NOT MC2 N/A	
MC2.3	支持多达 65535 字节的 SSTED-SDU 传输？	5.4.1	MC2 M NOT MC2 N/A	

条目号	条 目 描 述	参考	状态	支持
MC2.4	支持双向的 AAL2 SSTED 连接?	5.4.1	MC2 M NOT MC2 N/A	
MC2.5	支持丢失优先级(LP)的传递	5.4.2	MC2 M NOT MC2 N/A	
MC2.6	支持拥塞指示(CI)的传递	5.4.2	MC2 M NOT MC2 N/A	
MC3	支持有保证数据传递	1，5.1，5.5	MC2 O NOT MC2 N/A	
MC3.1	支持多达 65531 字节的 SSADT-SDU 数据传递	5.5.1	MC3 M NOT MC3 N/A	

V.2.4.3 SSSAR-PDU

条目号	条 目 描 述	参考	状态	支持
FC1	如图 15 所示	5.3.3	M	
FC1.1	是否支持 CPS-UUI 所以的值("0"…"27")?	5.3.3	M	

V.2.4.4 SSTED-PDU

条目号	条 目 描 述	参考	状态	支持
FC1	如图 20 所示	5.4.3	MC2 M NOT MC2 N/A	

V.2.5 定时器

条目号	条 目 描 述	参照	状态	支持	值	
					允许的	支持的
T1	RAS_timer	5.3.4.2,5.6,表 14	M			

附 录 W
（资料性附录）
用于窄带业务的 AAL2 SSCS 的协议实现一致性陈述(PICS)

W.1 概述

在对测试下实现(IUT)进行一致性测试和互操作性测试之前,具有对某种产品实现的 PICS(协议实现一致性陈述)文档是很必要的。

这个特殊的 PICS 处理用于窄带业务的 AAL2 特定业务会聚子层的实现。

W.1.1 范围

本附录为用于中继的 AAL2 特定业务会聚子层提供了 PICS 表格,并遵守 ITU-T X.296 中相关要求和按照其中的相关指导来进行。

W.1.2 标准参考

[1] ITU-T 建议 X.290 (1995),对 ITU-T 应用的协议建议的 OSI 一致性测试方法和框架 一般概念

[2] ITU-T 建议 X.296 (1995),对 ITU-T 应用的协议建议的 OSI 一致性测试方法和框架 实现一致性陈述

W.1.3 缩略语

IUT	Implementation Under Test	测试下实现
M	Mandatory	必选的
N/A	Not applicable	不适用
NOT	Item not supported; absence of item	不支持该条目
O	Optional	可选的
O.<n>	Optional, but, if chosen, support is required for either at least one or only one of the options in the group labelled by the same numeral <n> 任选的,但是,如果选择了,则在标记同样号码<n>的一组选项中应至少支持一项或仅支持一项。	
PICS	Protocol Implementation Conformance	协议实现一致性陈述
SUT	System Under Test	待测系统
X	Prohibited (excluded)	禁止

W.1.4 一致性陈述

宣布遵守 B-ISDN ATM 适配层 2 规范的协议实现的提供者需要完成在 W.2 中提供的 PICS 表格并需要提供必要的信息以识别提供者和实现。

W.2 PICS 表格

W.2.1 PICS 表格错误的确认

应用于该 PICS 表格的错误确认	建议:第 6 章 错误: 错误:

W.2.2 用于完成 PICS 形式的指示

PICS 表格是固定格式的调查表。调查表的答案应提供在最右一列,可以是简单地指示一个限定的选择(诸如 Yes 或 No)或可以输入一个数值或数值范围的集合。

提供者必须提供附加的信息，按照异常或补充信息来分类。这些附加信息应按照标记为 X.<i>的条目提供给异常信息或 S.<i>的条目用于补充消息，为了交叉参考的目的，这里<i>对该条目应是任何明确的确认。异常条目应包含适当的合理性。

补充信息不是必选的且 PICS 可以不需要借助这些信息完成。可选的补充或异常信息的出现不应影响测试的执行，且也将不应互操作性的验证。

注：尽管产品实现能够以多种方式进行配置，但单个 PICS 可能能够描述所有这些配置。然而，提供者可以选择提供多个 PICS，每个 PICS 覆盖实现配置能力的某个子集，这可使信息的表示更为容易或更明确。

W.2.3 实现的确认

测试下实现(IUT)

确认

IUT 名字：

IUT 版本：

待测系统(SUT)

SUT 名字：

硬件配置：

操作系统：

产品提供者

名字：

地址：

电话号码：

传真号码：

Email 地址(可选)：

附加信息：

客户

名字：

地址：

电话号码：

传真号码：

Email 地址(可选)：

附加信息：

PICS 联系人

名字：

地址：

电话号码：

传真号码：

Email 地址(可选)：

附加信息：______________________________

协议的确认

本 PICS 表格适用于本标准的第 6 章。

W.2.4 一致性的全局陈述

在本 PICS 中描述的实现满足参考协议的必选要求。

___ Yes

___ No

注：回答“No”指示对规定协议的不一致。不支持的必选能力在下列表格中被标志，即在每个表格的注释部分中解释为什么实现是不一致的。

W.2.4.1 主要能力

条目号	条目描述	参照	状态	预计	支持
MC1	是否支持音频业务种类？	6.3	O.1		
MC2	是否支持多速率业务种类？	6.3	O.1		
MC3	是否支持音频(话音和语音带宽数据)？	6.3.1	M	MC1	
MC4	是否仅是支持 64 kbit/s 的电路模式数据？	6.3.2	O	MC1	
MC5	是否支持 $N\times64$ kbit/s($N\geqslant1$)的电路模式数据？	6.3.2	M	MC2	
MC6	是否支持帧模式数据？	6.3.3	O	MC1 或 MC2	
MC7	是否支持拨号数字？	6.3.4	O	MC1	
MC8	是否支持随路信令？	6.3.5	O	MC1	
MC9	是否支持传真解调制/再调制？	6.3.6	O	MC1	
MC10	是否支持 OAM(告警)？	6.3.7	M	MC1 or MC2	
MC11	是否支持 OAM(环回)？	6.3.11	O	MC1 or MC2	
MC12	是否支持用户状态控制？	6.3.8	M	MC4 or MC9 MC3	
MC13	是否支持速率控制？	6.3.9	O	MC1	
MC14	是否支持 SSCS 操作变化中的同步？	6.3.10	O	MC1	
O.1　必须至少支持这些选项中的一种。					

W.2.4.2 音频(话音和语音带宽数据)

条目号	条 目 描 述	参照	状态	预计	支持
AUD1	是否使用的是类型 1 分组格式？	6.5.1	M	MC3	
AUD2	是否用 UUI 和长度指示域确定轮廓的入口条目？	6.8.1	M	AUD1	
AUD3	是否实现了 6.10 条的序列编号程序？	6.10	M	AUD1	
AUD4	是否支持使用 PCM-64 的轮廓？	6.8.4，表 L.1	M	MC3	
AUD4.1	是否是实现用于 A 率的？	6.8.4	O.1	AUD4	
AUD4.2	是否是实现用于 μ 率的？	6.8.4	O.1	AUD4	
AUD5	是否支持使用 PCM-64 和静音的轮廓？	表 L.2	O	MC3	
AUD6	是否支持 ADPCM 和静音的轮廓？	表 L.3	O	MC3	
AUD7	是否支持使用具有更高效率的 ITU-T G.728 的轮廓？	表 L.4	O	MC3	

条目号	条 目 描 述	参照	状态	预计	支持
AUD8	是否支持使用具有更低延迟的 ITU-T G.728 的轮廓?	表 L.5	O	MC3	
AUD9	是否支持使用具有更高效率的 ITU-T G.729 和用于语音带宽数据的 ITU-T G.726 的轮廓?	表 L.6	O	MC3	
AUD10	是否支持使用具有更低延迟的 ITU-T G.729 的轮廓?	表 L.7	O	MC3	
AUD11	是否支持使用具有更低延迟的 ITU-T G.729 和用于较低速率语音带宽数据的 ITU-T G.726-32 的轮廓?	表 L.8	O	MC3	
AUD12	是否支持使用具有更低延迟的 ITU-T G.729 和用于较高速率语音带宽数据的 ITU-T G.726-40 的轮廓?	表 L.9	O	MC3	
AUD13	是否支持使用具有完全可变速率 ITU-T G.729 轮廓?	表 L.10	O	MC3	
AUD14	是否支持使用 AMR 的轮廓?	表 L.11	O	MC3	
AUD15	是否支持使用 ITU-T G.723 的轮廓?	表 L.12	O	MC3	
AUD16	是否支持使用 PCM64 kbit/s 和 ADPCM 32 kbit/s 的轮廓?	表 L.13	O	MC3	
O.1	必须至少支持这些选项中的一种。				

W.2.4.3 仅用于 64 kbit/s 的电路模式数据

条目号	条 目 描 述	参照	状态	预计	支持
CMD1	是否使用类型 1 分组格式?	6.5.1	M	MC4	
CMD2	是否将 UUI 域用于模数 16 的序列编号?	6.10	M	CMD1	
CMD3	是否使用了 N=1 编码格式的分组?	附录 F	M	MC4	

W.2.4.4 *N*×64 kbit/s *N*≥1 的电路仿真数据

条目号	条 目 描 述	参照	状态	预计	支持	值	
						允许的	支持的
CMN1	支持什么样的 *N* 值?	6.3.2	M	MC5		1～31	
CMN2	是否使用类型 1 的分组格式?	6.5.1	M	MC5			
CMN3	是否将 UUI 域用于模数 16 的序列编号?	6.10	M	CMN2			
CMN4	与 *N* 值对应的所使用的分组编码格式是否被支持?	附录 F	M	CMN1			

W.2.4.5 帧模式数据

条目号	条 目 描 述	参照	状态	预计	支持	值	
						允许的	支持的
FMD1	是否按字节排列了数据?	6.11	M	MC6			
FMD2	所支持的帧模式数据单元的最大长度是多少?	表 30	M	MC6		1～65535	

条目号	条 目 描 述	参照	状态	预计	支持	值	
						允许的	支持的
FMD3	是否使用了传输差错检测能力(定义在 I.366.1)?	6.11	M	MC6			
FMD4	是否使用定义在 I.366.1 第 8 节中的 SSTED-PDU 分组格式了?	6.5	M	MC6			
FMD5	UUI 代码点 26/27 是否用于划分数据的序列?	6.11	M	MC6			

W.2.4.6 拨号数字

条目号	条 目 描 述	参照	状态	预计	支持
DDG1	是否支持 DTMF?	6.3.4,G.1,G.2	O.1	MC7	
DDG2	是否使用了 UUI 码点为 24 的类型 3 分组格式?	6.5.2,表 26,图 G.1	M	MC7	
DDG3	是否支持拨号位数(DTMF)的分组格式?	O.2,表 G.2	M	DDG1	
DDG4	类型 3 分组是否使用 3 次冗余发送?	6.6.2,G.3	M	DDG2	
DDG5	在传输之间是否使用 5 ms 的固定间隔?	6.6.2,G.3	M	DDG4	
DDG6	如果音调持续,是否每 500 ms 发送一次刷新?	G.3	M	MC7	
DDG7	在指示拨号数字之前,接收方是否允许接收一次传输的所有 3 个拷贝?	6.6.2,G.4	O	MC7	
DDG8	是否使用了相关事件定时器调度播放?	6.6.1	M	MC7	
S.1	必须至少支持这些选择中的一种。				

W.2.4.7 随路信令

条目号	条 目 描 述	参照	状态	预计	支持
CAS1	是否使用 UUI 代码点为 24 的类型 3 分组格式?	6.5.2,表 26,图 H.1	M	MC8	
CAS2	是否支持 CAS 分组格式?	H.2	M	MC8	
CAS3	是否用 3 次冗余发送类型 3 分组?	6.6.2,H.3	M	CAS1	
CAS4	在传输之间是否使用 5 ms 的固定间隔?	6.6.2,H.3	M	CAS3	
CAS5	是否每 5 s 发送一次刷新?	H.3	M	MC8	
CAS6	在指示 CAS 比特之前,接收方是否允许接收一次传输的全部 3 个拷贝?	6.6.2,H.4	O	MC8	
CAS7	是否使用相关的事件定时器调度播放?	6.6.1	M	MC8	

W.2.4.8 传真解调制/再调制

条目号	条 目 描 述	参照	状态	预计	支持
FDR1	是否支持调制类型 ITU-T V.17 ?	6.12.3.1	O	MC9	
FDR2	是否支持调制类型 V.27 ter?	6.12.3.1	O	MC9	
FDR3	是否支持调制类型 ITU-T V.29 ?	6.12.3.1	O	MC9	
FDR4	是否支持调制类型 ITU-T V.33 ?	6.12.3.1	O	MC9	
FDR5	传真图像数据分组是否使用类型 1 分组格式?	6.5.1,6.12.7,I.3	M	MC9	

条目号	条 目 描 述	参照	状态	预计	支持
FDR6	类型 1 分组的 UUI 域是否作为模数 16 的序列编号?	I.3	M	FDR4	
FDR7	传真解调控制分组是否使用 UUI 代码点为 24 的类型 3 分组?	6.5.2,表 26,6.12.7,I.2	M	MC9	
FDR8	类型 3 分组是否使用 3 次冗余来发送?	6.6.2,I.1.4,I.1.7	M	FDR6	
FDR9	传输之间的固定间隔是否为 20 ms?	6.6.2,I.1.4,I.1.7	M	FDR7	
FDR10	是否支持非标准的 ITU-T T.30 设备?	6.12.3	O	MC9	

W.2.4.9 OAM

条目号	条 目 描 述	参照	状态	预计	支持
OAM1	是否使用 UUI 代码点为 31 的类型 3 分组格式?	6.5.2,表 26,图 J.1	M	MC10	
OAM2	是否使用 UUI 代码点为 31 的类型 3 环回分组?	6.5.2,表 26,图 J.2	M	MC11	
OAM3	是否使用 OAM 告警分组格式?	J.2.1	M	MC10	
OAM4	是否使用 OAM 环回分组格式?	J.2.2	M	MC11	
OAM5	当持续告警时,是否每秒发送了至少一个告警分组?	J.3.1	M	MC10	
OAM6	如果过了 3.5 s 了,还没有信号的再确认,是否告警消除了?	J.3.1	M	MC10	
OAM7	如果过了 5 s 还没有环回分组被返回,是否环回消除了?	J.3.2	M	MC11	
OAM8	接收到除了 OAM 外的分组时,类型 2 AIS 情况是否被消除?	J.3	M	MC10	

W.2.4.10 用户状态控制

条目号	条 目 描 述	参照	状态	预计	支持
USC1	在每条 AAL2 连接上的初始用户状态是否设置为话音?	6.3.8	M	MC11	
USC2	是否使用 UUI 代码点为 24 的类型 3 的分组格式?	6.5.2,表 26,图 K.1	M	MC11	
USC3	是否使用用户状态控制分组格式?	K.2	M	MC11	
USC4	发送的分组是否使用了 3 次冗余?	6.6.2,K.3	M	MC11	
USC5	传输之间的固定间隔是否为 20 ms?	6.6.2,K.3	M	USC4	
USC6	接收端是否对收到的第一个分组做出反应和过滤掉任何重复?	6.6.2,K.3	M	MC11	

W.2.4.11 UUI 代码点

条目号	条 目 描 述	参照	状态	预计	支持
UCP1	是否使用了预留的 UUI 代码点 16～23?	表 27	X	MC1 或 MC2	
UPC3	UUI 代码点 25 是否用于非标准扩展?	表 27	O	MC1 或 MC2	
UCP4	是否使用了预留的 UUI 代码点 28～30?	表 27	X	MC1 或 MC2	

W.2.4.12 SSCS操作参数

条目号	条 目 描 述	参照	状态	预计	支持
SPO1	SSCS操作参数是否在该SSCS用于单个AAL2连接上之前被确定?	6.13	M	MC1或MC2	
SPO2	在无法通过信令或预提供方式确定SSCS操作参数时,是否使用缺省值?	表30	M	MC1	
SPO3	如果单个的AAL2连接的业务类型是语音,则是否禁止 $N>1$ 的电路模式数据的传输?	表15,表30	M	MC1和MC2	
SPO4	如果单个的AAL2连接的业务类型是多速率的,则语音、拨号数字、随路信令、传真解调/再调制以及用户控制状态的传输是否是禁止的?	表15,表30	M	MC1和MC2	

W.2.4.13 速率控制

条目号	条 目 描 述	参照	状态	预计	支持
RC1	是否使用UUI代码点为24的类型3分组格式?	6.5.2,表26,图N.1	M	MC13	
RC2	是否使用速率控制分组格式?	N.2	M	MC13	
RC3	分组发送是否使用3次冗余?	N.2	M	MC13	
RC4	在传输之间是否使用固定的5 ms间隔?	N.4	M	RC3	
RC5	接收方是否对接收到的第一个分组有所作为并过滤掉任何接收?	N.3	M	MC13	

W.2.4.14 在SSCS操作变化中的同步

条目号	条 目 描 述	参照	状态	预计	支持
SYN1	是否使用UUI代码点为24的类型3分组格式?	6.5.2,表26,图O.1	M	MC14	
SYN2	是否使用SSCS操作变化同步分组格式?	O.2	M	MC14	
SYN3	分组发送是否使用3次冗余?	O.2	M	MC14	
SYN4	在传输之间是否使用固定的5 ms间隔?	O.3	M	SYN3	
SYN5	接收方是否对接收到的第一个分组做出反应并过滤掉任何重复?	O.4	M	MC14	

附　录　X
（资料性附录）
本标准章条编号与 ITU-T I.363.2、ITU-T I.366.1、ITU-T I.366.2 章条编号对照

表 X.1 给出了本标准章条编号与 ITU-T I.363.2、ITU-T I.366.1、ITU-T I.366.2 章条编号对照一览表。

表 X.1　本标准章条编号与 ITU-T I.363.2、ITU-T I.366.1、ITU-T I.366.2 章条编号对照

本标准章条编号	ITU-T I.363.2、ITU-T I.366.1、ITU-T I.366.2 章条编号
1	—
2	—
3	—
4	—
4.1	ITU-T I.363.2　6
4.2	ITU-T I.363.2　7
4.3	ITU-T I.363.2　8
4.4	ITU-T I.363.2　9
4.5	ITU-T I.363.2　10
4.6	ITU-T I.363.2　11
5	—
5.1	ITU-T I.366.1　5
5.2	ITU-T I.366.1　6
5.3	ITU-T I.366.1　7
5.4	ITU-T I.366.1　8
5.5	ITU-T I.366.1　9
5.6	ITU-T I.366.1　10
6	—
6.1	ITU-T I.366.2　6
6.2	ITU-T I.366.2　7
6.3	ITU-T I.366.2　8
6.4	ITU-T I.366.2　9
6.5	ITU-T I.366.2　10
6.6	ITU-T I.366.2　11
6.7	ITU-T I.366.2　12
6.8	ITU-T I.366.2　13
6.9	ITU-T I.366.2　14
6.10	ITU-T I.366.2　15

表 X.1（续）

本标准章条编号	ITU-T I.363.2、ITU-T I.366.1、ITU-T I.366.2 章条编号
6.11	ITU-T I.366.2 16
6.12	ITU-T I.366.2 17
6.12	ITU-T I.366.2 18
附录 A	ITU-T I.363.2 附件 A
附录 B	ITU-T I.363.2 附件 B
附录 C	ITU-T I.363.2 附件 C
附录 D	ITU-T I.366.1 附件 A
附录 E	—
附录 E.1	ITU-T I.366.2 附件 A
附录 E.2	ITU-T I.366.2 附件 B
附录 E.3	ITU-T I.366.2 附件 C
附录 E.4	ITU-T I.366.2 附件 D
附录 E.5	ITU-T I.366.2 附件 E
附录 E.6	ITU-T I.366.2 附件 F
附录 E.7	ITU-T I.366.2 附件 J
附录 E.8	ITU-T I.366.2 附件 H
附录 E.9	ITU-T I.366.2 附件 I
附录 F	ITU-T I.366.2 附件 J
附录 G	ITU-T I.366.2 附件 K
附录 H	ITU-T I.366.2 附件 L
附录 I	ITU-T I.366.2 附件 M
附录 J	ITU-T I.366.2 附件 N
附录 K	ITU-T I.366.2 附件 O
附录 L	ITU-T I.366.2 附件 P
附录 M	ITU-T I.366.2 附件 Q
附录 N	ITU-T I.366.2 附件 R
附录 O	ITU-T I.366.2 附件 S
附录 P	ITU-T I.366.2 附录Ⅱ
附录 Q	ITU-T I.366.2 附录Ⅵ
附录 R	ITU-T I.363.2 附录Ⅰ
附录 S	ITU-T I.366.2 附录Ⅲ
附录 T	ITU-T I.366.2 附录Ⅳ
附录 U	ITU-T I.363.2 附录Ⅱ
附录 V	ITU-T I.366.1 附录Ⅰ
附录 W	ITU-T I.366.2 附录Ⅴ
附录 X	—

ICS 73.120
A 28

GB

中华人民共和国国家标准

GB/T 21648—2008

金属丝编织密纹网

Industrial dense woven wire cloth

2008-04-16 发布　　　　2008-10-01 实施

中华人民共和国国家质量监督检验检疫总局
中国国家标准化管理委员会　发布

前　言

本标准的附录 A 为资料性的附录。

本标准由全国筛网筛分和颗粒分检方法标准化技术委员会(SAC/TC 168)提出并归口。

本标准起草单位:机械科学研究总院中机生产力促进中心,巴山精密滤材有限公司、安泰科技股份有限公司、杭州恒益筛网有限公司。

本标准主要起草人:宋如轩、余方、顾临、陈堂华、王凡、陈卫东、刘鹤青。

金属丝编织密纹网

1 范围

本标准规定了工业用金属丝编织密纹网的型式、型号、规格、技术要求、检验方法、检验规则、标志及包装。

本标准适用于气体、液体过滤及其他介质分离用金属丝正向编织密纹网。

本标准适用于名义孔径从 0.003 mm～0.347 mm 的金属丝正向编织密纹网(以下简称密纹网)。

2 规范性引用文件

下列文件中的条款通过本标准的引用而成为本标准的条款。凡是注日期的引用文件，其随后所有的修改单(不包括勘误的内容)或修订版均不适用于本标准，然而，鼓励根据本标准达成协议的各方研究是否可使用这些文件的最新版本。凡是不注日期的引用文件，其最新版本适用于本标准。

GB/T 15602 工业用筛和筛分术语

GB/T 17492 工业用金属丝编织网技术要求和检验(GB/T 17492—1998,eqv ISO 14315:1989)

JB/T 7860 工业网用金属丝

ISO 4782 工业用金属丝筛网和编织网用金属丝

3 术语和定义

GB/T 15602 确定的以及下列术语和定义适用于本标准。

3.1

网孔尺寸 aperture size

w

两相邻经丝或纬丝之间的距离(见图 1)。

3.2

孔距 pitch

p

a) 两相邻金属丝中心线之间的距离；

b) 名义网孔尺寸 w 和金属丝直径(d 或 D)之和。

3.3

经丝 warp

在制造中，密纹网上所有纵向分布排列的金属丝。

3.4

纬丝 weft shoot

在制造中，密纹网上所有横向分布排列的金属丝。

3.5

名义孔径 nominal opening

d_0

密纹网的横剖面，在投影平面上，经纬丝相互交织组成的类似三角形孔的内切圆直径尺寸(见图 1)。

a) 当 $d_0 \leqslant$ 纬丝直径 d 时，密纹网名义孔径 $= d_0$；

b) 当 $d_0 >$ 纬丝直径 d 时，密纹网名义孔径 $= d$。

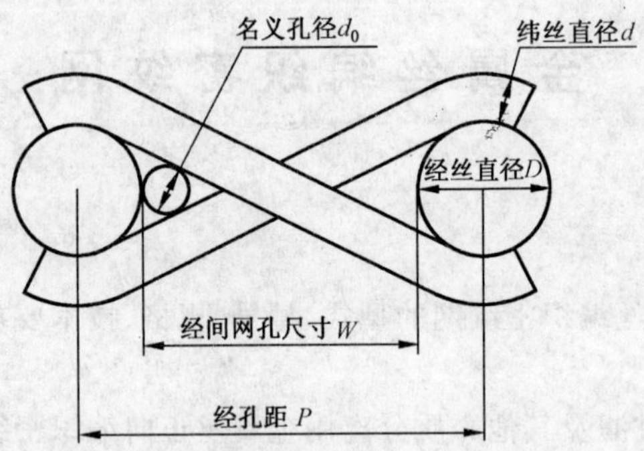

图1　密纹网的名义孔径、经间网孔尺寸、经孔距

3.6

绝对孔径(又称不通过粒径)　absolute opening

D_0

a)　密纹网的横剖面，经纬丝相互交织组成的类似三角形孔的倾斜面上的最大内切圆直径尺寸。

b)　不通过密纹网的最小颗粒直径。

3.7

有效截面率　efficient section rate

B_0

密纹网所有横剖面上类似三角形孔的总面积占密纹网表面积的百分数，用%表示。

3.8

网厚　dense woven wire cloth thickness

H

密纹网的网厚 H 按下式计算：

$$H \approx D + 2\,d$$

式中：

D——经丝直径，单位为毫米(mm)；

d——纬丝直径，单位为毫米(mm)。

注：在实际制造中，网厚可能会稍有变化。

3.9

单位面积的网重　mass per unit area

ρ_A

不锈钢密纹网单位面积的重量。

ρ_A 按下式计算，以 kg/m^2 为单位，材料密度值 $\rho = 7.9\ g/cm^3$：

a)　平纹密纹网网重 ρ_A 按下式计算：

$$\rho_A = \frac{6.283 \cdot D^2}{w + D} + 7.392\,d$$

式中：

D——经丝直径，单位为毫米(mm)；

d——纬丝直径，单位为毫米(mm)；

w——网孔基本尺寸，单位为毫米(mm)。

b)　经全包斜纹密纹网网重 ρ_A 按下式计算：

$$\rho_A = \frac{6.283 \cdot D^2}{w + D} + 14.14\ d$$

式中：

D——经丝直径，单位为毫米(mm)；

d——纬丝直径，单位为毫米(mm)；

w——网孔基本尺寸，单位为毫米(mm)。

c) 经不全包斜纹密纹网网重 ρ_A 按下式计算：

$$\rho_A = \frac{6.283 \cdot D^2}{w + D} + 7.07\ d \cdot n$$

式中：

D——经丝直径，单位为毫米(mm)；

d——纬丝直径，单位为毫米(mm)；

w——网孔基本尺寸，单位为毫米(mm)；

n——纬丝在网内的排列层数($1 \leqslant n \leqslant 2$)；

$$n = \frac{\text{纬丝在网内每 mm 长度上的排列根数}}{1/d}$$

注 1：平纹密纹网纬丝在网内的变形量大于 15%时，计算值比实际值略小；

注 2：斜纹密纹网纬丝在网内的变形量大于 10%时，计算值比实际值略小。

注 3：在实际制造中，因金属丝在网内变形量的不同，网重允许上下偏差 5%。

3.10

主要缺陷　most deficiency

3.10.1

亮点　light point

指密纹网上经丝断裂点和纬丝断裂点缺陷。

3.10.2

亮道　light bar

a) 经丝间大网孔尺寸超差所造成的纵向透光亮条。

b) 纬丝之间排列不紧密，有一定间隙所造成的横向亮条。

c) 纬丝编织失误所造成的横向亮条。

4 结构型式、型号与规格

4.1 结构型式

金属丝编织密纹网的结构型式分为平纹编织、斜纹编织两种。斜纹编织又分为经全包斜纹编织和经不全包斜纹编织。其结构如图 2、图 3、图 4 所示。

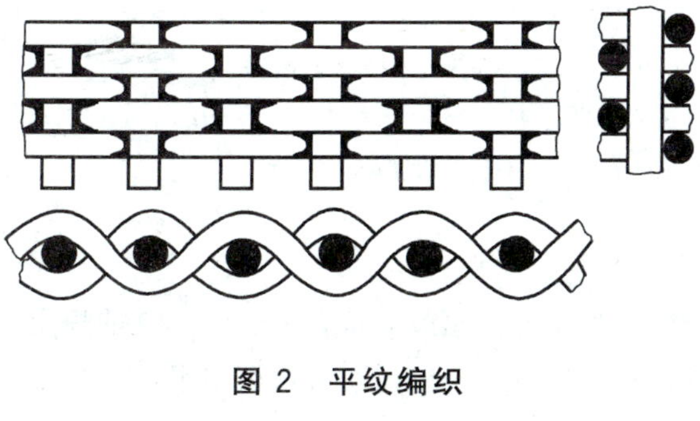

图 2　平纹编织

图3 经全包斜纹编织

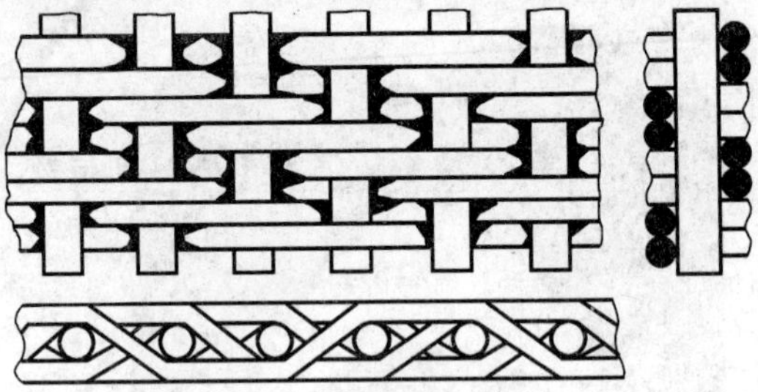

图4 经不全包斜纹编织

4.2 型号与规格

金属丝编织密纹网型号用“代号和名义孔径尺寸”表示。

a) 平纹编织的代号为“MPW”，型号、规格见表1。

b) 经全包斜纹编织的代号为“MXW”，型号、规格见表2。

c) 经不全包斜纹编织的代号为“MBW”，型号、规格见表3。

金属丝编织密纹网的规格用“经向基本目数×纬向基本目数/经丝基本直径×纬丝基本直径”表示。

4.3 标记

4.3.1 标记办法

金属丝编织密纹网的标记由型号、规格和标准号组成。

4.3.2 标记示例

示例1：名义孔径尺寸为55 μm，规格为50×280/0.16×0.09的平纹编织密纹网，其标记为：

MPW200/55 50×280/0.16×0.09 GB/T 21648—2008

示例2：名义孔径尺寸为15 μm，规格为150×1 400/0.063×0.04的经全包斜纹编织密纹网，其标记为：

MXW630/15 150×1 400/0.063×0.04 GB/T 21648—2008

示例3：名义孔径尺寸为25 μm，规格为165×600/0.071×0.05的经不全包斜纹编织密纹网，其标记为：

MBW650/25 165×600/0.071×0.05 GB/T 21648—2008

5 技术要求

5.1 金属丝材料及表面质量，金属丝直径偏差应符合JB/T 7860的规定。

5.2 金属丝力学性能、单件最小重量应符合供需双方协议要求。

5.3 金属丝编织密纹网的规格，经丝间网孔尺寸及偏差、纬丝密度应符合表1～表3的规定。经供需双方协议，亦可以提供表中未有的规格。

5.4 经丝间大网孔允许数量不超过经丝总数的3%。

5.5 金属丝编织密纹网的网宽为800 mm，1 000 mm，1 250 mm，其网宽偏差$^{+20}_{0}$ mm，亦可按供需双方协议执行。

表 1

型号	规格	经丝间网孔尺寸			纬丝密度		平均亮点数不多于/(个/m^2)	每卷亮道数不多于/(条/30.5 m)
		基本尺寸/mm	平均尺寸偏差/%	大网孔尺寸偏差范围/%	基本根数/(根/10 mm)	偏差/%		
MPW465/23	118×740/0.063×0.036	0.152	±6.3	28～50	291	+15 −5	16	2
MPW395/23	100×1 200/0.063×0.023	0.191	±5.4	25～45	472		22	
MPW315/32	80×400/0.125×0.063	0.192			157		10	
MPW275/35	70×340/0.125×0.08	0.238		23～40	134		9	
MPW255/36	65×770/0.10×0.036	0.291			303		16	
MPW275/37	70×390/0.112×0.071	0.251			154		10	
MPW315/37	80×620/0.10×0.045	0.218		25～45	244		14	
MPW305/38	77×560/0.14×0.05	0.190			220		12	
MPW240/39	60×270/0.14×0.10	0.283		23～40	106		7	
MPW315/40	80×700/0.125×0.04	0.192		25～45	276		15	
MPW240/41	60×300/0.14×0.09	0.283		23～40	118		7	
MPW255/42	65×400/0.125×0.071	0.266			157		10	
MPW275/30	70×930/0.10×0.03	0.263			366		20	
MPW200/50	50×270/0.14×0.10	0.368		22～38	106		7	
MPW240/51	60×500/0.14×0.056	0.283		23～40	197		13	
MPW200/55	50×280/0.16×0.09	0.348		22～38	110		7	
MPW180/56	45×250/0.16×0.112	0.404		20～35	98.4		6	
MPW160/63	40×200/0.18×0.125	0.455	±5		78.7		5	
MPW140/69	35×170/0.224×0.16	0.502			66.9		4	
MPW140/74	35×190/0.224×0.14	0.502			74.8		5	
MPW120/77	30×140/0.315×0.20	0.532			55.1		3.5	
MPW120/82	30×150/0.25×0.18	0.597		18～32	59		4	
MPW110/92	28×150/0.28×0.18	0.627			59		4	
MPW95/97	24×110/0.355×0.25	0.703			43.3		4	1
MPW100/100	25×140/0.28×0.20	0.736			55.1		4	
MPW90/115	22×120/0.315×0.224	0.840		17～30	47.2		3.5	
MPW80/126	20×110/0.355×0.25	0.915			43.3		3.5	
MPW80/130	20×160/0.25×0.16	1.020		17～28	63		4	

表 1（续）

型号	规格	经丝间网孔尺寸			纬丝密度		平均亮点数不多于/（个/m²）	每卷亮道数不多于/（条/30.5 m）
		基本尺寸/mm	平均尺寸偏差/%	大网孔尺寸偏差范围/%	基本根数/（根/10 mm）	偏差/%		
MPW80/133	20×140/0.315×0.20	0.955	±5	17～28	55.1	+15 −5	3.5	1
MPW65/145	16×120/0.28×0.224	1.308		16～26	47.2		3.5	
MPW70/155	17.2×120/0.355×0.224	1.120			47.2		3.5	
MPW65/160	16×100/0.40×0.28	1.188			39.4		3.5	
MPW55/173	14×76/0.45×0.355	1.364			29.9		3	
MPW55/177	14×110/0.355×0.25	1.459			43.3		3.5	
MPW55/182	14×100/0.40×0.28	1.414			39.4		3.5	
MPW50/192	12.7×76/0.45×0.355	1.550			29.9		3	
MPW48/211 Ⅰ	12×64/0.56×0.40	1.556			25.2		3	
MPW48/211 Ⅱ	12×86 /0.45×0.315	1.667		14～23	33.9		3	
MPW40/248	10×76/0.50×0.355	2.040			29.9		3	
MPW40/249	10×90/0.45×0.28	2.090			35.4		3.5	
MPW32/275	8×85/0.45×0.315	2.730		13～21	33.5		3	
MPW34/296	8.5×60/0.63×0.45	2.360			23.6		2	
MPW32/310	8×45/0.80×0.60	2.370			17.7		2	
MPW29/319	7.2×44/0.71×0.63	2.800			17.3		2	
MPW28/347	7×40/0.90×0.71	2.730			15.7		2	
注：断经亮点不超过表 1 中规定的亮点总数的 1/10。								

表 2

型号	规格	经丝间网孔尺寸			纬丝密度		平均亮点数不多于/（个/m²）	每卷亮道数不多于/（条/30.5 m）
		基本尺寸/mm	平均尺寸偏差/%	大网孔尺寸偏差范围/%	基本根数/（根/10 mm）	偏差/%		
MXW1970/3	500×3 500/0.025×0.015	0.0258	±10	50～80	1 378	+10 −5	63	3
MXW1575/4	400×2 700/0.028×0.02	0.0355			1 063		49	
MXW1430/4	363×2 300/0.028×0.022	0.038			906		41	
MXW1280/4 Ⅰ	325×2 100/0.036×0.025	0.042			827		38	
MXW1280/4 Ⅱ	325×2 300/0.036×0.025	0.042			906		41	
MXW1250/5	317×2 100/0.036×0.025	0.044			827		38	
MXW1180/6	300×2 100/0.036×0.025	0.049						
MXW1120/7	285×2 100/0.036×0.025	0.053	±8	40～70				
MXW985/5	250×1 600/0.05×0.032	0.052			630		29	
MXW985/8	250×1 900/0.04×0.028	0.062			748		34	

表 2（续）

型号	规格	经丝间网孔尺寸 基本尺寸/mm	经丝间网孔尺寸 平均尺寸偏差/%	经丝间网孔尺寸 大网孔尺寸偏差范围/%	纬丝密度 基本根数/(根/10 mm)	纬丝密度 偏差/%	平均亮点数不多于/(个/m²)	每卷亮道数不多于/(条/30.5 m)
MXW800/9	203×1 500/0.056×0.036	0.069	±8	40～70	591	+10 −5	27	3
MXW850/10	216×1 800/0.045×0.03	0.073			709		32	
MXW800/10	203×1 600/0.05×0.032	0.075			630		29	
MXW685/11	174×1 400/0.063×0.04	0.083	±7.2	35～60	551		25	2
MXW650/13	165×1 400/0.063×0.04	0.091						
MXW685/13	174×1 700/0.063×0.032	0.083			669		31	
MXW650/14	165×1 500/0.063×0.036	0.091			591		27	
MXW630/15	160×1 500/0.063×0.036	0.096	±6.3	30～50				
MXW590/15	150×1 400/0.063×0.04	0.106			551		25	
MXW515/17	130×1 100/0.071×0.05	0.124			433		20	
MXW515/18	130×1 200/0.071×0.045				472		22	
MXW395/20	100×760/0.10×0.071	0.154			299		16	
MXW515/21	130×1 600/0.063×0.036	0.132			630		29	
MXW395/22	100×850/0.10×0.063	0.154			335		18	
MXW360/24	90.7×760/0.10×0.071	0.180			299		16	
MXW360/26	90.7×850/0.10×0.063				335		18	
MXW315/28	80×700/0.112×0.08	0.206	±5.4	24～40	276		15	
MXW310/29	78×700/0.112×0.08	0.214			276		15	
MXW310/31	78×760/0.112×0.071				299		16	
MXW275/31	70×600/0.14×0.09	0.223			236		13	
MXW255/36	65×600/0.14×0.09	0.251						
MXW200/47	50×500/0.14×0.112	0.368			197			
MXW200/51	50×600/0.125×0.09	0.383			236			
MXW160/63	40×430/0.18×0.125	0.455		22～36	169		11	
MXW160/70	40×560/0.18×0.10				220		12	
MXW120/77	30×250/0.28×0.20	0.567	±5	20～35	98		6	
MXW120/89	30×340/0.28×0.16				134		9	
MXW80/101	20×150/0.45×0.355	0.820		17～30	59		4	
MXW95/110	24×300/0.28×0.18	0.778			118		8	
MXW80/118	20×200/0.355×0.28	0.915		17～28	79		5	
MXW80/119	20×260/0.25×0.20	1.02			102		6	

表 3

型号	规格	经丝间网孔尺寸			纬丝密度		平均亮点数不多于/(个/m^2)	每卷亮道数不多于/(条/30.5 m)
		基本尺寸/mm	平均尺寸偏差/%	大网孔尺寸偏差范围/%	基本根数/(根/10 mm)	偏差/%		
MBW1280/8	325×1 900/0.036×0.025	0.042	±10	50～80	748	$^{+10}_{-5}$	34	3
MBW1280/10	325×1 600/0.036×0.025				630		29	
MBW985/10	250×1 250/0.056×0.036	0.046			492		23	2
MBW790/13	200×1 200/0.063×0.04	0.064	±8	40～70	472		22	
MBW790/14	200×900/0.063×0.045				354		20	
MBW650/19	165×800/0.071×0.05	0.083	±7.2	35～60	315		18	
MBW650/19-T	165×800/0.071×0.05							
MBW650/20	165×1 000/0.071×0.04				394		22	
MBW790/20	200×540/0.063×0.05	0.064	±8	40～70	213		12	
MBW790/20-T	200×540/0.063×0.05							
MBW650/21	165×800/0.071×0.045	0.083	±7.2	35～60	315		18	
MBW650/21-T	165×800/0.071×0.045							
MBW790/22	200×600/0.063×0.045	0.064	±8	40～70	236		14	
MBW790/22-T	200×600/0.063×0.045							
MBW650/25Ⅰ	165×600/0.071×0.05	0.083	±7.2	35～60				
MBW650/25Ⅰ-T	165×600/0.071×0.05							
MBW650/25Ⅱ	165×800/0.071×0.04				315		18	
MBW650/25Ⅱ-T	165×800/0.071×0.04							
MBW475/29	120×600/0.10×0.063	0.112	±6.3	30～50	236		14	
MBW475/29-T	120×600/0.10×0.063							
MBW475/35	120×400/0.10×0.071				157		10	
MBW475/35-T	120×400/0.10×0.071							

注：型号上加字母“T”的经不全包斜纹编织密纹网，为提高纬密均匀度，可提供特殊型式的斜纹编织。

5.6 金属丝编织密纹网应成卷供应，每卷网的网长可定长供货，也可以不定长供货。定长供货时，每卷网的长度按 15 m，25 m，30.5 m，亦可按供需双方协议执行。定长供货时偏差为 $^{+0.3}_{0}$ m。不定长供货时，每卷网可由一段或数段组成，同一卷网内必须是同一规格、同一材料牌号的网段组成，其最小网段长度必须符合如下规定：

——名义孔径≤10 μm，最小网段长度 1 m；

——名义孔径 11 μm～40 μm，最小网段长度 2 m；

——名义孔径＞40 μm，最小网段长度 2.5 m。

5.7 金属丝编织密纹网应平整、清洁，纬丝应紧密排列，没有间隙，不应有任何机械损伤、折痕和锈斑。

5.8 密纹网的编织缺陷在整段网内的平均数不超过表 1、表 2、表 3 的规定，但在网宽范围内沿经向长度上测量的任何 1 m^2 的网面上，编织缺陷的最大数可以允许多于表 1～表 3 规定的 30%。如有特殊要求，应在订货时协商。

6 检验方法

6.1 密纹网应在下面有均匀光源的毛玻璃检验台上进行检验。名义孔径小于 30 μm 的密纹网应在暗室中检验。

6.2 编织质量的检验，用目测或借助 5～25 倍放大镜观察，缺陷处及报废部位作出明显标记。见图 5。

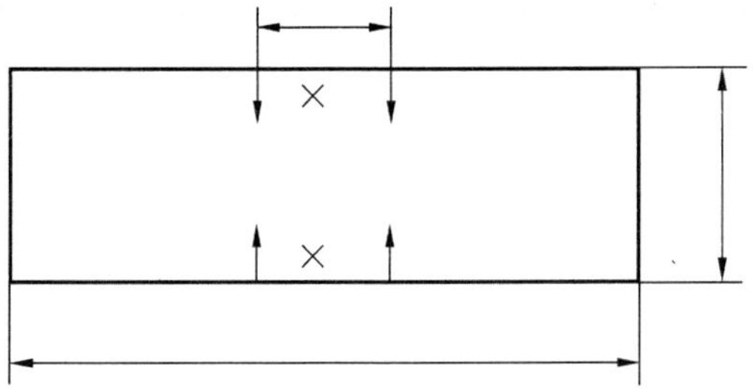

图 5

对于断经和断纬形成的亮点和亮条按下列情况处理：

单根断经按单个亮点计数，但不得超过允许亮点总数的 1/10；等于或超过 3 根的集中性断经，视作不允许的破洞处理。网面上发现单根缺经长度超过 5 mm 者，也视作不允许的破洞处理。

纬丝断裂形成的单个亮点和纬丝窝纬、回鼻形成的单个亮点按单个亮点计数；纬丝断裂、窝纬、回鼻形成的连续性亮点，按长度折算亮点个数：经丝间孔距小于 1 mm 者，按每 mm 长度折算 1 个亮点，经丝间孔距大于或等于 1 mm 者，按每 2 mm 长度折算 1 个亮点。

由半截纬、乱丝织入、错绞形成的亮道，长度大于 50 mm 的，可按通条亮道计数；小于或等于 50 mm 长的亮道可折算成亮点数，经丝间孔距长小于 1 mm 者，按每 mm 长度折算 1 个亮点，经丝间孔距大于或等于 1 mm 者，按每 2 mm 长度折算 1 个亮点。

6.3 经丝间网孔尺寸和经丝密度的检验，使用分度值为 1 mm 的钢板尺或分度值为 0.05 mm，放大倍数为 25 倍的读数显微镜测量。测点至少 3 处，各处间的连线不得与经、纬平行，测量点位置任意选择，但距网边不得小于 30 mm。经丝间网孔尺寸及偏差的测量方法按 GB/T 17492 标准中规定。

6.4 纬丝密度的检验，使用分度值为 0.05 mm、放大倍数为 25 倍的读数显微镜测量，测量点位置任意选择，测量点的测量长度规定如下：

——纬丝直径≥0.20 mm 时，测量点长度为 5 mm；

——纬丝直径 0.18 mm～0.10 mm 时，测量点长度为 3 mm；

——纬丝直径 0.09 mm～0.056 mm 时，测量点长度为 2 mm；

——纬丝直径 0.05 mm～0.015 mm 时，测量点长度为 1 mm。

6.5 检验网宽、网长时，使用分度值为 1 mm 的钢卷尺测量。

6.6 金属丝直径的检验：

——当金属丝直径≥ϕ0.28 mm 时，用分度值为 0.01 mm 的千分尺测量。

——当金属丝直径 ϕ0.25 mm～ϕ0.10 mm 时，用分度值为 0.002 mm 的千分尺测量。

——当金属丝直径≤ϕ0.09 mm 时，用分度值为 0.001 mm 的千分尺测量。

——金属丝直径的检验，应测量网边未编织的纬丝直径和网头上的经丝直径，以均匀的间隔测量 3 点，取平均值。织入网内已经弯曲的变形的纬丝直径比未织入网内纬丝直径有明显的减细。纬丝织入网内直径减细程度与纬丝在网内的变形量有关。

6.7 在一段密纹网中，允许少量废品网不剪下，以便能提供较长网段。如有特殊要求，按供需双方协议执行。

7 检验规则

7.1 密纹网经制造商质检部门检验合格后方能出厂。

7.2 密纹网应成卷提交检验，当一卷内含有数段网者，每个网段都必须进行检验。

7.3 需方可按下列内容验收密纹网是否符合本标准规定的各项指标。

a) 编织类型；

b) 编织质量；

c) 经丝密度和纬丝密度；

d) 网宽、网长及数量；

e) 金属丝直径；

f) 化学成分。

8 标志、包装、运输和贮存

8.1 标志

8.1.1 密纹网应附有产品合格证，其上应标明：

a) 产品名称及密纹网的标记；

b) 金属丝材料牌号；

c) 网宽、网长及数量；

d) 检验人员盖章及检验日期；

e) 制造商名称。

8.1.2 每个外包装箱上应注明：

a) 产品名称及标记；

b) 净重与毛重；

c) 制造商名称及出厂日期；

d) 标有“小心轻放”、“防潮”等字样或标记。

8.2 包装

8.2.1 当用户无特殊要求时，包装由供方提供。密纹网卷绕在平直、干燥的芯轴上，将其中部和两端扎紧后稳固地装进包装箱内。

8.2.2 每个包装要附有产品合格证等产品质量文件。

8.3 运输、贮存

8.3.1 产品运输时，应有防雨防潮措施。

8.3.2 产品应贮存在干燥无腐蚀的场所，不得在内包装受到破坏的情况下贮存。

附 录 A
（资料性附录）
金属丝编织密纹网结构参数

A.1 金属丝编织密纹网结构参数

A.1.1 平纹编织密纹网结构参数(见表 A.1)

表 A.1

型号	规格		名义孔径尺寸/μm	绝对孔径/μm	有效截面率/%	网重/(kg/m²)	网厚/mm	抗拉力经/纬/(N/10 mm)
	英制	公制						
MPW465/23	118×740/0.063×0.036	465×2 913/0.063×0.036	23	28～32	21.5	0.38	0.135	111/525
MPW395/23	100×1 200/0.063×0.023	394×4 724/0.063×0.023		22～23	37.6	0.27	0.109	94/395
MPW315/32	80×400/0.125×0.063	315×1 575/0.125×0.063	32	36～42	16.6	0.77	0.251	283/304
MPW275/35	70×340/0.125×0.08	276/1 338/0.125×0.08	35	41～47	13.2	0.86	0.285	248/397
MPW255/36	65×770/0.10×0.036	256×3 031/0.10×0.036	36	36	37.1	0.43	0.172	153/227
MPW275/37	70×390/0.112×0.071	276×1 535/0.112×0.071	37	44～50	16.3	0.74	0.254	206/384
MPW315/37	80×620/0.10×0.045	315×2 441/0.10×0.045		44～45	29.8	0.53	0.190	188/260
MPW305/38	77×560/0.14×0.05	303×2 205/0.14×0.05	38	42～47	27.5	0.74	0.240	333/270
MPW240/39	60×270/0.14×0.10	236×1 063/0.14×0.10	39	46～53	11.2	1.03	0.340	259/524
MPW315/40	80×700/0.125×0.04	315×2 756/0.125×0.04	40	40	38.1	0.60	0.205	283/235
MPW240/41	60×300/0.14×0.09	236×1 181/0.14×0.09	41	49～56	14.1	0.96	0.320	259/495
MPW255/42	65×400/0.125×0.071	256×1 575/0.125×0.071	42	49～55	19.1	0.78	0.267	230/408
MPW275/30	70×930/0.10×0.03	276×3 543/0.10×0.03	30	30	36.2	0.39	0.16	165/205
MPW200/50	50×270/0.14×0.10	197×1 063/0.14×0.10	50	61～69	15.2	0.98	0.34	216/562
MPW240/51	60×500/0.14×0.056	236×1 969/0.14×0.056	51	56	34.1	0.70	0.252	259/331
MPW200/55	50×280/0.16×0.09	197×1 102/0.16×0.09	55	64～72	20.0	0.98	0.340	283/479
MPW180/56	45×250/0.16×0.112	177×984/0.16×0.112	56	68～76	15.2	1.11	0.384	265/646
MPW160/63	40×200/0.18×0.125	157×787/0.18×0.125	63	77～85	15.4	1.24	0.430	283/621
MPW140/69	35×170/0.224×0.16	138×669/0.224×0.16	69	84～93	12.8	1.62	0.544	372/852
MPW140/74	35×190/0.224×0.14	138×748/0.224×0.14	74	89～99	16.8	1.47	0.504	372/711
MPW120/77	30×140/0.315×0.20	118×551/0.315×0.20	77	92～103	11.4	2.21	0.715	614/1 007
MPW120/82	30×150/0.25×0.18	118×591/0.25×0.18	82	100～110	13.5	1.79	0.610	425/915
MPW110/92	28×150/0.28×0.18	110×591/0.28×0.18	92	110～122	15.9	1.87	0.640	485/915
MPW95/97	24×110/0.355×0.25	94×433/0.355×0.25	97	117～131	11.3	2.60	0.855	670/1 278
MPW100/100	25×140/0.28×0.20	98×551/0.28×0.20	100	124～136	15.2	1.96	0.680	433/1 118
MPW90/115	22×120/0.315×0.224	87×472/0.315×0.224	115	141～156	15.5	2.20	0.763	476/1 128
MPW80/126	20×110/0.355×0.25	79×433/0.355×0.25	126	155～170	15.3	2.47	0.855	551/1 371

表 A.1(续)

型号	规格 英制	规格 公制	名义孔径尺寸/μm	绝对孔径/μm	有效截面率/%	网重/(kg/m²)	网厚/mm	抗拉力经/纬/(N/10 mm)
MPW80/130	20×160/0.25×0.16	79×630/0.25×0.16	130	150～160	26.0	1.56	0.570	283/930
MPW80/133	20×140/0.315×0.20	79×551/0.315×0.20	133	167～183	21.5	1.97	0.715	433/1 159
MPW65/145	16×120/0.28×0.224	63×472/0.28×0.224	145	199～216	19.2		0.728	277/1 209
MPW70/155	17.2×120/0.355×0.224	68×472/0.355×0.224	155	196～214	22.4	2.19	0.803	480/1 173
MPW65/160	16×100/0.40×0.28	63×394/0.40×0.28	160	200～220	17.7	2.70	0.960	566/1 564
MPW55/173	14×76/0.45×0.355	55×299/0.45×0.355	173	218～240	14.3	3.33	1.16	633/1 877
MPW55/177	14×110/0.355×0.25	55×433/0.355×0.25	177	237～250	22.2	2.28	0.855	385/1 551
MPW55/182	14×100/0.40×0.28	55×394/0.40×0.28	182	235～256	20.3	2.62	0.960	496/1 715
MPW50/192	12.7×76/0.45×0.355	50×299/0.45×0.355	192	246～269	15.9	3.26	1.16	575/2 100
MPW48/211 Ⅰ	12×64/0.56×0.40	47×252/0.56×0.40	211	261～287	16.0	3.89	1.36	803/2 020
MPW48/211 Ⅱ	12×86/0.45×0.315	47×339/0.45×0.315		275～300	20.9	2.93	1.08	543/1 767
MPW40/248	10×76/0.50×0.355	39×394/0.50×0.355	248	331～355	21.8	3.24	1.21	551/2 140
MPW40/249	10×90/0.45×0.28	39×354/0.45×0.28	249	280	29.2	2.57	1.01	452/1 595
MPW32/275	8×85/0.45×0.315	31×334/0.45×0.315	275	315	27.3	2.73	1.08	362/1 818
MPW34/296	8.5×60/0.63×0.45	33×236/0.63×0.45	296	386～421	20.3	4.16	1.53	736/2 422
MPW32/310	8×45/0.80×0.60	31×177/0.80×0.60	310	388～426	15.5	5.70	2.00	1 133/3 180
MPW29/319	7.2×44/0.71×0.63	28×173/0.71×0.63	319	418～457	14.2	5.55	1.97	765/3 686
MPW28/347	7×40/0.90×0.71	28×157/0.90×0.71	347	437～480	14.3	6.65	2.32	1 240/4 094

A.1.2 经全包斜纹编织密纹网结构参数(见表 A.2)

表 A.2

型号	规格 英制	规格 公制	名义孔径尺寸/μm	绝对孔径/μm	有效截面率/%	网重/(kg/m²)	网厚/mm	抗拉力经/纬/(N/10 mm)
MXW1970/3	500×3 500/0.025×0.015	1 969×13 780/0.025×0.015	3	4～5	4.9	0.30	0.055	78/136
MXW1575/4	400×2 700/0.028×0.02	1 575×10 630/0.028×0.02	4	5～6	4.7	0.36	0.068	78/173
MXW1430/4	363×2 300/0.032×0.022	1 429×9 055/0.032×0.022		5～7	4.5	0.40	0.076	92/172
MXW1280/4 Ⅰ	325×2 100/0.036×0.025	1 280×8 268/0.036×0.025		6～8	4.2	0.46	0.086	102/225
MXW1280/4 Ⅱ	325×2 300/0.036×0.025	1 280×9 055/0.036×0.025					0.084	102/206
MXW1250/5	317×2 100/0.036×0.025	1 248×8 268/0.036×0.025	5		4.7		0.086	100/214
MXW1180/6	300×2 100/0.036×0.025	1 181×8 268/0.036×0.025	6	7～9	6.0	0.45		94/230
MXW1120/7	285×2 100/0.036×0.025	1 122×8 268/0.036×0.025	7	8～10	7.2	0.44		90/240
MXW985/5	250×1 600/0.05×0.032	984×6 299/0.05×0.032	5	9～11	3.8	0.63	0.114	147/240
MXW985/8	250×1 900/0.04×0.028	984×7 480/0.04×0.028	8	10～12	7.8	0.51	0.096	98/278
MXW800/9	203×1 500/0.056×0.036	799×5 906/0.056×0.036	9	10～13	6.2	0.67	0.128	151/320

表 A.2（续）

型号	规格 英制	规格 公制	名义孔径尺寸/μm	绝对孔径/μm	有效截面率/%	网重/(kg/m²)	网厚/mm	抗拉力经/纬/(N/10 mm)
MXW850/10	216×1 800/0.045×0.03	850×7 087/0.045×0.03	10	12～14	9.4	0.53	0.105	104/306
MXW800/10	203×1 600/0.05×0.032	799×6 300/0.05×0.032		12～15	9.3	0.58	0.114	120/304
MXW685/11	174×1 400/0.063×0.04	685×5 512/0.063×0.04	11	13～16	7.4	0.74	0.143	164/390
MXW650/13	165×1 400/0.063×0.04	650×5 512/0.063×0.04	13	15～18	8.8	0.73		155/409
MXW685/13	174×1 700/0.063×0.032	685×6 693/0.063×0.032			12.9	0.62	0.127	164/325
MXW650/14	165×1 500/0.063×0.036	650×5 906/0.063×0.036	14	16～19	11.4	0.67	0.135	155/361
MXW630/15	160×1 500/0.063×0.036	630×5 906/0.063×0.036	15	17～20	12.4			151/369
MXW590/15	150×1 400/0.063×0.04	591×5 512/0.063×0.04		18～21	11.4	0.71	0.143	141/436
MXW515/17	130×1 100/0.071×0.05	512×4 330/0.071×0.05	17	20～23	9.4	0.87	0.171	153/509
MXW515/18	130×1 200/0.071×0.045	512×4 724/0.071×0.045	18	25～27	12.0	0.80	0.161	153/467
MXW395/20	100×760/0.10×0.071	394×2 992/0.10×0.071	20	24～28	7.4	1.25	0.242	244/663
MXW515/21	130×1 600/0.063×0.036	512×6 299/0.063×0.036	21	25～27	18.6	0.64	0.135	122/434
MXW395/22	100×850/0.10×0.063	394×3 346/0.10×0.063	22	26～30	10.0	1.14	0.226	244/616
MXW360/24	90.7×760/0.10×0.071	357×2 992/0.10×0.071	24	29～34	9.6	1.23	0.242	221/711
MXW360/26	90.7×850/0.10×0.063	357×3 346/0.10×0.063	26	31～36	12.7	1.12	0.226	221/653
MXW315/28	80×700/0.112×0.08	315×2 756/0.112×0.08	28	33～38	9.8	1.38	0.272	242/901
MXW310/29	78×700/0.112×0.08	307×2 756/0.112×0.08	29	35～40	10.3	1.37		236/914
MXW310/31	78×760/0.112×0.071	307×2 992/0.112×0.071	31	37～42	13.5	1.25	0.254	236/743
MXW275/31	70×600/0.14×0.09	276×2 362/0.14×0.09		47～50	10.1	1.61	0.32	330/913
MXW255/36	65×600/0.14×0.09	255×2 362/0.14×0.09	36	51～55	12.0	1.59		307/955
MXW200/47	50×500/0.14×0.112	197×1 969/0.14×0.112	47	58～65		1.83	0.364	236/1 316
MXW200/51	50×600/0.125×0.09	197×2 362/0.125×0.09	51	63～70	17.2	1.47	0.305	187/1 070
MXW160/63	40×430/0.18×0.125	157×1 693/0.18×0.125	63	77～86	15.4	2.09	0.430	300/1 410
MXW160/70	40×560/0.18×0.10	157×2 205/0.18×0.10	70	84～94	23.5	1.73	0.38	300/1 226
MXW120/77	30×250/0.28×0.20	118×984/0.28×0.20	77	94～104	11.2	3.41	0.68	566/1 946
MXW120/89	30×340/0.28×0.16	118×1 339/0.28×0.16	89	105～116	17.9	2.84	0.60	566/1 715
MXW80/101	20×150/0.45×0.355	79×591/0.45×0.355	101	127～143	7.5	6.02	1.16	968/3 427
MXW95/110	24×300/0.28×0.18	94×1 181/0.28×0.18	110	136～150	19.6	3.01	0.64	453/2 020
MXW80/118	20×200/0.355×0.28	79×787/0.355×0.28	118	147～162	12.1	4.58	0.915	590/3 273
MXW80/119	20×260/0.25×0.20	79×1 024/0.25×0.20	119	158～172	17.6	3.14	0.65	300/2 296

注 1：网重是按不锈钢材料（材料密度 ρ=7 900 kg/m³）给出的。

注 2：密纹网抗拉力是按不锈钢材料（抗拉强度=850 N/mm²～700 N/mm²）给出的。

A.1.3 经不全包斜纹编织密纹网结构参数(见表 A.3)

表 A.3

型号	规格		名义孔径尺寸/μm	绝对孔径/μm	有效截面率/%	网重/(kg/m²)	网厚/mm	抗拉力经/纬/(N/10 mm)
	英制	公制						
MBW1280/8	325×1 900/0.036×0.025	1 280×7 480/0.036×0.025	8	12～14	8.5	0.43	0.086	102/186
MBW1280/10	325×1 600/0.036×0.025	1 280×6 299/0.036×0.025	10	14～15	10.0	0.38		102/157
MBW985/10	250×1 250/0.05×0.036	984×4 921/0.05×0.036		17～19	6.9	0.64	0.112	187/170
MBW790/13	200×1 200/0.063×0.04	787×4 724/0.063×0.04	13	20～22	8.9	0.73	0.142	189/276
MBW790/14	200×900/0.063×0.045	787×3 543/0.063×0.045	14	22～25	8.0	0.70	0.153	189/232
MBW650/19	165×800/0.071×0.05	650×3 150/0.071×0.05	19	27～30	9.8	0.76	0.171	195/292
MBW650/19-T	165×800/0.071×0.05	650×3 150/0.071×0.05						
MBW650/20	165×1 000/0.071×0.04	650×3 937/0.071×0.04	20	25～28	19.4	0.65	0.151	195/273
MBW790/20	200×540/0.063×0.05	787×2 126/0.063×0.05		27～30	9.0	0.57	0.163	188/145
MBW790/20-T	200×540/0.063×0.05	787×2 126/0.063×0.05						
MBW650/21	165×800/0.071×0.045	650×3 150/0.071×0.045	21	28～30	13.5	0.658	0.161	195/258
MBW650/21-T	165×800/0.071×0.045	650×3 150/0.071×0.045						
MBW790/22	200×600/0.063×0.045	787×2 362/0.063×0.045	22	28～32	12.0	0.53	0.153	188/155
MBW790/22-T	200×600/0.063×0.045	787×2 362/0.063×0.045						
MBW650/25Ⅰ	165×600/0.071×0.05	650×2 362/0.071×0.05	25	32～35	13.0	0.62	0.171	195/219
MBW650/25Ⅰ-T	165×600/0.071×0.05	650×2 362/0.071×0.05						
MBW650/25Ⅱ	165×800/0.071×0.04	650×3 150/0.071×0.04	25	30～33	24.1	0.562	0.151	195/218
MBW650/25Ⅱ-T	165×800/0.071×0.04	650×3 150/0.071×0.04						
MBW475/29	120×600/0.10×0.063	472×2 362/0.10×0.063	29	38～42	12.5	0.96	0.226	292/362
MBW475/29-T	120×600/0.10×0.063	472×2 362/0.10×0.063						
MBW475/35	120×400/0.10×0.071	472×1 575/0.10×0.071	35	45～50	12.9	0.86	0.242	292/334
MBW475/35-T	120×400/0.10×0.071	472×1 575/0.10×0.071						

注 1：网重是按不锈钢材料(材料密度 ρ=7 900 kg/m³)给出的。

注 2：密纹网抗拉力是按不锈钢材料(抗拉强度=850 N/mm²～700 N/mm²)给出的。

ICS 19.120
A 28

中华人民共和国国家标准

GB/T 21649.1—2008

粒度分析　图像分析法
第1部分：静态图像分析法

Particle size analysis—Image analysis methods—
Part 1: Static image analysis method

(ISO 13322-1:2004, MOD)

2008-04-16 发布　　2008-10-01 实施

中华人民共和国国家质量监督检验检疫总局
中国国家标准化管理委员会　发布

前　言

GB/T 21649《粒度分析　图像分析法》分为以下两个部分：

——第1部分：静态图像分析法；

——第2部分：动态图像分析法。

本部分是 GB/T 21649 的第1部分。

本部分修改采用 ISO 13322-1：2004《粒度分析　图像分析法　第1部分：静态图像分析法》（英文版）。

本部分与 ISO 13322-1 比较，主要修改内容如下：

——在附录B中增加了两档放大倍率，使测量范围拓展到纳米级。

——4.2条制样方法的内容从正文移至附录F（资料性附录），并增加F.5“支持膜法”。

——对范围进行了修改。

——对术语、缩略语、定义与符号进行了修改。

——对公式(4)进行了修改：

$$P_i = \frac{(Z_1 - X_{F1})(Z_2 - X_{F2})}{Z_1 Z_2}$$

——将 ISO 13322-1 6.3.6.1 条中示例改写为“检定过的标准格栅或粒度标准物质”。

本部分相对于 ISO 13322-1：2004 删除的内容如下：

——删除5.2条中内容重复的b)、c)、d)、h)。

——将一些适用于国际标准的表述改写为适用于我国标准的表述。

本部分的附录A、附录B、附录C为规范性附录，附录D、附录E、附录F为资料性附录。

本部分由全国筛网筛分和颗粒分检方法标准化技术委员会（SAC/TC 168）提出并归口。

本部分起草单位：北京市理化分析测试中心、钢铁研究总院。

本部分主要起草人：周素红、邹涛、陈萦、卢庆新、郑毅、方建锋。

引　言

在采用图像分析法测定粒度时，本标准旨在对测试方法以及适用范围提供指导。

图像分析技术已广泛应用于分析各种性质的可成像材料。因而，当采用图像分析法测定粒度时，本标准仅限于规范该技术，并给出标准适用范围，而不是提供精确的标准方法。

本标准包括了用检定过的标准格栅、粒度标准物质来标定验证的方法。通过测量已知尺寸的格栅或颗粒可以合理地计算出由设备引入的系统不确定度。

为了确保数据的有效性，本标准推荐了一种有关颗粒数量分布的准确描述，并提供了一个分析平台。

采用显微镜法测量粒度分布简单直接。但由于该技术仅测量样品的一小部分，为了保证分析结果具有代表性，建议将原始样品分成若干份，测量其中的三份或更多份。如采用 t 检验法对数据进行统计分析，可以知道测量的样品是否真实地代表全部原始样品。

从样品细分到得到最终结果的分析过程中，每一步产生的误差累计到总的测量不确定度中。估计每一步产生的不确定度是非常重要的。在本标准的适当位置给出了说明。

由于仪器的测量范围不同，制样技术各异，在此没有给出统一的制样方法，采用其他方法不会影响数据的有效性。然而，为了保证所做的测量与本标准一致并能够溯源，还是规定了一些基本步骤。

粒度分析　图像分析法
第 1 部分：静态图像分析法

1　范围

GB/T 21649.1 的本部分规定了利用静态图像分析法测定颗粒粒度分布的方法。本部分适用于测定能够从显微镜中获得图像的颗粒的粒度分布。

本部分测量的颗粒尺寸范围是小于 10∶1 的窄分布。为了获得可重复的体积平均直径，对符合正态分布的、标准偏差为 1.6 的分布，需要测量 6 000 多个颗粒。如果要得到可靠的百分数值时，如 D_{90} 或其他百分数值，则必须至少测量 61 000 个颗粒。详见附录 A。

2　规范性引用文件

下列文件中的条款通过 GB/T 21649 的本部分的引用而成为本部分的条款。凡是注日期的引用文件，其随后所有的修改单（不包括勘误的内容）或修订版均不适用于本部分，然而，鼓励根据本部分达成协议的各方研究是否可使用这些文件的最新版本。凡是不注日期的引用文件，其最新版本适用于本部分。

ISO 9276-1　粒度分析结果的表示　第 1 部分：图示表示法

ISO 9276-2　粒度分析结果的表示　第 2 部分：由粒度分布计算平均粒径/直径和各次矩

3　术语、缩略语、定义与符号

3.1　术语、缩略语与定义

3.1.1

视场　view field

通过可视设备，如光学显微镜或电子显微镜观察到的区域。

3.1.2

测试框　measurement frame

视场内的一个区域，在此区域中对颗粒进行计数和图像分析。

注：一系列的测试框构成总的测试区域。

3.1.3

二值化图像　binary image

由一系列数值为 0 或 1 的像素构成的数字图像，在可视屏上这些数值通常显示为明、暗两种区域，或由两种不同颜色的伪彩色图表示。

3.1.4

边缘界定　edge finding

一种判定物体与背景间边界的方法。

3.1.5

欧拉数　Euler number

在二值化图像中，欧拉数定义为物像数减去物像内部孔洞数。它揭示的是一个区域的连通性，而不是指该区域的形状。

注：在相连区域内的所有点对可以通过一条完全位于该区域内的曲线将它们连接起来。如果一个复杂的二维物像被视为一组带孔洞的连续区域的话，其欧拉数可被定义为：相连区域数减去孔洞数。孔洞数比在物像上的相连

区域数小 1。欧拉数通常和相连区域数一同表示,如:4-连通或 8-连通。

3.1.6

Feret 直径　Feret diameter

与颗粒图像轮廓两边相切的平行线之间的距离。

3.1.7

等效圆直径　equivalent circular diameter

ecd

与颗粒投影有相同面积的圆的直径。

注:通常也称作 Haywood 直径。

3.1.8

灰度图像　grey image

每个像素有不同灰度等级的图像。

3.1.9

图像分析　image analysis

对图像进行数据处理得到数字或逻辑结果的过程。

3.1.10

数值孔径　numerical aperture

NA

物体空间的折射率与从物像点到物镜瞳孔的光线半锥角孔径正弦的乘积($\mu\sin\theta$)叫作物镜的数值孔径。

3.1.11

像素　pixel

图像单元　picture element

数字化图像中的独立单元是由水平和垂直方向划分的均一区域。

3.1.12

分割　segmentation

将样品进行细分或将其分成不同部分。

3.1.13

阈值　threshold

将物像从背景中区分出来设置的灰度等级。

3.2 符号

δ——误差;

θ——在物镜中颗粒的半角,单位为度(°);

λ——波长,单位为微米(μm);

μ——周围介质的折射率;

φ——形状因子;

A_i——颗粒 i 的投影面积;

d——最小特征长度;

H_{cal}——水平校正因子;

K——由置信区间确定的常数;

N——待测颗粒数目;

n_i——粒度为 X_i 的颗粒数目;

P——概率;

P_i——在测试框中存在颗粒 i 的概率(同样可称作 Miles-Lantuejoul 因子);
V_{cal}——垂直校正因子;
V_i——颗粒 i 的相对体积;
X_A——球形颗粒 i 的直径;
X_{Ai}——颗粒 i 的面积等效直径;
X_{F1}——物像的水平 Feret 直径;
X_{F2}——物像的垂直 Feret 直径;
X_i——颗粒 i 的尺寸;
$X_{i\,max}$——颗粒 i 的最长尺寸,同样也称作最大 Feret 直径;
$X_{i\,min}$——颗粒 i 的最短尺寸,同样也称作最小 Feret 直径;
X_{LIL}——分档区间的下限;
X_{mean}——X_i 的平均值;
X_{UIL}——分档区间的上限;
X_1——物像的水平尺寸;
X_{1m}——水平尺寸,单位为微米(μm);
X_{1p}——水平尺寸,单位为像素;
X_2——物像的垂直尺寸;
X_{2m}——垂直尺寸,单位为微米(μm);
X_{2p}——垂直尺寸,单位为像素;
Z_1——矩形测试框的水平边长;
Z_2——矩形测试框的垂直边长。

4 本方法要求的样品制备

4.1 总的推荐方法

4.1.1 总则

以下为适用于显微镜操作的推荐采用的制样方法。

注:参见文献[4]、[5]和[10]。

4.1.2 样品细分

由于制样仅需一小部分样品,因此,从原始样品上分取下来的小样应保证具有代表性。

样品的制备方法已基本决定了样品的分取方法,其分取方法由对此样品进行分析的实验室最终决定。

由于一种具体分样方法所需要的专门设备并不是所有实验室都有,所以分样方法应由各实验室根据各自的专业经验作出选择,只要颗粒是分散的,且尺寸不出现中断。

4.1.3 连在一起的颗粒

连在一起的颗粒数目应该是最少。

分取方法的首要原则是颗粒必须是分离的,尽可能少地连在一起。将未经很好分离、连在一起的颗粒测成一个颗粒将导致错误结果。

4.1.4 颗粒分布

为确保没有明显的颗粒分级,载片上样品颗粒应足够多。颗粒的分布均匀性由不同测试框的统计结果比较得到。具体步骤详见第 7 章。

4.1.5 样品制备

必要时,电镜的样品应镀一层薄的金属层(如:Au,Au/Pd,Pt/Pd)以减少荷电效应。

制样后应尽快进行观测,并给出样品的有效期。

在最终的粒度测试报告中应详尽地列出样品的制备方法，并定量给出颗粒的标称质量、体积、成分以及制样过程中每一步使用的产品。

4.1.6 待测颗粒数目

由粒度分布和预设的置信区间可确定待测颗粒数目。假设颗粒呈对数正态分布，在一定的误差(δ)和置信区间内，所需的颗粒数目(N)可由公式(1)进行估算：

$$\lg N = -2\lg\delta + K \qquad \cdots\cdots(1)$$

其中 K 是由置信区间、粒度分布及其他参数确定的系数。参见文献[1]和[2]。

注：有关待测颗粒数目的确定详见附录 A。

4.2 制样方法

制样方法有很多种。附录 F 中介绍了几种适用于显微镜操作的制样方法。

5 图像采集

5.1 总则

粒度数据可能受图像形成过程的某些因素影响。采用不合适的图像采集条件：如放大倍率、光源等可能使颗粒特别是最小颗粒尺寸变形。图像变形可能由多种因素引起，在视场中选择多点以及多角度的测试方法对已知尺寸的物像进行观测，可以知道图像变形是否存在及对图像的影响。需要着重指出的是：选用的测试方法仅提供 X 和 Y 二维信息。考虑到下列条件，应遵循仪器制造商的建议来调整并操作仪器。

5.2 步骤

分析步骤如下：

a) 在图像中选择可识别的对象。

b) 在测量样品前，用检定过的格栅或粒度标准物质标定图像仪器。

c) 如可能，将此可溯源的标准物质和样品同时固定在图像仪器上。

d) 根据附录 B 或附录 C 选择放大倍率、相应的光源/电子束和图像采集条件。

e) 采用数字设备或合适的照像技术获取待分析的图像。

f) 如图 1 所示，通过扫描刻度板上的试样，记录每一样品相当数量的测试框。测量开始后，操作条件不能更改。

g) 测量结束后，重复操作 b)。比较测量前后的校准图像可以给出仪器放大倍率变化量。

h) 在报告中列出显微镜的放大倍率和工作参数。

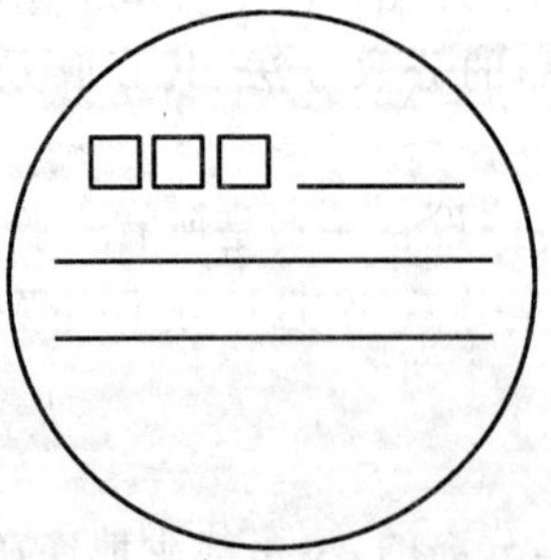

图 1 样品刻度板

5.3 图像采集仪的操作条件

5.3.1 总则

有许多图像采集系统可用来测量粒度，在 5.3.2 和 5.3.3 中简单介绍利用电子显微镜或光学显微镜测量粒度。

5.3.2 电子显微镜的操作条件

在使用电子显微镜测量粒度时必须注意以下几点：

a) 图像对比模式：用于调节期望的峰值信号水平；

b) 加速电压：根据待测样品的材质而定；

c) 样品位置：在电子显微镜制造商指定的样品工作间距范围内选择形成高清晰度图像的工作间距。样品应平铺在样品池中，镜台斜面设置为零；

d) 动态聚焦和倾斜修正：这两项应处于关闭状态；

e) 参照附录B选择放大倍率：总的放大倍率为电子显微镜放大倍率与其他图像分析仪转换倍率的乘积。

5.3.3 光学显微镜的操作条件

对于通常用作粒度测量的光学显微镜的明场像而言，单色光的最小特征常数 d 值(单位为微米)由公式(2)给出：

$$d = \frac{0.6\lambda}{\mu \sin\theta} \qquad \cdots\cdots(2)$$

式中：

λ——波长，单位为微米(μm)；

θ——物镜对颗粒张开的半角，单位为度(°)；

μ——周围介质的折射率。

理论上最小分辨距离约为0.2 μm，不过颗粒周围存在的衍射光环只能粗略估计粒度。必须十分注意待测颗粒的粒度范围，然后根据所需精度进行测量。附录C中给出了某些典型颗粒的分辨率以及能够测量的最小颗粒尺寸。通常，待测颗粒的最小颗粒的最小尺寸至少是分辨率极值的10倍。

6 显微镜和图像分析

6.1 总则

现代图像分析仪在样品分析前有增强图像质量以及将连在一起的颗粒进行分离的功能。如果测量的颗粒是原始图像，允许使用增强图像质量的功能。形状不规则的颗粒或带有尖角的颗粒不应被分割，因为将其分割会导致颗粒形貌的扭曲。参照6.3.4记录下在每一测试框中被舍弃颗粒的比例，在测试中所有此类的连在一起的颗粒都应该舍弃。连在一起的球形颗粒可以被分割，因为这样引起的颗粒投影面积扭曲最小。在附录D中给出了采用图像分析测量粒度的典型步骤流程图。

6.2 粒度分级和放大

在采用图像分析测量粒度时，物像分辨率的理论极值为1个像素。在最大分辨率1个像素时逐个进行计数。注意对图像进行任何压缩都可能降低分辨率。然而，有必要在最终的结果报告中确定粒度分级。理想的最大分辨率应根据所需的精度进行调整，而精度是待测颗粒总数、动态范围以及将最小颗粒考虑在内的像素数目的函数。因此，在给出粒度定量分析报告前，建议将像素转换成实际的尺寸。

使用的放大倍率应满足条件，即待测最小颗粒的投影面积符合精度要求。所有待测颗粒以粒度大小分级，并按1个像素的分辨率进行存储。在最终结果中应将颗粒以粒度分级的形式进行记录。对粒度分布窄的样品而言，颗粒分级遵循线性级数关系，而对粒度分布宽的样品而言，颗粒分级遵循对数级数关系。级数区间的设定应由动态范围和待测颗粒总数而定。按粒度大于等于该粒度分档的下限值 X_{LIL} 但小于分档的上限值 X_{UIL} 将颗粒进行分档，如公式(3)所示：

$$X_{LIL} \leqslant X < X_{UIL} \qquad \cdots\cdots(3)$$

对每一个测试框采用 t 检验以及采用 F 检验分别对平均粒径和标准偏差的显著性进行核查。不符合要求的数据应该舍弃。

6.3 计数步骤

6.3.1 总则

将每一测试框中的所有颗粒计数，并将所有测试框的颗粒累积，可得到粒度分布。

6.3.2 边缘界定

合适的灰度阈值设定决定了颗粒边界,设置技巧依赖于图像分析仪的配置。

如果需要,半振幅法可手动操作。在远离一典型颗粒边界的背景区域选择一小部分像素,记录所选区域内像素的灰度值,然后再在颗粒内部选择同样数目的像素重复此操作。取这两个灰度值的平均值作为阈值。参见文献[7]。

另一备选方案是在测量前自动选定阈值而后手动核查。

一旦阈值更改,应将阈值图像添加到原始图库中,并进行目视检查是否所有的颗粒都被"阈值"所确定。否则应在测量前发现原因并进行纠正。

6.3.3 被测试框边缘所切割的颗粒

6.3.3.1 如果出现在图像框中的所有颗粒都用于测量的话,由于某些颗粒会被图像框的边缘切割而使最终分布精度降低。为了避免这种情况发生,在图像框中又定义了测试框,在下面两种情况下可使用测试框。

a) 所有颗粒分配到1个像素的区域(如:颗粒质心)作为特征计数点。仅当颗粒的特征计数点落在测试框中时,该颗粒应统计在内,见图2a)。如果在图像框和测试框边缘有足够的空间,测试框可以是任意形状,那样统计在内的颗粒都不会被测试框边界所切割。

b) 落在矩形框的底边界和右边界的颗粒将被舍弃。部分落在测试框左边界和上边界的颗粒以及完全落在框中的颗粒将被统计在内,见图2b)。在图像框和测试框的左边界和上边界间必须留有足够的空间,那样统计在内的颗粒不会被测试框边界所切割。以上就涵盖了所有可能的情况,但不包括颗粒横跨框的两个对边的情况,即某些颗粒在该放大倍率下由于太大以致于不能测量,以及某些呈尖锐针状的颗粒不适合按任何面积分级。图像分析系统舍弃所有横跨框的两个对边的颗粒。对于不同的粒度分级和不同形状的颗粒,系统可选用行之有效的测试框的大小。

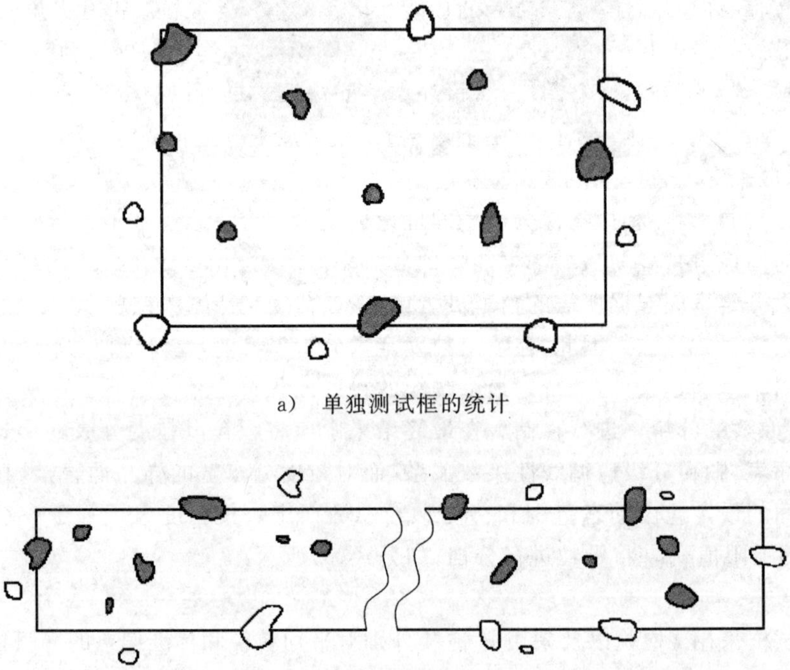

a) 单独测试框的统计

b) 条状统计框

注:阴影部分的颗粒统计在内;无阴影部分的颗粒舍弃。

图2 被测试框边界切割的颗粒情况分析

6.3.3.2 所有完全位于测试框中的颗粒将被统计在内。所有在测试框外或被边界切割的颗粒均被舍弃。一个颗粒被统计在内的可能性与其粒度成反比。因此引入一偏差，颗粒粒度越大，它也越大。在 $Z_1 \times Z_2$ 的矩形测试框中，具有水平 Feret 值 X_{F1} 以及垂直 Feret 值 X_{F2} 时的颗粒 i 的概率 P_i 由公式(4)给出：

$$P_i = \frac{(Z_1 - X_{F1})(Z_2 - X_{F2})}{Z_1 Z_2} \qquad \cdots\cdots(4)$$

当直径为 X_A 的球形颗粒时，可简化为公式(5)：

$$P_i = \frac{(Z_1 - X_A)(Z_2 - X_A)}{Z_1 Z_2} \qquad \cdots\cdots(5)$$

因此，在测试框中颗粒总数应除以概率 P_i。

示例：在一个 100 个单位×100 个单位的正方形测试框中，其颗粒粒度在 2 个单位到 10 个单位内变化，完全在测试框中的颗粒数和修正因子如表 1 所示。

表 1 修正读数示例

直径 X_i 任意单位	原始读数 n_i	概率 P_i	修正读数 n_i/P_i
2	81	0.96	84
4	64	0.92	70
6	49	0.88	56
8	36	0.85	42
10	25	0.81	31

6.3.4 连在一起的颗粒

在载片制样时，应选择使连在一起的颗粒数最少的方法。在每一测试框中存在连在一起的颗粒的情况是不可避免的，有必要采取某些措施来解决这个问题。

然而，首先需要自动识别这些颗粒。可用方法有：

a) 分析由数字分离程序得到的颗粒数；

b) 依据某些判据：如形状因子或欧拉数；

c) 手动识别。

评价载片的统计程序同样可提供一些信息。

在将团聚颗粒分散成单个颗粒时建议不采用数字分离程序，因为这种方法可能会改变图像中颗粒的粒度，并且在任何情况下都很难保证数据的溯源性。通过比较上述结果与未处理的原始图像中的粒度统计之间的差异，该项用于识别团聚体的技术可用于研究。

根据形态以及欧拉数识别连在一起的颗粒也并非十分可靠，尤其是对那些紧密重叠的团聚体而言，不能区分真实外形或过大尺寸的颗粒。当无法避免颗粒连在一起时，可采用其他技术来分离这些颗粒，如：采用分形分析颗粒团聚体和基于模型的分离技术。

6.3.5 测量

颗粒周长的测量主要依赖于所使用的图像分析系统。相应地，原始测量为每一颗粒的投影面积，单位为像素；以及每一颗粒最长的尺寸，$X_{i\,max}$，单位为像素。

上述两项可以得出每一颗粒最短的尺寸，$X_{i\,min}$，单位为像素。允许用最大分辨率来定义形状因子。因此，建议原始测量包括：

a) 每一投影像的面积 A_i；

b) 每一颗粒的最长尺寸，最大 Feret 直径，$X_{i\,max}$；

c) 每一颗粒的最短尺寸，最小 Feret 直径，$X_{i\,min}$。

这样即可根据公式(6)计算面积等效直径 X_{Ai}，根据公式(7)计算形状因子 φ。

$$X_{Ai}=\sqrt{\frac{4A_i}{\pi}} \quad \cdots\cdots(6)$$

$$\varphi=\frac{X_{i\,max}}{X_{i\,min}} \quad \cdots\cdots(7)$$

如果所用仪器的测试框不是正方形(单位为像素)，应进行适当的修正。为了有助于与相应的体积或质量认证的方法进行比较，每一颗粒 i 的相对体积 V_i 可从颗粒的投影面积等效直径 X_{Ai} 以及 Miles-Lantoujoul 因子 P_i(见表1)计算得到，见公式(8)。P_i 为颗粒 i 对整体的贡献。

$$V_i=\frac{(X_{Ai})^3}{P_i} \quad \cdots\cdots(8)$$

6.3.6 校准和溯源

6.3.6.1 总则

设备首先应进行校准，在最终结果中，将像素转换成 SI 长度单位，如：纳米、微米和毫米。校准程序应包括视场一致性的证实。校准程序的基本要求是所有测量必须溯源到标准计量单位。这可用标准物质来校准图像分析仪。

示例：检定过的标准格栅或粒度标准物质。

6.3.6.2 建议和要求

6.3.6.2.1 连在一起的颗粒

在图像框中的每一个物像都应统计在内，并在最终结果中记录它们的面积、最大和最小 Feret 直径、欧拉数或表明该物像是连在一起的颗粒的手动识别标识。这些数据将用于验证连在一起的颗粒是用于观测还是舍弃的依据。

6.3.6.2.2 扭曲

如下所述识别视场扭曲：

a) 从参考平台格栅的多个方形栅格上选取一个方格，如与平均颗粒粒径相等的方格，将其放置在中央测得其宽度值 X_1 和高度值 X_2。

b) 然后将其分别放在四个角上测得其宽度值 X_1 和高度值 X_2。

c) 在最终的结果中记录 X_1 和 X_2 的5个值。

6.3.6.2.3 校准

如下所述对显微镜的每一步设定进行校准：

a) 在参考平台格栅使用多个方形栅格确定以像素为单位和以微米为单位的图像尺寸的一致性。

b) 由公式(9)计算 H_{cal}，由公式(10)计算 V_{cal}，并在结果中记录：

$$H_{cal}=\frac{X_{1m}}{X_{1p}} \quad \cdots\cdots(9)$$

式中：

X_{1m}——水平尺寸，单位为微米(μm)；

X_{1p}——水平尺寸，单位为像素。

$$V_{cal}=\frac{X_{2m}}{X_{2p}} \quad \cdots\cdots(10)$$

式中：

X_{2m}——垂直尺寸，单位为微米(μm)；

X_{2p}——垂直尺寸，单位为像素。

如使用多幅相机，X_1 或 X_2 中的任意一个和 H_{cal} 或 V_{cal} 任意一个都可以记录。

7 粒度的计算结果

对于给定颗粒数目 n_i，其粒径为 X_i 的平均粒径 X_{mean} 和方差 s^2 可分别由公式(11)和公式(12)计算得出：

$$X_{\text{mean}} = \frac{\sum X_i n_i}{\sum n_i} \qquad \cdots\cdots(11)$$

$$s^2 = \frac{\sum n_i (X_i - X_{\text{mean}})^2}{\sum n_i - 1} \qquad \cdots\cdots(12)$$

为了确保测量的一致性，在每一测试框中得到的平均粒径和方差都需要经方差分析和 F 检验(附录 E)。

8 试验报告

试验报告中应包括以下内容：

a) 试样的编号；

b) 本标准编号；

c) 平均粒径，X_{mean}；

d) 方差，s^2。

报告可包括以下内容：每一个颗粒的完整结果，所有尺寸以像素为单位。

——颗粒参考号；

——样品参考号；

——分样品参考号；

——视场参考号；

——使用的物镜；

——测试框尺寸；

——颗粒面积；

——最大和/或最小 Feret 直径；

——欧拉数；

——X_1 校正因子；

——X_2 校正因子；

——颗粒的相对体积；

——试样分取方法的具体描述；以及颗粒的标称质量、标称体积和成分，样品分取过程中每一步所用的产品；

——其他信息。

参考 ISO 9276-1 和 ISO 9276-2 以列表法和图示法列出结果。

应该提供每一样品以及显微镜的每一设置的典型区域的照片。

附 录 A
（规范性附录）
用于评估样品平均粒径所需的颗粒尺寸的研究

A.1 摘要

已有理论方程式用于评估由样本大小(如:样品颗粒数)引起的统计误差。在给定的置信区间下,一定的误差范围内,就样品平均粒径分布和测量所需的颗粒数这两方面而言,此理论给出了通用的分析解。利用一符合对数正态分布的样本,计算机进行了仿真实验。并与理论方程式进行了比较,计算机仿真实验证实了这一理论。因此,通过分析可以估算出由样品颗粒数不足或测量所需的颗粒数不足引入的误差。

同样可发现,改变估算基准以及提高指定的允许误差可使测量所需的颗粒数目在一定程度上减少。然而,如果需要准确测量,而且评价是以颗粒质量为基准时,那么就需要相当多的颗粒。

A.2 符号与缩略语

本标准中引用的符号与缩略语如下:

a　　常数

注 1:用于公式(A.37)中。

b　　线性同余数法的初值

$b_{i,r}$　　b 的第一个初值

c　　常数,等于 $\beta+\alpha/2$

注 2:用于公式(A.5)中。

D_{CM}　　数量中位直径

D_{MM}　　质量中位直径

D_{MV}　　平均体积直径

D_{p}　　粒径

D_{p50}　　颗粒的中位直径

D_{p84}　　累积分布小于 83.13%的平均粒径

$\overline{D}_{\mathrm{p}}$　　样品平均粒径

$\overline{D}_{\mathrm{p}}^{*}$　　总的平均粒径

d　　生成数的重复周期

注 3:公式(A.36)～(A.38)中。

e　　相对误差

注 4:由公式(A.26)定义。

$f_{\ln\kappa}$　　$\ln\kappa$ 的取样分布

σ_{GSD}　　几何标准偏差

K　　常数

注 5:见公式(A.1)。

k　　常数

注 6:见公式(A.37)。

N　　每一次实验的样品颗粒数目

n　　样品颗粒数目

n^*	在测试中为达到一定置信水平所需的颗粒数目
P	概率
$P(\|e\|\leqslant\delta)$	实验数据在相对误差$-\delta$到$+\delta$范围内的概率
R	产生随机数的重复次数
s	样本的标准偏差
t_n	有正态概率的随机数
u	由公式(A.32)定义的公式(A.31)中的参数
x_i	由公式(A.37)计算得到的数目
x_{i+1}	在计算随机数中的余数
Y	实验值
Y^*	$Y(\mu^{(0)},\sigma^2)$
y	过程变量
$\bar{y}$	y的均值
y_i	由计算机产生的均匀随机数目
y_m	大小为n的随机样本的正态平均直径
z	函数

注7：由公式(A.24)定义。

α	常数

注8：在公式(A.1)中。

β	基数
δ	相对误差
κ	无因次平均粒径
λ	Y/Y^*
μ_0	总的数量分布的对数平均直径
ν	自由度
σ	总的标准偏差
σ_g	总的几何标准偏差
σ_{GSD}	几何标准偏差
$\Phi(z)$	误差函数
$\phi(y_m,s^2)$	y_m和s^2的联合概率分布
φ	函数

注9：由公式(A.23)定义。

ω	参数

注10：由公式(A.35)定义的公式(A.34)中的参数。

A.3 简介

总体而言，由粉体过程采集到的数据比由其他过程采集到的数据更分散些。其部分原因在于存在诸如团聚或粘连的复杂现象。更为重要的是，数据的分散性可能会影响颗粒的粒度分布。在测量颗粒的平均粒径时，应包括由粒度分布引起的测量值的统计误差。

与这一测量误差相关的最有意义的问题之一是：为了得到满意的结果，应该选用多少数目的颗粒呢？Masuda和Iinoya[12]从理论的角度研究了这一问题，并给出在给定的置信区间内、一定的相对误差范围内符合测量要求的颗粒数n^*的公式。利用这一公式，可计算出在一定的条件下测量所需的最小颗粒数目，这一最小值可由粒径分布、过程变量和用于测量的基数计算得到。

然而，还没有任何实验证实这一关系。为了检验 Masuda 和 Iinoya[12] 的理论关系式的有效性，我们进行了仿真实验。

A.4 对数正态分布的理论分析

为了定义待证实的 Masuda 和 Iinoya[12] 的关系式，假设这一过程可由公式(A.1)给出：

$$y = KD_p{}^{\alpha} \quad \cdots\cdots (A.1)$$

式中：

y——有关颗粒粒径的颗粒特性；

K 和 α——非零常数；

D_p——粒径。

依据 Stokes 定律，公式(A.1)代表了颗粒最简单、最重要的一种过程，如：符合 Stokes 定律的沉降速度。在这一过程中假设粒径分布符合对数正态分布。

如果已知颗粒的样本平均粒径 $\overline{D}_p$，可由公式(A.2)得到实验数据的分布：

$$Y = K\overline{D}_p{}^{\alpha} \quad \cdots\cdots (A.2)$$

式中：

Y——有关颗粒粒径的颗粒特性；

$\overline{D}_p$——样品平均粒径；

K 和 α——非零常数。

对这一过程，经基数 β 调整（以数量为基准时，$\beta=0$；以质量为基准时，$\beta=3$），总的平均颗粒直径由公式(A.3)～(A.5)。参见文献[13]。

$$\overline{D}_p{}^{*} = \bar{y}/y \quad \cdots\cdots (A.3)$$

式中：

$\overline{D}_p{}^{*}$——总的平均粒径；

$\bar{y}$——y 的平均值。

$$\overline{D}_p{}^{*} = \left[\frac{1}{k}\frac{k\int D_p{}^{\beta}D_p{}^{\alpha}f(\ln D_p,\mu_0,\sigma^2)\,\mathrm{dln}D_p}{\int D_p{}^{\beta}f(\ln D_p,\mu_0,\sigma^2)\,\mathrm{dln}D_p}\right]^{1/\alpha} \quad \cdots\cdots (A.4)$$

$$c = \beta + \frac{\alpha}{2} \quad \cdots\cdots (A.5)$$

式中：

μ_0——总的数量分布的对数平均粒径，根据公式(A.6)计算：

$$\mu_0 = \int_{-\infty}^{\infty}\ln D_p f(\ln D_p,\mu^{(0)},\sigma^2)\,\mathrm{dln}D_p = \ln D_{p50} \quad \cdots\cdots (A.6)$$

式中：

D_{p50}——颗粒的平均直径；

σ——总的标准偏差，根据公式(A.7)计算：

$$\sigma = \ln\sigma_g = \ln D_{p84} - \ln D_{p50} \quad \cdots\cdots (A.7)$$

式中：

D_{p84}——累积分布小于 83.13% 的平均颗粒直径；

σ_g——总的几何标准偏差。

因此，

$$\overline{D}_p^{*} = \exp(\mu_0 + c\sigma^2) \quad \cdots\cdots (A.8)$$

式中：

σ_2——总的数量分布的对数平均直径的方差。

另一方面，大小为 n 的随机样本的平均直径 y_{m} 由公式(A.9)给出：

$$\overline{D}_{\mathrm{p}} = \exp(y_{\mathrm{m}} + cs^2) \qquad \text{(A.9)}$$

其中：

$$y_{\mathrm{m}} = \frac{\sum \ln D_{\mathrm{p}}}{n} \qquad \text{(A.10)}$$

$$s^2 = \frac{\sum (\ln D_{\mathrm{p}} - y_{\mathrm{m}})^2}{n} \qquad \text{(A.11)}$$

假设样品颗粒数 n 足够大，则 y_{m} 和 s^2 的联合概率分布 $\phi(y_{\mathrm{m}}, s^2)$ 可从公式(A.12)计算出：

$$\phi(y_{\mathrm{m}}, s^2) = \frac{n}{\sigma^3 \sqrt{2\pi}} \sqrt{\frac{n}{2(n-1)}} \exp\left\{-\frac{n}{2\sigma^2}(y_{\mathrm{m}} - \mu_0)^2 - \frac{1}{4(n-1)}\left[\frac{n}{\sigma^2}s^2 - (n-1)\right]^2\right\} \qquad \text{(A.12)}$$

公式(A.13)可从公式(A.8)推导得来：

$$\mathrm{d}\ln\overline{D}_{\mathrm{p}} = \mathrm{d}y_{\mathrm{m}} + c\mathrm{d}(s^2) \qquad \text{(A.13)}$$

因此，

$$\mathrm{d}(s^2)\mathrm{d}y_{\mathrm{m}} = \mathrm{d}(s^2)\Lambda\mathrm{d}y_{\mathrm{m}} = \mathrm{d}(s^2)\Lambda\mathrm{d}\ln\overline{D}_{\mathrm{p}} - c\mathrm{d}(s^2)\Lambda\mathrm{d}(s^2) \qquad \text{(A.14)}$$

其中：

$$\mathrm{d}(s^2)\mathrm{d}y_{\mathrm{m}} = \mathrm{d}(s^2)\Lambda\mathrm{d}\ln\overline{D}_{\mathrm{p}} \qquad \text{(A.15)}$$

公式(A.15)经重整，可写成公式(A.17)的形式，联合概率分布为：

$$1 = \int_{-\infty}^{\infty}\int_{0}^{\infty}\phi(y_{\mathrm{m}}, s^2)\mathrm{d}(s^2)\mathrm{d}y_{\mathrm{m}} \qquad \text{(A.16)}$$

$$= \int_{-\infty}^{\infty}\left[\int_{0}^{\infty}\phi(\ln\overline{D}_{\mathrm{p}} - cs^2, s^2)\mathrm{d}(s^2)\right]\mathrm{d}\ln\overline{D}_{\mathrm{p}} \qquad \text{(A.17)}$$

如果某一函数 $f(\ln\overline{D}_{\mathrm{p}})$ 由公式(A.18)给出：

$$f(\ln\overline{D}_{\mathrm{p}}) \equiv \int_{0}^{\infty}\phi(\ln\overline{D}_{\mathrm{p}} - cs^2, s^2)\mathrm{d}(s^2) \qquad \text{(A.18)}$$

显然，函数 $f(\ln\overline{D}_{\mathrm{p}})$ 满足公式(A.19)中的条件：

$$\int_{-\infty}^{\infty} f(\ln\overline{D}_{\mathrm{p}})\mathrm{d}\ln\overline{D}_{\mathrm{p}} = 1 \qquad \text{(A.19)}$$

因此，公式(A.19)表示 $\ln\overline{D}_{\mathrm{p}}$ 的分布。利用公式(A.12)对公式(A.18)进行积分，可以得到 $\ln\overline{D}_{\mathrm{p}}$ 的分布。

在此，为了简化起见，引入无因次量 $\kappa = \overline{D}_{\mathrm{p}}/\overline{D}_{\mathrm{p}}^*$。因而，公式(A.19)可以改写为公式(A.20)：

$$\int_{-\infty}^{\infty} f(\ln\kappa + \ln\overline{D}_{\mathrm{p}}^*)\mathrm{d}\ln\kappa = 1 \qquad \text{(A.20)}$$

$\ln\kappa$ 分布由 $f_{\ln\kappa}$ 来表示，如公式(A.21)所示：

$$f_{\ln\kappa} \equiv f(\ln\kappa + \ln\overline{D}_{\mathrm{p}}^*) \qquad \text{(A.21)}$$

对公式(A.18)进行积分可以得到如公式(A.22)所示的分布：

$$f_{\ln\kappa} = \frac{\sqrt{n}}{\sigma\sqrt{2\pi}\sqrt{2c^2\sigma^2 + 1}}\mathrm{e}^{-\frac{\varphi^2}{2}}\Phi(z) \qquad \text{(A.22)}$$

其中：

$$\varphi \equiv \frac{\sqrt{n}(\ln\kappa + c\sigma^2/n)}{\sigma\sqrt{2c^2\sigma^2 + 1}} \qquad \text{(A.23)}$$

$$z \equiv \sqrt{\frac{n}{2(2c^2\sigma^2 + 1)}}(2c\ln\kappa + 2c^2\sigma^2 + 1) \qquad \text{(A.24)}$$

$$\Phi(z) \equiv \frac{1}{\sqrt{2\pi}} \int_{-\infty}^{z} e^{-\frac{z^2}{2}} dz \qquad \text{(A.25)}$$

$f_{\ln\kappa}$分布是样本平均粒径的理论分布。因而，如果理论公式是准确的话，由仿真实验得到的平均直径的概率密度分布必须与 $f_{\ln\kappa}$ 分布一致。

当研究"为了得到满意的结果需要多少颗粒"这一问题时，有必要确定概率 P，其介于相对误差 $-\delta$ 至 $+\delta$ 之间。相对误差 e 定义如下：

$$e \equiv \frac{Y - Y^*}{Y^*} = \lambda - 1 \qquad \text{(A.26)}$$

式中：

Y^* 由 $Y(\mu_0, \sigma^2)$ 来表示：

$$\lambda \equiv Y/Y^* = (\overline{D}_p/\overline{D}_p^*)^\alpha = \kappa^\alpha \qquad \text{(A.27)}$$

则概率 P 根据公式(A.28)计算：

$$P(|e| \leqslant \delta) = \left| \int_{\frac{\ln(1-\delta)}{\alpha}}^{\frac{\ln(1+\delta)}{\alpha}} f_{\ln\kappa} d\ln\kappa \right| \qquad \text{(A.28)}$$

由 $f_{\ln\kappa}$ 分布可计算得到样品颗粒数 n 的平均粒径的概率 $P(|e| \leqslant \delta)$，此概率是在相对误差 $\pm\delta \times 100\%$ 内。如果由仿真实验得到的 $\ln\kappa$ 分布与理论上的 $\ln\kappa$ 分布一致的话，那么由仿真实验结果计算得到的概率 P 可从公式(A.28)计算出。

若取近似值 $\Phi(z) \cong 1$，则公式(A.28)可简化为：

$$P \cong \frac{\sqrt{n}}{\sigma\sqrt{2c^2\sigma^2+1}} \frac{1}{\sqrt{2\pi}} \left| \int_{-\delta/\alpha}^{\delta/\alpha} e^{-\frac{\varphi^2}{2}} d\ln\kappa \right| \qquad \text{(A.29)}$$

$$= \frac{1}{\sqrt{2\pi}} \left(\int_{-\infty}^{\infty} e^{-\frac{\varphi^2}{2}} d\varphi - \int_{-\infty}^{-|u|} e^{-\frac{\varphi^2}{2}} d\varphi - \int_{|u|}^{\infty} e^{-\frac{\varphi^2}{2}} d\varphi \right) \qquad \text{(A.30)}$$

$$= 1 - 2\Phi(-|u|) \qquad \text{(A.31)}$$

其中：

$$u \equiv \frac{\sqrt{n}\delta}{\alpha\sigma\sqrt{2c^2\sigma^2+1}} \qquad \text{(A.32)}$$

公式(A.31)可整理为公式(A.33)：

$$\Phi(-|u|) = \frac{1-P}{2} \qquad \text{(A.33)}$$

如果已知 P 值，其等于置信区间，则由公式(A.33)计算出 u 值，颗粒数 n 可由公式(A.32)得到。

因此，颗粒数目 n 可定义为"所需的颗粒数"，以 n^* 表示。公式(A.32)可改为公式(A.34)：

$$\lg n^* = -2\lg\delta + \lg\omega \qquad \text{(A.34)}$$

其中：

$$\omega \equiv u^2\alpha^2\sigma^2(2c^2\sigma^2+1) \qquad \text{(A.35)}$$

公式(A.33)的典型计算结果列于表 A.1。

如果概率 P 一定，总的颗粒的方差 σ^2、过程变量的指数 α 以及测量的基数 β 则均已知了，那么参数 ω 也就确定了。颗粒数 n^* 可由公式(A.34)计算得到。

表 A.1 由公式(A.33)计算得到的参数 u

P/(%)	50	75	80	90	95	97.5	99	99.5	99.8	99.9
u(—)	0.67	1.15	1.28	1.64	1.96	2.24	2.58	2.81	3.09	3.29

A.5 仿真实验

A.5.1 随机数的生成

在仿真实验中，产生了 10^3 组符合正态概率分布的随机数，每组有 2×10^4 个随机数。流程图如图 A.1 所示。为了生成一套具有正态分布概率的随机数，则要求生成的随机数的数值必须在 0 和 1 之间，且具有均匀的概率(步骤 1)。为了生成随机数 y_{i+1}，采用了线性同余数法，此算法基于下列方程的余数：

$$x_{i0} = b \qquad \cdots\cdots(A.36)$$

$$x_{i+1} \equiv ax_i + k(\bmod d) \qquad \cdots\cdots(A.37)$$

$$y_{i+1} = x_{i+1}/d \qquad \cdots\cdots(A.38)$$

式中：

x_{i+1}——d 除以 ax_i+k 之后的余数；

d——产生的随机数的重复周期；

a,k——选定的常数，使得重复周期比生成的随机数的总数要长。

在此，我们设定 a=48 828 125(=5^{11})，k=0。在这种情况下，重复周期 d 等于 2^{31}(=2.15×10^9)。b 的初值指定 $b_{i,r}$，其不是重复周期的函数，其数值在 0～d 之间。在此计算中，b 的第一个初值为 $b_{i,r}$ 等于 a(=48 828 125)。χ^2 检验表明生成的随机数的均匀性能保证在 99%的置信区间内。也就是说，生成的随机数的 χ^2 值为 8.89，在 99%的置信区间内的 χ^2 理论值为 21.7，原因在于自由度 f=9(=几率数－1)。

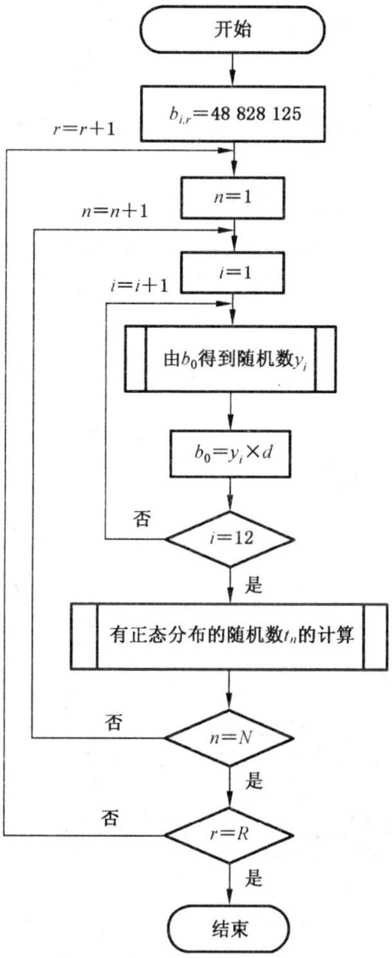

图 A.1　产生有高斯分布的随机数的流程图

首先，为计算 y_i，第一个初值 $b_{i,r}$ 取 b=48 828 125(步骤 1)。这一初值 $b_{i,r}$ 就用作下一组(r+1)中生成 $b_{i,r}$ 的初值 b。

从公式(A.39)由均匀分布随机数 y_i 得到符合正态概率分布的随机数 t_n。参见文献[14]。

$$t_n = \sum_{t=1}^{12} y_i - 6 \qquad \cdots\cdots(A.39)$$

因此，采用线性同余法（步骤2）需计算 y_i 12次。

为了生成符合正态概率分布的 2×10^4 个随机数 t_n，步骤2重复 24×10^4 次（步骤3）。要生成 $N=2\times10^4$ 个 t_n，需要 24×10^4 个随机数。

在此计算中，为了产生 10^3 组符合正态概率分布的随机数，每组有 2×10^4 个随机数，重复步骤1、步骤2、步骤3至 $R=10^3$ 次。结果是：利用 24×10^7 个随机数 y_i，产生了 $R=10^3$ 组随机数 t_n，每组有 $N=2\times10^4$ 个随机数。

A.5.2 由样品粒度引入的计算误差

利用具有正态分布的随机数 t_n，我们研究了由样品颗粒数目引入的统计误差。利用下式可将正态分布 t_n 值转换成对数正态分布的 D_p 值。

$$\ln D_p = t_n \ln\sigma_{GSD} + \ln D_{CM} \quad \cdots\cdots\cdots\cdots\cdots\cdots\cdots\cdots \text{(A.40)}$$

式中：

σ_{GSD}——几何标准偏差；

D_{CM}——数量中位直径。

图A.2显示的是当 $N=10^4$ 时其中一种 D_p 分布。这一分布几乎与由公式（A.41）计算得到的对数正态分布曲线重合：

$$f(D_p) = \frac{1}{\sqrt{2\pi}\ln\sigma_{GSD}}\exp\left[-\frac{(\ln D_p - \ln D_{CM})^2}{2\ln^2\sigma_{GSD}}\right] \cdots\cdots\cdots\cdots\cdots\cdots\cdots\cdots \text{(A.41)}$$

由公式（A.4）、（A.6）和（A.8）可以计算出样品颗粒 N 的平均粒径 $\overline{D}_p$。为了与文献[1]中的理论值进行比较，我们设 $\alpha=2$。当 $N=\infty$ 时，粒径中值 $\overline{D}_p^*$ 的理论值由公式（A.3）定义，并由下式给出：

$$\overline{D}_p^* = \exp(\ln D_{CM} + c\ln^2 O_{GSD}) \quad \cdots\cdots\cdots\cdots\cdots\cdots\cdots\cdots \text{(A.42)}$$

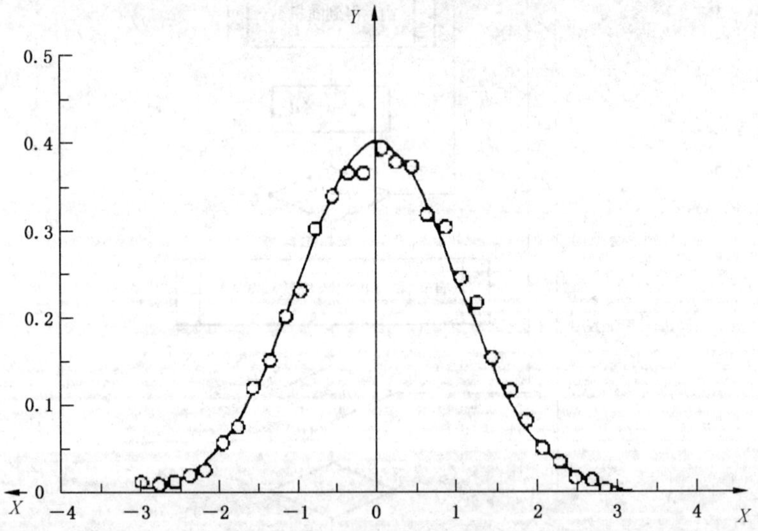

X——$\ln D_p - \ln\overline{D}_p$；

Y——$f[\ln D_p]$频率；

○——计算机拟合值；

—— 理论曲线。

图A.2 生成数的频率分布

图A.3显示的是当 $\sigma_{GSD}=1.6$ 时，以数量和质量为基准的无因次平均粒径 $\kappa(=D_p/D_p^*)$ 的概率密度分布 $f_{\ln\kappa}$。当样品数目 N 较小时，分布较宽。当 $N=3$ 时，在分布的峰顶位置的 κ 值小于1。这一结果表明当颗粒数目较少时得到的平均值可能有较大的误差，而且比实际的平均值要小。

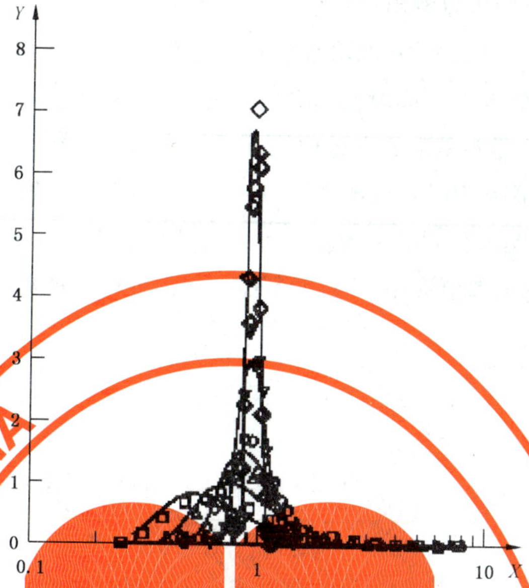

a） 以数量为基准

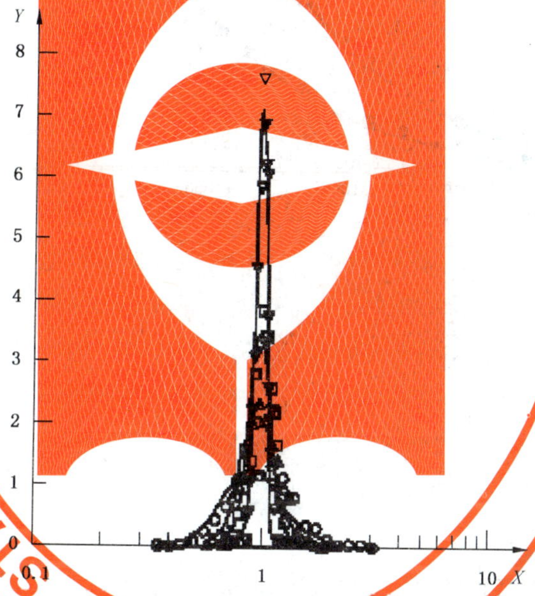

b） 以质量为基准

X——平均直径，无因次量；

Y——概率密度 $f^{\ln\kappa}[1/\ln\kappa]$；

——理论曲线。

计算机拟合值：

以数量为基准：

○ $N=3$；

△ $N=9$；

□ $N=25$；

▽ $N=100$。

以质量为基准：

□ $N=3$；

△ $N=9$；

○ $N=25$；

▽ $N=100$；

◇ $N=500$。

条件：$\sigma_{GSD}=1.6$、$R=10^3$ 和 $\alpha=2$。

图 A.3　κ 的分布

从图 A.3 中显示的 $f_{\ln x}$ 分布可以看出：概率 $P(|e|\leqslant\delta)$，即为从样品颗粒数目 N 计算得到的平均粒径的概率，这一概率位于相对误差 $\pm\delta\times100\%$ 之间，此概率同样可由公式(A.38)计算得到。$\sigma_{GSD}=1.6$ 的计算结果如图 A.4 所示。图 A.4 中同时给出了由公式(A.25)和(A.28)计算得到的理论曲线。其计算结果与以数量为基准和以质量为基准的理论曲线几乎完全吻合。在以数量为基准的例子中，当样品颗粒数目 N 大于 3×10^3 时，概率 $P(|e|\leqslant\delta)$ 等于 1。那么，如果样品颗粒数目 N 大于 9×10^3 时，在 95% 的置信区间内，以数量为基准得到的平均粒径可视为其真实值。另一方面，以质量为基准的概率 $P(|e|\leqslant\delta)$ 始终比以数量为基准的数值要小。这也就意味着由质量推算概率时与由数量推算概率相比，前者需要更多的样品颗粒。

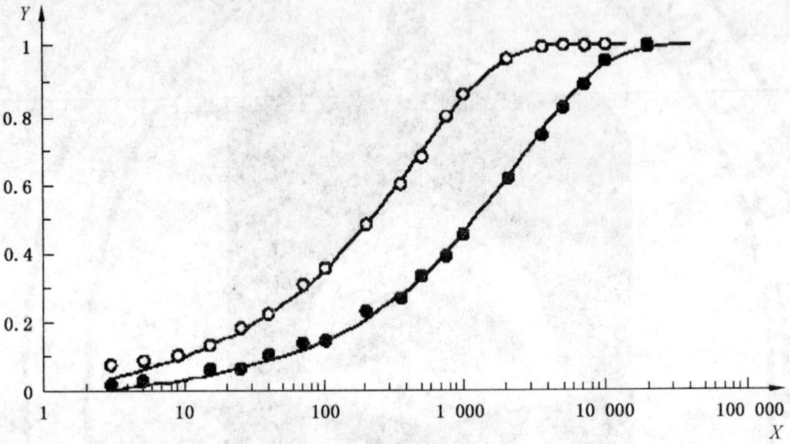

X——样本大小，N；

Y——$P(|e|\leqslant\delta)$；

━——理论曲线；

计算机的拟合值：

○——数量为基准；

●——质量为基准。

条件：$\sigma_{GSD}=1.6$、$R=10^3$ 和 $\alpha=2$。

图 A.4　概率 $P(|e|\leqslant0.05)$ 与样本大小 N 之间的关系

图 A.5a)为以数量为基准的概率 $P(|e|\leqslant\delta)$ 的计算结果，而图 A.5b)是以质量为基准的计算结果。由计算机仿真实验得到的结果与理论曲线很接近，尤其是当 σ_{GSD} 较大时。当 n 值较小时，发现结果相当大一部分偏差是由于假设联合概率分布 $\phi(y_m,s^2)$ 中样品颗粒数 n 足够大引起的。

如图 A.6 所示，对任一 $P(|e|\leqslant\delta)$，通过引入参数 ω，测量所需的颗粒数可与实验数据的相对误差 δ 关联。将 $\sigma=\ln\sigma_{GSD}$ 代入公式(A.35)中，可以计算得到仿真实验中参数 ω 值。所有的计算值与由公式(A.34)得到的理论曲线相一致。

此结果表明：如果概率 P 给定，总的颗粒几何标准偏差 σ_{GSD}，以及过程变量的指数 α(在此 $\alpha=2$)和基数 β 已知的话，那么参数 ω 也就确定了。因此，进一步证实了测量所需的颗粒数 n^* 值可由公式(A.34)计算得到。

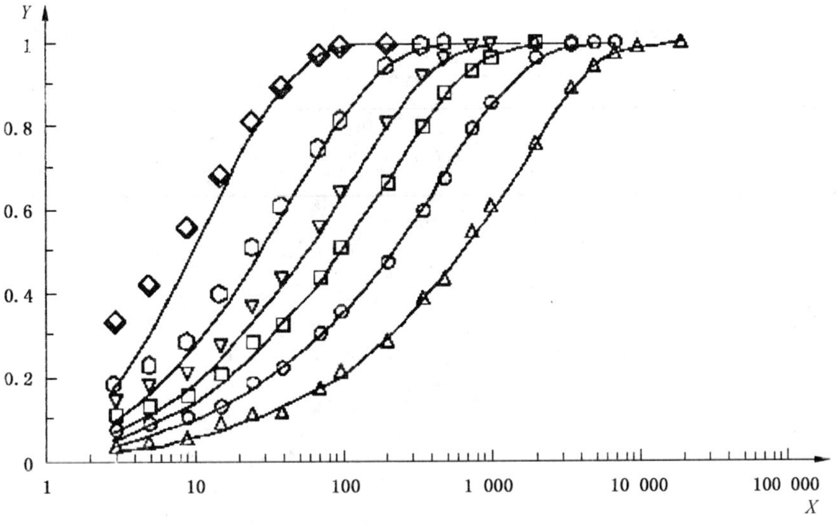

a） 以数量为基准

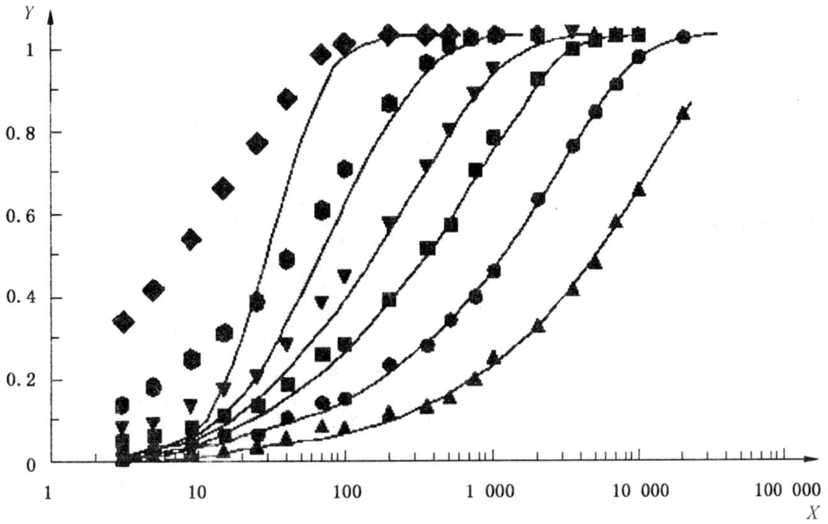

b） 以质量为基准

X——样本大小，N；

Y——P(|e|≤0.05)；

━——理论曲线。

计算机的拟合值：

◇，◆ $\sigma_{GSD}=1.1$；

⬡，⬢ $\sigma_{GSD}=1.2$；

▽，▼ $\sigma_{GSD}=1.3$；

□，■ $\sigma_{GSD}=1.4$；

○，● $\sigma_{GSD}=1.6$；

△，▲ $\sigma_{GSD}=2.0$。

条件：$R=10^3$ 和 $\alpha=2$。

图 A.5 概率 P(|e|≤0.05)与样本大小 N 之间的关系

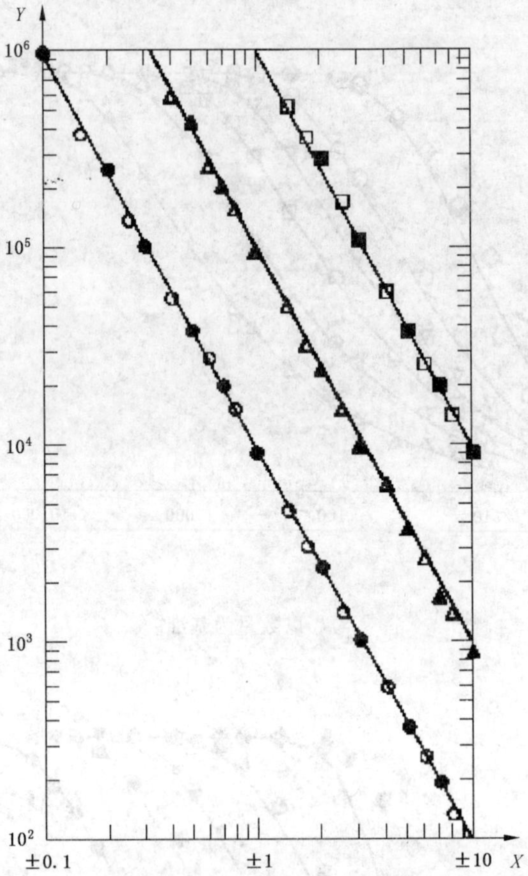

X——实验数据的相对误差，$\delta\times100$，百分比；

Y——所需颗粒数目，n^*；

— ——理论曲线。

计算机拟合值：

○ $\omega=1$，以数量为基准；

● $\omega=1$，以质量为基准；

△ $\omega=1$，以数量为基准；

▲ $\omega=1$，以质量为基准；

□ $\omega=1$，以数量为基准；

■ $\omega=1$，以数量为基准。

图 A.6　所需颗粒数目 n^* 与相对误差 δ 之间的关系

A.6　讨论

已证实能够计算得到测量所需颗粒数目。利用公式(A.34)可计算多种平均粒径。如果在测量评价中采用的是质量中位径，可由公式(A.43)进行表述：

$$D_{MM}=\exp(\mu_0+3\sigma^2) \quad \cdots\cdots(A.43)$$

将公式(A.43)与公式(A.3)进行比较，得到 $\beta=0$ 以及 $c=3$。由公式(A.5)可知 $\alpha=6$。因此，公式(A.35)给出如下不同直径的参数 ω：

质量中位径($\beta=0,\alpha=6$)由公式(A.44)给出：

$$\omega=36u^2\sigma^2(18\sigma^2+1) \quad \cdots\cdots(A.44)$$

对于 Sauter 直径(体积－表面积平均直径，$\beta=0,\alpha=5$)由公式(A.45)给出：

$$\varpi=25u^2\sigma^2\left(\frac{25}{2}\sigma^2+1\right) \quad \cdots\cdots(A.45)$$

对体积平均直径 D_{MV}，($\beta=0,\alpha=3$)时由公式(A.46)给出：

$$\varpi=9u^2\sigma^2\left(\frac{9}{2}\sigma^2+1\right) \quad \cdots\cdots(A.46)$$

表 A.2～表 A.4 中列出了由公式(A.34)计算得到的测量所需的颗粒数目 n^*，它是允许误差 δ 和待测粉末的几何标准偏差σ_{GSD}的函数。此时假设概率 P 为 0.95(从表 A.1 中可知 $u=1.96$)。

表 A.2 要求的颗粒数目 n^* ($\delta=0.05, P=0.95, u=1.96$)

σ_g	$n^*(D_{MM})$	n^*(Sauter)	$n^*(D_{MV})$
1.10	585	389	131
1.15	1 460	934	294
1.20	2 939	1 808	528
1.25	5 223	3 103	843
1.30	8 526	4 920	1 247
1.35	13 059	7 355	1 750
1.40	19 026	10 504	2 363
1.45	26 617	14 457	3 096
1.50	36 007	19 295	3 956
1.55	47 358	25 093	4 952
1.60	60 811	31 919	6 092

表 A.3 所需的颗粒数目 n^* ($\delta=0.1, P=0.95, u=1.96$)

σ_g	$n^*(D_{MM})$	n^*(Sauter)	$n^*(D_{MV})$
1.10	146	97	33
1.15	365	233	73
1.20	735	452	132
1.25	1 306	776	211
1.30	2 131	1 230	312
1.35	3 265	1 839	438
1.40	4 756	2 626	591
1.45	6 654	3 614	774
1.50	9 002	4 824	989
1.55	11 839	6 273	1 238
1.60	15 203	7 980	1 523

表 A.4 所需的颗粒数目 n^* ($\delta=0.2, P=0.95, u=1.96$)

σ_g	$n^*(D_{MM})$	n^*(Sauter)	$n^*(D_{MV})$
1.10	37	24	8
1.15	91	58	18
1.20	184	113	33
1.25	326	194	53
1.30	533	307	78
1.35	816	460	109
1.40	1 189	657	148
1.45	1 664	904	193
1.50	2 250	1 206	247
1.55	2 960	1 568	310
1.60	3 801	1 995	381

在标准偏差为1.60,误差5%以内,概率为95%时,要得到粉末的质量中位径,需要大约61 000个颗粒。然而,如果这种估算是基于体积平均径,只需要6 100个颗粒就足够了。改变估算基准以及提高指定的允许误差可使所需的颗粒数目在一定程度上减少。甚至当粉末的几何标准偏差为1.60时,基于体积平均径以及允许误差为20%的估算仅需要381个颗粒。然而,粒度测量结果通常要转换成以质量为基准的结果,因此,质量中位径应作为估算基准。

A.7 结论

已经通过计算机仿真实验,并与Masuda和Iinoya提出的理论方程进行比较,研究了由样品颗粒数目引起的统计误差。该理论假设在符合对数正态粒度分布时,给出了样品平均粒径分布以及所需颗粒数的通解。计算机仿真证实了这一理论。因此,在测量中由于样品颗粒数目不足引入的误差和所需颗粒数目均可通过分析估算到。

在理论方程的应用实例中,研究发现:对几何标准偏差为1.60的粉末,误差5%以内以及概率为95%时,得到粉末的质量中位径,需要大约61 000个颗粒。改变估算基准以及提高指定的允许误差可使所需的颗粒数目在一定程度上减少。然而,粒度分布的测量结果通常要转换成以质量为基准的结果,因此,质量中位径应作为估算基准,在精确测量中还是需要相当多的颗粒。

附 录 B
（规范性附录）
操作时的放大倍率

表 B.1 操作时的放大倍率

样品粒度范围/μm	分辨率/μm	视场尺寸/μm	总的放大倍率
0.005～0.01	0.000 5	0.25 ×0.25	200 000×
0.01～0.1	0.001	1×1	100 000×
0.1～1.0	0.01	10×10	20 000×
0.3～3.0	0.03	30×30	8 000×
1～10	0.1	100×100	2 000×
3～30	0.3	300×300	800×

附 录 C
（规范性附录）
典型物镜的分辨率和粒度区间

表 C.1 典型物镜的分辨率和粒度区间（λ=400 nm）

名义放大率	数值孔径	分辨率/μm
100×（油性）	1.25	0.2
100×（干性）	0.90	0.3
40×	0.65	0.4
20×	0.50	0.5
10×	0.25	1.0
5×	0.10	2.5
注：分辨率与数值孔径成反比。		

附 录 D
（资料性附录）
典型图像分析法的流程图

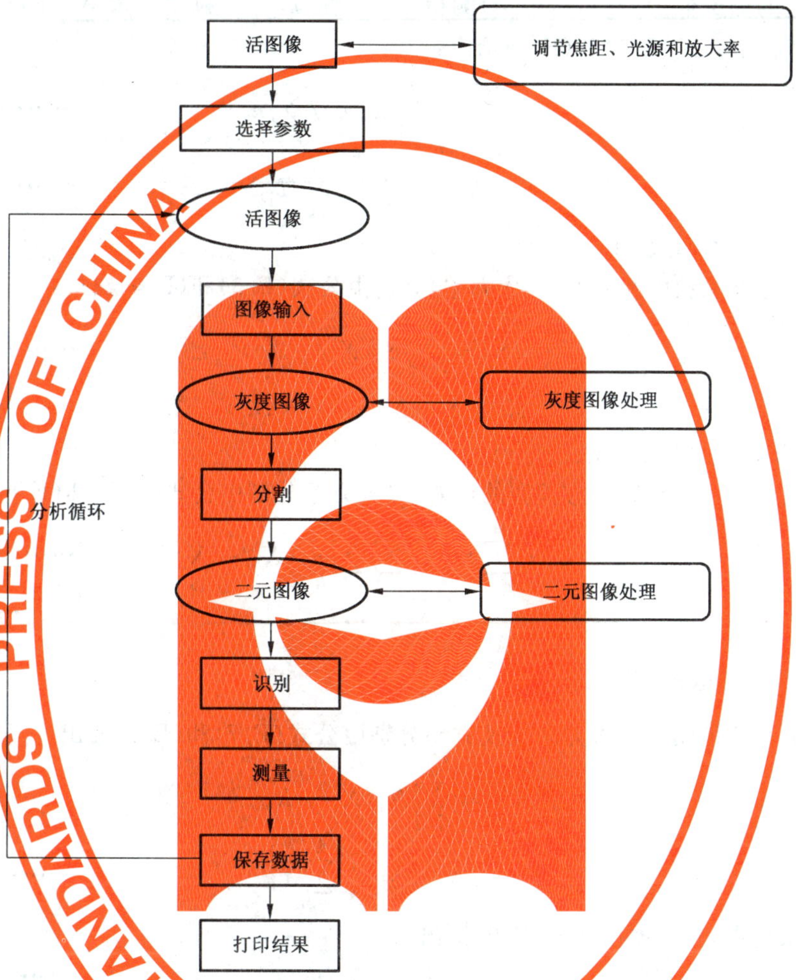

图 D.1 典型图像分析法的流程图

附 录 E
(资料性附录)
平均值和方差的统计检验(方差分析和多样性比较)

对于一给定的测试框 $j(j=1,2,\cdots,a)$ 测得 N_j 个颗粒，每一粒度分级 X_{icl} 中颗粒数目为 n_{ij}。测试框 j 中的平均直径由公式(E.1)和(E.2)给出：

$$\overline{X}_j = \sum_{i=1}^{m} X_{icl} n_{ij} / \sum_{i=1}^{m} n_{ij} \qquad \text{(E.1)}$$

$$\overline{X}_j = \sum_{i=1}^{m} X_{icl} n_{ij} / N_j \qquad \text{(E.2)}$$

其中 m 为粒径分级的数目。

测试框 j 的方差总和以及偏方差(均方差)分别由公式(E.3)和(E.4)给出：

$$S_j = \sum_{i=1}^{m} n_{ij} (X_{icl} - \overline{X}_j)^2 \qquad \text{(E.3)}$$

$$s_j^2 = S_j/(N_j - 1) = S_j/\nu_j \qquad \text{(E.4)}$$

其中 ν_j 为测试框 j 的自由度。

在总的测试场内，方差和(如方差和的误差)以及方差分别由公式(E.5)和(E.6)给出：

$$S_e = \sum_{j=1}^{\alpha} S_j = \sum_{j=1}^{\alpha} \sum_{i=1}^{m} n_{ij} (X_{icl} - \overline{X}_j)^2 \qquad \text{(E.5)}$$

$$s_e^2 = S_e/\nu_e \qquad \text{(E.6)}$$

其中 ν_e 是自由度总和，定义为 $\nu_e = \sum_{j}^{\alpha} \nu_j$

由测试框的平均值给出的方差和以及方差分别由公式(E.7)和(E.8)给出：

$$S_A = \sum_{j=1}^{m} N_j (\overline{X}_j - X_{mean})^2 \qquad \text{(E.7)}$$

$$X_{mean} = \frac{1}{\alpha} \sum_{j}^{\alpha} \overline{X}_j \qquad \text{(E.8)}$$

在这些测试框中，其方差由公式(E.9)给出：

$$s_A^2 = S_A/\nu_A \qquad \text{(E.9)}$$

其中 ν_A 为试样的自由度，定义为 $\nu_A = \alpha - 1$

F 检验可以获得平均直径的方差率 F 值由公式(E.10)给出：

$$F = \frac{s_A^2}{s_e^2} \qquad \text{(E.10)}$$

方差的均匀性需用以下统计变量[15]来检验；由公式(E.11)～(E.14)给出：

$$M = 2.302\,6\left[\left(\sum_{j=1}^{\alpha} \nu_j\right)\lg s^{-2} - \sum_{j=1}^{\alpha} \nu_j \lg s_j^2\right] \qquad \text{(E.11)}$$

$$s^{-2} = \sum_{j=1}^{\alpha} \nu_j s_j^2 / \sum_{j=1}^{\alpha} \nu_j \qquad \text{(E.12)}$$

$$C = 1 + \frac{1}{3(\alpha - 1)}\left[\sum_{j=1}^{\alpha} \frac{1}{\nu_j} - \left(\sum_{j=1}^{\alpha} \nu_j\right)^{-1}\right] \qquad \text{(E.13)}$$

$$\chi^2 = M/C \qquad \text{(E.14)}$$

在给定的显著性水平下，将得到的 χ^2 数值与自由度为 $\alpha-1$ 的 χ^2 数值进行比较。

当测试框 j 和 k 的方差相差无几时，测试框 j 和 k 的平均值的 t 检验由公式(E.15)给出：

$$t = \frac{\overline{X}_j - \overline{X}_k}{s_e^2 \sqrt{\frac{1}{N_j} + \frac{1}{N_k}}} \quad \cdots\cdots (E.15)$$

对两个测试框的所有组合，应进行 t 检验。其 t 值应在给定的显著性水平范围内。在整个有效性水平 α 范围内，每一个比较值 α_0 的水平由 α/k 给定，根据 Bongerroni 修正[16]，其中 k 为检验次数。

附　录　F
（资料性附录）
几种制样方法

F.1　樟脑-萘法(C-N)

由质量百分比分别占60%的樟脑和占40%的萘组成共熔体系，其熔点为32℃，在真空条件下这一体系极易升华。将1 g待测颗粒样品和一定比例的C-N装入一个塑料袋中，然后用手搓揉塑料袋，利用手心的热量将颗粒完全解团聚，使其在C-N中均匀分散。待塑料袋冷却后，取出一小部分固体混合物，将其转移到加热台上的显微镜的载片上。当样品熔化时，用盖玻片将其压平，然后当C-N在真空系统中完全升华前移开盖玻片。

应用这项技术能很好地分散不规则的石英颗粒，其优势在于颗粒能在空气中进行观测，折射率差异明显，同时所用的载片不老化。然而，这项技术未能成功地用于玻璃珠的实验。玻璃珠在载片上形成了尺寸分区，而且玻璃珠不能很好地粘在载片上，易于滑落，所以此方法不适用于玻璃珠。参见文献[3]。

F.2　浆液稀释法

将1 g样品与黏稠液体（明胶、蔗糖或甘油的水溶液，火棉胶的乙酸戊酯溶液）在玻璃上用刮刀充分混合，产生稠的浆液，无团聚产生而且分散良好。用刮刀尖端取一点浆液试样于同种黏稠液体中稀释。在颗粒均匀分散后，滴一滴稀释液于显微镜载片上，用一盖玻片压平，在每一个视场中约有20个颗粒。选择不同的液体，载片上的样品的寿命可能很短，也可能长久保存。当选用甘油时，本方法已成功地用于玻璃珠的测试中，玻璃珠分散均匀且图像对比度合适。使用盖玻片有助于在高的放大倍率下提高分辨率。然而，大约一小时后载片可能变干，不可能重复使用。参见文献[4]。

F.3　过滤法

F.3.1　粉末或干粉悬浮物

将1 g颗粒样品分散于一适当液体中制成悬浮液，然后将一定体积的悬浊液通过一合适的膜进行过滤，至干。悬浊液的浓度以及过滤时膜的面积由留在膜上的颗粒数而定（每个框中约20个颗粒）。待膜晾干后，将其切成小块置于载片上，在小块边缘处用耐丙酮胶粘牢（如氰基丙烯酸盐粘合剂或强力胶），以防止膜收缩。然后将载片放在密闭容器中高出丙酮自由液面的支架上，丙酮的蒸汽使薄膜呈透明状，易于图像的采集和颗粒的测量。本方法的优点是能在空气中进行观测，且折射率差异明显。实验表明：为了避免膜再次模糊，最好将载片置于缓慢蒸发的丙酮气氛中数小时。参见文献[5]。

F.3.2　液体悬浊液

如下所述，将已知体积的悬浊液（通常为100 mL）通过一相似的材料和已知孔隙大小的膜（通常是用于矿物油过滤的0.8 μm的硝化纤维素）进行真空过滤。当比孔隙大的颗粒通过膜时会留在膜上，很好地分散开，几乎不会重叠。如果颗粒数目太多，重叠现象严重时必须减少悬浊液用量，重复实验。相反，如果颗粒太少，应增加悬浊液量，重复实验。真空过滤装置，比如微孔[1)]过滤系统由一个连着敞口长颈瓶的膜支撑架以及接在膜支撑架尾部的真空泵组成。在带有整套过滤装置（通常为0.45 μm）的独立喷雾容器中盛有相溶的溶剂，用该溶剂洗涤敞口长颈瓶壁，以保证所有颗粒沉积到膜上，并去除悬浊液中的部分溶剂，保持膜适当湿度用于测量。膜制成之后必须马上观测，如果要拖延的话，可以将膜插在两片干净的载片中间，使用合适的胶使膜呈透明状。参见文献[6]。

1)　微孔是能够买到的合适的产品，提供这一信息便于客户使用本标准，并不是对该产品的保证。

F.4 干式沉积法

干式沉积法就是将颗粒沉积到一块粘有双面透明胶的载片上。必须很仔细地将待测的所有颗粒粘到载片上，并保证未进行选择性地粘住某些粒度的颗粒。将显微镜的载片置于容积为 1 L 的真空室的底部。在真空室的顶部塞有圆锥形金属塞，待测颗粒放在塞子四周的凹槽内。将塞子拔起，室内真空度下降，颗粒以烟状射入真空室中并落在载片上。若在载片上粘上双面胶或涂抹一层油脂将有利于粘附颗粒。该方法的优点同样是能在空气中进行观测，且折射率差异明显。

F.5 支持膜法

取适量样品加水或溶剂搅拌为悬浮液并充分分散后，取 1～2 滴滴在粘附有支持膜的铜网上，静置干燥后供透射电子显微镜观察。

参 考 文 献

[1] H. MASUDA & K. GOTOH, Study on the sample size required for the estimation of mean particle diameter, *Advanced Powder Technol.*, 10(2), 1999: 159-173.

[2] G. JIMBO and M. ISHII, Simulation Calculation of the effect of the Counted Number of Particles on the Accuracy and Reliability of Size Distribution Measurements, *Proceedings of POWTECH* 71.

[3] N. THAULOW and E. W. WHITE *Powder Technology*, 5, 1971/72: 377-379.

[4] NF X11-661: *Test Method for Particle Size Analysis—Determination of Particle Size of Powders—Optical Microscope.*

[5] J. A. DODDS, M. N. PONS, H. VIVIER, Guidelines For Determining Particle Size Distributions By Number With An Optical Microscope, 1993, *Laboratoire des Sciences du Genie Chimique*. Nancy, France.

[6] T. M. HUNT, *Handbook of Wear Debris Analysis and Particle Detection in Liquids*, 1993, Kluwer Academic Publishers, Dordrecht. Netherlands, ISBN 1-85166- 962-0.

[7] J. M. BELL, *BCR Draft Method For Particle Size Distributions By Scanning Electron Microscopy and Image Analysis*, 1993, ICI Chemicals and Polymers Limited, Runcorn, England.

[8] British Standard BS 3406: *Methods for Determination of Particle Size Distribution*, Part 4: *Guide to Microscope and Image Analysis Methods.*

[9] NF X11-696: *Test Method for Particle Size Analysis through lmage Analysis.*

[10] D. G. KENDALL and E. F. HARDING, ed., *Stochastic Geometry*, 1974: 228, Wiley & Sons, NY.

[11] C. LANTUEJOUL, *Microscopica Acta*, S4, 1980: 266.

[12] H. MASUDA and K. IINOYA, Theoretical Study of the Scatter of Experimental Data Due to Particle-Size-Distribution, *J. Chem. Eng.*, *Japan*: 4, 1971: 60-67.

[13] H. MASUDA and K. IINOYA, Mean Particle Diameter in an Analysis of a Particulate Process, *Mem. Faculty Eng.*, *Kyoto Univ.*, 34, 1972: 344-358.

[14] M. MORI, In: *SUCHIKEISAN PROGRAMMING*. Iwanami Shoten, 1987: 41.

[15] M. S. BARTLETT: *J. Royal Statist. Soc. Suppl.*, 4, 1937: 137.

[16] URL: http://home. clara. net/sisa/bonhlp. htm

ICS 19.120
A 28

中华人民共和国国家标准

GB/T 21650.1—2008/ISO 15901-1:2005

压汞法和气体吸附法测定固体材料孔径分布和孔隙度　第1部分:压汞法

Pore size distribution and porosity of solid materials by mercury porosimetry and gas adsorption—Part 1:Mercury porosimetry

(ISO 15901-1:2005,IDT)

2008-04-16 发布　　2008-10-01 实施

中华人民共和国国家质量监督检验检疫总局
中国国家标准化管理委员会　发布

前　言

GB/T 21650《压汞法和气体吸附法测定固体材料孔径分布和孔隙度》分为以下3个部分：

——第1部分：压汞法；

——第2部分：气体吸附法分析介孔和大孔；

——第3部分：气体吸附法分析微孔。

本部分为GB/T 21650的第1部分。

本部分等同采用ISO 15901-1:2005《压汞法和气体吸附法测定固体材料孔径分布和孔隙度　第1部分：压汞法》(英文版)。

为便于使用，本部分作了编辑性修改：

——将“本国际标准”改为：“本部分”；

——用小数点“.”代替作为小数点的逗号“,”；

——重新编排页码；

——删除国际标准中前言部分；

——将内容表述改为适用于我国标准的表述；

——删除7.5节中有证参比物质供应机构的通讯信息；

——修改了附录A中图A.1、图A.2和图A.3坐标轴文字说明的位置。

本部分的附录A为资料性附录。

本部分由全国筛网筛分和颗粒分检方法标准化技术委员会(SAC/TC 168)提出并归口。

本部分起草单位：北京市理化分析测试中心、中国科学院过程工程研究所。

本部分主要起草人：周素红、邹涛、朱庆山、黄文来、陈萦、高原。

引　言

通常，不同的孔(微孔、介孔和大孔)可视作固体内的孔、通道或空腔，或者是形成床层、压制体或团聚体的固体颗粒间的空间(如裂缝或空隙)。通常用孔隙率来表示固体材料的多孔特性，其更为准确的定义为：一定量固体中的可测定孔和空隙的体积与该固体所占有的总体积之比。除了可测定孔外，固体中可能还有一些闭孔，这些孔与外表面不相通，且流体不能渗入。本部分不涉及闭孔的表征。

多孔材料可以是细的或粗的粉末、堆积体、挤出物、薄片或单块体等。它们的表征通常包括测定孔径分布以及总孔容或孔隙率。为满足某些要求，有时还需研究孔的形状和连通性，以及测定内比表面积和外比表面积。

多孔材料在如下领域具有重大的技术重要性：

——可控药物释放；

——催化；

——气体分离；

——包括杀菌在内的过滤；

——材料技术；

——环境保护和污染控制；

——天然蓄储性岩石；

——建筑材料性质；

——高分子和陶瓷。

众所周知，多孔固体的性能(如强度、反应性、渗透性或吸附容量)由其孔结构决定，已有多种方法用于表征孔结构。由于大多数多孔固体结构复杂，因此不同方法得到的结果通常不能吻合，而且仅靠一种方法也不能给出孔结构的所有信息。应依据多孔固体材料的应用，其化学和物理特性和孔径范围选择最合适的表征方法。

最常用的方法如下：

a) 压汞法：加压向孔内充汞。此方法适于孔径范围大约在 0.003 μm 至 400 μm 之间的大多数材料。

b) 气体吸附分析介孔-大孔法：通过吸附一种气体表征孔结构，如液氮温度下的氮气。该方法适于测量孔径范围大约在 0.002 μm 至 0.1 μm(2.0 nm 至 100 nm)之间的孔，该方法是表面积评估技术的拓展。

c) 气体吸附分析微孔法：通过吸附一种气体表征孔结构，如液氮温度下的氮气。该法适用于测量孔径范围大约在 0.4 nm 至 2.0 nm 之间的孔，该方法是表面积评估技术的拓展。

压汞法和气体吸附法测定固体材料孔径分布和孔隙度　第1部分:压汞法

警示:使用本部分时可能涉及有毒物质、操作和仪器。本部分不涉及阐述所有使用时的安全问题。在使用本部分前,使用者有责任建立适当的安全健康意识并制定实用的规章制度。

1　范围

本部分描述了根据 Ritter 和 Drake[1][2]发展的压汞法来评价固体的孔径分布和孔中的比表面。它是一种可比较的方法。由于汞污染,本方法通常是破坏性的。测得的渗透到孔或空隙中汞的体积是与孔径相关的静压力的函数。

实际操作时限制的最大外压力约为 400 MPa(60 000 psia),这一压力对应于能测得的最小孔径约为 0.003 μm。能测得的最大孔径主要受样品深度的影响,因为从样品顶端到底端汞的静压力有差异,一般能测得的最大孔径为 400 μm。测量覆盖了颗粒内的和颗粒间的孔隙率,通常该方法不能区分这两类同时存在的孔隙。

本部分适用于研究大多数非润湿多孔材料。

本部分不适合于汞齐化的材料,例如金、铝、还原铜、还原镍和银等某些金属,如果一定要用该方法,则需要对样品进行预钝化处理。在外压力下,有些材料会发生变形、挤压或破坏,并出现开孔坍塌、闭孔打开的现象。在某些情况下,可能需要引入样品压缩率修正因子以获得有用的可比较的数据。因此,压汞法具有可比较性。

2　规范性引用文件

下列文件中的条款通过 GB/T 21650.1 的本部分的引用而成为本部分的条款。凡是注日期的引用文件,其随后所有的修改单(不包括勘误的内容)或修订版均不适用于本部分,然而,鼓励根据本部分达成协议的各方研究是否可使用这些文件的最新版本。凡是不注日期的引用文件,其最新版本适用于本部分。

GB/T 3723　工业用化学产品采样安全通则(GB/T 3723—1999,IDT ISO 3165:1976)

ISO 8213　工业用化学品　取样技术　从粉体到粗糙块体不同形状颗粒的固体化学品

M 024 4/85　汞及其化合物,化学工业职业享受协会公告,信箱 101480,D-69004 海德堡,德国

3　术语和定义

下列术语和定义适用于本部分。

3.1

松装密度　bulk density

在规定条件下粉体的密度。

3.2

盲孔　blind pore

末端封闭的孔　dead-end-pore

与外表面只有一路连接的开孔。

3.3

闭孔　closed pore

与外表面不相连的孔腔。

注:闭孔不在本部分的讨论之列。

3.4

接触角　contact angle

非浸润液体在固体材料上形成的角度。

3.5

外表面积　external surface area

包括表面凸出部分和所有宽大于深的裂缝。

3.6

墨水瓶孔　ink bottle pore

颈部窄的开孔。

3.7

内连孔　interconnected pore

与一个或多个其他孔相连的孔。

3.8

内表面积　internal surface area

内孔壁的面积。

3.9

颗粒内孔隙率　intraparticle porosity

颗粒内开孔体积与颗粒表观体积之比。

3.10

颗粒间孔隙率　interparticle porosity

粉体中颗粒间的空体积与颗粒或粉体表观体积之比。

3.11

大孔　macropore

孔径大于50 nm的孔。

3.12

介孔　mesopore

孔径介于2 nm和50 nm之间的孔。

3.13

微孔　micropore

吸附分子可以到达的孔径小于2 nm的孔。

3.14

开孔　open pore

与外表面相连的空腔或通道。

3.15

开孔率　open porosity

开孔和空隙的体积与固体所占总体积之比。

3.16

孔径　pore size

孔宽(比如圆柱形孔的直径或狭缝孔两对壁间的距离),是表征多孔材料空间的各种尺寸的一个代表性值。

注:压汞法是测量孔径的一种方法。

3.17

孔容　pore volume

由指定方法测得的孔体积。

3.18

测孔仪　porosimeter

测量孔隙率和孔分布的一种仪器。

3.19

测孔法　porosimetry

测量孔隙率和孔分布的方法。

3.20

孔隙率　porosity

颗粒或粉体的总孔体积与表观体积之比。

3.21

多孔固体　porous solid

具有空腔或具有深大于宽的孔道的固体。

3.22

骨架密度　skeletal density

粉体质量除以包括闭孔但不包括开孔孔体积在内的样品总体积。

3.23

表观密度　apparent density

粉体质量除以包括闭孔以及由指定方法测定不可及孔的孔体积在内的样品总体积。

3.24

粉体密度　powder density

粉体质量除以表观体积得到的密度,该表观体积为粉体的固体材料、开孔、闭孔以及缝隙的总体积。

3.25

表面积　surface area

在指定条件下由给定方法测得的表面积的总和。

3.26

表面张力　surface tension

分离固体材料与其上形成的液膜或分离一种液膜与其相连样品液膜所需的外力。

3.27

通孔　through pore

完全穿过样品的孔。

3.28

总孔隙率　total porosity

空隙的体积与开孔、闭孔体积之和与固体所占总体积之比。

3.29

真密度　true density

真颗粒密度　true particle density

颗粒质量除以不含开孔、闭孔的孔体积的颗粒体积所得到的密度。

3.30

空隙　void

颗粒间的空间,如:颗粒间的孔。

4　符号

本部分中引用的符号见表1。

表 1

符号	术语	国际单位制	其他单位制	绝对单位制的转换因子
p	压力	Pa	MPa, psia, Torr, mmHg	1 psia = 1 lb in^{-2} = 6894 Pa 1 Torr = 1 mmHg = 133.32 Pa
d_p	孔径	m	nm, μm, Å	1 nm = 10^{-9} m, 1 μm = 10^{-6} m, 1 Å = 10^{-10} m
t	时间	s	h	1 h = 3 600 s
S	比表面积	$m^2 \cdot kg^{-1}$	$m^2 \cdot g^{-1}$	—
V_{Hg}	进汞体积	m^3	cm^3, 10^3 mm^3	10^3 mm^3 = 1 cm^3 = 10^{-6} m^3
$V_{Hg,0}$	初始进汞体积	m^3	cm^3, 10^3 mm^3	—
$V_{Hg,max}$	最终进汞体积	m^3	cm^3, 10^3 mm^3	—
V_p	比孔容	$m^3 \cdot kg^{-1}$	10^3 $mm^3 \cdot g^{-1}$	—
γ	汞的表面张力	$N \cdot m^{-1}$	$dyne \cdot cm^{-1}$	$dyne \cdot cm^{-1} = N \cdot m^{-1}$
ρ	20℃时汞的密度=13.534	$kg \cdot m^{-3}$	$g \cdot cm^{-3}$, 10^3 $kg \cdot m^{-3}$	10^3 $kg \cdot m^{-3}$ = 1 $g \cdot cm^{-3}$
θ	液相测得汞在样品上的接触角	rad	°	1° = (π/180) rad

5 原理

非浸润液体仅在施加外压力时方可进入多孔体。在不断增压的情况下，并且进汞体积作为外压力函数时，即可得到在外力作用下进入抽空样品中的汞体积，从而测得样品的孔径分布。测定方式可以采用连续增压方式；也可以采用步进增压方式，即间隔一段时间达到平衡后，再测量进汞体积。

6 仪器和材料

警示：用汞时，采取保护实验室工作人员的防护措施十分重要。应当学习符合我国用汞人员防护相应规则和指南文件的有关规定。

6.1 样品膨胀计

膨胀计有一均匀内径的毛细管，通过它可对样品进行抽真空或进汞。

毛细管一端连接用于放置样品的宽内径玻璃管。如果需要精确测量，毛细管的内体积应在样品的孔和空隙体积预期值的20%至90%之间。由于不同样品的开孔孔隙率范围变化很宽，因而需要多个毛细管直径各异和样品体积不同的膨胀计。粉体样品使用的膨胀计常常设计独特，以防抽真空时粉体跑损。

6.2 测孔仪

试验分两步进行，即：低压测量和高压测量。低压试验至少达到 0.2 MPa(30 psia)，高压试验压力应达到测孔仪的最大操作压力[大约 400 MPa(60 000 psia)]。

测孔仪可有多个适于高压操作和低压操作的窗口；或者低压试验在另一分离的独立操作单元上进行。

进行任何孔性能测量前，有必要使用配有阻汞罩的真空泵对样品进行抽真空处理，直至残压为 7 Pa 或小于 7 Pa，然后向样品膨胀计中注汞到给定的低压为止。注汞需要借助外部压力。

通常可通过测量毛细管内汞柱与膨胀计外的金属套管间电容的变化测定注汞体积变化，要求其分辨率至少为 1 mm^3 或小于 1 mm^3。

6.3 汞的纯度

测量用的汞应是分析纯级(纯度至少为 99.4%m)。

7 仪器校准和性能

7.1 总则

制样,向样品膨胀计注汞前要进行抽真空处理,真空度通常用压力传感器记录。在测试孔隙率时,需测量测孔仪的两种信号,即外施压力信号和因汞进入孔中引起的汞体积变化信号。进入玻璃毛细管内的精确的汞体积值通常是作为电容变化的函数测定出来的。

7.2 压力信号校准

常用出厂已校准的电子压力传感器测量压力。压力测量的准确度应为传感器满量程的±1%以内或实际读数的±2%以内,而无论二者中哪个值更低。推荐:压力传感器的压力信号校正检验应定期进行,这种校正可溯源到公认组织。

7.3 体积信号校准

体积测量的准确度应在测量总体积的±1%以内。推荐:校正检验可溯源到公认组织,应定期进行。

7.4 真空传感器校准

对指示真空度的准确度要求一般不是很严格。不含样品的真空歧管系统至少应达到 3 Pa 的真空度,如可能,应校准到 1 Pa 以内。

7.5 测孔仪性能检验

推荐:必须按照检测仪器校准和性能的通则对用户选择的有证参比物质(CRM)或其他参比物质(RM)进行测试。其他参比物质(RM)必须溯源到有证参比物质(CRM)。

8 步骤

8.1 采样

根据 GB 3723 进行采样。试验用样品应具有大宗材料的代表性,且取样量合适。当样品具有各相异性时,取样必须非常小心。推荐:应取第二份样品,以备需要重复测量时有储备的样品可用。

8.1.1 获得试样

由于试样原材料的形式多种多样,适当的不同分样的方法介绍如下:

a) 块体取样

为了能代表块体中不同的区域,可从块体上切割若干约为 1 cm^3 的小块。小碎块可用锯子或钻对块体进行切割或将块体压碎。有可能将锯痕或碎痕解释成孔。如果对粗孔感兴趣,用最大粒径为10 μm 的介质抛光样品的表面。如果对细孔感兴趣,刚锯下立即实验,并忽略孔径大于 125 μm 的数据。抛光后应洗去粘连的颗粒,因为这些颗粒会影响样品质量并堵塞孔道。样品应干燥至恒重。易于水合的样品,宜用非水液体进行冲洗。

b) 粉体取样

粉状和颗粒样品应用旋转取样器或斜槽式分格代表性取样器进行细分样品。非流动性的粉末样品应通过锥式取样法和四分法进行取样。为了有助于区分颗粒间的孔和颗粒内的孔,将样品筛分至可清晰分辨二者的某一粒度区间,这样做是有益的。但重要的是要证实,这样做不会造成取样没有代表性。

c) 膜或片状物取样

对于膜或片状样品而言,为了与样品膨胀计相匹配,可用切条或冲压盘取样。由于相邻的面与面之间非常靠近,给测量这类样品增加了困难。可以在片与片之间铺放钢丝网使其分开以克服上述测量困难。

8.1.2 样品量

试验所需称样量取决于试样的性质。可能的最大样品尺寸应与使用膨胀计的样品池尺寸相符。但总孔体积应处于毛细管和仪器的推荐测量范围之内。就未知样品来说，进行初步试测对于确定试验样品的最佳称样量是必要的。试样最好放在容积在 1 cm^3 和 15 cm^3 之间或更大的样品膨胀计内。

8.2 方法

8.2.1 样品预处理

压汞法无需样品预处理，通常也不用进行预处理。然而，对样品进行预处理，尤其对那些高亲水或多孔的材料进行预处理的确能给出更加准确、可重复的结果。分析开始时很容易对已经过预处理的样品进行抽真空，因为在此过程中样品挥发出吸附汽很少。而且，将样品放入样品膨胀计前需称重，比起那些饱和吸附了大气中的蒸汽(如水)的未预处理的样品，已经过预处理的样品称出的质量更为可信。因此，进行预处理可以去除那些可能影响孔隙结果的吸附物质，包括吸附的水和其他一些在多孔体的制造和运转过程中使用的有机物。

为了最优化预处理条件，建议对材料的热性能进行研究，如采用热重分析和差示扫描量热技术测量吸附物从样品中逸出时的温度以及样品经热处理后可能伴随出现的相变。在很多情况下，适宜的预处理条件是在 3 Pa(2.5×10^{-2} Torr)的真空烘箱中加热至 110℃添加处理 4 h 即可。但必须确保预处理不影响样品的多孔性能。

如果已经确定某一合适的预处理条件，则可通过加热和/或抽真空或通入惰性气体对样品进行脱气处理。如果样品与汞发生汞齐化反应或被汞浸润，则可以通过生成一薄层氧化物或用聚合物、硬脂酸盐涂层等方法对样品表面进行钝化处理。

预处理后需记录试样的重量。

8.2.2 膨胀计装样

预处理结束后，将样品放置到一干净、干燥的样品膨胀计中。为了防止样品被二次污染，如水蒸气的再吸附，最好在一清洁的手套箱中小心装样，并在氮气保护下完成。最终将样品膨胀计转移至测孔仪。

8.2.3 抽真空

向样品膨胀计注汞前对样品进行抽真空的目的是去除样品中的大多数蒸汽和气体。

在真空条件下，表面积相对较高的细粉末样品很容易流入真空系统，从而导致样品量的损失。通过选择专为粉末样品设计的样品膨胀计和控制抽真空的速度可以避免上述影响。

根据材料的特性选用不同的抽真空条件。必须小心以确保孔结构不变，因为抽真空可能会改变某些材料的孔结构。对已经过预干燥处理的样品抽真空时间可以大为减少。

8.2.4 向样品膨胀计注汞

为确保汞从储存罐转移至样品膨胀计中，必须进行抽真空处理。脱气并维持样品的真空状态还能避免汞在填充过程中吸附空气泡。

在开始测量前为了修正外压力，必须记录真空条件下样品上端汞的静压力。已注汞的样品膨胀计处于垂直状态时，注汞压力是外压力和静压力之和；样品膨胀计处于水平位置时注汞可使静压减到最小，但将样品膨胀计旋转至垂直位置时必须考虑静压力。典型的填充压力应小于 5 kPa。

8.2.5 测量

8.2.5.1 低压

依据汞进入孔时的适当的平衡条件和感兴趣的特定孔径范围所需的精度，让非活性干燥气体(如：空气、氮气或氦气)进入已抽真空的样品池，以分级连续升压或在可控制的方式下以步进式升压的方式增压。可以通过图表或计算机记录外压力和对应的注汞体积。当达到所需的最大外压力后，减压力至大气压，将样品膨胀计转移至高压单元。

8.2.5.2 高压

将样品膨胀计转移至高压单元(如有必要应补充汞)，以便利用毛细管的总长。将系统压力增至低压单元的终压力，并记录在该压力下的注汞体积。因为后续的进汞体积即由此初体积值算出。依据汞进入孔时的适当平衡条件和所关注的特定孔所需精度，通过汞面上液压油，以分级连续（压力和时间均连续增加）、步进方式（在压力—时间区间内连续等量增加）或阶梯方式（在所有区间内压力或时间不连续增加）增压。随着汞被压入孔体系，可以测出作为外压力函数的汞柱下降值。通过图表或计算机记录压力和相应的注汞体积。如果需要，可以测定采用分级步进或连续方式减压的退汞曲线。当达到所需的最大压力，小心地降低压力至大气压。压力下降需在一种能采集退汞体积对所降压力关系的可控方式下进行。

8.2.6 试验完毕

从测孔仪中取出样品膨胀计前，确保仪器内的压力已降至大气压。通过观察确认汞已渗透到大部分样品中。

8.2.7 空白试验和样品压缩率修正

8.2.7.1 总则

在不断升压的情况下，汞、样品、样品膨胀计以及体积探测系统中的其他组件都会受到不同程度的挤压。当孔隙率小、样品相对易压缩或准确度要求高时，需要对压缩率进行修正。因加压引起温度的变化，导致汞出现热膨胀，从而影响汞体积。需要指出的是：由于样品受压缩发热引起的膨胀会抵消其他一些因素对样品压缩的的影响。

8.2.7.2 修正值测量

进行空白试验不用试验样品，最好使用与样品具有相似尺寸和热容的无孔检查样。试验时，应与实际测量试样时或者当使用空白样品膨胀计时严格相同条件下进行。为了减小因加压引起的温度影响，可采用样品体积排量置换法校正。因升压和降压引起体系内发生的热传递过程会导致密度和体积变化。

请注意：用空样品膨胀计进行试验的结果小于最佳条件下测得的结果。

8.2.7.3 引入修正值

上述试验结果是一系列表观体积的变化。应将从试样测得的进汞体积减去表观进汞体积然后加上表观退汞体积。当进行无样品修正值测量时，在减去空白或加上空白之前，应修正样品体积数据。

9 评价

9.1 孔径分布的计算

外压力与进汞孔的净宽成反比。对于圆柱形孔，Washburn 方程给出了压力与孔径间的关系[3]，见式(1)：

$$d_p = \frac{-4\gamma\cos\theta}{p} \quad \cdots\cdots(1)$$

应用 Washburn 方程，压力读数可以转换成孔径。

汞的表面张力 γ 依赖于样品的材质和温度。而且对相当弯曲的表面，汞的表面张力还与样品表面的曲率有关。据报道在室温下汞的表面张力介于 0.470 $N \cdot m^{-1}$ 和 0.490 $N \cdot m^{-1}$ 之间。如果该值未知，应取 γ=0.480 $N \cdot m^{-1}$。

在多数情况下，接触角介于 125°与 150°之间。应用合适的仪器测量接触角。如果接触角未知，可取 θ=140°。

进汞体积与样品质量相关，它作为纵坐标与外压力有依存关系。但由于样品上方汞的静压力的存在，必须对由仪器记录下的进汞体积进行修正（见图 A.1）。根据式(1)可以将压力转换成孔径。与样品质量相关的进汞体积作纵坐标，以孔径作横坐标得到孔体积分布曲线（见图 A.2）。孔径作横坐标时常用对数坐标。

堆积的样品之间的空间也被记录为孔。一旦注入的汞进入与外界仅有极小连接的孔（呈墨水瓶孔）

中,则注汞曲线中孔体积反映了瓶颈孔的孔径分布和所有充汞孔的总体积。在这种情况下,所计算的孔面积是不正确的。

如果孔系统保留部分注入的汞,则不应该用降压曲线计算孔容分布。残留量的关系仅能用于定性评估墨水瓶形孔颈的空间。

9.2 比孔容的计算

由图 A.1 和图 A.2 所示,孔径分布的最大值可给出介孔和大孔范围内的比孔容值 V_p。它包括材料的颗粒间孔隙率、堆积样品粒子内部的孔隙率以及样品表现出的任何体积变化量。

9.3 比表面积的计算

假设为圆柱形孔,则从孔容分布可以导出表面分布。根据 Rootare 和 Prenzlow[4] 的研究,假设样品必须不含墨水瓶形孔和在外施压力下不变形,则无需应用孔模型就可以从压力/体积曲线计算出进汞孔的比表面积,见式(2)。

$$S = \frac{1}{\gamma\cos\theta}\int_{V_{\mathrm{Hg},0}}^{V_{\mathrm{Hg,max}}} p\mathrm{d}V \qquad \cdots\cdots(2)$$

从函数 $V=V(p)$,可以通过图表或借助数字方法计算积分。

最大压力下计算的孔径为 3 nm,由于小于 3 nm 的小孔的表面积不是测得的(估算小的),而且,墨水瓶形孔的表面积又是由按瓶颈直径的圆柱形孔模型计算得到(估算大的),因而与由气体吸附得到的结果无可比性。

10 报告

每一测试结果可参考提供如下测试条件和计算使用的常数:

a) 实验室、操作者、日期。

b) 样品标志,如:化学成分、纯度、粒径分布、采样方法、样品均分。

c) 样品来源。

d) 脱气完的样品质量 m,单位为 g。

e) 使用的仪器和样品膨胀计类型。

f) 预处理。

g) 脱气条件:温度和抽真空压力。

h) 进汞压力。

i) 步进法或扫描法

 1) 如采用步进法,则需提供增压力变动速率的平衡时间;

 2) 如采用扫描法,则需提供扫描速率。

j) 每一压力段的修正压力和修正的进汞体积。

k) 样品膨胀计校准常数。

l) 所用的汞接触角,单位为度(°)。

m) 所用的汞表面张力值,单位为 $\mathrm{N \cdot m^{-1}}$。

n) 汞的密度和温度。

o) 说明样品是固体还是粉体。

p) 使用一新鲜样品测量的重现性,标准偏差。

q) 根据图 A.2 和 A.3 或其他格式给出的累积孔体积分布和微分孔体积分布。另外,对某些宽或多峰群的分布而言,也可用直方图和对数微分分布。

r) 比注汞体积,单位为 $\mathrm{cm^3 \cdot g^{-1}}$。

s) 由比注汞体积计算的比表面积 S,单位为 $\mathrm{m^2 \cdot g^{-1}}$。

t) 所采用的任何空白修正的方法。

附 录 A
（资料性附录）
氧化铝参比样品的压汞法分析结果

A.1 孔径分布的表示

孔径分布可表示为：

——压力：注汞体积分布；

——孔：归一化注汞体积分布；

——微分孔：体积分布。

表 A.1 氧化铝样品(0.9 145 g)试验进汞数据列表报告

压力/ MPa	孔径/ nm	增加的孔体积/ (cm^3/g)	累积的孔体积/ (cm^3/g)	$-dV/dD$ 孔体积/ [$cm^3/(g \cdot nm)$]	占总进汞体积的百分数/ %
0.005 0	294 161.07	0.000 0	0.000 0	0.000	0.000 0
0.009 0	163 422.81	0.016 6	0.016 6	1.270×10^{-7}	2.876 5
0.011 5	127 896.12	0.003 6	0.020 2	1.013×10^{-7}	3.500 3
0.016 4	89 683.25	0.003 5	0.023 7	9.159×10^{-8}	4.106 7
0.021 3	69 051.89	0.001 7	0.025 4	8.240×10^{-8}	4.401 3
0.031 2	47 141.20	0.001 6	0.027 0	7.302×10^{-8}	4.678 6
0.041 3	35 612.72	0.000 7	0.027 7	6.072×10^{-8}	4.799 9
0.051 0	28 839.32	0.000 5	0.028 2	7.382×10^{-8}	4.886 5
0.076 0	19 352.70	0.000 5	0.028 7	5.271×10^{-8}	4.973 1
0.100 8	14 591.32	0.000 3	0.029 0	6.301×10^{-8}	5.025 1
0.125 8	11 691.62	0.000 2	0.029 2	6.897×10^{-8}	5.059 8
0.150 6	9 766.30	0.000 2	0.029 4	1.039×10^{-7}	5.094 4
0.200 1	7 350.35	0.000 3	0.029 7	1.242×10^{-7}	5.146 4
0.249 9	5 885.58	0.000 1	0.029 8	6.827×10^{-8}	5.163 7
0.299 7	4 907.59	0.000 1	0.029 9	1.023×10^{-7}	5.181 1
0.339 7	4 329.72	0.000 2	0.030 1	3.461×10^{-7}	5.215 7
0.398 3	3 692.71	0.000 2	0.030 3	3.140×10^{-7}	5.250 4
0.499 7	2 943.38	0.000 7	0.031 0	9.342×10^{-7}	5.371 4
0.598 8	2 456.25	0.000 3	0.031 3	6.159×10^{-7}	5.423 7
0.695 7	2 114.14	0.000 2	0.031 5	5.846×10^{-7}	5.458 3
0.799 8	1 838.97	0.000 2	0.031 7	7.268×10^{-7}	5.493 0
0.898 2	1 637.50	0.000 1	0.031 8	4.964×10^{-7}	5.510 3
0.998 2	1 473.46	0.000 2	0.032 0	1.219×10^{-6}	5.545 0
1.243 8	1 182.51	0.000 1	0.032 1	3.437×10^{-7}	5.562 3
1.493 7	984.67	0.000 2	0.032 3	$1.01 1\times10^{-6}$	5.597 0

表 A.1（续）

压力/MPa	孔径/nm	增加的孔体积/(cm^3/g)	累积的孔体积/(cm^3/g)	$-dV/dD$ 孔体积/[$cm^3/(g\cdot nm)$]	占总进汞体积的百分数/%
1.748 5	841.18	0.000 3	0.032 6	2.091×10^{-6}	5.648 9
2.016 5	729.39	0.000 1	0.032 7	8.945×10^{-7}	5.666 3
2.509 9	586.00	0.000 1	0.032 8	6.974×10^{-7}	5.683 6
3.014 1	487.97	0.000 2	0.033 0	2.040×10^{-6}	5.718 2
3.544 7	414.93	0.000 1	0.033 1	1.369×10^{-6}	5.735 6
4.041 6	363.92	0.000 2	0.033 3	3.920×10^{-6}	5.770 2
4.501 7	326.72	0.000 2	0.033 5	5.377×10^{-6}	5.804 9
5.022 1	292.87	0.000 2	0.033 7	5.907×10^{-6}	5.839 5
5.497 6	267.54	0.002 0	0.035 7	7.896×10^{-5}	6.186 1
5.728 5	256.75	0.006 5	0.042 2	6.028×10^{-4}	7.312 4
5.982 7	245.84	0.044 0	0.086 2	4.033×10^{-3}	14.936 8
6.215 4	236.64	0.085 0	0.171 2	9.235×10^{-3}	29.665 6
6.374 7	230.73	0.078 2	0.249 4	1.322×10^{-2}	43.216 1
6.460 9	227.65	0.046 9	0.296 3	1.524×10^{-2}	51.342 9
6.603 5	222.73	0.053 1	0.349 4	1.080×10^{-2}	60.544 1
6.713 8	219.07	0.035 7	0.385 1	9.756×10^{-3}	66.730 2
6.814 5	215.83	0.027 4	0.412 5	8.464×10^{-3}	71.478 1
6.982 0	210.66	0.030 1	0.442 6	5.813×10^{-3}	76.693 8
7.230 5	203.42	0.038 3	0.480 9	5.290×10^{-3}	83.330 4
7.550 1	194.81	0.030 1	0.511 0	3.496×10^{-3}	88.546 2
8.042 9	182.87	0.026 8	0.537 8	2.245×10^{-3}	93.190 1
8.598 6	171.05	0.015 3	0.553 1	1.295×10^{-3}	95.841 3
9.116 8	161.33	0.007 5	0.560 6	7.714×10^{-4}	97.140 9
10.119 5	145.34	0.007 8	0.568 4	4.879×10^{-4}	98.492 5
12.734 0	115.50	0.006 0	0.574 4	2.011×10^{-4}	99.532 1
15.267 3	96.34	0.001 5	0.575 9	7.827×10^{-5}	99.792 1
17.648 9	83.34	0.000 7	0.576 6	5.385×10^{-5}	99.913 4
20.194 4	72.83	0.000 1	0.576 7	9.520×10^{-6}	99.930 7
25.168 5	58.44	0.000 3	0.577 0	2.084×10^{-5}	99.982 7
30.273 3	48.58	0.000 1	0.577 1	1.015×10^{-5}	100.000 0
34.918 3	42.12	0.000 0	0.577 1	0.000	100.000 0
39.835 5	36.92	0.000 0	0.577 1	0.000	100.000 0
44.769 9	32.85	0.000 0	0.577 1	0.000	100.000 0
49.787 5	29.54	0.000 0	0.577 1	0.000	100.000 0

表 A.1(续)

压力/MPa	孔径/nm	增加的孔体积/(cm³/g)	累积的孔体积/(cm³/g)	−dV/dD 孔体积/[cm³/(g·nm)]	占总进汞体积的百分数/%
54.729 2	26.87	0.000 0	0.577 1	0.000	100.000 0
60.089 7	24.48	0.000 0	0.577 1	0.000	100.000 0
69.870 2	21.05	0.000 0	0.577 1	0.000	100.000 0
79.866 3	18.42	0.000 0	0.577 1	0.000	100.000 0
89.703 2	16.40	0.000 0	0.577 1	0.000	100.000 0
99.731 1	14.75	0.000 0	0.577 1	0.000	100.000 0
119.753 0	12.28	0.000 0	0.577 1	0.000	100.000 0
139.892 0	10.51	0.000 0	0.577 1	0.000	100.000 0
159.460 0	9.22	0.000 0	0.577 1	0.000	100.000 0
179.293 0	8.20	0.000 0	0.577 1	0.000	100.000 0
199.214 0	7.38	0.000 0	0.577 1	0.000	100.000 0
220.242 0	6.68	0.000 0	0.577 1	0.000	100.000 0
239.980 0	6.13	0.000 0	0.577 1	0.000	100.000 0
260.078 0	5.66	0.000 0	0.577 1	0.000	100.000 0
300.718 0	4.89	0.000 0	0.577 1	0.000	100.000 0
339.708 0	4.33	0.000 0	0.577 1	0.000	100.000 0
379.685 0	3.87	0.000 0	0.577 1	0.000	100.000 0
410.646 0	3.58	0.000 0	0.577 1	0.000	100.000 0

A.2 进汞数据汇总

比进汞体积: 0.577 1 cm³/g;
比孔容: 0.545 0 cm³/g;
比表面积: 10.011 m²/g;
中位孔径: 228.2 nm;
平均孔径: 230.6 nm;
接触角: 140°;
汞表面张力: 480 N/m;
汞密度: 13.532 5 g/cm³。

进汞数据汇总计算注解:

在总进汞体积中包含颗粒间充汞的体积及样品压缩性效应,其结果导致过高估计总孔容和总孔面积。通过空白校正和扣除颗粒间充汞可进行适当修正。特别注意初始低压段(见图 A.1)和最终大孔段(见图 A.2)。

中位孔径定义为 50%孔容对应的孔径值。也就是说有一半的孔容是由比此值大的孔径的孔组成,而有一半的孔容是由比此值小的孔径的孔组成。平均孔径则是按圆柱形孔几何模型由总孔容和总孔面积计算得到的,也就是说平均孔径是总孔容与总孔面积比值的 4 倍。

由样品质量和相应的体积可以计算其松装密度和表观密度。用于计算松装密度的体积为样品体积加上尚未施加压力下未进汞的孔体积，通常也就是在分析开始或向样品膨胀计刚注入汞时未进汞的孔体积。对表观密度而言，用于计算的体积为样品的体积加上在高压时，即分析过程施加的高压下未进汞的孔体积。

总孔隙率定义为：测得的总孔容与包括所有孔在内的样品总体积的比值。

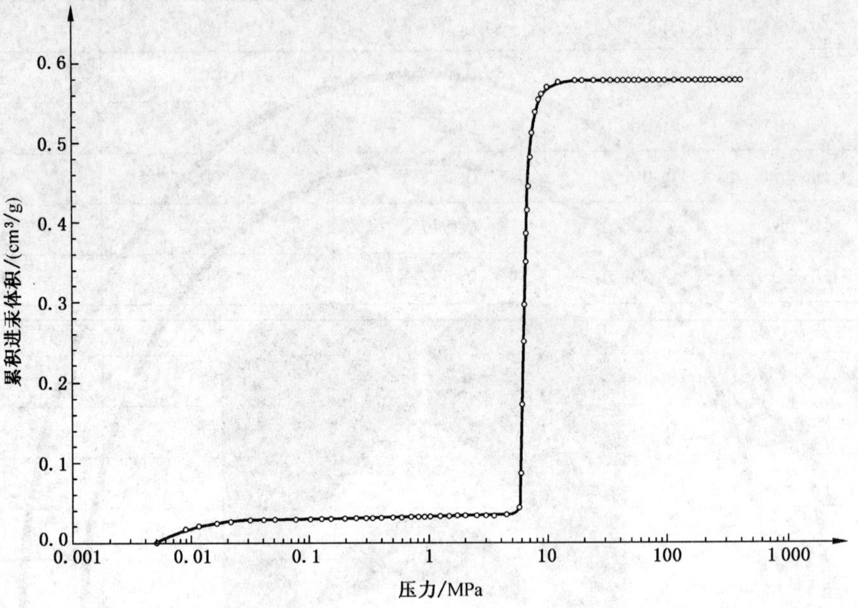

图 A.1 进汞体积对压力曲线

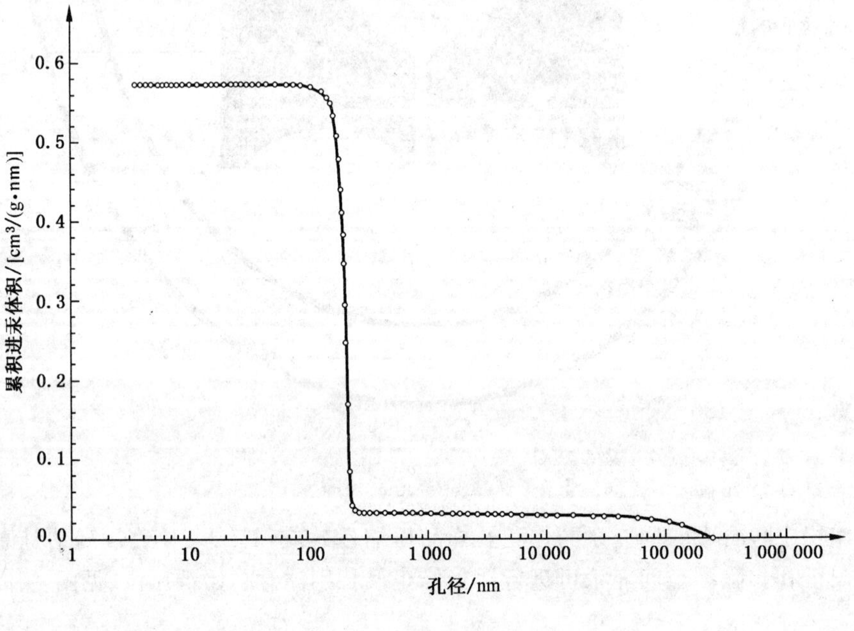

图 A.2 孔体积对孔径曲线

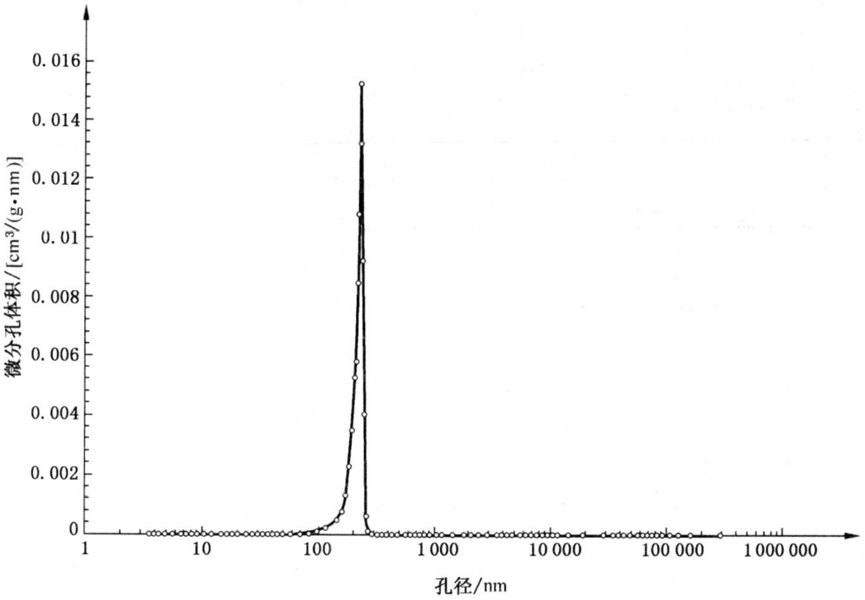

图 A.3 微分孔体积对孔径曲线

参 考 文 献

[1] RITTER, H. L., DRAKE, L. C., Pore size distribution in porous materials. Ⅰ. Pressure porosimeter and determination of complete macropore size distributions. *Ind. Eng. Chem. Anal.* Ed. 17(1945):782-786.

[2] RITTER, H. L., DRAKE, L. C., Pore size distribution in porous materials. Ⅱ. Macropore size distributions in some typical porous substances. *Ind. Eng. Chem. Anal.* Ed. 17(1945):787-791.

[3] WASHBURN, E. W., *Phys. Rev. Ser.* 2, 17(1921):273.

[4] ROOTARE, H. M., PRENZLOW, C. F., Surface areas from mercury porosimeter measurements. *J. Phys. Chem.* 71(1967) 8:2733-2736.

[5] ADOLPHS, J., HEINE, P., SETZER, M. J., Changes in pore structure and mercury contact angle of hardened cement paste depending on relative humidity. *Materials and structures*. 35(2002):477-486.

ICS 19.120
A 28

中华人民共和国国家标准

GB/T 21650.2—2008/ISO 15901-2:2006

压汞法和气体吸附法测定固体材料孔径分布和孔隙度 第2部分:气体吸附法分析介孔和大孔

Pore size distribution and porosity of solid materials by mercury porosimetry and gas adsorption—Part 2: Analysis of mesopores and macropores by gas adsorption

(ISO 15901-2:2006,IDT)

2008-04-16 发布

2008-10-01 实施

中华人民共和国国家质量监督检验检疫总局
中国国家标准化管理委员会 发布

前　言

GB/T 21650《压汞法和气体吸附法测定固体材料孔径分布和孔隙度》分为以下3个部分：

——第1部分：压汞法；

——第2部分：气体吸附法分析介孔和大孔；

——第3部分：气体吸附法分析微孔。

本部分为GB/T 21650的第2部分。

本部分等同采用ISO 15901-2:2006《压汞法和气体吸附法测定固体材料孔径分布和孔隙度　第2部分：气体吸附法分析介孔和大孔》(英文版)。

为便于使用，与ISO 15901-2:2006相比，本部分作了如下编辑性修改：

——将“本国际标准”改为“本部分”；

——将“ISO 15901的本部分”修改为“本部分”，将“77.35 K”全部修改为“77 K”；

——用GB/T 19587—2004代替ISO 9277:1995，并修改了相应的图号；

——增加了3.13“吸附分子可以到达的”表述；

——删除了欧美地区标准参比材料供应机构的通讯信息；

——将部分条文作了编辑性调整；

——将一些拼写错误、公式错误中的错误做了编辑性修改；

——重新调整了参考文献的序号和格式；

——修改了图1、图2和图3中坐标轴说明文字的位置，延长了图2中H2类型曲线的脱附分支；

——将附录A中变量单位的“/”表达方式修改为脚标表示，补充了附录A中无量纲量的单位。

本部分的附录A为资料性附录。

本部分由全国筛网筛分和颗粒分检方法标准化技术委员会(SAC/TC 168)提出并归口。

本部分起草单位：中国科学院过程工程研究所、北京市理化分析测试中心。

本部分主要起草人：朱庆山、黄文来、周素红、邹涛、李凤霞、王勇、谢朝晖。

引　言

通常,不同类型的孔可视作固体内的孔、通道或空腔,或者是形成床层、压制体或团聚体的固体颗粒间的空间(如裂缝或空隙)。通常用孔隙率来表示固体材料的多孔特性,其更为准确的定义为:一定量固体中的可测定孔和空隙的体积与该固体所占有的总体积之比。除了可测定孔外,固体中可能还有一些闭孔,这些孔与外表面不相通,且流体不能渗入。本部分不涉及闭孔(即不与外表面连通的空腔)的表征。

多孔材料可以是细的或粗的粉末、堆积体、挤出物、薄片或单块体等。它们的表征通常包括测定孔径分布以及总孔容或孔隙率。为满足某些要求,有时还需研究孔的形状和连通性,以及测定内表面积和外表面积。

多孔材料在如下领域具有重大的技术重要性:

——可控药物释放;

——催化;

——气体分离;

——包括杀菌在内的过滤;

——材料技术;

——环境保护和污染控制;

——天然蓄储性岩石;

——建筑材料性质;

——高分子和陶瓷工业。

众所周知,多孔固体的性能(如强度、反应性、渗透性或吸附容量)由其孔结构决定,已有多种方法用于表征孔结构。由于大多数多孔固体结构复杂,因此不同方法得到的结果通常不能吻合,而且仅靠一种方法也不能给出孔结构的所有信息。应依据多孔固体材料的应用,其化学和物理特性和孔径范围选择最合适的表征方法。

最常用的方法如下:

a) 压汞法:加压向孔内充汞。此方法适于孔直径范围大约在 0.003 μm 至 400 μm 之间,尤其是 0.1 μm至 100 μm 之间的大多数材料。

b) 气体吸附分析介孔-大孔法:通过吸附一种气体表征孔结构,如液氮温度下的氮气。该方法适于测量孔径范围大约在 0.002 μm 至 0.1 μm(2.0 nm 至 100 nm)之间的孔,该方法是表面积评估技术(见 GB/T 19587—2004)的拓展。(其他孔径分布分析技术可参见参考文献[1])

c) 气体吸附分析微孔法:通过吸附一种气体表征孔结构,如液氮温度下的氮气。该法适用于测量孔径范围大约在 0.000 4 μm 至 0.002 μm(0.4 nm 至 2.0 nm)之间的孔。

压汞法和气体吸附法测定固体材料孔径分布和孔隙度 第2部分:气体吸附法分析介孔和大孔

1 范围

GB/T 21650 的本部分规定了一种采用气体吸附法测定孔隙率和孔径分布的方法,用于比较性的而非绝对意义上的测试。本方法局限于在恒定的控制温度下,测定单位质量样品对气体的吸附量。

本部分不规定使用特定的吸附气体,但氮气是最常使用的吸附气体,而液氮温度则是最常采用的分析温度。有时也使用其他吸附气体,包括氩气、二氧化碳和氪气。也采用其他分析温度,包括液氩和固体二氧化碳温度。在使用液氮温度下的氮气进行吸附时,该方法的基本做法是测定 77 K 下氮气的吸附量随其相对压力的变化情况。

本部分规定了 2 nm～50 nm 的介孔孔径分布和孔径达到 100 nm 的大孔孔径分布计算方法。一般而言,氮气吸附最适合于宽度约在 0.4 nm～50 nm 范围内的孔隙的测定。由于温度控制和压力测量技术的进步,目前已可以用于测定更大的孔隙宽度。

本部分所规定的方法可适用于大范围内的多孔材料。即使某些材料的孔结构有时会受预处理或冷却制度的影响。

本部分规定了两类测定气体吸附量的方法:

——测量从气相中减少的气体量(即气体体积法);

——测量吸附剂获得的气体量(即直接测量质量增量的重量法)。

实际应用时,可以采用静态或动态技术来测定气体吸附量。为了依据等温线计算孔体积和孔径分布,需要采用一种或多种数学模型,这要求简化基本假设。

2 规范性引用文件

下列标准中的条款通过 GB/T 21650.2 的本部分的引用而成为本部分的条款。凡是注日期的引用文件,其随后所有的修改单(不包括勘误的内容)或修订版均不适用于本部分。然而,鼓励根据本部分达成协议的各方研究是否可使用这些文件的最新版本。凡是不注日期的引用文件,其最新版本适用于本部分。

GB/T 19587 气体吸附 BET 法测定固态物质比表面积

GB 3101 有关量、单位和符号的一般原则(GB 3101—1993,eqv ISO 31-0:1992)

ISO 8213 工业用化学品 取样技术 从粉体到粗糙块体不同形状颗粒的固体化学品

ISO 9276-1 粒度分析表示方法 第1部分:图形表示

3 术语和定义

下列术语和定义适用于本部分。

3.1

吸附质 adsorbate

被吸附的气体。

3.2

吸附量 amount adsorbed(n_a)

给定压力 p 下的吸附气体摩尔数。

3.3

吸附剂 adsorbent

发生吸附的固体材料。

3.4

吸附 adsorption

吸附气体在固体材料外表面和可到达的内表面上的富集。

3.5

吸附物质 adsorptive

可被吸附的气体或蒸气。

3.6

盲孔 blind pore

末端封闭的孔 dead-end pore

与外表面只有一路连接的开孔。

3.7

平衡吸附压力 equilibrium adsorption pressure(p)

吸附物质与吸附质的平衡压力。

3.8

墨水瓶孔 ink bottle pore

颈部窄的开孔。

3.9

内连孔 interconnected pore

与一个或多个其他孔相连的孔。

3.10

等温线 isotherm

恒定温度下,气体吸附量与气体平衡压力之间的关系曲线。

3.11

大孔 macropore

孔宽大于 50 nm 的孔。

3.12

介孔 mesopore

孔宽介于 2 nm 和 50 nm 之间的孔。

3.13

微孔 micropore

吸附分子可以到达的孔宽小于 2 nm 的孔。

3.14

单层吸附量 monolayer amount(n'_m)

在吸附剂表面形成单分子层的吸附质摩尔数。

3.15

单层吸附容量 monolayer capacity(V_m)

单层吸附量的等效标准状态气体体积。

3.16

开孔 open pore

与外表面相连的空腔或通道。

3.17

孔隙率　porosity

开孔孔隙率　open porosity

开孔体积与固体所占总体积之比。

3.18

相对压力　relative pressure

平衡压力 p 与饱和蒸气压 p_0 的比值。

3.19

正圆柱型孔　right cylindrical pore

与表面垂直的圆柱孔。

3.20

饱和蒸气压　saturation vapour pressure

吸附温度下,吸附气体大量液化的蒸气压。

3.21

通孔　through pore

完全穿过样品的孔。

3.22

吸附体积　volume adsorbed

标准状态下与吸附量等效的气体体积。

4　符号

本部分中引用的符号如表 1。

表 1

符号	术　　语	国际单位
A_{He}	用于自由空间测定的氦气回归线斜率	$cm^3 \cdot Pa^{-1}$
a'_p	比孔面积	$m^2 \cdot g^{-1}$
B_{He}	用于自由空间测定的氦气回归线截距	cm^3
b	浮力	$g \cdot Pa^{-1}$
C_N	非理想修正因子,对 77 K 下的氮气为 0.464×10^{-6}	Pa^{-1}
d_p	孔直径	nm
m_{ss}	固体样品材料的质量	g
m_a	气体吸附质量	g
m^*_{ai}	第 i 次供气后由天平上读取的气体吸附质量	g
m_{ai}	压力 p_i 下修正的气体吸附质量	g
n_a	气体吸附量	mol
n'_a	比气体吸附量	$mol \cdot g^{-1}$
n'_m	比单层气体吸附量	$mol \cdot g^{-1}$
n'_{ax}	特定相对压力下的比吸附量(x=1,2,3)	$mol \cdot g^{-1}$
p	与吸附质相平衡的吸附气体压力	Pa
p_x	用于测定自由空间的吸附物质压力(x=1,2,3)	Pa
p_i	第 i 次供气后的吸附物质压力	Pa
p_{man}	歧管中的吸附物质压力	Pa
p_0	饱和蒸气压	Pa
p/p_0	吸附物质的相对压力(见注 1)	1
p_{std}	标准压力,值为 101 325.02	Pa

表 1（续）

符号	术 语	国际单位
R	理想气体常数，为 8.314 510	$J \cdot mol^{-1} \cdot K^{-1}$
r_K	Kelvin 半径	nm
t	气体吸附层的统计厚度(见注 2)	nm
T_{amb}	环境温度	K
T_b	低温浴的温度	K
T_{eq}	压力平衡时的供气歧管温度	K
T_{man}	供入吸附物质时的供气歧管温度	K
T_{std}	标准温度，为 273.15	K
$V_{sh,b}$	低温浴温度下的样品管体积	cm^3
V_d	供到样品管中的吸附物质体积	cm^3
V_{di}	第 i 次供气后供到样品管中的吸附物质体积	cm^3
$V_{fs,b}$	样品管浸入低温浴中时的自由空间体积	cm^3
$V_{fs,amb}$	样品管处于环境温度下的自由空间体积	cm^3
V'_{ai}	第 i 次供气后的标准状态气体吸附体积	$cm^3 \cdot g^{-1}$
V'_l	发生毛细管凝聚的吸附质液态等效比体积	$cm^3 \cdot g^{-1}$
V_m	单层气体吸附容量	cm^3
V_{man}	供气歧管体积	cm^3
V_{ml}	液态凝聚物的摩尔体积	$cm^3 \cdot mol^{-1}$
α_s	归一化吸附(见注 1)	1
ρ	密度	$g \cdot cm^{-3}$
δ_a	一层单层吸附质的厚度	nm
σ_l	液态凝聚物的表面张力	$J \cdot m^{-2}$
注 1：依据 GB 3101，对于任何量纲为 1(目前常定为“无量纲”)的量，规定其单位为 1。 注 2：虽然符号 t 常被用于表示时间，但在采用气体吸附法分析孔径分布时，却习惯于使用 t 表示气体吸附层的统计厚度，如上所示。因此，在本部分中，符号 t 均表示统计厚度，而非时间。		

5 原理

5.1 基本原理

将吸附于一定表面上的气体量记录为吸附物质相对压力的函数，可以采用等温线吸附分支上一系列逐步升高的相对压力或等温线脱附分支上一系列逐步降低的相对压力，也可二者并用。在恒定温度下，气体吸附量与气体平衡相对压力之间的关系即为吸附等温线。所能测定的最小孔径由吸附气体分子的尺寸决定。

注：对于氮气，可测定的最小孔径约为 0.5 nm。

能够测定的最大孔径则由高相对压力下测定气体吸附量的实际难度决定。

对于宽度小于 2 nm 的微孔，其比较性的孔径分布可以使用氮气作为吸附气体进行测定，虽然使用其他气体(如氩气)会获得更可靠的结果。氮气和氩气都可以用于介孔孔径分布的测定。

依据等温线的吸附分支和脱附分支分别计算出的孔径分布结果不一定相同。

气体在多孔固体上的吸附有多种机制。比如，对于介孔和大孔材料，首先发生多层吸附；相对压力更高时，则发生毛细管凝聚，形成类似液体的弯月面。介孔孔径分布的计算一般采用基于 Kelvin 方程的方法。

在液氮温度(77 K)下，以氮气为吸附气体时，Kelvin 方程可以表述如式(1)：

$$r_K = -\frac{2\sigma_l V_{ml}}{RT_b \ln(p/p_0)} = -\frac{0.953}{\ln(p/p_0)} \quad \cdots\cdots(1)$$

式中:

σ_l——液态凝聚物的表面张力;

V_{ml}——液态凝聚物的摩尔体积;

R——理想气体常数;

T_b——分析温度;

r_K——凝聚在孔隙中的吸附气体的曲率半径;

p_0——液氮温度下氮气的饱和蒸气压;

p——氮气的吸附平衡压力。

对于 77 K 下的氮气吸附,式中数值常数的计算值为 0.953 nm。

由于只有在孔壁上形成了吸附层之后,才可能发生凝聚,因而必须考虑该吸附层的厚度。对于圆柱型孔径采用式(2)计算:

$$d_p = 2(r_K + t) \quad \cdots\cdots(2)$$

式中:

d_p——圆柱型孔的直径,单位为纳米(nm);

t——吸附层的厚度,单位为纳米(nm)。

现有多种计算 t 随相对压力变化情况和孔径分布的方法[2,3]。

对于直径小于约 2 nm 的孔,不能使用 Kelvin 方程,因为此时相邻孔壁之间的相互作用很强,已不再能够将其内的吸附质看作具有常规热力学性质的液体。

5.2 方法的选择

建立吸附等温线所需要的实验数据可以通过体积法或重量法来获得,其中压力可以逐步变化以观察其平衡态,也可以连续变化。由于在等温线的某些部分可能需要很长的平衡时间,所以建议使用阶梯静态法以获得平衡状态的数据。

体积法基于体积的校准和压力的测定(见 GB/T 19587 中的图 3)。吸附质的体积以供气量与死空间(即样品管和接头处的自由空间)中的气体量之差按普适气体方程来计算。应对测定仪器中的不同体积进行校准,并考虑温度的影响。

重量法测定需要一台灵敏的微量天平和一个压力计(见 GB/T 19587 中的图 4)。吸附重量可以直接测定,但需要对与压力有关的浮力进行修正。平衡点通过观察质量显示而确定。由于样品并不与恒温器直接接触,需要人工确保正确的温度。

6 仪器性能的校验

建议定期选用有证参比物质(CRM)进行测试,以观察仪器的校准情况和性能。进行比表面积分析时,可采用其他参比物质(RM)进行测试,其他参比物质应溯源到有证参比物质。

7 校准

仪器中各部件的校准通常应按仪器生产商的建议进行。压力和温度传感器的校准,一般通过参照已校准的标准压力和温度测量装置来进行。歧管体积的校准,通过使用恒温体积或已知体积的固体,进行适当的压力和温度测定来完成。分析管的校准一般通过 9.3 中描述的自由空间测定来完成。

8 制样

取样应按 ISO 8213 进行。在进行吸附测量之前,应通过"脱气"除去吸附剂表面的物理吸附物质。对该步骤的基本要求是,既能够保证吸附数据的重现性,又不会引起吸附剂表面发生不可逆的变化。脱气工艺应依据所考察的吸附体系来确定，并合理调控相应的参数以达到上述目标。

有多种脱气工艺可供选择。最普通的一种是，采用一定温度下的高真空处理。有时，在一定温度下，采用惰性气体(可以是吸附气体)吹扫吸附剂即可。对于某些微孔材料，往往需要在气体吹扫一、两次后进行真空加热，才能保证吸附数据的重现性。不论采用什么工艺，尤其对于十分潮湿的材料，有时可以通过在烘箱中进行一定温度下的预干燥来缩短脱气时间。

采用真空处理时，对于介孔材料，脱气的残压一般达到约 1.00 Pa～0.01 Pa 即可；而对于微孔材料，建议达到 0.01 Pa 或更低。对于某些吸附剂，高真空处理可能会引起其表面发生变化。由于脱气速度与温度密切相关，应采用不引起吸附剂改变(如烧结、分解)的最高温度以缩短脱气时间。吸附剂的变化可能与所采用的加热速度有关系。

为了优化预处理工艺，建议对材料的热行为进行考察。比如采用热重分析和差动扫描量热方法，以确定样品中材料的演变和相变温度。

如果没有掌握这方面的数据，应依据前期经验和对吸附剂性质的一般了解来选择温度，必要时应进行试验。

脱气过程中应对相应的参数进行观察，比如系统的压力(一般对于真空处理)或吸附剂的质量(对于重量法)。当所观察的参数达到了稳定值(这可能需要 0.25 h 至数小时，取决于样品)，即可进行脱气完成检验。比如对于真空处理，可以隔离加热的样品，检查样品周围的压力在几分钟内应没有明显升高。使用氮气作为吸附气体时，样品在环境温度下的脱气速度通常低于 0.7 Pa/min 即可。

不论采用何种工艺，都应记录脱气条件(如温度、加热速度、停留时间、残留压力)。

9 静态体积法

9.1 原理

在静态体积法中，将已知量的气体通到自动恒定在吸附温度的样品管内。气体在样品表面发生吸附，固定空间内的气体压力不断降低，直到吸附质与吸附气体达到平衡。平衡压力下吸附质的量就是供气量与残留在气相中的吸附气体量之差。测量系统的压力、温度和体积。通过惰性气体(如氦气)的气体膨胀可以很容易测定体积。

9.2 仪器与材料

9.2.1 概述

静态体积法的测量仪器一般包括一个连接样品管的金属或玻璃歧管、一个饱和压力管、一个压力测量装置、一个真空源、氮气和氦气源。歧管的体积需要进行校准。需要具有记录歧管温度的手段。目前的商业仪器提供两级真空系统和压力分辨率，这两级均适合于本部分的分析。该方法的孔径上限受其测定吸附气体的饱和压力能力的限制。

可以使用各种尺寸的样品管。典型体积为 10 cm^3～20 cm^3。为尽可能减小误差，样品上方的自由空间应尽可能减小，比如在样品管的颈部放入玻璃棒。

9.2.2 仪器

9.2.2.1 不同尺寸的杜瓦瓶、存放液氮的容器。一般需要 1 个 20 L～40 L 的储存容器。

9.2.2.2 恒液面装置，可将液氮液面恒定在高出样品上方至少 15 mm、变化不超过 1 mm 的位置。尽可能减小经受液面变化的体积，有助于尽可能减小由液面变化引起的误差。

9.2.2.3 小型电热套或电炉。脱气时放置于样品管的周围。一般最高使用温度为 350℃即可。

9.2.2.4 天平，精度为 1 mg 或更高。

9.2.3 材料

9.2.3.1 氮气或其他合适的吸附气体(比如氩气)，干燥，纯度不低于 99.99%。

9.2.3.2 氦气，纯度不低于 99.99%。

9.2.3.3 液氮或其他温度控制手段(比如液氩)，纯度不低于 99%。

9.3 典型测试步骤

9.3.1 概述

这里按使用手动控制仪器进行测试步骤描述，使用基于相同操作原理的自动仪器也可以。

9.3.2 称量样品质量

称量空样品管及其塞子和空间填充物的质量。称取具有代表性的测试样品，并置于样品管中。

注 1：为确保精度，分析后应重新称量样品的质量。如果分析后的质量不等于脱气后、分析前的初始质量，采用分析后的质量（“脱气样品质量”，见 9.3.8）进行计算。

注 2：对于氮气吸附测试，样品量以达到总表面积 5 m^2～200 m^2 为好。

9.3.3 脱气

将样品管连接到仪器上，对样品进行脱气（见第 8 章）。首先在室温下进行，然后，如有必要，将样品加热到更高温度，并停留足够的时间。脱气粉体样品时，应小心避免样品的损失。对样品和仪器抽真空。通过将样品与真空系统隔离开，来检查脱气速度。压力若明显升高则表明脱气不完全或系统泄漏（见 GB/T 19587—2004 中的图 9）。

注 1：样品脱气可以在另一台专用设备上进行。脱气结束时，向样品管中充入接近大气压力的干燥惰性气体，通常为吸附气体。

注 2：对于更精细的测量，在将样品管浸入液氮之前，可向其中充入氦气以保持样品的脱气状态。由于有些微孔材料强烈保留氦气，在分析前应完全脱除所有氦气，这会耗费数小时。可以向盛有样品的样品管中不是充入氦气，而是充入一种不吸附、不反应的气体，比如吸附气体。

注 3：当有密封阀时，样品可以在真空状态下转移。

9.3.4 测定自由空间

在测定吸附等温线之前或之后，应测定自由空间。在测定温度下，采用氦气进行体积校准。须注意，某些材料会吸附和/或吸收氦气。对于这种情况，在测定吸附等温线之后，可以进行修正。如果自由空间的测定可以与吸附测定分开，则可以避免使用氦气。空样品室的体积在环境温度下使用氮气测定。随后，对该空样品室在与吸附测定相同的实验条件（温度和相对压力范围）下进行一次空白实验。通过输入样品密度，或通过在吸附分析开始时（如果氦气吸附效应可以忽略）采用氦气进行环境温度下的比重测定，对样品体积进行必要的修正。如果采用示差测定，即通过将参比管和样品管连接到一个差压传感器上，可以避免进行自由空间的测定。在这种情况下，以及有效自由空间的变化情况已知时，不需要具备恒液面装置。

9.3.5 使用氦气测定自由空间

9.3.5.1 如果在样品浸入液氮之前进行自由空间的测定，采用如下步骤。

向仪器的歧管中充入氦气，使其压力达到 7.0×10^4 Pa～1.1×10^5 Pa，记录此压力 p_1。然后将氦气充入样品管，记录新压力 p_2，记录歧管温度 T_{man}。

将样品管和饱和压力管浸入液氮，记录氦气的新压力 p_3。对样品和仪器抽真空。保持液氮的液面恒定。

9.3.5.2 如果在样品浸入液氮之后进行自由空间的测定，采用如下替代步骤。

将样品管连接到仪器上，通过对样品和仪器抽真空使样品脱气。采用上述方法测定饱和蒸气压力。确保仪器歧管被充分抽真空。

向仪器的歧管中充入氦气，使其压力达到 1.3×10^4 Pa～4.0×10^4 Pa，待氦气达到热平衡后记录此压力 p_1。将氦气充入样品管，待氦气达到平衡，压力恒定时，记录此新压力 p_2 和歧管温度 T_{man}。关闭样品管，重复以上步骤，至少再测定一个氦气样品压力点。抽真空除去仪器和样品管中的氦气。

9.3.6 测定饱和压力（p_0）

停止抽真空，向饱和压力管中充入氮气，并观察压力。持续充入氮气，直至压力恒定。当压力达到饱和时，氮气开始在饱和管中凝聚。记录氮气的饱和蒸气压力 p_0。关闭饱和压力阀。对仪器歧管重新抽真空。建议至少每 1 h～2 h 记录一次氮气的饱和蒸气压力。另一种获得饱和压力的可选方法是，测定液氮浴的温度，然后采用合适的状态方程计算出对应的饱和压力。

9.3.7 测定吸附等温线

为记录等温线的吸附分支，按一系列的步骤逐步增大样品上的氮气压力。关闭歧管的真空系统，向歧管中充入氮气。待氮气与歧管达到热平衡后，记录歧管中的气体压力 p_{man} 和歧管的温度 T_{man}。将歧管中的氮气通入样品管。经吸附过程达到平衡(表现为压力恒定)所需的足够时间后，记录此稳定压力 p(平衡压力)。记录平衡后的歧管温度 T_{eq}。重复该流程，进行随后各步的测定，按一系列的气量，由歧管向样品供给氮气，直至达到要求的最大平衡压力(通常至少为 0.99×10^6 Pa，即相对压力至少为 0.99)。在测定等温线的吸附分支时，应小心不要让样品上达到氮气的饱和压力。

9.3.8 测定脱附等温线

此后可以按一系列的步骤降低样品上的氮气压力，记录等温线的脱附分支。测定过程与吸附相同，只是在每步中，不是向歧管中充入氮气，而是使用真空系统，将歧管中的压力降低到样品管压力之下。

测定步骤的数量，及相应要求的供气压力点，取决于样品的孔体积分布和需要的等温线点数(对于曲线的吸附和脱附分支，建议每部分至少 20 点)。由于样品的孔体积在分析前是未知的，供气压力点应依据对特定样品类型的前期经验而确定。

注意：在降下液氮杜瓦瓶之前，应使用真空系统降低样品管中的压力。

脱气样品的质量应在脱气后立即测定，或在测试完成后测定。称量之前，建议向样品中回充干燥空气或氮气至大气压力，或者让样品保持真空状态而进行适当的浮力修正。

9.4 计算

9.4.1 歧管体积

歧管体积 V_{man} 应在仪器制造或改造时测定。这可以通过连接一个代替样品管的已校准体积，然后由歧管向其中通入氦气来进行，或向放有已知体积固体的容器中通入氦气来进行。

9.4.2 自由空间

9.4.2.1 如果自由空间的测定在样品浸入液氮之前，采用如下计算方法。

首先采用式(3)计算环境温度下自由空间的表观体积 $V_{fs,amb}$：

$$\frac{p_1 V_{man}}{T_{man}} = p_2\left(\frac{V_{man}}{T_{man}} + \frac{V_{fs,amb}}{T_{std}}\right) \qquad (3)$$

式中：

V_{man}——歧管体积；

T_{std}——标准温度 273.15 K。

接下来采用式(4)计算液氮温度下自由空间的表观体积 $V_{fs,b}$：

$$\frac{p_1 V_{man}}{T_{man}} = p_3\left(\frac{V_{man}}{T_{man}} + \frac{V_{fs,b}}{T_{std}}\right) \qquad (4)$$

第 i 次供气后，供入样品管的气体总体积 V_{di} 由式(5)给出：

$$V_{di} = V_{di-1} + \left(\frac{p_{man} V_{man}}{T_{man}} - \frac{p V_{man}}{T_{eq}}\right)\left(\frac{T_{std}}{p_{std}}\right) \qquad (5)$$

式中：

V_{di-1}——第 i 次供气前供入样品管的气体总体积(对于第 1 次供气，其值为 0)；

p_{man}——第 i 次供气开始时的歧管压力；

T_{man}——第 i 次供气开始时的歧管温度；

p——第 i 次供气的平衡压力；

T_{eq}——达到平衡时的歧管温度；

T_{std}——标准温度 273.15 K；

p_{std}——标准压力 1.013×10^5 Pa。

第 i 次供气的吸附体积由式(6)给出：

$$V'_{ai} = \frac{V_{di} - \left(\frac{pV_{fs,b}}{p_{std}}\right)}{m_{ss}} \quad \cdots\cdots(6)$$

式中：

$V_{fs,b}$——样品浸入液氮后测定的自由空间体积；

m_{ss}——固体样品的质量。

在上式中，如果压力单位为 Pa，温度单位为 K，系统体积单位为 cm^3，则 V'_{ai} 的单位为 cm^3，表示吸附气体在一个大气压 p_{std}(1.013×10^5 Pa)、纯水的正常凝固温度 T_{std}(273.15 K)下所占据的体积。等温线是累积吸附体积(通常以每克样品表示)随相对压力的变化情况。

如果需要对计算出的吸附体积进行修正，以补偿处于低温浴温度下样品管体积($V_{sh,b}$)中吸附气体非理想行为的影响。该体积由式(7)给出：

$$V_{sh,b} = \frac{V_{fs,b} - V_{fs,amb}}{1 - \frac{T_b}{T_{amb}}} \quad \cdots\cdots(7)$$

式中：

$V_{fs,b}$——样品管浸入低温浴后测定的自由空间体积；

$V_{fs,amb}$——样品管处于环境温度下测定的自由空间体积；

T_b——低温浴的温度；

T_{amb}——环境温度。

在这种情况下，V'_{ai} 按式(8)计算：

$$V'_{ai} = \frac{V_{di} - \left(\frac{pV_{fs,b}}{p_{std}} + \frac{V_{sh,b}C_N p^2}{p_{std}}\right)}{m_{ss}} \quad \cdots\cdots(8)$$

式中：

C_N——针对吸附气体测定的非理想行为常数，以每 Pa 压力来表示。对于 77 K 的氮气，目前 C_N 的值为 $0.464 \times 10^{-6}\ Pa^{-1}$。

9.4.2.2 如果自由空间的测定在样品浸入液氮之后，则采用如下替代计算方法。

依据氦气压力数据，可以由供入样品管的氦气体积与最终平衡压力之间的线性关系来确定自由空间。供气体积 V_{di} 由式(9)计算：

$$V_{di} = V_{di-1} + \left(\frac{(p_{mani} - p_i)V_{man}}{T_{man}}\right)\left(\frac{T_{std}}{p_{std}}\right) \quad \cdots\cdots(9)$$

式中：

V_{di-1}——前一个数据点的供气体积。

将 V_d 对 p 进行线性回归，得到的斜率和截距用于修正样品自由空间体积和氮气吸附数据。

对于氮气数据，吸附体积由计算供气体积与样品压力达到平衡后残留气体的体积之差来确定。上述方程用于确定 V_d。氮气吸附体积依据式(10)计算：

$$V'_{ai} = \frac{V_{di} - (pA_{He} - B_{He})}{m_{ss}} \quad \cdots\cdots(10)$$

式中：

A_{He}——氦气数据回归线的斜率；

B_{He}——氦气数据回归线的截距。

10 流动体积法

10.1 原理

流动体积法与静态体积法密切相关,差别在于气体不是按一系列的供气步骤,而是以低速连续的方式供给样品。测定压力随时间的变化情况,并仔细监控流速。通过比较通入吸附气体时的压力升高速度和使用非吸附气体(如氦气)进行独立校准时的压力升高速度来确定吸附量。另一种方法是通过测定两个体积相同的吸附气体容器之间的压力差,直接测定吸附气体量。一个容器经流动控制阀连接在样品管上,另一个容器以类似方式连接在不含样品的平衡管上。由于气体是连续供给的,在有些场合,这种分析方法所需时间比静态体积法要短。但应确保流动速度足够低,以使吸附物质与吸附质始终接近平衡。

10.2 仪器与材料

仪器和材料类似于静态体积法(见9.2)。主要差别是,采用了一个合适的流量控制装置为样品供气,而不是一个简单的开关阀。当气体量由两个等体积容器之间的压差来测定时,需要具备压差传感器,并应在杜瓦瓶中额外安装一个空样品管或平衡管。应具备一个独立的装置来控制进入平衡管的吸附气体流量。

10.3 典型测试步骤

制样与静态体积法相同(见第8章)。流动体积法的测试步骤有几处变化。

如果采用压差方法,吸附气体同时供入平衡管和样品管。流速可以保持恒定,此时,吸附气体体积由样品管和平衡管中的压差来计算。也可以从两个独立的等体积储罐中分别向样品管和平衡管供给吸附气体,改变流速,以使这两个管子之间的差压保持为零。此时,吸附气体体积由两个储罐之间的压差来计算。

在非压差方法中,不使用平衡管,首先向系统中供入氦气,以测定无吸附发生时的压力升高。然后重新对样品抽真空,并供入吸附气体。在这种方法的测试过程中,流速通常保持恒定。

对于所有的流动体积法,都必须注意,不要让吸附气体的流动速度超过吸附速度。最佳实验条件需要依据样品类型来确定,并有赖于具体采用的测试步骤。

示例:可以通过在较低的流速或较长的总运行时间下进行测试操作,来试验这些实验条件。如果等温线没有明显的差异,则可以接受原先的实验条件。

在分析不熟悉的样品类型时,建议与静态体积分析法进行对比。作为参考,对于总表面积为20 m^2的样品,典型的流速在0.2 cm^3/min和0.4 cm^3/min之间,气体以恒定的流速持续地供给样品。

10.4 计算

准确的计算形式取决于采用的方法和测试步骤。

11 载气法

11.1 原理

在载气法中,将一系列已知浓度的吸附气体和非吸附气体(如氦气)的混合物供给样品。由于在样品上发生吸附,吸附气体的浓度降低。这种与初始混合物相比的浓度降低,会在采用气体检测器(通常为一个热导池)记录的随时间变化的信号上产生一个峰。移开杜瓦瓶后,则会记录一个脱附峰。较尖锐的脱附峰可以更好地积分,也更适合于计算吸附等温线。这种峰的尖锐程度与样品恢复到环境温度的速度有关。可以使用环境温度水浴或环境空气冲刷的方式来促进脱附过程的进行。必须注意尽量避免热扩散干扰信号。对于每个吸附气体与载气的混合物,通过注入已知体积的纯吸附气体来校准气体检测器。将样品保持在环境温度下,以防其吸附注入的吸附气体。

曲线的脱附分支通过将样品用纯吸附气体饱和后,再降低混合物中的吸附气体浓度,以获得要求的相对压力来测定。吸附体积也通过从样品上移开杜瓦瓶获得的脱附信号来确定。

11.2 仪器与材料

仪器与 GB/T 19587—2004 中图 5 所给出的相类似。

11.3 典型测试步骤

制样与静态体积法相同(见第 8 章)。样品在准备好之后,与体积法一样连接到仪器的分析口。

在载气法中,空体积不是影响因素,所以不必采用氦气来测定。

对于等温线吸附分支上的各个选点,在环境温度下将一种所需的气体混合物流体供给样品。在检测器信号和气体流量恒定时,如有必要,应将检测器基线信号偏移量置零。可能需要通过注入纯吸附气体的校准,为低浓度混合气体来标定检测器信号。校准可以在分析之前进行,并可应用于后续的分析而不必重新校准。

将盛有制冷剂的杜瓦瓶升至样品管周围。吸附气体浓度因发生气体吸附而降低,导致检测器与对比信号之间的不平衡。当该信号恢复到稳定的基准数值时,吸附过程结束。对该信号与校准值的偏差进行积分,即可获得吸附气体体积的一个测定结果。类似地,吸附体积可以通过对吸附质进行脱附,并积分相应的检测器信号而测定。脱附通过移去杜瓦瓶,将样品恢复到环境温度来进行。

由于要脱附掉的气体在脱附开始时即已存在,不像吸附过程那样,需要向样品供气,所以脱附峰比吸附峰狭窄,因而更易于进行可靠的积分。正因为这个原因,使用积分的脱附峰要好于使用积分的吸附峰。但记录吸附峰有助于进行比较。

对于等温线脱附分支上的各个选点,在环境温度下将一种所需的气体混合物流体供给样品。进行必要的检测器基线偏移量调节和必要的校准调节。接着给样品供入纯吸附气体。升起杜瓦瓶,并停留足够时间以达到饱和。保持杜瓦瓶在样品周围,使用一种气体混合物以获得要求的相对压力。当吸附过程结束时,移开杜瓦瓶,记录积分脱附信号。由于脱附测量的特性,没有像记录吸附等温线时出现的相应的吸附峰。

11.4 计算

通过对将样品恢复到环境温度获得的脱附峰进行积分来计算吸附体积。氮气压力依据吸附气体在与载气的混合物中的摩尔分数和环境压力来计算。然后按常规方法,使用饱和压力来计算相对压力。

在计算出等温线之后,采用与体积法相同的方案计算孔径分布(见第 14 章)。

12 重量法

12.1 原理

在重量法中,吸附气体量由样品质量的增加来计算。吸附气体的压力通常以与静态体积法一样的方式逐渐增加或降低。该方法无需校准仪器的体积。需要一台灵敏的天平,并进行浮力修正。

12.2 仪器与材料

12.2.1 仪器

在重量法中,采用微量天平,测定吸附质量随样品管中气体压力的变化情况(见 GB/T 19587—2004 的图 4)。与应用于真空条件下的电子补偿梁式天平相比,弹簧天平因具有更高的相对分辨率而更具优势。需要一个高分辨压力计和一个液氮浴温度计。由于样品与恒温器不接触,必须确保其始终处于测定温度下,比如采用辐射屏蔽的方法[4]。仪器应配备一套高真空组合系统。在非连续的测定过程中,测定气体是逐步供入或脱除的。压力应保持恒定,直至质量达到恒定值。为此,应配备一个压力控制器。

12.2.2 材料

12.2.2.1 氮气或其他合适的吸附气体(比如氩气),干燥,纯度不低于 99.99%。

12.2.2.2 液氮或其他温度控制手段(比如液氩),纯度不低于 99%。

12.3 典型测试步骤

在测定吸附等温线之前,应测量室温下天平和样品在测定气体中的浮力。使用等臂梁仪器可以消除天平的浮力,并可采用与样品同密度的致密配重来补偿样品的浮力[4]。

脱气(见第8章)之后,将含有样品的那部分样品管浸入液氮杜瓦瓶中,使样品冷至液氮温度(使用等臂梁仪器时,也应将含有配重的部分浸入液氮中)。等温线的零点应在低于 10^{-2} Pa 的真空中测定,因为热气流的干扰在约 1 Pa 时达到最大。然后供入吸附气体。当质量显示恒定时,即达到了平衡,记录样品的质量 m_a(减去零点)和压力 p。等温线的吸附分支通过逐步供入氮气,直至接近饱和蒸气压来测定,曲线的脱附分支则以逐步降低压力来测定。液氮浴的温度也应记录下来。

12.4 计算

如果观察到了剩余浮力 b,则对每个压力 p_i 可按式(11)计算出质量 m_{ai}:

$$m_{ai} = m_{ai}{}^{*} + bp_i \qquad \cdots\cdots(11)$$

凝聚在孔隙中的吸附质的比液态体积按式(12)计算:

$$V'_1 = \frac{m_{ai}}{\rho_{N_2}} = \frac{m_{ai}}{0.808\ 6} \qquad \cdots\cdots(12)$$

式中:

ρ_{N_2}——液氮的密度,单位为克每立方米($g \cdot cm^{-3}$)。

13 等温线类型

13.1 概述

图1给出了由国际纯粹与应用化学联合会(IUPAC)提出的标准物理吸附等温线分类[2]。

Ⅰ型等温线的特点是,在低相对压力区域,气体吸附量有一个快速增长。这归因于微孔填充。随后的水平或近水平平台表明,微孔已经充满,很少或没有进一步的吸附发生。达到饱和压力时,可能出现吸附质凝聚。外表面相对较小的微孔固体(如活性炭、分子筛沸石和某些多孔氧化物)表现出这种等温线。

Ⅱ型等温线一般由非孔或大孔固体产生。B点通常被作为单层吸附容量结束的标记。

Ⅲ型等温线以向相对压力轴凸出为特征。这种等温线在非孔或大孔固体上发生弱的气-固相互作用时出现,而且不常见。

Ⅳ型等温线由介孔固体产生。一个典型特征是等温线的吸附分支与等温线的脱附分支不一致,可以观察到迟滞回线。在 p/p_0 值更高的区域可观察到一个平台,有时以等温线的最终转而向上结束。

Ⅴ型等温线的特征是向相对压力轴凸起。与Ⅲ型等温线不同,在更高相对压力下存在一个拐点。Ⅴ型等温线来源于微孔和介孔固体上的弱气-固相互作用,而且相对不常见。

Ⅵ型等温线以其吸附过程的台阶状特性而著称。这些台阶来源于均匀非孔表面的依次多层吸附。这种等温线的完整形式,不能由液氮温度下的氮气吸附来获得。

必须注意,不是所有的实验等温线都可以清楚地划归为典型类型之一(见图1)。在这些等温线类型中,已发现存在多种迟滞回线。虽然不同因素对吸附迟滞的影响尚未被充分理解,但其存在4种特征,并已由国际纯粹与应用化学联合会(IUPAC)[2]按照13.2节中的约定,划分出了4种特征类型。

13.2 迟滞回线类型

图2给出了迟滞回线的标准类型(依据文献[2])。

H1型迟滞回线可在孔径分布相对较窄的介孔材料和尺寸较均匀的球形颗粒聚集体中观察到。

H2型迟滞回线由有些固体如某些二氧化硅凝胶给出,其孔径分布和孔形状也许不能很好地确定,例如比H1型回线更宽的孔径分布。

H3型迟滞回线由片状颗粒材料(如黏土)或由狭缝状孔隙材料给出,在较高相对压力区域没有表现出任何吸附限制。

H4型迟滞回线在含有狭窄的狭缝状孔隙的固体(如活性炭)中见到,在较高相对压力区域也没有表现出吸附限制。

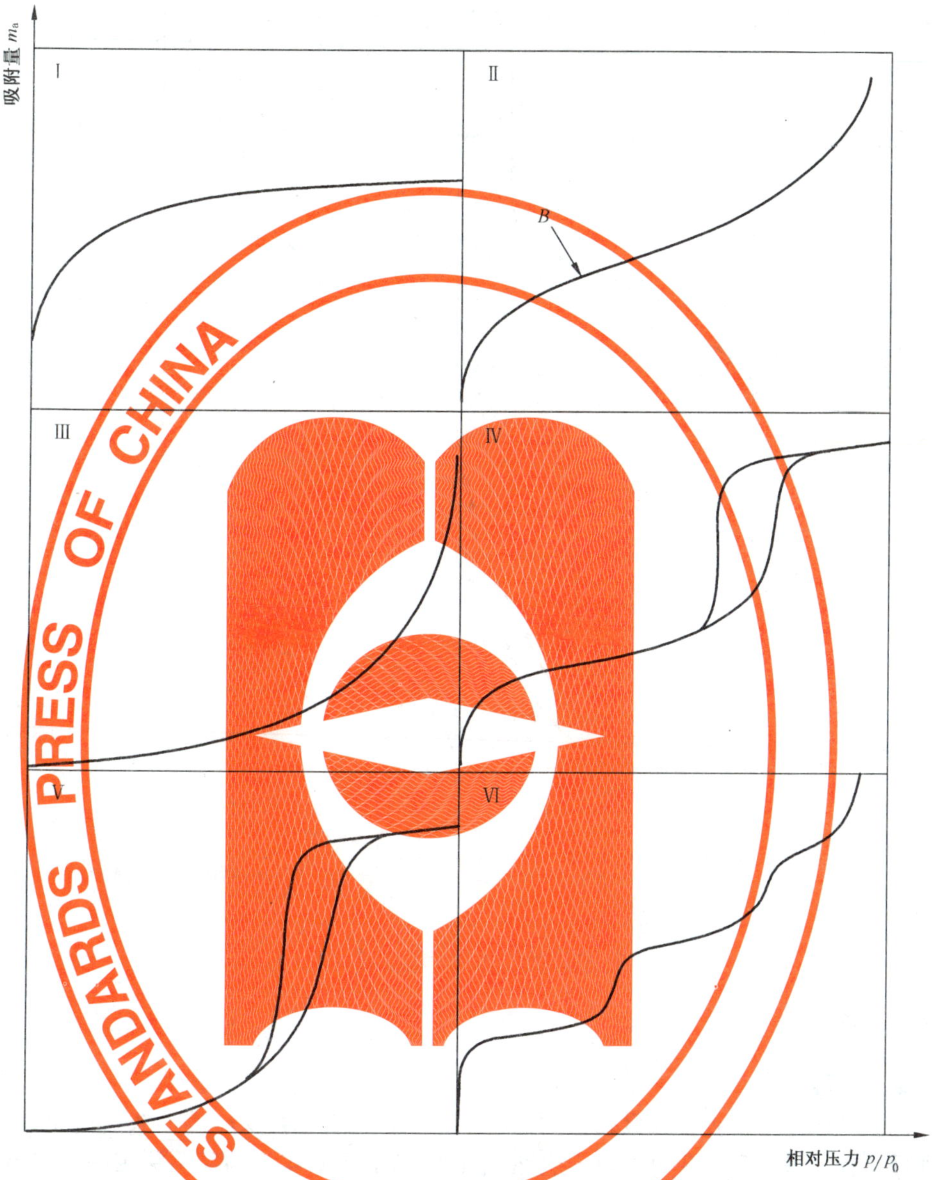

注：B 点为单层吸附容量结束的标记。

图 1　标准等温线类型(依据文献[2])

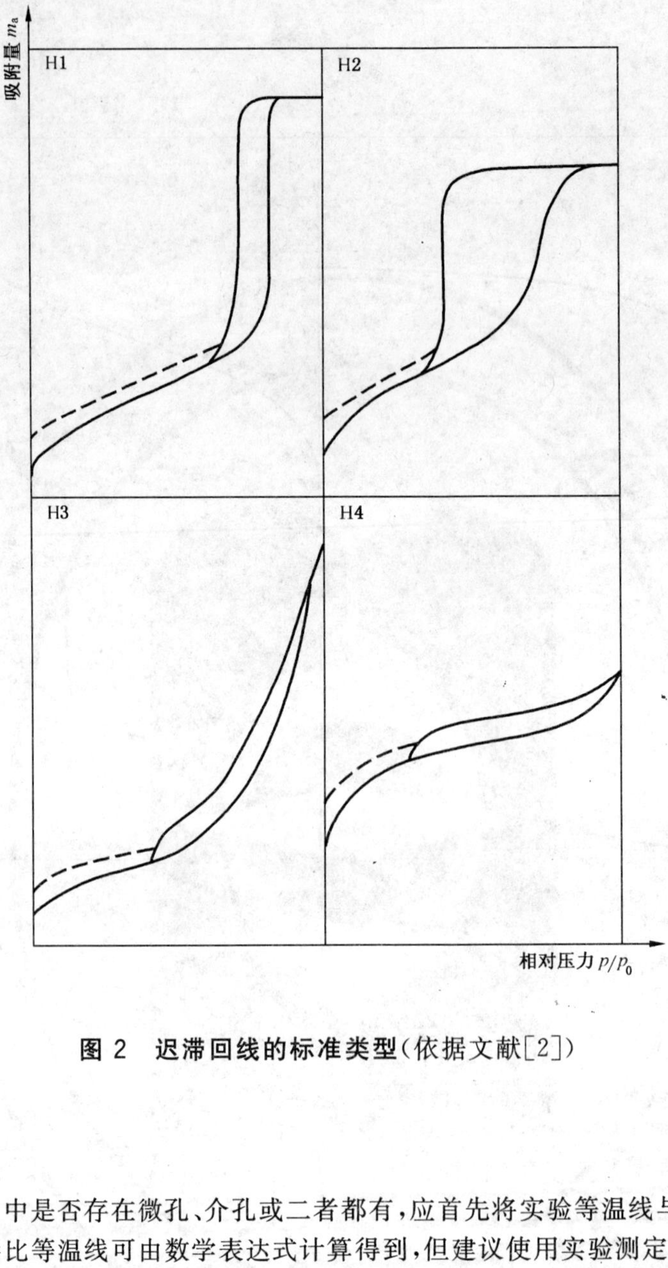

图 2　迟滞回线的标准类型(依据文献[2])

14　孔径分布计算

14.1　使用参比等温线

为了估计测试样品中是否存在微孔、介孔或二者都有,应首先将实验等温线与由非孔固体获得的参比等温线进行比较。参比等温线可由数学表达式计算得到,但建议使用实验测定的参比等温线,其中吸附剂具有与测试样品类似的化学性质(比如,对于高硅沸石,应使用非孔氧化硅)。可以采用多种方法进行实验等温线与参比等温线之间的比较,主要有 t-plot 方法和 α_s-plot 方法。

t-plot 方法基于 t 曲线,即非孔固体上的氮气吸附量随吸附层统计厚度 t 的变化曲线。t 由式(13)进行计算:

$$t = \frac{n_a \delta_a}{n'_m} \qquad \cdots\cdots (13)$$

式中:

n_a——氮气吸附量;

n'_m——单层吸附量;

δ_a——单分子层厚度,对于氮气通常取 0.354 nm。

在 α_s-plot 方法中,采用某个固定相对压力(通常取 0.4)下的吸附量($n'_{a,x}$),对参比非孔固体的氮气吸附量进行归一化处理。然后将经归一化处理的吸附量 α_s(等于 $n'_a/n'_{a,x}$)对 p/p_0 作图,即获得α_s 曲线。

t-plot 或 α_s-plot 是通过将测试样品的氮气吸附量对参比材料的 t 或 α_s,而不是对 p/p_0 作图而建立起来的，p/p_0 到 t 或 α_s 的转化依据 t 曲线或 α_s 曲线进行。曲线的形状取决于测试样品的孔隙特性，概括如下：

a) 如果 t-plot 或 α_s-plot 是直线，并通过原点，则测试样品是非孔或大孔的；

b) 如果测试样品含有介孔，曲线在开始发生毛细管凝聚的最小孔径所对应的相对压力处向上偏离；

c) 如果测试样品含有微孔，曲线向下偏离，因为在微孔内的局限空间中不可能充分发生多层吸附。

有些材料含有混合孔，这会导致一种难以解释的复杂曲线，建议谨慎分析这种等温线。

14.2 微孔

虽然没有测定微孔孔径分布的单一而广泛接受的方法，但有多种方法正在使用[5]。也有测定有效微孔体积的方法。

14.3 介孔与大孔

14.3.1 概述

依据 77 K 下的氮气吸附实验数据来计算介孔和大孔的孔径分布需要具备合适的条件，应谨慎考虑。当实验数据具有如下特点时，可以很稳妥地进行计算：

a) 孔隙是刚性的，且尺寸分布于一个狭窄且明确的范围内（如表现出 H1 型迟滞回线）；

b) 微孔或很大的大孔不存在，或者可以加以考虑（如表现出明确的Ⅳ型等温线，或由 t-plot 或 α_s-plot的特征可以看出）。

可以使用等温线的吸附分支数据，也可以使用脱附分支数据。要在二者中作出选择并不容易，以下概括可能有助于选择：比较均匀的圆柱孔的相对简单的孔结构可能产生狭窄的 H1 型迟滞回线，此时往往采用曲线的脱附分支进行分析。如果观察到 H2 型回线，表明出现了连通、孔堵塞及相关的渗透现象，这意味着采用曲线的任何一部分也不完全稳妥，因为可能具有混合效应（即同时具有延迟凝聚和网络渗透）。如果采用一定的方法，考虑孔径对延迟凝聚现象，尤其是在孔隙流体的介稳态范围内的影响，则可以采用吸附分支进行孔径分析。此外，如果在蒸发过程中出现所谓“张力强度效应”，导致曲线的脱附分支在一定 p/p_0 处（随吸附气体种类和温度而异，对于 77 K 的 N_2 为 0.42）出现陡降，依据曲线的吸附分支可以获得更为真实的孔径分布。此时，依据曲线的脱附分支不可能获得正确的孔径分布[2]。

14.3.2 采用 Barret，Joyner 和 Halenda 方法计算介孔孔径分布

由吸附等温线计算孔径分布的代数过程存在多个变化形式，但均假定：

——孔隙是刚性的，并具有规则的形状（比如，圆柱状或狭缝状）；

——不存在微孔；

——孔径分布不连续超出此方法所能测定的最大孔隙，即在最高相对压力处，所有测定的孔隙均已被充满。

Barrett，Joyner 和 Halenda 描述了一种普遍采用的方法[6]，其总体计算步骤如下：

a) 不论采用等温线的吸附分支还是脱附分支，数据点均按压力降低的顺序排列。

b) 将压力降低时氮气吸附体积的变化归于两方面的贡献：

  1) 在由 Kelvin 方程针对高、低两个压力计算出的尺寸范围内的孔隙中毛细管凝聚物的脱除；

  2) 脱除了毛细管凝聚物的孔壁上多层吸附膜的减薄。

c) 为测定真实的孔径和孔体积，必须考虑到，在毛细管凝聚物从孔隙中脱除时会残留多层吸附膜。

附录 A 给出了一个计算介孔孔径分布的实例。

14.3.3 采用密度泛函理论计算介孔孔径分布

非局域密度泛函理论（NLDFT）和计算机模拟方法已发展成为描述受限于多孔材料中的吸附和非均匀流体相行为的有效方法。采用这些方法，可以计算吸附在表面上和孔隙中的流体的平衡密度分布，

由此可以导出吸附等温线、吸附热以及其他热力学参数。与经典热力学相比，NLDFT 方法的宏观模型在分子水平上描述受限于孔隙中的流体行为。这可以将气体的分子性质与其在不同尺寸孔隙中的吸附性质联系起来。因此，基于 NLDFT 的孔径表征方法适用于整个微孔和介孔范围。

为依据实验吸附等温线，应用该理论进行孔径分布的实际计算，需要采用统计力学方法计算出理论模型等温线。实质上，这些等温线是通过对模型孔中流体平衡密度分布进行积分而计算出来的。对于给定的吸附质，在一系列给定的孔径范围内，计算出一系列等温线，组成模型数据库。这种称为"内核"的等温线集合可以被当作给定吸附体系的一个理论参比，由此依据相应体系的吸附等温线来计算孔径分布。

有关 NLDFT 的更多内容参见文献[5]。

14.4 孔径分布表示方法

计算出的孔径分布可以采用多种不同的方式来表达，最常见的有：

——小于（或大于）孔径的累积孔体积；

——孔体积增量对孔径；

——微分孔体积对孔径；

——对数（log）微分孔体积对孔径。

对于累积分布，在特定的孔径范围内，将大于或小于当前孔径的孔隙总体积对孔径作图或列表。图 3给出了一个分析实例的累积孔体积对孔直径分布图。

对于增量分布，将计算出的两个连续孔径之间的绝对孔体积，对用于计算当前增量的孔径值的中点作图或列表。对于微分分布，将体积增量除以确定该增量的上、下孔径之差，给出随直径变化的体积变化量，并也对确定该增量的孔径值的中点作图或列表表示。对于对数微分分布，将体积增量除以确定该增量的上、下孔径对数值之差，并对孔径增量的中点作图或列表。

孔径可以表示为宽度、直径或半径。此外，可以从孔体积分布计算出孔面积分布，并表示成累积、增量、微分或对数微分分布。累积孔体积可以表示为小于当前孔径的孔隙体积之和，也可以表示为大于当前孔径的孔隙体积之和。通常采用 BJH 方法从最大孔径向最小孔径计算孔径分布。文献[7]的图 6 给出了大于孔径的累积孔体积计算结果。图 3 则给出了一个小于孔径的累积孔体积和孔面积计算实例。

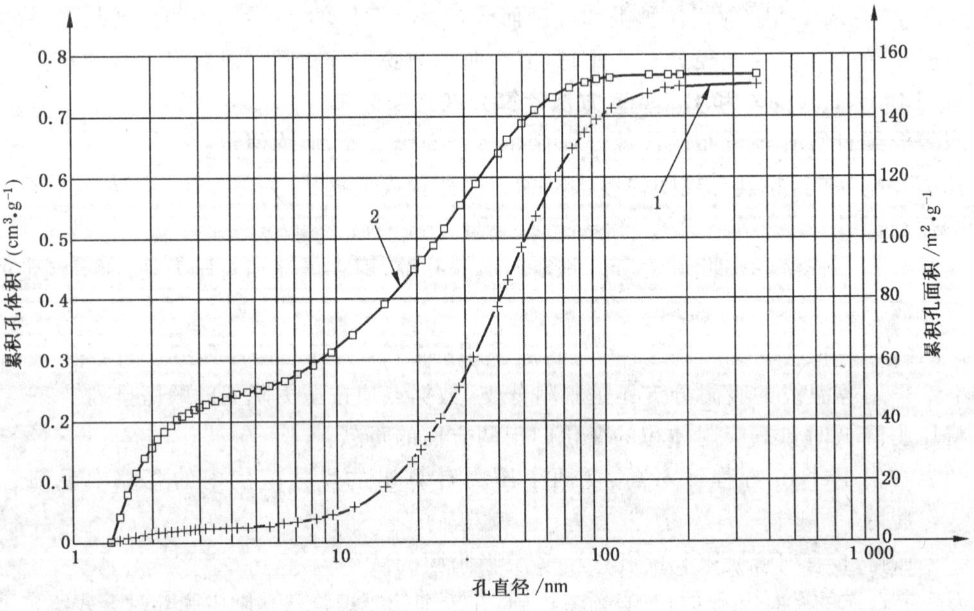

注：本图包括脱附累积孔体积 V_p 和孔面积 a_p' 对孔直径 d_p 的分布图。曲线 1 为 BJH 脱附累积孔体积，曲线 2 为脱附累积孔面积。

图 3　多孔二氧化硅的脱附累积孔体积和孔面积

15 结果报告

图形报告依据 ISO 9276-1 的规定。对于每个分析,可参考提供如下内容:

a) 分析实验室;

b) 样品标记;

c) 脱气样品质量;

d) 使用的仪器和采用的方法类型;

e) 预处理条件;

f) 最终达到的真空度和泄漏速度(若可能);

g) 气体流速(若可能);

h) 气体纯度;

i) 平衡时间或平衡标准;

j) 等温线,包括数据点;

k) 比表面积(若测定);

l) t-plot 或 α_s-plot(若测定);

m) 采用的计算方法;

n) 孔径分布;

o) 操作者姓名;

p) 分析日期。

附　录　A
（资料性附录）
介孔孔径分布计算实例

表 A.1　介孔孔径分布计算表

p/p_0^a	r_K^b	$\bar{r}_K^{\,c}$	$t^{\,d}$	$\Delta t^{\,e}$	$r_p^{\,f}$	$\bar{r}_p^{\,g}$	$d_p^{\,h}$	$\bar{d}_p^{\,i}$	$Q^{\,j}$	V_N^k	$\Delta V^{\,l}$	$\Delta V_l^{\,m}$	$\Delta V_f^{\,n,o}$	$\Delta V_k^{\,o,p}$	$\Delta V_p^{\,o,q}$	$\sum\Delta V_p^{\,o,r}$	$\Delta a_p^{o,s}$	$\sum\Delta a_p^{\,o,t}$
1	nm	nm	nm	nm	nm	nm	nm	nm	1	$cm^3 \cdot g^{-1}$	$cm^3 \cdot g^{-1}$	$cm^3 \cdot g^{-1}$	$cm^3 \cdot g^{-1}$	$cm^3 \cdot g^{-1}$	$cm^3 \cdot g^{-1}$	$cm^3 \cdot g^{-1}$	$m^2 \cdot g^{-1}$	$m^2 \cdot g^{-1}$
0.994 7	179.334		3.469		182.803		365.606			476.655 6								
0.989 8	92.954	136.144	2.786	0.682	95.741	139.272	191.482	278.544	1.036	474.586 9	2.068 7	0.003 200	0.000 000	0.003 200	0.003 315	0.003 315	0.069	0.069
0.988 5	82.392	87.673	2.677	0.110	85.069	90.405	170.138	180.809	1.061	473.271 0	1.315 9	0.002 035	0.000 006	0.002 029	0.002 152	0.005 467	0.051	0.120
0.986 5	70.115	76.254	2.536	0.140	72.652	78.860	145.304	157.720	1.066	469.895 1	3.375 9	0.005 222	0.000 014	0.005 208	0.005 549	0.011 016	0.153	0.273
0.981 2	50.213	60.164	2.269	0.267	52.483	62.567	104.966	125.134	1.072	453.020 7	16.874 4	0.026 101	0.000 062	0.026 039	0.027 913	0.038 929	1.064	1.336
0.978 9	44.688	47.451	2.183	0.086	46.871	49.677	93.741	99.353	1.092	442.013 2	11.007 5	0.017 026	0.000 098	0.016 928	0.018 486	0.057 415	0.789	2.125
0.976 6	40.248	42.468	2.108	0.075	42.356	44.613	84.712	89.227	1.100	430.952 9	11.060 3	0.017 108	0.000 135	0.016 973	0.018 665	0.076 081	0.881	3.006
0.973 3	35.214	37.731	2.016	0.092	37.230	39.793	74.461	79.587	1.107	413.219 0	17.733 9	0.027 431	0.000 235	0.027 196	0.030 103	0.106 184	1.617	4.624
0.969 0	30.263	32.739	1.917	0.099	32.180	34.705	64.360	69.410	1.117	385.554 5	27.664 5	0.042 791	0.000 390	0.042 401	0.047 360	0.153 544	2.943	7.567
0.963 3	25.488	27.875	1.810	0.107	27.298	29.739	54.596	59.478	1.130	349.793 0	35.761 5	0.055 316	0.000 686	0.054 630	0.061 706	0.215 250	4.521	12.088
0.958 6	22.539	24.014	1.738	0.073	24.277	25.788	48.554	51.575	1.146	319.019 6	30.773 4	0.047 600	0.000 747	0.046 854	0.053 706	0.268 956	4.424	16.512
0.953 1	19.840	21.189	1.665	0.072	21.505	22.891	43.009	45.782	1.159	287.448 5	31.571 1	0.048 834	0.001 015	0.047 819	0.055 427	0.324 383	5.155	21.667
0.948 7	18.096	18.968	1.615	0.050	19.711	20.608	39.423	41.216	1.174	263.750 5	23.698 0	0.036 656	0.000 926	0.035 730	0.041 954	0.366 336	4.257	25.924
0.938 3	14.964	16.530	1.516	0.099	16.480	18.096	32.960	36.191	1.184	216.872 5	46.878 0	0.072 511	0.002 184	0.070 326	0.083 275	0.449 611	10.106	36.030
0.929 5	13.035	14.000	1.448	0.068	14.483	15.482	28.966	30.963	1.211	188.152 2	28.720 3	0.044 425	0.002 087	0.042 338	0.051 274	0.500 885	7.080	43.111
0.918 3	11.181	12.108	1.375	0.072	12.557	13.520	25.114	27.040	1.232	160.742 0	27.410 2	0.042 398	0.002 645	0.039 753	0.048 977	0.549 862	7.801	50.912
0.909 5	10.046	10.614	1.327	0.048	11.374	11.965	22.748	23.931	1.259	143.434 6	17.307 4	0.0267 71	0.002 086	0.024 685	0.031 088	0.580 949	5.467	56.378
0.900 3	9.074	9.560	1.283	0.044	10.357	10.865	20.714	21.730	1.280	129.970 0	13.464 6	0.020 827	0.002 122	0.018 705	0.023 938	0.604 887	4.623	61.001
0.893 3	8.446	8.760	1.253	0.030	9.699	10.028	19.398	20.056	1.301	120.995 9	8.974 1	0.013 881	0.001 571	0.012 310	0.016 021	0.620 908	3.304	64.304
0.862 4	6.438	7.442	1.144	0.108	7.582	8.640	15.164	17.281	1.310	95.801 5	25.194 4	0.038 971	0.005 926	0.033 045	0.043 276	0.664 184	11.416	75.720
0.818 5	4.758	5.598	1.035	0.110	5.793	6.687	11.586	13.375	1.373	77.136 6	18.664 9	0.028 871	0.007 059	0.021 812	0.029 943	0.694 127	10.338	86.058
0.779 6	3.828	4.293	0.962	0.072	4.790	5.291	9.580	10.583	1.469	67.901 5	9.235 1	0.014 285	0.005 296	0.008 989	0.013 207	0.707 334	5.515	91.573

表 A.1(续)

p/p_0 [a]	r_K [b]	$\bar{r}_K$ [c]	t [d]	Δt [e]	r_p [f]	$\bar{r}_p$ [g]	d_p [h]	$\bar{d}_p$ [i]	Q [j]	V_N^k	ΔV [l]	ΔV_l [m]	ΔV_f [n,o]	ΔV_k [o,p]	ΔV_p [o,q]	$\sum\Delta V_p$ [o,r]	Δa_p [o,s]	$\sum\Delta a_p$ [o,t]
1	nm	nm	nm	nm	nm	nm	nm	nm	1	$cm^3\cdot g^{-1}$	$cm^3\cdot g^{-1}$	$cm^3\cdot g^{-1}$	$cm^3\cdot g^{-1}$	$cm^3\cdot g^{-1}$	$cm^3\cdot g^{-1}$	$cm^3\cdot g^{-1}$	$m^2\cdot g^{-1}$	$m^2\cdot g^{-1}$
0.740 1	3.166	3.497	0.903	0.059	4.070	4.430	8.139	8.860	1.552	61.763 2	6.138 3	0.009 495	0.004 588	0.004 906	0.007 614	0.714 948	3.742	95.314
0.700 5	2.677	2.922	0.854	0.049	3.531	3.801	7.063	7.601	1.636	57.347 5	4.415 7	0.006 830	0.003 981	0.002 849	0.004 662	0.719 610	2.640	97.955
0.660 5	2.298	2.487	0.812	0.042	3.109	3.320	6.219	6.641	1.723	53.912 4	3.435 1	0.005 313	0.003 533	0.001 780	0.003 067	0.722 677	1.972	99.927
0.620 4	1.996	2.147	0.775	0.037	2.771	2.940	5.542	5.880	1.812	51.118 0	2.794 4	0.004 322	0.003 158	0.001 165	0.002 111	0.724 788	1.524	101.451
0.580 5	1.752	1.874	0.742	0.033	2.494	2.632	4.988	5.265	1.905	48.750 9	2.367 1	0.003 661	0.002 840	0.000 821	0.001 564	0.726 352	1.255	102.705
0.540 6	1.549	1.651	0.712	0.030	2.261	2.378	4.522	4.755	2.001	46.669 7	2.081 2	0.003 219	0.002 602	0.000 618	0.001 236	0.727 588	1.093	103.798
0.500 5	1.377	1.463	0.684	0.027	2.061	2.161	4.122	4.322	2.102	44.785 6	1.884 1	0.002 914	0.002 423	0.000 491	0.001 032	0.728 620	1.002	104.800
0.460 4	1.229	1.303	0.659	0.025	1.887	1.974	3.775	3.949	2.209	43.035 4	1.750 2	0.002 707	0.002 271	0.000 436	0.000 963	0.729 583	1.020	105.821
0.420 5	1.100	1.164	0.635	0.024	1.735	1.811	3.470	3.623	2.324	41.388 4	1.647 0	0.002 548	0.002 144	0.000 404	0.000 939	0.730 522	1.082	106.903
0.379 7	0.984	1.042	0.612	0.023	1.596	1.666	3.192	3.331	2.445	39.769 8	1.618 6	0.002 504	0.002 103	0.000 401	0.000 980	0.731 502	1.228	108.131
0.342 5	0.889	0.937	0.592	0.020	1.481	1.538	2.962	3.077	2.584	38.334 9	1.434 9	0.002 220	0.001 865	0.000 354	0.000 916	0.732 418	1.237	109.368
0.322 3	0.842	0.866	0.581	0.011	1.422	1.452	2.845	2.903	2.744	37.588 2	0.746 7	0.001 155	0.001 002	0.000 153	0.000 419	0.732 837	0.589	109.957
0.302 3	0.797	0.819	0.570	0.011	1.367	1.395	2.734	2.789	2.825	36.815 0	0.773 2	0.001 196	0.000 987	0.000 209	0.000 591	0.733 428	0.865	110.822
0.276 5	0.741	0.769	0.557	0.014	1.298	1.332	2.596	2.665	2.900	35.817 7	0.997 3	0.001 543	0.001 272	0.000 270	0.000 784	0.734 212	1.207	112.029
0.251 0	0.689	0.715	0.543	0.013	1.233	1.265	2.466	2.531	3.016	34.806 2	1.011 5	0.001 565	0.001 267	0.000 298	0.000 898	0.735 109	1.456	113.485
0.225 6	0.640	0.665	0.530	0.013	1.170	1.201	2.340	2.403	3.140	33.772 4	1.033 8	0.001 599	0.001 283	0.000 316	0.000 992	0.736 102	1.696	115.181
0.200 8	0.594	0.617	0.517	0.013	1.111	1.140	2.221	2.281	3.277	32.741 3	1.031 1	0.001 595	0.001 287	0.000 308	0.001 011	0.737 112	1.820	117.001
0.175 2	0.547	0.570	0.503	0.014	1.050	1.080	2.100	2.161	3.420	31.603 8	1.137 5	0.001 759	0.001 378	0.000 381	0.001 303	0.738 415	2.481	119.483
0.150 4	0.503	0.525	0.489	0.014	0.992	1.021	1.985	2.042	3.590	30.437 2	1.166 6	0.001 804	0.001 411	0.000 394	0.001 413	0.739 829	2.849	122.332
0.125 3	0.459	0.481	0.474	0.015	0.933	0.963	1.867	1.926	3.772	29.157 4	1.279 8	0.001 980	0.001 537	0.000 443	0.001 671	0.741 500	3.581	125.913
0.099 8	0.414	0.436	0.458	0.016	0.872	0.903	1.744	1.805	3.981	27.691 1	1.466 3	0.002 268	0.001 729	0.000 539	0.002 145	0.743 645	4.920	130.833

注：建议在相对压力约为 0.09 处结束计算，因为 Kelvin 方程对于半径小于约 0.9 nm 的孔隙不再适用。

a p/p_0 为实验测定的相对压力点，按降序排列，即将最高相对压力放在第一位。

b r_K 为凝聚在孔隙中的吸附物质的曲率半径，$r_K = -0.953/\ln(p/p_0)$。

c $\bar{r}_K$ 为相邻 r_K 的平均值。

d t 为该相对压力下氮气多层膜的平均厚度，其值由试验或数学参比等温线获得，比如采用 $t = 0.354\,[-5/\ln(p/p_0)]^{1/3}$。

表 A.1（续）

p/p_0 [a]	r_K [b]	$\overline{r_K}$ [c]	t [d]	Δt [e]	r_p [f]	$\overline{r_p}$ [g]	d_p [h]	$\overline{d_p}$ [i]	Q [j]	V_N [k]	ΔV [l]	ΔV_l [m]	ΔV_f [n,o]	ΔV_k [o,p]	ΔV_p [o,q]	$\sum\Delta V_p$ [o,r]	Δa_p [o,s]	$\sum\Delta a_p$ [o,t]
1	nm	nm	nm	nm	nm	nm	nm	nm	1	$cm^3 \cdot g^{-1}$	$cm^3 \cdot g^{-1}$	$cm^3 \cdot g^{-1}$	$cm^3 \cdot g^{-1}$	$cm^3 \cdot g^{-1}$	$cm^3 \cdot g^{-1}$	$cm^3 \cdot g^{-1}$	$m^2 \cdot g^{-1}$	$m^2 \cdot g^{-1}$

e Δt 为压力由高到低变化时厚度的变化量。

f r_p 为孔半径，$r_p = r_K + t$（假定为圆柱孔）。

g $\overline{r_p}$ 为相邻 r_p 的平均值。

h d_p 为孔直径，$d_p = 2r_p$。

i $\overline{d_p}$ 为相邻 d_p 的平均值。

j Q 为体积修正因子，用于修正凝聚物体积以计算孔体积，$Q = [\overline{r_p}/(\overline{r_K} + \Delta t)]^2$。也有基于孔隙总长度的考虑孔壁吸附体积的方法。

k V_N 为从最低压力到该压力的累积氮气吸附体积，以标准温度和压力下的气体表示。

l ΔV 为该步氮气吸附体积。

m ΔV_l 为以液态体积表示的该步氮气吸附体积，$\Delta V_l = \Delta V \times 1.546\ 8 \times 10^{-3}$。

n ΔV_f 为由未被毛细管凝聚物填充的孔隙壁面上的氮膜减薄而脱除的氮气体积。其第 1 行的数值为零，因为假定在最高压力时，所有介孔均被充满。在此特定实例中，由暴露孔壁的表面积来计算 ΔV_f，$\Delta V_f = 0.85 \times 10^{-3}\ \Delta t \times$ 前一个 $\sum \Delta a_p$。也有不使用孔壁面积的计算 ΔV_f 方法。

o 从第 14 列开始，每行必须完成计算后，才能进行下一行的计算。

p ΔV_k 为脱除的毛细管凝聚物的体积，$\Delta V_k = \Delta V_l - \Delta V_f$。

q ΔV_p 为孔体积，$\Delta V_p = \Delta V_k Q$。

r $\sum \Delta V_p$ 为累积脱除的孔体积，通过将当前 ΔV_p 值与以前所有 ΔV_p 值加和得到。

s Δa_p 为体积 ΔV_p 含有的孔壁表面积，$\Delta a_p = 2 \times 10^3\ \Delta V_p / r_p$（假定为圆柱孔）。

t $\sum \Delta a_p$ 为累积暴露的表面积，通过将当前 Δa_p 值与以前所有 Δa_p 值加和得到。

参 考 文 献

[1] Rouquérol, J., Avnir, D., Fairbridge, C. W., Everett, D. H., Haynes, J. H., Pernicone, N., Ramsay, J. D. F., Sing, K. S. W., Unger, K. K.: IUPAC Technical Report, Recommendations for the characterization of porous solids. Pure & Appl. Chem. 66 (1994): 1739-1758.

[2] Sing, K. S. W., Everett, D. H., Haul, R. A. W., Moscou, L., Pierotti, R. A., Rouquérol, J., Siemieniewska, T.: IUPAC Recommendations 1984, Reporting physisorption data for gas solid systems with special reference to the determination of surface area and porosity, Pure & Appl. Chem. 57 (1985): 603-619.

[3] Gregg, S. J., Sing, K. S. W.: Adsorption, Surface Area and Porosity, 2nd ed, Academic Press, San Diego 1982: 89-105.

[4] Gläser, M., Kochsiek, M.: Comprehensive Mass Metrology, Wiley-VCH, Wcinheim 2000: 371-388.

[5] ISO 15901-3 Pore size distribution and porosity of solid materials by mercury porosimetry and gas adsorption—Part 3: Analysis of micropores by gas adsorption.

[6] Barrett, E. P., Joyner, L. G., Halenda, P. P.: The determination of pore volume and area distributions in porous substances. I. Computations from nitrogen isotherms. J. Am. Chem. Soc. 73 (1951): 373-380.

[7] Rouquérol, F., Rouquérol, J., Sing, K.: Adsorption by Powders and Porous Solids, Academic Press, San Diego 1999: 200.

ICS 77.150.60
H 69

中华人民共和国国家标准

GB/T 21651—2008

再 生 锌 合 金 锭

Secondarily zinc alloy ingots

2008-03-31 发布　　2008-09-01 实施

中华人民共和国国家质量监督检验检疫总局
中国国家标准化管理委员会　发布

前 言

本标准由中国有色金属工业协会提出。

本标准由全国有色金属标准化技术委员会归口。

本标准由宁波香豪莱宝金属工业有限公司、中国有色金属工业标准计量质量研究所负责起草。

本标准主要起草人：杨世全、赵军锋、邵艳琼。

再　生　锌　合　金　锭

1　范围

本标准规定了再生锌合金锭的要求、试验方法、检验规则及标志、包装、运输与贮存。

本标准适用于以含锌的废料为原料经冶炼加工生产的再生锌锭，主要应用于铸造业、压铸业。

2　规范性引用文件

下列文件中的条款通过本标准的引用而成为本标准的条款。凡是注日期的引用文件，其随后所有的修改单(不包括勘误的内容)或修订版均不适用于本标准，然而，鼓励根据本标准达成协议的各方研究是否可使用这些文件的最新版本。凡是不注日期的引用文件，其最新版本适用于本标准。

GB/T 1250　极限数值的表示方法和判定方法

GB/T 8170　数值修约规则

GB/T 12689 (所有部分)　锌及锌合金化学分析方法

3　要求

3.1　产品分类

再生锌合金锭按化学成分分为3个牌号：ZSZnAl4、ZSZnAl4Cu0.5、ZSZnAl4Cu1。

3.2　化学成分

3.2.1　再生锌合金锭的化学成分应符合表1的规定。

3.2.2　需方如对再生锌合金锭的化学成分有特殊要求时，可由供需双方商定。

3.2.3　锌(Zn)的含量为100%减去表1中所列其他元素总和的余量。

3.3　物理规格

3.3.1　再生锌合金锭为长方梯形，底部有便于将锭打断的凹槽(见图1a、图1b)。

3.3.2　为使再生锌合金锭便于包装和运输，允许每捆的底锭可采用有脚锭(见图1c)。

3.3.3　再生锌合金锭的单锭重应不大于25 kg。

3.3.4　需方如对再生锌合金锭的形状和锭重有特殊要求时，可由供需双方商定。

3.4　表面质量

3.4.1　再生锌合金锭表面不得有熔渣和夹杂物，但允许有浇铸时产生的轻微表面缩孔。

3.4.2　再生锌合金锭表面不得有飞边毛刺(允许修整)。

表1　再生锌合金锭化学成分

牌　号	质量分数/%							
	主　成　分				杂质，不大于			
	Al	Cu	Mg	Zn	Fe	Pb	Cd	Sn
ZSZnAl4	3.5～4.3	0.2～0.75	0.02～0.08	余量	0.1	0.008	0.004	0.003
ZSZnAl4Cu0.5	3.5～4.3	0.3～0.75	0.01～0.08	余量	0.1	0.012	0.01	0.003
ZSZnAl4Cu1	3.8～4.3	0.75～1.25	0.03～0.08	余量	0.1	0.015	0.01	0.003
注：牌号表示方法："ZS"为"再生"字汉语拼音首字母。								

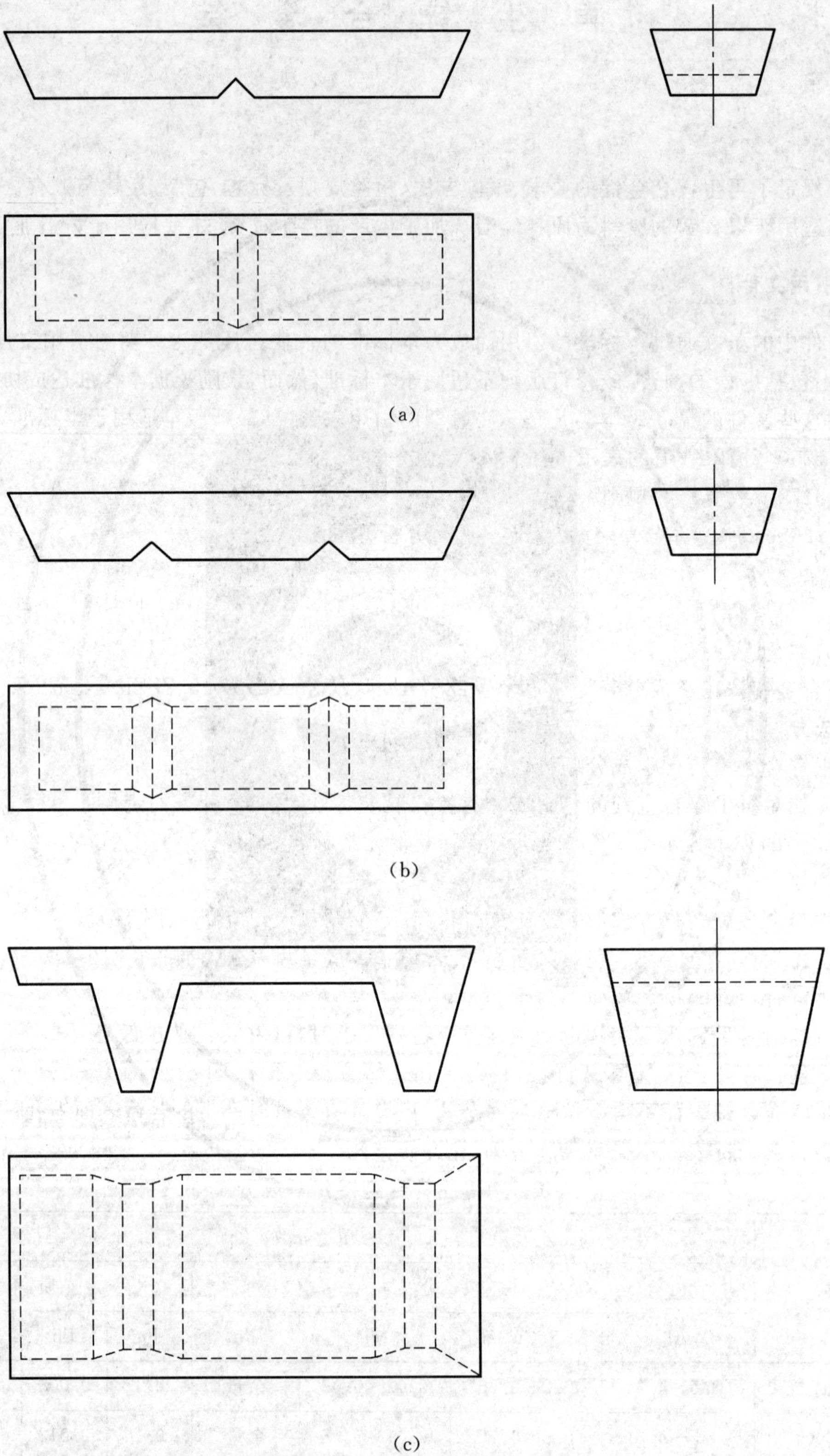

图 1　再生锌合金锭外形示意图

4 试验方法

4.1 化学成分仲裁分析方法

再生锌合金锭化学成分仲裁分析方法按 GB 12689 的规定或双方认可的光谱仪分析法进行。

4.2 表面质量检验方法

再生锌合金锭表面质量用目视法检验。

5 检验规则

5.1 检查和验收

5.1.1 再生锌合金锭应由供方技术监督部门进行检验，保证产品质量符合本标准或订货单（合同）的规定，并填写质量证明书。

5.1.2 需方应对收到的产品按本标准的规定进行检验。如检验结果与本标准或订货单（合同）的规定不符时，应在收到产品之日起 30 天内向供方提出，由供需双方协商解决。

5.2 组批

5.2.1 再生锌合金锭应成批提交检验，每批应由同一熔炼号的产品组成，批量不大于 30 t。

5.2.2 经供需双方商定，也可由同一牌号的多个熔炼号的产品组成一个检验批。

5.3 检验项目

每批再生锌合金锭应进行化学成分、表面质量的检验。

5.4 取样和制样

5.4.1 生产样的采取

供方用于化学成分分析的试样可从浇铸时的液态金属中采取，也可用其他方法采取。

5.4.2 仲裁样的采取和制备

5.4.2.1 仲裁取样数量：从每批仲裁再生锌合金锭中，等距离（间隔）随机抽取 12 锭，作为仲裁样锭。

5.4.2.2 仲裁取样方法：将抽取的样锭按每 4 个锭为 1 组，共分 3 组。用钻孔法或锯切法采取试样。钻孔或锯切时，不得使用任何润滑剂，其速度不得使试样氧化。取样时应除去表皮（不超过 2 mm），钻、锯深度不小于锭厚的三分之二。

a） 钻孔法：用直径 10 mm～15 mm 的钻头取样，将每组 4 块样锭，按浇注面 A 与底面 B 依次排列成长方形，在长方形上划 2 条对角线，与每锭纵向中心线相交的两点为该锭的取样点，如图 2 所示。

b） 锯切法：锯条于再生铅及铅合金锭垂直，通过钻孔法取样点横向锯切。

5.4.2.3 试样的制备：将取得的试样制成不大于 3 mm 屑状，用磁体除净加工时带入的铁屑，仔细混匀后以四分法缩至不小于 300 g，作为仲裁分析样品。

5.4.3 再生锌合金锭仲裁样的取制样方法也可由供需双方商定。

5.5 检验结果的判定

5.5.1 杂质的修约规则，按 GB/T 8170 中的有关规定进行；修约后的数值的判定，按 GB/T 1250 中的有关规定进行。

5.5.2 再生锌合金锭的化学成分分析结果与本标准的规定不符时，按批判不合格。

5.5.3 再生锌合金锭的物理规格及表面质量的检验结果与本标准规定不符时，按锭判不合格。

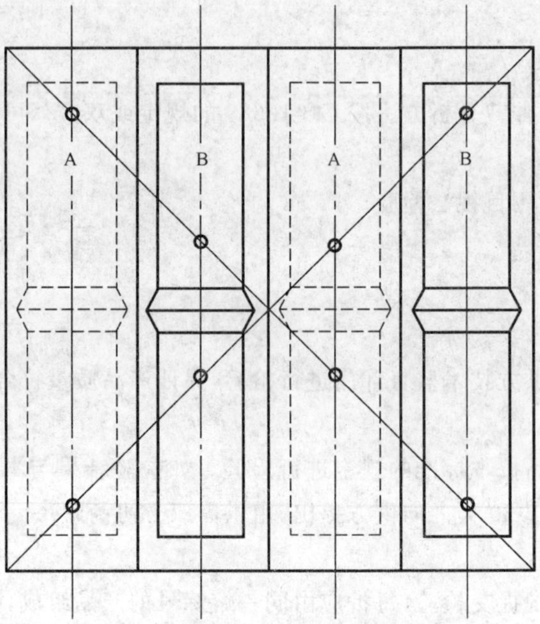

图 2　再生锌合金锭钻孔布点图

6　标志、包装、运输与贮存

6.1　标志

6.1.1　每块再生锌合金锭底面应铸有注册商标(或企业标志),表面应打印或用不易脱落的颜色(或标签)标注牌号、批号。

6.1.2　每捆再生锌合金锭应粘贴标签,其上注明:

a)　供方名称;

b)　产品名称和代号;

c)　捆重。

6.2　包装

6.2.1　再生锌合金锭应堆码整齐,并用相应强度且不易锈蚀的包装带捆扎包装。

6.2.2　再生锌合金锭打捆后,应用塑料薄膜袋包装,以防尘防湿。

6.3　运输与贮存

6.3.1　再生锌合金锭包装成捆后,应确保其在运输过程中不散捆。

6.3.2　再生锌合金锭应用无腐蚀性物质的运输工具装运,防止被雨水淋湿。

6.3.3　再生锌合金锭应贮存在干燥、通风、无腐蚀性物质的仓库里。

6.4　其他

需方如对再生锌合金锭的标志、包装、运输与贮存有特殊要求时,由供需双方商定。

6.5　质量证明书

每批再生锌合金锭出厂时应附质量证明书(合格证),其上注明:

a)　供方名称和商标;

b)　产品名称和代号;

c)　批号;

d) 净重和件数；

e) 分析检验结果；

f) 标准编号；

g) 出厂日期。

ICS 77.150.30
H 62

中华人民共和国国家标准

GB/T 21652—2008
代替 GB/T 3125—1994，GB/T 14953～14956—1994

铜及铜合金线材

Copper and copper alloy wire

2008-03-31 发布　　2008-09-01 实施

中华人民共和国国家质量监督检验检疫总局
中国国家标准化管理委员会　发布

前　言

本标准参照采用 JIS H 3260:2006《铜及铜合金线》。

本标准代替 GB/T 3125—1994《白铜线》、GB/T 14953—1994《纯铜线》、GB/T 14954—1994《黄铜线》、GB/T 14955—1994《青铜线》、GB/T 14956—1994《专用铜及铜合金线》。

本标准与 GB/T 3125—1994、GB/T 14953—1994、GB/T 14954—1994、GB/T 14955—1994、GB/T 14956—1994相比，主要变化如下：

——增加了对一般用途的铜及铜合金线材的相关规定，删除了电性能部分；

——增加了 27 个牌号，即：H63、H70、H80、H85、H90、H96、HPb59-3、HPb61-1、HMn62-13、HSb60-0.9、HSb61-0.8-0.5、HBi60-1.3、QSn4-4-4、QSn5-0.2、QSn15-1-1、QAl7、QAl9-2、QCr1、QCr1-0.18、QCr4.5-2.5-0.6、BZn9-29、BZn12-26、BZn18-20、BZn22-16、BZn25-18、BZn40-20、BFe10-1-1，并增加了相应的技术要求；

——对线材的直径(对边距)范围进行了扩充、修改；

——参照 JIS H 3260 标准，对不同牌号的线材的状态进行了重新调整规定；

——参照 JIS H 3260 标准，对各种牌号不同状态线材的力学性能进行了重新规定；

——线材的外形尺寸偏差参照 JIS H 3260 进行了修订。精度比原标准有所提高；

——增加了外径在 6 mm 以上产品的尺寸公差；

——增加了异型线材的相应尺寸及公差，并增加了相应的性能规定；

——增加了线材选作硬度、耐脱锌腐蚀试验等的规定；

——参照 JIS H 3260 标准，对表面质量的规定进行了完善；

——对线材卷(轴)重量的规定进行了调整；

——在订货合同内容上增加了有无危害标志的规定。

本标准由中国有色金属工业协会提出。

本标准由全国有色金属标准化技术委员会归口。

本标准由宁波博威集团有限公司、中国有色金属工业标准计量质量研究所、沈阳铜兴产业有限公司、浙江宏磊集团有限公司负责起草。

本标准主要起草人：张明、谢潇、蔡洎华、胡仁昌、王丽、刘关强、张震宇。

本标准所代替标准的历次版本发布情况为：

——GB/T 3125—1982，GB 3109—1982，GB 3119—1982，GB 3110—1982，GB 3111—1982，GB 3112—1982，GB 3130—1982，GB 3133—1982，GB 3122—1982，GB 3123—1982，GB 3124—1982，GB 2535—1981，GB 3115—1982，GB 3116—1982，GB 3117—1982，GB 3118—1982，GB 3128—1982，GB/T 3125—1994，GB/T 14953—1994，GB/T 14954—1994，GB/T 14955—1994，GB/T 14956—1994。

铜及铜合金线材

1 范围

本标准规定了铜及铜合金线材的要求、试验方法、检验规则及标志、包装、运输、贮存和订货单(或合同)内容等。

本标准适用于各工业部门用的圆形、正方形、正六角形的铜及铜合金线材。

2 规范性引用文件

下列文件中的条款通过本标准的引用而成为本标准的条款。凡是注日期的引用文件,其随后所有的修改单(不包括勘误的内容)或修订版均不适用于本标准,然而,鼓励根据本标准达成协议的各方研究是否可使用这些文件的最新版本。凡是不注日期的引用文件,其最新版本适用于本标准。

GB/T 228 金属材料 室温拉伸试验方法
GB/T 230.1 金属洛氏硬度试验 第1部分:试验方法
GB/T 231.1 金属布氏硬度试验 第1部分:试验方法
GB/T 238 金属材料 线材 反复弯曲试验方法
GB/T 239 金属线材扭转试验方法
GB/T 2828.1 计数抽样检验程序 第1部分:按接收质量限(AQL)检索的逐批检验抽样计划
GB/T 2976 金属材料 线材 缠绕试验方法
GB/T 4340.1 金属维氏硬度试验 第1部分:试验方法
GB/T 5121(所有部分) 铜及铜合金化学分析方法
GB/T 5231 加工铜及铜合金化学成分和产品形状
GB/T 8888 重有色金属加工产品的包装、标志、运输和贮存
GB/T 10119 黄铜耐脱锌腐蚀性能的测定
GB/T 10567.2 铜及铜合金加工材残余应力检验方法 氨熏试验法
GB/T 10573 有色金属细丝拉伸试验方法
YS/T 336 铜、镍及其合金管材和棒材断口检验法

3 要求

3.1 产品分类

3.1.1 牌号、状态、规格

产品的牌号、状态和规格应符合表1的规定。

3.1.2 标记示例

产品标记按产品名称、牌号、状态、精度、规格和标准编号的顺序表示。标记示例如下:

示例1:用BZn40-20合金制造的、1/4硬态、较高精度、直径为3 mm的圆形线材标记为:

圆形铜线 BZn40-20Y_4 较高 3.0 GB/T 21652—2008

示例2:用BZn12-26合金制造的、半硬态、普通精度、对边距为4.5 mm的正方形线材标记为:

方形铜线 BZn12-26Y_2 普通 4.5 GB/T 21652—2008

示例3:用HSb60-0.9合金制造的、硬态、较高精度、对边距为5 mm的正六角形线材标记为:

六角形铜线 HSb60-0.9Y 较高 5 GB/T 21652—2008

3.2 化学成分

3.2.1 线材各牌号的化学成分应符合GB/T 5231的规定。

3.2.2 其他不在GB/T 5231标准范围的合金牌号的化学成分应符合表2～表7的规定。

表 1 产品的牌号、状态、规格

类别	牌号	状态	直径(对边距)/mm
纯铜线	T2、T3	软(M),半硬(Y_2),硬(Y)	0.05~8.0
	TU1、TU2	软(M),硬(Y)	0.05~8.0
黄铜线	H62、H63、H65	软(M),1/8 硬(Y_8),1/4 硬(Y_4),半硬(Y_2),3/4 硬(Y_1),硬(Y)	0.05~13.0
		特硬(T)	0.05~4.0
	H68、H70	软(M),1/8 硬(Y_8),1/4 硬(Y_4),半硬(Y_2),3/4 硬(Y_1),硬(Y)	0.05~8.5
		特硬(T)	0.1~6.0
黄铜线	H80、H85、H90、H96	软(M),半硬(Y_2), 硬(Y)	0.05~12.0
	HSn60-1、HSn62-1	软(M),硬(Y)	0.5~6.0
	HPb63-3、HPb59-1	软(M),半硬(Y_2),硬(Y)	
	HPb59-3	半硬(Y_2),硬(Y)	1.0~8.5
	HPb61-1	半硬(Y_2),硬(Y)	0.5~8.5
	HPb62-0.8	半硬(Y_2),硬(Y)	0.5~6.0
	HSb60-0.9、HSb61-0.8-0.5、HBi60-1.3	半硬(Y_2),硬(Y)	0.8~12.0
	HMn62-13	软(M),1/4 硬(Y_4),半硬(Y_2),3/4 硬(Y_1),硬(Y)	0.5~6.0
青铜线	QSn6.5-0.1、QSn6.5-0.4 QSn7-0.2、QSn5-0.2、QSi3-1	软(M),1/4 硬(Y_4),半硬(Y_2),3/4 硬(Y_1),硬(Y)	0.1~8.5
	QSn4-3	软(M),1/4 硬(Y_4),半硬(Y_2),3/4 硬(Y_1)	0.1~8.5
		硬(Y)	0.1~6.0
	QSn4-4-4	半硬(Y_2),硬(Y)	0.1~8.5
	QSn15-1-1	软(M),1/4 硬(Y_4),半硬(Y_2),3/4 硬(Y_1),硬(Y)	0.5~6.0
	QAl7	半硬(Y_2),硬(Y)	1.0~6.0
	QAl9-2	硬(Y)	0.6~6.0
	QCr1、QCr 1-0.18	固溶+冷加工+时效(CYS),固溶+时效+冷加工(CSY)	1.0~12.0
	QCr4.5-2.5-0.6	软(M),固溶+冷加工+时效(CYS),固溶+时效+冷加工(CSY)	0.5~6.0
	QCd1	软(M), 硬(Y)	0.1~6.0
白铜线	B19	软(M), 硬(Y)	0.1~6.0
	BFe10-1-1,BFe30-1-1		
	BMn3-12	软(M), 硬(Y)	0.05~6.0
	BMn40-1.5		
	BZn9-29,BZn12-26,BZn15-20 BZn18-20	软(M),1/8 硬(Y_8),1/4 硬(Y_4),半硬(Y_2),3/4 硬(Y_1),硬(Y)	0.1~8.0
		特硬(T)	0.5~4.0
	BZn22-16,BZn25-18	软(M),1/8 硬(Y_8),1/4 硬(Y_4),半硬(Y_2),3/4 硬(Y_1),硬(Y)	0.1~8.0
		特硬(T)	0.1~4.0
	BZn40-20	软(M),1/4 硬(Y_4),半硬(Y_2),3/4 硬(Y_1),硬(Y)	1.0~6.0

表 2　锰黄铜线材化学成分

牌号	质量分数/%											
	Cu	Mn	Ni+Co	Ti+Al	Pb	Fe	Si	B	P	Sb	Bi	Zn	杂质总和
HMn62-13	59～65	10～15	0.05～0.5	0.5～2.5	0.03	0.05	0.05	0.01	0.005	0.005	0.005	余量	0.15

注 1：元素含量为上下限者为合金元素，元素含量为单个数值者为杂质元素，单个数值表示最高限量。
注 2：杂质总和为表中所列杂质元素实测值总和。
注 3：表中用“余量”表示的元素含量为 100%减去表中所列元素实测值所得。

表 3　锑黄铜和铋黄铜线材化学成分

牌号	质量分数/%									
	Cu	Sb	B、Ni、Fe、Sn 等	Si	Fe	Bi	Pb	Cd	Zn	杂质总和
HSb60-0.9	58～62	0.3～1.5	0.05<Ni+Fe+B<0.9	—	—	—	0.2	0.01	余量	0.2
HSb61-0.8-0.5	59～63	0.4～1.2	0.05<Ni+Sn+B<1.2	0.3～1.0	0.2	—	0.2	0.01	余量	0.3
HBi60-1.3	58～62	0.05<Sb+B+Ni+Sn<1.2		—	0.1	0.3～2.3	0.2	0.01	余量	0.3

注 1：元素含量为上下限者为合金元素，元素含量为单个数值者为杂质元素，单个数值表示最高限量。
注 2：杂质总和为表中所列杂质元素实测值总和。
注 3：表中用“余量”表示的元素含量为 100%减去表中所列元素实测值所得。

表 4　青铜线材化学成分

牌号	质量分数/%											
	Cr	Zr	Pb	Mg	Fe	Si	P	Sb	Bi	Al	B	Cu	杂质总和
QCr1-0.18	0.5～1.5	0.05～0.30	0.05	0.05	0.10	0.10	0.10	0.01	0.01	0.05	0.02	余量	0.3

注 1：元素含量为上下限者为合金元素，元素含量为单个数值者为杂质元素，单个数值表示最高限量。
注 2：杂质总和为表中所列杂质元素实测值总和。
注 3：表中用“余量”表示的元素含量为 100%减去表中所列元素实测值所得。

表 5　青铜线材化学成分

牌　号	质量分数/%					
	Sn	P	Pb	Fe	Zn	Cu
QSn5-0.2(C51000)	4.2～5.8	0.03～0.35	0.05	0.10	0.30	余量

注 1：Cu+所列出元素总和≥99.5%。
注 2：元素含量为上下限者为合金元素，元素含量为单个数值者为杂质元素，单个数值表示最高限量。
注 3：表中用“余量”表示的元素含量为 100%减去表中所列元素实测值所得。

表 6　青铜线材化学成分

牌　号	质量分数/%										
	Sn	B	Zn	Fe	Cr	Ti	Ni+Co	Mn	P	Cu	杂质总和
QSn15-1-1	12～18	0.002～1.2	0.5～2	0.1～1	—	0.002	—	0.6	0.5	余量	1.0
QCr4.5-2.5-0.6	—	—	0.05	0.05	3.5～5.5	1.5～3.5	0.2～1.0	0.5～2	0.005	余量	0.1

注 1：元素含量为上下限者为合金元素，元素含量为单个数值者为杂质元素，单个数值表示最高限量。
注 2：杂质总和为表中所列杂质元素实测值总和。
注 3：表中用“余量”表示的元素含量为 100%减去表中所列元素实测值所得。

表 7　白铜线材化学成分

牌号	质量分数/%														
	Cu	Ni+Co	Fe	Mn	Pb	Si	Sn	P	Al	Ti	C	S	Sb	Bi	Zn	杂质总和
BZn9-29	60.0～63.0	7.2～10.4	0.3	0.5	0.03	0.15	0.08	0.005	0.005	0.005	0.03	0.005	0.002	0.002	余量	0.8
BZn12-26	60.0～63.0	10.5～13.0	0.3	0.5	0.03	0.15	0.08	0.005	0.005	0.005	0.03	0.005	0.002	0.002	余量	0.8
BZn18-20	60.0～63.0	16.5～19.5	0.3	0.5	0.03	0.15	0.08	0.005	0.005	0.005	0.03	0.005	0.002	0.002	余量	0.8
BZn22-16	60.0～63.0	20.5～23.5	0.3	0.5	0.03	0.15	0.08	0.005	0.005	0.005	0.03	0.005	0.002	0.002	余量	0.8
BZn25-18	56.0～59.0	23.5～26.5	0.3	0.5	0.03	0.15	0.08	0.005	0.005	0.005	0.03	0.005	0.002	0.002	余量	0.8
BZn40-20	38.0～42.0	38.0～41.5	0.3	0.5	0.03	0.15	0.08	0.005	0.005	0.005	0.10	0.005	0.002	0.002	余量	0.8

注 1：元素含量为上下限者为合金元素，元素含量为单个数值者为杂质元素，单个数值表示最高限量。
注 2：杂质总和为表中所列杂质元素实测值总和。
注 3：表中用“余量”表示的元素含量为 100%减去表中所列元素实测值所得。

3.3 尺寸及尺寸允许偏差

3.3.1 圆形线材直径及其允许偏差应符合表 8 的规定。

表 8 圆形线材的直径及其允许偏差

单位为毫米

公称直径	允许偏差，不大于	
	较高级	普通级
0.05～0.1	±0.003	±0.005
>0.1～0.2	±0.005	±0.010
>0.2～0.5	±0.008	±0.015
>0.5～1.0	±0.010	±0.020
>1.0～3.0	±0.020	±0.030
>3.0～6.0	±0.030	±0.040
>6.0～13.0	±0.040	±0.050

注 1：经供需双方协商，可供应其他规格和允许偏差的线材，具体要求应在合同中注明。

注 2：线材偏差等级须在订货合同中注明，否则按普通级供货。

注 3：需方要求单向偏差时，其值为表 8 中数值的 2 倍。

3.3.2 正方形、正六角形等异型线材的对边距及其允许偏差应符合表 9 的规定。

表 9 正方形、正六角形线材的对边距及其允许偏差

单位为毫米

对边距	允许偏差，不大于		截面形状
	较高级	普通级	
≤3.0	±0.030	±0.040	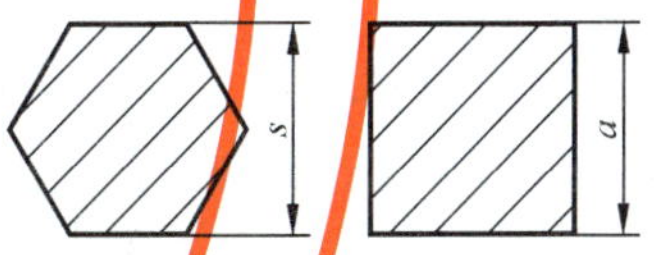
>3.0～6.0	±0.040	±0.050	
>6.0～13.0	±0.050	±0.060	

注 1：经供需双方协商，可供应其他规格和允许偏差的线材，具体要求应在合同中注明。

注 2：线材偏差等级须在订货合同中注明，否则按普通级供货。

注 3：需方要求单向偏差时，其值为表 9 中数值的 2 倍。

3.3.3 正方形、正六角形等异型线材的圆角半径(r)应符合表 10 的规定。

表 10 正方形、正六角形线材的圆角半径

单位为毫米

对边距	≤2	>2～4	>4～6	>6～10	>10～13
圆角半径 r	≤0.4	≤0.5	≤0.6	≤0.8	≤1.2

3.3.4 直径不大于 3.0 mm 的线材，其圆度应不大于直径允许偏差之半；直径大于 3.0 mm 的线材，其圆度应不大于直径允许偏差。

3.3.5 需方有要求时，应检测正方形、正六角形线材的扭拧度，其要求由供需双方商定。

3.4 力学性能

线材的室温纵向力学性能应符合表 11 的规定。

3.5 硬度

当用户要求，并在合同中注明时，应进行硬度的检验，其要求由供需双方商定。

3.6 反复弯曲实验

3.6.1 直径不小于 0.3 mm 的 TU1、TU2 线材应在氢气退火后进行反复弯曲试验，弯曲次数应不少于 10 次，弯曲处不产生裂纹。

表 11 线材的室温纵向力学性能

牌号	状态	直径(对边距)/mm	抗拉强度 R_m/(N/mm^2)	伸长率 $A_{100\,mm}$/%
TU1 TU2	M	0.05～8.0	≤255	≥25
	Y	0.05～4.0	≥345	—
		>4.0～8.0	≥310	≥10
T2 T3	M	0.05～0.3	≥195	≥15
		>0.3～1.0	≥195	≥20
		>1.0～2.5	≥205	≥25
		>2.5～8.0	≥205	≥30
	Y_2	0.05～8.0	255～365	—
	Y	0.05～2.5	≥380	—
		>2.5～8.0	≥365	—
H62 H63	M	0.05～0.25	≥345	≥18
		>0.25～1.0	≥335	≥22
		>1.0～2.0	≥325	≥26
		>2.0～4.0	≥315	≥30
		>4.0～6.0	≥315	≥34
		>6.0～13.0	≥305	≥36
	Y_8	0.05～0.25	≥360	≥8
		>0.25～1.0	≥350	≥12
		>1.0～2.0	≥340	≥18
		>2.0～4.0	≥330	≥22
		>4.0～6.0	≥320	≥26
		>6.0～13.0	≥310	≥30
	Y_4	0.05～0.25	≥380	≥5
		>0.25～1.0	≥370	≥8
		>1.0～2.0	≥360	≥10
		>2.0～4.0	≥350	≥15
		>4.0～6.0	≥340	≥20
		>6.0～13.0	≥330	≥25
	Y_2	0.05～0.25	≥430	—
		>0.25～1.0	≥410	≥4
		>1.0～2.0	≥390	≥7
		>2.0～4.0	≥375	≥10
		>4.0～6.0	≥355	≥12
		>6.0～13.0	≥350	≥14

表 11（续）

牌　　号	状　　态	直径（对边距）/mm	抗拉强度 R_m/(N/mm²)	伸长率 $A_{100\,mm}$/%
H62 H63	Y_1	0.05～0.25	590～785	—
		>0.25～1.0	540～735	—
		>1.0～2.0	490～685	—
		>2.0～4.0	440～635	—
		>4.0～6.0	390～590	—
		>6.0～13.0	360～560	—
	Y	0.05～0.25	785～980	—
		>0.25～1.0	685～885	—
		>1.0～2.0	635～835	—
		>2.0～4.0	590～785	—
		>4.0～6.0	540～735	—
		>6.0～13.0	490～685	—
	T	0.05～0.25	≥850	—
		>0.25～1.0	≥830	—
		>1.0～2.0	≥800	—
		>2.0～4.0	≥770	—
H65	M	0.05～0.25	≥335	≥18
		>0.25～1.0	≥325	≥24
		>1.0～2.0	≥315	≥28
		>2.0～4.0	≥305	≥32
		>4.0～6.0	≥295	≥35
		>6.0～13.0	≥285	≥40
	Y_8	0.05～0.25	≥350	≥10
		>0.25～1.0	≥340	≥15
		>1.0～2.0	≥330	≥20
		>2.0～4.0	≥320	≥25
		>4.0～6.0	≥310	≥28
		>6.0～13.0	≥300	≥32
	Y_4	0.05～0.25	≥370	≥6
		>0.25～1.0	≥360	≥10
		>1.0～2.0	≥350	≥12
		>2.0～4.0	≥340	≥18
		>4.0～6.0	≥330	≥22
		>6.0～13.0	≥320	≥28

表 11（续）

牌　号	状　态	直径(对边距)/mm	抗拉强度 R_m/(N/mm²)	伸长率 $A_{100\ mm}$/%
H65	Y_2	0.05～0.25	≥410	—
		>0.25～1.0	≥400	≥4
		>1.0～2.0	≥390	≥7
		>2.0～4.0	≥380	≥10
		>4.0～6.0	≥375	≥13
		>6.0～13.0	≥360	≥15
	Y_1	0.05～0.25	540～735	—
		>0.25～1.0	490～685	—
		>1.0～2.0	440～635	—
		>2.0～4.0	390～590	—
		>4.0～6.0	375～570	—
		>6.0～13.0	370～550	—
	Y	0.05～0.25	685～885	—
		>0.25～1.0	635～835	—
		>1.0～2.0	590～785	—
		>2.0～4.0	540～735	—
		>4.0～6.0	490～685	—
		>6.0～13.0	440～635	—
	T	0.05～0.25	≥830	—
		>0.25～1.0	≥810	—
		>1.0～2.0	≥800	—
		>2.0～4.0	≥780	—
H68 H70	M	0.05～0.25	≥375	≥18
		>0.25～1.0	≥355	≥25
		>1.0～2.0	≥335	≥30
		>2.0～4.0	≥315	≥35
		>4.0～6.0	≥295	≥40
		>6.0～8.5	≥275	≥45
	Y_8	0.05～0.25	≥385	≥18
		>0.25～1.0	≥365	≥20
		>1.0～2.0	≥350	≥24
		>2.0～4.0	≥340	≥28
		>4.0～6.0	≥330	≥33
		>6.0～8.5	≥320	≥35

表 11（续）

牌　号	状　态	直径（对边距）/mm	抗拉强度 R_m/（N/mm²）	伸长率 $A_{100\,mm}$/%
H68 H70	Y_4	0.05～0.25	≥400	≥10
		>0.25～1.0	≥380	≥15
		>1.0～2.0	≥370	≥20
		>2.0～4.0	≥350	≥25
		>4.0～6.0	≥340	≥30
		>6.0～8.5	≥330	≥32
	Y_2	0.05～0.25	≥410	—
		>0.25～1.0	≥390	≥5
		>1.0～2.0	≥375	≥10
		>2.0～4.0	≥355	≥12
		>4.0～6.0	≥345	≥14
		>6.0～8.5	≥340	≥16
	Y_1	0.05～0.25	540～735	—
		>0.25～1.0	490～685	—
		>1.0～2.0	440～635	—
		>2.0～4.0	390～590	—
		>4.0～6.0	345～540	—
		>6.0～8.5	340～520	—
	Y	0.05～0.25	735～930	—
		>0.25～1.0	685～885	—
		>1.0～2.0	635～835	—
		>2.0～4.0	590～785	—
		>4.0～6.0	540～735	—
		>6.0～8.5	490～685	—
	T	0.1～0.25	≥800	—
		>0.25～1.0	≥780	—
		>1.0～2.0	≥750	—
		>2.0～4.0	≥720	—
		>4.0～6.0	≥690	—
H80	M	0.05～12.0	≥320	≥20
	Y_2	0.05～12.0	≥540	—
	Y	0.05～12.0	≥690	—
H85	M	0.05～12.0	≥280	≥20
	Y_2	0.05～12.0	≥455	—

表 11（续）

牌号	状态	直径（对边距）/mm	抗拉强度 R_m/(N/mm²)	伸长率 $A_{100\,mm}$/%
H85	Y	0.05～12.0	≥570	—
H90	M	0.05～12.0	≥240	≥20
	Y_2	0.05～12.0	≥385	—
	Y	0.05～12.0	≥485	—
H96	M	0.05～12.0	≥220	≥20
	Y_2	0.05～12.0	≥340	—
	Y	0.05～12.0	≥420	—
HPb59-1	M	0.5～2.0	≥345	≥25
		>2.0～4.0	≥335	≥28
		>4.0～6.0	≥325	≥30
	Y_2	0.5～2.0	390～590	—
		>2.0～4.0	390～590	—
		>4.0～6.0	375～570	—
	Y	0.5～2.0	490～735	—
		>2.0～4.0	490～685	—
		>4.0～6.0	440～635	—
HPb59-3	Y_2	1.0～2.0	≥385	—
		>2.0～4.0	≥380	—
		>4.0～6.0	≥370	—
		>6.0～8.5	≥360	—
	Y	1.0～2.0	≥480	—
		>2.0～4.0	≥460	—
		>4.0～6.0	≥435	—
		>6.0～8.5	≥430	—
HPb61-1	Y_2	0.5～2.0	≥390	≥10
		>2.0～4.0	≥380	≥10
		>4.0～6.0	≥375	≥15
		>6.0～8.5	≥365	≥15
	Y	0.5～2.0	≥520	—
		>2.0～4.0	≥490	—
		>4.0～6.0	≥465	—
		>6.0～8.5	≥440	—
HPb62-0.8	Y_2	0.5～6.0	410～540	≥12
	Y	0.5～6.0	450～560	—

表 11（续）

牌　号	状　态	直径(对边距)/mm	抗拉强度 R_m/(N/mm²)	伸长率 $A_{100\,mm}$/%
HPb63-3	M	0.5～2.0	≥305	≥32
		>2.0～4.0	≥295	≥35
		>4.0～6.0	≥285	≥35
	Y_2	0.5～2.0	390～610	≥3
		>2.0～4.0	390～600	≥4
		>4.0～6.0	390～590	≥4
	Y	0.5～6.0	570～735	—
HSn60-1 HSn62-1	M	0.5～2.0	≥315	≥15
		>2.0～4.0	≥305	≥20
		>4.0～6.0	≥295	≥25
	Y	0.5～2.0	590～835	—
		>2.0～4.0	540～785	—
		>4.0～6.0	490～735	—
HSb60-0.9	Y_2	0.8～12.0	≥330	≥10
	Y	0.8～12.0	≥380	≥5
HSb61-0.8-0.5	Y_2	0.8～12.0	≥380	≥8
	Y	0.8～12.0	≥400	≥5
HBi60-1.3	Y_2	0.8～12.0	≥350	≥8
	Y	0.8～12.0	≥400	≥5
HMn62-13	M	0.5～6.0	400～550	≥25
	Y_4	0.5～6.0	450～600	≥18
	Y_2	0.5～6.0	500～650	≥12
	Y_1	0.5～6.0	550～700	—
	Y	0.5～6.0	≥650	—
QSn6.5-0.1 QSn6.5-0.4 QSn7-0.2 QSn5-0.2 QSi3-1	M	0.1～1.0	≥350	≥35
		>1.0～8.5		≥45
	Y_4	0.1～1.0	480～680	—
		>1.0～2.0	450～650	≥10
		>2.0～4.0	420～620	≥15
		>4.0～6.0	400～600	≥20
		>6.0～8.5	380～580	≥22
	Y_2	0.1～1.0	540～740	—
		>1.0～2.0	520～720	—
		>2.0～4.0	500～700	≥4

表 11（续）

牌号	状态	直径(对边距)/mm	抗拉强度 R_m/(N/mm²)	伸长率 $A_{100\,mm}$/%
QSn6.5-0.1 QSn6.5-0.4 QSn7-0.2 QSn5-0.2 QSi3-1	Y_2	>4.0~6.0	480~680	≥8
		>6.0~8.5	460~660	≥10
	Y_1	0.1~1.0	750~950	—
		>1.0~2.0	730~920	—
		>2.0~4.0	710~900	—
		>4.0~6.0	690~880	—
		>6.0~8.5	640~860	—
	Y	0.1~1.0	880~1 130	—
		>1.0~2.0	860~1 060	—
		>2.0~4.0	830~1 030	—
		>4.0~6.0	780~980	—
		>6.0~8.5	690~950	—
QSn4-3	M	0.1~1.0	≥350	≥35
		>1.0~8.5		≥45
	Y_4	0.1~1.0	460~580	≥5
		>1.0~2.0	420~540	≥10
		>2.0~4.0	400~520	≥20
		>4.0~6.0	380~480	≥25
		>6.0~8.5	360~450	—
	Y_2	0.1~1.0	500~700	—
		>1.0~2.0	480~680	—
		>2.0~4.0	450~650	—
		>4.0~6.0	430~630	—
		>6.0~8.5	410~610	—
	Y_1	0.1~1.0	620~820	—
		>1.0~2.0	600~800	—
		>2.0~4.0	560~760	—
		>4.0~6.0	540~740	—
		>6.0~8.5	520~720	—
	Y	0.1~1.0	880~1 130	—
		>1.0~2.0	860~1 060	—
		>2.0~4.0	830~1 030	—
		>4.0~6.0	780~980	—
QSn4-4-4	Y_2	0.1~8.5	≥360	≥12

表 11（续）

牌　　号	状　　态	直径（对边距）/mm	抗拉强度 R_m/(N/mm²)	伸长率 $A_{100\ mm}$/%
QSn4-4-4	Y	0.1～8.5	≥420	≥10
QSn15-1-1	M	0.5～1.0	≥365	≥28
		>1.0～2.0	≥360	≥32
		>2.0～4.0	≥350	≥35
		>4.0～6.0	≥345	≥36
	Y_4	0.5～1.0	630～780	≥25
		>1.0～2.0	600～750	≥30
		>2.0～4.0	580～730	≥32
		>4.0～6.0	550～700	≥35
	Y_2	0.5～1.0	770～910	≥3
		>1.0～2.0	740～880	≥6
		>2.0～4.0	720～850	≥8
		>4.0～6.0	680～810	≥10
	Y_1	0.5～1.0	800～930	≥1
		>1.0～2.0	780～910	≥2
		>2.0～4.0	750～880	≥2
		>4.0～6.0	720～850	≥3
	Y	0.5～1.0	850～1 080	—
		>1.0～2.0	840～980	—
		>2.0～4.0	830～960	—
		>4.0～6.0	820～950	—
QAl7	Y_2	1.0～6.0	≥550	≥8
	Y	1.0～6.0	≥600	≥4
QAl9-2	Y	0.6～1.0	≥580	—
		>1.0～2.0		≥1
		>2.0～5.0		≥2
		>5.0～6.0	≥530	≥3
QCr1、QCr1-0.18	CYS CSY	1.0～6.0	≥420	≥9
		>6.0～12.0	≥400	≥10
QCr4.5-2.5-0.6	M	0.5～6.0	400～600	≥25
	CYS,CSY	0.5～6.0	550～850	—
QCd1	M	0.1～6.0	≥275	≥20
	Y	0.1～0.5	590～880	—
		>0.5～4.0	490～735	—

表 11（续）

牌　号	状　态	直径(对边距)/mm	抗拉强度 R_m/(N/mm²)	伸长率 $A_{100\ mm}$/%
QCd1	Y	>4.0～6.0	470～685	—
B19	M	0.1～0.5	≥295	≥20
		>0.5～6.0		≥25
	Y	0.1～0.5	590～880	—
		>0.5～6.0	490～785	—
BFe10-1-1	M	0.1～1.0	≥450	≥15
		>1.0～6.0	≥400	≥18
	Y	0.1～1.0	≥780	—
		>1.0～6.0	≥650	—
BFe30-1-1	M	0.1～0.5	≥345	≥20
		>0.5～6.0		≥25
	Y	0.1～0.5	685～980	—
		>0.5～6.0	590～880	—
BMn3-12	M	0.05～1.0	≥440	≥12
		>1.0～6.0	≥390	≥20
	Y	0.05～1.0	≥785	—
		>1.0～6.0	≥685	—
BMn40-1.5	M	0.05～0.20	≥390	≥15
		>0.20～0.50		≥20
		>0.50～6.0		≥25
	Y	0.05～0.20	685～980	—
		>0.20～0.50	685～880	—
		>0.50～6.0	635～835	—
BZn9-29 BZn12-26	M	0.1～0.2	≥320	≥15
		>0.2～0.5		≥20
		>0.5～2.0		≥25
		>2.0～8.0		≥30
	Y_8	0.1～0.2	400～570	≥12
		>0.2～0.5	380～550	≥16
		>0.5～2.0	360～540	≥22
		>2.0～8.0	340～520	≥25
	Y_4	0.1～0.2	420～620	≥6
		>0.2～0.5	400～600	≥8
		>0.5～2.0	380～590	≥12

表 11（续）

牌　　号	状　　态	直径(对边距)/mm	抗拉强度 R_m/(N/mm²)	伸长率 $A_{100\,mm}$/%
BZn9-29 BZn12-26	Y_4	>2.0～8.0	360～570	≥18
	Y_2	0.1～0.2	480～680	—
		>0.2～0.5	460～640	≥6
		>0.5～2.0	440～630	≥9
		>2.0～8.0	420～600	≥12
	Y_1	0.1～0.2	550～800	—
		>0.2～0.5	530～750	—
		>0.5～2.0	510～730	—
		>2.0～8.0	490～630	—
	Y	0.1～0.2	680～880	—
		>0.2～0.5	630～820	—
		>0.5～2.0	600～800	—
		>2.0～8.0	580～700	—
	T	0.5～4.0	≥720	—
BZn15-20 BZn18-20	M	0.1～0.2	≥345	≥15
		>0.2～0.5		≥20
		>0.5～2.0		≥25
		>2.0～8.0		≥30
	Y_8	0.1～0.2	450～600	≥12
		>0.2～0.5	435～570	≥15
		>0.5～2.0	420～550	≥20
		>2.0～8.0	410～520	≥24
	Y_4	0.1～0.2	470～660	≥10
		>0.2～0.5	460～620	≥12
		>0.5～2.0	440～600	≥14
		>2.0～8.0	420～570	≥16
	Y_2	0.1～0.2	510～780	—
		>0.2～0.5	490～735	—
		>0.5～2.0	440～685	—
		>2.0～8.0	440～635	—
	Y_1	0.1～0.2	620～860	—
		>0.2～0.5	610～810	—
		>0.5～2.0	595～760	—
		>2.0～8.0	580～700	—

表 11（续）

牌　号	状　态	直径(对边距)/mm	抗拉强度 R_m/(N/mm²)	伸长率 $A_{100\ mm}$/%
BZn15-20 BZn18-20	Y	0.1～0.2	735～980	—
		0.2～0.5	735～930	—
		>0.5～2.0	635～880	—
		>2.0～8.0	540～785	—
	T	0.5～1.0	≥750	—
		>1.0～2.0	≥740	—
		>2.0～4.0	≥730	—
BZn22-16 BZn25-18	M	0.1～0.2	≥440	≥12
		0.2～0.5		≥16
		>0.5～2.0		≥23
		>2.0～8.0		≥28
	Y_8	0.1～0.2	500～680	≥10
		>0.2～0.5	490～650	≥12
		>0.5～2.0	470～630	≥15
		>2.0～8.0	460～600	≥18
	Y_4	0.1～0.2	540～720	—
		>0.2～0.5	520～690	≥6
		>0.5～2.0	500～670	≥8
		>2.0～8.0	480～650	≥10
	Y_2	0.1～0.2	640～830	—
		>0.2～0.5	620～800	—
		>0.5～2.0	600～780	—
		>2.0～8.0	580～760	—
	Y_1	0.1～0.2	660～880	—
		>0.2～0.5	640～850	—
		>0.5～2.0	620～830	—
		>2.0～8.0	600～810	—
	Y	0.1～0.2	750～990	—
		>0.2～0.5	740～950	—
		>0.5～2.0	650～900	—
		>2.0～8.0	630～860	—
	T	0.1～1.0	≥820	—
		>1.0～2.0	≥810	—
		>2.0～4.0	≥800	—

表 11（续）

牌　　号	状　　态	直径(对边距)/ mm	抗拉强度 R_m/ (N/mm^2)	伸长率 $A_{100\ mm}$/%
BZn40-20	M	1.0～6.0	500～650	≥20
	Y_4	1.0～6.0	550～700	≥8
	Y_2	1.0～6.0	600～850	—
	Y_1	1.0～6.0	750～900	—
	Y	1.0～6.0	800～1 000	—
注 1：伸长率指标均指拉伸试样在标距内断裂值。 注 2：经供需双方协商可供应其余规格、状态和性能的线材，具体要求应在合同中注明。				

3.6.2　直径 0.3 mm～8.5 mm 的硅青铜线材和硬态锡青铜线材应进行反复弯曲试验，弯曲次数应不少于 3 次，弯曲处不产生裂纹。

3.6.3　当用户要求，并在合同中注明时，其他线材也应进行反复弯曲实验，其要求由供需双方商定。

3.7　扭转试验

当用户要求，并在合同中注明时，应进行扭转试验，具体要求由供需双方商定。

3.8　缠绕试验

用做弹簧的锡青铜线材和硅青铜线材应进行缠绕试验，于线材两倍直径的圆柱体上缠绕 10 圈不裂。

3.9　残余应力

3.9.1　硬态硅青铜线材和锡青铜线材应进行消除残余应力的处理。

3.9.2　当用户要求，并在合同中注明时，其他线材也应进行消除残余应力的处理。

3.10　耐脱锌腐蚀性能

当用户要求，并在合同中注明时，锑黄铜和铋黄铜线材应进行脱锌腐蚀性能的试验，并符合表 12 的规定。如果用户不要求时，供方可不进行该项检测，但应保证符合表 12 的规定。

表 12　线材耐脱锌腐蚀性能

牌　　号	平均失锌层深度/μm 不大于
HSb60-0.9、HSb61-0.8-0.5、HBi60-1.3	150

3.11　断口检验

当用户要求，并在合同中注明时，应进行断口的检验。断口应致密、无缩尾、气孔、分层和夹杂，允许存在不影响用户使用要求，并符合 YS/T 336 规定的轻微缺陷。

3.12　表面质量

3.12.1　线材表面应光滑、清洁、不允许有影响用户使用的缺陷。

3.12.2　线材表面允许有轻微的、局部的、不使线材直径超出其允许偏差的压入物和划伤。

3.12.3　线材表面轻微发红、发暗和氧化色，按合格处理。

3.13　线材卷(轴)重量

3.13.1　线材卷(轴)重量应符合表 13 的规定：

3.13.2　每批许可交付重量不大于 10%的较轻线卷(轴)。

3.13.3　用户对线材卷(轴)重量有特殊要求时，可协商进行。

表 13 线材卷(轴)重量

线材直径/mm	每卷(轴)重量/kg,不小于	
	标准卷	较轻卷
0.05～0.5	3	1
>0.5～1.0	10	8
>1.0～2.0	22	20
>2.0～4.0	25	22
>4.0～6.0	30	25
>6.0～13.0	70	50

4 试验方法

4.1 化学成分仲裁分析方法

线材的化学成分仲裁分析方法按 GB/T 5121 的规定进行。

4.2 尺寸测量方法

线材的外形尺寸应用相应精度的测量工具进行测量。

4.3 力学性能检验方法

线材的室温力学性能检验方法按 GB/T 10573、GB/T 228 的规定进行,其中直径不大于 0.25 mm 的线材按 GB/T 10573 的规定进行,直径大于 0.25 mm 的线材按 GB/T 228 的规定进行。直径不大于 4 mm 的线材,试样号为 R9;直径大于 4 mm 的线材,标距长度为 100 mm。

4.4 硬度检验方法

线材的洛氏硬度检验方法按 GB/T 230.1 的规定进行、布氏硬度检验方法按 GB/T 231.1 的规定进行、维氏硬度检验方法按 GB/T 4340.1 的规定进行。

4.5 反复弯曲试验方法

线材的反复弯曲试验方法按 GB/T 238 的规定进行。

4.6 扭转试验方法

线材的扭转试验方法按 GB/T 239 的规定进行。

4.7 缠绕试验方法

线材的缠绕试验方法按 GB/T 2976 的规定进行。

4.8 残余应力检验方法

线材的残余应力检验方法按 GB/T 10567.2 的规定进行。

4.9 耐脱锌腐蚀性能检验方法

线材的耐脱锌腐蚀性能检验方法按 GB/T 10119 的规定进行。

4.10 断口检验方法

线材的断口检验方法按 YS/T 336 的规定进行。

4.11 表面质量检验方法

线材的表面质量用目视进行检验。

4.12 卷(轴)重量检验方法

线材卷(轴)重量应用相应精度的测量工具进行测量。

5 检验规则

5.1 检查和验收

5.1.1 线材应由供方技术监督部门进行检验,保证产品质量符合本标准(或订货合同)的规定,并填写质量保证书。

5.1.2 需方应对收到的产品按本标准的规定进行检验，如检验结果与本标准(或订货合同)的规定不符时，应在收到产品之日起3个月内，以书面的形式向供方提出，由供需双方协商解决。如需仲裁，仲裁取样应由供需双方共同进行。

5.2 组批

线材应成批提交，每批应由同一牌号、状态和规格组成，每批重量应不超过1 000 kg。

5.3 检验项目

5.3.1 每批线材应进行化学成分、外形尺寸及偏差、力学性能、表面质量及卷(轴)重量的检验。

5.3.2 TU1、TU2、硅青铜和硬态锡青铜线材，每批应进行反复弯曲试验；用户有要求并在合同中注明时，其他线材每批也应进行反复弯曲试验。

5.3.3 用做弹簧的锡青铜和硅青铜线材，每批应进行缠绕试验。

5.3.4 硬态硅青铜和锡青铜线材，每批应进行消除残余应力的处理；用户有要求并在合同中注明时，其他线材每批也应进行消除残余应力的处理。

5.3.5 当用户对硬度、扭转试验、断口、耐脱锌腐蚀性能有要求，并在合同中注明时，每批应进行相应检验。

5.4 取样

线材的取样应符合表14的规定：

表14 线材的取样

检验项目	取样规定	要求的章条号	试验方法的章条号
化学成分	供方：1个试样/1炉；需方：1个试样/批	3.2	4.1
外形尺寸	按照GB/T 2828.1规定的取样，检测水平Ⅱ或供需双方协商，接收质量限AQL＝4.0	3.3	4.2
力学性能	任取2卷(轴)/批，1个试样/1卷(轴)	3.4	4.3
硬度	任取2卷(轴)/批，1个试样/1卷(轴)	3.5	4.4
反复弯曲试验	任取2卷(轴)/批，1个试样/1卷(轴)	3.6	4.5
扭转试验	任取2卷(轴)/批，1个试样/1卷(轴)	3.7	4.6
缠绕试验	任取2卷(轴)/批，1个试样/1卷(轴)	3.8	4.7
残余应力	任取2卷(轴)/批，1个试样/1卷(轴)	3.9	4.8
耐脱锌腐蚀性能	任取2卷(轴)/批，1个试样/1卷(轴)	3.10	4.9
断口	任取2卷(轴)/批，1个试样/1卷(轴)	3.11	4.10
表面质量	按照GB/T 2828.1规定的取样或供需双方协商，接收质量限AQL＝4.0	3.12	4.11
卷(轴)重量	每卷(轴)	3.13	4.12

5.5 重复试验

5.5.1 化学成分不合格时，判该批线材不合格。

5.5.2 线材的外形尺寸和外观质量不合格时，按卷判不合格。每批中不合格件数超出接收质量限时判整批不合格，或由供方逐卷检验，合格者交货。

5.5.3 当力学性能、硬度、弯曲试验、扭转试验、缠绕试验、残余应力、耐脱锌腐蚀性能、断口的试验结果中有试样不合格时，应从该批线材中另取双倍数量的试样(其中一个试样必须取自原检验不合格的那卷线材)进行重复试验，重复试验结果全部合格，则判整批产品合格。若重复试验结果仍有试样不合格，则判该批线材不合格，或由供方重新处理。

6 标志、包装、运输和贮存

线材的标志、包装、运输和贮存按 GB/T 8888 的规定进行。

7 订货单(或合同)内容

订购本标准所列材料的订货单(或合同)内应包括下列内容：

a) 产品名称；

b) 牌号；

c) 状态；

d) 尺寸规格；

e) 重量或卷数；

f) 本标准的编号；

g) 有无危害标志；

h) 增加本标准以外内容时的协商结果。

ICS 77.150.40
H 62

中华人民共和国国家标准

GB/T 21653—2008
代替 GB/T 3120—1982，GB/T 3121—1982

镍及镍合金线和拉制线坯

Nickel and nickel-alloy wire and drawing stock

（ISO 9724:1992，Nickel and nickel alloy wire and drawing stock，MOD）

2008-03-31 发布　　2008-09-01 实施

中华人民共和国国家质量监督检验检疫总局
中国国家标准化管理委员会　发布

前　言

本标准修改采用国际标准 ISO 9724:1992《镍及镍合金线材以及拉制坯料》。本标准章条编号与 ISO 9724:1992 章条编号对照见本标准附录 A，具体技术性差异见本标准附录 B。

本标准代替 GB/T 3120—1982《镍线》和 GB/T 3121—1982《电真空器件用镍及镍合金线》。本标准与 GB/T 3120—1982 和 GB/T 3121—1982 相比，主要有如下变动：

——新增加了 N5(NW2200)、N7(NW2201)、NCu30(NW4400)、NCu30-3-0.5(NW5500)、NMn3、NMn5 六个牌号的镍合金产品。并增加了其相应的技术要求。

——线材的最大直径(对边距)由原来的 6 mm 扩展到 10 mm。

——增加了线材扭转试验和缠绕试验，并对试验方法及结果做了相应的规定。

——线材的外形尺寸及其允许偏差等同采用 ISO 9724。

本标准附录 A、附录 B 为资料性附录。

本标准由中国有色金属工业协会提出。

本标准由全国有色金属标准化技术委员会归口。

本标准由沈阳铜兴产业有限公司、中国有色金属工业标准计量质量研究所和金川集团有限公司负责起草。

本标准主要起草人：刘刚、王丽、杨丽娟、刘关强、韩淑敏、王红锐、郭树昆、梁仲兵、林秀英。

本标准所代替标准的历次版本发布情况为：

——YB/T 564—1970；

——GB/T 3120—1982；

——GB/T 3121—1982。

镍及镍合金线和拉制线坯

1 范围

本标准规定了镍及镍合金线和拉制线坯(以下简称线材)的要求、试验方法、检验规则和标志、包装、运输、贮存及订货单(或合同)内容等。

本标准适用于工业部门使用的圆形、方形、六角形线材。

2 规范性引用文件

下列文件中的条款通过本标准的引用而成为本标准的条款。凡是注日期的引用文件,其随后所有的修改单(不包括勘误的内容)或修订版均不适用于本标准,然而,鼓励根据本标准达成协议的各方研究是否可使用这些文件的最新版本。凡是不注日期的引用文件,其最新版本适用于本标准。

GB/T 228 金属材料 室温拉伸试验方法

GB/T 238 金属材料 线材 反复弯曲试验方法

GB/T 239 金属线材扭转试验方法

GB/T 351 金属材料电阻系数测量方法

GB/T 2976 金属材料 线材 缠绕试验方法

GB/T 5235 加工镍及镍合金 化学成分和产品形状

GB/T 8647(所有部分) 镍化学分析方法

GB/T 8888 重有色金属加工产品的包装、标志、运输和贮存

GB/T 10573 有色金属细丝拉伸试验方法

YS/T 325 镍铜合金化学分析方法

YS/T 336 铜、镍及其合金线材和线材断口检验法

3 要求

3.1 产品分类

3.1.1 牌号、状态和规格

线材的牌号、状态和规格应符合表1的规定。

表1 牌号、状态和规格

牌号	状态	直径(对边距)/mm
N4、N6、N5(NW2201) N7(NW2200)、N8	Y(硬) Y_2(半硬) M(软)	0.03～10.0
NCu28-2.5-1.5 NCu40-2-1 NCu30(NW4400) NMn3 NMn5	Y(硬) M(软)	0.05～10.0
NCu30-3-0.5(NW5500)	CYS (淬火、冷加工、时效)	0.5～7.0
NMg0.1、NSi0.19、NSi3、DN	Y(硬) Y_2(半硬) M(软)	0.03～10.0
注:经双方协商,可供其他牌号和规格线材,具体要求应在合同中注明。		

3.1.2 标记示例

产品标记按产品名称、牌号、状态、精度、规格和标准编号的顺序表示，标记示例如下：

示例1：用N6制造的、供应状态为M、外径2 mm的圆形线材，标记为：

圆形镍线 N6 M φ2 GB/T 21653—2008

示例2：用NCu40-2-1制造的、供应状态为Y、对边距为1.5 mm的方形线材，标记为：

方形镍线 NCu40-2-1 Y 1.5 GB/T 21653—2008

示例3：用NCu30-3-0.5制造的、供应状态为CYS、对边距为0.5 mm的六角形线材，标记为：

六角形镍线 NCu30-3-0.5CYS 0.5 GB/T 21653—2008

3.2 化学成分

镍及镍合金线材和拉制线坯的化学成分应符合GB/T 5235的规定。

3.3 尺寸及其允许偏差

3.3.1 圆形线材的直径及其允许偏差应符合表2的规定。

表2 圆形线材的直径及其允许偏差

单位为毫米

直 径	直径允许偏差，±
0.03	0.002 5
>0.03～0.10	0.005
>0.10～0.40	0.006
>0.40～0.80	0.013
>0.80～1.2	0.02
>1.2～2.0	0.03
>2.0～3.2	0.04
>3.2～4.8	0.05
>4.8～8.0	0.06
>8.0～10.0	0.07
注1：经供需双方协商，可供其他规格和允许偏差的线材。 注2：当需方要求单向偏差时，其数值为表中数值的2倍。	

3.3.2 圆形拉制线坯的直径允许偏差不应超过规定直径的±0.4 mm。

3.3.3 圆线的圆度不得超过其直径允许偏差之半。

3.3.4 方形和六角形线材的尺寸偏差应由供需双方商定。

3.4 力学性能

线材的力学性能应符合表3的规定。

表3 线材的力学性能

牌号	状态	直径(对边距)/mm	抗拉强度 R_m/(N/mm²)	伸长率 $A_{100\ mm}$/% 不小于
N4	Y	0.03～0.09	780～1275	—
		>0.09～0.50	735～980	—
		>0.50～1.00	685～880	—
		>1.00～6.00	535～835	—
		>6.00～10.00	490～785	—

表 3(续)

牌号	状态	直径(对边距)/mm	抗拉强度 R_m/(N/mm²)	伸长率 $A_{100\ mm}$/% 不小于
N4	Y_2	0.10～0.50	685～885	—
		>0.50～1.00	580～785	—
		>1.00～10.00	490～640	—
	M	0.03～0.20	≥370	15
		>0.20～0.50	≥340	20
		>0.50～1.00	≥310	20
		>1.00～10.00	≥290	25
N6、N8	Y	0.03～0.09	880～1325	—
		>0.09～0.50	830～1080	—
		>0.50～1.00	735～980	—
		>1.00～6.00	640～885	—
		>6.00～10.00	585～835	—
	Y_2	0.10～0.50	780～980	—
		>0.50～1.00	685～835	—
		>1.00～10.00	540～685	—
	M	0.03～0.20	≥420	15
		>0.20～0.50	≥390	20
		>0.50～1.00	≥370	20
		>1.00～10.00	≥340	25
N5(NW2201)	M	>0.03～0.45	≥340	20
		>0.45～10.0	≥340	25
N7(NW2200)	Y	>0.03～3.20	≥540	—
		>3.20～10.0	≥460	—
	M	>0.03～0.45	≥380	20
		>0.45～10.0	≥380	25
NCu28-2.5-1.5、NCu30(NW4400)	Y	0.05～3.20	≥770	—
		>3.20～10.0	≥690	—
	M	0.05～0.45	≥480	20
		>0.45～10.0	≥480	25
NCu40-2-1	Y	0.1～10.0	≥635	—
	M	0.1～1.0	≥440	10
		>1.0～5.0	≥440	15
		>5.0～10.00	≥390	25

表 3(续)

牌号	状态	直径(对边距)/mm	抗拉强度 R_m/(N/mm²)	伸长率 $A_{100\ mm}$/% 不小于
NMn3[a]	Y	0.5～6.0	≥685	—
	M		≤640	20
NMn5[a]	Y	0.5～6.0	≥735	—
	M		≤735	18
NCu30-3-0.5(NW5500)	CYS[b]	0.5～7.0	≥900	—
NMg0.1、NSi0.19、NSi3、DN	Y	0.03～0.09	880～1325	—
		>0.09～0.50	830～1080	—
		>0.50～1.00	735～980	—
		>1.00～6.00	640～885	—
		>6.00～10.00	585～835	—
	Y_2	0.10～0.50	780～980	—
		>0.50～1.00	685～835	—
		>1.00～10.00	540～685	—
	M	0.03～0.20	≥420	15
		>0.20～0.50	≥390	20
		>0.50～1.00	≥370	20
		>1.00～10.00	≥340	25

注 1：经供需双方协商可供其他状态和性能的线材。

a 用于火花塞的镍锰合金线材的抗拉强度应在 735 N/mm²～935 N/mm² 之间。

b 推荐的固溶处理为最低温度 980℃，水淬火。稳定化和沉淀热处理为 590℃～610℃，8 h～16 h，冷却速率在 8℃/h 和 15℃/h 之间炉冷至 480℃，空冷。另一种方法是，炉冷至 535℃，在 535℃保温 6 h，炉冷至 480℃，保温 8 h，空冷。

3.5 电阻系数

镍合金线材在 20℃时的电阻系数按表 4 规定执行。

表 4 镍铜合金的电阻系数

牌号	状态	电阻系数/(Ω·mm²/m)
NCu28-2.5-1.5	M	≤0.4
	Y	≤0.42
NMn3	Y M	0.13～0.17
NMn5		0.17～0.22

注 1：NCu28-2.5-1.5 的电阻系数要求仅在用户有要求，并在合同中注明时，方予进行检测。

注 2：用于火花塞的镍合金线材不做此项试验。

3.6 反复弯曲试验

当用户要求，并在合同中注明时，镍锰合金硬状态线材应进行反复弯曲试验，试验结果应符合表 5 的规定。

表 5 镍锰合金硬状态线材的反复弯曲试验

直径(对边距)/mm	弯曲角度	弯曲次数	要求
0.5～1.5	90°	5	在弯曲处不出现裂纹和分层
>1.5～6.0	90°	3	
注 1：用于火花塞的镍合金线材不做此项检验。			

3.7 扭转试验

当用户要求，并在合同中注明时，线材应进行扭转试验。扭转要求由供需双方商定。

3.8 缠绕试验

当用户要求，并在合同中注明时，线材应进行缠绕试验。用于缠绕试验的芯轴直径及缠绕圈数由供需双方商定。

3.9 内部质量

线材断口应致密、无缩尾、气孔、分层与夹杂。供方可不进行断口检查，但必须保证。

3.10 表面质量

线材应清洁，无影响使用的表面缺陷。除非另有规定，表面可具有牢固的附着氧化物，或由供方自行进行机械或化学清洗。

4 试验方法

4.1 化学成分的仲裁分析方法

线材的化学成分仲裁分析方法按 GB/T 8647 和 YS/T 325 的规定进行。

4.2 尺寸测量方法

产品的外形尺寸应用相应精度的测量工具进行测量。

4.3 室温力学性能检验方法

线材的室温力学性能检验方法按 GB/T 10573、GB/T 228 的规定进行，其中直径不大于 0.25 mm 的线材按 GB/T 10573 的规定进行，直径大于 0.25 mm 的线材按 GB/T 228 的规定进行。直径不大于 4 mm 的线材，试样号为 R9；直径大于 4 mm 的线材，标距长度为 100 mm。

4.4 线材的电阻系数检测按 GB/T 351 的规定进行。

4.5 线材的反复弯曲试验按 GB/T 238 的规定进行。

4.6 线材的扭转试验按 GB/T 239 的规定进行。

4.7 线材的缠绕试验按 GB/T 2976 的规定进行。

4.8 线材的断口检验按 YS/T 336 的规定进行。

4.9 表面质量检查方法

产品的表面质量用目视进行检验。

5 检验规则

5.1 检查和验收

5.1.1 线材应由供方技术监督部门进行检验，保证产品质量符合本标准的规定，并填写质量证明书。

5.1.2 需方对收到的产品按本标准的规定进行复验。复验结果与本标准及订货合同的规定不符时，应以书面形式向供方提出，由供需双方协商解决。属于表面质量及尺寸偏差的异议，应在收到产品之日起一个月内提出，属于其他性能的异议，应在收到产品之日起三个月内提出。如需仲裁，仲裁取样应由供需双方共同进行。

5.2 组批

线材应成批提交，每批应由同一牌号、状态和规格组成。批重应不超过 500 kg。

5.3 检验项目

5.3.1 每批产品应进行化学成分、力学性能、NMn3 和 NMn5 的电阻系数、外形尺寸偏差和表面质量的检验。

5.3.2 当用户要求时，应进行 NCu28-2.5-1.5 的电阻系数、反复弯曲试验、扭转试验、缠绕试验和内部质量的检验。

5.4 取样

产品取样应符合表 6 的规定。

表 6 产品取样的规定

检验项目	取样规定	要求的章条号	试验方法的章条号
化学成分	供方每炉(需方每批)取一个试样	3.2	4.1
外形尺寸偏差 表面质量 反复弯曲试验 扭转试验 缠绕试验	逐卷(轴)检查	3.3 3.10 3.6 3.7 3.8	4.2 4.9 4.5 4.6 4.7
力学性能 电阻系数 内部质量	按 GB/T 228 的规定制取试样，每批任取二卷(轴)，每卷(轴)取一个试样	3.4 3.5 3.9	4.3 4.4 4.8

5.5 检验结果的判定

5.5.1 化学成分检验不合格时，判该批产品不合格。

5.5.2 线材外形尺寸偏差、表面质量、反复弯曲试验、扭转试验和缠绕试验不合格时，判该卷(轴)不合格。

5.5.3 当力学性能、电阻系数和内部质量检验结果中有试样不合格时，应从该批产品(包括原检验不合格的那卷(轴)线材)中另取双倍数量的试样进行重复试验。重复试验结果全部合格，则判整批产品合格。若重复试验结果仍有试样不合格，则判该批产品不合格或逐卷(轴)检验，合格者组批交货。

6 标志、包装、运输、贮存和质量证明书

产品的标志、包装、运输、贮存和质量证明书应符合 GB/T 8888 的规定。

7 订货单(或合同)内容

订购本标准所列材料的订货单(或合同)内应包括下列内容：

a) 产品名称；

b) 牌号；

c) 状态；

d) 尺寸规格；

e) 重量或卷(轴)重；

f) 本标准编号；

g) 其他。

附 录 A
（资料性附录）
本标准章条编号与 ISO 9724:1992 章条编号对照

A.1 表 A.1 给出了本标准章条编号与 ISO 9724:1992 章条编号对照一览表。

表 A.1 本标准章条编号与 ISO 9724:1992 章条编号对照

本标准章条编号	对应的国际标准章条编号
1	1
2	2
3.1	—
3.2	6.1.1 表 1
3.3	6.1.4 表 3
3.4	6.1.2 表 2
3.5	—
3.6	9.3.2
3.7	9.3.1
3.8	9.3.3
3.9	—
3.10	6.1.3
4.1	9.1
4.2	—
4.3	6.1.2
4.4	—
4.5	9.3.2
4.6	9.3.1
4.7	9.3.3
4.8	—
4.9	6.1.3
5.1	9.5
5.2	—
5.3	—
5.4	—
5.5	9.5
6	10
7	5

附 录 B
（资料性附录）
本标准与 ISO 9724:1992 技术性差异及其原因

B.1 表 B.1 给出了本标准与 ISO 9724:1992 的技术性差异及其原因的一览表。

表 B.1 本标准与 ISO 9724:1992 技术性差异及其原因

本标准的章条编号	技术性差异	原　因
1	删除 ISO 9724:1999 第 3 条中"定义"一项	术语和定义第 3 项广为人知，在本标准中不再重复
2	引用了采用国际标准的我国标准，而非国际标准。 增加引用了 GB/T 351、GB/T 8888、YS/T 336 标准	本标准增加了国际标准 ISO 9724 标准没有的牌号，同时增加了其所需要的试验方法标准。 包装标准采用国家标准以适应我国国情
3.1.1 、	增加了国际标准中没有的 11 个牌号，而采用了 4 个 ISO 9724 标准中的完全对应的牌号	因为我国标准与国际标准体系不同，所以将 4 个牌号收入到本标准中。另外根据我国国情，增加了在实际生产中经常用到的牌号
3.1.2	—	根据有色金属编写示例编写，在国际标准中没有相对应的部分。为适应我国用户的查阅
3.5	为新增部分	国际标准中没有对电阻系数的要求，此部分为新增加牌号的所需做的具体试验要求
3.6	为新增部分	国际标准中没有镍锰合金线，此部分为镍锰合金线所需做的具体试验要求
3.7 3.8	对相应的扭转、缠绕试验方法做出了具体的规定	相比于国际标准增加了具体试验方法的技术要求，这样有利于用户查阅及发生异议时，进行仲裁
3.9	为新增部分	为了确保产品质量，相比于国际标准增加了断口检查
4.2　4.4 4.8　5.2 5.3　5.4	为新增部分	为了确保产品质量，对检查及验收部分做了更为详细的规定
7	修改为更适应我国的标准模式	适应我国标准版式

ICS 29.020
K 09

中华人民共和国国家标准

GB/T 21654—2008/IEC 60848:2002
代替 GB/T 6988.6—1993

顺序功能表图用 GRAFCET 规范语言

GRAFCET specification language for sequential function charts

(IEC 60848:2002,IDT)

2008-03-24 发布　　2008-11-01 实施

中华人民共和国国家质量监督检验检疫总局
中国国家标准化管理委员会　发布

前　言

本标准等同采用 IEC 60848:2002《顺序功能表图用 GRAFCET 规范语言》(英文版)。

本标准代替 GB/T 6988.6—1993《控制系统功能表图的绘制》。与 GB/T 6988.6—1993 相比,有如下改动:

——作了全面的技术修订;

——主要增加了以下概念:输入事件、内部事件、指定、分配、强迫作用、宏步和封装。

本标准的附录 A、附录 B 和附录 C 是资料性附录。

本标准由全国电气信息结构 文件编制和图形符号标准化技术委员会提出并归口。

本标准负责起草单位:机械科学研究总院中机生产力促进中心、信息产业部邮电工业标准化所。

本标准主要起草人:郭汀、谭泳、高永梅、沈兵、高惠民、李萍。

本标准所代替标准历次版本发布情况:

——GB/T 6988.6—1993。

引　言

为满足用户的需求，本标准进行了修订，在规范语言中增加了一些新的概念以及对结构和分级的描述。

第一版中已对 GRAFCET 作了语言描述和功能规定，除此之外，还有必要增加形式和行为方面的内容，这些都是定义一项真正的规范语言的基本要素。

基于以上原因，需要对规范文件进行全面的修订。

本标准主要面向那些需要对系统(自动机械的控制命令、安全部件等)行为进行说明的人员(设计、生产和维修工程师等)。本规范语言也可作为自动系统的设计者和使用者沟通交流的手段。

顺序功能表图用 GRAFCET 规范语言

1 范围

本标准规定了对控制系统中的顺序行为进行功能描述的 GRAFCET[1)]规范语言。

本标准也规定了 GRAFCET 图形表示的符号、规则及说明。

本标准还为工业应用中的自动生产系统打下基础，没有特别的应用领域排除在外。

用 GRAFCET 制定规范的方法不在本标准包含的范围之内。如 GB/T 15969.3—1995 规定的“SFC 语言”就不包含在内，该语言规定了可编程控制器的编程语言集合。

注：有关本标准与 GB/T 15969.3—1995 的 SFC 执行语言之间关系的更多信息参见附录 C。

2 规范性引用文件

下列文件中的条款通过本标准的引用而成为本标准的条款。凡是注日期的引用文件，其随后所有的修改单（不包括勘误的内容）或修订版均不适用于本标准，然而，鼓励根据本标准达成协议的各方研究是否可使用这些文件的最新版本。凡是不注日期的引用文件，其最新版本适用于本标准。

GB/T 2900.56—2002 电工术语 自动控制（idt IEC 60050-351:1998）

GB/T 4728.12 电气简图用图形符号 第 12 部分：二进制逻辑元件（idt IEC 60617 database）

3 术语和定义

下列术语和定义适用于本标准。前面带“*”号的术语仅用于 GRAFCET 规范语言。术语按英文字母顺序排列。

3.1

***动作 action**

与步有关的 GRAFCET 语言元素，表示输出变量所进行的活动。

3.2

表图 chart

图 graph

用图形方式描述系统的行为，如：两个或更多变量、操作或状态之间的关系。

3.3

***有向连线 directed link**

表示步之间路径进展的 GRAFCET 语言元素，它将步连接到转换并将转换连接到步。

3.4

*** grafcet 表图 grafcet chart**

使用 GRAFCET 的功能表图

注：“grafcet 表图”简称“”grafcet”。

3.5

*** 输入事件 input event**

在系统顺序部分的所有输入变量中，因至少一个值改变而引起的事件。

---

1) 转换阶段指令的功能图。

3.6

⋆ **内部事件　internal event**

由与系统顺序部分的状态有关的输入事件引起的事件。

3.7

⋆ **翻译　interpretation**

GRAFCET 中的一部分，能够连接：

——输入变量和结构，通过转换条件来实现；

——输出变量和结构，通过动作来实现。

3.8

⋆ **状态　situation**

在给定时刻由 GRAFCET 描述并由活动步表征的系统状态的名称。

3.9

⋆ **步　step**

用于定义系统顺序部分状态的 GRAFCET 语言元素。

注 1：一个步可以是活动的或非活动的。

注 2：活动步的集合决定了系统的状态。

3.10

⋆ **结构　structure**

GRAFCET 的一部分，能够描述状态之间可能的进展。

3.11

系统　system

在限定范围内被看成是一个整体并与周围环境分隔开的一组相互关联的元素。

[GB/T 2900.56 ,351-11-01]

注 1：此类元素既可以是客观物体也可以是概念和概念的产物(例如：组织形式、数学方法、程序语言)。

注 2：系统被认为由一虚拟面切断与周围环境及其他外部系统联系，使系统与其分隔开。

注 3：GRAFCET 语言可用于描述任何系统的逻辑行为。

3.12

⋆ **瞬时进展　transient evolution**

随着单一输入事件的发生，由几个连续转换的事件所表征的进展。

3.13

⋆ **转换　transition**

GRAFCET 语言元素，指示出在两步或多步之间活动的可能进展。

注：可能的进展通过转换实现来获得。

3.14

⋆ **转换条件　transition-condition**

与转换有关的 GRAFCET 语言元素，用布尔表达式的结果来表示。

注：转换条件可以是真的也可以是假的。

4　通则

4.1　上下文

自动系统的实现特别要求描述相关原因及结果。为了做到这一点，要描述系统预期行为的逻辑特征。通过布尔输入和输出变量所访问的系统的顺序部分，是这一物理系统的逻辑特征。系统行为的方式是输出变量依赖于输入变量(见图 1 的注)。GRAFCET 的目标就是规定系统顺序部分的行为。

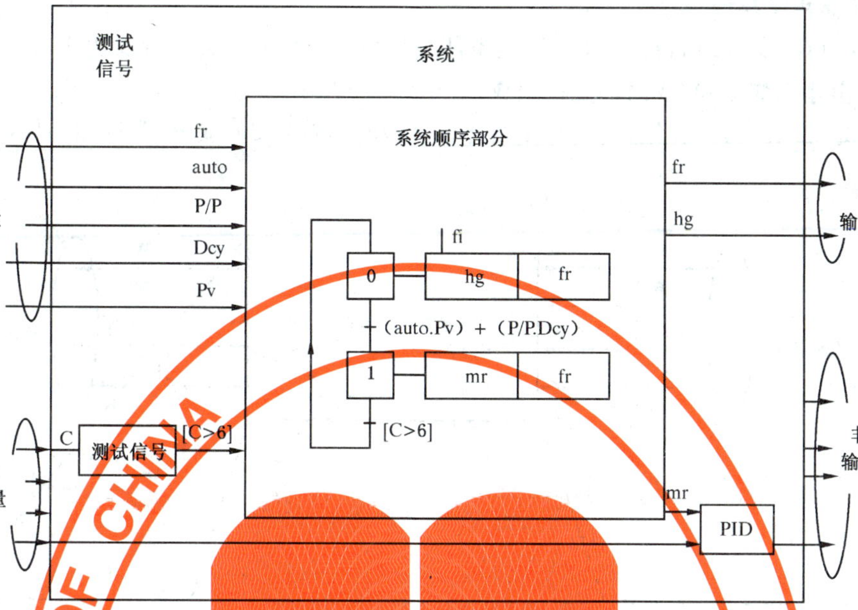

注：系统顺序部分由其输入变量、输出变量和行为来表征，顺序部分仅由输入和输出布尔变量组成。不过，扩展的GRAFCET规范语言可以描述非布尔变量的行为(例如：命题的判断或变量的数值分配)。

图 1 系统顺序部分的图形表示

4.2 GRAFCET，一种行为规范语言

用GRAFCET规范语言能够生成grafcet表图以表示给定顺序系统的预期行为。这种语言主要由图形元素来表征，此类图形元素与变量的字母数字表达式有关，在对系统状态间接描述的基础上，给出对其行为的综合表达方法。

状态中行为描述如下："单标记"状态与GRAFCET状态有关，该状态隐含了在给定时刻状态的唯一性。各状态通过进展条件互相连接，进展条件描述从一个状态变为另一个状态的信息。

为方便起见，最好用对步的描述即GRAFCET来代替对状态的行为描述。在GRAFCET语言中，若干步可以是同时活动的，因而在特定的时刻，状态可由活动步集合来表征。从一个步集合到另一个步集合的进展被翻译成一个或几个转换，每个转换可由如下步来表征：

- 它的前级步；
- 它的后续步；
- 相关的转换条件。

注：因这些原因产生了语法规则以加强步转换的选择。

4.3 GRAFCET，简要介绍

GRAFCET语言用来设计grafcet表图以给出顺序系统行为的图形和语法表示。(图2)可区分为：

- 结构，用来描述状态之间可能的进展，
- 翻译，使输入、输出变量和结构之间能够发生关系(为完成翻译，需要进展、指定和分配规则)。

4.3.1 由下列基本项组成的结构

- 步(定义：3.9，符号1)：一个步可以是活动的或非活动的，在任何给定时刻，grafcet表图的活动步集合表示了当时这个grafcet图的状态。
- 转换(定义：3.13，符号7)：转换表示在二步或更多步之间活动进展的演进。进展通过转换终止来实现。
- 有向连线(定义3.3，符号10)：有向连线将一步或若干步连接到转换，或者将转换连接到一步或若干步。

4.3.2 **下列元素用于翻译**

- 转换条件(定义:3.14,符号 13):转换条件是与每一个转换有关逻辑表达式,其值可为真也可以为假,由输入变量和/或内部变量组成。
- 动作(定义:3.1):写在矩形框中,用指定(连续动作,符号 20)或分配(存储动作,符号 26)控制输出变量。

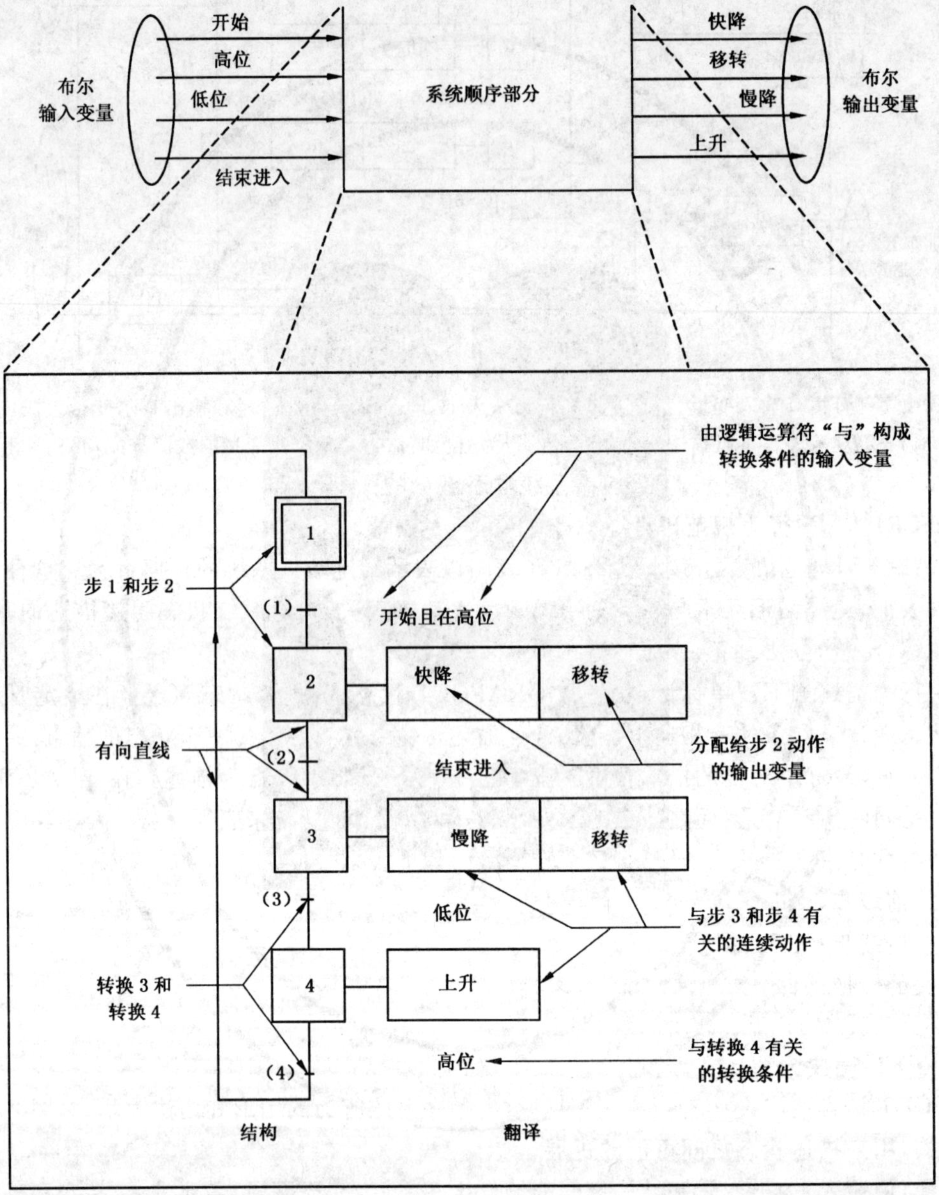

图 2 grafcet 表图中,结构和翻译用来描述由输入和输出变量定义的系统顺序部分的行为

4.4 语法规则

无论连接顺序如何,步—转换和转换—步总是交替出现的。

结论:

- 二个步永远不应被有向连线直接连接。
- 有向连线应仅将步连接到转换或将转换连接到步。

4.5 进展规则

由于在给定时刻每个状态都由活动步的集合来表征,因此对于步来说 GRAFCET 进展规则只影响系统顺序部分状态之间进展原则的应用。

4.5.1 初始状态

初始状态是初始时刻的状态,因此由这一时刻的活动步集合来描述。选择初始状态有不同方法,这些方法与系统顺序部分的类型有关。

规则 1:初始时刻的状态可由设计者选择。

4.5.2 转换实现

规则 2:当所有连接到转换的直接前级步活动时,转换使能。转换的实现发生在:

- 当转换起使能;
- 且当相关的转换条件为真。

4.5.3 活动步的进展

规则 3:转换实现的同时激活所有直接后续步,并使所有直接前级步去活。

4.5.4 同时进展

两个活动状态之间的进展意味着:没有其他可能的中间状态,当状态用步的集合表示时,从一种状态到另一种状态的变化瞬间发生。

规则 4:几个能同时被实现的转换,可同时实现。

4.5.5 同时使一步活动与不活动

若一步既包含在前级状态中又包含在其随后的状态中,那么它只能保持活动。

规则 5:如在运行期间,活动步同时被激活或去活,则它保持活动。

4.6 输入事件

进展规则表明,只有输入变量值的变化可引起 grafcet 的进展。被称作“输入事件”的这种变化由所有输入变量的前一个值和后续值来定义,以表征这一单一事件。习惯上,输入事件集合仅由一个或多个布尔输入变量中被表征的状态变化(上升沿或下降沿)来定义。

注:布尔变量前的记号“↑”表示逻辑变量的上升沿,当变量值从 0 到 1 变化时,上升沿只为真。布尔变量前的标记“↓”表示逻辑变量的下降沿,当变量值从 1 到 0 变化时,下降沿只为真。

这就是说“事件发生”在表征它的输入变量状态发生变化的时候。

4.6.1 输入事件规范

输入事件规范常出现在转换条件中,由一个或几个表征变量的逻辑表达式来执行,它极少可直接由内部事件规定(见 4.7)

示例 1:

↑a 表达式“↑a”描述了所有输入事件的集合,若不考虑系统中其他输入变量的值,对该事件集来说,输入变量 a 的前一个值是 0,而它的后续值是 1。

示例 2:

a·↑b 表达式“a·↑b”描述了所有输入事件的集合,若不考虑系统中其他输入变量的值,对该事件集来说,输入变量 a 的前一个值是 1,输入变量 b 的前一个值是 0 而后续值是 1。

示例 3:

a 表达式“a”描述了所有输入事件的集合,若不考虑系统其他输入变量的值,对该事件集来说,输入变量 a 的后续值是 1。

注:在转换条件中,该表达式会导致瞬时进展(见 3.12)。

4.7 内部事件

只有确定的输入事件才能在给定的状态中发生。状态和发生于该状态的输入变量之间的连接称为内部事件(见 3.6),这一概念主要是设计人员使用,使输出分配能适合内部事件集(见 4.8.2)。内部事件集可用下列方式之一来实现。

4.7.1 用步的激活描述内部事件

步的激活用图形表示(符号 27),它描述了这样的内部事件集,其中的每一个内部事件都以步的激活作为结果。

4.7.2 用步的去活描述内部事件

步的去活用图形表示(符号28),它描述了这样的内部事件集,其中的每一个内部事件都以步的去活作为结果。

4.7.3 用转换实现描述内部事件

转换实现用图形表示(符号29),它描述了这样的内部事件集,其中的每一个内部事件都以转换实现作为结果。

4.8 输出模式

能使grafcet表图和输出之间的连线建立连接的动作。两种输出模式分别为连续模式和存储模式,描述了输出如何依赖于进展和系统输入。

4.8.1 连续模式(根据状态进行指定)

连续模式中,如果步是活动的且指定条件被确认,则步的相关动作表明输出变量值为真。指定条件是输入变量和/或内部变量(见符号22)的逻辑表达式。如果没有一项条件符合,且假设与同一输出有关的其他动作都不符合条件,则输出变量取值为假。

指定参考了赋给输出变量的值(真或假)。

本地指定集合(在给定时刻与活动步有关)定义了此状态的所有输出变量的指定。

指定规则:对于给定状态,指定与连续动作有关的输出值:

- 真值为:有关动作的每个输出与活动步相关且其指定条件能被确认;
- 假值为:(没有指定真值的)其他输出。

4.8.2 存储模式(根据事件进行分配)

存储模式中,如果有事件发生,内部事件的动作表明输出变量被赋值并保持该值。

需要明确描述出事件的相关动作(激活步、去活步、转换实现等)。

与存储动作有关的输出值一直保持不变直到一个新的规定事件改变其值。

在特定时刻,分配要参考存储动作,已确定的值会影响输出变量。

分配规则:与存储动作和事件相关的输出值会被分配为指示值。如规定的内部事件发生,无论是在初始状态、设置状态还是持续状态,输出值均为空。

4.9 进展规则的应用

进展亦可称之为'一步接一步',它标明了渐进路径。当输入事件发生时,通过在每一转换连续应用进展规则,进展沿着该路径从前级状态变化的此事件确定的后续状态。翻译器是一种装置,能对间接规范的进展使能。但是设计人员应注意该路径上的转换实现不包括中间状态的有效活动。

4.9.1 非瞬时进展

进展通常是非瞬时的,这意味着输入事件仅会引起一个进展状态(同时有一个或多个转换实现)。

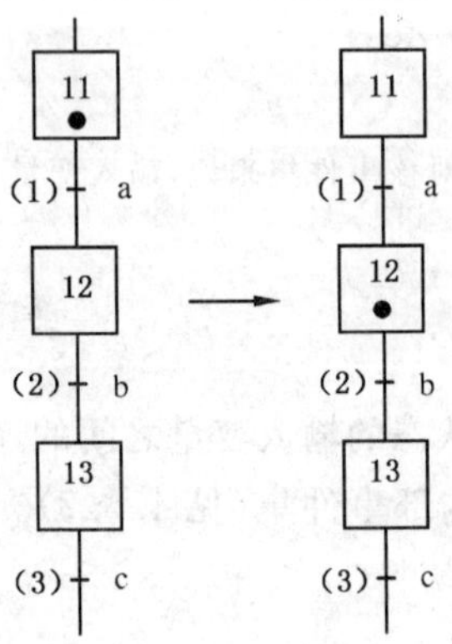

示例:"非瞬时进展"

前级状态:步11活动,a=0,b=0且c=0。

进展可解释为:"a"值的变化包括转换(1)的实现和步12的激活,因为b=0,转换(2)无法实现;所以后续状态为:步12活动。

进展的实际含义是:当输入事件发生,例如值从0到1的发生变化,直接导致后续状态为:步12活动。

4.9.2　**瞬时进展**

在某些情况下，当第一个特定转换实现后，与后续转换相关的转换条件如果已经为真，(在几个进展阶段)应用进展规则能实现某些转换。有关瞬时进展的描述，是用路径来指明怎样从前级状态演变到后续的状态(见 3.8)。

不激活不稳定的相关中间步，但假定它们沿着直观进展路径被“虚”激活和去活，同样，相关转换被“虚”实现。

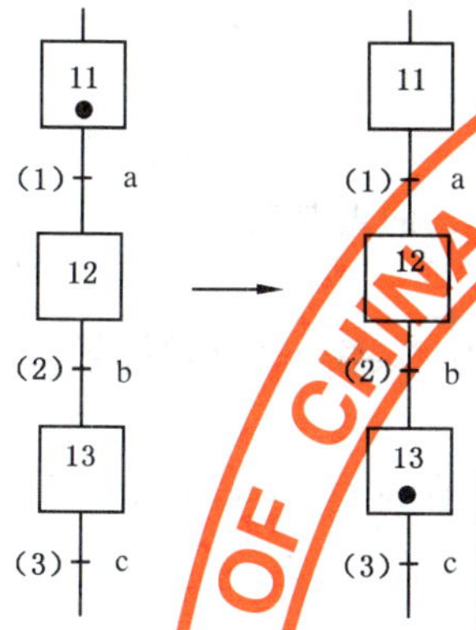

示例:“瞬时进展”

前级状态:步 11 活动，a=0，b=1 且 c=0。

进展直译为:“a”值的变化包括转换(1)的实现和步 12 的虚激活，于是转换(2)虚实现;因为 b=1，所以后续状态为:步 13 活动。

进展的实际翻译为:当输入事件发生，例如值从 0 到 1 发生变化，直接导致后续状态为:步 13 活动。

4.9.3　**依赖于指定的瞬时进展结果**

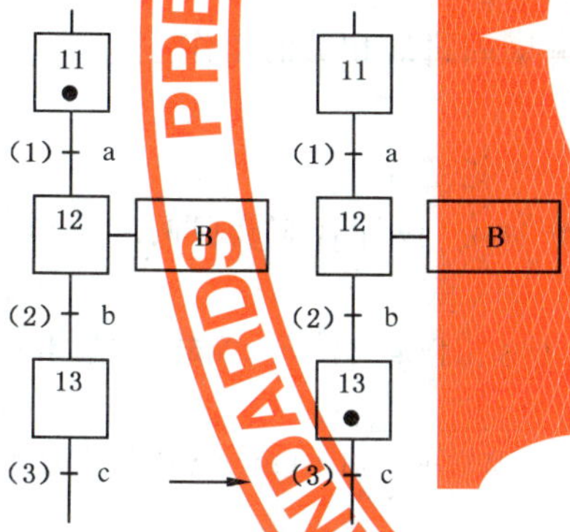

由于步没有真正被激活(见 4.8.1)，由瞬时进展中不稳定步的连续动作指定的输出值无效。

示例:“不稳定步的连续动作”

前级状态:步 11 活动，a=0，b=1 且 c=0。

当输入事件发生，例如“a”值从 0 到 1 发生变化，直接导致后续状态为:步 13 活动。

前级状态(步 11 活动)和后续状态(步 13 活动)将 0 赋给输出变量 B。不稳定的步 12 没有真正被激活，在瞬时进展中给 B 赋值为 1 无效。

4.9.4　**依赖于分配的瞬时进展结果**

由于分配与事件释放进展有关(见 4.8.2)，由瞬时进展中不稳定步的存储动作(符号 26)分配的确定输出值有效。

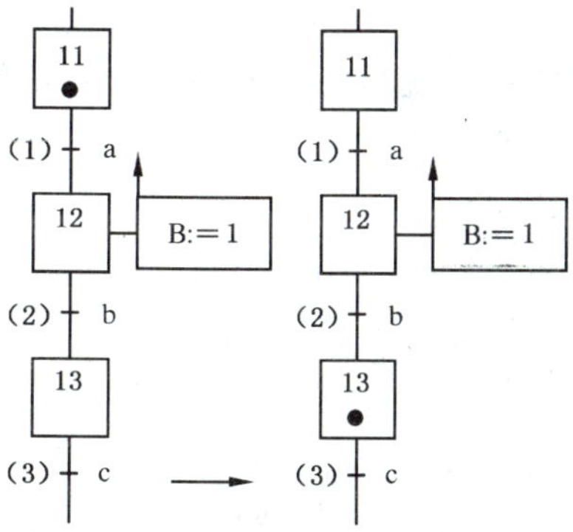

示例 1:“激活不稳定步的存储动作”

前级状态:步 11 活动，a=0，b=1 且 c=0。

当输入事件发生，例如“a”的值从 0 到 1 发生变化，直接导致后续状态为:步 13 活动。

当输入事件真正地或虚拟地激活步 12，将值 1 分配给输出变量 B 作为结果。

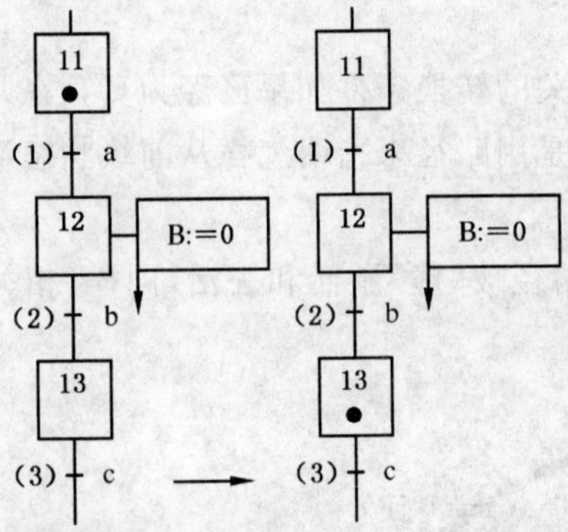

示例 2:"去活不稳定步的存储动作"

前级状态:步 11 活动,a=0,b=1 且 c=0。

当输入事件发生,例如"a"的值从 0 到 1 发生变化,直接导致后续状态为:步 13 活动。

当输入事件真正地或虚拟地去活步 12,将值 0 分配给输出变量 B 作为结果。

4.10 两种输出模式比较

输出模式的选择依赖于习惯和使用的方法。设计者要注意两种模式的重要差别。

4.10.1 确定输出值

在连续模式中,所有输出根据状态赋值。对于指明了活动步的动作,其输出是真值,其他的则输出假值(见分配规则 4.8.2)。

在存储模式中,根据指示值只能修改确定的输出,输出的其他留存值保持不变(见分配规则 4.8.2)。

4.10.2 限定时刻 grafcet 表图输出值的分析

在连续模式中,知道状态和输入值已能确定输出值(见 4.8.1)。

在存储模式中,仅知道状态和输入值还不够,还应了解前一进展以确定输出值(见 4.8.2)。

4.10.3 有关瞬时进展的动作

在连续模式中,不稳定步因为没被激活,其相关动作不予考虑。

在存储模式中,由于触发事件释放了进展,会考虑与事件和瞬时进展相关的动作。

4.10.4 输出值可能发生的冲突

在连续模式中,对于特定输出,指定原则保证了可避免每一个指定冲突。

在存储模式中,对于同一输出,分配规则不能避免出现指定冲突,设计者应确保两个矛盾的分配不会同时发生。

注 1:在 GRAFCET 规范中两种输出模式都能使用,但输出变量值只能由指定或分配来确定。对输出变量的分配(存储模式)不包括该输出变量的任何指定(连续模式)。

注 2:第 5 章给出了图形符号,这些符号能从(没有任何指示的)连续模式中识别出(由规定事件集合明确表示出的)存储动作。

注 3:在多数控制系统的行为规范中,目前的工业规范使机器的所有输出使用连续模式,而存储模式则描述内部控制任务。这些任务涉及内部变量,如计数器的增量、数字寄存器值的修改等,此处不需要布尔量。有关存储动作的内部任务,也就是与转换条件有关的计算表达式在本标准中不予描述,但是它们与 grafcet 进展的逻辑描述有关。设计者在对它们进行描述时应注意清晰一致。

5 元素的图形表示

GRAFCET 元素有自已的图形表示,这种表示只要正确关联,就是清晰的能够执行的综合功能表图。

注 1:符号的整体表示已经确定好,使用者只能确定尺寸和细节(线宽、字体等)。

注 2:圆点表示符号的上下文。

表 1 步

序号	符 号	描 述
[1]		**步**:在给定时刻,一个步可能是活动的也可能是不活动的。在确定时刻活动步的集合定义了所给系统的状态。尽管推荐使用正方形,但矩形的长宽比可以是任意的, 为了区别,步应该有标记,如字母数字。 步的标记应代替符号上半部分的星号。 示例 1:“步 2”  示例 2:“表示步 3 正处于活动状态”  用圆点标记这些步可以指示出在给定时刻哪些步是活动的。此圆点不属于步的符号,仅用于说明
[2]	X*	**步变量**:步的活动或非活动状态可用布尔变量 X* 的逻辑值“1”或“0”表示,变量 X* 中的 * 号应用相关步的标记代替。 示例 :“步 8 的步变量”是 X8。
[3]		**初始步**:符号表示该步处于初始状态。 注 1:应用了符号 1 的规则。 注 2:初始步可能是“不稳定的”,见 4.9.2。 示例 :“初始步 12” 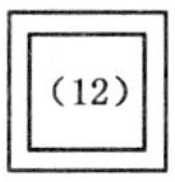
[4]		**封装步**:该符号表示步中包含了被称为封装步的其他步。 注 1:应用了符号 1 的规则。 注 2:7.3 给出了封装步的使用特性和示例。
[5]	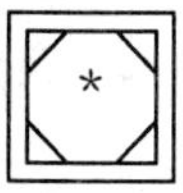	**初始封装步**:符号表示该封装步处于初始状态。 注:初始封装步至少要包含一个封装的初始步。
[6]	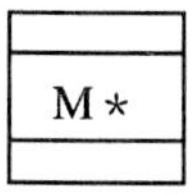	**宏步**:功能表图详细部分的唯一表示,被称为宏步的展开。 注:7.4 给出了宏步的使用特性和示例

表 2 转换

序号	符 号	描 述
[7]		**转换**:由一步到另一步。转换由一条垂直于两步之间有向连线的短线表示。 注 1:当直接前级步是活动步时,转换使能(见 4.5.2 进展规则 2)。 注 2:两步间只可能有一个转换(见 4.4)。 注 3:为了用图形表示,可将转换置于水平有向连线上(见附录 B、图 B.5,grafcet G1 部分)
[8]	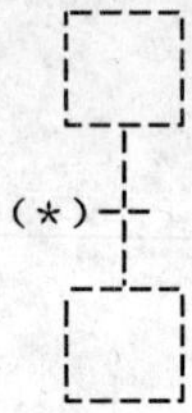	**转换指定**:转换可有指定,一般置于图的左边,这样不会与转换条件混淆。转换的字母数字标记应代替星号
[9]	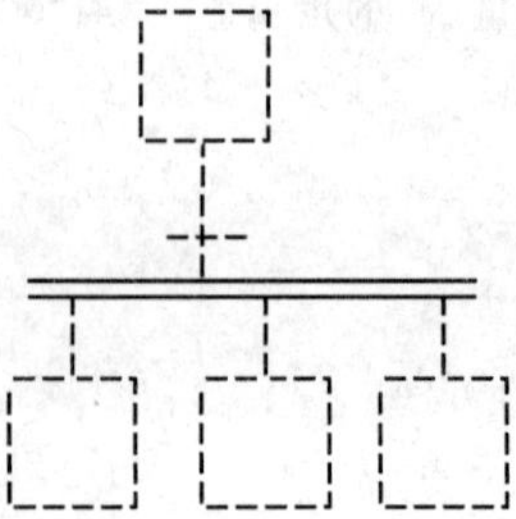	**同一时刻的前级和/或后续转换**:当几步连接到同一转换时,连到这些步的有向连线汇合成一条线连到前级或后续的并行符号,该符号由两条水平平行线表示。 注:可参考 GB/T 1526—1989 中 9.2.2.5 的并行符号。 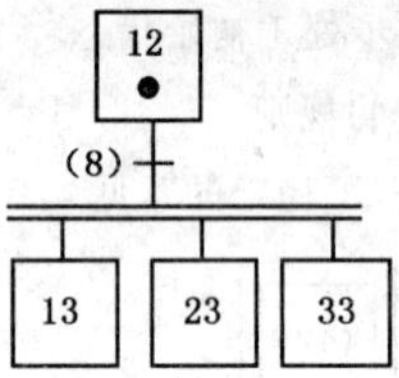 示例 1:从步 12 到步(13、23、33)的转换。当步 12 处于活动状态时,转换(8)使能。 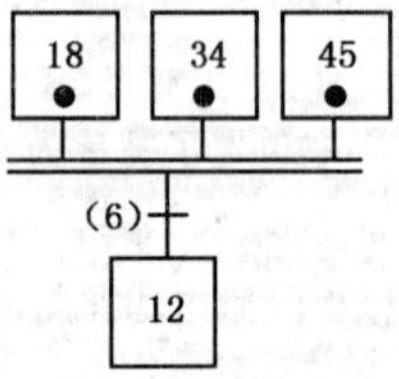 示例 2:从步(18、34、45)到步 12 的转换。当所有前级步都处于活动状态时,转换(6)使能。 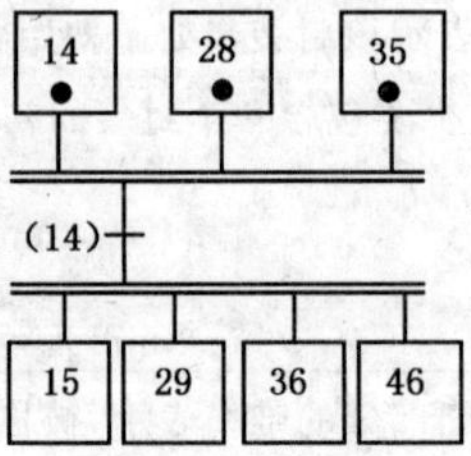 示例 3:从步(14、28、35)到步(15、29、36、46)的转换。当所有前级步都处于活动状态时,转换(14)使能

表 3 有向连线

序号	符　号	描　述
[10]		**从顶部到底部的有向连线**：步之间的进展路径用有向连线表示，它将步连接到转换并将转换连接到步。有向连线是水平的或垂直的。只有在个别情况下，为改善表图的清晰度才允许使用对角线。当垂直线和水平线间没有内部联系时才允许它们交叉。当连线与同一进展相关时交叉应避免。 示例：三种表示方法都可以使用，但推荐使用表示方法 2 和表示方法 3，它们可以避免对连线间已存在或不存在的关系的误解 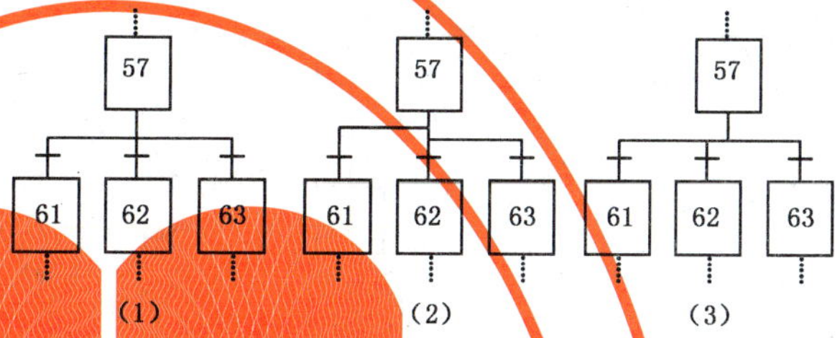
[11]		**从底部到顶部的有向连线**：习惯上，进展的方向总是从顶部到底部的。如果没有遵守这种约定或想使表达更容易理解，应加箭头
[12]	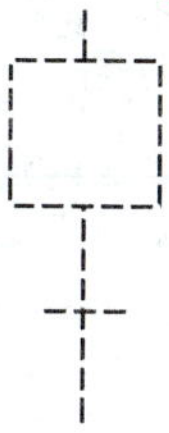 *	**连接标记**：如果有向连线必须中断（如在复杂的表图中或在一张长达几页的图中），应指示出目的步的数字和该步所在的页码。 星号应该用连接标记代替。 示例：转换到第 13 页第 83 步的进展 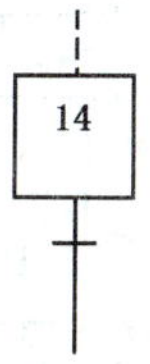 步 83 页 13

表 4　相关的转换条件

序号	符　号	描　述
[13]	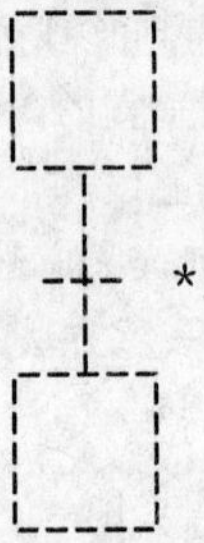	**转换条件**:所谓转换条件是指与每个转换相关的逻辑命题,它可以是真的,也可以是假的。如果存在一个相应的逻辑变量,则当转换条件为真时,它等于1,而当转换条件为假时,它等于0。构成转换条件的逻辑命题由一个或几个布尔变量(输入变量、步变量、谓词值等)组成。 应该用对转换条件的描述代替星号,这种描述可能是文字语句、布尔表达式或图形符号。 示例1:用文字描述的转换条件。  关门且无压力部件作用。 示例2:用布尔表达式描述的转换条件 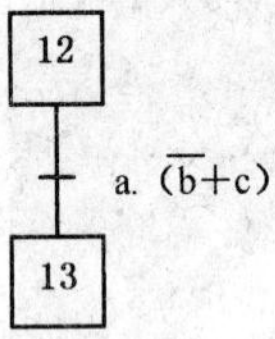
[14]	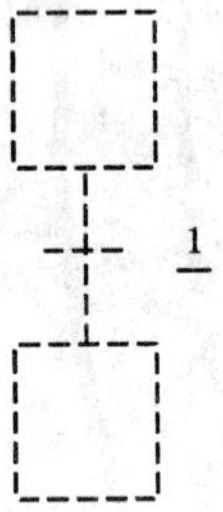	**转换条件总为真**:符号"1"表示转换条件总为真。 注:在这种情况下,进展是瞬时的(见4.9.2),只有在前级步活动的条件下转换实现
[15]	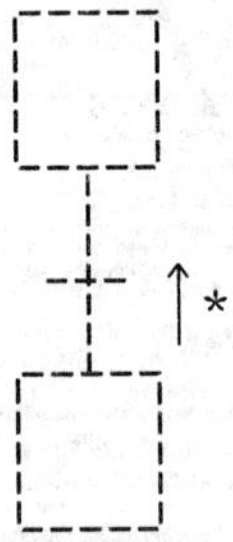	**逻辑变量的上升沿**:当状态变量*发生变化时(上升沿从0到1变化,见4.6的注),符号"↑"表示转换条件只为真。 该符号为通用符号可用于所有逻辑命题,既可用于基本变量也可用于几个布尔变量的集合。 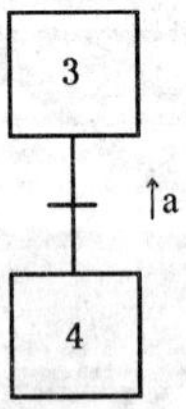 示例1:当从状态0到状态1发生变化时,相关转换条件只为真。 注:应用进展规则2,当转换被步3的活动使能后,转换只能在a的上升沿实现。 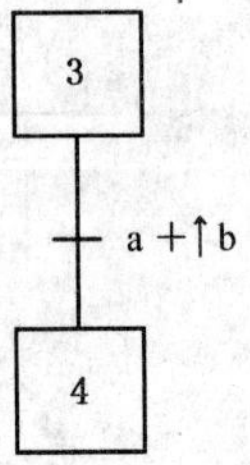 示例2:仅当a为真或当b从状态0到状态1发生变化时,相关转换条件为真

表 4（续）

序号	符　　号	描　　述
[16]	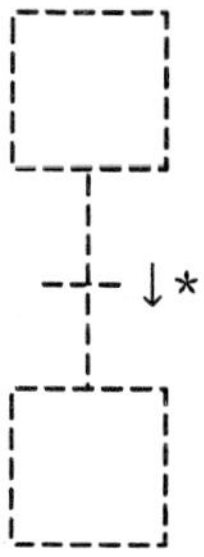	**逻辑变量的下降沿**：当状态变量＊发生变化时（下降沿从 1 到 0 变化，见 4.6 的注），符号“I”表示转换条件只为真。 该符号为通用符号可用于所有逻辑命题，既可用于基本变量也可用于几个布尔变量的集合。 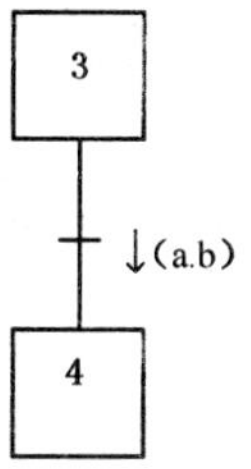 示例：仅当逻辑积“a. b”从状态 1 到状态 0 发生变化时，相关转换条件为真
[17]	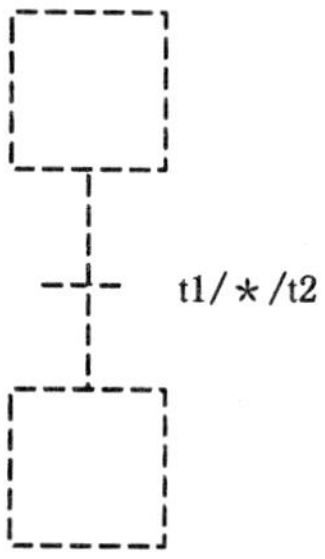	**由时间决定的转换条件**：仅当时间限制变量上升沿（↑＊）出现 t1 时间后，标记“t1/＊/t2”表示转换条件为真；当下降沿（↓＊）出现 t2 时间后又变为假。星号应由时间延迟变量代替。如步变量或输入变量。 在选定的时间单元，t1 和 t2 应用实际值代替。 由于转换条件为真，在等于或大于 t1 的时间段内时间延迟变量应保持为真。 IEC 60617-12（符号编号 12-40-01）定义本延迟元素的标记。 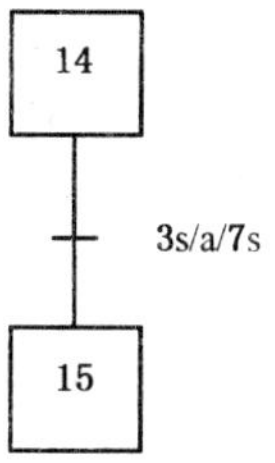 示例：“a”从状态“0”转变为状态“1”变化 3 s 后转换条件为真，从状态 1 再转变为状态“0”7 s 后转换条件为假
[18]	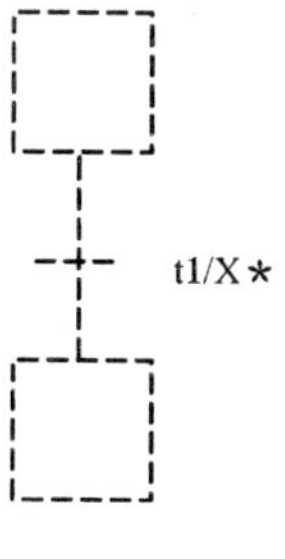	**符号 17 的简化**：t2 的时间等于 0 时，即为延迟步变量，延迟发生时，步＊去活，转换条件变为假。 用延迟步的标记代替星号。 由于转换条件为真，在等于或大于 t1 的时间内时间延迟变量应保持为活动。 当时间延迟步不是转换条件的前级步时，可以使用该标记。 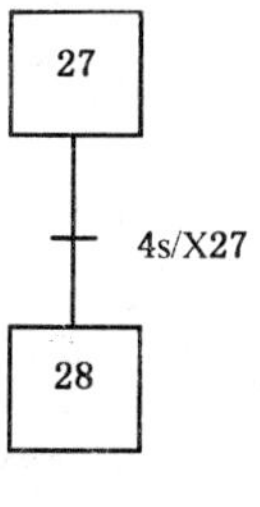 示例：在步 27 活动 4 s 后，转换条件为真，当去活前级步的转换条件实现后，转换条件为假。 在这种情况下，步 27 活动的持续时间是 4 s

表 4（续）

序号	符　号	描　述
[19]	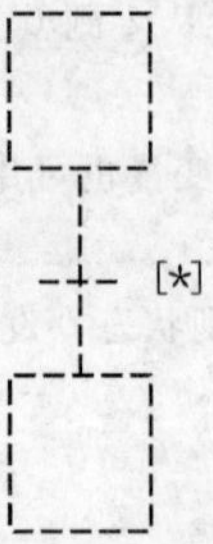	**谓词的布尔值**:“[＊]”表示用谓词的布尔值构成转换条件变量。因此当命题＊被验证,谓词值为 1;否则谓词值为 0。 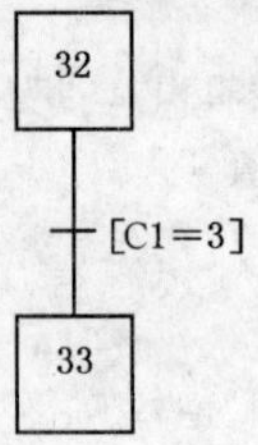 应该用验证后的命题代替星号。 谓词的布尔变量可与其他逻辑变量一起构成转换条件的逻辑命题。 示例:当命题“C1=3”被验证时转换条件为真。 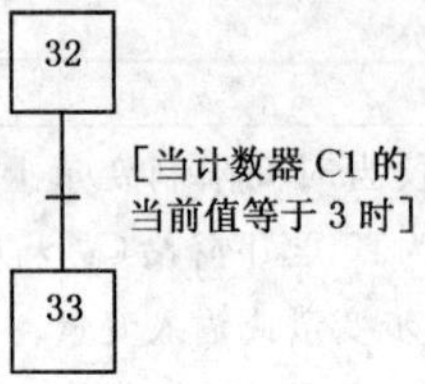 示例 1a:当计数器 C1 的当前值等于 3 时,转换条件为真。 注:不强制规定命题的形式,如文字语言也可使用。 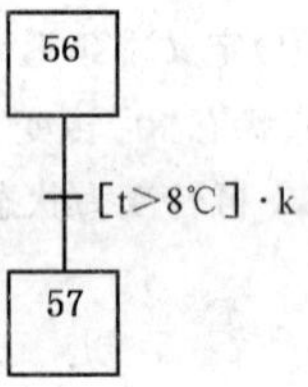 示例 2:当命题“t>8℃”被验证,且布尔变量 k 的值为“1”时,转换条件为真,这意味着温度 t 高于 8℃且 k 能达到较高的级别。 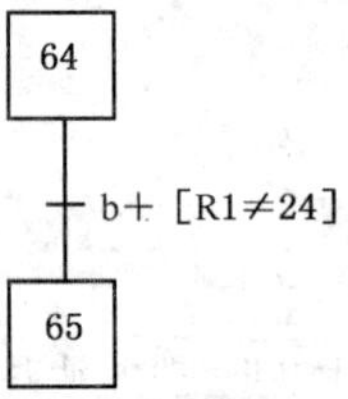 示例 3:当布尔变量“b”的值为“1”或当命题“R1≠24”被验证时转换条件为真,这意味着部件处于位置 b 或寄存器 R1 的值不等于 24。

表 5　连续动作

序号	符　号	描　述
[20]	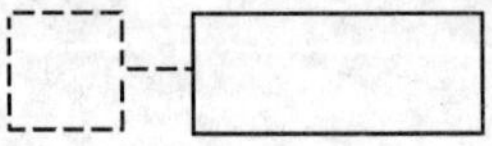	**连续动作**:连续动作必须与步相关。一步可与几个动作有关。 对于表示步的矩形虽然建议其高度相等,但矩形的高宽比是任意的。 由于存储动作(符号 27 到 30)没有直接的符号表示,与步相关的矩形符号通常总是指连续动作

表 5（续）

序号	符　　号	描　　述
[21]		**输出的分配标记**：每个动作在矩形内部都有其标记。连续动作的标记是输出变量的指定，输出变量根据分配规则被分配真值（见 4.8.1）。 用输出变量的文字表达代替星号。 标记的文字表达式可以是命令或指示形式，唯一的要点是要提到输出。 动作的描述顺序不隐含动作之间的任何次序。 示例 1：当输出值为真时，文字或符号等不同形式的动作标记区动打开 2 号阀。 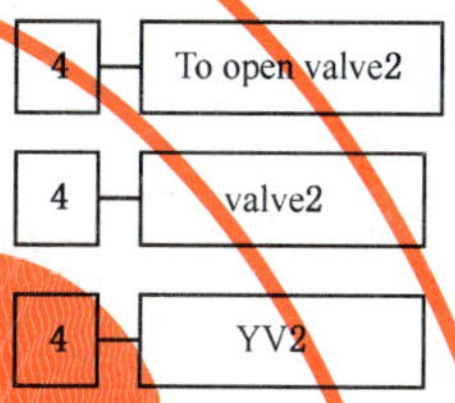 示例 2：一步中几个联合动作的不同表示（1，2，3，4）。 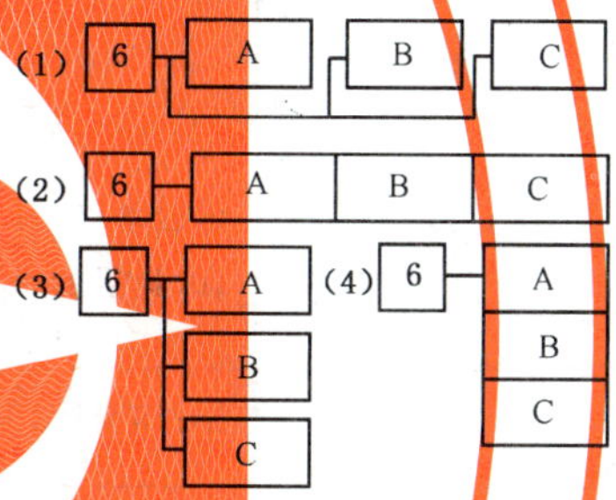 注：四种表示方法是严格相等的。表示方法（2）和（4）被认为是表示方法（1）和（3）的简化
[22]	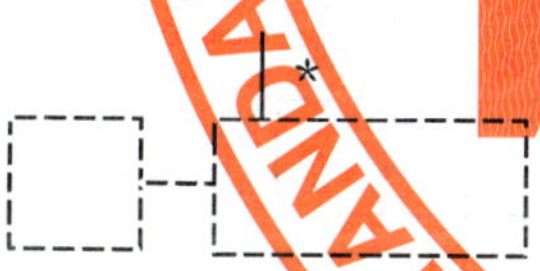	**分配条件**：分配条件是一个可为真也可为假的逻辑命题，它影响所有的连续动作。没有标记则表示分配条件总为真。用文字形式描述的分配条件，或输入变量和/或内部变量间的布尔表达式应代替星号。 分配条件从不包括变量的边沿（见符号 15 和 16），由于连续动作不被记忆，因此对事件的分配没有意义（见 4.8.2）。 示例 1：当步 24 活动且分配条件 d 为真，分配给输出 V2 真值。在相反情况下，分配给输出 V2 假值。换句话说（即布尔方程）：V2 ＝ X24 . d 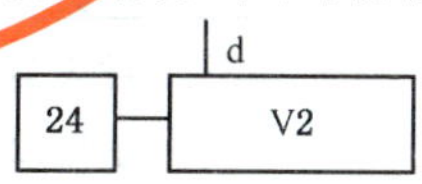 注：X24 是反映步 24 活动的步变量。 示例 2：当步 24 活动（分配条件总为真），分配给输出 V2 真值。在相反情况下，分配给输出 V2 假值。换句话说（即布尔方程）：V2 ＝ ×24 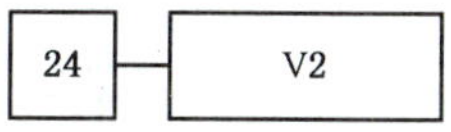

表 5（续）

序号	符　　号	描　　述
[23]	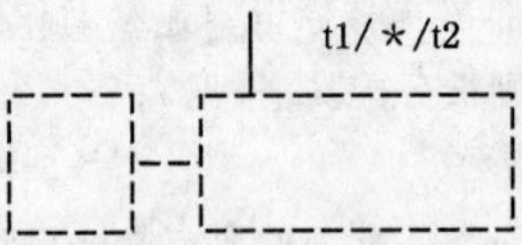	**由时间决定的分配条件**：仅当时间变量*上升沿(↑*见符号15)出现t1时间后，标记"t1/*/t2"表示分配条件为真；当下降沿(↓*见符号16)出现t2时间后又变为假。星号应由时间变量代替。如步变量或输入变量。 在选定的时间单元，t1和t2应用实际值代替。 由于分配条件为真，在等于或大于t1的时间段内限制变量应保持为真。 注：IEC 60617-12(符号编号12-40-01)定义本延迟元素的标记。 示例：仅当"a"从状态"0"转变为状态"1"3 s后分配条件为真，从状态"1"再转变为状态"0"7 s后分配条件为假。 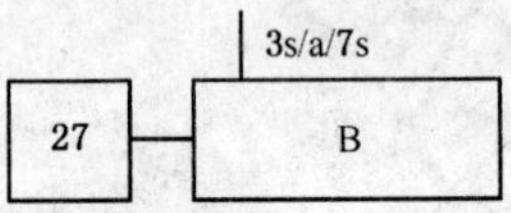 输出B的值依赖于步27的活动性以及分配条件的值(见分配规则4.8.1)
[24]	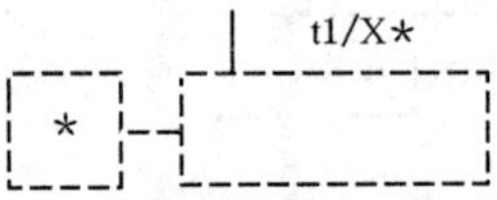	**延迟动作**：延迟动作是连续动作，仅当相关步*活动t1时间后，分配条件为真，其目的是延迟对相应输出分配真值的时间。 示例：从步27开始活动3 s后，分配真值给输出B。 注：如步27的活动时间少于3 s，则不分配真值给输出变量B
[25]	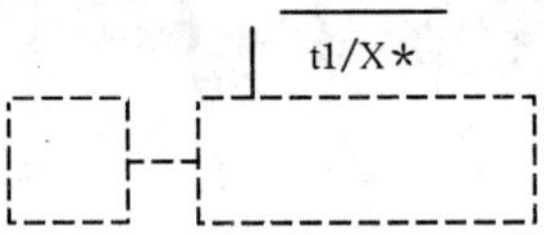	**时限动作**：时限动作是连续动作，为了限制分配真值给输出的持续时间，在相关步*处于活动的t1时间段内，分配条件为真。 示例1：仅当步28处于活动状态的6 s期间内，分配真值给输出B。 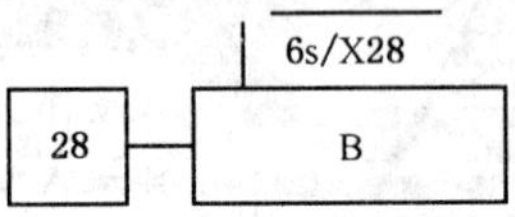 注：如步28活动的时间少于6秒，仅当步28活动期间分配真值给输出变量B。 **等效表示**：由于后续步限制了给相应输出分配真值的时间，在相关转换条件中可使用简化延迟运算符(见符号18)。 示例2：用符号18等效表示示例1。 仅当步28处于活动状态的6 s期间内，分配真值给输出B 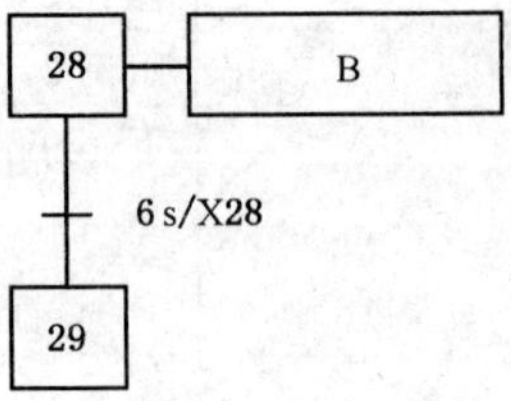

表 6　存储动作

存储动作在矩形中有标记(符号 26),根据分配规则(见 4.8.2)标记描述了如何给输出变量分配确定值。

当发生输出分配事件时,与存储动作有关的事件规范必需要指明(见分配规则4.8.2)。对于与存储动作有关的不同内部事件集合,4 种方法(符号 27 至 30)可描述其简易规范。

序号	符　号	描　述
[26]	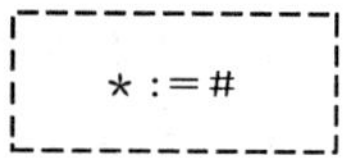	**给变量 * 分配 # 值**:当与动作有关的任何事件出现时(见分配规则 4.8.2),对于存储动作,用语句说明将值 # 赋给变量 *。内部事件规范与支持这种分配的存储动作有关(符号 27 至 30)。 在表示动作的矩形中可用文字描述分配。 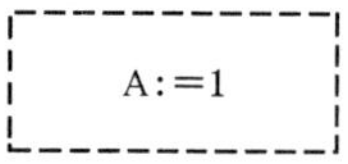 示例 1:给布尔变量 A 赋值为真。 当任何与动作有关的事件发生时,语句“ A:= 1”描述了将值 1 分配给布尔变量 A。 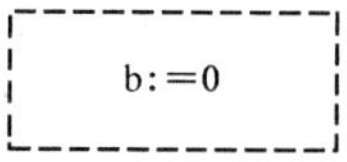 示例 2:给布尔变量 b 赋值为假。 当任何与动作有关的事件发生时,语句“b:= 0”描述了将值 0 分配给布尔变量 b。 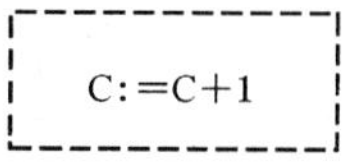 示例 3:计数器的增量。 当任何与动作有关的事件发生时,语句“C:= C+1”描述了将值 C+1 分配给数字变量 C
[27]	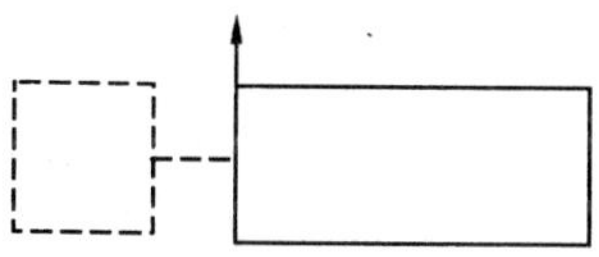	**激活动作**:激活动作是与内部事件集有关的存储动作,每一个动作都与步相连并将步的激活作为结果。 在用传统的矩形表示动作后,在左侧用箭头符号表示步的激活。 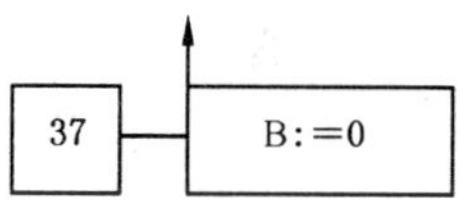 示例:当任何导致步 37 激活的事件发生时,将 0 分配给布尔变量 B
[28]	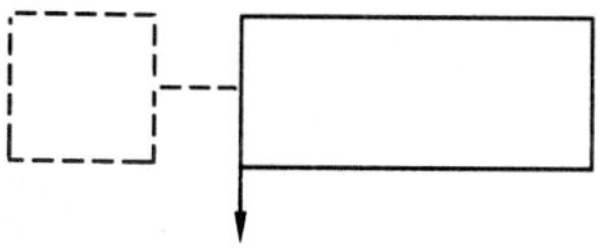	**去活动作**:去活动作是与内部事件集有关的存储动作,每一个动作都与步相连并将步的去活作为结果。 在用传统的矩形表示动作后,在左侧用箭头符号表示步的去活。 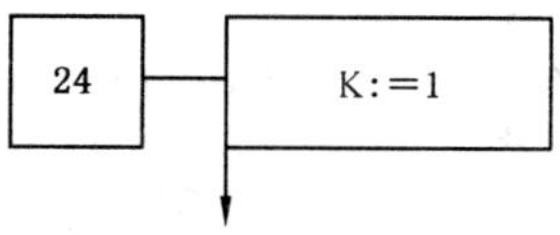 示例:当任何表示步 24 去活的事件发生时,将 1 分配给布尔变量 K

表 6（续）

序号	符　　号	描　　述
[29]	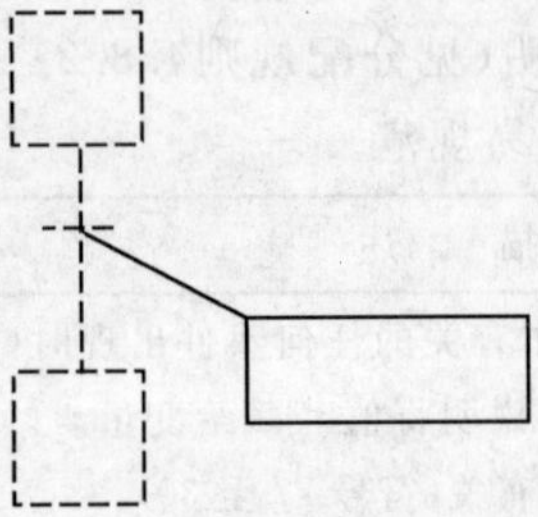	**进展实现时的动作**:进展实现时的动作是与内部事件集有关的存储动作,每一个动作都与转换相连并将转换实现作为结果。 用斜线将表示动作的矩形连到转换。 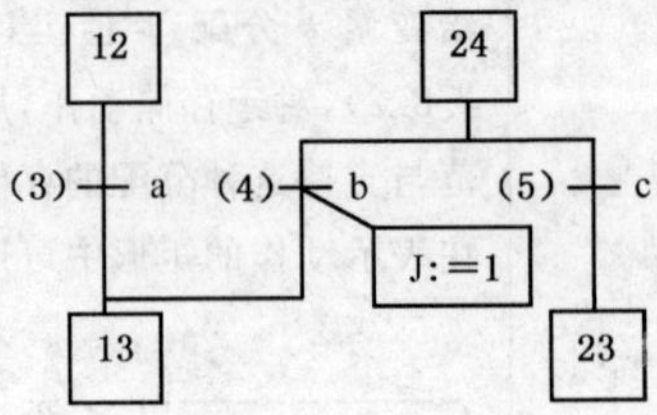 示例 1:当任何导致转换 4 实现的事件发生时,将 1 分配给布尔变量 J。 注 1:步 13 的激活动作或步 24 的去活动作不会取得同样的行为。 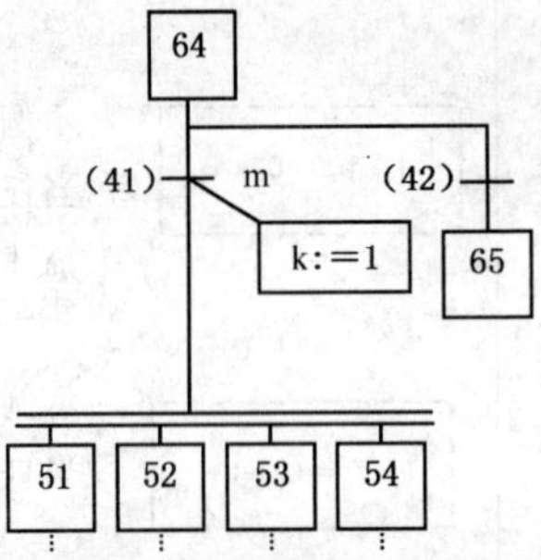 示例 2:当任何导致转换 41 实现的事件发生时,将值 1 分配给布尔变量 K。 注 2:对步 51、步 52、步 53 或步 54 给予同样的激活动作会得到同样的行为
[30]	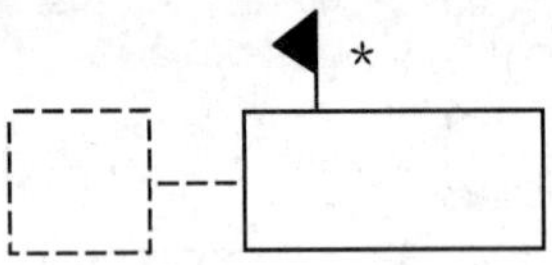 	**事件动作**:事件动作是与每个内部事件有关的存储动作,动作与活动步相连,内部事件则用标于条件上的表达式*描述。 用传统的矩形表示动作后,在顶部用符号表示动作所受的条件限制,即由表达式*确定的内部事件发生这一条件。 描述内部事件集的逻辑表达式*,建议由一个或多个输入变量边沿组成。 示例 1:当任何用"↑a"表示的事件发生且步 13 同时活动时,将 0 分配给布尔变量 H。 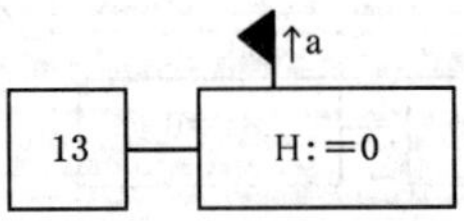 注:表达式"↑a"表示的输入事件集之间的组合,以及步 13 的活动性,实际上表示了内部事件的集合(见 3.6 定义)。 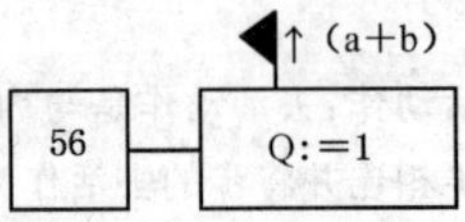 示例 2:当任何用"↑(a + b)"表示的事件发生且步 56 同时活动时,将 1 分配给布尔变量 Q。 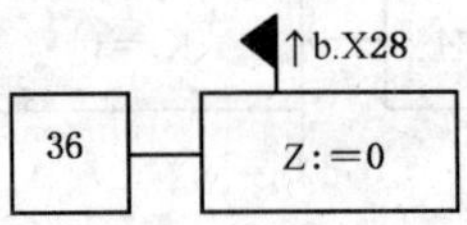 示例 3:当任何用"↑b"表示的事件发生且步 36 和 28 同时活动时,将 0 分配给布尔变量 Z

表 7　grafcet 表图中元素的注释

序号	符　　号	描　　述
[31]	“*”	**注释**：功能表图中图形元素的注释应置于引号之间(引用标志)。 星号应用注释代替。 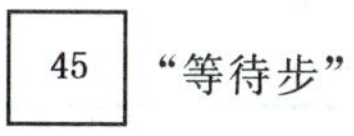 示例 1：步 45 的注释“等待步”。 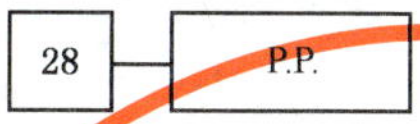 “冲压机部件”示例 2：对步 28 动作的注释“冲压机部件”。 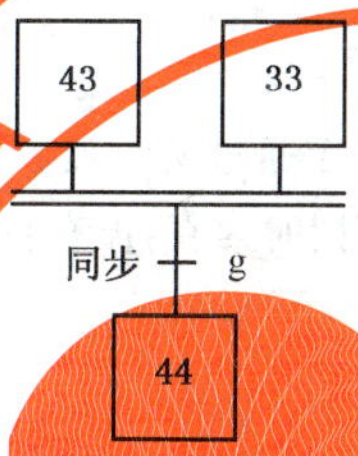 示例 3：转换的注释“同步”。

6　顺序结构的图形表示

严格遵守步/转换交替的语法规则，设计人员可以用不同特点的结构构建 grafcet 表图。

6.1　基本结构

6.1.1　序列

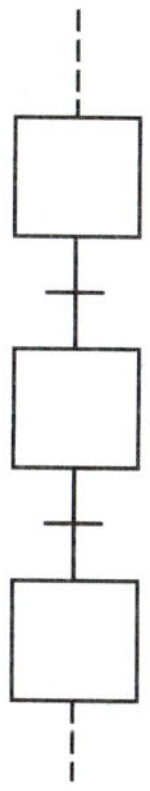

序列是这样的连续步：

- 除最后一步外，每步只有一个后续转换被序列中的单一步使能；
- 除第一步外，每步只有一个前级转换被序列中的单一步使能。

注 1：如果至少有一步是活动的，则序列被称为“活动的”。如果没有任何一步是活动的，则序列被称为“非活动的”。

注 2：序列可包括任何数字编号的步。

6.1.2　单序列循环

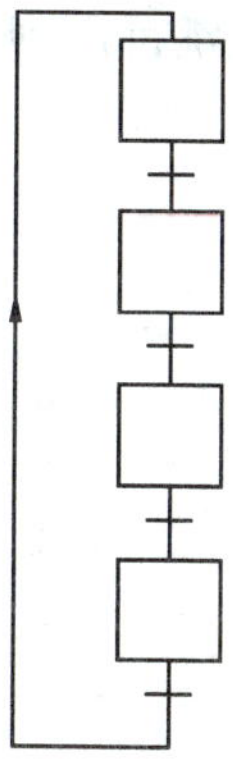

循环序列的情况如下：

——每步只有一个后续转换；

——每步只有一个前级转换被序列中的单一步使能；

注 1：单序列循环可组成局部的 grafcet(见 7.1.2)。

注 2：为使步激活，单序列循环至少应满足下列条件之一：

——至少有一个初始步；

——在较高级别上，服从局部 grafcet 的规定顺序(见 7.2)；

——属于封装步的一个封装(见 7.3)。

6.1.3 选择序列

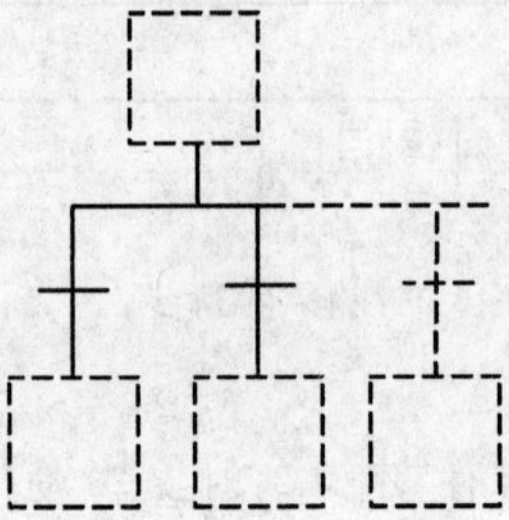

在以一步或几步开始的几个序列之间，选择序列显示进展的选择。这种结构用尽可能多的可同时进行使能转换的进展来表示。

注：选择序列的结构不保证激活的唯一性。设计人员必须保证转换条件在时间、逻辑或机械方面互斥。

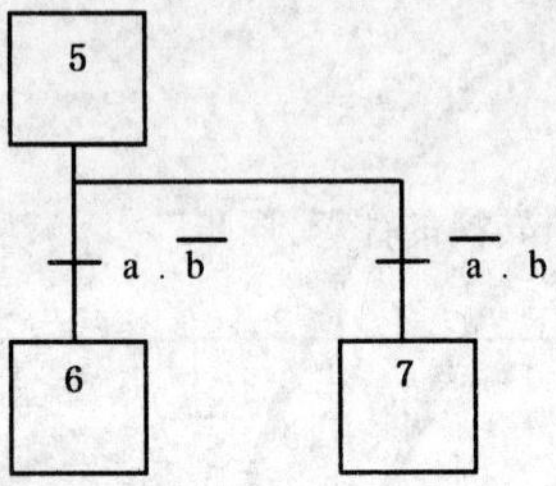

示例 1：序列间的互斥通过两个接收性间的逻辑互斥实现。当步 5 活动时，如“a”和“b”同时为真，没有转换能够实现。

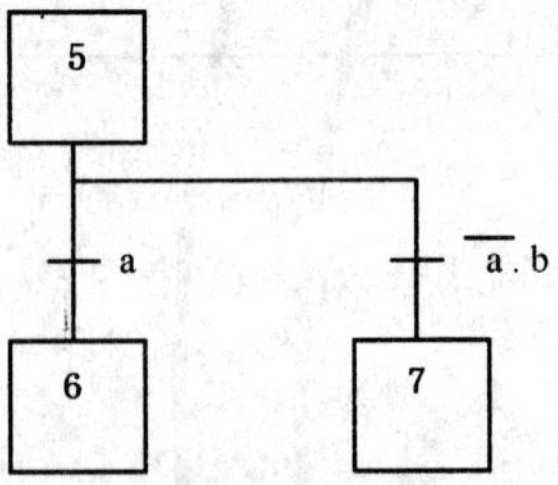

示例 2：优先序列

在本例中，当“a”为真时，给转换 5～6 以优先权，使之可以实现。

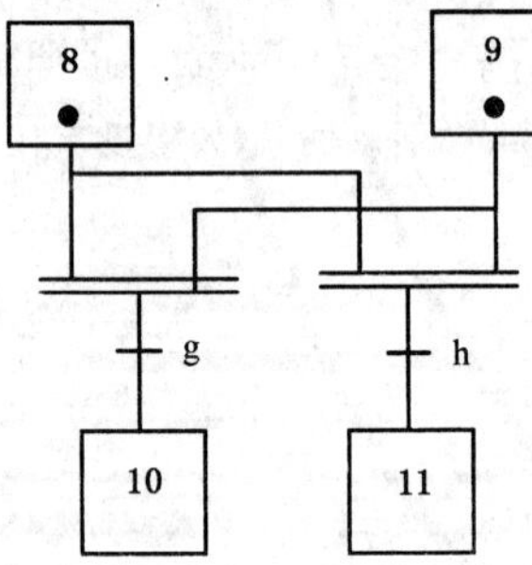

示例 3：选择序列紧接两个同步的前级序列

仅当两个转换被步 8 和步 9(符号 9)的同时活动实现时，可通过 g 和 h 选择后续序列。

6.1.4 跳步

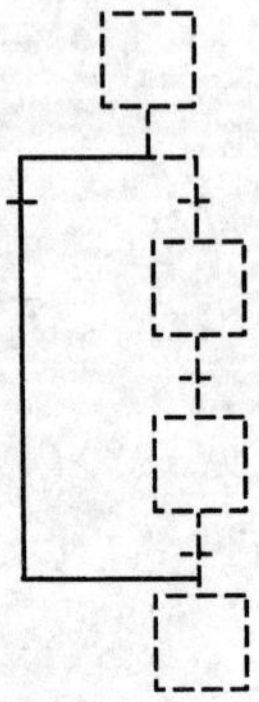

选择序列的特殊情况：即允许跳过完整序列或跳过序列中的一步或几步。例如：当与步有关的动作不必要时可跳步。

6.1.5 序列后跳

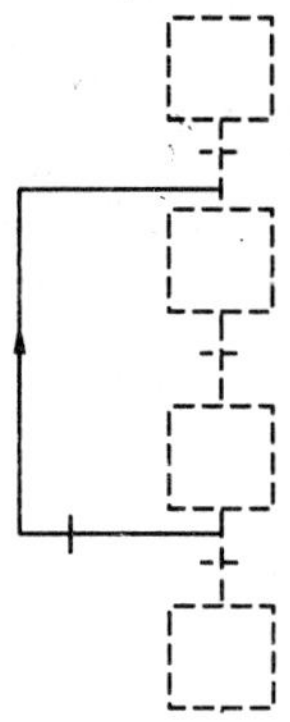

选择序列的特殊情况：使序列重复直到满足所设定的条件。

注：因图形表示的原因，可将转换置于水平的有向连线上（见符号 7 的注 3）。

6.1.6 并行序列的激活

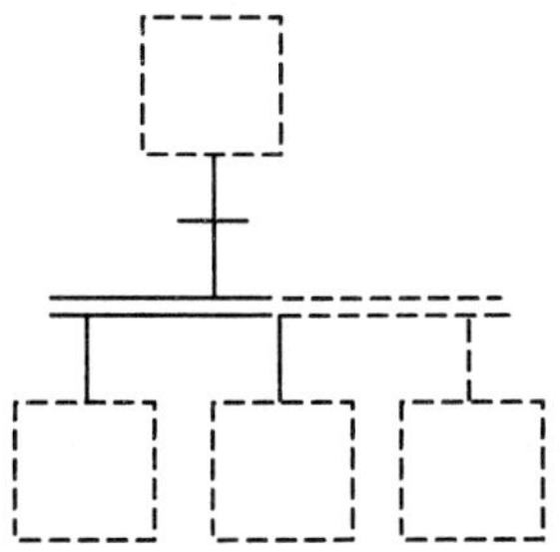

在该结构中对于由一步或多步组成的若干序列，用同步符号 9 表示这些序列的同时活动。

注：各并行序列被同时激活后，活动步的进展将是独立的。

6.1.7 同步序列

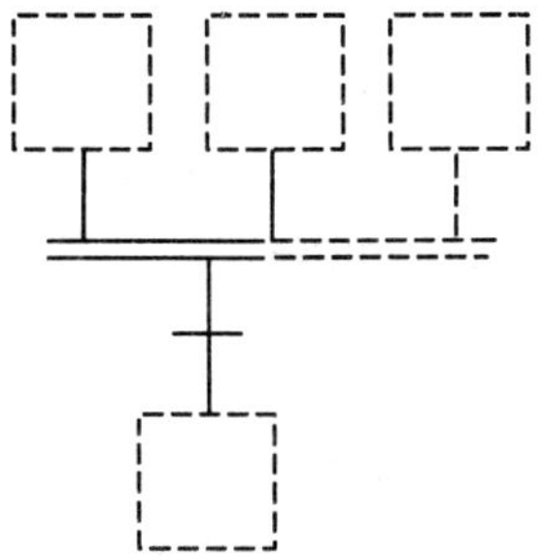

在该结构中用同步符号 9 表示前级序列结束前且后续序列被激活前的延迟。

注：仅当所有前序步活动时转换使能。

6.1.8 并行序列的同步和激活

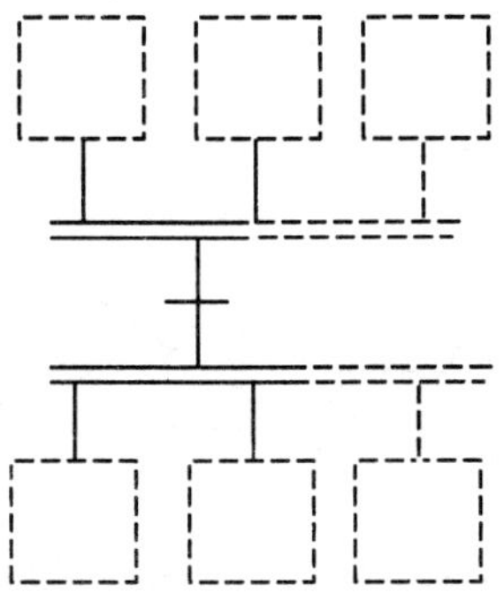

在该结构中同步符号 9 使用了两次以表示前级序列结束前且后续序列同时被激活前的延迟。

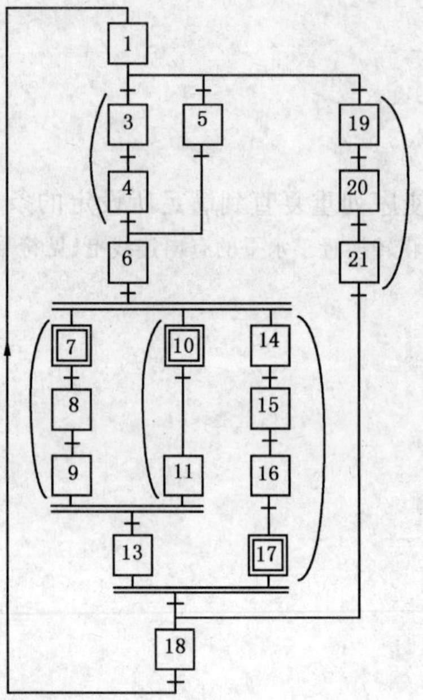

示例：在 grafcet 中可区分下列基本结构：

——序列(其中的一些序列用圆括号标出)；

——选择序列(从步 1 到步 3、步 5 和步 19)；

——激活并行序列(步 6 以下部分)；

——两个同步序列(从步 9 和步 11 到步 13，以及从步 13 和步 17 到步 18)；

注 1：本例只显示了 grafcet 的结构，没有给出 grafcet 的翻译。

注 2：由于循环不是 grafcet 必须的，本例不是 grafcet 的典型例子。

6.2 特殊结构

6.2.1 源步开始序列

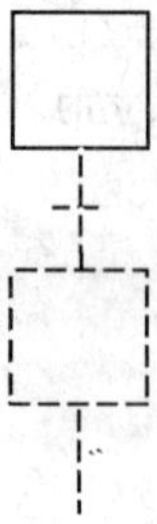

没有任何前级转换的步是源步。

注 1：要激活源步，至少应满足下列条件之一：

- 源步是初始步；
- 在较高级别的部分 grafcet 的规定顺序中，必须要有源步(见 7.2)；
- 源步是封装的活动步之一(见 7.3)。

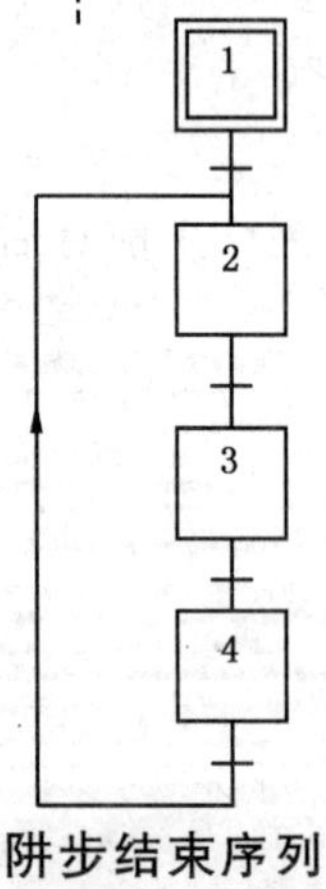

示例 1：初始源步

初始时刻只有初始源步 1 是活动的，步 2、步 3 和步 4 构成一个单序列循环。

注 2：本例只表示 grafcet 的结构，没有给出 grafcet 的翻译。

6.2.2 阱步结束序列

没有任何后续转换的步是阱步。

注 1：仅当使用下列两种方法之一时，阱步可能去活：

- 在较高级别的部分 grafcet 的规定顺序中(见 7.2)；
- 如果阱步被封装，封装步去活(见 7.3)。

注 2：同一时刻，一个步可能是源步和阱步，因而构成一个单步序列，可用于组合动作。

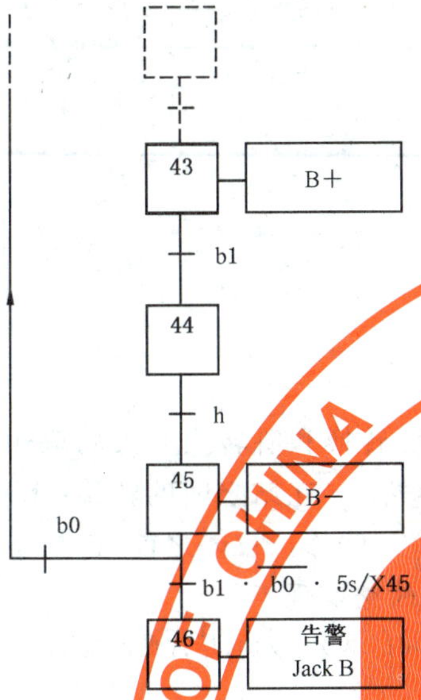

示例:阱步

步 45 激活 5 秒后(见符号 18)，当逻辑条件“b1 . b0”被确认，只有阱步 46 被激活。输出“告警:Jack B”被分配真值。

6.2.3 源转换开始序列

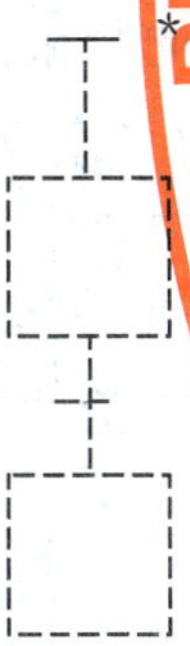

没有任何前级步的转换是源转换。习惯上，源转换总是使能的，且一旦转换条件 * 为真转换就实现。

注 1：只要转换条件保持为真，源转换后续步的活动就有效，即使是该步使能的转换，步的活动也与其转换条件的状态无关(见进展规则第 5 条，4.5.5)。为避免源转换后续步的连续活动，仅当输入事件或内部事件发生时，相关转换条件变为真比较好。因此，构成转换条件的逻辑表达式应始终包括输入沿。

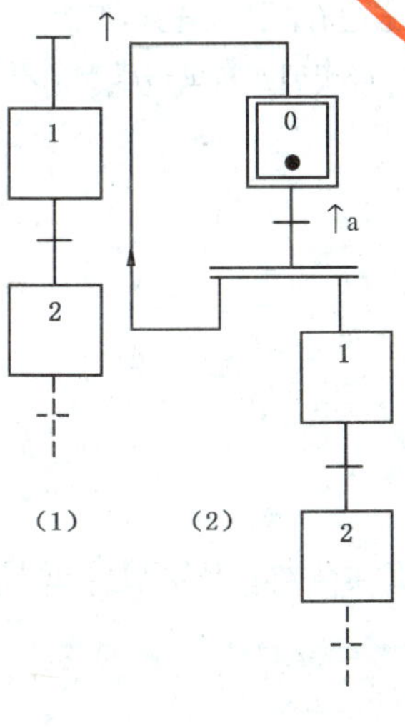

示例:源转换和等效结构:

上图中(1)和(2)描述了等效行为:每当布尔变量从 0 到 1 发生变化时，步 1 被激活。(1)用源步而(2)用同步符号和循环维持初始步 0 活动。

注 2:步 0 中的点表示该步一直活动。

6.2.4 阱转换结束序列

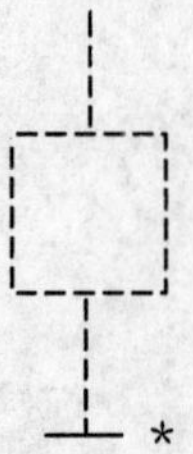

没有后续步的转换是阱转换。

注1:当阱转换使能且其相关转换条件*为真时,转换实现的唯一结果是前面的步去活。

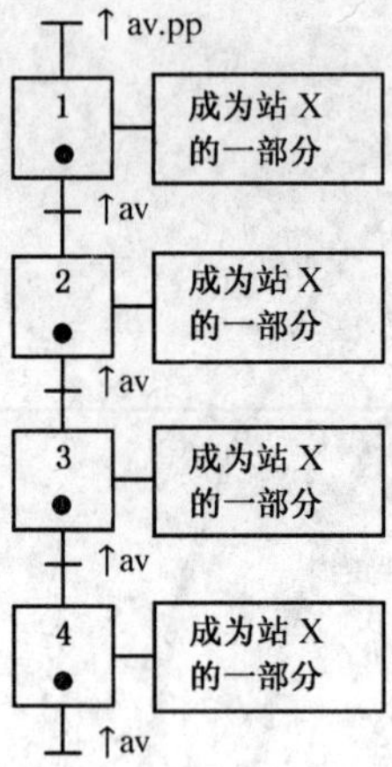

示例:转移寄存器的结构:

转移寄存器结构是与源转换和阱转换有关的应用。在本例中,每一个活动步表示暂存站。a 在站之间的转移(↑av)使源转换实现而激活了步1。在每一转移(↑av)之前,包括步4之后的阱转换在内,使能的转换同时被实现。

注2:当所有步都同时活动时,本例表示的是常见的情况。

7 结构化

自动系统的复杂性需要能让规范结构化的手段。由适当的方法辅助的结构化可以限制规范的划分,也可以对强迫的或封装起来的各级别的概念进行整合。

7.1 grafcet 的划分

7.1.1 连接 grafcet

连接 grafcet 是一种结构,这种结构使得 grafcet 图中的两个元素——步或转换之间始终有连续性的连线(步和或转换交替)。

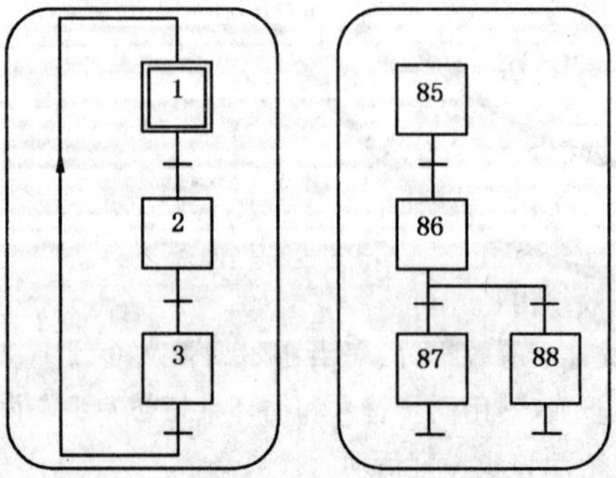

(1)　　　(2)

示例:由于步和转换通过有向连线连接,框图(1)中的所有元素构成连接 grafcet。框图(2)中的元素也构成一个连接 grafcet。

7.1.2 部分 grafcet

根据 grafcet 的构成规则,由一个或几个连接 grafcet 组成,从完全 grafcet 中分割产生的部分 grafcet 描述系统顺序部分的动作。

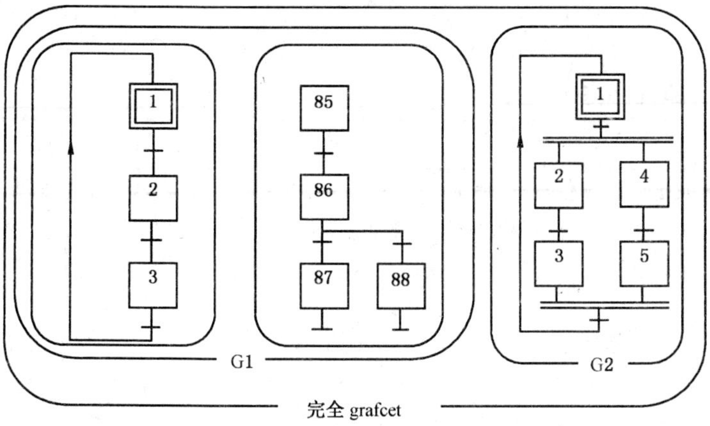

示例:完全 grafcet 的分割

完全 grafcet 由部分 grafcet G1 和 G2 组成。部分 grafcet G1 出二个连接 grafcet 组成。

表 8 部分 grafcet

序号	符 号	描 述
[32]	G*	**部分 grafcet 的名字**:按照惯例,字母 G 表示部分 grafcet。星号应用部分 grafcet 的名字代替。
[33]	XG*	**部分 grafcet 变量**:当图中至少有一步是活动的,就说部分 grafcet 是活动的,因而当图中没有一步是活动的,就说部分 grafcet 图是非活动的。部分 grafcet 的活动或非活动状态可以分别用变量 XG* 的逻辑值"1"或"0"表示,其中的星号 * 用已确定的部分 grafcet 的名称代替。 星号应用部分 grafcet 的名称代替。 示例:XG1 表示部分 grafcet 1 的变量。
[34]	G#{...,...}	**部分 grafcet 的状态**:在特定时刻,部分 grafcet 的状态由其活动步的集合表示。用 G#{.......}括号中列出的活动步给出部分 grafcet 的状态,描述在特定时刻部分 grafcet 的状态特征。符号 # 应用部分 grafcet 的名称代替。 示例:G12{8, 9, 11}表示在特定时刻部分 grafcet 12 的状态,在此状态中只有步 8、步 9 和步 11 是活动的。
[35]	G#{*}	**部分 grafcet 的当前状态**:一般默认星号表示在特定时刻部分 grafcet ft 的状态。符号 # 应用部分 grafcet 的名称代替。
[36]	G#{}	**部分 grafcet 的空状态**:当图中没有一步是活动的时候,部分 grafcet # 的指定状态。 符号 # 应用部分 grafcet 的名称代替。
[37]	G#{INIT}	**部分 grafcet 的初始状态**:在初始时刻,部分 grafcet 的指定状态。 符号 # 应用部分 grafcet 的名称代替。

7.2 用部分 grafcet 的强迫作用结构化

使一个系统顺序部分的规范结构化的方法，是使用强迫命令。这些命令强制部分 grafcet 从一个状态接受另外的特殊状态(见附录 B 的示例)。

表 9 部分 grafcet 的强迫作用

序号	符 号	描 述
[38]	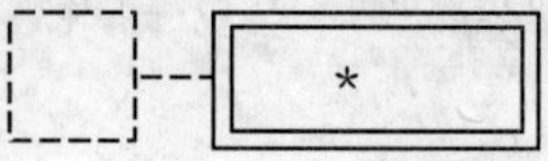	**部分 grafcet 的强迫命令**：符号中的星号应使用部分 grafcet 的状态代替(符号 34 至 37)。在分级图高级别的部分 grafcet 图中，与步的活动性相关的强迫命令是内部命令，该命令允许将状态强加给分级图中低级别的部分 grafcet。 为了与动作区别开，用与步相关的双矩形表示强迫命令。强迫命令是内部命令，在应用进展规则时，该命令的执行有优先权。在强迫命令执行期间，强迫的 grafcet 不能演变，称 grafcet 被“冻结”。 规范中使用强迫命令需要用到部分 grafcet 的分级结构，用这种方法使每个强迫的部分 grafcet 都处于较高级别。 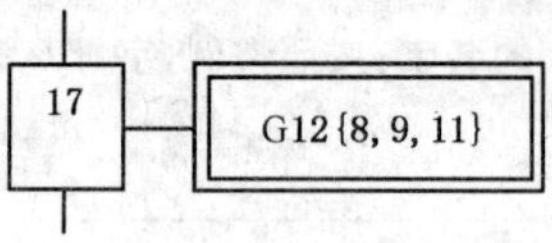 示例 1：强迫一个部分 grafcet 变为明确的状态。 当步 17 活动，部分 grafcet 12 被强迫变为由步 8、步 9 和步 11 的活动性表征的状态。 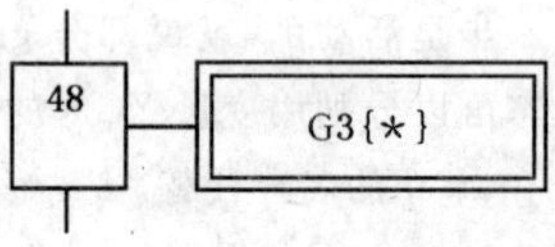 示例 2：强迫一个部分 grafcet 变为当前状态。 当步 48 活动时，强迫部分 grafcet 3 变为强迫时的状态。 注 1：该命令也称为“冻结命令”。 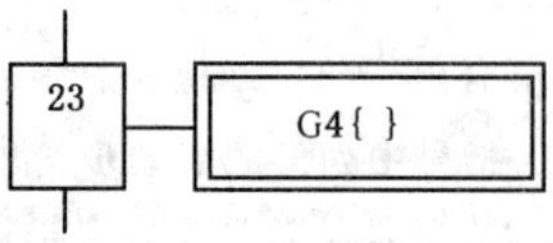 示例 3：强迫一个部分 grafcet 变为空状态。 当步 23 活动时，强迫部分 grafcet 4 变为空状态(见符号 36)。 注 2：在此情况下，G4 中没有活动步。 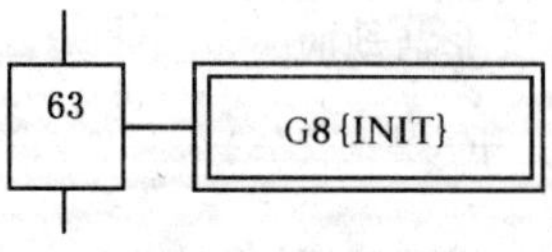 示例 4：强迫一个部分 grafcet 变为初始状态。 当步 63 活动时，强迫部分 grafcet 8 变为只有初始步是活动的状态。

7.3 用封装结构化

当且仅当至少有一个封装步活动，称步的集合被步封装。设计者可使用封装对 grafcet 分级使其结构化(见附录 B 示例)。

表 10 封装步

序号	符 号	描 述
[4]		**封装步(符号 4 的提示)**：在同一封装步中的一个或几个封装中，本符号表示该步包含了其他步即封装。封装步拥有步的所有性质，步标记应代替星号。当封装步活动时，封装步可能导致一个或几个封装，在这种封装中至少有一个活动步；同样，当封装步非活动时没有活动步。

表 10（续）

序号	符　　号	描　　述
[39]	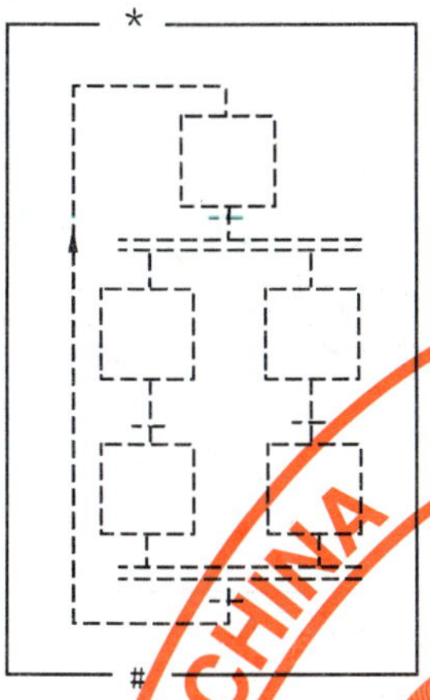	**封装的图形表示**：用方框来分组的封装步组成了部分 grafcet，封装步 * 的封装 # 可用该部分 grafcet 表示。图中封装步的名称 * 位于最上方的左边，表示封装的标记 # 位于图下方的左边。 在一个封装中，封装步的集合应组成一个部分 grafcet 表图，该图的名称可用作相应封装的标记。
[40]	X*/G#	**封装的完全指定**：封装步 * 的封装 # 可完全用文本表达式描述，其中封装步 * 由步变量 X* 指定，封装由符号 1 指定，属于部分 grafcet G# 的被封装步由 G# 的名称指定。 注：这种表示假设指定的部分 grafcet 之前已被定义。
[41]	X*/X#	**封装的基本指定**：用步变量而不是命名封装，文本表达式能够指示出步 # 在封装步 * 中被封装。 注：这种表示适合步彼此之间封装时的分级设计。通过封装级别也能对步做相应的识别。 示例：X4/X25/X12 指定步 12 在步 25 中的封装，步 25 也封装在步 4 中。
[5]		**初始封装步（符号 5 的提示）**：本符号表示该步参与初始状态。在这种情况下，每个封装中至少应有一个封装步是初始步。
[42]		**活动连接，一般符号**：活动连接指示出活动的封装步，用封装步符号左边的星号表示。初始步可能被封装，活动连接不宜与初始步的符号相混淆。然而，封装的初始步也可能有活动连接。一个封装步的去活会导致所有已被封装的步去活。在封装步后续转换实现时常出现这种去活情况，这种结果也可由任何其他去活的方法（高级别的强迫或封装作用）来产生。 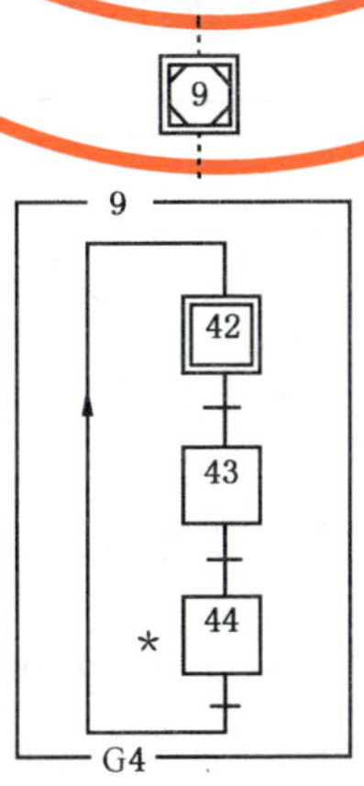 示例：因为封装了初始步 42，所以封装步 9 是必要的初始步，封装步 9 的封装 G4 包含步 42、步 43 和步 44。初始步 42 参与了初始状态，因此初始时刻该步活动。另一方面，对步 9 的每一个活动和接下来的 grafcet 进展，步 44 被激活。

表 10(续)

序号	符　号	描　述
		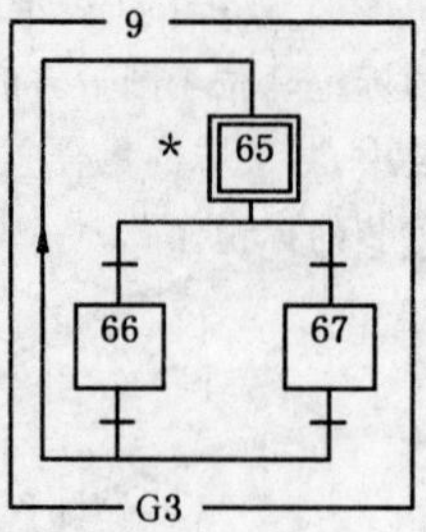 封装步 9 的封装 G3 包含步 65、步 66 和步 67,初始步 65 参与了初始状态,因此初始时刻该步活动。作为 grafcet 进展的结果,步 9 的每一个活动也能被激活。

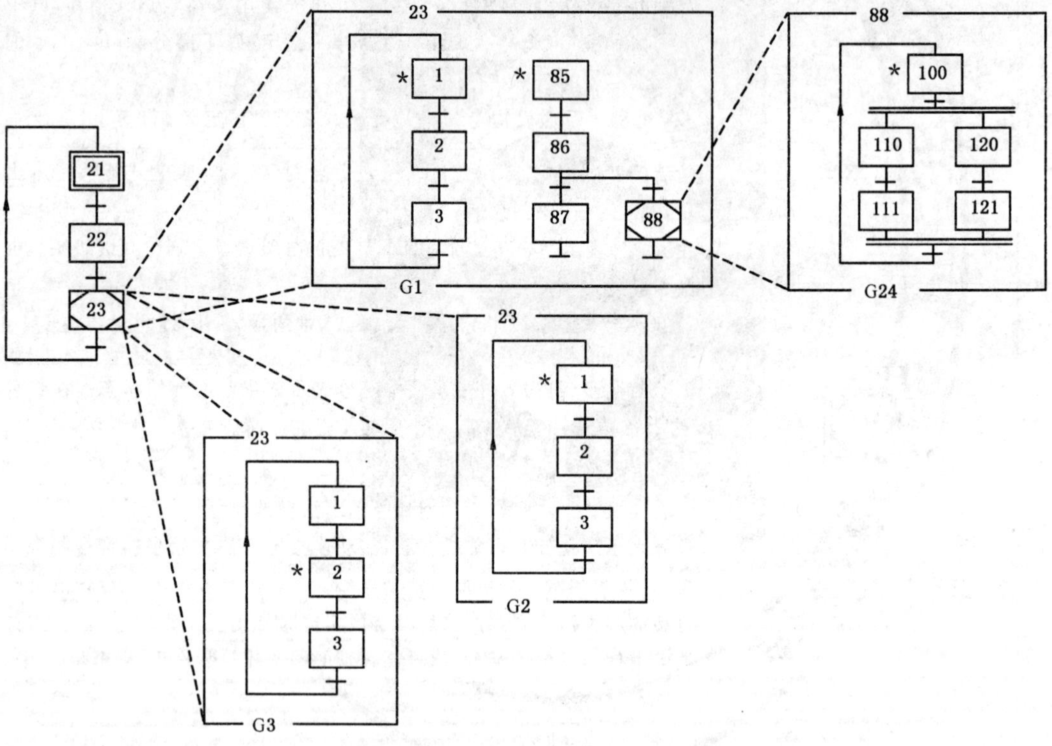

示例:封装实现的结构化

封装步 23 有 3 个封装步,用部分 grafcet 1、部分 grafcet 2 和部分 grafcet 3 表示。部分 grafcet 24 被封装在部分 grafcet 1 中的步 88 中。当封装步 23 被激活时,G1 的步 1 和步 85 也被激活(G2 和 G3 中的步也一样)。

当封装步 88 被激活时,G24 的步 100 也被激活。

步 88 去活使 G24 中的所有步去活。

步 23 的去活使 G1、G2、G3 的所有步去活,如果此时步 88 活动,G24 的所有步也去活。

7.4　用宏步结构化

为加强对 grafcet 表图的理解,规范可分几个级别用“宏表示法”来表示。“宏表示法”描述要执行的功能而不考虑实际状态中的多余细节。宏步的使用完成了从通用到特殊的渐进式描述。

表 11 宏步

序号	符 号	描 述
[6]		**宏步(符号 6 的提示)**:grafcet 详细部分的唯一表示称为宏步的展开。由于只有输出步(见符号 43)能确认其后续转换,因此宏步没有其他类型步(符号 1 至 5)的一切性质。宏步标记应代替星号。
[43]	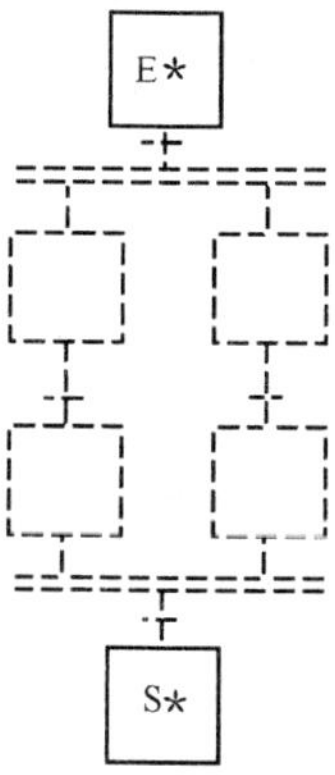	**宏步的展开**:宏步 M* 的展开是 grafcet 的一部分,该部分有一个输入步 E* 和一个输出步 S*。当宏步的一个前级转换实现时,输入步 E* 变为活动的。仅当输出步 S* 活动时,宏步的一个或全部后续转换使能。 注 1:宏步的展开可由一个或几个初始步组成。 注 2:宏步的展开可由一个或几个宏步组成。 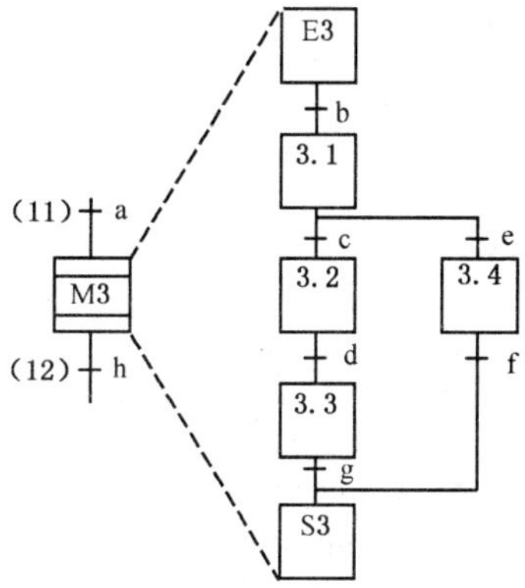 示例:宏步 M3 用其展开表示。转换 11 的实现导致宏步 M3 的输入步 E3 活动。仅当输出步 S3 活动时,转换 12 使能。 转换 12 的实现导致步 S3 非活动。
[44]	XM*	**宏步变量**:当宏步中至少有一步活动时,宏步被称为是活动的。因此,当没有任何一步活动时,宏步被称为是非活动的。宏步的活动或非活动状态可分别用变量 XM* 的逻辑值"1"或"0"表示。XM* 中的星号 * 应用确定的宏步的名称代替。

附 录 A
（资料性附录）
压力控制示例

压缩粉末时的压力工作过程如图 A.1 的 grafcet 所示。当压力在步 1 准备好时，压印和冲模在较高的位置，且“准备好”信号灯亮指示操作员装填新料。动作继续执行如 grafcet 所示。

表 A.1 输入和输出

输入 输出

CS	循环开始	RDy	准备好信号
sh	压印在高位	LS	放下压印
sl	压印在低位	RS	抬起压印
dh	冲模在高位	LD	放下冲模
dl	冲模在低位	RP	移去部件
		RD	抬起冲模

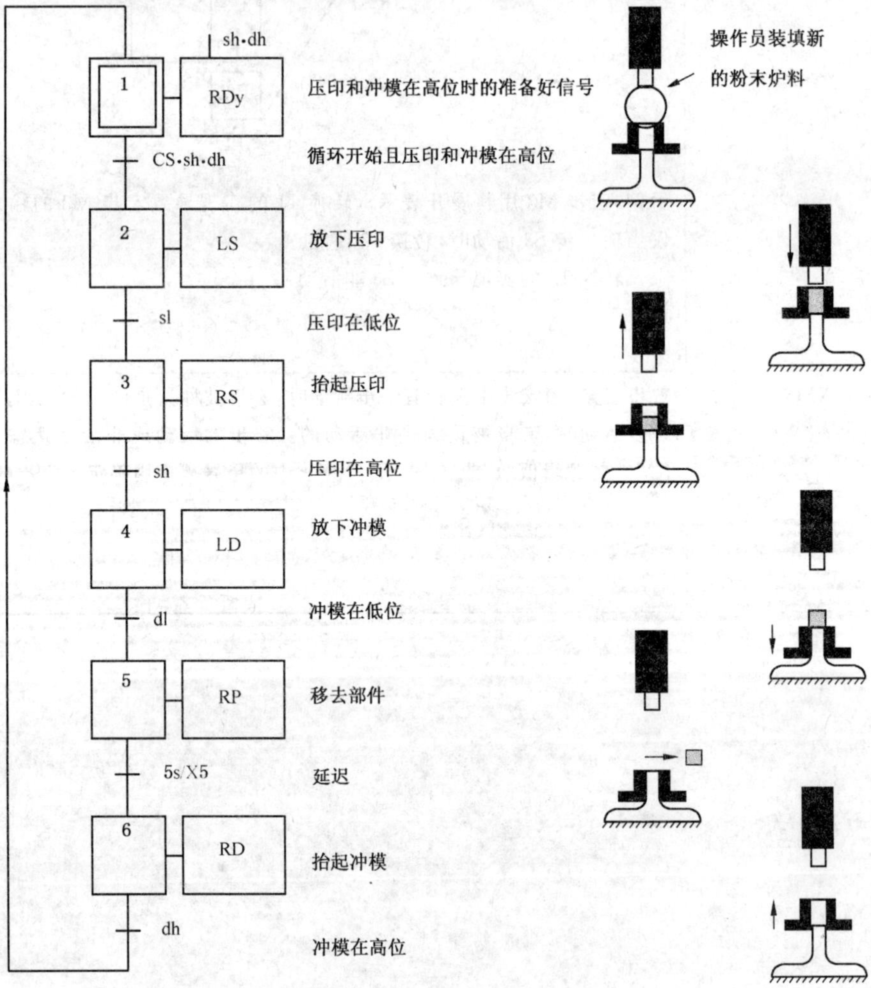

图 A.1 用 grafcet 表示工作压力

附 录 B
（资料性附录）
示例：自动称重—搅拌装置

B.1 示例介绍

将预先在称重装置 C 上称过的 A 料和 B 料及由传送带逐块运来的可溶性料块一起加进搅拌机 N 中。通过下述的自动化系统可以获得这三种材料的混合物。

B.2 循环

按下“循环开始”按钮，使同时开始如下所述称重与送料块过程：

- 称料 A 达到称重装置的刻度“a”处，再投料 B 达到刻度“b”处，然后将称重装置 C 中的料全部倾倒入搅拌机中；
- 传送两种料块。

在搅拌机中搅拌，经过“t1”时间后，将搅拌物倒出。倒空之前，搅拌机不停止搅拌。

循环结束。

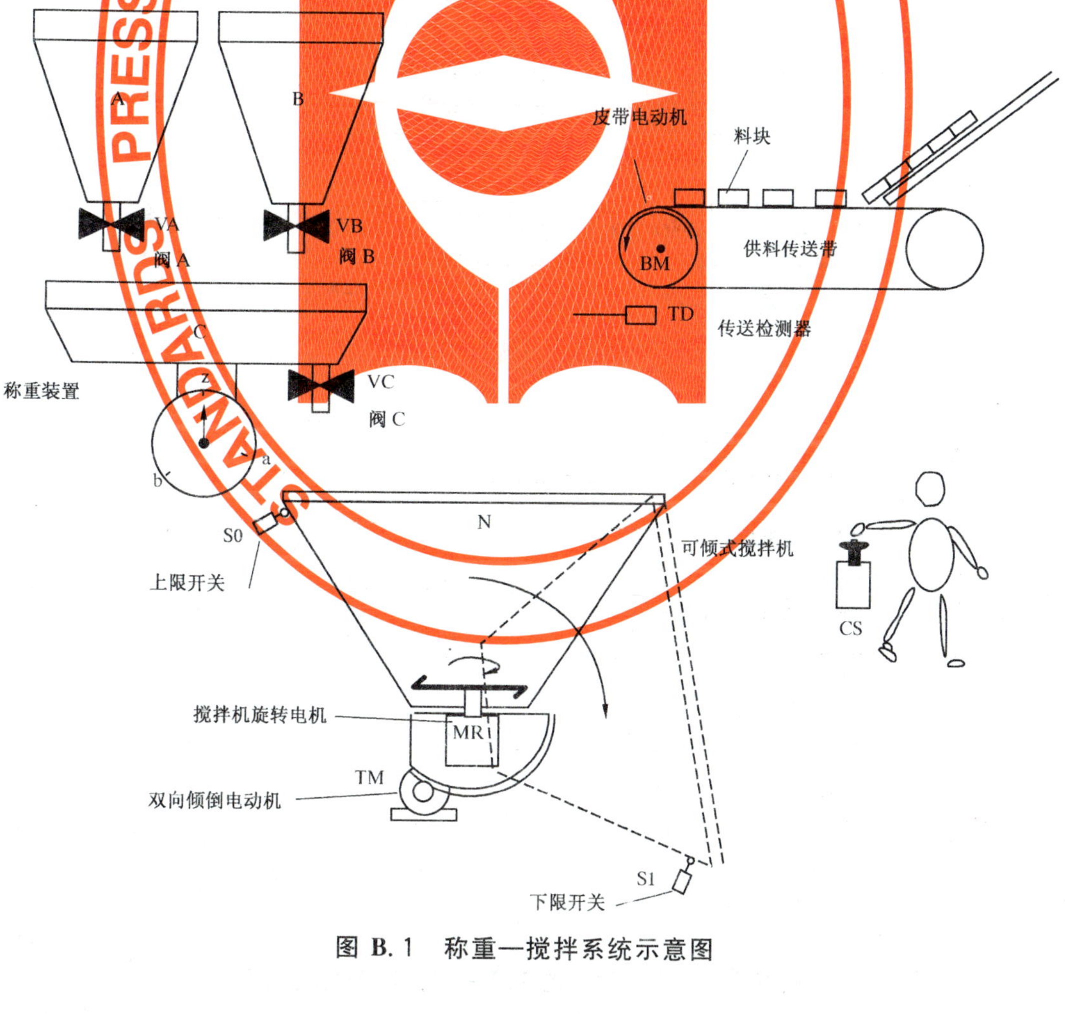

图 B.1 称重—搅拌系统示意图

B.3 称重—搅拌控制命令的行为描述

称重—搅拌控制命令的逻辑行为可用图 B.2 到图 B.4 的任何功能表图来描述。

表 B.1 输入和输出

输入		输出	
CS	循环开始	BM	供料传送带
TD	传送测出器	MR	搅拌机旋转电机
a	称 A 料达到的刻度(可变)	TM+	倾倒电动机(下降)
b	称 A 料和 B 料达到的刻度(可变)	TM−	倾倒电动机(上升)
z	卸空称重装置	VA	打开阀 A
S0	搅拌机上升	VB	打开阀 B
S1	搅拌机下降	VC	打开阀 C

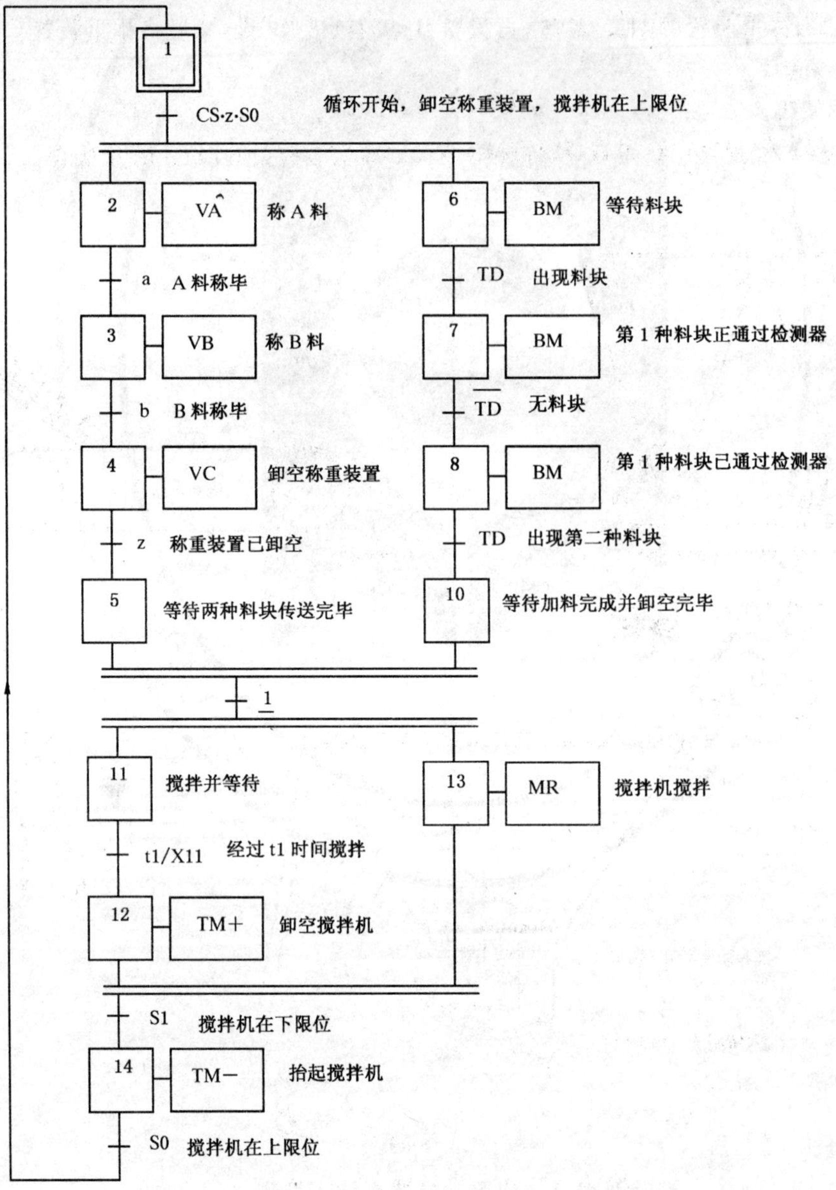

图 B.2 含连续动作的称重—搅拌装置功能表图

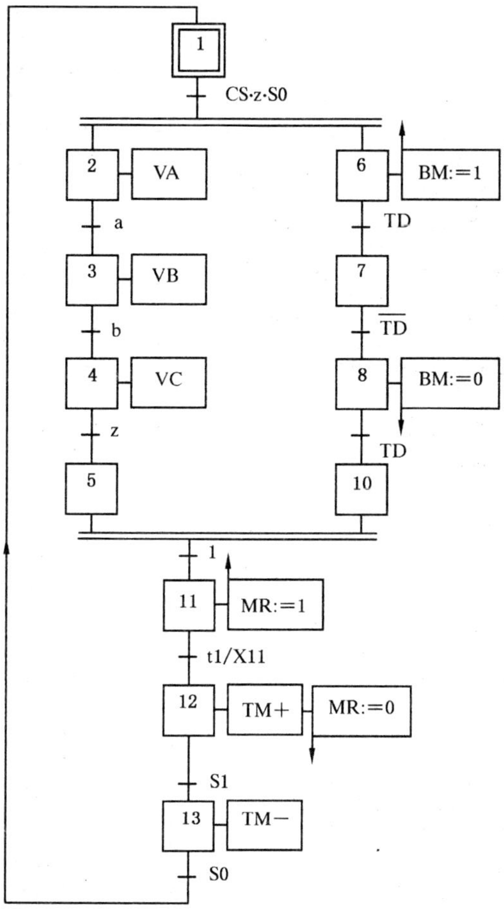

图 B.3 含连续和存储动作的称重—搅拌装置功能表图

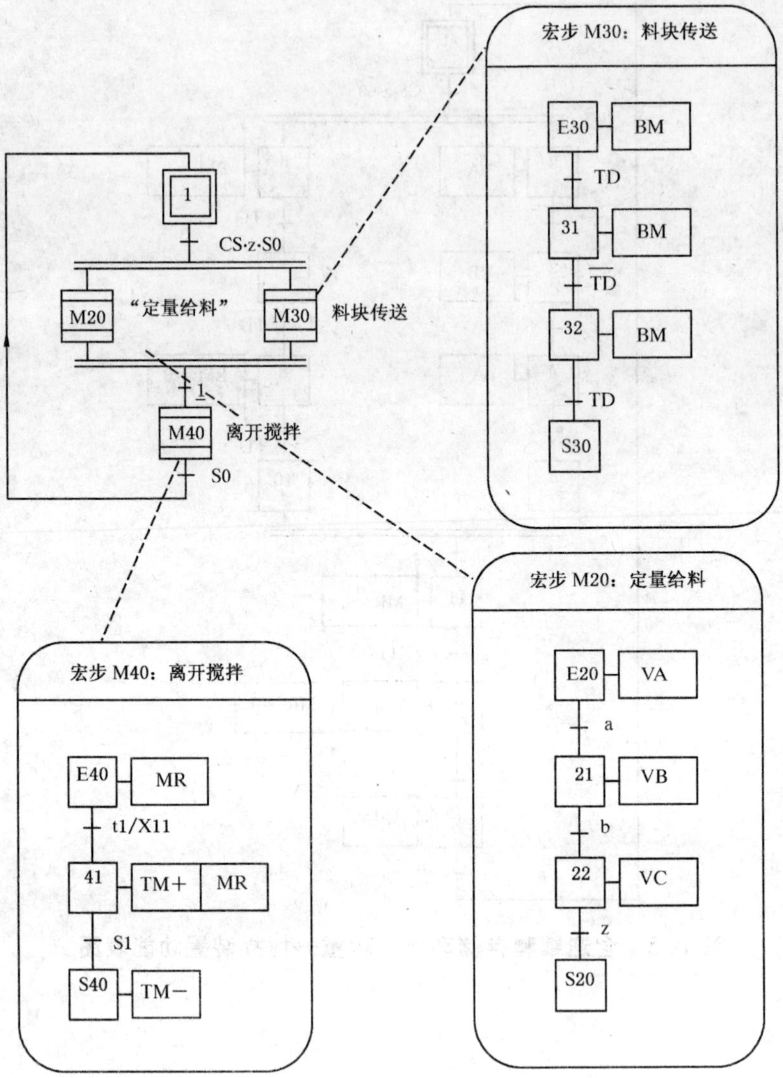

图 B.4 用宏步描述概貌并用宏步展开描述细节的称重—搅拌系统功能表图

B.4 依据运行模式对称重—搅拌系统结构化

考虑到在自动称重—搅拌系统的运行模式中，使用强迫命令(图 B.5)或封装步(图 B.6)可能导致规范出现分级结构。从操作者角度考虑，补充下列的输入和输出命令十分必要。

表 B.2 补充输入和输出

输入		输出	
PBES	紧急停止按钮	EMC	手动控制
SSAuto	自动模式选择器开关		
SSManu	手动模式选择器开关		

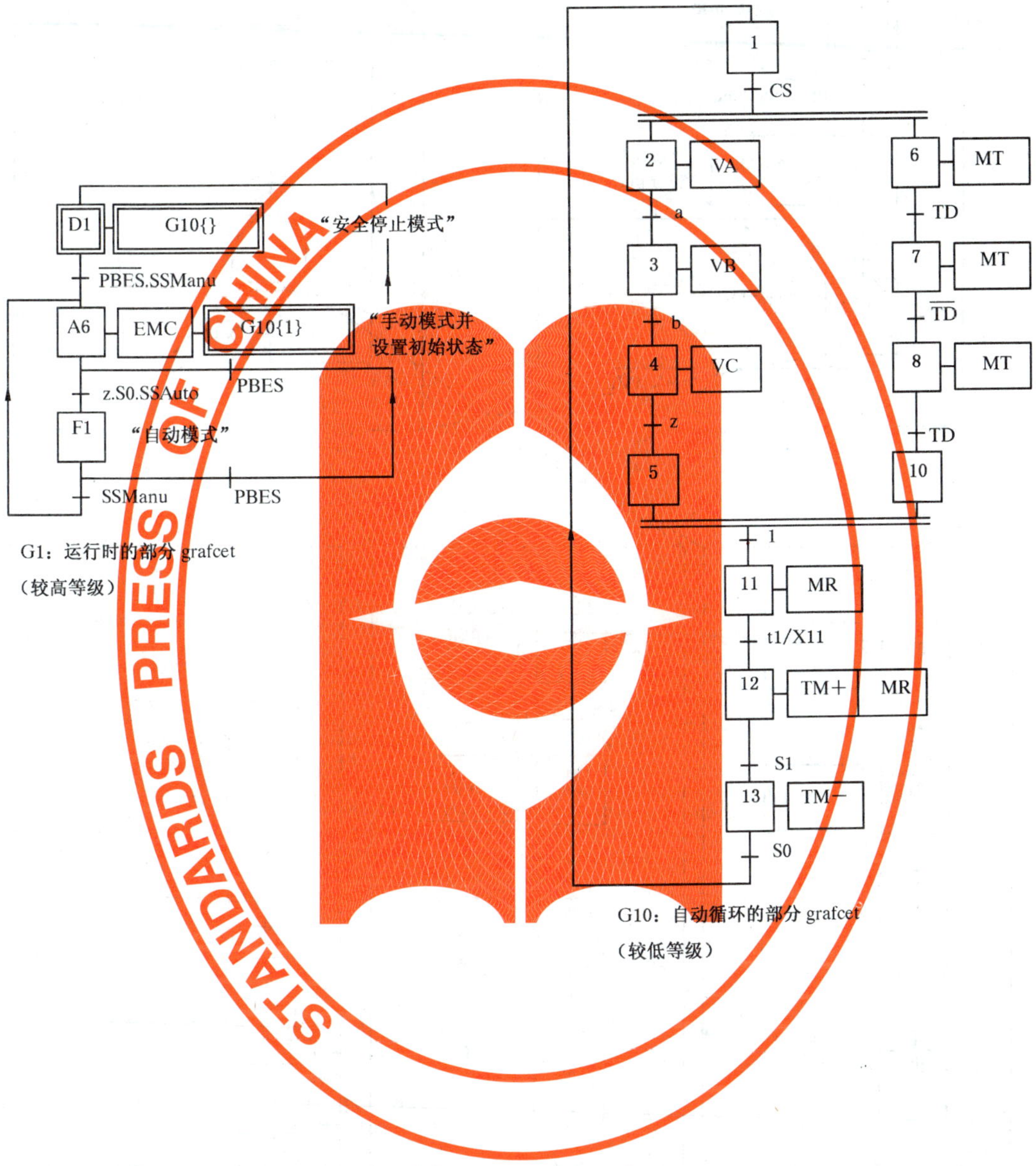

强迫作用的分级包括两个层次。

与部分 grafcet 1 中的步 D1 相关的强迫命令强迫部分 grafcet 10 变为空状态（G10 中没有任何一步是活动的）。

与 G1 中的步 A6 相关的强迫命令强迫 G10 变为某一状态，在这种状态中唯有步 1 是活动的（但转换都不可实现）。

激活步 F1 完成 G10 的正常进展（由于其不依赖于强迫命令）。

图 B.5　用强迫命令使运行模式结构化

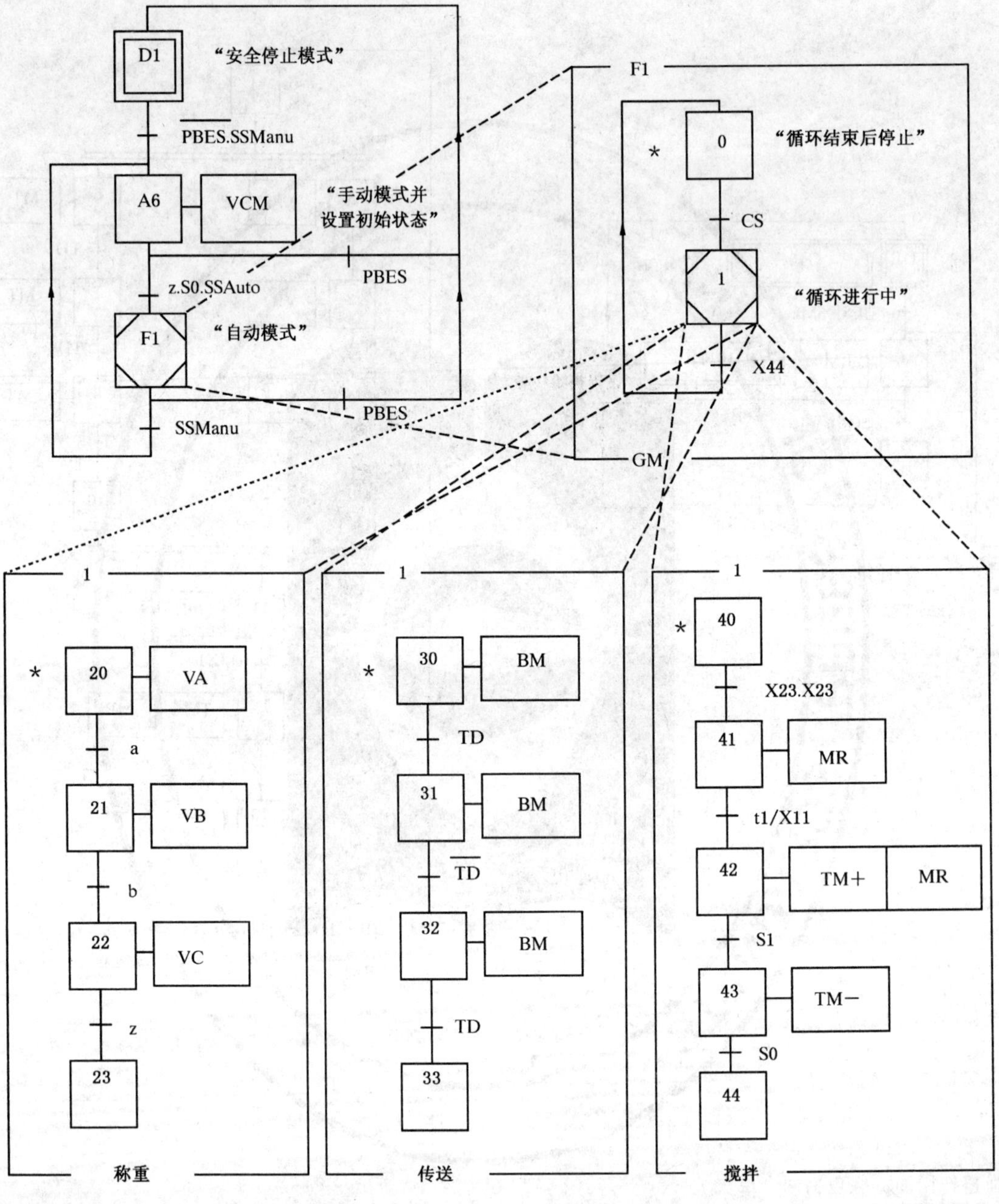

封装的分级包括三个层次。

当步 D1 活动时，没有其他步活动。

当步 A6 活动时，没有其他步活动且手动控制(EMC)使能。

当封装步 F1 被激活时，封装 GM 中的步 0 也被激活。

当封装步 1 被激活时，“称重”封装中的步 20、“传送”封装中的步 30 和“搅拌”封装中的步 40 也被激活。

图 B.6 用封装步使运行模式结构化

附 录 C
（资料性附录）
本标准和 GB/T 15969.3 顺序功能表图之间的关系

简述

本标准和 GB/T 15969.3 有各自特定的应用领域：

——本标准是一种行为规范语言(GRAFCET -GRAphe Fonctionnel de Co mmande Etape Transition 转换阶段指令的功能图)，它与系统执行所用的任何特定技术无关；

——GB/T 15969.3 是一种特殊的编程语言(SFC——顺序功能表图)。

从系统以外的角度来看，本标准中的 GRAFCET 用来描述/说明系统的行为，而 GB/T 15969.3 的 SFC 语言用来描述系统内部所执行软件的(部分)结构。

如果两种语言都描述控制系统，在给定的情况下，两种(不同性质文档)的描述图形看上去相类似。但即使它们的图形相同，它们的含义也不相同。SFC 表示软件程序的结构，用软件框图描述；而行为方式可用与 SFC 图形相似的 grafcet 来描述。在这两种情况下，与图形元素表示有关的基本元素的性质仍然是不同的。

使用了本标准的规范，在执行前需要用 GB/T 15969.3 将其翻译为程序。目前尚无有效的文本表示来支持本标准 (第二版)的翻译，也不能为自动系统将其转换为程序。

C.1 详细描述

a) GRAFCET 指定了系统逻辑行为所用的规范语言。这种规范语言与实现系统所用的技术无关。

b) SFC 指定了一种编程语言并在 GB/T 15969.3 中定义。这种语言受本标准(第一版，1988)的启发而设计，但两种语言的图形表示和语义均不相同。

c) 目前还没有将 GRAFCET 规范翻译成 SFC 程序的规则，因此首先需要将理论语义翻译成可执行的其他语义。这就是为什么尽管进行了较多的综合改进，GRAFCET 一般还是用于全局规范而 SFC 用于具体的概念。

d) 在保留了第一版的语法并独立于具体实现方式的原则下，本标准的修订版作了如下几点改进，包括：

——对元素和进展规则做了更具体地规定(内部事件、指定和分配之间的区别、瞬时进展等)；

——对特定行为进行了充分地翻译，因此，即使在难于理解的情况下也不需要通过实现算法和原理来理解进展；

——给出了概念帮助工具，能通过特性校验计算对规范进行确认。

——给出了系统实现的帮助工具，能保证图形或语言的翻译适合所选择的技术；

——对 GRAFCET 语言定义了更好的结构化方法(宏步、封装步等)，能支持概念方法的有效使用；

——在 GRAFCET 处理的布尔变量中，以及为完成目标系统的行为描述而必需的其他变量类型中，对接口(谓词、分配)的形式化更好。

e) 在 GRAFCET 元素及其 SFC 相应元素间进行的系统同一性检查会导致后者的编程语义强加给前者。这种方式将限制 GRAFCET 标准——本标准的作用，使其只对符号的一般定义和 GB/T 15969.3 中 SFC 元素的定义起作用。

f) GB/T 15969.3 规范了特别适合于 PLCs(可编程逻辑控制器)的编程语言。所以这种编程的行为描述不大可能应用于其他技术领域的上下文描述(机电的、电子的、气体的等)。

g) 对于预接线和/或预编程的分布式自动设备，用常规和变通的方法描述其进展，用语言使此类新设备的行为(由制造商保证)在自动化应用领域能更方便的集成。

C.2 未来可能的进展

面对其他未被标准化的候选方案(如状态图)，GRAFCET 符号受益于众多自动机设计专家的经验智慧。通过标准将扩展该语言的应用领域，并使其更加正规、更加结构化。

IEC SC 3B 和 IEC TC65 已讨论将来所用的集成方法，使本标准的文本输出能分别按照 GB/T 15969.3和 GB/T 19769 来自动转换结构和程序。

参 考 文 献

GB/T 15969.3—2005　可编程控制器　第3部分：编程语言(idt IEC 61131-3:1993)

GB/T 1526—1989　信息处理　数据流程图、程序流程图、系统流程图、程序网络图和系统资源图的文件编制符号及约定

ICS 59.080.30
W 04

中华人民共和国国家标准

GB/T 21655.1—2008

纺织品　吸湿速干性的评定
第1部分:单项组合试验法

Textiles—Evaluation of absorption and quick-drying—
Part 1: Method for combination tests

2008-04-29 发布　　2008-12-01 实施

中华人民共和国国家质量监督检验检疫总局
中国国家标准化管理委员会　发布

前　言

GB/T 21655《纺织品　吸湿速干性的评定》分为两个部分：

——第1部分：单项组合试验法；

——第2部分：动态水分传递法。

本部分是GB/T 21655的第1部分。

本部分由中国纺织工业协会提出。

本部分由全国纺织品标准化技术委员会基础分委会(SAC/TC 209/SC 1)归口。

本部分主要起草单位：国家纺织制品质量监督检验中心、泉州海天轻纺有限公司、耐克体育(中国)有限公司、太仓市金辉化纤实业有限公司、北京铜牛股份有限公司。

本部分主要起草人：王宝军、任鹤宁、王启明、郭慈静、谈辉、张连京。

本部分首次发布。

纺织品　吸湿速干性的评定
第1部分：单项组合试验法

1　范围

GB/T 21655的本部分规定了纺织品吸湿速干性能的单项试验指标组合的测试方法及评价指标。

本部分适用于各类纺织品及其制品。

2　规范性引用文件

下列文件中的条款通过GB/T 21655的本部分的引用而成为本部分的条款。凡是注日期的引用文件，其随后所有的修改单(不包括勘误的内容)或修订版均不适用于本部分，然而，鼓励根据本部分达成协议的各方研究是否可使用这些文件的最新版本。凡是不注日期的引用文件，其最新版本适用于本部分。

GB 6529　纺织品的调湿和试验用标准大气(neq GB 6529—1986，ISO 139：1973)

GB/T 6682　分析实验室用水规格和试验方法(neq GB/T 6682—1992，ISO 3696：1987)

GB/T 8629　纺织品　试验用家庭洗涤和干燥程序(eqv GB/T 8629—2001，ISO 6330：2000)

GB/T 12704　织物透湿量的测定方法　透湿杯法

FZ/T 01071　纺织品　毛细效应试验方法

3　术语和定义

下列术语和定义适用于GB/T 21655的本部分。

3.1

吸水率　water absorption rate

试样在水中完全浸润后取出至无滴水时，试样所吸取的水分对试样原始质量的百分率。

3.2

滴水扩散时间　drip diffusion time

将水滴在试样上，从水滴接触试样至其完全扩散并渗透至织物内所需要的时间。

3.3

蒸发速率　evaporation rate

将一定量的水滴在试样上后悬挂在标准大气中自然蒸发，其时间-蒸发量曲线上线性区间内单位时间的蒸发质量。

3.4

蒸发时间　evaporation time

将一定量的水滴在试样上后悬挂在标准大气中至水分全部蒸发所需时间。

3.5

芯吸高度　wicking height

试验材料毛细效应的度量，即垂直悬挂的纺织材料一端被水浸湿时，水通过毛细管作用，在一定时间内沿纺织材料上升的高度。

4　原理

以织物对水的吸水率、滴水扩散时间和芯吸高度表征织物对液态汗的吸附能力；以织物在规定空气状态下的水分蒸发速率和透湿量表征织物在液态汗状态下的速干性。

5 设备、材料和试剂

5.1 天平，称量精度 0.001 g。

5.2 试验用平台：用不吸水材料（塑料板、玻璃板等）制成，表面平整光滑。

5.3 滴定管（1 mL）。

5.4 试样悬挂装置。

5.5 毛细效应试验装置。

5.6 GB/T 6682 标准规定的三级水。

5.7 计时器：分度 0.1 s。

6 调湿及试验用标准大气

6.1 调湿和试验用大气采用 GB 6529 规定的标准大气。

6.2 试验前样品应在松弛状态下调湿平衡，调湿的方法和要求按 GB 6529 的规定。一般调湿 16 h 以上，合成纤维样品至少 2 h，公定回潮率为 0 的样品不需调湿。

7 取样及试样准备

7.1 样品采集的方法和数量按产品标准或有关各方商定进行。每个样品剪取 0.5 m 以上的全幅织物，取样时避开匹端 2 m 以上；纺织制品至少 1 个单元。

7.2 将每个样品剪为两块（一块用于洗前试验，一块用于洗后试验），其中一块按 GB/T 8629 的 5A 程序洗涤 5 次，或者按有关各方商定的方法和次数进行洗涤，干燥程序按烘箱烘燥法。

7.3 裁取试样，试样的数量和尺寸应满足第 8 章的要求。裁样时应在距布边 150 mm 以上区域内均匀排布，各试样都不在相同的纵向和横向位置上；如果制品由不同面料构成，试样应从主要面料上选取，并避开影响试验结果的疵点和褶皱。

8 试验程序

8.1 吸水率

8.1.1 每个样品裁取 5 块试样，每块试样的尺寸至少为 10 cm×10 cm，试样应平整无褶皱。

8.1.2 将试样放置在标准大气条件下调湿平衡。

8.1.3 称取试样的原始质量，精确至 0.001 g。

8.1.4 将试样放入盛有三级水的容器内，试样吸水后自然下沉。如试样不能自然下沉，则可将试样压至水中后抬起，反复 2 次～3 次。

8.1.5 将试样在水中完全浸润 5 min 后取出，自然平展地垂直悬挂，试样中水分自然下滴。

8.1.6 注意观察，当试样不再滴水时，立即用镊子取出试样称取质量，精确至 0.001 g。

注：当两滴水之时间间隔不低于 30 s，即可认为试样不再滴水。

8.1.7 按式(1)计算每个试样的吸水率。

$$A = \frac{m - m_0}{m_0} \times 100 \qquad \cdots\cdots(1)$$

式中：

A——吸水率，%；

m_0——试样原始质量，单位为克(g)；

m——试样浸湿并滴水后的质量，单位为克(g)。

分别计算洗涤前后 5 块试样吸水率的平均值，结果修约至 1%。

8.2 滴水扩散时间

8.2.1 每个样品裁取 5 块试样，每块试样的尺寸至少为 10 cm×10 cm，试样应平整无褶皱。

8.2.2 将试样放置在标准大气条件下调湿平衡。

8.2.3 将试样平放在试验平台上(使用时贴近人体皮肤的一面朝上),用滴定管吸入适量的三级水,将约0.2 mL的水轻轻地滴在试样上,滴管口距试样表面应不超过1 cm。

8.2.4 仔细观察水滴扩散情况,记录水滴接触试样表面至完全扩散(不再呈现镜面反射)所需时间,精确至0.1 s。如果水滴扩散速度较慢,在一定时间(如300 s)后仍未完全扩散,则可停止试验,并记录扩散时间大于设定时间(如>300 s)。

8.2.5 分别计算洗涤前后5块试样的平均扩散时间,结果修约至0.1 s。

8.3 水分蒸发速率和蒸发时间

8.3.1 对8.2.1取得的样品称取其质量,记为m_0

8.3.2 将完成8.2.4试验的试样立即称取质量后悬挂于标准大气中,试样应自然平展地垂直悬挂;每隔(5±0.5)min称取一次质量,精确至0.001 g。直至连续两次称取质量的变化率不超过1%,则可结束试验。

注:如果试样水分蒸发速度较快,连续称量时间间隔可以适当缩短(如3 min或1 min等)。

如果水滴不能扩散,可以在三级水中加入1 g/L润湿剂,或以玻璃棒捣轧水滴,以使水滴渗入试样;如果水滴仍不能扩散,则可停止试验,并报告试样不能吸水,无法测定蒸发速率/蒸发时间。

8.3.3 按式(2)和式(3)计算试样在每个称取时刻的水分蒸发量或水分蒸发率,然后绘制"时间-蒸发量曲线"或"时间-蒸发率曲线"。图1为时间-蒸发量曲线示例图。

$$\Delta m_i = m - m_i \qquad \cdots\cdots(2)$$

$$E_i = \frac{\Delta m_i}{m_0} \times 100 \qquad \cdots\cdots(3)$$

式中:

Δm_i——水分蒸发量,单位为克(g);

m_0——试样原始质量,单位为克(g);

m——试样滴水润湿后的质量,单位为克(g);

m_i——试样在滴水润湿后某一时刻的质量,单位为克(g);

E_i——水分蒸发率,%。

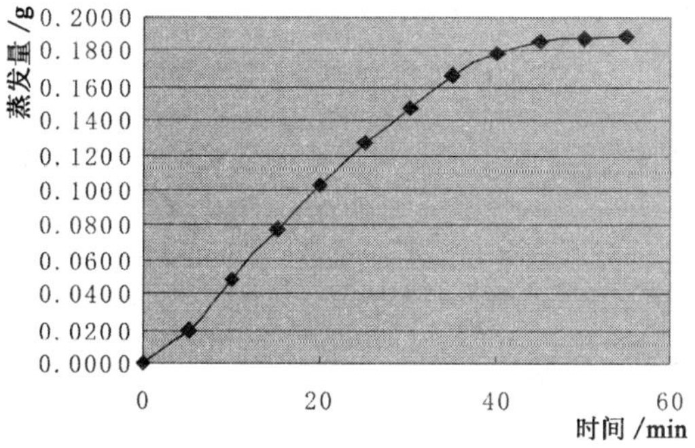

图1 时间-蒸发量曲线

8.3.4 水分蒸发速率

正常的时间-蒸发量曲线通常在某点后蒸发量变化会明显趋缓。在该点之前的曲线上作最接近直线部分的切线,求切线的斜率即为水分蒸发速率Ev(g/h)或(%/h)。

注:如果实际曲线中有与所作切线吻合部分,可以用该部分曲线中不少于4个点间实测值计算水分蒸发速率(即不少于3个计算值),再求其平均值表示该试样的结果。

分别计算洗涤前和洗涤后5块试样的平均蒸发速率,结果修约至0.01 g/h或0.1%/h。

8.3.5 蒸发时间

如果需要，可以测定蒸发时间。从吸水后试样(8.3.2)悬挂于标准大气中开始，至连续两次称取质量的变化率不超过1%且称取质量与试样加水前原始质量之差不高于2%时所需时间(min)。

8.4 芯吸高度

按FZ/T 01071的规定执行。裁取6块试样，其中3块试样的长边平行于织物经向(或纵向)，另3块的长边平行于织物的纬向(或横向)。记录30 min时的芯吸高度的最小值，分别计算洗涤前和洗涤后2个方向各3块试样芯吸高度最小值的平均值。

8.5 透湿量

按GB/T 12704方法A吸湿法执行。

9 吸湿速干性能技术要求及评定

按表1或表2评定产品的吸湿速干性能，产品洗涤前和洗涤后的各项指标均达到技术要求的，可明示为吸湿速干产品，否则不应称为吸湿速干产品。

对于吸湿产品，仅考核吸湿性的三项指标；对于速干产品，仅考核速干性的两项指标。

表1 针织类产品技术要求

项目		要求
吸湿性	吸水率/%	≥200
	滴水扩散时间/s	≤3
	芯吸高度/mm	≥100
速干性	蒸发速率/(g/h)	≥0.18
	透湿量/[g/(m²·d)]	≥10 000
注：芯吸高度以纵向或横向中较大者考核。		

表2 机织类产品技术要求

项目		要求
吸湿性	吸水率/%	≥100
	滴水扩散时间/s	≤5
	芯吸高度/mm	≥90
速干性	蒸发速率/(g/h)	≥0.18
	透湿量/[g/(m²·d)]	≥8 000
注：芯吸高度以经向或纬向中较大者考核。		

10 试验报告

试验报告应包括以下内容：

a) 说明试验是按本部分进行的；

b) 样品的描述(名称、编号、原料、主要规格等)；

c) 检验项目；

d) 试验环境条件；

e) 所采用的主要的试验参数；

f) 洗涤程序和次数；

g) 第8章的测试结果；

h) 如果需要，报告吸湿速干性能评定结果；

i) 任何偏离本部分的细节及试验中的异常现象。

ICS 29.140
K 70

中华人民共和国国家标准

GB/T 21656—2008/IEC 61231:1999

灯的国际编码系统(ILCOS)

International lamp coding system (ILCOS)

(IEC 61231:1999,IDT)

2008-04-29 发布　　2008-12-01 实施

中华人民共和国国家质量监督检验检疫总局
中国国家标准化管理委员会　发布

前　　言

本标准等同采用 IEC 61231:1999《灯的国际编码系统》(英文版)。

本标准等同翻译 IEC 61231:1999。

为便于使用,本标准做了下列编辑性修改:

a) “本技术规范”一词改为“本标准”;

b) 删除 IEC 61231:1999 的前言;

c) 对于 IEC 61231:1999 引用的其他国际标准中有被等同采用为我国标准的,本标准引用我国的这些国家标准或行业标准代替对应的国际标准,其余未等同采用为我国标准的国际标准,在本标准中均被直接引用(见本标准第 2 章)。

本标准的附录 A 为资料性附录。

本标准由中国轻工业联合会提出。

本标准由全国照明电器标准化技术委员会(SAC/TC 224)归口。

本标准主要起草单位:北京电光源研究所、中山市质量计量监督检测所。

本标准主要起草人:江姗、陈慧挺、杨小平、赵秀荣。

本标准为首次发布。

引　言

电光源工业在不断向前发展，以满足消费者的需求。电光源工业的创新能力使光源的种类日益繁多。为了能使消费者和专业人员在众多不同的产品中找到他们所需要的灯，一种对灯进行编码的通用系统应运而生。

这种编码不是用来代替个别制造商在其灯上或产品目录中所使用的具体标识，而是为了相互参照和在适当的时机用来代替现存的国家和地区使用的灯的编码系统。

注：本编码未全面给出规定一种灯所需要的所有技术特征。为此，需要查询相应的灯的标准和/或制造商的文献。

灯的国际编码系统(ILCOS)

1 范围和目的

本标准给出了灯的国际编码系统的规则,并涉及到所有类别的灯,但不包括机动车辆用灯。本标准规定了主要类型的灯的编码;对于其他类型的灯,应按照本标准的适用修订本进行编码。

灯的国际编码系统的目的是:

——改善不同类型的灯的信息传递;

——有助于在产品的互换性方面展开讨论;

——在国际标准和制造商的文献之间创造更加密切的关系(例如,将来可在某一标准的相关章节给出编码);

——使正确地更换灯成为可能;

——在灯具上用作补充标志;

——代替国家和地区的编码系统。

2 规范性引用文件

下列文件中的条款通过本标准的引用而成为本标准的条款。凡是注日期的引用文件,其随后所有的修改单(不包括勘误的内容)或修订版均不适用于本标准,然而,鼓励根据本标准达成协议的各方研究是否可使用这些文件的最新版本。凡是不注日期的引用文件,其最新版本适用于本标准。

GB 14196.1 家庭和类似场合普通照明用钨丝灯安全要求(GB 14196.1—2002,IEC 60432-1:1999 Incandescent lamps—Safety specifications—Part 1: Tungsten filament lamps for domestic and similar general lighting purposes,IDT)

GB 14196.2 家庭和类似场合普通照明用卤钨灯安全要求(GB 14196.2—2002,IEC 60432-2:1999 Incandescent lamps—Safety specifications—Part 2: Tungsten halogen lamps for domestic and similar general lighting purposes,IDT)

IEC 60357 卤钨灯(非机动车辆用)

IEC 60887 灯的玻壳的符号系统

IEC 61167 金属卤化物灯

CIE 29.2 室内照明指南

3 编码原则

灯的国际编码系统基于下述原则编制:

——编码在其内容和措词方面与灯的制造商无关。

——应当建立编码系统和国际标准之间的关系。

——编码系统应获得国际上的认可。要认识到还存在具有国家和地区价值的其他编码系统,并且,转而采用国际编码还是一个长期的过程。

——编码的长度应尽可能短,但是也应达到所需要的长度。因此,应依据不同的目的采用不同长度的编码。

——鉴于不同种类的灯在技术特性上的多样性,采用同一种方法来规定所有类型的灯的编码是不切实际的,因此,编码的结构要依据不同种类的灯的技术需要而定。

——编码不能用来代替灯上或产品目录中的制造商的具体标识,但应用在灯和灯具文献中用来相互参照。

——编码的分配基于灯的互换性和兼容性。

灯的编码在灯的包装上的补充用法留待将来考虑。

4 基本结构

灯的国际编码系统全部由字母部分和数字部分组成。

4.1 字母部分

字母部分的第一个字母表示灯的种类，如下所述：

I：钨丝灯

H：卤钨灯(非机动车辆用)

F：荧光灯

S：高压钠灯

L：低压钠灯

Q：高压汞灯

M：金属卤化物灯

X：特种灯

注：汽车灯及其编码由各个国家和/或地区规定。

字母部分中的其余字母给出了不同种类的灯的更详细的说明。字母部分与其余部分之间用连字符隔开。

4.2 数字部分

数字部分由若干组数字构成。每组数字用连字符隔开，表示灯的特征参数值，例如：

——功率；

——电压；

——灯头；

——尺寸。

由于采用了连字符来隔开各组数字，在某一组数字之中不能使用连字符。因此，要采用等号(＝)来代替连字符，例如在灯头符号中。

数字组的顺序和特定内容由灯的种类确定，并由 5.1～5.8 给出说明。

4.3 编码的长度

编码可以有不同的长度，这取决于使用目的。在产品目录和单页说明书中，灯的特性(例如特殊用途)可在编码中出现差异的部位或编码的末端用一星号(*)表示，并用一单独的备注加以说明，备注也用一星号(*)表示。

可删掉编码的末端部分使编码缩短，不能删掉编码的中间部分。通常，如果所涉及的是“标准”型的编码，可将表示尺寸的数字组省去。如果给出分隔符，例如连字符(-)和斜线(/)，则中间部分可以省略。

注：这种缩短规则不适用于扩展的短式编码，灯的 LE 类国际编码系统。

4.3.1 短式编码：灯的 L 类国际编码系统

短式编码由字母部分或其一部分组成，叫做灯的 L 类国际编码系统，用于灯的一般分类。附录 A 介绍了灯的 L 类国际编码系统的概况。

4.3.2 扩展的短式编码：灯的 LE 类国际编码系统

在适用的情况下，扩展的短式编码由字母部分的第一部分(灯的 L 类国际编码系统)加上相关的尺寸构成(中间没有空格)。

4.3.3 标准式编码：灯的 D 类国际编码系统

标准式编码给出了完整的名称，由字母部分和数字部分(的一部分)组成。采用灯的 D 类国际编码系统能使消费者购买到所需要的类型的灯,例如,在替换的灯来自不同的制造商的情况下。灯的D类国际编码系统可用于对灯具作标志,也可采用适宜的缩写形式。

5 灯的种类

关于相应的灯的标准以及与灯有关的标准,参见IEC标准或国家标准。

5.1 钨丝灯

5.1.1 钨丝灯的L类国际编码系统

L类国际编码系统的结构如下所示:

钨丝灯

- 非反射型灯
  - IA
    大玻壳钨丝灯
    (玻壳直径通常>45 mm)
    梨形、蘑菇形或在相同的灯具中使用的其他形状的钨丝灯
  - IB
    小玻壳钨丝灯
    (玻壳直径通常≤45 mm)
    烛形、圆形玻壳或在相同的灯具中使用的其他形状的钨丝灯
  - IN
    其他非反射型钨丝灯
    (GB 14196.1适用范围之外的灯)
- 反射型灯

在前两个字母IA,IB和IN之后,是表示玻壳形状的字母,如IEC 60887中的规定所示。

玻壳的主要形状类型有:

__A　梨形

__B　烛形(瓢形)

__C　圆锥形

__G　球形

__M　蘑菇形

__P　圆形

__S　短小形(直边式)

__T　管形

带限定字母的示例为:

__BA　带尖角的烛形

对于反射型灯:

反射型灯

IR

- IRR
  普通R型玻壳反射型钨丝灯
- IRA
  梨形反光碗钨丝灯
- IRP
  圆形玻壳反光碗钨丝灯
- IPAR
  普通PAR型反射型钨丝灯
- IPARD
  二向色PAR型反射型钨丝灯

如果需要表示灯的涂层或颜色,或反光镜的特定类型或其他技术说明,可在一斜线之后加上表示这些内容的字母,如下所示:

/C　透明

/F　磨砂,类似磨砂效果的涂层

/W　白色

/R　红色

/B　蓝色

/G　绿色

/Y　黄色

/V　紫色

/P　粉红色

/A　琥珀色

/O　橘黄色

/S　银色

/X　金色

/N　镀钕

/D　装饰性灯丝

对于下述用途可加上第二个字母：

/_ P　柔和色彩

/_ F　窗状开口

/_ T　透明色

更详细的技术说明可加在第二个斜线之后：

//AX　轴向灯丝

//TR　横向灯丝

//RS　防震灯

//LT　限制表面温度

//RT　限制表面温度的防震灯

示例：

IAA/F　磨砂梨形钨丝灯

IAM　蘑菇形钨丝灯

IAT/W　用在梨形灯所用灯具中的白色涂层管形钨丝灯

IBBA/C　带尖角的透明烛形钨丝灯

IBP/R　红色圆形玻壳钨丝灯

IAG　用在梨形灯所用灯具中的球形钨丝灯

IBT/W　用在圆玻壳钨丝灯 IBP 所用灯具中的白色涂层管形钨丝灯

IBC　用在圆玻壳钨丝灯 IBP 所用灯具中的圆锥形钨丝灯

IRA/S　带银色反光镜的梨形反光碗钨丝灯

5.1.2　钨丝灯的 LE 类国际编码系统

LE 类国际编码系统由 L 类国际编码系统的第一部分直至表示灯形状的部分(包括该部分)加上表示灯的标称直径的数字构成。

示例：

IAA60　玻壳标称直径为 60 mm 的梨形钨丝灯

IBP45　玻壳标称直径为 45 mm 的圆形玻壳钨丝灯

IAG80　玻壳标称直径为 80 mm 的球形钨丝灯

5.1.3　钨丝灯的 D 类国际编码系统

D 类国际编码系统由下述数字组构成：

L 类国际编码-功率-额定电压-灯头-尺寸

——功率:对于小型灯和/或辉光灯,可用灯的电流代替灯的功率。在这种情况下,灯的电流值之后必须加上大写字母 A。

——额定电压:在给出电压范围的情况下,要将给出的两个数字用一斜线隔开。

对于飞机场用钨丝灯,灯的电压可用灯的电流代替,其后加上大写字母 A。

——尺寸:这组数字通常只由表示标称直径的数字构成。对于管形灯,可在一斜线之后加上最大总长度。对于反射型灯,可在一斜线之后加上光束角值。对于不对称的光束,可将两个数字用一斜线隔开,第一个数字表示水平光束角,第二个数字表示垂直光束角。

示例:

IAA/C-40-220/230-E27-60	透明梨形钨丝灯,40 W,220 V~230 V,E27 灯头,标称直径为 60 mm
IBB/W-40---35	白色烛形钨丝灯,40 W,标称直径为 35 mm,其他值未规定
IRR-60-240-B22d-125/30	R 型玻壳反射型钨丝灯,60 W,240 V,B22d 灯头,R125 型,光束角为 30°

5.2 卤钨灯(非机动车辆用)

5.2.1 卤钨灯的 L 类国际编码系统

前两个字母的含义为:

HS 单端卤钨灯

HD 双端卤钨灯

HR 二向色反光镜卤钨灯

HM 金属反光镜卤钨灯

HA 带镀铝玻璃反光镜的卤钨灯

HP 带邻近反光镜的单端卤钨灯

第三个字母表示灯的应用范围:

__ P 投影,包括高射投影和微缩摄影/显微摄影灯

__ S 照相/摄影棚/剧院/电视

__ A 机场

__ T 交通信号

__ G 普通照明(泛光照明被视为普通照明)

第四个字母用来表示自屏蔽式灯。自屏蔽式灯是设计用于敞开式灯具中的灯,例如符合 GB 14196.2的带整体式外壳的超低电压灯,低压卤钨灯以及电源电压灯(关于更详细的资料,见 IEC 60357)。

___ S 自屏蔽式卤钨灯

在第三个或第四个字母之后,可以加上表示玻壳形状的字母,表示方法与钨丝灯相同。

如果需要表示玻壳的涂层、特定颜色或其他技术说明,可在一条或两条斜线之后加上这些内容,表示方法与钨丝灯相同(见 5.1.1)。

更详细的技术说明可在第二条斜线之后给出:

//UB 减少紫外线

//IB 利用红外线

//S 短玻颈

示例:

HSGST	普通单端管形卤钨灯,自屏蔽式
HDG	泛光双端卤钨灯
HRG	普通二向色反光镜卤钨灯
HMGS	普通金属反光镜卤钨灯,自屏蔽式

5.2.2 卤钨灯的 LE 类国际编码系统

灯的 LE 类国际编码系统由 L 类国际编码的第一条斜线之前的部分(包括此斜线)加上 5.2.3 所述

尺寸数字组构成。

示例：

HRGS51　带直径为 51 mm 的反光镜的自屏蔽式普通二向色反光镜卤钨灯

HMGS37　带直径为 37 mm 的金属反光镜的自屏蔽式普通反射型卤钨灯

5.2.3　卤钨灯的 D 类国际编码系统

D 类国际编码系统由下述数字组构成：

L 类国际编码-功率-额定电压-灯头-尺寸

——功率：对于双灯丝灯，要给出每个灯丝的功率，并用加号(＋)将它们连接。

如果需要更进一步的区别，可用一斜线扩展该数字组，以便按照下述方法给出有关色温的数据：将灯的色温除以 100，再将得数四舍五入为整数。

——额定电压：在给出电压范围的情况下，要将给出的两个数字用一斜线隔开。

对于飞机场用钨丝灯，灯的电压可用灯的电流代替，其后加上大写字母 A。

——尺寸：该数字组的内容取决于不同类型的卤钨灯的特性。要给出标称值，但单端灯的玻壳直径除外。该数字组可含有一个数值，如果需要更进一步的区别，可在一斜线之后加上第二个数值，如下所述：

L 类国际编码系统 尺寸(标称值)

HS——玻壳直径(最大值)/光中心高度

HD——触点至触点的距离 Z_{nom}

HR——反光镜直径/光束角

HM——反光镜直径/光束角

HA——反光镜直径/光束角

HP——光中心高度

示例：

HSG-20-12-G4-22	单端普通卤钨灯，20 W，12 V，G4 灯端，光中心高度为 22 mm
HDS-800-220/230-R7s-74.9	照相/摄影棚用双端卤钨灯，800 W，220 V～230 V，R7s 灯头，触点至触点的距离为 74.9 mm
HRGS-50-12-GX5.3-51/30	带二向色反光镜的自屏蔽式普通卤钨灯，50 W，12 V，GX5.3 灯端，直径为 51 mm，光束角为 30°

5.3　荧光灯

5.3.1　荧光灯的 L 类国际编码系统

前两个字母表示：

FD　双端荧光灯

FS　单端荧光灯

FB　自镇流荧光灯

补充说明可用第三个字母表示，如下所示：

FDR　反射型双端荧光灯

FDU　U 形双端荧光灯

FSD　双管单端荧光灯

FSQ　四管单端荧光灯

FSS　矩形单端荧光灯

FSM　多管类单端荧光灯

FSC　环形单端荧光灯

FSG　球形单端荧光灯

对于 FD 和 FS,可在末尾加上一字母,用来表示:

_ _ _ H只使用高频镇流器

_ _ _ I 电感型荧光灯

对于 FB,其形状的表示方法与钨丝灯相同(见 5.1.1)。

可在末尾加上一字母,用来表示:

_ _ _ H整体式高频镇流器

_ _ _ I 整体式电感型镇流器

可在一斜线之后表示灯的颜色或其他玻壳涂层,表示方法与钨丝灯相同(见 5.1.1)。

可在第二条斜线之后给出更详细的技术说明,如下所述:

//L 在低温环境中使用

//H 在高温环境中使用

//P 装有光电元件

//PL 装有光电元件并在低温环境中使用

//PH 装有光电元件并在高温环境中使用

5.3.2 荧光灯的 LE 类国际编码系统

荧光灯的 LE 类的国际编码系统由 L 类国际编码(直至第一条斜线)和紧接其后的相关尺寸构成。

示例:

FD26 玻管标称直径为 26 mm 的双端荧光灯

FD38/1200 玻管标称直径为 38 mm,标称长度为 1 200 mm 的(40 W)双端荧光灯

FD/1200 玻管标称长度 1 200 mm 的(36 W 或 40 W)双端荧光灯

5.3.3 荧光灯的 D 类国际编码系统

荧光灯的 D 类国际编码系统由下述数字组构成:

L 类国际编码-功率-启动说明(注)-灯头-尺寸

注:对于自镇流灯,用额定电压代替启动说明;如有必要,可在斜线之后加上额定频率。

——功率:可将规定功率的数字组加以扩展,在一条斜线之后给出有关色温的说明,在另一条斜线之后给出有关显色性的说明,如下所示:将灯的色温除以 100,并将得数四舍五入成整数。

显色性用下述 CIE 显色性组别(见 CIE 29.2)表示:

1A 表示 $Ra \geqslant 90$;

1B 表示 $Ra = 80 \sim 89$;

2A 表示 $Ra = 70 \sim 79$;

2B 表示 $Ra = 60 \sim 69$;

3 表示 $Ra = 40 \sim 59$;

4 表示 $Ra = 20 \sim 39$。

——启动说明:FD 和 FS 的启动说明如下所示:

- 对于电感型荧光灯,不作启动说明

-I- 内启动

-E- 外启动,预热

-L/- 无启动器

-LC/- 无启动器,低启动电压,用导电带或导电膜启动

-_ /P/- 预热

-_ /N- 非预热

-_ /_ /H- 高电阻阴极(只对无启动器的灯)

-_ /_ /L- 低电阻阴极(只对无启动器的灯)

对启动说明的内容可作适当的缩减;但是,这种缩减只能从右向左进行。例如,有关高电阻或低电阻阴极的说明只与不用启动器工作的灯有关,因此,对于带启动器工作的灯,这部分可以省去。

——尺寸:这组数字表示灯的横截面和长度的标称值(用于 FD)或最大值(用于 FS 或 FB)。如果横截面是圆形,要给出两个数值,并用一斜线隔开,其中第一个数值表示该横截面的直径。如果横截面是矩形,则尺寸部分由三个数值组成,并用斜线将其隔开,其中前两个数值表示横截面,最后一个数值表示长度。

对于主要类型的灯 FD,尺寸数字组只用来表示表 1 未给出的尺寸。

表 1 尺寸

直径/mm	标称长度/mm	功率/W
16	150	4
	225	6
	300	8
	525	13
26/38	600	18/20,16 高频
	1 200	36/40,32 高频
	1 500	58/65,50 高频

示例:

FD-36-E-G13　双端荧光灯,36 W,外启动,预热(在欧洲为"开关启动"式),G13 灯头,直径为 26 mm,长度为 1 200 mm。

缩写形式:FD-36-E　(通常直径为 26 mm)

FD-36/30/1B-E-G13　与上述灯相同,但加上了颜色特性,色温为 3 000 K,显色性组别为 1 B(Ra=80～89)

缩写形式:FD-36/30/1B

FD-40-L/P/L-G13　双端荧光灯,40 W,无启动器,预热,低电阻阴极(在北美洲为"快速启动"式),G13 灯头,直径为 38 mm,长度为 1 200 mm

缩写形式:FD-40-L/P　(通常直径为 38 mm)

FSC-40-L/P/L-G10q-32/406　环形荧光灯,40 W,无启动器,预热,低电阻阴极,G10q 灯头,玻管直径为32 mm,灯直径为 406 mm

缩写形式:FSC-40-L

FD-40-L/N-Fa8　双端荧光灯,40 W,无启动器,非预热("快速启动"式),Fa8 灯头,直径为 38 mm,长度为 1 200 mm

缩写形式:FD-40-L/N　(通常直径为 38 mm)

FSD-7-I-G23-28/13/115　单端荧光灯,双管,7 W,内启动,G23 灯头,横截面积为 28 mm×13 mm,长度为 115 mm

缩写形式:FSD-7-I

FSQ-18-E-G24q=2-28/28/140　单端荧光灯,四管,18 W,外启动,G24q-2 灯头,横截面积为 28 mm×28 mm,长度为 140 mm

缩写形式:FSQ-18-E

FBT-18-230-E27-73/150　自镇流荧光灯,管形,18 W,额定电压为 230 V,E27 灯头,直径为 73 mm,长度为 150 mm

缩写形式:FBT-18

FBGH-11-230/240-E27-112/178　自镇流荧光灯,球形,整体式高频镇流器,11 W,额定电压为 230 V～240 V,E27 灯头,直径为 112 mm,长度为 178 mm

缩写形式:FBGH-11

FSGI-55--K	单端荧光灯,球形,电感镇流器,55 W,电缆连接件
FBRI-23-230/240-E27-82/127	自镇流反射型荧光灯,整体式电感镇流器,23 W,额定电压为 230 V～240 V,E27 灯头,直径为 82 mm,长度为 127 mm

5.4 高压钠灯

5.4.1 高压钠灯的 L 类国际编码系统

a) 普通型

前两个字母表示:

ST 透明管形玻壳的单端高压钠灯

SE 漫射涂层椭圆玻壳的单端高压钠灯

SC 透明椭圆玻壳的单端高压钠灯

SD 透明玻壳的双端高压钠灯

SR 反射型高压钠灯

b) 用于代替高压汞灯的高压钠灯

前三个字母应是:S_Q

SEQ 供高压汞设备使用的漫射涂层椭圆玻壳的高压钠灯

c) 颜色经过改进的高压钠灯

前三个字母应是:S_M(M:中显色性)

STM 颜色经过改进的透明管形高压钠灯

d) 具有高显色性的高压钠灯

前三个字母应是:S_H(H:高显色性)

STH 具有高显色性的透明管形高压钠灯

在斜线之后,可加上更详细的技术说明,如下所示:

/T 双电弧管

/E 使用电子镇流器

/F 磨砂玻壳(管形高压钠灯)

5.4.2 高压钠灯的 LE 类国际编码系统

不适用于高压钠灯。

5.4.3 高压钠灯的 D 类国际编码系统

高压钠灯的 D 类国际编码系统由下述数字组构成:

L 类国际编码-功率-灯的电压范围-灯头-尺寸

——灯的电压范围:灯的电压范围用字母 L,H 或 E 表示:

L 灯的电压范围<70 V

H 灯的电压范围为 70 V～180 V

E 灯的电压范围>180 V

如需要更进一步的区别,可将灯的电压作为一个数字加在字母 L,H 或 E 之后,例如 L52。

可将灯的电压范围数字组加以扩展,在一斜线后给出有关启动装置的进一步说明:

/E 外启动型高压钠灯

/I 内启动型高压钠灯

/S 外启动型高启动电压的高压钠灯(通常不用于代替高压汞灯)

——尺寸:该数字组由两个数值构成,用一斜线隔开,分别表示玻壳最大直径和灯的最大长度。对于反射型高压钠灯,光束角可在一斜线之后给出。

示例：

ST-150-H/E-E40-53/211	高压钠灯，透明管形玻壳，150 W，电压范围 70 V～180 V，外启动，E40 灯头，最大直径为 53 mm，最大总长度为 211 mm
缩写形式：ST-150	（通常带外启动装置并给定尺寸）
SEM-150-H/E-E40-91/227	高压钠灯，漫射涂层椭圆玻壳，颜色改进，150 W，电压范围 70 V～180 V，外启动，E40 灯头，最大直径为 91 mm，最大总长度为 227 mm
缩写形式：SEM-150	
SEQ-210-H-E40-91/227	高压钠灯，漫射涂层椭圆玻壳，用于代替高压汞灯，210 W，电压范围 70 V～180 V，E40 灯头，最大直径为 91 mm，最大总长度为 227 mm
缩写形式：SEQ-210	

5.5 低压钠灯

5.5.1 低压钠灯的 L 类国际编码系统

第一组字母表示：

LS　单端低压钠灯(带 U 形电弧管)

LSE　E 型单端低压钠灯

5.5.2 低压钠灯的 LE 类国际编码系统

不适用于低压钠灯。

5.5.3 低压钠灯的 D 类国际编码系统

D 类国际编码系统由下述数字组构成：

L 类国际编码-功率(注)-灯头-尺寸

注：对于 E 型低压钠灯，采用由 E 加一数字组成的符号代替功率。

——尺寸：该数字组包括玻壳最大直径和最大总长度，并用一斜线隔开。

可将该数字组扩展，给出有关燃点位置的限制说明，表示方法与金属卤化物灯相同(见 5.7.3)。

示例：

LS-90-BY22d-68/528	低压钠灯，U 形电弧管，90 W，BY22d 灯头，玻壳最大直径为 68 mm，最大总长度为 528 mm
缩写形式：LS-90	
LSE-E131-BY22d-68/1120	低压钠灯，E 型，符号为 E131，BY22d 灯头，玻壳最大直径为 68 mm，最大总长度为 1 120 mm
缩写形式：LSE-E131	

5.6 高压汞灯

5.6.1 高压汞灯的 L 类国际编码系统

第一组字母表示：

QT　透明管形玻壳高压汞灯

QE　漫射涂层椭圆玻壳的高压汞灯

QC　透明椭圆玻壳高压汞灯

QR　反射型高压汞灯

QB　自镇流高压汞灯

QBR　自镇流反射型高压汞灯

注：在某些国家，需要将灯确定为“普通”型或“防故障保护”型(当外玻壳破碎时灯便熄灭)。此内容可包括在灯的编码中，即将 L 类国际编码加以扩展，在一斜线之后加上字母 R 表示普通型，或加上字母 T 表示防故障保护型。

5.6.2 高压汞灯的 L 类国际编码系统

不适用于高压汞灯。

5.6.3 高压汞灯的 D 类国际编码系统

D 类国际编码系统由下述数字组构成：

L 类国际编码-功率-灯的电压范围(注)-灯头-尺寸

注：对于自镇流高压汞灯，用额定电压代替灯的电压范围。

——功率：可将功率数字组加以扩展，给出有关色温和显色性的说明，表示方法与荧光灯相同(见 5.3.3)。

——灯的电压范围：灯的电压范围的表示方法与高压钠灯相同(见 5.4.3)。

——尺寸：该数字组包括玻壳最大直径和最大总长度，并用一斜线隔开。对于反射型高压汞灯，光束角可在一斜线之后给出。

示例：

QE-125-H-E27-76/178　　高压汞灯，漫射涂层，椭圆玻壳，125 W，电压范围 70 V～180 V，E27 灯头，玻壳最大直径为 76 mm，最大总长度为 178 mm

缩写形式：QE-125

QE-700-E-E40-152/357　　高压汞灯，漫射涂层，椭圆玻壳，700 W，电压范围＞180 V，E40 灯头，玻壳最大直径为 152 mm，最大总长度为 357 mm

缩写形式：QE-700-E

5.7 金属卤化物灯

5.7.1 金属卤化物灯的 L 类国际编码系统

第一组字母表示：

MT　透明管形玻壳单端金属卤化物灯

ME　漫射涂层椭圆或 BT 型玻壳单端金属卤化物灯

MC　透明椭圆或 BT 型玻壳单端金属卤化物灯

MD　透明外玻壳双端金属卤化物灯

MN　不带外玻壳的双端金属卤化物灯

MR　反射型金属卤化物灯

金属卤化物灯

第三个字母表示自屏蔽式金属卤化物灯，即设计用于敞开式灯具的金属卤化物灯。

__ S　自屏蔽式金属卤化物灯

可在一斜线之后给出更详细的技术说明：

/UB　减少紫外线

5.7.2 金属卤化物灯的 LE 类国际编码系统

不适用于金属卤化物灯。

5.7.3 金属卤化物灯的 D 类国际编码系统

对于符合 IEC 61167 的金属卤化物灯，D 类国际编码系统由下述数字组构成：

L 类国际编码-功率-灯的电压范围-灯头-尺寸

——功率：可将功率数字组加以扩展，给出有关色温和显色性的说明，表示方法与荧光灯相同(见 5.3.3)。

——灯的电压范围：灯的电压范围的表示方法与高压钠灯相同(见 5.4.3)。

——尺寸：该数字组包括玻壳最大直径和最大总长度，并用一斜线隔开。对于双端金属卤化物灯，要用触点至触点的标称长度 Z_{nom} 来代替最大总长度。对于反射型金属卤化物灯，光束角可在一斜线之后给出。

可将该数字组扩展，给出有关燃点位置的限制说明，如下所示：

/H　水平燃点位置

/V　垂直燃点位置

注：关于燃点位置的详细说明尚在研究之中。

非标准式编码尚在研究之中。

示例：

MT-70/30/1B-H-G12-26/76	金属卤化物灯，透明管形玻壳，70 W，色温 T_c 3 000 K，显色指数 Ra 80～89，电压范围 70 V～180 V，G12 灯头，最大玻壳直径 26 mm，最大长度 76 mm

缩写形式：MT-70

MD-150/42/1B-H-RX7s＝24-25/132/H	金属卤化物灯，双端透明外玻壳，150 W，色温 T_c 4 200 K，显色指数 Ra 80～89，电压范围 70 V～180 V，RX7s-24 灯头，最大玻壳直径 25 mm，标称触点-触点之间的长度 Z_{nom} 132 mm，水平位置燃点

缩写形式：MD-150

5.8　特种灯

第一个字母为 X。

其后的字母如下所示：

_X　高压氙灯

_IR　红外线灯

_UV　紫外线灯

对于红外线灯和紫外线灯，其 L 类国际编码由 XIR 或 XUR 之后加一斜线再加上类似的非红外线灯或非紫外线灯用的 L 类国际编码构成，例如：XIR/HD，XUV/FDR。

更详细的编码说明尚在研究之中。

关于特种灯的技术说明，参见制造商的说明书。

附 录 A
（资料性附录）
灯的 L 类国际编码系统——短式编码的字母部分

I

钨丝灯

IA　大玻壳钨丝灯
IB　小玻壳钨丝灯
IN　其他非反射型钨丝灯
I_A　梨形钨丝灯
I_B　烛形(瓢形)钨丝灯
I_C　圆锥形钨丝灯
I_G　球形钨丝灯
I_M　蘑菇形钨丝灯
I_P　圆形钨丝灯
I_S　短小形(直边式)钨丝灯
I_T　管形钨丝灯
I_BA　带尖角的烛形钨丝灯
I_BF　螺旋烛形钨丝灯
IR　反射型钨丝灯
IRR　普通 R 型玻壳反射型钨丝灯
IRA　梨形反光碗钨丝灯
IRP　圆形玻壳反光碗钨丝灯
IPAR　普通 PAR 型反射型钨丝灯
IPARD　二向色 PAR 型反射型钨丝灯

H

卤钨灯

HS　单端卤钨灯
HD　双端卤钨灯
HR　二向色反光镜卤钨灯
HM　金属反光镜卤钨灯
HA　带镀铝玻璃反光镜的卤钨灯
HP　带邻近反光镜的单端卤钨灯
H_P　投影用卤钨灯
H_S　照相/摄影棚/剧院/电视用卤钨灯
H_A　机场用卤钨灯
H_T　交通信号卤钨灯
H_G　普通照明卤钨灯
H_ _S　自屏蔽式卤钨灯
HSGB　烛形普通照明单端卤钨灯
HSGBT　瓢形管形普通照明单端卤钨灯
HSGT　管形普通照明单端卤钨灯

F

荧光灯

FD　双端荧光灯
FDR　反射型双端荧光灯
FDU　U 形双端荧光灯
FDH　只使用高频镇流器的双端荧光灯
FS　单端荧光灯
FSD　双管单端荧光灯
FSQ　四管单端荧光灯
FSS　矩形单端荧光灯
FSM　多管类单端荧光灯
FSC　环形单端荧光灯
FSG　球形单端荧光灯
FS_H　只使用高频镇流器的单端荧光灯
FB　自镇流荧光灯
FBT　管形自镇流荧光灯
FBC　环形自镇流荧光灯
FBG　球形自镇流荧光灯
FBR　反射型自镇流荧光灯

S

高压钠灯

ST　透明管形玻壳的单端高压钠灯
SE　漫射涂层椭圆玻壳的单端高压钠灯
SC　透明椭圆玻壳的单端高压钠灯
SD　透明玻壳的双端高压钠灯
SR　反射型高压钠灯
S_Q　用于代替高压汞灯的高压钠灯
S_M　颜色经过改进的高压钠灯
S_H　具有高显色性的高压钠灯

L

低压钠灯

LS　单端低压钠灯
LSE　E 型单端低压钠灯

Q

高压汞灯

QT　透明管形玻壳高压汞灯

QE　漫射涂层椭圆玻壳高压汞灯

QC　透明椭圆玻壳高压汞灯

QR　反射型高压汞灯

QB　自镇流高压汞灯

QBR　自镇流反射型高压汞灯

M

金属卤化物灯

MT　透明管形玻壳单端金属卤化物灯

ME　漫射涂层椭圆或BT型玻壳单端金属卤化物灯

MC　透明椭圆或BT型玻壳单端金属卤化物灯

MD　透明外玻壳双端金属卤化物灯

MN　不带外玻壳的双端金属卤化物灯

MR　反射型金属卤化物灯

M_S　自屏蔽式金属卤化物灯

X

特种灯

XX　高压氙灯

XIR/_ _ _　红外线灯

XUV/_ _ _　紫外线灯

ICS 83.160.01
G 41

中华人民共和国国家标准

GB 21657—2008

橡胶加工炼胶车间防尘规程

Code of dust control in the compounding workshop of the rubber manufacture

2008-04-22 发布　　2008-11-01 实施

中华人民共和国国家质量监督检验检疫总局
中国国家标准化管理委员会　发布

前　言

本标准第5章、第6章、第7章为强制性的，其余为推荐的。

本标准由国家安全生产监督管理总局提出。

本标准由全国安全生产标准化技术委员会归口。

本标准主要负责起草单位：北京橡胶工业研究设计院、昊华工程有限公司。

本标准主要起草人：李贵君、臧庆立、李国红、赵雪蓉、徐伟春、姜忠勤、张立纲。

橡胶加工炼胶车间防尘规程

1 范围

本标准规定了在橡胶加工炼胶车间生产中防尘的术语和定义、粉尘的产生和产生的主要危害、要求、防止粉尘危害的措施、防止粉尘危害的管理措施、粉尘的检测。

本标准适用于各种橡胶加工炼胶车间的工程设计、管理及橡胶机械产品的设计、安装调试和制造。

2 规范性引用文件

下列文件中的条款通过本标准的引用而成为本标准的条款。凡是注日期的引用文件，其随后所有的修改单(不包括勘误的内容)或修订版均不适用于本标准，然而，鼓励根据本标准达成协议的各方研究是否可使用这些文件的最新版本。凡是不注日期的引用文件，其最新版本适用于本标准。

GB 16297 大气污染物综合排放标准

3 术语和定义

3.1

混合粉尘 mixed dust

炼胶过程中飞扬在车间空间的各种有机和无机粉状配合剂的粉尘。

3.2

通风设施 ventilation installations

供给改善生产、作业环境的室外新鲜空气和局部排风排出污浊的空气和局部排风中含有粉尘的空气须净化室内排出的含尘空气，以创造安全、卫生条件的通风系统。

3.3

除尘系统 dust collecting system

由吸尘罩、通风管、除尘器、通风机等组成的，能将粉尘直接从发生源直接排走，并将含尘空气进行净化处理后排入大气，不让粉尘污染车间内外环境的通风系统。

3.4

排尘系统 dust exhaust system

由排风罩、排风管、排风机等组成的，能将粉尘直接从发生源直接排走，不让其污染作业周围空气的通风系统。

3.5

除尘器 dust collector

能将含尘空气进行净化处理的装置。

4 粉尘的产生和产生的主要危害

4.1 粉尘的产生

a) 炭黑在解包、输送、称量、投料及炼胶过程中产生炭黑粉尘。

b) 粉料在配料、称量及炼胶过程中产生其他粉尘。

4.2 粉尘产生的主要危害

橡胶炼胶生产过程中产生的粉尘引起人体肺部疾病，可导致炭黑尘肺和混合尘肺，影响人的身体健康。

5 要求

5.1 新建、改建和扩建企业厂址选址应远离居住区、学校、医院和人口密集的区域，并位于被保护对象的夏季最小频率风向的上风侧、常年主导风向的下风侧，企业与居住区之间应设置合理的卫生防护距离。

5.2 炼胶车间应位于厂区其他建筑物常年主导风向的下风侧。

5.3 选择先进的生产工艺，应使加工过程密闭化和自动化。

5.4 车间内应有通风除尘措施，粉尘净化达到GB 16297要求后排放。

5.5 工作场所空气中炭黑粉尘、其他粉尘容许浓度分别为4 mg/m^3 和8 mg/m^3。

5.6 在车间内存储袋装、箱装、桶装的粉料时应存放在规定的地方，存放位置要有明显标志。

5.7 车间的墙壁、顶棚和地面应平整光滑，易于清扫。严禁用压缩空气吹、扫粉尘。严禁用水冲洗地面，应采用移动式清扫设备。

5.8 车间应设休息室、存衣室、更衣室、淋浴室，不应设浴池。工作服、便服分柜；休息室正压。淋浴器、便池等数量应根据职工数量及性别比例合理设置。

5.9 休息室应保持整洁、空气新鲜。饮食及其用具应放在休息室内。

5.10 存衣室、休息室、厕所等应在适当的位置设手动开关洗涤池或有自动开关的洗涤装置。

5.11 除尘系统应定期检修清理，确定期限。

6 防止粉尘危害的措施

6.1 炭黑从投料部位到炼胶投料应采用密闭输送（如气力输送等）、自动称量、自动投料装置。

6.2 炭黑宜采用造粒炭黑，炭黑宜采用太空包和槽车运输。在解包投料处应设除尘系统，解包机应单独房间，保持负压。废包装袋存放地区有明显标志和包装设施，防止运输途中炭黑粉尘的散落，落实废包装袋回收方式。

6.3 粉料加工和配料应在单独房间进行，操作地点应设除尘系统。混炼胶量达10 000 t/a时，小料配料宜采用自动称量。

6.4 当开炼机作混炼时，应严格采取防尘措施。密炼机上辅机、下料管等粉尘发生源处应设除尘系统。

6.5 密炼机采用人工投料时，炭黑等粉料应采用聚乙烯包装，连袋投入机内。

6.6 压片机应根据国家粉尘排放标准，选择除尘器和排风口高度。

6.7 进风口应设在常年主导风向的上风侧，进风口与排风口的水平距离应大于10 m，排风口高于进风口6 m以上。

6.8 个人卫生与防护

6.8.1 人工配料、投料和检修除尘系统及排尘系统时，操作者应穿戴好防微粒口罩、手套、防尘工作服等个人防护用品。

6.8.2 应正确使用个人防护用品并经常清洗、保持整洁。

6.8.3 严禁在生产场所饮食，饮食前应洗手、漱口。

6.8.4 现场操作人员不准穿工作服离开本生产区域。

7 防止粉尘危害的管理措施

7.1 新建、扩建和改建的橡胶加工企业应将防尘通风设施与主体工程同时设计、同时施工、同时投产使用。

7.2 企业应制定治理粉尘的技术措施计划，完善防尘措施，使作业场所空气中的粉尘浓度和废气排放浓度达到国家标准。

7.3 企业应建立、健全防尘管理机构，配备专职防尘管理人员，具体负责防尘工作的管理与防尘技术措施项目的实施。

7.4 企业应制定必要的防尘规章制度和事故紧急处理预案，并认真贯彻执行。

7.5 定期检测车间空气中的粉尘浓度，并将结果整理归档。

7.6 接触粉尘作业的职工调入岗位前应进行健康检查，平时应定期检查并建立健康档案，对不适应者应安排适当的工作。

7.7 应定期组织职工学习本岗位防尘知识及有关规定，并检查执行情况。

8 粉尘的检测

8.1 粉尘检测的目的

——分析危害程度；

——研究防范措施。

8.2 检测项目及方法

8.2.1 空气中粉尘浓度应采用滤膜法测定。主要岗位每月至少检测一次，检测结果应整理存档，并定期向有关部门报告。

8.2.2 每季度应检测一次除尘器效果，达不到设计规定时应及时检修和完善工作。

8.2.3 有橡胶加工炼胶车间的单位应根据本规程制定实施细则。

ICS 65.020.99
B 16

中华人民共和国国家标准

GB/T 21658—2008

进出境植物和植物产品有害生物风险分析工作指南

Guideline for pest risk analysis of import and export plant and plant product

2008-04-14 发布　　2008-07-15 实施

中华人民共和国国家质量监督检验检疫总局
中国国家标准化管理委员会　发布

前　　言

本标准附录A为资料性附录。

本标准由中国检验检疫科学研究院提出。

本标准由全国植物检疫标准化技术委员会归口。

本标准起草单位：中国检验检疫科学研究院、中华人民共和国上海出入境检验检疫局、中华人民共和国深圳出入境检验检疫局、中华人民共和国广东出入境检验检疫局、中华人民共和国江苏出入境检验检疫局、中华人民共和国辽宁出入境检验检疫局、中华人民共和国福建出入境检验检疫局、中华人民共和国北京出入境检验检疫局。

本标准主要起草人：李尉民、陈克、施宗伟、周国梁、马晓光、陈枝楠、阮乐秋、刘伟、杨光、陈艳、江万春。

进出境植物和植物产品
有害生物风险分析工作指南

1 范围

本标准规定了对进出境植物和植物产品传播有害生物进行风险分析的工作准则。

本标准适用于进出境植物和植物产品传播有害生物的风险分析。

2 规范性引用文件

下列文件中的条款通过本标准的引用而成为本标准的条款。凡是注日期的引用文件，其随后所有的修改单(不包括勘误的内容)或修订版均不适用于本部分，然而，鼓励根据本部分达成协议的各方研究是否可使用这些文件的最新版本。凡是不注日期的引用文件，其最新版本适用于本标准。

GB/T 20879 进出境植物和植物产品有害生物风险分析技术要求

3 术语和定义

下列术语和定义适用于本标准。

3.1

有害生物 pest

任何对植物或植物产品有害的植物、动物和微生物(包括各种病原体的种、株系、生物型)。

3.2

有害生物风险分析 pest risk analysis, PRA

评价生物学、经济学或其他学科的证据，以确定是否应管制某种有害生物以及管制所采取的植物卫生措施的力度。

3.3

有害生物风险评估 pest risk assessment

评估检疫(隔离)性有害生物传入和扩散的可能性以及潜在的后果(包括环境、经济影响)，或者评估种植用植物是管制的非检疫(隔离)性有害生物的主要侵染源的可能性及管制的非检疫(隔离)性有害生物对种植用植物的经济影响。

3.4

有害生物风险管理 pest risk management

评价和选择方案以减少检疫(隔离)性有害生物传入扩散的风险，或者减少管制的非检疫(隔离)性有害生物对种植用植物预定用途产生不可接受经济影响的风险。

4 审查

启动有害生物风险分析，应先审核需求情况，检查是否已做过类似的有害生物风险分析，如果已经做过，应确定是否有效，仍然有效的不再进行新的有害生物风险分析。

5 工作组

5.1 应成立专门的工作组进行有害生物风险分析。

5.2 工作组组成：工作组通常要由病、虫、草害专家、风险评估专家、管理专家和计算机技术专家等组成。

5.3 工作组任务:工作组应首先确定工作计划,而后由工作组成员分工合作完成有害生物风险分析,并准备和撰写相关技术文件。

6 信息收集

开展有害生物风险分析前应尽可能广泛地收集相关的信息,在分析过程中还应继续查询和补充相关信息。

7 有害生物风险评估

应按照 GB/T 20879 要求采用定性、定量或者两者相结合的方法开展有害生物风险评估。评估过程中,必要时可以到原产地进行技术考察。

8 有害生物风险评估报告

8.1 草拟有害生物风险评估报告

应草拟有害生物风险评估报告,内容包括有害生物风险评估的目的、背景、方法和结论等。

8.2 征求意见

应将有害生物风险评估报告草案提交有关大学、研究机构、出入境检验检疫机构、国际贸易机构等多方面的专家,征求意见。

8.3 完成有害生物风险评估报告

应尽可能采纳所征求到的意见,修改完成有害生物评估报告,不能采纳的要说明理由。

9 有害生物风险管理措施建议

9.1 草拟有害生物风险管理措施建议

应按照 GB/T 20879 要求提出管理措施建议,撰写有害生物风险管理措施建议草案。

9.2 征求意见

应将有害生物风险管理措施建议草案,连同有害生物风险评估报告一并交有关管理部门的官员、管理专家和相关企业等机构,征求意见。

9.3 完成有害生物风险管理措施建议

应尽可能采纳所征求到的意见,修改完成有害生物风险管理措施建议,不能采纳的要说明理由。

10 有害生物风险分析报告

10.1 草拟有害生物风险分析报告

应草拟有害生物风险分析报告,内容包括中英文摘要、目的和背景、风险评估、风险管理措施建议、征求意见情况、结论和参考文献等。

10.2 征求意见

有害生物风险分析报告草案应广泛征求有关各方面的意见,包括有关大学、科学研究机构专家、出入境检验检疫机构专家、有关管理部门官员、管理专家、有关国际贸易官员和专家、有关企业等,必要时提交中国进出境动植物检疫风险分析委员会评议。

10.3 完成有害生物风险分析报告

应尽可能采纳所征求到的意见,修改完成有害生物风险分析报告,不能采纳的要说明理由。

11 审定

将有害生物风险分析报告交有关主管部门审定。没有通过审定的报告,要进行修改或者重新收集信息，重新进行有害生物风险分析。

12 出境植物和植物产品有害生物风险分析工作要求

第 4 章～第 11 章是进境植物和植物产品有害生物风险分析的工作要求（参见附录 A），出境植物和植物产品有害生物风险分析工作应参照进行。

附 录 A
（资料性附录）
进出境植物和植物产品有害生物风险分析工作指南图示

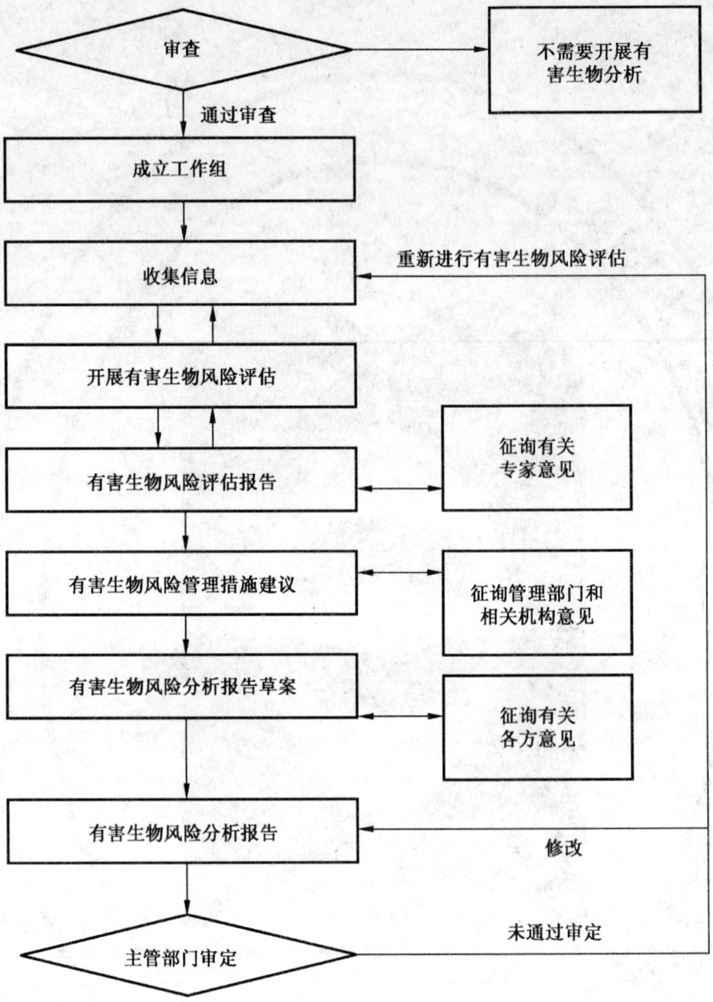

图 A.1 进出境植物和植物产品有害生物风险分析工作指南图示

ICS 65.020
B 16

中华人民共和国国家标准

GB/T 21659—2008

植物检疫措施准则　辐照处理

Guidelines for the use of irradiation as a phytosanitary measure

2008-04-04 发布　　2008-07-15 实施

中华人民共和国国家质量监督检验检疫总局
中国国家标准化管理委员会　发布

前　言

本标准等同采用国际植物检疫措施标准(ISPM)第18号出版物(2003)《植物检疫措施的准则　辐照处理》(英文版),在技术内容上完全相同,仅作如下编辑性修改:

——用“术语和定义”代替原标准的“定义和缩写”;

——去掉原标准部分条款下的解释性文字;

——将原标准中的“植物保护机构”统一改为“植物检疫机构”;

——将原标准中的“输出国”和“输入国”分别改为“输出地”和“输入地”;

——删除原标准的附件1,将附件2作为附录A,附录1作为附录B,附录2作为附录C。

本标准的附录B为规范性附录,附录A、附录C为资料性附录。

本标准由全国植物检疫标准化技术委员会提出并归口。

本标准起草单位:国家林业局森林病虫害防治总站、北京市林业保护站、中华人民共和国国家质量监督检验检疫总局。

本标准主要起草人:宋玉双、初冬、黄北英、关玲、王跃进、黄庆林。

本标准首次发布。

植物检疫措施准则　辐照处理

1　范围

本标准规定了对限定有害生物或物品采用电离辐射技术进行辐照处理的具体程序和技术准则。

本标准不包括用于以下方面的处理：

——为防治有害生物生产不育生物；

——卫生处理(食品安全和家畜卫生)；

——保持或改进商品质量(如储存期限延长)；

——诱发突变。

2　术语和定义

下列术语和定义适用于本标准。

2.1

吸收剂量　absorbed dose

规定目标单位质量吸收的辐射能量。

2.2

过境货物　consignment in transit

经过我国到另一国的货物，在经过我国时要接受法定的检查，以确保密封、不破损、不与其他货物混合，不改变其包装。

2.3

商品　commodity

为贸易或其他目的运送的植物、植物产品或其他物品。

2.4

灭活　devitalization

使植物或植物产品不能萌发、生长或进一步繁殖的程序。

2.5

剂量作图　dose mapping

通过使用剂量仪在处理负载具体场点测量处理负载中吸收剂量的分布。

2.6

剂量仪　dosimeter

在辐照时可用于测定吸收剂量特征变化的一种仪表。

2.7

剂量测定　dosimetry

使用剂量仪、计量仪器及其有关参考标准和方法，确定吸收剂量。

2.8

效能(处理)efficacy(treatment)

处理所产生的可计量、可重复的规定效果。

2.9

吸收剂量单位，gray(Gy)

1 Gy 相当于每千克吸收 1 J。

2.10

失活 inactivation

致使微生物不能生长。

2.11

检查 inspection

对植物和植物产品或其他限定物品进行处理效果的调查，以确定是否存在有害生物和（或）执行有关植物检疫法规情况。

2.12

电离辐射 ionizing radiation

由于物理互相作用，带电粒子和电磁波通过初级或次级过程产生离子。

2.13

辐照 irradiation

采用电离辐射技术进行处理的过程。

2.14

最低吸收剂量（D_{min}） minimum absorbed dose（D_{min}）

处理负载中处理部位最低吸收剂量。

2.15

有害生物 pest

危害植物或植物产品的动植物或病原微生物的品种、品系或生物型。

2.16

植物检疫证书 phytosanitary certification

经过植物检疫程序且检查合格后，由植物检疫机构出具的官方证明。

2.17

植物检疫措施 phytosanitary measure

旨在防止检疫性有害生物传入和（或）蔓延，或限制非检疫性限定有害生物产生经济影响而实施的法定程序。

2.18

有害生物风险分析（PRA）pest risk analysis

包括有害生物风险评估和有害生物风险管理。有害生物风险评估决定一种有害生物是否为检疫性有害生物和评价其传入的可能性；有害生物风险管理是减少检疫性有害生物风险传入的过程。

2.19

处理负载 process load

使用规定负载配置并作为单一实体处理的一定量的物质。

2.20

限定有害生物 regulated pest

包括检疫性有害生物或非检疫性限定有害生物。

2.21

处理 treatment

采用灭杀、失活或消除有害生物，或使有害生物不育或失活的官方授权措施。

3 授权

国家植物检疫机构应对辐照处理的实施单位（设施）授权，以确保植物检疫辐照处理设计合理、程序规范、效果可靠、文档齐全，以及被处理商品的安全。

4 处理目标和效能

4.1 处理目标

使用辐照处理防止限定有害生物的传入和扩散，使目标有害生物表现出以下反应，如：

——灭杀；

——防止成功发育(如：不出现成虫)；

——无力繁殖(如：不育性)；

——失活。

辐照处理还包括有害植物的灭活(如：种子可以萌发，但幼苗不生长；或块根、块茎或插条不发芽)。

4.2 效能

输入地的植物检疫机构应规定需要达到的处理效能。包括两个方面：

——准确阐述所需要的反应；

——所需反应的统计量。

所需反应的选择以通过有害生物风险分析评估的风险为依据，要特别考虑有利于定殖的生物因素，并考虑到最小影响的原则。在对某种病原媒介处理时，灭杀等反应可能是合适的。而对非媒介和商品上或商品中的有害生物，则不育可能是适当的反应。

如果要求的反应是灭杀，应规定处理效果的时限。

如果要求的反应是使有害生物无力繁殖，则可以规定一系列具体的方案。其中可包括：

——完全不育；

——仅一种性别具有有限的繁殖力；

——产卵和(或)孵化但不进一步生长发育；

——改变习性；

——子一代不育。

5 处理技术和应用

5.1 处理技术

电离辐射可用放射性同位素(钴^{60}或铯^{137}的伽马射线)、机器源产生的电子(最高达 10 MeV)、或 X 射线(最高达 7.5 MeV)(由食典委确定的限量)。吸收剂量的计量单位为 Gy。

进行处理时应考虑的变量有：剂量、处理时间、温度、湿度、通风情况和改变的大气压，这些应与处理效能相符。改变的大气压可降低规定剂量的处理效能。

处理程序还应确保整个商品完全达到最低吸收剂量(D_{min})，以产生规定的效能。由于处理批次结构不同，可能需要高于 D_{min} 的剂量，以确保全部或批次货物达到 D_{min}。在进行辐照处理时，应考虑产品的预定最终用途。

由于灭杀很少作为处理的目标，可能会发现活的目标有害生物。因此辐照处理应确保它们不能繁殖。此外，此类有害生物不能从商品中产生或逃逸，除非它们在实际上可以与未辐照的有害生物相区别。

5.2 应用

辐照可以：

——用作包装工序的一个组成部分；

——用于未包装的散装产品(如：传送带上运送的粮食)；

——用于启运港口等集中地点。

在有适当安全保障、未处理的商品过境运输实际可行时，处理亦可在以下地点进行：

——输入口岸；

——国内指定地点。

经处理的商品应当验证，只有在剂量测定确认达到 D_{min} 之后才予放行。可以酌情允许对货物再次处理，但最低吸收剂量不得超过允许的限度。

附录 A 提供了已公布的一些有害生物所需反应的最低估计吸收剂量。

根据要处理的有害生物种类及其风险管理方案，辐照可以用作单一处理或与其他处理相结合，作为达到所需效能的系统方法的一部分。

6 剂量测定

6.1 总则

剂量测定确保某一具体商品所需要的 D_{min} 达到货物的所有部分。剂量测定系统的选择应确保剂量仪的反应涵盖产品可能吸收的各种剂量。此外，剂量测定系统标准应当按照国际标准（如：ISO/ASTM 51261 标准辐照处理剂量测定系统的选择和校准准则）或我国的相关标准进行校准。

剂量仪应适应处理条件。应根据诸如光、温度、湿度、储存时间和所需分析的类别等变量的影响来评价剂量仪的稳定性。

剂量测定应考虑因处理材料密度和构成的差异、形状和大小的差异、产品排放、体积、包装的差异。国家植物检疫机构在批准用于处理的设施之前，要提供常规处理使用的每一种几何包装结构安排和产品密度的产品剂量绘图。只有国家植物检疫机构批准的结构才能进行实际处理。

6.2 剂量测定系统成分的校准

按照标准操作程序记录校准剂量测定系统的所有成分。由植物检疫机构承认的独立组织评估剂量测定系统的性能。

6.3 剂量作图

进行剂量作图研究，充分显示辐照室和商品中剂量分布的特点，证明在确定和控制条件下始终达到规定的处理要求。剂量作图应遵照记录的标准操作程序。剂量作图研究得出的信息用于选择常规处理中的剂量仪的位置。

需要对不完全（部分填充）以及首次和最后一次处理负载进行独立剂量作图，以便确定吸收剂量的分布是否与常规负载有很大不同，并对处理作相应调整。

6.4 常规剂量测定

货物吸收剂量的准确计量对确定和监测效能至关重要，是核实过程的一部分。应根据具体的设备、过程、商品、有关标准和植物检疫要求来规定这些计量所需的次数、位置和频率。

7 设施的批准

处理设施应由有关的核管理部门确认。处理设施在运用植物检疫处理之前，由国家植物检疫机构批准（资格、验证或认可）。植物检疫机构审批的条件见附录 B。

应定期进行复查。在影响吸收剂量的设备或过程维修、改变或调整以后，应进行有文献记载的剂量作图。

8 植物检疫系统的完整性

8.1 植物检疫系统的管理

植物检疫机构负责确保系统的完整性，以使处理能够达到输入地的植物检疫要求。

效能研究和剂量测定可以确保有效的处理。设计良好、严密监测可以确保处理正常实施，使货物得到保护，不受感染、再次感染或丧失完整性。

8.2 处理设施的植物检疫安全措施

由于通常无法用视力区别已辐照的产品与未辐照的产品，所以处理过的商品应进行适当隔离，明确标记，在能保障不会污染和(或)感染不会弄错标志的条件下搬运。

应采用安全手段，将商品从接受区运往处理区，而不发生弄错标志或交叉污染和(或)感染的风险。应事先商定每个设施和商品处理计划的特定程序。未包装或包装过程中暴露的商品在处理后需要立即采取安全保障措施，以确保它们以后不会受到感染、再感染或污染。

如在输出之前进行辐照，辐照前包装可能有助于防止再感染，如在目的地进行处理，则可防止目标有害生物的偶然逸出。

8.3 标签

包装应标有处理批号和其他识别特征，以便识别处理批次和追踪(即包装和处理设施识别及地点，包装和处理日期)。

8.4 核实

通过监测和审查设施处理记录，必要时对处理直接监督，核实处理设施和过程是否适当。只要处理计划的设计得当，可确保有关设施、过程和商品达到高度的系统完整性，则不必对处理进行直接、连续的监督。监督的程度应足以及时查明缺陷，并加以纠正。

国家植物检疫机构与设施单位签订如下书面守规协定：

——由国家植物检疫机构批准设施；

——由国家植物检疫机构监督计划的实施；

——自由查阅处理设施的文件和记录；

——违规时采取纠正行动。

9 处理设施的文档

9.1 程序的文档

植物检疫机构负责监测处理设施的记录和文档，确保向各方提供记录。同任何植物检疫一样，应具有可追溯能力。

程序的文档至少包括下列方面：

——处理前、处理中和处理后货物的搬运程序；

——处理中商品的朝向和结构；

——关键过程参数及其监测手段；

——剂量测定；

——在处理失败或关键的处理过程出现问题时，采取的应急计划和校正行动；

——处理拒收批次的程序；

——标签、保存记录和文档的要求。

9.2 设施记录与可追溯性

包装人员和处理设施操作人员要保留记录。在需要追溯时，这些记录应交给植物检疫机构审查。

辐照设施的检疫处理记录至少保留1年，以确保处理批次的可追溯性。设施操作员应保留每一次处理的所有记录。处理实施剂量测定记录应保留至少1年。需要记录的信息包括：

——设施和负责方的名称；

——处理商品的名称；

——处理目的；

——目标限定有害生物；

——商品的包装人员、种植人员和产地名称；

——批量大小、批量和标识，包括物品或包装数量；

——识别标志或特点；

——批货数量；

——吸收剂量(目标和测定量);

——处理日期;

——发现的与处理规格的任何偏差。

10 植物检疫机构的检查和植物检疫验证

10.1 输出检查

确保货物符合输入地植物检疫要求的检查应包括:

——文档核实;

——检查非目标有害生物。

核查文档的完整性和准确性,作为验证处理的依据。检查非目标有害生物可在处理前或处理后进行,若发现非目标有害生物,植物检疫机构应核实这些有害生物是否为输入地所限定。

处理后可能发现活的目标有害生物,但不得拒绝验证,但若灭杀是所要求的反应则例外。需要灭杀时,在根据效能规格实施处理后可能会立即发现活的目标有害生物(见4.2条)。如发现有活的有害生物,可根据确认将达到灭杀效果的审核进行验证。如果灭杀不是所要求的反应,活的目标有害生物更有可能存在于处理过的货物中。这也不得拒绝验证。可以进行包括实验室分析在内的审查,以确保实现所需要的反应。这种审查可以作为正常核实计划的内容。

10.2 植物检疫验证

按照标准和处理程序验证确认是否达到输入地所要求的处理。植物检疫证书或其他有关文件至少应具体说明处理批次、处理日期、最低目标剂量和经核实的 D_{min}。

植物检疫机构对辐照处理实施单位提供的处理信息颁发植物检疫证书。此外,还可要求植物检疫证书提供其他信息,以核实是否达到其他植物检疫要求。

10.3 输入检查

当灭杀不是所要求的反应时,不应认为输入检查中查出活的目标有害生物是处理不当而造成违规,除非有证据表明处理系统的完整性不足。可对存活的目标有害生物进行实验室分析或其他分析,以核实处理的效能。只能偶尔要求作为监测的一部分进行这种分析,除非有证据表明处理过程中存在问题。当灭杀是所要求的反应时,可确认这种灭杀。如果要求灭杀,在运输时间较短时,可能发现活的目标有害生物,但一般不应拒绝货物,除非超过了规定的灭杀时间。

在输入时若查出目标生物以外的其他生物,应评估造成的风险,采取适当措施,要特别考虑到处理对非目标有害生物可能造成的影响。可以扣留货物及输入地的植物检疫机构可以采取其他适当的行动。如果发现活的有害生物,植物检疫机构应当明确说明应采取的应急行动:

a) 目标有害生物:除非未达到所需要的反应,否则无需采取行动;

b) 非目标限定有害生物:

——如认为处理已经有效,则无需采取任何行动;

——如有关效能资料不足或不了解处理是否有效,则需要采取行动;

c) 非目标非限定有害生物:不采取行动或应急行动。

在违规或紧急行动时,输入地的植物检疫机构应尽快通知输出地的植物检疫机构。

10.4 输出和输入检验中的处理效能核实方法

如输入地提出要求,输出地应说明核实方法,包括实验室试验或分析,以确定是否达到了所要求的反应。

10.5 植物检疫机构管理和文档

植物检疫机构应有能力和资源来评价、监测和允许以检疫为目的进行辐照。制定的辐照政策、程序和要求应与其他植物检疫措施的有关要求保持一致,除因特殊情况而使辐照采用不同的方法。

植物检疫机构的所有程序应当载入文档,包括所作监测检查和颁发的植物检疫证书在内的记录应至少保存 1 年。在发生违规、或新的或意外的植物检疫情况时，应按照有关规定提供有关文档。

11 研究

附录 C 提供了对限定有害生物进行辐照研究的准则。

附 录 A
（资料性附录）
一些有害生物对所需反应的最低估计吸收剂量

根据科技文献报导的处理研究，表 A.1 给出了一些有害生物最低吸收剂量的范围，提供参考。在对某一具体有害生物处理采纳最低剂量之前，应进行确认检测。

表 A.1

有害生物类别	需要的反应	最低剂量范围/Gy
蚜虫和粉虱（同翅目）	使能够繁殖的成虫不育	50～100
种实象（豆象科）	使能够繁殖的成虫不育	70～100
金龟子（金龟科）	使能够繁殖的成虫不育	50～150
果蝇（实蝇科）	防止第三龄产生成虫	50～150
象鼻虫（象鼻总科）	使能够繁殖的成虫不育	80～165
蛀虫（鳞翅目）	防止晚期幼虫发育成成虫	100～280
蓟马（蓟马目）	使能够繁殖的成虫不育	150～250
蛀虫（鳞翅目）	使晚期的蛹不育	200～350
叶螨	使能够繁殖的成虫不育	200～350
储藏产品甲虫（鞘翅目）	使能够繁殖的成虫不育	50～400
储藏产品蛾类（鳞翅目）	使能够繁殖的成虫不育	100～1 000
线虫	使能够繁殖的成虫不育	～4 000

附　录　B
（规范性附录）
批准设施的核查清单

核查清单(见表 B.1)用于对辐照设施批准和验证。任何项目若不能得到肯定的答复,将会造成拒绝确认或结束批准或验证。

表 B.1

核查项目及内容		是	否
1.建筑物	辐照设施要在植物检疫要求方面得到国家植物检疫机构的批准。国家植物检疫机构可合理检验必要的设施和有关记录,以核实植物检疫处理		
	设施建筑的设计和在大小、材料和设备安置方面要适当,以便于处理批次的维持和操作		
	应为设施设计提供适当手段,以确保未辐照的货物和(或)批次与已处理的货物和(或)批次隔离		
	在处理前后要为易腐商品提供适当的设施		
	建筑物、设备和其他有形设施要保持适当的卫生条件并进行维修,防止已处理的货物和(或)批次受到污染		
	要采取有效的措施,防止有害生物传入处理区,并加以保护,以免储存和处理的货物和(或)批次受到污染和感染		
	要有足够的措施来处理破损、外溢或批次完整性的丧失		
	要有适当的系统来处置处理不当或不适宜处理的货物和商品		
	要有足够的系统来控制违规货物和(或)批次,必要时暂停对设施的批准		
2.人员	设施要配备训练有素的合格人员		
	人员要了解为植物检疫的目的对商品进行适当搬运和处理的要求		
3.产品搬运、储存和隔离	商品到达后能够立刻进行检查,以确保它们适宜辐照处理		
	商品搬运的环境不会增加物理、化学或生物危险造成的污染风险		
	商品要适当储存、适当标记。要有有关的程序和设施来确保隔离已处理和未处理的货物和(或)批次。需要时在输入区和输出区之间应有实物隔离		
4.辐照处理	设施要能按照规定过程进行所需要的处理。要有处理控制系统为评估辐照效能提供依据		
	要为待处理的每一类商品和货物制定适当的处理参数,要向国家植检机构提交书面程序,有关处理设施的工作人员要熟悉这些程序		
	使用校准的剂量测量法,对每一类商品提供核实的吸收剂量。剂量测定记录要保存,并根据需要向国家植检机构提供		
5.包装和标签	(如有必要)使用适合于产品和过程的材料包装商品		
	(如有必要)处理的货物和(或)批次要适当标识或加贴标签,并载入文档		
	每批货物和(或)批次应有唯一的标识编号或其他编码,与其他货物或批次加以区别		
6.文档	经辐照处理的每一批货物和(或)批次的所有记录应按有关规定的期限,在设施处保留,并按需要提供给植物检疫机构检查		
	国家植物检疫机构与设施单位签订书面的守规协定		

附　录　C
（资料性附录）
研究议定书

C.1　研究材料

建议将所研究的有害生物各个发育阶段的样品归档，以便能够解决可能出现的关于识别的争端。使用的商品应符合通常的商业条件。

为控制检疫性有害生物而进行的处理研究，应了解其基本生物学，并确定调查和取样的方法。应对野外天然感染的商品和（或）最好以天然形式感染商品与试验室培养的有害生物一同，进行辐照试验。应认真详细规定培育和饲养方法。

建议不对试管内的有害生物进行研究，因为其结果可能会不同于对商品中的有害生物进行辐照取得的结果，除非初步测试表明试管处理的结果与原生境处理没有差别。

C.2　剂量测定

应按照公认的国际标准校准、验证和使用剂量测定系统。应确定辐照产品吸收的最低和最高剂量，以达到剂量的一致性。应当定期进行常规剂量测定。

国际准则可用来对粮食和农业产品进行剂量测定研究。

C.3　估算和确认处理的最低吸收剂量

C.3.1　初步检测

应采取下列步骤来估算确保检疫安全所需要的剂量：

——应确定销售商品中可能存在的有关有害生物不同发育阶段的放射敏感性，以确定抗性最强的阶段。抗性最强的阶段即使不是商品最常见的阶段，也是确定检疫处理剂量的阶段；

——通过试验确定最低吸收剂量。如果没有适当资料，建议对每一发育阶段至少使用5种剂量和1种对照量，可能时对每一剂量使用50个单体，至少有3次重复。确定每一阶段的剂量与反应之间的关系，以查明抗性最强的阶段。需要确定阻止抗性最强的发育阶段的最佳剂量和（或）避免有害生物繁殖的最佳剂量。对耐放射性最强的阶段进行余下的研究；

——在对处理和对照的商品及有关有害生物处理后观察期间，有害生物应保持在有利于存活、发育和繁殖的条件，以便可以测量这些参数。未经处理的对照应正常发育和（或）繁殖以证明试验有效。当对照或核查的死亡率较高，表明生物保存和处理的条件不佳。若使用这些结果来预测最佳处理剂量，则会产生误导结果。一般来说，对照或核查的死亡率不应超过10%。

C.3.2　大规模（确认）检测

如果阻止有害生物发育或使有害生物不育，要确认提供检疫安全的估计最低剂量是否适当，应大量处理抗性最强阶段的生物个体，同时获得理想结果。处理的数量取决于所需的信任程度。在输出地和输入地之间应确定处理的效能水平，并要证明在技术上合理。

因为在研究阶段确认的最大剂量将是批准处理所需要的最低剂量，因此建议使最高-最低剂量比保持最低。

C.4　保存记录

应保存检测记录和资料以满足核实资料要求，并根据要求提交有关各方，如输入地的植物检疫机构用以确定商品处理的依据。

ICS 83.140.01
Y 28

中华人民共和国国家标准

GB 21660—2008

塑料购物袋的环保、安全和标识通用技术要求

General requirement for environmental protection, safety, identification and marking of plastic shopping bags

2008-04-16 发布　　2008-06-01 实施

中华人民共和国国家质量监督检验检疫总局
中国国家标准化管理委员会 发布

前言

本标准的第4章、第5章和第6章为强制性条款。

本标准的附录A为规范性附录。

本标准由中国轻工业联合会提出。

本标准由全国塑料制品标准化技术委员会归口。

本标准由轻工业塑料加工应用研究所、浙江华发生态科技有限公司、深圳市万达杰塑料制品有限公司、深圳市俊豪塑料制品有限公司、深圳市正旺塑胶制品有限公司、深圳市佳发塑料制品有限公司、武汉华丽环保科技有限公司、惠州俊豪塑料发展有限公司、国家塑料制品质量监督检验中心(北京)起草。

本标准主要起草人:陈家琪、翁云宣、陈倩、沈华峰、魏文昌、苏俊铭、张坚洪、郑洪标、李字义。

塑料购物袋的环保、安全和标识通用技术要求

1 范围

本标准规定了塑料购物袋的环保、安全和标识通用技术要求。

本标准适用于以各种树脂为主要原料生产的薄膜、经热合或粘合等制袋工艺加工制得的塑料购物袋。

2 规范性引用文件

下列文件中的条款通过本标准的引用而成为本标准的条款。凡是注日期的引用文件，其随后所有的修改单(不包括勘误的内容)或修订版均不适用于本标准，然而，鼓励根据本标准达成协议的各方研究是否可使用这些文件的最新版本。凡是不注日期的引用文件，其最新版本适用于本标准。

GB/T 1844.1 塑料及树脂缩写代号 第一部分:基础聚合物及其特征性能(GB/T 1844.1—1995,neq ISO 1043-1:1987)

GB/T 1844.2 塑料及树脂缩写代号 第二部分:填料与增强材料(GB/T 1844.2—1995,neq ISO 1043-2:1988)

GB/T 1844.3 塑料及树脂缩写代号 第三部分:增塑剂(GB/T 1844.3—1995,neq ISO 1043-3:1988)

GB 9681 食品包装用聚氯乙烯成型品卫生标准

GB 9683 复合食品包装袋卫生标准

GB 9685 食品容器、包装材料用助剂使用卫生标准

GB 9687 食品包装用聚乙烯成型品卫生标准

GB 9688 食品包装用聚丙烯成型品卫生标准

GB/T 21661—2008 塑料购物袋

3 术语和定义

GB/T 21661—2008 确立的术语和定义适用于本标准。

4 环保要求

4.1 塑料购物袋厚度

塑料购物袋的最小厚度应不小于 0.025 mm。

4.2 环保声明

塑料购物袋应有环保声明，如“为保护环境和节约资源，请多次使用”等内容。

5 安全要求

5.1 安全卫生性能

直接接触食品用塑料购物袋使用的添加剂应符合 GB 9685 规定。

直接接触食品用聚乙烯塑料购物袋和淀粉基塑料购物袋应符合 GB 9687 规定。

直接接触食品用聚丙烯塑料购物袋应符合 GB 9688 规定。

直接接触食品用聚氯乙烯类塑料购物袋应符合 GB 9681 规定。

直接接触食品用复合塑料购物袋应符合 GB 9683 规定。

其他材质直接接触食品用塑料购物袋应符合相应材质成型品卫生标准规定。

5.2　安全声明

塑料购物袋应有警告语和安全性说明，如“为了避免和防止窒息等危险，请远离婴幼儿”等。

直接接触食品塑料购物袋应标有“食品用”字样。

6　标识

6.1　基本标识

6.1.1　表示方法

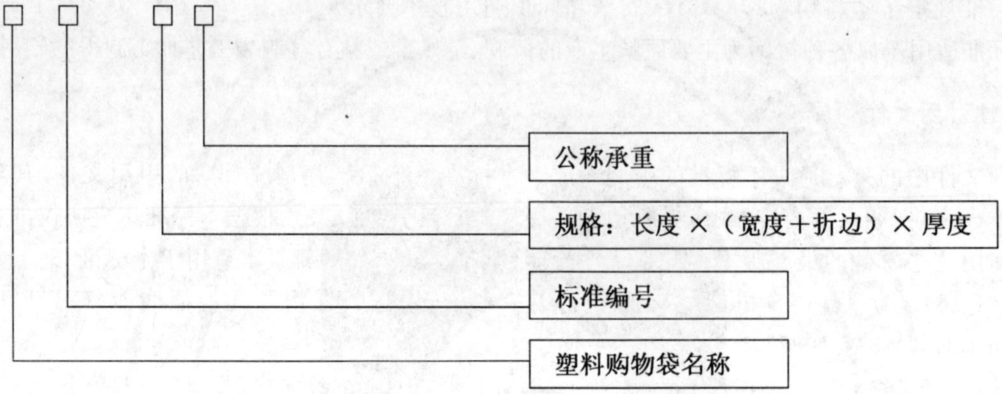

6.1.2　塑料购物袋名称

标识中应明确名称，如塑料购物袋（普通塑料购物袋）、降解塑料购物袋、淀粉基塑料购物袋等。

6.1.3　标准编号

塑料购物袋生产所依据的标准编号。

6.1.4　规格

塑料购物袋长度、宽度、折边、厚度等尺寸，即长度×（宽度＋折边）×厚度，单位为毫米（mm）。

6.1.5　公称承重

塑料购物袋应明确标识公称承重，单位为千克（kg）。

6.2　标志

塑料购物袋标志见图1，标志中的图形符号、代号、安全性说明、补充性说明、材质与组分等详见附录A。

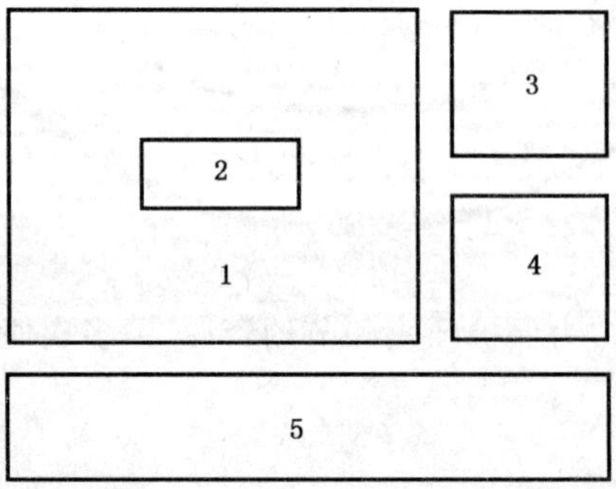

1——图形符号；

2——代号；

3——安全性说明；

4——补充性说明；

5——材质与组分。

图1　塑料购物袋标志

6.3 **标识的颜色**

用醒目的颜色，应不易褪色或脱落。

6.4 **标识的制作**

采用印刷或喷涂等方法，但应不损害塑料购物袋的性能。

6.5 **标识的数量**

每个塑料购物袋一般为一个，如有必要，可予增加。

6.6 **标识设置的位置**

应位于塑料购物袋的明显处。

6.7 **生产厂家**

塑料购物袋应明确标识生产厂家名称。

6.8 **标识举例**

由聚乙烯制作的塑料购物袋标识示例见图 2。

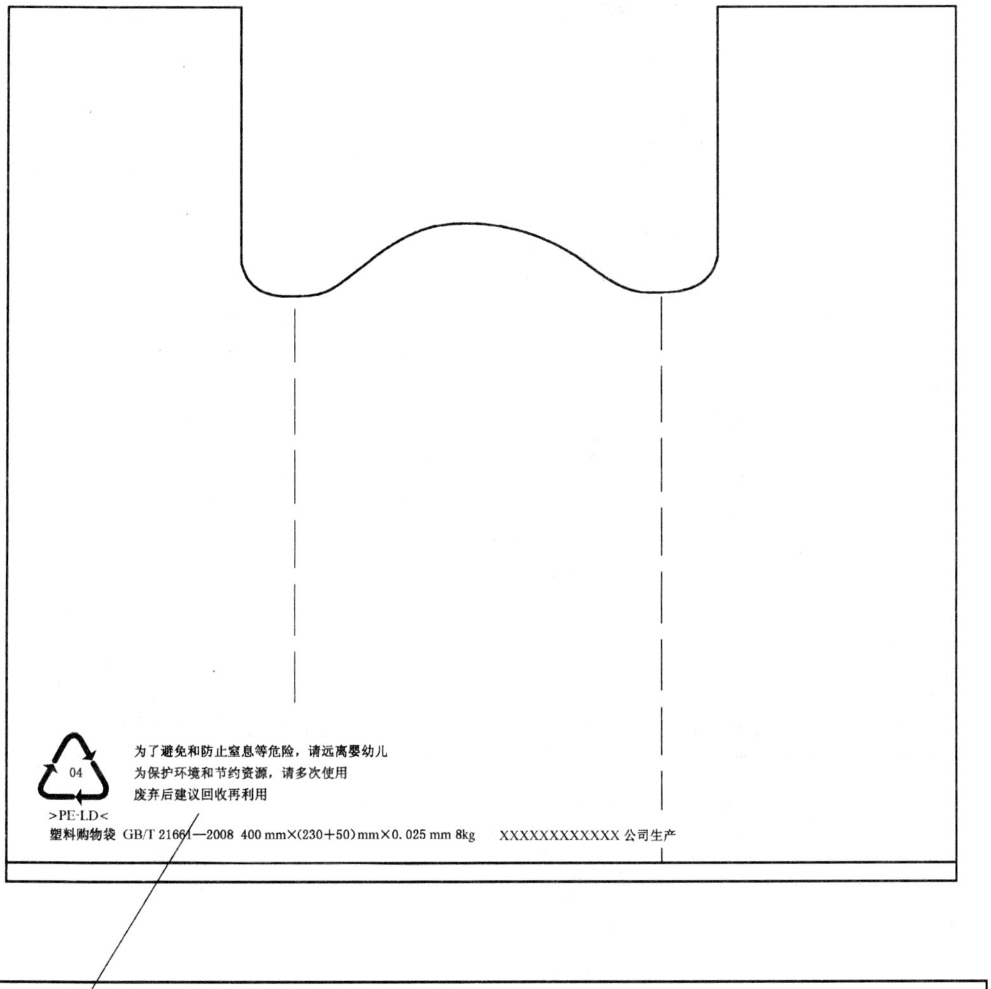

图 2 塑料购物袋示例

附　录　A
（规范性附录）
标志具体内容

A.1　图形符号

塑料购物袋标志的图形和名称共分3类，见表A.1。

表A.1　标志图形和名称

序　　号	图　　形	名　　称
1		可回收再生利用
2		不可回收再生利用
3		含回收再加工利用塑料制成

A.2　代号

塑料购物袋的塑料缩略语、名称及代号见表A.2。

表A.2　部分塑料购物袋常用的塑料主要原料缩略语、名称及代号

缩略语	材　料　名　称	代号
PET	聚对苯二甲酸乙二醇酯　poly(ethylene terephthalate)	01
PE-HD	高密度聚乙烯　polyethylene, high density	02
PVC	聚氯乙烯　poly(vinyl chloride)	03
PE-LD	低密度聚乙烯　polyethylene,low density	04
PP	聚丙烯　polypropylene	05
EVAC	乙烯-乙酸乙烯酯塑料　ethylene-vinyl acetate plastic	32
PBAT	聚对苯二甲酸/己二酸/丁二酯　poly(butylene adipate/terephthalate)	53
PBS	聚丁二酸丁二酯　polybuthylenesuccinate	56

表 A.2(续)

缩略语	材 料 名 称	代号
PCL	聚己内酯 polycaprolactone	60
PE-LLD	线型低密度聚乙烯 polyethylene,linear low density	72
PE-MD	中密度聚乙烯 polyethylene,medium density	73
PE-VLD	极低密度聚乙烯 polyethylene,very low density	81
PHBV	聚羟基丁酸戊酸酯 poly-(hydroxybutyrate-co-hydroxyvalerate)	87
PLA	聚乳酸 polylactic acid or polylactide	92
PPC	二氧化碳和环氧丙烷共聚合物 carbon dioxide and propylene copolymer	99
PVAL	聚乙烯醇 poly(vinyl alcohol)	115

如塑料购物袋不可回收再生利用时,代号处可空着。如塑料购物袋的材料未在表 A.2 中时,其代号处可空着或直接用缩略语表示,缩略语表示方法见 GB/T 1844.1、GB/T 1844.2 和 GB/T 1844.3。

A.3 安全性说明

塑料购物袋应有安全性说明和警告语,目的是为了保护人身健康安全,内容如"为了避免和防止窒息等危险,请远离婴幼儿"等。

回收再加工利用塑料制成购物袋,应按表 A.1 标识,并明确标明回收塑料使用量。

A.4 补充性说明

可对各类塑料的改性方法或加工工艺或应用领域等进行必要的补充说明。也可以进行功能性说明,即用简单文字表述材料特定性能,如"生物分解"、"抗菌"、"复合"等说明或标志。

A.5 材质与组分

A.5.1 组成成分的标识

标识塑料购物袋的主要成分时,应使用符号"＞"和"＜"将主要成分材料缩略语或代号括在中间。

A.5.2 单一组分塑料购物袋的标识

单一聚合物或共聚物组成,按 A.5.1 规定进行标识。

示例:低密度聚乙烯塑料,表示为

＞PE-LD＜

A.5.3 聚合物混合物或合金的塑料购物袋的标识

聚合物混合物或合金的塑料购物袋,应按照各种主要组成的质量比例大小,用合适的术语缩写来表示聚合物的成分,聚合物术语缩写之间用"＋"隔开,从大到小依次排列,并按 A.5.1 的规定进行标识。

示例:低密度聚乙烯和线型低密度聚乙烯的混合物,低密度聚乙烯为主要聚合物,表示为

＞PE-LD＋PE-LLD＜

A.5.4 含有添加剂的塑料购物袋的标识

A.5.4.1 含填料或增强剂的塑料购物袋的标识

含单一填料的塑料购物袋,填料应与塑料聚合物一起标识。塑料聚合物缩略语后加连字符,然后标上按 GB/T 1844.2 规定的填料缩略语或符号和填料的百分含量,并按 A.5.1 的规定进行标识。

示例 1:添加 30%(质量分数)淀粉(St)的低密度聚乙烯,表示为

＞(PE-LD)-St30＜

对含多个填料的混合物,应描述填料的百分含量,并用圆括弧将其括在中间。

示例 2:含 15%(质量分数)矿物粉和 25%(质量分数)淀粉(St)聚丙烯,表示为

＞PP-(St25＋MD15)＜ 或 ＞PP-(St＋MD)40＜

A.5.4.2　含增塑剂的塑料购物袋的标识

含增塑剂的塑料购物袋，聚合物缩略语后加上连字符、符号“P”及增塑剂缩略语（用圆括弧括起来），并按 A.5.1 的规定进行标识。增塑剂缩略语按 GB/T 1844.3 规定。

示例：含增塑剂邻苯二甲酸二丁酯（DBP）的 PVC，表示为

＞PVC-P(DBP)＜

A.5.4.3　含回收再加工利用塑料的塑料购物袋的标识

含有回收再加工利用塑料的塑料购物袋，回收再加工利用塑料应与塑料新料一起标识。塑料新料缩略语后加连字符、回收再加工利用塑料的缩略语加括弧，括弧内注上 R，应标明回收再加工利用塑料的质量百分含量，并按 A.5.1 的规定进行标识。

示例 1：添加经回收再利用的聚乙烯（质量分数 30%）的聚乙烯，表示为

＞PE-PE(R)30＜

对含多种回收再加工利用塑料的塑料购物袋，应描述回收再加工利用塑料的百分含量，并加括弧。

示例 2：含 15%（质量分数）回收 PP 和 25%（质量分数）回收 PE 的 PE，表示为

＞PE-(PE(R)25＋PP(R)15)＜

ICS 83.140.01
Y 28

中华人民共和国国家标准

GB/T 21661—2008

塑料购物袋

Plastic shopping bags

2008-04-16 发布　　2008-06-01 实施

中华人民共和国国家质量监督检验检疫总局
中国国家标准化管理委员会　发布

前　言

本标准的附录 A、附录 B 为规范性附录。

本标准由中国轻工业联合会提出。

本标准由全国塑料制品标准化技术委员会归口。

本标准由深圳市俊豪塑料制品有限公司、深圳市万达杰塑料制品有限公司、深圳市正旺塑胶制品有限公司、深圳市佳发塑料制品有限公司、浙江华发生态科技有限公司、轻工业塑料加工应用研究所、宁波天安生物材料有限公司、武汉华丽环保科技有限公司、福建百事达生物材料公司、比澳格(南京)环保材料有限公司、深圳市中京科林环境材料有限公司、惠州俊豪塑料发展有限公司、广东上九生物降解塑料有限公司、河北昭和生态科技有限公司、上海林达塑胶化工有限公司、四川琢新生物材料研究有限公司、国家塑料制品质量监督检验中心(北京)起草。

本标准主要起草人:翁云宣、陈家琪、陈倩、李字义、苏俊铭、魏文昌、张坚洪、郑洪标、沈华峰。

塑 料 购 物 袋

1 范围

本标准规定了塑料购物袋的定义和术语、要求、试验方法、检验规则及包装、包装标志、运输、贮存。

本标准适用于以树脂为主要原料生产的薄膜、经热合或粘合等制袋工艺加工制得的塑料购物袋。

本标准也适用于塑料与其他材料复合的购物袋。

本标准不适用于仅以包装使用且不以携提为目的塑料袋，包括塑料连卷袋（也称撕裂袋或点断袋）等。

2 规范性引用文件

下列文件中的条款通过本标准的引用而成为本标准的条款。凡是注日期的引用文件，其随后所有的修改单（不包括勘误的内容）或修订版均不适用于本标准，然而，鼓励根据本标准达成协议的各方研究是否可使用这些文件的最新版本。凡是不注日期的引用文件，其最新版本适用于本标准。

GB/T 2828.1—2003　计数抽样检验程序　第1部分：按接收质量限（AQL）检索的逐批检验抽样计划（ISO 2859-1:1999，IDT）

GB/T 2918—1998　塑料试样状态调节和试验的标准环境（idt ISO 291:1997）

GB/T 5009.60　食品包装用聚乙烯、聚苯乙烯、聚丙烯成型品卫生标准的分析方法

GB/T 5009.67　食品包装用聚氯乙烯成型品卫生标准的分析方法

GB/T 5009.156—2003　食品用包装材料及其制品的浸泡试验方法通则

GB/T 6672—2001　塑料薄膜和薄片厚度测定　机械测量法（idt ISO 4593:1993）

GB/T 6673—2001　塑料薄膜和薄片长度和宽度的测定（idt ISO 4592:1992）

GB/T 9639—1988　塑料薄膜和薄片抗冲击性能试验方法　自由落镖法（neq ISO/DIS 7765:1985）

GB/T 20197—2006　降解塑料的定义、分类、标识和降解性能要求

GB 21660　塑料购物袋环保、安全和标识通用技术要求

QB/T 2358—1998　塑料薄膜包装袋热合强度试验方法

3 术语和定义

下列术语和定义适用于本标准。

3.1

塑料购物袋　plastic shopping bags

以树脂为主要原料制得的，在销售、服务等场所用于盛装及携提商品的袋制品。

3.2

降解塑料购物袋　degradable plastic shopping bags

在自然界如土壤和/或沙土等条件下，和/或特定条件如堆肥化条件下或厌氧消化条件下或水性培养液中，由自然界存在的微生物作用引起降解，并最终完全降解变成二氧化碳（CO_2）和/或甲烷（CH_4）、水（H_2O）及其所含元素的矿化无机盐以及新的生物质的塑料购物袋。

3.3

淀粉基塑料购物袋　starched-based plastic shopping bags

添加了淀粉原料制得的塑料购物袋，且淀粉含量不小于15%。

4 要求

4.1 标识

塑料购物袋标识应符合 GB 21660 的标识要求。

4.2 尺寸偏差

4.2.1 厚度及偏差

塑料购物袋的厚度应不小于 0.025 mm。厚度极限偏差及平均偏差应符合表 1 的规定。

表 1 厚度偏差

公称厚度 e/mm	厚度极限偏差/mm	厚度平均偏差/%
0.025	+0.008 0	+15 0
0.027≤e<0.030	+0.008 −0.002	+12 −6
0.030≤e<0.035	+0.008 −0.005	+10 −10
0.035≤e<0.040	+0.009 −0.009	+9 −9
e≥0.040	+0.010 −0.010	+9 −9

4.2.2 宽度偏差

宽度偏差应符合表 2 的规定。

表 2 宽度偏差

单位为毫米

公称宽度 w	极限偏差
w≤380	±20
380<w<600	±25
w≥600	±30

4.2.3 长度偏差

长度偏差应符合表 3 的规定。

表 3 长度偏差

单位为毫米

公称长度 l	极限偏差
l≤380	±20
380<l<600	±25
l≥600	±30

4.3 感官

4.3.1 颜色

塑料购物袋一般为树脂本色或白色，其他颜色由供需双方商定。

4.3.2 异嗅

塑料购物袋不应有明显异嗅。

4.3.3 外观

袋膜应均匀、平整，不应存在有碍使用的气泡、穿孔(不包括透气孔)、塑化不良、鱼眼、僵块、丝纹、挂料线、皱折(不包括折边等正常折叠引起的折痕)等瑕疵。

4.3.4 印刷质量

有印刷的塑料购物袋其印刷的油墨应均匀，图案和文字应清晰、完整，印刷剥离率应小于 20%。

4.4 物理力学性能

物理力学性能应符合表 4 和表 5 要求。

表 4 物理力学性能要求

项目	指标
提吊试验	三个袋均无破裂
跌落试验	三个袋均无破裂
漏水性	三个袋均不漏水
封合强度	见表 5
落镖冲击	不破裂数≥8 个

表 5 封合强度要求

公称承重 m/kg	封合强度/(N/15 mm)
$m<6$	6.0
$6\leqslant m\leqslant 10$	8.0
$m>10$	10.0

4.5 淀粉含量

淀粉基塑料购物袋淀粉含量应不小于 15%。

4.6 降解性能

降解塑料购物袋的降解性能应符合 GB/T 20197—2006 中 5.1 生物分解性能的要求。

4.7 安全卫生指标

直接接触食品用塑料购物袋安全卫生指标应符合 GB 21660 的要求。

5 试验方法

5.1 取样

从塑料购物袋上裁取足够数量的试样，进行试验。

5.2 试样状态调节和试验的环境

按 GB/T 2918—1998 中规定的标准环境(温度 23℃±2℃，湿度 50%±10%)进行，并在此条件下进行试验。状态调节时间应不小于 4 h。

5.3 厚度偏差

将塑料购物袋打开，将其剖开后，单面铺开，用测厚仪测量单面薄膜厚度。按 GB/T 6672—2001 的规定进行测量，沿塑料购物袋的宽度方向均匀测量 8 点，将记录的数据按式(1)、式(2)计算厚度极限偏差和厚度平均偏差。塑料购物袋有压花或压纹时，应将压花或压纹平整地压平后测定压平处厚度。

5.3.1 厚度极限偏差

厚度极限偏差的计算见式(1)。

$$\Delta e = e_{\text{min或max}} - e_0 \qquad \cdots\cdots(1)$$

式中：

Δe——厚度极限偏差，单位为毫米(mm)；

$e_{\text{min或max}}$——实测最小或最大厚度，单位为毫米(mm)；

e_0——公称厚度，单位为毫米(mm)。

5.3.2 厚度平均偏差

厚度平均偏差的计算见式(2)。

$$\Delta\bar{e}=\frac{\bar{e}-e_0}{e_0}\times 100\% \qquad \cdots\cdots(2)$$

式中：

$\Delta\bar{e}$——厚度平均偏差，%；

$\bar{e}$——平均厚度，单位为毫米(mm)；

e_0——公称厚度，单位为毫米(mm)。

5.4 宽度和长度偏差

将塑料购物袋平整地铺在水平面上(有折边时将折边打开)，按 GB/T 6673—2001 的规定进行测量，用刻度分度为 1 mm 的直尺，分别沿样品长度和宽度方向以相等间隔测量塑料袋有效使用面积内的宽度和长度，至少测量 4 次。

塑料购物袋有折边时将折边打开，并将袋水平铺平，测量袋总体宽度。

将记录的数据按式(3)计算宽度极限偏差，按式(4)计算长度极限偏差。

5.4.1 宽度极限偏差

宽度极限偏差的计算见式(3)。

$$\Delta w = w_{\min或\max} - w_0 \qquad \cdots\cdots(3)$$

式中：

Δw——宽度极限偏差，单位为毫米(mm)；

$w_{\min或\max}$——实测最小或最大宽度，单位为毫米(mm)；

w_0——公称宽度，单位为毫米(mm)。

5.4.2 长度极限偏差

长度极限偏差的计算见式(4)。

$$\Delta l = l_{\min或\max} - l_0 \qquad \cdots\cdots(4)$$

式中：

Δl——长度极限偏差，单位为毫米(mm)；

$l_{\min或\max}$——实测最小或最大长度，单位为毫米(mm)；

l_0——公称长度，单位为毫米(mm)。

5.5 感官

5.5.1 颜色和表观

在自然光线下目测。

5.5.2 异嗅

在室内正常条件下进行。

5.5.3 印刷质量

在袋子印刷油墨较多部位上切取试样。印刷面朝上，用透明胶带将试样四边固定在平滑的台面上露出试验部位：100 mm×100 mm。操作过程中不要用手接触测量部位，用 180°剥离强度为 6.5 N/15 mm±1.0 N/15 mm 的胶粘带，取宽 15 mm，长 175 mm，贴于试样印刷面上，在 75 mm 处折成 180°，并在粘贴部位用质量为 1 kg 压辊来回滚压一次。然后用手快速进行剥离，剥离后用分度值为 0.5 mm 的钢板尺测量印刷油墨剥离面积与残留面积，按式(5)计算印刷油墨剥离率。试验数量三个，取其平均值，结果修约至 1%。

$$A=\frac{S_1}{S_2}\times 100\% \qquad \cdots\cdots(5)$$

式中：

A——印刷油墨剥离率，%；

S_1——剥离面积，单位为平方毫米(mm^2)；

S_2——残留面积，单位为平方毫米(mm^2)。

5.6 物理力学性能

5.6.1 提吊试验

5.6.1.1 试验机

用提袋疲劳试验机，振辐 30 mm±2 mm，频率 2 Hz～3 Hz。

5.6.1.2 试验

将相当于公称承重的模拟物(如沙子、米粒等)装入袋中，然后悬挂在试验机上，试验 3 600 次，观察袋体及提带处有无损坏。试验数量三个。

5.6.2 跌落试验

将相当于公称承重的模拟物(如沙子、米粒等)装入袋中，用胶粘带将袋口封上，袋底离地 0.5 m 高处自由落下，试验地面应为平整硬地面，观察袋体是否损坏。试验数量三个。

5.6.3 漏水性试验

将塑料购物袋装入五分之一容积的清水，水温 23℃±2℃，保持静置 1 min 后观察塑料购物袋底部是否有滴落水珠，并记录所观察现象。试验数量三个。

5.6.4 封合强度试验

封合强度按 QB/T 2358—1998 进行，试验速度为 300 mm/min±50 mm/min。

5.6.5 落镖冲击试验

按 GB/T 9639—1988 A 法规定进行落镖质量冲击试验，采用单片试样，落镖质量见表 6。样品数量为 10 片。

表 6 落镖质量

公称承重 m_1/kg	落锤质量 m_2/g
$m_1<6$	50
$6\leqslant m_1\leqslant 10$	70
$m_1>10$	100

5.7 淀粉含量

按附录 A 测定淀粉基塑料购物袋中淀粉含量。

5.8 降解性能

生物分解试验方法按 GB/T 20197—2006 中的 6.1。

5.9 安全卫生指标

直接接触食品用塑料购物袋材质是聚乙烯、聚丙烯时，按 GB/T 5009.60 的要求执行。

直接接触食品用塑料购物袋材质是聚氯乙烯时，按 GB/T 5009.67 的要求执行。

直接接触食品用淀粉基塑料购物袋蒸发残渣试验方法按附录 B 执行。

其他材质直接接触食品用塑料购物袋，按相应材质成型品卫生标准分析方法规定进行，如没有时参照 GB/T 5009.60 执行。

6 检验规则

6.1 组批

产品以批为单位进行验收。同一牌号原料、同一规格、同一配方、同一工艺连续生产的产品，以不超过 5 t 为一批。

6.2 检验分类

6.2.1 出厂检验

出厂检验项目为外观、厚度、宽度、长度、跌落和漏水试验。

6.2.2 型式检验

型式检验项目为要求中的全部项目。至少每年一次。

6.3 抽样方案

6.3.1 标识、尺寸偏差、感官

采用 GB/T 2828.1—2003 的二次正常抽样方案。检查水平(IL)为一般检查水平Ⅱ,接收质量限(AQL)为 6.5,其样本、判定数组详见表 7。每一单位包装作为一样本单位,单位包装可以是箱、捆、包、个等。试验时从每一单位包装中随机取一个袋样品检验。

表 7 抽样方案

单位为单位包装

批 量	样 本	样本大小	累计样本大小	接收数 Ac	拒收数 Re
26～50	第一	5	5	0	1
	第二	5	10	1	2
51～90	第一	8	8	0	3
	第二	8	16	3	4
91～150	第一	13	13	1	3
	第二	13	26	4	5
151～280	第一	20	20	2	5
	第二	20	40	6	7
281～500	第一	32	32	3	6
	第二	32	64	9	10
501～1 200	第一	50	50	5	9
	第二	50	100	12	13
1 201～3 200	第一	80	80	7	11
	第二	80	160	18	19

6.3.2 物理力学性能

从抽取的样本中随机取足够数量样品进行。

6.4 判定规则

6.4.1 合格项的判定

6.4.1.1 标识、尺寸偏差、感官

标识、尺寸偏差、感官样本单位的判定,按 4.1、4.2、4.3 进行。

样本单位的检验结果若符合表 7 的规定,则判标识、尺寸偏差、感官合格。

6.4.1.2 物理力学性能

物理力学性能若有不合格项目时,应在原批中抽取双倍样品分别对不合格项目进行复检,复检结果全部合格则判该项合格,否则判该项不合格。

6.4.1.3 淀粉含量

淀粉基塑料购物袋的淀粉含量项目不合格时,应在原批中抽取双倍样品进行复检,复检结果合格则判该项合格,否则判为淀粉含量项目不合格。

6.4.1.4 降解性能

降解塑料购物袋的降解性能不合格时,则判降解性能不合格。

6.4.1.5 卫生性能

直接接触食品塑料购物袋卫生性能有不合格项时,则判卫生性能不合格。

6.4.2 合格批的判定

所有检验项目检验结果全部合格,则判该批合格。

7 包装、包装标志、运输、贮存

7.1 包装

塑料购物袋一般用塑料薄膜包装或纸箱包装，也可以供需双方协商确定。

7.2 包装标志

包装上注明生产厂名、产品名称、批号或生产日期、袋数量、本标准编号等，并附有质量检验合格证。

7.3 运输

塑料购物袋在运输时要加盖苫布，防止机械碰撞及日晒雨淋，在搬运过程中要保持外包装完好。

7.4 贮存

产品应放在通风、阴凉、干燥的库房内贮存，避免阳光曝晒及雨淋，并远离污染源、热源，防潮、防鼠、防虫。应根据塑料购物袋性能确定合理贮存期。存放保持期不超过一年。

附　录　A
（规范性附录）
淀粉基塑料购物袋中淀粉含量的测定

A.1　原理

采用热重（TG）法分别对淀粉和淀粉基塑料进行测定，在淀粉的TG曲线中确定特征温度和该温度所对应的质量，在淀粉基塑料的TG曲线中确定与淀粉特征温度相应的温度及所对应的质量，用两个质量的比值计算淀粉基塑料中的淀粉含量，以百分率表示。

A.2　仪器设备

A.2.1　热重分析仪

高温炉：温度可达到800℃，升温速率20℃/min。

热天平：称量可达到50 mg，称量精度±0.02 mg。

能记录TG曲线。

A.2.2　试验气体

氮气，分析级，流量150 mL/min～300 mL/min。

A.2.3　天平

精度0.1 mg。

A.3　试样

粉末、颗粒或从制品上直接切取。

数量：淀粉1份，淀粉基塑料2份。每份质量约10 mg。

A.4　试验步骤

A.4.1　打开热重分析仪和气源，调节试样气体的流量至50 mL/min，其他气体调节流量至相应值。

A.4.2　对仪器进行质量和温度校准。

A.4.3　用天平称取约10 mg淀粉试样放入热重分析仪的坩埚内。

A.4.4　以20℃/min的速率从室温等速升温至105℃，保持恒温5 min后再降温至室温。

A.4.5　用热天平称量质量，记为m_S。

A.4.6　以20℃/min的速率从室温等速升温至600℃，记录TG曲线。

A.4.7　用天平称取约10 mg淀粉基塑料试样放入热重分析仪的坩埚内，重复A.4.4，用热天平称量质量，记为m_{S1}。

A.4.8　重复A.4.6。

A.4.9　比较淀粉试样TG曲线中的特征温度T_A、T_B和淀粉基塑料试样TG曲线中与淀粉特征温度相应的温度T_{A1}、T_{B1}，如果T_A与T_{A1}或T_B与T_{B1}相差大于20℃，另取试样重做。

A.5　结果计算

A.5.1　TG曲线和相关参数的确定

在淀粉试样的TG曲线（图A.1）中确定可代表该试样特征的失重转变，在该转变处求取外推始点温度T_A和外推终点温度T_B作为淀粉的两个特征温度，并确定T_A、T_B温度所对应的质量m_A和m_B。在淀粉基塑料试样的TG曲线（图A.2）中找出与淀粉试样特征温度相应的温度的失重转变，并求取外

推始点温度 T_{A1} 和外推终点温度 T_{B1}，确定 T_{A1}、T_{B1} 温度所对应的质量 m_{A1} 和 m_{B1}。

注：图 A.1 中淀粉的特征温度，对不同种类的淀粉外推始点温度 T_A 和外推终点温度 T_B 可能有所差别。

图 A.2 中的 T_{A1}、T_{B1} 为与淀粉特征温度相应的温度，同种淀粉 T_A 与 T_{A1} 或 T_B 与 T_{B1} 差别不大。

图 A.2 中的 T_C、T_D 为其他组分的特征温度，T_C 应高于 T_{B1} 并有明显的区别才可采用 TG 法进行淀粉含量的测定。

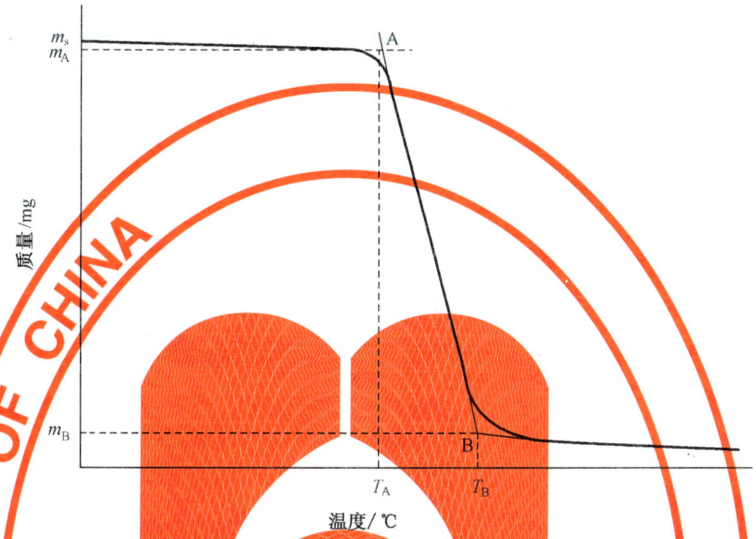

图 A.1 淀粉的 TG 曲线示意图

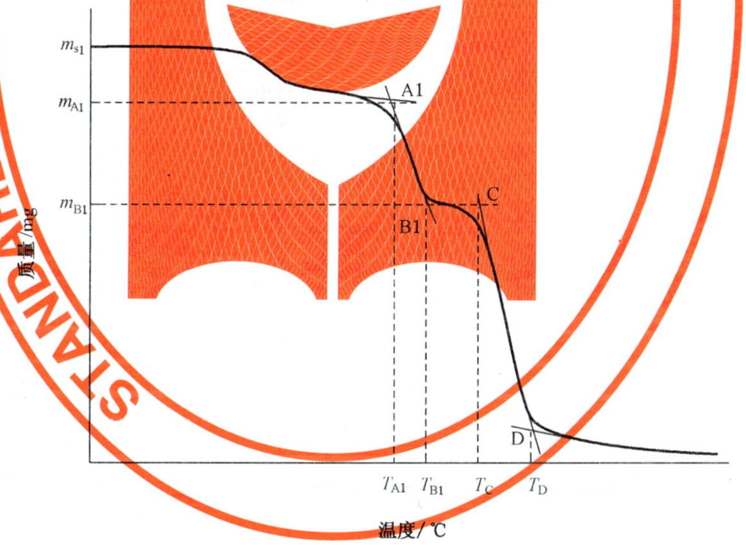

图 A.2 淀粉基塑料的 TG 曲线示意图

A.5.2 计算

用式(A.1)计算淀粉基塑料中的淀粉含量。

$$S=\frac{\dfrac{m_{A1}-m_{B1}}{m_{s1}}}{\dfrac{m_A-m_B}{m_s}}\times 100\% \qquad \cdots\cdots(A.1)$$

式中：

S——淀粉含量，%；

m_{A1}——淀粉基塑料试样外推始点温度 T_{A1} 所对应的质量，单位为毫克(mg)；

m_{B1}——淀粉基塑料试样外推终点温度 T_{B1} 所对应的质量，单位为毫克(mg)；
m_{s1}——淀粉基塑料试样的初始质量，单位为毫克(mg)；
m_A——淀粉试样外推始点温度 T_A 所对应的质量，单位为毫克(mg)；
m_B——淀粉试样外推终点温度 T_B 所对应的质量，单位为毫克(mg)；
m_s——淀粉试样的初始质量，单位为毫克(mg)。

取2份淀粉基塑料试样结果的算术平均值作为最终结果，保留2位有效数字。

A.6 试验报告

试验报告应包括下列内容：

a) 试样名称、样品描述及相关信息；
b) 仪器类型；
c) 试样质量、程序温度参数、气体参数；
d) 特征温度 T_A、T_B、T_{A1} 和 T_{B1}；
e) 淀粉含量；
f) 试验中的异常情况及其他必要的说明。

附　录　B
（规范性附录）
淀粉基塑料购物袋蒸发残渣测试方法

B.1　采样

按 GB/T 5009.156—2003 第 3 章规定的方法采样。采样数量应符合 GB/T 5009.156—2003 表 A.1中的“塑料成型品及复合食品包装袋塑料薄膜袋”的规定。

B.2　样品的清洗

按 GB/T 5009.156—2003 第 5 章规定的方法清洗样品的接触食品面。

B.3　样品的浸泡

浸泡液、浸泡时间、检测条件按照 GB/T 5009.60 规定执行。

向塑料购物袋内注入相应的浸泡液，一般注入量为样品容积的三分之二至五分之四，浸泡相应的时间。

B.4　分析步骤

B.4.1　含植物纤维或淀粉的蒸发残渣

取相应浸泡液 200.00 mL，分别置于经(105±5)℃加热至恒重的玻璃蒸发皿或玻璃杯中，在水浴器上蒸干后置于(105±5)℃的电热恒温干燥箱中，加热 2 h。取出，在干燥器内冷却 0.5 h，称量。再于(105±5)℃加热 1 h，置于干燥器内冷却 0.5 h，称量。

B.4.2　不含植物纤维或淀粉的蒸发残渣

在干燥、称量后的残渣中(B.4.1)中加入 50 mL 三氯甲烷(GB/T 682，分析纯，经重蒸馏)，置于水浴上小心加热(用玻璃棒搅拌，取出玻璃棒时用少量三氯甲烷冲洗)10 min。用玻璃漏斗和无灰定量滤纸[经(105±5)℃加热至恒重]将溶液过滤，再用少量三氯甲烷冲洗 3 次滤纸上的残渣。将滤纸连同残渣置于经(105±5)℃加热至恒重的瓷坩埚内，于(105±5)℃的电热恒温干燥箱内加热 2 h，在干燥器内冷却 0.5 h，称量。重复加热 1 h，冷却 0.5 h，称量。

将瓷坩埚连同滤纸、残渣置于电炉上灰化至无烟，在(550±5)℃高温电炉内灼烧 2 h，取出坩埚，置于干燥器内冷却 0.5 h，称量。重复灼烧 1 h，冷却 0.5 h，称量，直至两次称量不超过 0.002 g。

注：应对无灰定量滤纸做(550±5)℃灼烧试验，从分析结果中扣除滤纸灼烧残留物。

B.5　结果计算

B.5.1　含植物纤维或淀粉蒸发残渣按式(B.1)计算。

$$X_1 = \frac{m_1 - m_2}{200} \times 1\,000 \qquad \cdots\cdots\text{(B.1)}$$

式中：

X_1——样品浸泡液(不同浸泡液)蒸发残渣(含纤维或淀粉)，单位为毫克每升(mg/L)；

m_1——样品浸泡液蒸发残渣的质量，单位为毫克(mg)；

m_2——空白浸泡液蒸发后的质量，单位为毫克(mg)。

B.5.2　不含纤维或淀粉蒸发残渣按式(B.2)计算。

$$X_2 = X_1 - \frac{(m_3 - m_4) - (m_5 - m_6)}{200} \times 1\,000 \qquad \cdots\cdots\text{(B.2)}$$

式中：

X_2——样品浸泡液(不同浸泡液)蒸发残渣(不含纤维或淀粉)，单位为毫克每升(mg/L)；

X_1——样品浸泡液(不同浸泡液)蒸发残渣(含纤维或淀粉)，单位为毫克每升(mg/L)；

m_3——经三氯甲烷萃取，加热后残渣、坩埚和滤纸的质量，单位为毫克(mg)；

m_4——坩埚和滤纸的质量，单位为毫克(mg)；

m_5——灼烧后残渣和坩埚的质量，单位为毫克(mg)；

m_6——坩埚质量，单位为毫克(mg)。

报告结果时，取平均值的3位有效数字。

B.6 允许差

同一样品的两次测定结果之差，不得超过平均值的10%。

ICS 83.140.01
Y 28

中华人民共和国国家标准

GB/T 21662—2008

塑料购物袋的快速检测方法与评价

Quick testing method and evaluation for plastic shopping bags

2008-04-16 发布　　2008-06-01 实施

中华人民共和国国家质量监督检验检疫总局
中国国家标准化管理委员会　发布

前　言

本标准由中国轻工业联合会提出。

本标准由全国塑料制品标准化技术委员会归口。

本标准由深圳市万达杰塑料制品有限公司、深圳市俊豪塑料制品有限公司、深圳市佳发塑料制品有限公司、深圳市正旺塑胶制品有限公司、轻工业塑料加工应用研究所、浙江华发生态科技有限公司、惠州俊豪塑料发展有限公司、国家塑料制品质量监督检验中心(北京)起草。

本标准主要起草人:陈倩、陈家琪、翁云宣、李字义、魏文昌、苏俊铭、郑洪标、张坚洪、沈华峰。

塑料购物袋的快速检测方法与评价

1 范围

本标准规定了塑料购物袋的抽样、感官、标识、厚度、宽度和长度偏差、承重性能和评价快速检测方法和评价。

本标准适用于以树脂为主要原料生产的薄膜、经热合或粘合等制袋工艺加工制得的塑料购物袋。

本标准也适用于塑料与其他材料复合的购物袋。

本标准仅适用于塑料购物袋的现场快速检验与评价，不适用于塑料购物袋仲裁检验、日常质量控制和型式检验等。

2 规范性引用文件

下列文件中的条款通过本标准的引用而成为本标准的条款。凡是注日期的引用文件，其随后所有的修改单(不包括勘误的内容)或修订版均不适用于本标准，然而，鼓励根据本标准达成协议的各方研究是否可使用这些文件的最新版本。凡是不注日期的引用文件，其最新版本适用于本标准。

GB 21660—2008 塑料购物袋的环保、安全和标识通用技术要求

GB/T 21661—2008 塑料购物袋

3 抽样

样品从塑料购物袋使用场所或储存处随机抽取，数量见表1。

表1 抽样数量

单位为个

抽样基数	样本数量
≤15	3
16～25	5
26～50	8
51～90	13
91～150	20
151～280	32
281～500	50
≥501	80

4 感官

4.1 试验方法

在自然光线下目测塑料购物袋的外观。

目测塑料购物袋印刷图案和文字是否完整。

打开塑料购物袋，闻其有否异嗅。

4.2 要求

袋膜应均匀、平整，不应存在有碍使用的气泡、穿孔(不包括透气孔)、皱折(不包括折边等正常折叠引起的折痕)等瑕疵。

塑料购物袋应印刷完整。

塑料购物袋应无明显异嗅。

5 标识

5.1 试验方法

打开外包装,观察塑料购物袋的标识。

5.2 要求

塑料购物袋的标识应符合 GB 21660—2008。

6 厚度

6.1 试验方法

6.1.1 方法 A

打开塑料购物袋,将其从侧面剖开,单面铺开,沿宽度方向从中间部位取一条 10 mm 宽的样条,用精度为 0.001 mm 测厚仪沿样条间隔均匀地测量单面薄膜厚度,测量 8 点,结果取测量值的最小值。

从抽取的样品中随机取 3 个样品进行试验。

6.1.2 方法 B

打开塑料购物袋,将其从侧面剖开,单面铺开,沿宽度方向从中间部位取一条 10 mm 宽的样条,轻轻抻平样条,不得使样条拉伸,将样条从专用量具(见图 1)缝隙穿过,如果穿过说明塑料购物袋厚度小于 0.025 mm。

从抽取的样品中随机取 3 个样品进行试验。

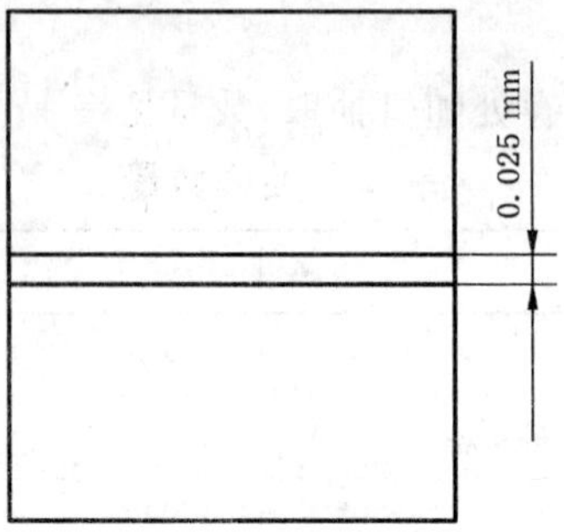

图 1 测量厚度专用量具

6.2 要求

按方法 A(6.1.1)测得塑料购物袋厚度应不小于 0.025 mm。塑料购物袋的厚度小于 0.025 mm 时,判定厚度不合格。

按方法 B(6.1.2),塑料购物袋样品应不能穿过量具缝隙。如能穿过缝隙,判定塑料购物袋厚度不合格。

三个塑料购物袋厚度都应符合以上要求,任一塑料购物袋的厚度不符合时则该项不合格。

方法 A 与方法 B 结果不一致时以方法 A 的结果为准。

7 宽度和长度偏差

7.1 试验方法

将塑料购物袋平整地铺在水平面上(有折边时将折边打开),用刻度分度为 1 mm 的直尺,分别沿样品长度和宽度方向以相等间隔测量塑料购物袋有效使用面积内的宽度和长度,至少测量 4 次。

塑料购物袋有折边时将折边打开,并将袋水平铺平,测量袋总体宽度。

按式(1)计算宽度极限偏差,按式(2)计算长度极限偏差。

7.1.1 宽度极限偏差

宽度极限偏差的计算见式(1)。

$$\Delta w = w_{\text{min或max}} - w_0 \qquad \cdots\cdots (1)$$

式中：

Δw——宽度极限偏差，单位为毫米(mm)；

$w_{\text{min或max}}$——实测最小或最大宽度，单位为毫米(mm)；

w_0——公称宽度，单位为毫米(mm)。

7.1.2 长度极限偏差

长度极限偏差的计算见式(2)。

$$\Delta l = l_{\text{min或max}} - l_0 \qquad \cdots\cdots (2)$$

式中：

Δl——长度极限偏差，单位为毫米(mm)；

$l_{\text{min或max}}$——实测最小或最大长度，单位为毫米(mm)；

l_0——公称长度，单位为毫米(mm)。

7.2 要求

7.2.1 宽度偏差应符合表 2 的规定。

表 2 宽度偏差

单位为毫米

公称宽度 w	极限偏差
$w \leqslant 380$	±20
$380 < w < 600$	±25
$w \geqslant 600$	±30

7.2.2 长度偏差应符合表 3 的规定。

表 3 长度偏差

单位为毫米

公称长度 l	极限偏差
$l \leqslant 380$	±20
$380 < l < 600$	±25
$l \geqslant 600$	±30

7.2.3 三个塑料购物袋长度和宽度都应符合以上要求，任一塑料购物袋的长度和宽度不符合时则该项不合格。

8 承重性能

8.1 试验方法

将相当于公称承重 2 倍的颗粒(如沙子或米粒)装入袋中，静止悬置 3 min，观察塑料购物袋有无破裂。从抽取的样品中随机取三个。

观察袋体及提带处有无损坏。

8.2 要求

三个塑料购物袋均不能破裂。有一个塑料购物袋破裂则该项不合格。

9 评价

塑料购物袋感官、标识评价方案按表 4 规定。

表 4　感官、标识评价方案

抽样基数/个	样本数量/个	接收数 Ac	拒收数 Re
≤15	3	0	1
16～25	5	1	2
26～50	8	1	2
51～90	13	2	3
91～150	20	3	4
151～280	32	5	6
281～500	50	7	8
≥501	80	10	11

第 4 章～第 8 章中任一项不合格，则现场评价该塑料购物袋不合格。

对现场评价不合格的塑料购物袋，如有异议时或进行最终判定时应按 GB/T 21661—2008 进行实验室检验。

ICS 29.160.20
K 21

中华人民共和国国家标准

GB/T 21663—2008

小容量节能环保
隐极同步发电机技术要求

Specific requirements for small capacity cylindrical rotor synchronous machines in energy save and environment protection projects

2008-04-23 发布　　2008-12-01 实施

中华人民共和国国家质量监督检验检疫总局
中国国家标准化管理委员会　发布

前言

本标准参照采用 IEC 60034-3:2005 第 5 版《圆柱形转子同步电机技术要求》。

本标准只采用了 IEC 60034-3:2005 第 5 版中的部分重要章条。

本标准附录 A 为资料性附录。

本标准附录 B 为资料性附录。

本标准附录 C 为资料性附录。

本标准附录 D 为规范性附录。

本标准由中国电器工业协会提出。

本标准由全国旋转电机标准化技术委员会发电机分技术委员会(SAC/TC 26/SC 2)归口并负责解释。

本标准负责起草单位:山东济南发电设备厂。

本标准参加起草单位:山东电力研究院、东北电力科学研究院有限公司、南京汽轮电机(集团)有限责任公司、杭州发电设备厂、四川东风电机厂有限公司、洛阳发电设备厂等单位参加起草。

本标准主要起草人:张忠海、孙树敏、王健军、丛海江、李霖、隗钢、姜兴林、王寅华、郭建、赵群、张根现、巫旭明。

小容量节能环保
隐极同步发电机技术要求

1 范围

本标准规定了小容量节能环保隐极同步发电机的基本规格系列、技术要求、试验检查项目以及标志、装箱、运输、保管等要求。

本标准适用于容量为10 MVA及以下的小容量节能环保三相隐极同步发电机，它是对GB 755《旋转电机 定额和性能》的补充。凡本标准中未规定的事项均应符合GB 755的规定。

对额定频率为60 Hz的电机，可参照本标准执行。

本标准可作为使用部门和制造部门签订技术协议时的依据。对具体产品若有特殊的要求，可由供需双方另行商定。

2 规范性引用文件

下列文件中的条款通过本标准的引用而成为本标准的条款。凡是注日期的引用文件，其随后所有的修改单(不包括勘误的内容)或修订版均不适用于本标准。然而，鼓励根据本标准达成协议的各方研究是否可使用这些文件的最新版本。凡是不注日期的引用文件，其最新版本适用于本标准。

GB/T 191 包装储运图示标志(GB/T 191—2000,eqv ISO 780:1997)

GB 755 旋转电机 定额和性能(GB 755—2000,idt IEC 60034-1:1996)

GB/T 1029 三相同步电机试验方法(GB/T 1029—1993,neq IEC 60034-2)

GB 10069.1 旋转电机噪声测定方法及限值 第1部分:旋转电机噪声测定方法(GB/T 10069.1—2006,mod ISO 61680-1:1999)

GB/T 10585 中小型同步电机励磁系统 基本技术要求

GB/T 11348.1 旋转机械转轴径向振动的测量和评定 第1部分:总则(GB/T 11348.1—1999,idt ISO 7919-1:1996)

GB/T 20160—2006 旋转电机绝缘电阻测试

GB/T 20835 发电机定子铁心磁化试验导则

GB 50150 电气装置安装工程电气设备交接试验标准

DL/T 596 电力设备预防性试验规程

JB/T 6204 大型高压交流电机定子绝缘耐电压试验规范

JB/T 7784 透平型同步发电机用交流励磁机技术条件

JB/T 8446 透平型同步发电机转子匝间短路测量方法

JB/T 8991 发电机锡焊接头检测方法

3 术语和定义

下列术语和定义与GB 755中术语一起应用。

3.1

机械起动 mechanical start

转速自零或盘车转速升至额定转速。

3.2

小容量节能环保隐极同步发电机　small capacity cylindrical rotor synchronous machines in energy save and environment protection projects

小容量节能环保隐极同步发电机是指容量为10 MVA及以下，主要用于城市集中供热，热电联产、余(废)热发电、高炉煤气余压透平发电(TRT)、生物质能发电以及燃气-蒸汽联合循环发电等各种能源综合利用节能环保项目上的小型隐极同步发电机。

4　总要求

4.1　规格、系列

发电机基本系列的规格见表1。

表1　发电机基本系列(50 Hz)

P_N 额定功率 MW	S_N 额定容量 MVA	U_N 额定电压 kV	$\cos\varphi$ 额定功率因数	η 效率(规定值) %
0.5	0.625	0.4	0.8	92.0
0.75	0.938	0.4,6.3	0.8	93.0
1	1.25	0.4,6.3	0.8	93.5
1.5	1.875	0.4,6.3,10.5	0.8	95.0
2	2.5	6.3,10.5	0.8	95.5
3	3.75	6.3,10.5	0.8	96.0
4	5	6.3,10.5	0.8	96.0
4.5	5.625	6.3,10.5	0.8	96.3
6	7.5	6.3,10.5	0.8	96.8
7	8.75	6.3,10.5	0.8	97.0
7.5	9.375	6.3,10.5	0.8	97.0
8	10	6.3,10.5	0.8	97.2

4.2　电机通风冷却型式

应优先采用空冷密闭循环通风系统。如采用开启式空冷系统，应采取措施避免因灰尘堵塞通风道。

集电环的通风系统应与发电机的分开，以避免碳粉污染电机。

4.3　使用条件

除非另有规定，电机应适合于下述现场运行条件。超出下述运行条件时，应按GB 755有关条款进行修正。

4.3.1　海拔

海拔不超过1 000 m。

4.3.2　初级冷却介质温度

冷却空气温度在进水温度33℃时，不超过40℃。

4.3.3　运行时机内空气相对湿度应不大于50%。

4.3.4　应采取措施以保证停机时机内相对湿度低于50%。

4.4　电机各部分温升和温度限值

发电机在按表1规格、参数及4.3使用条件下额定运行时，其温升限值应符合GB 755的规定(130

级或 155 级按 130 级考核)，见附录 D 表 D.2。对其他现场运行条件应按 GB 755 规定修正。

5 技术要求

5.1 额定工况

额定工况由下列有关数据给出：

a) 视在功率或功率；

b) 频率；

c) 电压；

d) 功率因数；

e) 冷却介质温度。

有时还包括现场海拔高度。

5.2 额定电压

额定电压由双方协议确定。

5.3 功率因数

在发电机出线端处的标准功率因数为迟相 0.8。

5.4 额定转速

对额定频率为 50 Hz 的电机，其额定转速为 3 000 r/min。

对额定频率为 60 Hz 的电机，其额定转速为 3 600 r/min。

5.5 运行期间电压和频率的变化

对由交流发电机供电(无论是地区供电或经电网)的交流电机，电压和频率的综合变化关系分为 A 和 B 两区，见图 1。

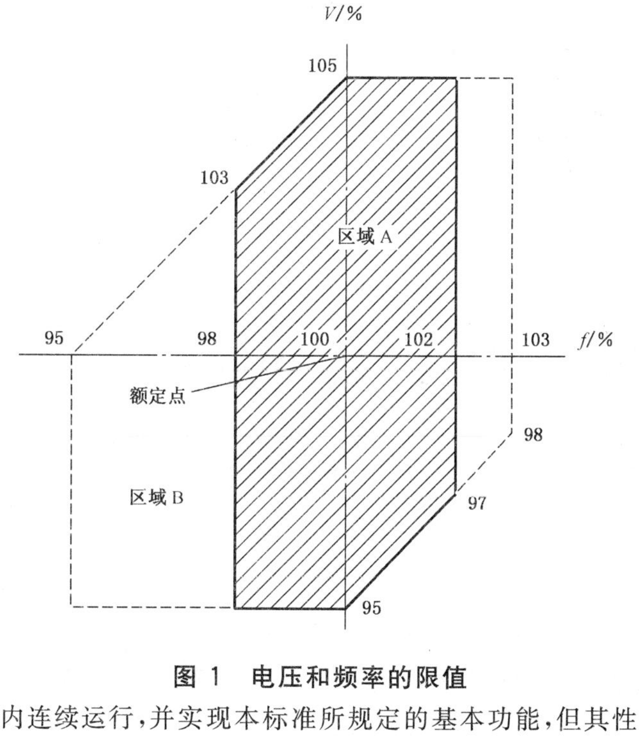

图 1 电压和频率的限值

电机应能在区域 A 内连续运行，并实现本标准所规定的基本功能，但其性能不必与额定电压和频率(见图 1 中的额定点)时的性能完全相符，可能呈现某些差异，温升可比额定电压和频率时高。

电机应能在区域 B 内运行，并实现基本功能，但性能与额定电压和频率时的差异将大于在区域 A 内运行的电机，温升可较额定电压和频率时高，并很可能高于区域 A。不推荐在区域 B 的边界上持续运行。

注1：在实际使用中，有时要求电机在区域A的边界之外运行，但应在数值，持续时间及发生频度等方面加以限制。如有可能应在合理的时间内采取校正措施，例如降低输出，这种措施可以避免因温度影响而缩短电机的寿命。

注2：本标准规定的温升或温度限值仅适用于额定运行点，当运行点逐步偏离额定点，则电机的温升或温度有可能逐步超过其限值，如电机在区域A的边界上运行，温升或温度可能要超过本标准规定的限值约达10 K。

5.6 旋转方向和相序

发电机旋转方向取决于拖动机。

除非另有协议，电机旋转方向从拖动机端向发电机看为顺时针方向，旋转方向应标识在电机上，且在出线端上用字母U、V、W表示出定子电压的时间相序，U_2、V_2、W_2表示相尾。

如果发电机有两个拖动端，功率大的一端为旋转方向的参考端。

5.7 定子绕组

定子绕组除非另有规定，一般接成Y形。不论Y形或Δ形，均应引出6个或6个以上出线端。

5.8 励磁方式和对励磁系统的要求

见GB/T 10585。

5.9 发电机额定磁场电流和电压

发电机运行在额定工况点所需的磁场电流和磁场电压。

5.10 电机绝缘

5.10.1 耐热等级

定、转子绝缘系统应采用耐热等级130(B)或130(B)以上的绝缘材料。

5.10.2 绝缘电阻

绝缘电阻测量方法见GB/T 20160。

5.10.2.1 电机定子绕组在干燥后，其对地及相间的最小绝缘电阻值见GB/T 20160中的12.3。

极化指数或吸收比应满足下述要求：

极化指数 $R_{10\ \mathrm{min}}/R_{1\ \mathrm{min}} \geqslant 2$，或吸收比 $R_{60\ \mathrm{s}}/R_{15\ \mathrm{s}} > 1.3$

式中：

$R_{10\ \mathrm{min}}$——10 min时的绝缘电阻，单位为兆欧(MΩ)；

$R_{1\ \mathrm{min}}$——1 min时的绝缘电阻，单位为兆欧(MΩ)；

$R_{60\ \mathrm{s}}$——60 s时的绝缘电阻，单位为兆欧(MΩ)；

$R_{15\ \mathrm{s}}$——15 s时的绝缘电阻，单位为兆欧(MΩ)。

5.10.2.2 励磁绕组的绝缘电阻，在冷态(25℃)用500 V兆欧表测量，应不小于1 MΩ。

5.10.2.3 定子埋置检温计的对地绝缘电阻值在冷态下(25℃)用250 V兆欧表测量时应不低于1 MΩ。

5.10.2.4 电机励磁机端的轴承及励磁机轴承与底板和油管间，油密封与油管间必须绝缘。当用1 000 V兆欧表测量时，其绝缘电阻应不低于1 MΩ。

5.10.3 耐电压试验

耐电压试验方法见JB/T 6204。

在交流耐电压试验前，定子绕组在制造厂内应进行$3.5U_N$，历时1 min的直流耐电压试验。

交流工频耐电压试验历时1 min，其数值符合GB 755要求，见附录D表D.1。

5.11 轴电流的防止

应采取适当的措施防止有害的轴电流，并将转轴良好地接地，电机在运行时应能测试出对地绝缘电阻值。带可控静态励磁所引起的脉冲轴电压会产生油膜损坏，应有效防范。

5.12 超速试验

转子应进行1.2倍额定转速的超速试验，历时2 min。

5.13　临界转速

发电机转子临界转速设计值应避开额定转速的85%～115%。机组轴系在按5.5规定的频率范围内应不会因临界转速引起不良振动而影响发电机的安全运行。

5.14　出力图

制造厂应提供电机出力图，该出力图表示由温度或温升或由静态稳定限制的运行极限。该图在额定电压、额定频率下画出。

图2表示一种典型的出力图。它的边界由下列因素所限制。

——曲线A表示在额定磁场电流下运行，励磁绕组温升接近恒定。

——曲线B表示在额定定子电流下运行时，定子绕组温升接近恒定。

——曲线C表示由定子端部局部发热或由静态稳定或两者共同决定的极限。

根据制造厂与订货方的商定，也可以提供在5.5规定的电压频率范围内的出力图。

发电机应运行在与所选电压、频率相应的出力图的边界以内。超出边界运行将缩短电机寿命。

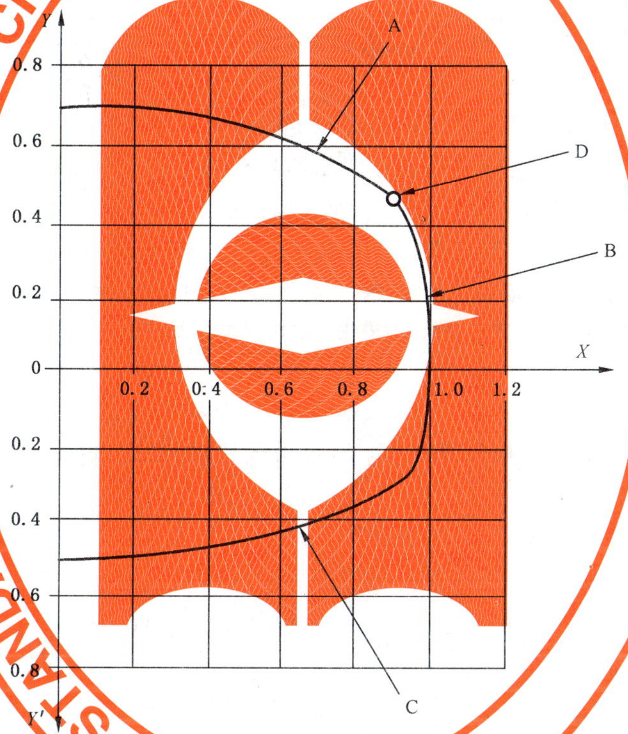

A——由励磁绕组发热限制；

B——由定子绕组发热限制；

C——由端部发热或静态稳定限制；

D——额定出力点；

X——标幺值，kW；

Y——标幺值 kVAr 滞后；

Y′——标幺值 kVAr 超前。

注：发电机可通过改变功率因数，降低进水温度等来满足拖动机的最大连续功率的要求。

图2　典型出力图

5.15　不平衡负载

电机应能承受一定数量的稳态和瞬态负序电流。当三相负载不对称，且每相电流均不超过额定定子电流(I_N)，其负序电流分量(I_2)与额定电流I_N之比(I_2/I_N)最大值不超过0.1时，应能连续运行。当发生不对称故障时，故障运行的$(I_2/I_N)^2$和时间t秒的乘积最大值应不超过15。

5.16　噪声

噪声的工程测定方法按GB 10069.1，声压级限值不超过90 dB(A)。

5.17 定子过电流

电机应能承受1.5倍的额定定子电流历时30 s而无损伤。

电机允许的过电流时间与过电流倍数以下式表示：

$$(I^2 - 1)t = 37.5\ \text{s}$$

式中：

I——定子过电流的标幺值；

t——持续时间，适用范围10 s～60 s。

注：在上述过电流工况下的定子温度将超过额定负载时的数值，电机结构设计以每年过电流次数不超过2次为依据。

5.18 突然短路

用外部方法将短路时相电流限制到不超过三相突然短路所产生的最大相电流值，则电机在额定负载和1.05倍额定电压下运行时，应能承受出线端任何形式的突然短路而不发生导致立即停机的有害变形。

如果供需双方同意要在新电机上做空载突然短路试验，应在耐电压试验结束后按下列要求进行：

与系统直接连接的电机，在空载额定电压下于出线端进行三相突然短路试验。通过变压器、电抗器（通常经分相隔离母线）接至电网的发电机，经供需双方同意可在发电机出线端降低电压进行突然短路试验，使在此电压下产生的电流相当于运行时在变压器高压侧三相突然短路产生的短路电流。

突然短路试验后如无需修理或对定子绕组稍加补修并能经受附录D表D.1中规定的耐电压值的80%，试验结果就认为合格。稍加补修是指对端部绕组支撑和绝缘略加维修，但不能更换线圈。

注：发电机运行时若近端发生短路或远端故障切除，重合闸或误同期均能引起异常大的电流和力矩。此时，为谨慎起见需彻底检查发电机，尤其是定子绕组，为避免以后由振动引起的进一步损坏，在电机重新投运前应消除任何紧固件或填充物的松弛。同时应检查联轴器螺钉、联轴器变形和轴平衡可能发生的变化。

5.19 短路比

在额定工况下规定的短路比值应不小于0.45，也可按协议规定。但应注意，提高短路比将使电机尺寸和损耗增加。

5.20 直轴瞬态电抗(X'_d)和直轴超瞬态电抗(X''_d)

电抗与运行工况有关，通常需商定在额定电压饱和程度下X''_d的最小值和额定电流不饱和程度下X'_d的最大值。由于两种电抗很大程度上取决于同一磁通，因此需注意两者间的相容性，即X''_d的上限值不能太靠近X'_d的下限值。

除非另有协议，额定电压饱和程度下的X''_d不得小于0.1。

也可商定在其他饱和状态确定上述电抗，试验方法可按GB/T 1029所列方法测定。

5.21 短路比、直轴瞬态电抗、直轴超瞬态电抗的容差

a) 限值一经确定，在被限定方向无容差，即最小值无负容差，最大值无正容差。在另一个方向的容差为30%；

b) 如规定值为额定值而不作为极限值时，则容差为±15%；

c) 如无商定的规定值，制造厂给出的额定值其容差为±15%。

5.22 转子的机械起动次数

一般情况下，转子在其使用寿命期限内，在机械上应能承受的起动次数不少于10 000次。

5.23 对励磁机的要求

交流励磁机技术要求见JB/T 7784，直流励磁机可另行商定。

5.24 短时升高电压试验

短时升高电压试验是在空载条件下，在额定励磁电流时产生的定子电压(但不超过130%U_N)下进行，试验时间为1 min。

5.25 振动限值

5.25.1 在制造厂，转子在额定转速下单独运转考核振动。在现场，机组成轴系在空载和额定状态或图2负荷下考核振动。测量轴承座振动，测量方法和要求见GB/T 11348.1。表2为轴承座振动限值。新机出厂时振动试验值应在A范围内。升降速、过临界转速或超速时的振动不得超过C范围。稳态运行中，假如轴承座振动值变化显著，即越过B值的25%，无论是增加或减小，一定要报警并采取措施查明变化的原因，必要时根据振动值作出是否停机的决定。

表2 轴承座振动限值(速度)

范围	转速3 000或3 600(r/min)
A	3.8 mm/s
B	7.5 mm/s
C	11.8 mm/s

注：上述表2内的：

范围A：振动数值在此范围内的设备可认为是良好的并可不加限制地运行。

范围B：振动数值在此范围内的设备可以接受作长期运行。

范围C：振动数值落入此范围内，开始报警，提请注意安排维修。一般该机器还可以运行一段有限时间直到有合适机会进行检修为止。

振动数值超出C时，就瞬时跳闸。

5.25.2 轴向无止推轴承时，不考核轴承座的轴向振动值。

5.26 电压波形的不规则性 全谐波畸变(THD)

在空载额定电压和额定转速时，其线电压波形全谐波畸变应不超过5%。

5.27 定子绕组三相直流电阻允许偏差

定子绕组在冷态下，各相或各分支直流电阻之差在排除由于引线长度不同而引起的误差后应不超过其最小值的1.5%。

5.28 冷却器

除非另有规定，冷却器的进水温度按33℃。

冷却器设计水压对空气冷却器不小于0.17 MPa(表压)。试验压力为1.5倍最大设计压力，历时15 min。

如果冷却器水压由压力比冷却器设计压力高的水源经阀门或减压装置控制，冷却器应按水源压力设计，试验水压为水源压力的1.5倍，水源压力值应由用户提供。

带两个或两个以上冷却器的发电机，冷却器应设计成如其中一个冷却器因故而停止运行时，发电机至少应能带2/3(或者双方商定的其他比例)的额定负荷连续运行，此时电机有效部分的温度不超过允许值，且冷却气体的进风温度可高于设计值。

注：在冷却水中加化学品如盐或乙二醇会影响冷却性能。

5.29 轴承出油温度和轴瓦温度的限值

轴承出油温度不超过65℃，轴瓦温度报警值不超过80℃。

5.30 发电机各部分检温

5.30.1 定子绕组检温

每相定子绕组层间至少应埋置1支检温计。这些检温计应与被冷却物良好接触，检温计在满足电气要求的情况下尽可能靠近线圈出风口。

5.30.2 定子铁心检温

在预计的定子铁心热点应埋置检温计，其数量不少于3个。

5.30.3 冷却介质检温

在发电机的两端冷风区各装1个电阻温度计。

在发电机的热风区装1个检温计。

5.30.4 **轴承检温**

各轴承上均应装置测量出油温度的温度计，并在出油管上设有视察窗。在轴瓦上还必须具备安装遥测温度和极限信号设施的可能性。

5.31 **失磁运行**

发电机失磁后应在60 s内将负荷降至60%，90 s内降至40%，总的失磁运行时间不超过15 min。

5.32 **试验检查项目和验收规则**

除非另有规定，本标准中试验项目所涉及的试验方法见GB/T 1029。

5.32.1 制造厂型式试验和检查试验项目

*a) 绕组、埋置电阻检温计和绕组相间及轴承等对地的绝缘电阻测定见GB/T 20160；

*b) 绕组和电阻检温计在实际冷状态下直流电阻的测定；

*c) 定子铁心磁化试验；试验方法和限值见GB/T 20835；

*d) 转子动平衡和超速试验，见GB/T 11348.1；

*e) 耐电压试验见JB/T 6204；

*f) 转子匝间绝缘状态判定，见JB/T 8446；

*g) 定子绕组接头采用锡焊结构的电机应按JB/T 8991进行检测；

*h) 空载特性的测定；

*i) 稳态短路特性的测定；

j) 效率测定；

k) 突然短路机械强度试验(参见5.18)；

l) 全电压谐波畸变的测定；

m) 电抗和时间常数的测定；

*n) 短时升高电压试验；

*o) 无励磁时的一般机械检查，并测定轴承油温和振动值；

p) 噪声测定见GB 10069.1；

q) 温升试验(在安装地点进行)；

*r) 短时过电流试验；

s) 额定励磁电流和电压调整率的测定(在安装地点进行)；

*t) 定子绕组端部手包绝缘施加直流电压的测量，见DL/T 596。

注：带*的为检查试验项目。

5.32.2 电机开箱后，安装前由订货方、制造厂、安装单位共同进行清洁度检查以确认机内无异物存在。

5.32.3 安装后交接试验项目见GB 50150，至少应包括：

a) 绕组、埋置电阻检温计、轴承对地绝缘的绝缘电阻的测定；

b) 绕组和电阻检温计在实际冷态下直流电阻的测定；

c) 空载特性和稳态短路特性的测定；

d) 耐电压试验，试验电压为附录D表D.1规定值的80%；

e) 短时升高电压试验；

f) 发电机冷却系统试验；

g) 测量轴电压；

h) 机械检查、测定轴承油温、轴承振动；

i) 转子匝间绝缘状态判定；

j) 同[5.32.1中的*t)项]。

5.32.4 产品合格证

制造厂产品质量管理部门在电机出厂时作出检查结论，填入产品合格证。产品合格证与电机一起装箱。

5.33 铭牌、出品编号

5.33.1 电机铭牌

电机铭牌应标明项目如下：

a) 产品名称；

b) 制造厂名；

c) 产品标准；

d) 电机型号；

e) 制造厂出品编号；

f) 接线法；

g) 出品年月；

h) 额定频率(Hz)；

i) 额定容量(MVA)；

j) 额定功率(MW)；

k) 额定定子电压(V 或 kV)；

l) 额定定子电流(A 或 kA)；

m) 额定功率因数($\cos\varphi$)；

n) 额定励磁电流(A)；

o) 额定转速(r/min)；

p) 绝缘耐热等级/使用等级。

5.33.2 出品编号

出品编号应打印在汽端联轴器端的转子端面上。

5.34 装箱、运输、保管

5.34.1 装箱及运输

根据不同需要，有两种不同的装箱等级：一般包装和密封包装。长时间海运和在湿热气候下运输时，定、转子应采用密封包装或有防潮措施。运输时应根据国家、行业标准中有关规定妥善包装，良好固定，以防止在运输过程中发生滑移和碰坏。在包装箱的适当位置应有下列标记（其图形应符合GB/T 191的规定）：

a) 产品名称和型号；

b) 毛重和净重(kg 或 t)；

c) 制造厂名、地址；

d) 收货单位和到站；

e) 注意事项及其他标记等。

5.34.2 保管

对转子表面应采取防锈措施。电机各种进、出口法兰应妥善封盖。最低保管温度为5℃，低于5℃时应采取措施。

5.35 成套供货范围

见附录A(资料性附录)。

5.36 备品备件

见附录B(资料性附录)。

5.37　随机安装图样及技术文件

见附录C(资料性附录)。

5.38　保证期

在用户按本标准和安装使用维护说明书的规定正确地使用与存放的情况下，制造厂应保证发电机在使用的一年内，但从制造厂起运的日期始不超过二年的时间内能良好地运行。两条件以先到为准，在此规定的时间内，如电机因制造质量不良而发生损坏或不能正常工作时，制造厂应无偿地为用户修理(或更换)零件(或电机)。

5.39　可靠性

如供需双方认为有必要时可在合同内规定产品可靠性指标。新机投运一年后应进行全面检查。发电机的设计使用寿命必须不小于30年。

附 录 A
（资料性附录）
成套供货范围

发电机供货范围应按合同执行，应包括以下各项。

A.1 发电机本体。

A.2 励磁机（如交流励磁机还应带整流装置）或自励系统的整流变压器和整流装置。

A.3 励磁机到集电环的电缆或母线。

A.4 自动调节励磁装置。

A.5 自动灭磁和转子过电压保护装置（无刷励磁系统除外）。

A.6 直流励磁机的磁场变阻器和强行励磁装置（如果用直流励磁机的话）。

A.7 冷却器（如果有需要）。

A.8 拆装时所需的特殊工具（对每个电站同型机只在第一台发货时供给一套）。

A.9 备品和备件（见附录 B）。

A.10 安装图样及技术文件（附录 C）。

测量轴承座振动的拾振器（VPU）由拖动机制造厂提供。联轴器一般由拖动机制造厂提供。如订货方所需的成套范围与上述规定有差异可由订货方和制造厂另行商定。

附 录 B
（资料性附录）
备品和备件

备品和备件应按合同确定，但应包括以下各项。

B.1 对有刷励磁电机每台供刷盒 2 个，电刷 1/2 台份。

B.2 发电机每种轴瓦各 1 个。

附　录　C
（资料性附录）
随机安装图样及技术文件

随机安装图样及技术文件由供需双方合同确定，但应包括以下项目。

C.1　产品合格证2份，包括下列测量和试验检查记录：

a)　定、转子绕组的直流电阻值；

b)　绕组对地及相间的绝缘电阻值；

c)　耐电压试验结果(包括直流耐压数据)；

d)　空载特性；

e)　稳态短路特性；

f)　损耗和效率(可提供同型电机型式试验值)；

g)　转子超速试验记录；

h)　埋置检温计的检查记录；

i)　冷却器的水压记录；

j)　定子铁心磁化试验记录；

k)　不同转速下，励磁绕组的交流阻抗。

C.2　产品说明书。

C.3　装箱明细表。

C.4　产品图样每台供应2份，但每个电站同一规格机组第一台供应3份，每份应包括下列图样：

a)　安装、外形图；

b)　总装图；

c)　定子装配图；

d)　定子绕组接线图；

e)　转子装配图；

f)　轴承装配图；

g)　电机测温装置布置图；

h)　冷却器装配图。

C.5　励磁系统的图纸文件另供。

附 录 D
（规范性附录）
同步发电机耐电压试验限值及温升限值

本标准正文中引用了GB 755—2000《旋转电机 定额和性能》如下部分：

表 D.1 交流工频耐电压试验值

项 号	电 机 部 件	试验电压(有效值)
1	定子绕组	1 000 V +2 倍额定电压
2	磁场绕组	额定磁场电压 350 V 及以下： 10 倍额定磁场电压，最低为 1 500 V
3	励磁绕组主回路内的电器组件	额定磁场电压 350 V 及以下： 10 倍额定磁场电压，最低为 1 500 V

表 D.2 发电机温升限值

部 件	测量位置和测量方法	冷却介质为40℃时的温升限值(K)
定子绕组	槽内上下层线圈间埋置检温计法	85
转子绕组	电阻法	90
定子铁心	埋置检温计法	80
集电环	温度计法	80
不与绕组接触的铁心及其他部件	这些部件的温升在任何情况下都不应达到使绕组或邻近的任何部位的绝缘或其他材料有损坏危险的数值	

ICS 03.100.30
A 02

中华人民共和国国家标准

GB/T 21664—2008

工 作 抽 样 方 法

Working sampling methods

2008-04-23 发布

2008-07-01 实施

中华人民共和国国家质量监督检验检疫总局
中国国家标准化管理委员会 发布

前　言

本标准的附录 A、附录 D 为资料性附录，附录 B、附录 C 为规范性附录。

本标准由中华人民共和国劳动和社会保障部提出。

本标准由全国劳动定额定员标准化技术委员会归口。

本标准起草单位：劳动和社会保障部劳动工资司、中国劳动学会劳动标准专业委员会、中国北方车辆集团公司。

本标准主要起草人：汪志洪、王文有、吴宝良、郑蜀洪、刘福文。

本标准首次制定。

引　言

为充分发挥劳动定额定员工作在企业管理的基础作用，本标准规定了劳动定额定员工作中的工作抽样方法及要求。

应用《工作抽样方法》标准制定劳动定额定员标准更具有规范性、准确性、合理性、适用性和先进性。它对促进企业管理、增强企业竞争能力，提高工作效率、劳动生产率，降低产品成本和提高经济效益将起到积极作用。

工 作 抽 样 方 法

1 范围

本标准规定了工作抽样、应用范围、工作抽样程序、方法及要求。

本标准适用于工作时间消耗过程中采用工作抽样方法分析研究时间消耗情况及制定劳动定员定额。

2 规范性引用文件

下列文件中的条款通过本标准的引用而成为本标准的条款。凡是注日期的引用文件，其随后所有的修改单(不包括勘误的内容)或修订版均不适用于本标准，然而，鼓励根据本标准达成协议的各方研究是否可使用这些文件的最新版本。凡是不注日期的引用文件，其最新版本适用于本标准。

GB/T 14163—1993 工时消耗分类、代号和标准时间构成

3 工作抽样方法应用范围和条件

3.1 应用范围

3.1.1 工作改善

a) 研究时间消耗的构成比例，分析劳动者在劳动过程中各类时间消耗的构成比例；

b) 分析工时消耗和浪费的原因，改进工时利用和消除工时损失；

c) 分析研究各岗位工作负荷情况，调整岗位负荷量和人员配备比例，为进一步调整组织机构及合理的人员配备提供依据；

d) 调查工作班内各类设备的利用情况，研究设备开动状况，为合理组织生产提供依据。

3.1.2 制定时间定额和产量定额

根据劳动过程中各类定额时间的消耗比例和完成的产量，制定时间定额、产量定额。

3.2 应用条件

a) 适用于观察对象相对集中的生产、工作场所；

b) 需要得到生产工作场所的管理者和被观察对象的配合，维持原有的生产工作状态；

c) 观察人员必须经过事先的培训，熟悉活动事项分类，掌握工作抽样的方法、要领。

4 工作抽样方法及要求

4.1 抽样前的准备

4.1.1 确定观察项目

观察项目根据抽样项目确定。

4.1.2 观察项目分类

项目确定后，随即按工时消耗分类方法确定对观察项目的分类，其工时消耗代号应符合GB/T 14163—1993 的规定。

4.1.3 确定必要的观察次数

必要的观察次数是根据抽样调查时规定的绝对误差或相对误差而定。采用绝对误差时，必要的观察次数按公式(1)计算；采用相对误差时，必要的观察次数按公式(3)计算。

$$N = \frac{4P_y(1-P_y)}{E^2} \qquad \cdots\cdots(1)$$

式中：

N——必要的观察次数；

P_y——事项发生率；

E——绝对误差。

$$E = P_y S \quad \cdots\cdots(2)$$

式中：

S——相对误差。

$$N = \frac{4(1-P_y)}{S^2 P_y} \quad \cdots\cdots(3)$$

事项的发生率(P_y)开始是通过较少的预备抽样或估计获得。随观察次数的不断增加，需按一定的时间间隔不断计算 P_y 值，直到计算的 P_y 值基本稳定为止。

绝对误差、相对误差在1%、3%、5%、10%时，P_y 值对应的 N 值见附录B。

4.1.4 确定观察时刻

4.1.4.1 确定必要的巡回观察次数

工作抽样适应观察众多观察对象，例如：对车间全部操作工人进行观察，去现场作一次巡回，可以获得许多次观察。

巡回观察的总次数(K)按公式(4)计算。

$$K = N/m \quad \cdots\cdots(4)$$

式中：

m——一次巡回观察对象数。

4.1.4.2 确定计划观察工作日数

每工作日安排的巡回次数除以巡回观察的总次数(K)，便得到计划观察工作日数。例如：必要巡回观察总次数为100次，一名观察员一工作班内巡回观察25次，则计划用4个工作班时间完成全部观察。

4.1.4.3 确定观察时刻。方法有：

a) 不等间隔观察时刻

——查表法：可用附录C中确定观察时刻的随机时刻表。

——用卡片抽取：抽样前准备一套按一定时间间隔作成的卡片，间隔时间应大于巡回一次所需时间。卡片使用前应充分混合，根据要求确定巡回观察次数，随意从卡片中抽取相应的张数，然后，将抽出的卡片按时间顺序排列出来，便是一张随机观察的时刻表。

b) 等间隔观察时刻

第一次观察时刻是随机的，其方法同上。以后各次观察时刻是按一定时间间隔确定。例如：每隔10 min、15 min观察一次。

4.1.5 确定巡回路线

巡回路线可选"Z"形、环行、直线形等，因为观察次数多，走的路线又长，为了便于观察，应预先研究并确定最佳路线。

4.1.6 制定表格

制定《工作抽样观察记录表》、《工作抽样结果汇总表》，格式见附录A。

4.2 观察记录

按预先规定的观察时刻和巡回路线进行巡视。当观察人员到达固定的观察位置时，立即将每一瞬间看到的作业活动事项，用代号记录在《工作抽样观察记录表》上。

4.3 整理分析

4.3.1 填写结果汇总表

每工作日观察终止，将一工作日观察结果汇总，填写到《工作抽样结果汇总表》。

4.3.2 计算事项发生率

按公式(5)计算每工作日观察事项的发生率：

$$P_s = \frac{\text{事项发生次数}}{\text{一工作日的全部观察次数}} \times 100\% \quad \cdots\cdots (5)$$

4.3.3 剔除异常值

在完成全部观察次数后，利用公式(6)对抽样数据进行检验。当事项发生率控制界限 P_L 大于上控制值或小于下控制值时，属异常值，予以剔除。

$$P_L = \overline{P}_s \pm 3\sqrt{\frac{\overline{P}_s(1-\overline{P}_s)}{n}} \quad \cdots\cdots (6)$$

式中：

P_L——事项发生率控制界限；

n——每工作班观察次数；

$\overline{P}_s$——按工作日计算平均事项发生率。

4.3.4 验算抽样误差

根据剔除不正常数据后进行的观察次数和事项发生率计算抽样误差，计算出的抽样误差小于或等于事先规定的误差，则可行；大于事先规定的误差，则要继续进行抽样观察，直至满足条件为止。可靠度为 95%时抽样误差计算公式如下：

$$E = 2\sqrt{\frac{P_y(1-P_y)}{N}} \quad \cdots\cdots (7)$$

$$S = 2\sqrt{\frac{(1-P_y)}{NP_y}} \quad \cdots\cdots (8)$$

式中：

P_y——事项发生率。

4.3.5 写书面结论或报告

按抽样的目的，根据抽样结果推断出总体，写成书面结论或报告。

附 录 A
（资料性附录）
工作抽样表

A.1 工作抽样观察记录表

表 A.1 工作抽样观察记录表

观察对象	设备名称		设备型号	工序		编号 No-
序号	分类（组）					
	第一组		第二组		第三组	
	观察时刻	时间消耗代号	观察时刻	时间消耗代号	观察时刻	时间消耗代号

A.2 工作抽样结果汇总表

表 A.2 工作抽样结果汇总表

观察日期	第一天	第二天	第三天	第四天	第五天	合计	事项发生率%
观察项目	观察结果						

附 录 B
（规范性附录）
事项发生率 P_y 值对应的 N 值

表 B.1 事项发生率 P_y 值对应的 N 值　　单位为次

P_y%	E				S			
	10%	5%	3%	1%	1%	3%	5%	10%
	N_e				N_s			
1	4	16	44	396	3 960 000	440 000	158 400	39 600
2	8	32	87	678	1 960 000	217 778	78 400	13 600
3	12	47	130	1 164	1 293 000	143 704	51 720	12 934
4	16	62	171	1 536	960 000	106 667	38 400	9 600
5	19	76	211	1 900	760 000	84 445	30 400	7 600
6	23	92	251	2 256	626 667	69 630	25 067	6 267
7	26	102	290	2 604	531 429	59 048	21 257	5 315
8	30	118	327	2 944	460 000	51 112	18 400	4 600
9	33	131	364	3 267	404 444	44 939	16 178	4 045
10	36	144	400	3 600	360 000	40 000	14 400	3 600
11	40	157	435	3 916	323 636	35 960	12 945	3 237
12	43	169	470	4 224	293 333	32 593	11 733	2 934
13	46	181	503	4 524	267 692	29 744	10 708	2 677
14	48	193	535	4 816	245 714	27 302	9 829	2 458
15	51	205	567	5 100	226 667	25 186	9 067	2 267
16	54	216	598	5 376	210 000	23 334	8 400	2 100
17	57	226	627	5 644	195 294	21 700	7 812	1 953
18	59	236	656	5 904	182 222	20 247	7 289	1 823
19	62	246	684	6 156	170 526	18 948	6 821	1 706
20	64	256	711	6 400	160 000	17 778	6 400	1 600
21	67	266	738	6 636	150 476	16 720	6 019	1 505
22	69	275	763	6 884	141 818	15 758	5 673	1 419
23	71	284	787	7 084	133 913	14 880	5 357	1 340
24	73	292	811	7 296	126 667	14 074	5 067	1 267
25	75	300	834	7 500	120 000	13 334	4 800	1 200
26	77	308	856	7 696	113 346	12 650	4 554	1 139
27	79	316	876	7 884	108 148	12 016	4 326	1 092
28	81	323	896	8 061	102 857	11 429	4 114	1 029
29	83	330	916	8 236	97 931	10 882	3 917	980
30	84	337	934	8 400	93 333	10 371	3 733	934
31	86	343	951	8 556	89 032	9 893	3 561	891
32	88	349	968	8 704	85 000	9 445	3 400	850
33	89	354	983	8 844	81 212	9 024	3 249	813
34	90	360	998	8 976	77 647	8 628	3 106	777
35	91	365	1 012	9 100	74 286	8 254	2 971	743
36	92	369	1 024	9 216	71 111	7 902	2 844	712
37	93	373	1 036	9 324	88 108	7 568	2 724	682
38	94	377	1 048	9 421	65 263	7 252	2 611	653
39	95	381	1 058	9 516	62 564	6 952	2 503	626
40	96	384	1 067	9 600	60 000	6 667	2 400	600
41	97	387	1 076	9 676	57 561	6 396	2 302	576
42	97	390	1 083	9 744	55 238	6 138	2 210	553
43	98	392	1 090	9 804	53 203	5 892	2 121	531
44	99	395	1 096	9 856	50 909	5 657	2 036	510
45	99	397	1 100	9 900	48 889	5 431	1 956	489
46	99	398	1 104	9 936	46 957	5 218	1 878	470
47	100	399	1 108	9 964	45 106	5 012	1 804	452

表 B.1（续）

单位为次

P_y%	E				S			
	10%	5%	3%	1%	1%	3%	5%	10%
	N_e				N_s			
48	100	400	1 110	9 984	43 333	4 815	1 733	434
49	100	400	1 111	9 996	41 633	4 626	1 665	417
50	100	400	1 111	10 000	40 000	44 445	1 600	400
51	100	400	1 111	9 996	38 431	4 271	1 537	385
52	100	400	1 109	9 984	36 923	4 103	1 477	370
53	100	399	1 107	9 964	35 472	3 942	1 419	355
54	100	398	1 104	9 936	34 074	3 786	1 363	341
55	99	397	1 100	9 900	32 727	3 637	1 309	328
56	99	395	1 095	9 856	31 429	3 493	1 257	315
57	98	392	1 090	9 804	30 175	3 353	1 207	302
58	98	390	1 083	9 744	28 966	3 219	1 159	290
59	97	387	1 076	9 676	27 797	3 089	1 112	278
60	96	384	1 067	9 600	26 667	2 963	1 067	267
61	96	381	1 058	9 516	25 574	2 842	1 023	256
62	95	377	1 048	9 424	24 516	2 724	981	246
63	94	373	1 036	9 324	23 492	2 611	940	235
64	93	369	1 024	9 216	22 500	2 500	900	225
65	91	365	1 012	9 100	21 538	2 394	862	216
66	90	360	998	8 976	20 606	2 290	824	207
67	89	354	983	8 844	19 701	2 190	788	198
68	88	349	968	8 704	18 824	2 092	753	189
69	86	343	951	8 556	17 971	1 997	719	180
70	84	337	934	9 440	17 143	1 905	686	172
71	83	330	916	8 236	16 338	1 916	654	164
72	81	323	896	8 064	15 556	1 729	622	156
73	79	316	876	7 884	14 795	1 644	592	148
74	77	308	856	7 696	14 054	1 562	562	141
75	75	300	834	7 500	13 333	1 482	533	134
76	73	292	811	7 396	12 632	1 404	505	127
77	71	284	788	7 084	11 948	1 328	478	120
78	69	275	763	6 864	11 282	1 254	451	113
79	67	266	738	6 636	10 633	1 182	425	107
80	64	256	712	6 400	10 000	1 112	400	100
81	62	246	684	6 156	9 383	1 043	375	94
82	59	236	656	5 904	8 780	976	351	88
83	57	226	628	5 644	8 193	911	328	82
84	54	216	598	5 376	7 619	847	305	77
85	51	208	567	5 100	7 059	785	282	71
86	49	193	536	4 816	6 512	724	261	66
87	46	181	503	4 524	5 977	665	239	60
88	43	169	470	4 224	5 455	607	218	55
89	40	157	436	3 916	4 944	550	198	50
90	36	144	400	3 600	4 444	494	178	45
91	33	131	364	3 276	3 956	440	158	40
92	30	118	328	2 944	2 478	387	139	35
93	26	102	290	2 604	3 011	335	120	31
94	23	92	251	2 256	2 553	284	102	26
95	19	76	212	2 000	2 105	234	84	22
96	16	62	171	1 516	1 667	186	67	17
97	12	47	130	1 164	1 237	138	50	13
98	8	32	88	784	816	91	33	9
99	4	16	44	396	404	45	16	4

注：① N_e 绝对误差计算的必要观察次数。
② N_s 相对误差计算的必要观察次数。

附　录　C
（规范性附录）
确定观察时刻的随机时刻表

C.1　随机时刻表

C.1.1　最小时间间隔为 5 min 的随机时刻表(见表 C.1)。

C.1.2　最小时间间隔为 10 min 的随机时刻表(见表 C.2)。

C.2　随机时刻表的使用方法

C.2.1　在“时刻代号”栏内,将数字大于巡回观察次数的代号所对应的时刻去掉。

C.2.2　结合时间安排,按顺序号排列,形成观察时刻表。

C.2.3　使用实例:

某日,对白班工作的操作工进行抽样。工厂规定,上午八时至十二时,下午十四时至十八时为工作时间。根据计算,在一个工作班内需巡回观察 10 次。假设从表 C.2 中随机选择第二组来确定观察时刻,则从第二组时刻代号栏内,将数字大于 10 的各栏对应的时刻去掉,然后按顺序号的顺序排列,形成的观察时刻是 9:22、9:39、10:20、10:54、14:15、14:40、16:02、16:52、17:05、17:42。

表 C.1　最小时间间隔为 5 min 的随机时刻表　　单位为分钟

组别	1		2		3		4		5		6		7		8		9		10	
序号	时刻代号	时刻	时刻代号	时刻	时刻代号	时刻	时刻代号	时刻	时刻代号	时刻	时刻代号	时刻	时刻代号	时刻	时刻代号	时刻	时刻代号	时刻	时刻代号	时刻
1	9	0:11	20	0:04	18	0:08	40	0:14	3	0:05	12	0:08	19	0:12	27	0:07	36	0:15	31	0:08
2	24	0:30	31	0:09	8	0:29	16	0:19	11	0:18	37	0:21	22	0:25	39	0:19	6	0:27	18	0:30
3	39	0:37	34	0:18	14	0:38	25	0:31	28	0:30	33	0:37	4	0:34	23	0:33	7	0:36	40	0:41
4	34	0:47	18	0:28	17	0:53	2	0:44	24	0:39	22	0:51	31	0:47	4	0:43	31	0:49	29	0:50
5	11	1:00	16	0:35	12	1:02	6	0:57	5	0:51	7	1:00	33	0:59	29	0:54	30	1:03	16	1:00
6	8	1:15	1	0:46	36	1:09	1	1:07	26	1:01	11	1:12	11	1:10	5	1:06	15	1:13	7	1:12
7	23	1:32	15	0:59	28	1:20	34	1:26	22	1:13	5	1:23	34	1:20	11	1:18	34	1:26	15	1:24
8	32	1:40	12	1:12	13	1:29	36	1:39	25	1:27	23	1:35	18	1:30	36	1:31	33	1:37	5	1:36
9	38	1:48	28	1:24	16	1:36	21	1:50	18	1:38	30	1:47	1	1:48	40	1:40	5	1:49	37	1:44
10	5	2:02	19	1:38	38	1:45	26	2:01	8	1:50	19	1:55	20	2:00	6	1:58	17	2:02	39	1:54
11	4	2:12	7	1:57	7	1:57	11	2:13	35	2:02	1	2:06	23	2:09	13	2:06	18	2:14	32	2:02
12	13	2:20	32	2:06	32	2:09	29	2:22	1	2:11	28	2:19	27	2:18	33	2:18	35	2:27	30	2:13
13	27	2:30	3	2:17	30	2:20	15	2:35	6	2:25	8	2:34	21	2:30	7	2:34	26	2:40	35	2:25
14	20	2:39	14	2:29	24	2:22	9	2:48	30	2:39	34	2:42	10	2:41	15	2:41	29	2:55	28	2:34
15	22	2:53	30	2:40	25	2:29	14	3:00	14	2:48	29	2:56	30	2:53	35	2:52	24	3:03	36	2:47
16	15	3:10	37	2:46	29	2:40	35	3:10	37	2:59	16	3:03	16	3:01	28	3:05	23	3:12	4	2:59
17	10	3:19	5	2:58	40	2:53	7	3:19	27	3:11	17	3:11	7	3:11	1	3:19	25	3:25	6	3:11
18	1	3:28	33	3:05	9	3:04	5	3:30	23	3:25	24	3:22	28	3:24	32	3:27	22	3:36	12	3:22
19	18	3:39	9	3:11	22	3:14	3	3:46	15	3:39	9	3:34	8	3:37	24	3:38	14	3:49	27	3:35
20	40	3:46	11	3:25	11	3:21	32	3:52	2	3:50	2	3:45	39	3:48	3	3:50	32	4:03	9	3:47
21	12	3:57	35	3:32	20	3:30	19	4:02	31	4:01	13	4:04	13	3:59	26	4:01	10	4:12	17	3:59
22	21	4:05	24	3:48	5	3:43	30	4:14	12	4:14	4	4:11	35	4:10	19	4:13	2	4:24	24	4:14
23	25	4:14	2	4:00	37	3:55	20	4:24	19	4:25	6	4:25	25	4:24	31	4:27	8	4:44	22	4:28
24	2	4:22	8	4:20	4	4:07	27	4:31	13	4:39	15	4:33	9	4:35	21	4:36	1	4:57	1	4:38

表 C.1（续）

单位为分钟

组别	1		2		3		4		5		6		7		8		9		10	
序号	时刻代号	时刻	时刻代号	时刻	时刻代号	时刻	时刻代号	时刻	时刻代号	时刻	时刻代号	时刻	时刻代号	时刻	时刻代号	时刻	时刻代号	时刻	时刻代号	时刻
25	37	4:33	10	4:35	33	4:28	8	4:46	39	4:50	39	4:46	14	4:43	12	4:49	40	5:08	8	4:49
26	17	4:50	21	4:45	26	4:29	4	4:59	4	4:59	21	4:56	38	4:56	9	5:00	39	5:20	20	5:01
27	29	5:03	23	4:59	3	5:14	28	5:07	16	5:13	14	5:03	3	5:08	17	5:15	21	5:38	34	5:13
28	36	5:12	17	5:08	35	5:26	24	5:19	10	5:24	20	5:14	15	5:22	2	5:26	13	5:45	14	5:24
29	31	5:33	39	5:23	39	5:37	17	5:28	29	5:38	25	5:27	12	5:31	22	5:38	11	5:54	33	5:39
30	16	5:46	40	5:38	31	5:51	12	5:44	20	5:50	18	5:39	36	5:44	37	5:51	27	6:05	23	5:47
31	7	5:55	4	5:50	1	6:02	39	5:52	17	6:03	10	5:50	26	5:55	8	6:03	12	6:19	25	5:58
32	6	6:04	27	6:01	15	6:14	22	6:00	32	6:15	27	6:04	17	6:05	14	6:18	16	6:30	10	6:11
33	26	6:24	22	6:09	27	6:20	33	6:09	21	6:27	38	6:18	24	6:14	25	6:28	28	6:41	2	6:23
34	30	6:31	36	6:26	23	6:35	38	6:23	9	6:38	3	6:30	37	6:27	34	6:39	4	6:54	21	6:35
35	3	6:43	25	6:40	34	6:46	10	6:36	36	6:51	36	6:39	2	6:40	20	6:55	38	7:01	38	6:45
36	33	6:51	38	6:57	19	6:58	18	6:55	33	7:04	40	6:53	29	6:54	18	7:05	19	7:14	11	6:58
37	19	7:05	13	7:20	21	7:06	31	7:08	7	7:14	35	7:05	6	7:01	30	7:15	37	7:23	19	7:10
38	35	7:26	26	7:33	10	7:15	13	7:29	40	7:22	32	7:26	32	7:21	10	7:29	9	7:35	26	7:25
39	28	7:33	29	7:48	2	7:28	37	7:44	28	7:36	31	7:45	40	7:35	36	7:41	20	7:44	3	7:36
40	14	7:45	6	7:56	6	7:49	23	7:55	34	7:50	26	7:53	5	7:49	16	7:52	3	7:56	13	7:50

表 C.2　最小时间间隔为 10 min 的随机时刻表

单位为分钟

组别	1		2		3		4		5		6		7		8		9		10	
序号	时刻代号	时刻	时刻代号	时刻	时刻代号	时刻	时刻代号	时刻	时刻代号	时刻	时刻代号	时刻	时刻代号	时刻	时刻代号	时刻	时刻代号	时刻	时刻代号	时刻
1	7	0:11	18	0:06	26	0:20	6	0:15	19	0:10	14	0:13	11	0:21	8	0:08	30	0:11	16	0:12
2	8	0:30	23	0:17	9	0:38	5	0:29	13	0:22	18	0:35	30	0:34	3	0:25	8	0:30	15	0:30
3	4	0:42	29	0:40	7	0:40	9	0:46	2	0:49	30	0:47	22	0:45	19	0:36	10	0:43	9	0:45
4	25	0:59	21	1:00	12	1:01	22	0:59	28	1:14	20	0:59	24	1:02	21	0:50	27	0:58	19	0:59
5	28	1:16	22	1:15	27	1:16	21	1:14	23	1:28	3	1:17	21	1:14	7	1:07	9	1:16	2	1:16
6	6	1:31	10	1:22	3	1:30	18	1:31	6	1:45	26	1:34	10	1:30	12	1:22	25	1:32	18	1:30
7	5	1:45	2	1:39	16	1:44	23	1:54	25	2:00	29	1:50	14	1:46	9	1:40	22	1:50	20	1:48
8	19	2:00	17	1:53	15	1:57	29	2:10	26	2:17	1	2:03	13	1:59	10	1:52	28	2:09	22	2:01
9	21	2:15	25	2:05	2	2:10	1	2:25	20	2:30	13	2:20	19	2:15	11	2:10	1	2:47	6	2:16
10	30	2:32	6	2:20	22	2:28	27	2:42	11	2:47	5	2:35	6	2:30	30	2:29	15	2:42	26	2:35
11	26	2:50	19	2:38	29	2:41	17	2:58	3	2:58	9	2:55	2	2:42	15	2:45	13	2:54	29	2:50
12	17	3:02	3	2:54	18	3:00	16	3:15	15	3:16	19	3:10	12	2:58	6	3:03	5	3:10	21	3:08
13	12	3:20	16	3:11	1	3:12	3	3:30	30	3:30	22	3:21	4	3:16	26	3:20	6	3:21	7	3:29
14	20	3:38	27	3:30	17	3:30	30	3:48	14	3:44	28	3:39	18	3:32	28	3:40	16	3:35	27	3:58
15	3	3:50	28	3:42	11	3:45	12	4:10	5	3:59	12	3:50	28	3:43	13	3:57	20	3:46	11	4:15
16	11	4:17	14	3:54	10	3:56	24	4:23	9	4:18	21	4:07	5	3:57	2	4:10	29	3:59	17	4:38
17	24	4:31	5	4:15	8	4:13	8	4:38	4	4:32	6	4:25	17	4:17	25	4:28	3	4:17	4	4:50
18	29	4:44	29	4:26	6	4:28	25	4:55	1	4:54	16	4:40	25	4:28	17	4:48	4	4:35	12	5:01
19	16	5:01	8	4:40	21	4:45	26	5:16	17	5:09	10	4:57	29	4:40	20	5:01	14	4:49	25	5:17
20	27	5:15	11	4:57	4	4:58	19	5:27	18	5:27	4	5:11	1	4:59	27	5:12	7	5:03	8	5:30
21	23	5:26	24	5:16	23	5:16	11	5:44	8	5:42	17	5:22	7	5:15	1	5:35	17	5:20	30	5:43
22	13	5:40	30	5:34	20	5:31	13	6:00	16	6:10	23	5:39	27	5:27	22	5:47	26	5:32	13	5:55
23	1	6:00	26	5:50	25	5:58	14	6:14	21	6:24	15	5:58	16	5:35	18	6:00	24	5:49	5	6:07
24	9	6:14	7	6:02	13	6:10	20	6:31	24	6:40	25	6:12	26	5:48	16	6:11	22	6:10	23	6:23
25	2	6:33	12	6:20	24	6:29	7	6:43	12	6:52	11	6:22	3	6:16	4	6:28	19	6:24	3	6:45
26	14	6:47	15	6:38	30	6:42	4	6:58	10	7:03	8	6:39	15	6:30	5	6:44	12	6:36	14	7:00
27	10	7:01	1	6:52	14	6:54	15	7:09	27	7:15	27	6:59	20	6:40	24	6:59	23	6:52	10	7:11
28	15	7:13	4	7:05	19	7:05	10	7:20	29	7:32	24	7:12	23	6:55	23	7:10	21	7:04	28	7:24
29	22	7:31	13	7:28	5	7:24	28	7:38	22	7:44	7	7:24	8	7:18	29	7:29	11	7:17	24	7:38
30	18	7:50	9	7:42	28	7:45	2	7:50	7	7:56	2	7:44	9	7:38	14	7:50	18	7:37	1	7:51

注：① 随机时刻表按一个工作班八小时工作制编制。
② 开始工作前的时刻、休息时间以内的时刻、停止工作以后的时刻都从时刻表中取消。
③ 表 C.1、表 C.2 分别适用于在一个工作班内最多选择 40、30 个时刻。

附 录 D
（资料性附录）
工作抽样方法使用

D.1 时间计算公式

D.1.1 作业时间比率 T_{zb}

$$T_{zb}=\frac{T_j+T_f}{N} \qquad \text{(D.1)}$$

式中：

T_{zb}——作业时间比率；

T_j——基本（机动）时间观察次数；

T_f——辅助时间观察次数；

N——总观察次数。

D.1.2 基本（机动）时间比率 T_{jb}

$$T_{jb}=\frac{T_j}{N} \qquad \text{(D.2)}$$

式中：

T_{jb}——基本（机动）时间比率。

D.1.3 辅助时间比率 T_{fb}

$$T_{fb}=\frac{T_f}{N} \qquad \text{(D.3)}$$

式中：

T_{fb}——辅助时间比率。

D.1.4 宽放时间比率 T_{kb}

$$T_{kb}=\frac{T_k}{N} \qquad \text{(D.4)}$$

式中：

T_{kb}——宽放时间比率；

T_k——宽放时间观察次数。

D.1.5 完成系数 T_{wx}

$$T_{wx}=\frac{T_{dx}}{T_{sx}} \qquad \text{(D.5)}$$

式中：

T_{wx}——完成系数，%；

T_{dx}——定额时间，单位为分钟（min）；

T_{sx}——实际消耗时间，单位为分钟（min）。

D.1.6 单件时间 T_d

$$T_d=\frac{T_{zs}\times T_{zb}\times T_{wx}}{N_z}\times(1+T_{kb}) \qquad \text{(D.6)}$$

式中：

T_d——单件时间，单位为分钟（min）；

T_{zs}——总观察时间，单位为分钟（min）；

N_z——观察期间总产量,单位为件。

D.1.7 标准时间 T_s

$$T_s = T_d + \frac{T_{zj}}{N_i} \qquad \cdots\cdots\cdots\cdots(D.7)$$

式中:

T_s——标准时间,单位为分钟(min);

T_{zj}——准备与结束时间,单位为分钟(min);

N_i——批量,单位为件。

D.2 使用示例

示例:某法兰盘零件钻孔工序,孔数3个,钻孔直径ϕ18,设备Z35摇臂钻床,夹具钻模,共4台钻床设备,其准备与结束时间为63 min。批量$N_i=320$件,单件定额时间为16 min。

a) 法兰盘零件钻孔工序工作抽样观察。

b) 对抽样观察项目分类

将观察项目按钻孔过程分为基本(机动)时间、辅助时间、宽放时间。对其观察分析各类时间消耗构成比例,提出改进作业措施,并计算该零件的标准时间。

c) 确定观察次数

抽样前先对4台摇臂钻床进行了50次随机观察,其结果见表D.1。

表 D.1 工作抽样结果汇总表

设备编号	Z35-1	Z35-2	Z35-3	Z35-4	合计	事项发生率%
观察项目	观察结果					
T_j	32	36	33	35	136	68
T_f	13	8	13	9	43	21
T_k	5	6	4	6	21	11
合计	50	50	50	50	200	100

计算观察次数。相对误差$S=\pm5\%$,基本(机动)时间比率$P_y=68\%$。按公式(3)将数据代入得:

$$N=\frac{4(1-P_y)}{S^2P_y}=\frac{4(1-0.68)}{(0.05)^2\times0.68}=753\text{ 次}$$

d) 确定观察时刻

以4台摇臂钻床每台每天观察25次,4台每天共观察100次,计划用8天时间。采用等间间隔观察时刻,其时间间隔为18 min,按附录C的表C.2最小时间间隔为10 min的随机时刻表的序号1横向选择其10个组别的时刻代号得:7、18、26、6、19、14、11、8、30、16。将时刻代号大于11的去掉,其时刻代号为7、6、11、8。得相应4台摇臂钻床工作抽样起点的时间分别为8:11、8:15、8:21、8:08。按其等间间隔观察时刻进行工作抽样(见表D.2)。

表 D.2 工作抽样观察记录表

观察对象	设备名称	摇臂钻床	设备型号	Z35	工序	钻孔	编号 No-	
序号	分类(组)							
	第一组		第二组		第三组		第四组	
	观察时刻	时间消耗代号	观察时刻	时间消耗代号	观察时刻	时间消耗代号	观察时刻	时间消耗代号
1	8:11	T_f	8:15	T_j	8:21	T_f	8:08	T_k
2	8:29	T_j	8:33	T_f	8:39	T_j	8:26	T_j

表 D.2（续）

观察对象	设备名称	摇臂钻床	设备型号	Z35	工序	钻孔	编号 No-	
序号	分类（组）							
	第一组		第二组		第三组		第四组	
	观察时刻	时间消耗代号	观察时刻	时间消耗代号	观察时刻	时间消耗代号	观察时刻	时间消耗代号
3	8∶47	T_j	8∶51	T_f	8∶57	T_j	8∶44	T_j
4	9∶05	T_j	9∶09	T_j	9∶15	T_k	9∶02	T_f
5	9∶23	T_f	9∶27	T_j	9∶33	T_j	9∶20	T_j
6	9∶41	T_j	9∶45	T_k	9∶51	T_j	9∶38	T_j
7	9∶59	T_f	10∶03	T_j	10∶09	T_f	9∶56	T_j
8	10∶17	T_j	10∶21	T_f	10∶27	T_j	10∶14	T_j
9	10∶35	T_j	10∶39	T_j	10∶45	T_j	10∶32	T_j
10	10∶53	T_f	10∶57	T_f	11∶03	T_f	10∶50	T_j
11	11∶11	T_j	11∶15	T_j	11∶21	T_j	11∶08	T_k
12	11∶29	T_j	11∶33	T_j	11∶39	T_j	11∶26	T_j
13	11∶47	T_k	11∶51	T_j	11∶57	T_f	11∶44	T_f
14	14∶11	T_j	14∶15	T_j	14∶21	T_j	14∶08	T_j
15	14∶29	T_f	14∶33	T_f	14∶39	T_j	14∶26	T_j
16	14∶47	T_j	14∶51	T_j	14∶57	T_j	14∶44	T_f
17	15∶05	T_j	15∶09	T_j	15∶15	T_f	15∶02	T_j
18	15∶23	T_j	15∶27	T_j	15∶33	T_j	15∶20	T_j
19	15∶41	T_j	15∶45	T_j	15∶51	T_j	15∶38	T_j
20	15∶59	T_j	16∶03	T_f	16∶09	T_j	15∶56	T_f
21	16∶17	T_j	16∶21	T_j	16∶27	T_j	16∶14	T_j
22	16∶35	T_f	16∶39	T_j	16∶45	T_j	16∶32	T_f
23	16∶53	T_j	16∶57	T_j	17∶03	T_k	16∶50	T_j
24	17∶11	T_f	17∶15	T_k	17∶21	T_j	17∶08	T_k
25	17∶29	T_k	17∶33	T_j	17∶39	T_f	17∶26	T_j

e） 确定正常值的界限

对表 D.2 工作抽样观察记录表进行汇总（见表 D.3）。并计算各相关数据及验算抽样误差。

表 D.3 工作抽样结果汇总表

观察工作日期	一	二	三	四	五	六	七	八	合计	事项发生率%
观察项目	观察结果									
T_j	68	68	66	73	67	70	74	65	551	68.9
T_f	23	21	24	15	22	20	18	25	168	21
T_k	9	11	10	12	11	10	8	10	81	10.1
观察次数	100	100	100	100	100	100	100	100	800	100

1) 计算8天摇臂钻床基本(机动)工作率。按4.3.2公式(5)计算,将数据代入得:

$$P_s = \frac{事项发生次数}{全部观察次数} \times 100\% = \frac{551}{800} \times 100\% = 68.9\%$$

2) 计算正常值界限。按公式(6)计算,将数据代入得:

$$P_L = P_s \pm 3\sqrt{\frac{P_s(1-P_s)}{n}} = 0.689 \pm 3\sqrt{\frac{0.689(1-0.689)}{800}} = 0.689 \pm 0.049$$

正常值界限上限 $L=0.689+0.049=0.738$

正常值界限下限 $L=0.689-0.049=0.64$

3) 由表D.3的工作抽样结果汇总表,8天的观察结果大部分在正常值界限内,只有第七天超出了范围0.74>0.738,应予以剔除,剔除异常值后重新计算 P_s 值。按4.3.2公式(5)计算,将数据代入得:

$$P_s = \frac{551-74}{800-100} \times 100\% = 68.14\%$$

相对误差 $S\pm5\%$,其观察次数为:

$$N = \frac{4(1-P_s)}{S^2 P_s} = \frac{4(1-0.681\,4)}{(0.05)^2 \times 0.681\,4} = 748 次$$

实际观察次数大于计算次数,即800次>748次,满足条件要求。

4) 验算抽样误差。按公式(7)计算绝对误差,代入数据得:

$$E = 2\sqrt{\frac{P_s(1-P_s)}{N}} = 2\sqrt{\frac{0.681\,4(1-0.681\,4)}{800}} = 0.033$$

按5.3.4公式(8)计算相对误差,代入数据得:

$$S = 2\sqrt{\frac{(1-P_s)}{NP_s}} = 2\sqrt{\frac{(1-0.681\,4)}{800 \times P0.681\,4}} = 0.048$$

5) 根据抽样误差的验算,计算抽样的绝对误差小于确定的绝对误差。即:±0.033<0.05;计算抽样的相对误差小于确定的相对误差。即:±0.048<0.05。证明抽样结果满足抽样的要求。无需提出改进措施。通过基本(机动)时间对时间消耗构成比率及抽样误差验算,推断总体时间、辅助时间、宽放时间比率,完全符合要求。

f) 计算标准时间。

已知:定额时间 $T_d=16$ min;实际消耗时间 $T_{dx}=14$ min

计算作业时间比率 $T_{zb} = \frac{T_j + T_f}{N} = \frac{551+168}{800} = 0.899$

计算宽放时间比率 $T_{kb} = \frac{T_k}{N} = \frac{81}{800} = 0.101$

计算完成系数 $T_{wx} = \frac{T_{dx}}{T_{xx}} = \frac{16}{14} = 1.14$

每工作日观察8小时 $T=480$ min;每工作日平均完成零件数 $N=38$ 件。

计算单件时间 $T_d = \frac{T_{zs} \times T_{zb} \times T_{wx}}{N_z} \times (1+T_{kb}) = \frac{480 \times 0.899 \times 1.14}{38} \times (1+0.101) = 14.3\ \text{min}$

计算标准时间 $T_s = T_d + \frac{T_{zj}}{N_i} = 14.3 + \frac{63}{320} = 14.5\ \text{min}$

比原定额提高了 $\frac{T_{dx}-T_s}{T_{dx}} \times 100\% = \frac{16-14.5}{16} \times 100\% \approx 9.4\%$

ICS 11.180
C 45

中华人民共和国国家标准

GB/T 21665—2008/ISO 16021:2000

尿吸收辅助器具 从使用者和护理者的角度评价一次性成人失禁用尿吸收辅助器具的基本原则

Urine-absorbing aids—Basic principles for evaluation of single-use adult-incontinence-absorbing aids from the perspective of users and caregivers

(ISO 16021:2000,IDT)

2008-04-24 发布　　2008-07-01 实施

中华人民共和国国家质量监督检验检疫总局
中国国家标准化管理委员会　发布

前　言

本标准等同采用ISO 16021:2000《尿吸收辅助器具——从使用者和护理者的角度评价一次性成人失禁用尿吸收辅助器具的基本原则》(英文版)。

本标准由中华人民共和国民政部提出。

本标准由全国残疾人康复和专用设备标准化技术委员会(SAC/TC 148)归口。

本标准起草单位:国家康复辅具研究中心、国家康复器械质量监督检验中心、福建省假肢中心。

本标准主要起草人:马凤领、王保华、杨文兵、刘俊玲。

引　言

本标准给出了成人使用者和护理者对成人用一次性贴身尿吸收辅助器具进行用户评价的基本原则，为使用者了解产品使用性能提供指导，以指导使用者购买性能各异的产品和(或)为提出赔偿要求时提供依据。

本标准主要给出了对实际使用中单个产品评价的基本原则。根据每个产品特性和(或)用于评价的试用人群确定的准确评价协议可能不完全相同，但是，如果对多个产品进行评价，本评价程序也适用于每个产品。

对多个产品评价取得的试用者评价数据进行比较，统计非常复杂，主要取决于评价所需信息、产品间差异和评价中试用者总人数三个重要因素。本标准不包含根据统计参数对产品进行直接比较。

不同产品间做鲁棒性(robust)统计比较时，需向医学统计人员征求意见，这是最基本的，如，应征集的评价对象数量和不同产品评价的随机排序。

本标准参照法国国家标准 Q34-019《妇女儿童用一次性卫生和失禁用品在使用条件下的检验方法》和英国伦敦大学失禁产品评价网的"失禁产品评价协议"制定。

本标准是通过试用者对不同尿吸收辅助器具产品进行评价，取得有关产品性能有用信息的大量试验和数据的基础上制定的。在使用本标准时，可参照本标准的参考文献。

本标准应结合下列与尿吸收辅助器具相关的标准使用：

GB/T 16932.1—1997　尿吸收器具　第1部分：尿失禁类型的术语(idt ISO 9949-1:1993)

GB/T 16932.2—1997　尿吸收器具　第2部分：产品(idt ISO 9949-2:1993)

GB/T 16932.3—1997　尿吸收器具　第3部分：产品类型的标识(idt ISO 9949-3:1993)

ISO 11948-1　尿吸收辅助器具—第1部分：整品检验

ISO 11948-2　尿吸收辅助器具—第2部分：轻度失禁与低压条件下短时间液体释放(渗漏)的测定

ISO 15621　尿吸收辅助器具—评价的一般指南

尿吸收辅助器具 从使用者和护理者的角度评价一次性成人失禁用尿吸收辅助器具的基本原则

1 范围

本标准确定了组织和实施成人用一次性尿吸收辅助器具用户评价的指导方针，给出了数据采集工具指南。特别是本标准给出了得出和记录使用者、护理者关于产品性能观点的框架。而且，本标准还描述了确定产品渗漏性能、使用时间和存尿量的一种可选方法。

本标准不包含根据统计参数对各产品进行直接比较。

2 术语和定义

本标准采用如下定义。

2.1

护理者 caregiver

帮助使用者使用和更换失禁产品的人。

注：护理者可以是佣人或亲属、朋友。

2.2

伦理委员会 ethics committee

负责审查提出的评价协议以保护评价对象权益的团体，特别是指在公共机构中。

注：评价前需得到伦理委员会的批准。

2.3

评价中心协调员 evaluation center coordinator

在指定中心负责评价的人。

2.4

首席调查员 principal investigator

全面负责评价的人。

2.5

产品 product

失禁者用的贴身尿吸收辅助器具。

注：产品和产品类型详见 GB/T 16932.2 和 GB/T 16932.3。

2.6

产品线 product line

生产商、供应商提供的结构相似、但尺寸或吸收等级等存在差异的同类产品集合。

2.7

使用者 user

使用被评价产品的人。

3 制定评价协议

3.1 问卷

本评价采用一系列问卷，在约定时间收集试用者、护理者对一个或多个失禁用产品性能的观点和意见。补充问卷用于确定试用者年龄、健康状况和失禁严重程度及其他相关信息。

在评价结束时，对调查中问卷记录的每个试用者和每个被测产品信息进行处理，根据试用者满意度，制定每个产品的性能报告。

因评价目的、试用人群、评价地点、产品和感兴趣的特定数据差异大，本标准未给出标准的协议，而是列出了在制定协议时，应考虑的主要问题及如何表述的指南。

问卷的答案应记录在评价报告中(见7)。

注：本标准列出了书面问卷和其他文件应考虑的一些问题。但是，使用本标准时应注意，首先证明对研究内容有用后，再使用本标准。

3.2 产品选取

应对评价的产品(2.5)或产品线(2.6)进行随机选取。为避免从同一批次质量较差的产品中选取而得出不具备典型性结论的影响，应从不同批次的产品中抽样。

3.3 试用者选择

根据生产商销售文件说明的产品功能特性，选取适合于被评价产品的试用人群。

试用者失禁严重程度应与生产商声明的产品吸收率相符。

注1：为使试用者和产品更好地匹配，通过称量若干天内所用尿垫质量，确定评价者对吸收率的要求。

样本量应是不同的终端用户群。因实际情况、要求和优先级通常有区别，应分别从单位或家庭选择试用者，而不是二者都有。

注2：在自己的家里，试用者可单独处理失禁或需要护理者帮助。建议选择可单独处理失禁的试用者或需要护理者帮助的试用者，而不是二者都有。

应书面清楚地说明征集试用者或护理者入选和落选的标准，包括年龄、性别、移动能力、智力、失禁严重程度。

征集试用者时，最基本的是选择标准应明确并严格遵循。

注3：入选标准过严，可保证试验群的同一性，数据分析也简单，但会给征集符合条件的评价者(试验者)的工作加大难度。

3.4 样本量

考虑数据最终用途、时间和可利用的资源后，决定研究所需试用者人数。

注：人数越多，数据越可靠，但是资源消耗也越多。

不同产品间做鲁棒性(robust)统计比较时，应向医学统计人员咨询有关试验对象的数量、数据收集、不同产品测试随机顺序的意见。

3.5 评价周期

应确定被评价产品的评价周期。应给试用者、护理者足够的时间来适应产品并给出性能意见。但是，时间不应过长，以防他们失去兴趣，尤其是对于同一个试用者、护理者对多个产品评价的情况。

注：每个产品的评价周期为1周～2周比较合适。

3.6 产品评价策略

如果同一试用人群对一个以上产品进行评价，最基本的是，试用人群成员间产品测试的顺序应有所不同。

注：因同一病房的不同住院医生在同一时间用不同的产品线是不太实际的，通常在社区比在单位进行要容易。但是，如果是在一个以上单位、病房进行，它们的测试顺序可不同。

如果对同一产品线所有产品(不同的吸收率等级或适用于不同人体尺寸)进行评价，每个试用者对给定产品线的哪些产品进行评价的标准应予以确定。如果对多个产品线进行评价，则所有产品线的适用标准应一致。

4 数据收集工具

4.1 数据要求

数据收集工具包含如下内容、文件：

——人口统计学数据；
——产品性能问卷(所包含的内容示例见表1)；
——尿垫更换日志；
——产品描述数据；
——简式协议(所包含的内容示例见表2)；
——试用者信息表(所包含的内容示例见表3)；
——同意和代理同意书(所包含的内容示例见表4)；
——致试用者家庭医生的形式函(所包含的内容示例见表5)；
——试用者退出书(所包含的内容示例见表6)；

表1　产品性能问卷——可能包括的内容举例

试用者姓名、代码 问卷填写日期 问卷填写人 产品评价周期 产品名称、代码
尿垫固定容易度？ 穿裤子容易度(如穿)？ 尿垫揭除容易度？ 脱裤子容易度(如穿)？ 尿垫隐蔽性(尿垫置于衣服下不易察觉的程度)？ 生产商提供的使用说明书的清楚程度？ 尿垫不渗漏的尿存贮情况？ 使用中尿垫防异味程度？ 尿垫附着性？ 尿垫适配性？ 裤子适配性(如穿)？ 垫芯完整性(未碎成块)？ 尿垫保持皮肤干燥性？ 对尿垫的总体意见？ 对裤子的总体意见(如穿)？

表2　简式协议——包括的内容举例

标　题	内　　　容
介绍	一次性尿垫的定义和对试用者的好处——评价重要性——被评价的产品类型——全权负责评价的人员
目标	——评价...[产品类型] ——根据[如试用者满意度]...描述...[特性] ——制定报告指导...[如产品选择]
试用者选择	入选标准和落选标准解释
产品	被评价的产品品种数量和适用失禁等级
评价中心	选取数量和地区分布(附加说明每个中心应具备一名评价中心协调员监督数据的收集)
评价	问卷和资料册的清单

表 2（续）

标　题	内　　容
方法	评价程序概述
知情同意和允许	程序解释
机密性和匿名性	措施解释
数据分析	查看和分析数据的人员和场所
退出选择权	试用者主动退出或被要求退出研究的协议解释

表 3　试用者信息表——包括的内容举例

标　题	内　　容
介绍	一次性尿垫的定义和评价目的
要求	要求试用者做的工作 要求试用者评价的产品数量 评价所需时间
出现问题时	如果试用者使用某种产品有问题，该怎么办？ 保证试用者可随时退出评价
好处	试用者（和其他人）参与评价的好处？
无需参与	清楚说明被邀参与评价的试用者没有义务必须参与
伦理委员会	批准进行评价的伦理研究委员会的名称
联系方式	评价事项联系人姓名、地址和电话

表 4　同意和代理同意书——包括的内容举例

标　题	内　　容
联系方式	取得试用者、代理人同意书的调查人员姓名、地址和电话
同意参与	同意参与的声明[由试用者（同意）或亲戚或护理者（代理同意）]，同意有关他（她）已阅读评价相关的信息表，了解了足够信息，有机会提出了问题，并得到了满意答复，知道试用者可随时主动退出或被要求退出评价——试用者、代理人和调查人员对声明签署姓名和日期的空隙。
试用者家庭医生的联系方式	记录试用者的家庭医生的姓名和地址——声明试用者、代理人同意调查人员联系其家庭医生（见表 4）——试用者、代理人签署姓名和日期的空隙。

表 5　致家庭医生的形式函——包括的内容举例

标　题	内　　容
介绍	提议的评价要点——负责人、目的、患者（或代理人）已经同意参与的说明
协议	需要患者做的工作的要点，需评价的产品数量，评价周期
伦理委员会	当地伦理研究委员会批准评价的说明
退出	患者可随时自行退出或被要求退出的说明
异议	试用者的家庭医生对患者在指定时间前参与评价提出异议的要求
补充信息	试用者的家庭医生要求获取进一步信息的联系方式
回执	患者的家庭医生不愿意患者参与的说明，填写患者姓名、不愿参与的原因、患者的家庭医生签署姓名和日期

表6 退出书——包括的内容举例

标 题	内 容
试用者信息	记录退出评价的试用者姓名和地址
退出的详细情况	记录退出评价的日期、原因,及记录退出的调查人员、护理人员签署姓名和日期

4.2 人口统计学数据

应制定适合于记录试用人群信息的人口统计学数据表,且包含如下内容:年龄、性别、住址、智力、移动能力、失禁的严重程度和频率、通常使用产品的详细信息等。

4.3 产品性能数据

4.3.1 产品性能问卷

应确定满足特殊需要和目标试用者优先性的产品性能问卷。问卷应包含与目标群体中试用者、护理者相关的所有性能方面的关键问题。

注1:表格制定指导详见ISO 15621。

注2:在英国医院严重失禁患者产品评价的一项研究中所列问题见表1。

问卷应清楚明了,通俗易懂,易于试用者、护理者填写,且便于提取分析用数据。问题措词恰当,避免使用诱导性用语。

问卷中答案可分几个等级,如三级(如,好、能接受、不能接受)或两级(如,满意、不满意)。

产品性能数据收集是由试用者还是护理者或二者共同完成,应予以确定。

如果试用者可以自己表达对产品的意见,应给予鼓励。如果试用者需要护理者帮助决定使用某种产品非常适合,则要求护理者提供有关数据。

不应要求单个护理者完成与大量试用者有关的问卷。如果他们完成了一个以上试用者的问卷,他们应保证所提供的数据与自己护理每个试用者使用该产品的经验有关。应避免他们根据自己对所有试用者的总体护理经验,完成答案一致的多个问卷。

4.3.2 尿垫更换日志

产品性能的其他信息可从尿垫更换日志中得到。如,尿垫使用时间可通过计算记录的尿垫粘、揭时间差确定。同样,尿垫存尿量可通过计算记录的使用前干重和使用后湿重的差值确定。尿垫渗漏情况可使用渗漏等级记录。

每种产品所使用的数量应确定并需记录。不必对每个产品的全部评价过程进行记录。

注1:这里的"渗漏"不是指从试用者的膀胱渗漏,而是指从失禁用产品渗漏到衣物、床上用品或家具。

注2:参考文献[5]和[6]是将渗漏严重程度分三个等级的研究示例。

4.4 产品描述数据

应制定标准的产品描述数据表,记录被评价产品的相关信息,如,产品所用材料、结构、尺寸、干重的详细信息。

4.5 其他书面材料

评价前,有必要取得伦理委员会(2.2)的批准。可能包括如下文件:

——简式协议;

——试用者信息表;

——同意书(用于可代表自己表示同意参与的试用者);

——代理同意书(用于不能代表自己表示同意参与的试用者的亲属、护理者);

——致试用者家庭医生的形式函;

——试用者退出书。

注1:见表2~表6。

注2:有些伦理委员会不经常集会,得到评价批准可能需要一定时间。

5 试用者试验程序

5.1 前期研究

首先对用于评价的所有问卷、表格和相关书面材料进行初步研究，检查是否清楚明了，并核查试用者、护理者的相关资料，确定是否与评价中收集数据的试用者、护理者相同。再根据他们的意见对文件做必要的修改。

5.2 准备

任命的首席调查员(2.4)全面负责评价。如果试用者从不同地区征集，则各地应任命1名评价中心协调员(2.3)，对本地的评价负责。在单一地区进行评价，首席调查员和评价中心协调员通常应是同一个人。

应根据所需数量规定征集试用者、护理者。考虑到中途会有人退出评价，通常实际参与研究的人数要比规定的数量多。

如果主要靠护理者提供数据，不能确保每个试用者都拥有一个固定护理者。则希望每个护理者最好只代表1个或2个试用者做汇报。

如果必要，每个评价地区应取得伦理委员会的批准，申请文件见4.5。

应取得试用者、护理者的同意书、代理同意书，根据需要应通知试用者的家庭医生(见4.5和表5)。

被评价的所有产品的数量应满足需求。

问卷和其他文件的份数应满足需求。

6 数据收集

6.1 人口统计学数据

每个试用者(或护理者)应填写人口统计学数据表(见4.2)。

6.2 产品性能数据

6.2.1 产品性能问卷

每个产品评价周期结束时，每个试用者、护理者应填写产品性能问卷(见4.3.1和表1)。

如果试用者、护理者在评价周期内对一个产品线的多种产品进行了评价(如，白天1个，晚上又1个)，应对每个产品分别填写1份产品性能表。

6.2.2 尿垫更换日志

如果产品渗漏，应收集尿垫质量和(或)使用时间数据，护理者(或为试用者)填写每个产品整个或部分评价周期内尿垫更换日志。对于在单位进行的评价，最好有一名监督员负责协助护理者填写日志。尿垫称重通常最好由1或2名受过训练的助手进行。

通过从湿重中扣除干重估算每个尿垫的存尿量。如果需对多个产品称重，较为简单的方法是，取若干个产品(比如说，从不同产品包装箱取出大约10个)干重平均值更为简单，而不是记录每个评价产品的干重。

产品使用时间的计算由尿垫粘、揭时间差得出。

6.3 试用者退出书

退出评价的试用者应填写退出书。

6.4 产品描述数据

为每个产品、产品线填写产品描述数据表。

6.5 其他数据

如果必要，还需提供简式协议、试用者信息表、同意书和代理同意书、致试用者家庭医生的形式函(见4.5和表2～表5)。

7 评价报告

评价报告应包含下列内容：

a） 参照标准为本标准；

b） 根据产品描述数据表，对被评价的每个产品线进行描述（见 4.4）；

c） 生产商关于每个产品、产品线的适用人群和使用说明的书面文件（见 3.2 和 3.3）的复印件；

d） 被评价产品的来源地登记；

e） 评价协议描述，应根据简式协议（4.4），包括如下内容：

——所采用的数据收集工具（见 4），

——每个产品、产品线的评价周期（见 3.5），

——每个试用者评价的不同产品、产品线数量（3.2）；

f） 如果被评价的产品线不止一种产品（见 3.6）

——确定指定试用者使用产品类型的标准（见 3.3），

——产品评价顺序（见 3.6）；

g） 根据人口统计学数据表对试用者进行描述；

h） 参与评价的试用者总人数（见 3.3 和 3.4）；

i） 评价每个产品、产品线的试用者人数（见 3.3 和 3.4）；

j） 征集试用者的入选和落选标准（见 3.3）；

k） 试用者居住环境，如，疗养院或自己家里；

l） 每个试用者评价前使用的常用产品，给出产品名称和生产商、供应商名称（见 3.3）；

m） 根据产品性能数据收集工具给出产品性能报告（见 4.3）；

n） 退出评价的试用者人数和退出原因（见 4.5 和表 6）。

参 考 文 献

[1] BAINTON, D., BLANNIN, J. B., SHEPHARD, A. M. Pads and pants for urinary incontinence, *British Medical Journal*, 1982, 285:419-420.

[2] BEBER, C. R. Incontinent, *American Journal of Nursing*, 1980-03:483-484.

[3] BOULTON, S. W., KAZEMI, M. J. Evaluating disposable briefs. *American Journal of Nursing*, 1984-11:1412 and 1439.

[4] CLANCY, B., MALONE-LEE, J. G. Reducing the leakage of body-worn incontinence pads. *Journal of Advanced Nursing*, 1991, 16:187-193.

[5] COTTENDEN, A. M., LEDGER, D. J. Predicting the leakage performance of bodyworn disposable incontinence pads using laboratory tests. *Journal Biorned. Eng.*, 1993-05, 15:212-220.

[6] COTTENDEN, A. M., DEAN, G. E., BROOKS, R. J. Predicting the leakage performance of small disposable incontinence pads using laboratory tests. *Med. Eng. Phys.*, 1997, 19 (6):556-571.

[7] DAWSON, B., WILKINSON, E. Ward based comparison of two continence care products. *Care-Science and Practice*, 1988, 6(4):105-106.

[8] FADER, M. J., BARNES, K. E., COTTENDEN, A. M., MALONE-LEE, J. G. Incontinence garments: results of a DHSS study, *Health Equipment Information*, 1986:159.

[9] JOURNET, C. DHSS aids assessment programme: *Incontinence aids for handicapped children*. HMSO. 1981.

[10] KELLY, L. S. Incontinence: cost effective management in a psychogeriatric ward. *British Journal of Geriatric Nursing*, 1982-09/10: 9-10.

[11] MACKIN, B., WEBB, T. Evaluating bodyworn continence pads. *Nursing Standard*, 1990, 4(19): 36-39.

[12] MALONE-LEE, J. G., MCCREERY, M., EXTON-SMITH, A. N. A community study of the performance of incontinence garments. DHSS Aids Assessment Programme, HMSO. 1982.

[13] MERRETT, S., ADAMS, L., JORDAN, J. Incontinence research provide some answers. *Australian Nurses Journal*, 1988, 18(2): 17-18.

[14] ORR, J., BLACK, E. A boost to morale. *Nursing Mirror*, 1982-07-14, 155(2): 36-41.

[15] SHEPHERD, A. M., BLANNIN, J. P. A clinical trial of pants and pads used for urinary incontinence. *Nursing Times*, 1980-06-05:1015-1016.

[16] TAM, G., KNOX, J. G., ADAMSON, M. A cost-effectiveness trial of incontinence pants. *Nursing Times*, 1978-07-20: 1198-1200.

[17] TURNER, G. N. An evaluation of the usefulness of an incontinence aid incorporating a wetness indicator. *British Journal of Clinical Practice*, 1987, 41 (8):876-878.

[18] WATSON, A. C. A trial of Mö lnycke pants and diapers. *Nursing Times*, 1980-06-05: 1017-1019.

[19] WATSON, A. Kanga pads on trial. *Nursing Mirror*, 1983-08-10:48-50.

ICS 11.180
C 45

中华人民共和国国家标准

GB/T 21666—2008/ISO 15621:1999

尿吸收辅助器具　评价的一般指南

Urine-absorbing aids—General guidance on evaluation

(ISO 15621:1999，IDT)

2008-04-24 发布　　2008-07-01 实施

中华人民共和国国家质量监督检验检疫总局
中国国家标准化管理委员会　发布

前　言

本标准等同采用 ISO 15621:1999《尿吸收辅助器具——评价的一般指南》(英文版)。

本标准由中华人民共和国民政部提出。

本标准由全国残疾人康复和专用设备标准化技术委员会(SAC/TC 148)归口。

本标准起草单位:国家康复辅具研究中心、国家康复器械质量监督检验中心、福建省假肢中心。

本标准主要起草人:马凤领、王保华、杨文兵、刘俊玲。

引　言

本标准对失禁者使用的尿吸收辅助器具的检验方法做了总体介绍，应在进行其他标准规定的具体检验程序前阅读。本标准给出了检验方法的总体原则，目的是：

a) 为试用者明确特定检验，对尿吸收辅助器具基本检验方法进行简介；

b) 详细给出所有或大多数检验共有的总体要求、检验程序、检验结果解释；

c) 为不同检验在检验要求、程序和结果解释方面提供充分指导，以便选择最适当的检验程序，解决特定问题。

本标准包括 ISO 11948.1《尿吸收辅助器具——第1部分：整品检验》、ISO 11948.2《尿吸收辅助器具——第2部分：轻度失禁与低压条件下短时间液体释放（渗漏）的测定》中规定的检验方法。

GB/T 16932《尿吸收器具》所有部分给出的术语作为本领域工作的一般指南。

尿吸收辅助器具　评价的一般指南

1　范围

本标准给出了评价尿吸收辅助器具方法的一般指南和采用其他标准或已公布的检验程序的适用情况。

2　术语和定义

本标准采用如下定义。

2.1

尿吸收辅助器具　urine - absorbing aids

含尿吸收材料的产品。

3　尿吸收辅助器具的评价

3.1　解决方案

3.1.1　问题说明

无论是个人购买或医院大宗采购，选取最好的尿吸收辅助器具是一件复杂的事情，相当重要的原因是使用者和购买者需求不同，且这些需求的优先次序也不同。

3.1.2　实验室检验

实验室检验为产品评价提供切实可行的方法，监测产品与标准的一致性和符合性，对所有可供检验的一系列产品进行对比研究。实验室检验可在短时间内对各种产品进行检验，而且许多实验室检验给出了再现性结果。但是，在应用实验室的检验结果推断实际性能时应谨慎。

而且，预测有关尿吸收辅助器具产品性能人为因素的实验室检验方法，如舒适性或使用方便，尚未制定，而检验很可能会非常困难。

3.1.3　使用者试用检验

另一种知情选择的方法是使用者试用。但非常耗时，成本又高，对所有可提供的产品试用是不切实际的。除非使用者试用组织和实施合理，否则易造成误导。

而且，从一组人群中得出的检验结果推断看起来类似的另一组人群的检验结果是非常困难的。此外，使用者试用检验结果很快会过期。产品不断更新换代，则不断有新产品需要评价。

从可提供的各种产品中选取满足特定需求的产品的最好方法是，实验室检验和使用者试用(临床检验)相结合。特定使用者选取产品的试用有效性常常是选取成功与否的最终标志。但是，实验室检验和已公布的其他使用者试用积累的经验也会有很大帮助。

大量尿吸收辅助器具试用检验结果已经公布数年(见参考文献)。其中大多数产品现在已经找不到了。但是，可以从中得到一些宝贵指导。首要的观点是：

没有哪个试用检验可确认某种产品对所有使用者都适用。

个人喜好、需求优先性和环境各不相同，都需要考虑进去，尿吸收辅助器具品种齐全，是选取最适合个人的产品的前提。但是，以已公布的试用检验结果为基础，列出产品选取通常应考虑的因素，是可行的。

3.2　产品选取中应考虑的重要因素

注：这些因素不是独立的，而是相互联系的。

3.2.1 失禁的严重性、频率和性质

患者遗尿量、频率、警戒程度。

有些人只是偶尔少量遗尿，小的尿吸收辅助器具就足够满足需要。而有些人可能一次遗尿量大，足以警示应及时就近入厕。他们可能认为在自己家中完全没必要使用尿吸收辅助器具(因为他们随时做好了入厕准备)，但是如果在室外，就需要吸收性能好的尿吸收辅助器具。符合这些人要求的尿吸收辅助器具需能在各种情况下迅速吸收、分布尿液于尿吸收辅助器具材料中，同时可以存贮尿液。

3.2.2 独立性/生活方式

手灵活性、移动能力、智力、帮助可供性、所需活动和其他与产品使用者相关的变量，均对使用者选取产品有影响。而且，从产品粘、揭的工效学因素角度讲，用完即弃的特性也是一个优先考虑的问题。

通常，可随时自行更换尿吸收辅助器具的人比依靠护理者更换的人使用的尿吸收辅助器具要小。而且，他们的生活方式决定了他们大部分时间都要奔波在外，如商务或社会事务，这些人需要认真考虑如何方便地携带、丢弃尿吸收辅助器具和清洗衣物。这些因素会影响他们选取产品。一些失禁患者宁愿使用性能稍差的可自行更换的产品，而不愿使用需要在他人帮助下使用的性能较好的产品。

3.2.3 粘、揭难易度

尿吸收辅助器具粘、揭难易程度，对于护理者和移动功能或手灵活性差的失禁患者来说非常重要。一些产品与尿吸收材料接触不好，很难揭去，尤其对于护理者来说，是件不愉快的事。

3.2.4 牢固性

如果在失禁时，尿吸收辅助器具滑离，吸收性再好的产品，作用也是有限的。贴身短裤和衬垫通常固定性好，尿垫贴在贴身内衣或胶条上。整过形的产品比有棱角的产品牢固性要好。胶条、松紧带、遮盖带牢固性和设计形态(带式三角裤、无带三角裤)是产品选取中应重点考虑的因素。

3.2.5 正常性和显露度

失禁患者希望生活尽可能正常，如，他们希望在穿着方面不受限制。有些人想穿紧身衣，展示自己的身材，他们选用不易显露的非常小的尿吸收辅助器具。尽管小尿吸收辅助器具比易显露的大尿吸收辅助器具的泄漏可能性大，但他们更喜欢用显露度小的尿吸收辅助器具。有些人对邻居发现自己晾在后院晾衣绳上的失禁用内衣非常敏感。

显露度的另一方面是噪音：使用者在走动时，尿吸收辅助器具是否会发出沙沙的声响。

显露度还包括气味。担心气味比担心使用时穿戴的显露更甚。大部分气味来源于已经散发到家具和衣物的尿腐臭味。因此，减小气味最好的方法是使用渗漏尽可能小的尿吸收辅助器具。有些尿吸收辅助器具含除臭物质，但是还没有公布证据证明其性能更好。

3.2.6 无渗漏

渗漏尽可能小是尿吸收辅助器具最基本的要求，理想情况是无渗漏。但是，实际上渗漏是不可避免的。尿吸收辅助器具称重数据显示(见[8]，参考文献)，即使患者的大量尿液进入尿吸收辅助器具(比方说350 mL)，而渗漏量通常也是很少的(一般小于100 mL)。轻湿润剂显示，最坏和正常的情况下遗尿量比相似。因此，可贮存最坏情况下尿量需要用的尿吸收辅助器具比平常使用的尿吸收辅助器具要大和贵好多。

为使用便宜的、体积小和(或)不太显露的尿吸收辅助器具，不同的人可承受的尿吸收辅助器具渗漏严重程度和频率不同。

性质和特征影响无泄漏特性，如吸收率、吸收速度、存储率、湿背性、适配性、形状、弹性物质、遮盖带。

湿度计可帮助护理者判定什么时候该更换尿吸收辅助器具，以减小渗漏和对皮肤的损伤。

3.2.7 舒适性

舒适性很难定义，但是几乎所有失禁患者都一致认为，某些尿吸收辅助器具比其他的舒适。通常，可保持皮肤干燥的尿吸收辅助器具比不能保持皮肤干燥的尿吸收辅助器具要舒适；形状适配使用者的尿吸收辅助器具比强迫使用者去适应的要舒适;使用中垫芯不碎裂的尿吸收辅助器具比碎裂的要舒适;表面光滑的尿吸收辅助器具比粗糙的要舒适;整过形的尿吸收辅助器具比有棱角的要舒适。

失禁裤的大面积防水部分通常会汗湿,产生不适感。除非使用透气防水材料。

3.2.8 皮肤健康

皮肤健康是个复杂的问题,特定尿吸收辅助器具与皮肤之间的相互作用因人而异。通常,越舒适的尿吸收辅助器具对皮肤损伤越小。

3.2.9 产品安全法

可能会有适用于尿吸收辅助器具的国家法律、规范、标准等。鼓励本标准的使用者参考任何适用的文件、法规等。

3.2.10 环境

尿吸收辅助器具制造和处理对环境的影响在最近几年已经得到高度重视。一些购买者特别希望购买对环境影响最小的产品。

尿吸收辅助器具环境检查应从产品"生产到废物处理"整个循环过程考虑,包括原材料制造、成品制造和用后处理。能源和材料消耗、废物处理和运输、包装也是重点考虑的事项。但量化存在一定困难。

3.2.11 成本

尿吸收辅助器具的成本没必要与其总体使用经济学挂钩。例如,如果渗漏较多,弄脏的衣物和床上用品数量增加,导致洗衣成本增高。在医院,也会增加每个尿吸收辅助器具更换所需工时。

但是,有人认为,由于渗漏少,尿吸收辅助器具需要检查和更换次数相对少,所以可节约成本。

有证据表明,在医院,尿吸收辅助器具更换是按照病房惯例进行;在社区,是根据个人生活习惯更换的。健康经济学工具(数据分析和数据管理系统)已经被证明是测算总成本的一个有效工具。

3.3 检验选择

通过使用者试用评价产品时,应重点考虑的事项已经在3.1.3中讨论。其结论是,通过单个检验或试用,不能确定某种产品可满足某个失禁者的要求。

无渗漏是清楚表明实验室检验具有一定作用的一个因素,为此,制定ISO 11948-1和ISO 11948-2。但是,尽管这些标准在评价尿吸收辅助器具渗漏性能中非常好,但它们也只能测量尿吸收辅助器具性能中的一项,虽然是非常重要的一项,也不应该作为判断的唯一依据。

通过实验室检验进行尿吸收辅助器具评价,似乎与3.2中描述的其他因素无关(目前)。所以,在制定试用评价的标准检验协议时,应充分考虑3.2中的所有因素。

参 考 文 献

[1] GB/T 16932.1 尿吸收器具　第1部分:尿失禁类型的术语 (ISO 9949-1,IDT)

[2] GB/T 16932.2 尿吸收器具　第2部分:产品的术语 (ISO 9949-2,IDT)

[3] GB/T 16932.3 尿吸收器具　第3部分:产品类型的标识 (ISO 9949-3,IDT)

[4] ISO 11948-1, *Urine-absorbing aids—Part 1: Whole-product testing*.

[5] ISO 11948-2, *Urine-absorbing aids—Part 2: Determination of short-time fiquid release (leakage) performance under conditions of light . incontinence and Iow pressure*.

[6] BAINTON, D., BLANNIN, J. B., SHEPHERD, A. M. Pads and pants for urinary incontinence. *British Med. J.*, 1982, 285:419-420.

[7] CLANCY, B., MALONE-LEE, J. G. Reducing the leakage of body-worn incontinence pads. *J. Adv. Nursing*, 1991, 16:187-193.

[8] COTTENDEN, A. M., LEDGER, D. J. Predicting the leakage performance of bodyworn disposable products using laboratory tests. *J. Biomed. Eng.*, 1993, 15: 212-220.

[9] FADER, M. J., BARNES, K. E., COTTENDEN A. M., MALONE-LEE, J. G. Incontinence garments: results of a DHSS study. *Health Equipment Information*, (1986): 159.

[10] FADER, M. J., BARNES, K. E., COTTENDEN, A. M., MALONE-LEE, J. G. Choosing the right garment. *Nursing Times*, 1987-04-15:78-85.

[11] HANLEY, J., BEVERIDGE, M., AITKEN, C., DICK, T., PRESCOTT R., HUNTER, J. Clinical trial of incontinence garments: recognition of the possible influence of the Hawthorne effect. *Clin. Rehab.*, 1988, 2: 285-290.

[12] JOUMET, C. Incontinence aids for handicapped children. DHSS aids assessment programme, HMSO. 1981.

[13] MALONE-LEE, J. G., MCCREERY, M., EXTON-SMITH, A. N. A community study of the performance of incontinence garments. *DHSS aids assessment programme*, HMSO. 1982.

[14] MERRETT, S., ADAMS, L., JORDAN, J. Incontinence research provides some answers. *Austral Nurses J.*, 1988, 18(2): 17-18.

[15] PHILIP, J., BUTCHERS, D., COTTENDEN, A. M. Are you sitting comfortable?. *Nursing Times*, 1989, 85(7): 68-72.

[16] PHILIP, J., BUTCHERS, D., COTTENDEN, A. M. Absorbing facts. *J. District Nursing*, 1989-08: 5-8.

[17] PHILIP, J., BUTCHERS, D., COTTENDEN, A. M. Pads for people. *J. District Nursing*, 1989-09: 4-6.

[18] PROUDFOOT, L. M. , F, E. S. , MCINTOSH, J. B. Testing incontinence pads using single-case research designs. *British J. Nursing*,1994, 3(7):316-324.

[19] SHEPHERD, A. M. , BLANNIN, J. P. A clinical trial of pants and pads used for urinary incontinence. *Nursing Times*,1980-06-05:1015-1016.

ICS 13.020.01
Z 04

中华人民共和国国家标准

GB/T 21667—2008

二手货品质鉴定通则

General rules of the second-hand goods qualification

2008-04-18 发布 2008-10-01 实施

中华人民共和国国家质量监督检验检疫总局
中国国家标准化管理委员会 发布

前　　言

本标准由中国标准化研究院和中国旧货业协会共同提出。

本标准由国家商务部归口。

本标准起草单位：中国标准化研究院、中国旧货业协会、中国再生资源回收利用协会、中商科学技术信息研究所、中商集团经济合作有限公司、利康金桥旧电脑市场。

本标准主要起草人：林翎、覃业竣、杨殿宗、陈煜、孙玉、富鸿钧、冯家驳、高东峰。

二手货品质鉴定通则

1 范围

本标准规定了二手货、二手货业务等术语和定义、二手货的分类、品质鉴定方法和品质保证。

本标准适用于销售的二手货。

不得作为二手货经营的物品:赃物、犯罪工具以及涉嫌违法的其他物品,法律、行政法规明令禁止经营和特许经营的其他物品。

2 规范性引用文件

下列文件中的条款通过本标准的引用而成为本标准的条款。凡是注日期的引用文件,其随后所有的修改单(不包括勘误的内容)或修订版均不适用于本标准,然而,鼓励根据本标准达成协议的各方研究是否可使用这些文件的最新版本。凡是不注日期的引用文件,其最新版本适用于本标准。

GB/T 7635.1 全国主要产品分类与代码 第1部分:可运输产品

3 术语和定义

下列术语和定义适用于本标准。

3.1

二手货 second-hand goods

具有部分或全部原有使用价值,转手他人,可再使用的物品。

注:也称为旧货。

3.2

二手货业务 second-hand goods business

二手货流通过程中的收购、运输、检测、鉴定、评估、维护、简单修复、二次包装、销售、经营管理、信息服务等相关业务。

3.3

二手货行业 second-hand goods sector

从事二手货业务以及科学研究等活动的法人及自然人的总和。

3.4

二手货品质 second-hand goods qualification

包括二手货的安全性、卫生性、环保性、可再使用性等基本保证。

3.5

二手货品质鉴定 second-hand goods qualify

通过对二手货的安全、卫生、环保、可使用等方面的要求进行检验的过程。

4 分类

按GB/T 7635.1的规定进行。

5 品质鉴定方法

5.1 感官鉴定法

凭借人的感觉器官进行鉴定的一种方法。

5.2 调查研究法

通过追踪二手货的来源，查询相关的档案资料，获得有关信息，进行综合分析，评价二手货的一种方法。

5.3 实际试用观察法

在实际试用中观察评价二手货使用质量的一种方法。

5.4 理化鉴定法

利用各种仪器、器械和试剂等手段来测试二手货特性的一种方法，主要有化学法、物理法、机械性能测试法、光电性能测试法、生物法等。

6 品质保证

6.1 经过鉴定符合有关要求的二手货，应粘贴统一的标识。

6.2 二手货经营者对二手货进行维护、简单修复、二次包装后，应承担其约定期限内质量、安全、环境和健康风险的责任。

6.3 对使用中可能存在安全、环境和健康风险的二手货需用合同或其他文件加以说明。

ICS 43.160
T 59

中华人民共和国国家标准

GB 21668—2008

危险货物运输车辆结构要求

Provisions of vehicle for the carriage of dangerous goods with regard to their specific constructional features

2008-04-21 发布　　　　2008-11-01 实施

中华人民共和国国家质量监督检验检疫总局
中国国家标准化管理委员会　发布

前　言

本标准的全部技术内容为强制性的。

本标准对应于欧洲经济委员会 ECE R105：2000《危险货物运输汽车特定结构的统一规定和型式认证规定》和 ADR：2003《危险物品道路国际运输欧洲协定》的有关内容。本标准与 ECE R105：2000 以及 ADR：2003 一致性程度为非等效。

本标准的附录 A 和附录 B 为规范性附录。

本标准由中国机械工业联合会提出。

本标准由全国汽车标准化技术委员会归口。

本标准起草单位：汉阳专用汽车研究所、江西制氧机厂、中国质量认证中心、机械工业专用汽车产品质量检测中心、国家汽车质量监督检验中心（襄樊）、中国重型汽车集团有限公司、扬州通华半挂车有限公司。

本标准主要起草人：吴跃玲、潘俊兴、李国美、杜娟、黄小枚、李福军、刘洪庆。

危险货物运输车辆结构要求

1 范围

本标准规定了危险货物运输车辆的结构要求。

本标准适用于运输危险货物的N类和O类车辆及由N类车辆和一辆O类车辆组成的列车。

2 规范性引用文件

下列文件中的条款通过本标准的引用而成为本标准的条款。凡是注日期的引用文件,其随后所有的修改单(不包括勘误的内容)或修订版均不适用于本标准,然而,鼓励根据本标准达成协议的各方研究是否可使用这些文件的最新版本。凡是不注日期的引用文件,其最新版本适用于本标准。

GB 3836.1 爆炸性气体环境用电气设备 第1部分:通用要求(GB 3836.1—2000,eqv IEC 60079-0:1998)

GB 3836.2 爆炸性气体环境用电气设备 第2部分:隔爆型"d"(GB 3836.2—2000,eqv IEC 60079-1:1990)

GB 3836.3 爆炸性气体环境用电气设备 第3部分:增安型"e"(GB 3836.3—2000,eqv IEC 60079-7:1990)

GB 3836.4 爆炸性气体环境用电气设备 第4部分:本质安全"i"(GB 3836.4—2000,eqv IEC 60079-11:1999)

GB 3836.9 爆炸性气体环境用电气设备 第9部分:浇封型"m"(GB 3836.9—2006,IEC 60079-18:2004,IDT)

GB 4208 外壳防护等级(IP代码)(GB 4208—1993,eqv IEC 529:1989)

GB/T 4606 道路车辆 半挂车牵引座50号牵引销的基本尺寸和安装、互换性尺寸(GB/T 4606—2006,ISO 337:1981,IDT)

GB/T 4607 道路车辆 半挂车牵引座90号牵引销的基本尺寸和安装、互换性尺寸(GB/T 4607—2006,ISO 4086:2001,IDT)

GB/T 4781 道路车辆 50毫米牵引杆挂环的互换性(GB/T 4781—2006,ISO 1102:2001,IDT)

GB 6944 危险货物分类和品名编号

GB 12268 危险货物品名表

GB/T 13880 道路车辆 牵引座互换性(GB/T 13880—2007,ISO 3842:2001,IDT)

QC/T 446 鞍式牵引车牵引座

3 术语和定义

下列术语和定义适用于本标准。

3.1

危险货物 dangerous goods

按GB 6944分类,并在GB 12268中列名的危险货物(以下简称货物)。

3.2

EX/Ⅱ型车辆 EX/Ⅱ type vehicles

用于运输配载限额符合附录A中序列Ⅱ规定之爆炸性货物的车辆。

3.3

EX/Ⅲ型车辆　EX/Ⅲ type vehicles

用于运输配载限额符合附录A中序列Ⅲ规定之爆炸性货物的车辆。

3.4

FL型车辆　FL type vehicles

用于运输闪点不高于61℃之液体或用于运输易燃气体的车辆，其载货容器为车载罐或罐式集装箱，容器的容积大于3 m^3。

3.5

OX型车辆　OX type vehicles

用于运输稳定的过氧化氢或其水溶液（浓度大于60%）的车辆，其载货容器为车载罐或罐式集装箱，容器的容积大于3 m^3。

3.6

AT型车辆　AT type vehicles

载货容器与FL型和OX型车辆相同的非FL型和OX型车辆。

4 要求

4.1　车辆结构除应符合本标准规定的要求外，还应符合国家有关标准、法规的要求。

4.2　EX/Ⅱ、EX/Ⅲ、FL、OX、AT型车辆应满足附录B中对应条款项目的规定。

4.3　电气装置

4.3.1　导线

4.3.1.1　导线应有足够的截面积以防止过热，且应可靠绝缘。所有电路均应设置保险丝或自动断路器予以保护，但下述电路部分除外：

a）从蓄电池到冷启动及发动机停机系统；

b）从蓄电池到交流发电机；

c）从交流发电机到保险丝或断路器盒；

d）从蓄电池到起动机；

e）从蓄电池到电气或电磁式缓速制动系统的控制箱；

f）从蓄电池到提升桥轴之平衡臂轴的电气提升机构。

上述未被保护的电路应尽可能短。

4.3.1.2　导线应布置合理并固定可靠，使之足以防止机械应力和热应力的损伤。

4.3.2　电源总开关

4.3.2.1　开关的安装位置应尽量靠近蓄电池。

4.3.2.2　驾驶室内应设置用于电源总开关开、闭操作的控制装置。该控制装置应安装在易于操作的位置并设置清晰标记，并应设置能防止误操作的保护装置；也可安装符合上述要求的辅助控制装置。

4.3.2.3　开关盒应符合GB 4208规定的IP65防护等级的要求。

4.3.2.4　开关上的线束接头应符合GB 4208规定的IP54防护等级的要求，但如这些接头设置在蓄电池箱内，则只需采取可靠绝缘措施以防止其短路即可。

4.3.3　蓄电池

4.3.3.1　蓄电池接线端子应采取可靠的绝缘保护措施或用绝缘的蓄电池箱盖住。蓄电池应置于开有通气孔的箱内，除非其安装位置在发动机罩之下。

4.3.4　常通电电路

4.3.4.1　电源总开关断开后仍保持通电的电气装置，包括其引线的环境适应性应满足GB 3836.1规定的通用要求，以及GB 3836.2、GB 3836.3、GB 3836.4、GB 3836.9相对应的附加要求。

4.3.4.2 不经过电源总开关而直接接通蓄电池的线路应采取可靠的过热保护措施。

4.3.5 驾驶室后部的电气装置

在车辆正常使用情况下驾驶室后部的电气装置应不会短路或产生火花，并且在受到冲击或发生变形时这类危险能降到最低程度，特别是：

a) 导线布置应有防碰撞、防腐蚀及磨损的保护措施。但防抱死制动系统的传感器电缆不需额外的保护；

b) 禁止使用螺口灯泡；

c) 牵引车与挂车之间的电气接头满足 GB 4208 规定的 IP54 防护等级的要求，且应具有防止意外断接的功能。

4.4 防火

4.4.1 驾驶室

4.4.1.1 驾驶室结构材料应为不易燃材料。内饰材料应满足 GB 8410 的要求。

4.4.1.2 若驾驶室由易燃材料制成，则应在驾驶室后部设置一与货厢同宽的金属保护板。驾驶室后部的所有窗口均应封闭且密封，玻璃和窗框均应为耐火材料。货厢与驾驶室后壁或保护板间距不得小于 150 mm。

4.4.2 燃油箱

4.4.2.1 万一发生泄漏，漏出的燃油应能直接排向地面，而不会触及车辆的热部件或货厢。

4.4.2.2 汽油箱的加注口应设置可靠的阻火器或设置气密封的加注口盖。

4.4.3 发动机

4.4.3.1 发动机及排气系统应合理布置，使其能防止发热和火花危及货物。EX/Ⅱ和 EX/Ⅲ型车辆的发动机应设置于货厢之前并与货厢保持足够的距离或设置隔热构件，确保发动机的散热不会危及货物。

4.4.4 排气管

4.4.4.1 排气管的布置应能避免加热和点燃货物。排气管与油箱的净距离至少为 100 mm，或采用隔热措施隔离两者。

4.4.5 缓速器

4.4.5.1 在驾驶室后部装有缓速制动系统的车辆，应在该系统与货厢(罐)之间设置隔热层。该隔热层必须既能防止缓速制动系统发热危及货物，又能防止货物泄漏危及该系统本身。

4.4.6 燃油加热器

4.4.6.1 燃油加热器及其排气管路应合理设计、布置并设置隔热保护装备，以防止其发热危及货物。加热器的燃油箱和排气系统应分别符合 4.4.2 和 4.4.4 的要求。

4.4.6.2 出现下述 3 种情况之一时，加热器就应能停止运行：

a) 通过安装在驾驶室内的手动开关人为地关闭；

b) 汽车发动机停机——此种情况下，驾驶员应能通过手动开关重新启动加热器；

c) 启动车辆上的货物驳运泵时。

4.4.6.3 加热器停止工作后，允许存在后燃循环。但对于 4.4.6.2 中 b)和 c)情况下停止工作的加热器，须设有能在停止后 40 s 内切断燃烧空气供应的装置。加热器中的换热部件必须具有耐受 40 s 后燃循环的能力。

4.4.6.4 加热器的启、闭开关必须是手动的。禁止任何程序化控制装置。

4.4.6.5 加热器禁止燃用气体燃料。

4.5 限速器

4.5.1 最大总质量大于 12 t 的 N 类车辆应配备限速装置。限速装置的调定速度不得大于 90 km/h。

4.6 挂车的连接

4.6.1 牵引车与半挂车耦合的牵引座和牵引销座应分别符合 QC/T 446、GB/T 13880 和 GB/T 4606、GB/T 4607 的要求。

4.6.2 牵引车与全挂车耦合装置应符合 GB/T 4781 的要求。

附　录　A
（规范性附录）
配载限额序列表

表 A.1　配载限额序列表

单位为千克

货物类别 / 序列号	1.1		1.2	1.3	1.4		1.5 和 1.6	未经清洗的空包装
	1.1A	其他			1.4S	其他		
Ⅱ	6.25	1 000	3 000	5 000	不限	15 000	5 000	不限
Ⅲ	18.75	16 000	16 000	16 000	不限	16 000	16 000	不限

附　录　B
（规范性附录）
五种车辆技术条件要求对应一览表

表 B.1　五种车辆技术条件要求对应一览表

技术要求条款	车辆型式				
	EX/Ⅱ型	EX/Ⅲ型	AT型	FL型	OX型
4.3.1		√	√	√	√
4.3.2.1		√		√	
4.3.2.2		√		√	
4.3.2.3				√	
4.3.2.4		√		√	
4.3.3	√	√		√	
4.3.4.1				√	
4.3.4.2		√			
4.3.5		√		√	
4.4.1.1	√	√			
4.4.1.2					√
4.4.2	√	√		√	√
4.4.3	√	√		√	√
4.4.4	√	√		√	
4.4.5		√	√	√	√
4.4.6.1,4.4.6.2,4.4.6.5	√	√	√	√	√
4.4.6.3,4.4.6.4				√	
4.4.6.6	√	√			
4.5	√	√	√	√	√
4.6	√	√			

ICS 35.040
L 71

中华人民共和国国家标准

GB 21669—2008

信息技术　维吾尔文、哈萨克文、柯尔克孜文编码字符集

Information technology—Uyghur, Kazak and Kirghiz coded character set

2008-04-11 发布　　　　2008-09-01 实施

中华人民共和国国家质量监督检验检疫总局
中国国家标准化管理委员会　发布

前　言

本标准的全部技术内容为强制性。

本标准的附录 A～附录 J 是规范性附录，附录 K 是资料性附录。

本标准由全国信息技术标准化技术委员会提出并归口。

本标准起草单位：新疆大学、新疆维吾尔自治区民族语言文字工作委员会、新疆维吾尔自治区质量技术监督局、中国电子技术标准化研究所。

本标准主要起草人：吾守尔·斯拉木、何正安、依米提·艾则孜、吐尔逊·巴克、亚森、艾尔肯·伊米尔、瓦依提·阿不力孜、马克来克·玉买尔拜、陈壮、代红。

信息技术 维吾尔文、哈萨克文、柯尔克孜文编码字符集

1 范围

本标准规定了信息技术用的维吾尔文、哈萨克文、柯尔克孜文的字符图形及其二进制编码的十六进制表示。

本标准适用于维吾尔文、哈萨克文、柯尔克孜文图形字符信息的处理、交换、存储、传输、显现和输入。

2 规范性引用文件

下列文件中的条款通过本标准的引用而成为本标准的条款。凡是注日期的引用文件，其随后所有的修改单(不包括勘误的内容)或修订版均不适用于本标准，然而，鼓励根据本标准达成协议的各方研究是否可使用这些文件的最新版本。凡是不注日期的引用文件，其最新版本适用于本标准。

GB 13000.1—1993 信息技术 通用多八位编码字符集(UCS) 第1部分：体系结构与基本多文种平面(idt ISO/IEC 10646-1:1993)

3 术语和定义

下列术语和定义适用于本标准。

3.1

字符 character

供组织、控制或表示数据用的元素集合中的一个元素。

3.2

编码字符 coded character

字符及其编码表示。

3.3

字汇 repertoir

用编码字符集表示的一个指定的字符集合。

3.4

编码字符集 coded character set

一组无歧义的规则，用于建立一个字符集和该字符集的字符及其编码表示之间的一一对应关系。

3.5

代码表 code table

代码中每个字符与分配给的各八位相对应的表。

4 总体结构

整个编码字符集内的每一个字符由一个双八位序列表示。一个八位的各位由b8、b7、b6、b5、b4、b3、b2、b1标识，其中b8为最高位，b1为最低位。分配给每一位的权如表1所示。

表1 八位中每一位的权

位	b8	b7	b6	b5	b4	b3	b2	b1
权值	128	64	32	16	8	4	2	1

5 字符及其编码位置

本标准采用的编码体系结构与 GB 13000.1—1993 所规定的编码体系结构完全一致。本标准规定了维吾尔文、哈萨克文、柯尔克孜文的名义字符和变形显现字符的字形，及其各自的专用字符，并给出了这些字符在 GB 13000.1—1993 中的编码位置。

本标准规定了维吾尔文、哈萨克文、柯尔克孜文字符集编码定位总表，表示 42 个名义字符形式、160 个变形显现形式的字形及它们在 GB 13000.1—1993 中的编码位置，见附录 A。

本标准规定了维吾尔文、哈萨克文、柯尔克孜文共用的 20 个名义字符形式、72 个变形显现形式的字形及它们在 GB 13000.1—1993 中的位置，见附录 B。

本标准规定了维吾尔文专用的 3 个名义形式，10 个变形显现形式的字形及它们在 GB 13000.1—1993 中的编码位置，见附录 C。

本标准规定了维吾尔文专用的需要用 2 个阿拉伯字母组合表示的 8 个名义复合字符，38 个变形显现形式的字形及它们在 GB 13000.1—1993 中的编码位置，见附录 D。

本标准规定了哈萨克文专用的 6 个名义字符，18 个变形显现形式的字形及它们在 GB 13000.1—1993 中的编码位置，见附录 E。

本标准规定了柯尔克孜文专用的 4 个名义字符，12 个变形显现形式的字形及它们在 GB 13000.1—1993 中的编码位置，见附录 F。

本标准规定了维吾尔文、哈萨克文共用的 1 个名义字符，4 个变形显现形式的字形及它们在 GB 13000.1—1993 中的编码位置，见附录 G。

本标准规定了哈萨克文、柯尔克孜文共用的 6 个名义字符，16 个变形显现形式的字形及它们在 GB 13000.1—1993 中的编码位置，见附录 H。

本标准规定了维吾尔文、柯尔克孜文共用的 1 个元音前置符及其变形显现形式及它们在 GB 13000.1—1993 中的编码位置，见附录 I。

本标准规定了维吾尔文、哈萨克文、柯尔克孜文共用的 1 个复合字符及其变形显现形式的字形及它们在 GB 13000.1—1993 中的编码位置，见附录 J。

本标准规定了 138 个维吾尔文、哈萨克文、柯尔克孜文引用符号的字形及它们在 GB 13000.1—1993 中的编码位置，参见附录 K。

附 录 A

（规范性附录）

维吾尔文、哈萨克文、柯尔克孜文字符集编码定位总表

表 A.1 维吾尔文、哈萨克文、柯尔克孜文字符集编码定位总表

序号	名称	名义形式	独立字符形式	首字符形式	中字符形式	尾字符形式
1	YEH WITH HAMZA ABOVE	ئ 0626	ﺉ FE89	ﺋ FE8B	ﺌ FE8C	ﺊ FE8A
2	LIGATURE ALEF WITH HAMZA ABOVE	ئا 0626+,0627	ﯪ ﺍ FBEA,FE8D			ﯫ ﺎ FBEB,FE8E
3	BEH	ب 0628	ﺏ FE8F	ﺑ FE91	ﺒ FE92	ﺐ FE90
4	TEH	ت 062A	ﺕ FE95	ﺗ FE97	ﺘ FE98	ﺖ FE96
5	JEEM	ج 062C	ﺝ FE9D	ﺟ FE9F	ﺠ FEA0	ﺞ FE9E
6	HAH	ح 062D	ﺡ FEA1	ﺣ FEA3	ﺤ FEA4	ﺢ FEA2
7	KHAH	خ 062E	ﺥ FEA5	ﺧ FEA7	ﺨ FEA8	ﺦ FEA6
8	DAL	د 062F	ﺩ FEA9			ﺪ FEAA
9	REH	ر 0631	ﺭ FEAD			ﺮ FEAE
10	ZAIN	ز 0632	ﺯ FEAF			ﺰ FEB0

表 A.1（续）

序号	名称	名义形式	独立字符形式	首字符形式	中字符形式	尾字符形式
11	SEEN	س 0633	ﺱ FEB1	ﺳ FEB3	ﺴ FEB4	ﺲ FEB2
12	SHEEN	ش 0634	ﺵ FEB5	ﺷ FEB7	ﺸ FEB8	ﺶ FEB6
13	AIN	ع 0639	ﻉ FEC9	ﻋ FECB	ﻌ FECC	ﻊ FECA
14	GHAIN	غ 063A	ﻍ FECD	ﻏ FECF	ﻐ FED0	ﻎ FECE
15	FEH	ف 0641	ﻑ FED1	ﻓ FED3	ﻔ FED4	ﻒ FED2
16	QAF	ق 0642	ﻕ FED5	ﻗ FED7	ﻘ FED8	ﻖ FED6
17	KAF	ك 0643	ﻙ FED9	ﻛ FEDB	ﻜ FEDC	ﻚ FEDA
18	LAM	ل 0644	ﻝ FEDD	ﻟ FEDF	ﻠ FEE0	ﻞ FEDE
19	MEEM	م 0645	ﻡ FEE1	ﻣ FEE3	ﻤ FEE4	ﻢ FEE2
20	NOON	ن 0646	ﻥ FEE5	ﻧ FEE7	ﻨ FEE8	ﻦ FEE6
21	LIGATURE WAW WITH HAMZA ABOVE	ئو 0626＋,0648	ﯮ ﻭ FBEE,FEED			ﯯ ﻮ FBEF,FEEE

表 A.1（续）

序号	名称	名义形式	独立字符形式	首字符形式	中字符形式	尾字符形式
22	LIGATURE ALEF MAKSURA WITH HAMZA ABOVE	ئى 0626＋,0649	ﯹ ﻯ FBF9,FEEF	ﯻ ﯨ FBFB,FBE8	ﯩ FBE9	ﯺ ﻰ FBFA,FEF0
23	YEH	ي 064A	ﻱ FEF1	ﻳ FEF3	ﻴ FEF4	ﻲ FEF2
24	HIGH HAMZA 元音前置符	ٴ 0674	ٴ 0674			
25	ALEF WITH HIGH HAMZA	ٵ 0675	ﺍ ٵ FE8D,0675	ٵ 0675		ﺎ FE8E
26	WAW WITH HIGH HAMZA	ٶ 0676	ﻭ ٶ FEED,0676	ٶ 0676		ﻮ FEEE
27	U WITH HIGH HAMZA	ٷ 0677	ﯗ ﯝ FBD7,FBDD	ﯝ FBDD		ﯘ FBD8
28	YEH WITH HIGH HAMZA	ٸ 0678	ٸ 0678		ﯩ FBE9	ﻰ FEF0
29	PEH	پ 067E	ﭖ FB56	ﭘ FB58	ﭙ FB59	ﭗ FB57
30	TCHEH	چ 0686	ﭺ FB7A	ﭼ FB7C	ﭽ FB7D	ﭻ FB7B
31	ZAIN	ژ 0698	ﮊ FB8A			ﮋ FB8B
32	NG	ڭ 06AD	ﯓ FBD3	ﯕ FBD5	ﯖ FBD6	ﯔ FBD4

表 A.1(续)

序号	名称	名义形式	独立字符形式	首字符形式	中字符形式	尾字符形式
33	GAF	گ 06AF	ﮒ FB92	ﮔ FB94	ﮕ FB95	ﮓ FB93
34	HEH DOA CHASHMEE	ھ 06BE	ﮪ FBAA	ﮬ FBAC	ﮭ FBAD	ﮫ FBAB
35	KIRGHIZ OE	ۅ 06C5	ﯠ FBE0			ﯡ FBE1
36	LIGATURE OE WITH HAMZA ABOVE	ئۆ 0626+,06C6	ﯲ ﯙ FBF2,FBD9			ﯳ ﯚ FBF3,FBDA
37	LIGATURE U WITH HAMZA ABOVE	ئۇ 0626+,06C7	ﯰ ﯗ FBF0,FBD7			ﯱ ﯘ FBF1,FBD8
38	LIGATURE YU WITH HAMZA ABOVE	ئۈ 0626+,06C8	ﯴ ﯛ FBF4,FBDB			ﯵ ﯜ FBF5,FBDC
39	KIRGHIZ YU	ۉ 06C9	ﯢ FBE2			ﯣ FBE3
40	VE	ۋ 06CB	ﯞ FBDE			ﯟ FBDF
41	LIGATURE E WITH HAMZA ABOVE	ئې 0626+,06D0	ﯶ ﯤ FBF6,FBE4	ﯸ ﯦ FBF8,FBE6	ﯧ FBE7	ﯷ ﯥ FBF7,FBE5
42	LIGATURE AE WITH HAMZA ABOVE	ئە 0626+,06D5	ﯬ ﻩ FBEC,FEE9			ﯭ ﻪ FBED,FEEA
43	元音前置符			ﺋ FE8B	ﺌ FE8C	
44	LAM		ﻻ FEFB			ﻼ FEFC

附 录 B
（规范性附录）
维吾尔文、哈萨克文、柯尔克孜文共用的名义字符形式和变形显现形式的字形及其编码位置

B.1 内容

本附录规定了维吾尔文、哈萨克文、柯尔克孜文共用的 20 个名义字符形式、72 个变形显现形式的字形及它们在 GB 13000.1—1993 中的编码位置，见表 B.1。

B.2 说明

表 B.1 左起第 1 列为序号；

表 B.1 从第 2 列开始，依次为维吾尔文、哈萨克文、柯尔克孜文各字符在 GB 13000.1—1993 中的字符名称、名义形式、独立使用的变形显现形式、在首部的变形显现形式、在中部的变形显现形式、在尾部的变形显现形式及其在 GB 13000.1—1993 中的编码位置。

表 B.1 维吾尔文、哈萨克文、柯尔克孜文共用的名义字符形式和变形显现形式字形及编码位置

序号	名称	名义形式	独立字符形式	首字符形式	中字符形式	尾字符形式
1	BEH	ب 0628	ﺏ FE8F	ﺑ FE91	ﺒ FE92	ﺐ FE90
2	PEH	پ 067E	ﭖ FB56	ﭘ FB58	ﭙ FB59	ﭗ FB57
3	TEH	ت 062A	ﺕ FE95	ﺗ FE97	ﺘ FE98	ﺖ FE96
4	JEEM	ج 062C	ﺝ FE9D	ﺟ FE9F	ﺠ FEA0	ﺞ FE9E
5	TCHEH	چ 0686	ﭺ FB7A	ﭼ FB7C	ﭽ FB7D	ﭻ FB7B
6	DAL	د 062F	ﺩ FEA9			ﺪ FEAA
7	REH	ر 0631	ﺭ FEAD			ﺮ FEAE
8	ZAIN	ز 0632	ﺯ FEAF			ﺰ FEB0

表 B.1（续）

序号	名称	名义形式	独立字符形式	首字符形式	中字符形式	尾字符形式
9	SEEN	س 0633	ﺱ FEB1	ﺳ FEB3	ﺴ FEB4	ﺲ FEB2
10	SHEEN	ش 0634	ﺵ FEB5	ﺷ FEB7	ﺸ FEB8	ﺶ FEB6
11	FEH	ف 0641	ﻑ FED1	ﻓ FED3	ﻔ FED4	ﻒ FED2
12	QAF	ق 0642	ﻕ FED5	ﻗ FED7	ﻘ FED8	ﻖ FED6
13	KAF	ك 0643	ﻙ FED9	ﻛ FEDB	ﻜ FEDC	ﻚ FEDA
14	GAF	گ 06AF	ﮒ FB92	ﮔ FB94	ﮕ FB95	ﮓ FB93
15	NG	ڭ 06AD	ﯓ FBD3	ﯕ FBD5	ﯖ FBD6	ﯔ FBD4
16	LAM	ل 0644	ﻝ FEDD	ﻟ FEDF	ﻠ FEE0	ﻞ FEDE
17	MEEM	م 0645	ﻡ FEE1	ﻣ FEE3	ﻤ FEE4	ﻢ FEE2
18	NOON	ن 0646	ﻥ FEE5	ﻧ FEE7	ﻨ FEE8	ﻦ FEE6
19	VE	ۋ 06CB	ﯞ FBDE			ﯟ FBDF
20	YEH	ي 064A	ﻱ FEF1	ﻳ FEF3	ﻴ FEF4	ﻲ FEF2

附 录 C

（规范性附录）

维吾尔文专用名义字符形式和变形显现形式的字形及编码位置

C.1 内容

本附录规定了维吾尔文专用的3个名义字符、10个变形显现形式的字形及它们在GB 13000.1—1993中的编码位置，见表C.1。

C.2 说明

表C.1第1列为序号；

表C.1从第2列开始，依次为维吾尔文在GB 13000.1—1993中的字符的名称、名义形式、独立使用的变形显现形式、在首部的变形显现形式、在中部的变形显现形式、在尾部的变形显现形式及其在GB 13000.1—1993中的编码位置。

表C.1 维吾尔文专用名义字符形式和变形显现形式的字形及编码位置

序号	名称	名义形式	独立字符形式	首字符形式	中字符形式	尾字符形式
1	ZAIN	ژ 0698	ﮊ FB8A			ﮋ FB8B
2	KHAH	خ 062E	ﺥ FEA5	ﺧ FEA7	ﺨ FEA8	ﺦ FEA6
3	GHAIN	غ 063A	ﻍ FECD	ﻏ FECF	ﻐ FED0	ﻎ FECE

附　录　D
（规范性附录）
维吾尔文复合字符名义形式和变形显现形式的字符及编码位置

D.1　内容

本附录规定了不能用一个字母单独表示而需要用 2 个阿拉伯字母组合表示的 8 个特殊的维吾尔文字母的组合方式的名义字符形式和 38 个变形显现形式及它们在 GB 13000.1—1993 中的编码位置，见表 D.1。

D.2　说明

表 D.1 第 1 列为序号；

表 D.1 从第 2 列开始，依次为维吾尔文复合字符在 GB 13000.1—1993 中的字符的名称、名义形式、独立使用的变形显现形式、在首部的变形显现形式、在中部的变形显现形式、在尾部的变形显现形式及其在 GB 13000.1—1993 中的编码位置。

表 D.1　维吾尔文复合字符名义形式和变形显现形式的字符及编码位置

序号	名称	名义形式	独立字符形式	首字符形式	中字符形式	尾字符形式
1	LIGATURE ALEF WITH HAMZA ABOVE	ئا 0626＋,0627	ﯪ ﺍ FBEA,FE8D			ﯫ ﺎ FBEB,FE8E
2	LIGATURE AE WITH HAMZA ABOVE	ئە 0626＋,06D5	ﯬ ﻩ FBEC,FEE9			ﯭ ﻪ FBED,FEEA
3	LIGATURE WAW WITH HAMZA ABOVE	ئو 0626＋,0648	ﯮ ﻭ FBEE,FEED			ﯯ ﻮ FBEF,FEEE
4	LIGATURE U WITH HAMZA ABOVE	ئۇ 0626＋,06C7	ﯰ ﯗ FBF0,FBD7			ﯱ ﯘ FBF1,FBD8
5	LIGATURE OE WITH HAMZA ABOVE	ئۆ 0626＋,06C6	ﯲ ﯙ FBF2,FBD9			ﯳ ﯚ FBF3,FBDA
6	LIGATURE YU WITH HAMZA ABOVE	ئۈ 0626＋,06C8	ﯴ ﯛ FBF4,FBDB			ﯵ ﯜ FBF5,FBDC

表 D.1（续）

序号	名称	名义形式	独立字符形式	首字符形式	中字符形式	尾字符形式
7	LIGATURE E WITH HAMZA ABOVE	ئې 0626＋,06D0	ﯶ ﯤ FBF6,FBE4	ﯸ ﯦ FBF8,FBE6	ﯧ FBE7	ﯷ ﯥ FBF7,FBE5
8	LIGATURE ALEF MAKSURA WITH HAMZA ABOVE	ئى 0626＋,0649	ﯹ ﻯ FBF9,FEEF	ﯻ ﯨ FBFB,FBE8	ﯩ FBE9	ﯺ ﻰ FBFA,FEF0

附 录 E
（规范性附录）
哈萨克文专用名义字符形式和变形显现形式的字符及编码位置

E.1 内容

本附录规定了哈萨克文专用的 6 个名义字符、18 个变形显现形式的字形及它们在 GB 13000.1—1993 中的编码位置，见表 E.1。

E.2 说明

表 E.1 第 1 列为序号；

表 E.1 从第 2 列开始，依次为哈萨克文字符在 GB 13000.1—1993 中的字符的名称、名义形式、独立使用的变形显现形式、在首部的变形显现形式、在中部的变形显现形式、在尾部的变形显现形式及其在 GB 13000.1—1993 中的编码位置。

表 E.1 哈萨克文专用名义字符形式和变形显现形式的字符及编码位置

序号	名称	名义形式	独立字符形式	首字符形式	中字符形式	尾字符形式
1	ALEF WITH HIGH HAMZA	ٵ 0675	ا ٵ FE8D,0675	ٵ 0675		ﺎ FE8E
2	WAW WITH HIGH HAMZA	ٶ 0676	ﻭ ٶ FEED,0676	ٶ 0676		ﻮ FEEE
3	U WITH HIGH HAMZA	ٷ 0677	ﯗ ﯝ FBD7,FBDD	ﯝ FBDD		ﯘ FBD8
4	OE	ۆ 06C6	ﯙ FBD9			ﯚ FBDA
5	YEH WITH HIGH HAMZA	ٸ 0678	ٸ 0678		ﯩ FBE9	ﻰ FEF0
6	HIGH HAMZA 元音前置符	ٴ 0674	ٴ 0674			

附　录　F
（规范性附录）
柯尔克孜文专用名义字符形式和变形显现形式的字符及编码位置

F.1　内容

本附录规定了柯尔克孜文专用的4个名义字符、12个变形显现形式的字形及它们在GB 13000.1—1993中的编码位置，见表F.1。

F.2　说明

表F.1第1列为序号；

表F.1从第2列开始，依次为柯尔克孜文字符在GB 13000.1—1993中的字符的名称、名义形式、独立使用的变形显现形式、在首部的变形显现形式、在中部的变形显现形式、在尾部的变形显现形式及其在GB 13000.1—1993中的编码位置。

表F.1　柯尔克孜文专用名义字符形式和变形显现形式的字符及编码位置

序号	名称	名义形式	独立字符形式	首字符形式	中字符形式	尾字符形式
1	KIRGHIZ OE	ۅ 06C5	ﯠ FBE0			ﯡ FBE1
2	KIRGHIZ YU	ۉ 06C9	ﯢ FBE2			ﯣ FBE3
3	ALEF MAKSURA	ى 0649	ﻯ FEEF	ﯨ FBE8	ﯩ FBE9	ﻰ FEF0
4	YEH WITH HAMZA ABOVE	ئ 0626	ﺉ FE89	ﺋ FE8B	ﺌ FE8C	ﺊ FE8A

附　录　G
（规范性附录）
维吾尔文、哈萨克文共用名义字符形式和变形显现形式的字符及编码位置

G.1　内容

本附录规定了维吾尔文、哈萨克文共用的 1 个名义字符、4 个变形显现形式的字形及它们在 GB 13000.1—1993 中的编码位置，见表 G.1。

G.2　说明

表 G.1 第 1 列为序号；

表 G.1 从第 2 列开始，依次为维吾尔文、哈萨克文字符在 GB 13000.1—1993 中的字符的名称、名义形式、独立使用的变形显现形式、在首部的变形显现形式、在中部的变形显现形式、在尾部的变形显现形式及其在 GB 13000.1—1993 中的编码位置。

表 G.1　维吾尔文、哈萨克文共用名义字符形式和变形显现形式的字符及编码位置

序号	名称	名义形式	独立字符形式	首字符形式	中字符形式	尾字符形式
1	HEH DOA CHASHMEE	ھ 06BE	ﮪ FBAA	ﮬ FBAC	ﮭ FBAD	ﮫ FBAB

附　录　H
（规范性附录）
哈萨克文、柯尔克孜文共用名义字符形式和变形显现形式的字符及编码位置

H.1　内容

本附录规定了哈萨克文、柯尔克孜文共用的 6 个名义字符、16 个变形显现形式的字形及它们在 GB 13000.1—1993 中的编码位置，见表 H.1。

H.2　说明

表 H.1 第 1 列为序号；

表 H.1 从第 2 列开始，依次为哈萨克文、柯尔克孜文字符在 GB 13000.1—1993 中的字符的名称、名义形式、独立使用的变形显现形式、在首部的变形显现形式、在中部的变形显现形式、在尾部的变形显现形式及其在 GB 13000.1—1993 中的编码位置。

表 H.1　哈萨克文、柯尔克孜文共用名义字符形式和变形显现形式的字符及编码位置

序号	名称	名义形式	独立字符形式	首字符形式	中字符形式	尾字符形式
1	ALEF	ا 0627	ﺍ FE8D			ﺎ FE8E
2	AE	ە 06D5	ﻩ FEE9			ﻪ FEEA
3	HED DOA CHASHMEE	و 0648	ﻭ FEED			ﻮ FEEE
4	U	ۇ 06C7	ﯗ FBD7			ﯘ FBD8
5	HAH	ح 062D	ﺡ FEA1	ﺣ FEA3	ﺤ FEA4	ﺢ FEA2
6	AIN	ع 0639	ﻉ FEC9	ﻋ FECB	ﻌ FECC	ﻊ FECA

附 录 I
（规范性附录）
维吾尔文、柯尔克孜文元音前置符变形显现形式的字符及编码位置

I.1 内容

本附录规定了维吾尔文、柯尔克孜文共用的 1 个元音前置符及其变形显现形式及它们在 GB 13000.1—1993 中的编码位置，见表 I.1。

I.2 说明

表 I.1 第 1 列为序号；

表 I.1 从第 2 列开始，依次为维吾尔文、柯尔克孜文字符在 GB 13000.1—1993 中的字符的名称、名义形式、独立使用的变形显现形式、在首部的变形显现形式、在中部的变形显现形式、在尾部的变形显现形式及其在 GB 13000.1—1993 中的编码位置。

表 I.1 维吾尔文、柯尔克孜文元音前置符变形显现形式的字符及编码位置

序号	名称	名义形式	独立字符形式	首字符形式	中字符形式	尾字符形式
1	HAMZA 元音前置符			ﺋ FE8B	ﺌ FE8C	

附 录 J
（规范性附录）
维吾尔文、哈萨克文、柯尔克孜文共用复合字符形式和变形显现形式的字符及编码位置

J.1 内容

本附录规定了维吾尔文、哈萨克文、柯尔克孜文共用的1个复合字符及其变形显现形式的字符及它们在GB 13000.1—1993中的编码位置，见表J.1。

J.2 说明

表J.1第1列为序号；

表J.1从第2列开始，依次为维吾尔文、哈萨克文、柯尔克孜文字符在GB 13000.1—1993中的字符的名称、名义形式、独立使用的变形显现形式、在首部的变形显现形式、在中部的变形显现形式、在尾部的变形显现形式及其在GB 13000.1—1993中的编码位置。

表J.1 维吾尔文、哈萨克文、柯尔克孜文共用复合字符形式和变形显现形式的字符及编码位置

序号	名称	名义形式	独立字符形式	首字符形式	中字符形式	尾字符形式
1	LAM		ﻻ FEFB			ﻼ FEFC

附　录　K
（资料性附录）
维吾尔文、哈萨克文、柯尔克孜文引用符号的字形及编码位置

K.1　内容

本附录列出了 138 个维吾尔文、哈萨克文、柯尔克孜文引用符号的字形及它们在 GB 13000.1—1993 中的编码位置，见表 K.1。

表 K.1　维吾尔文、哈萨克文、柯尔克孜文引用符号的字形及编码位置

SP 0020	0 0030	@ 0040	P 0050	` 0060	p 0070	¥ 00A5	Ⅴ 2164	⑪ 246A	
! 0021	1 0031	A 0041	Q 0051	a 0061	q 0071	¦ 00A6	Ⅹ 2169	⑫ 246B	
" 0022	2 0032	B 0042	R 0052	b 0062	r 0072	§ 00A7	≺ 227A	⑬ 246C	
# 0023	3 0033	C 0043	S 0053	c 0063	s 0073	« 00AB	≻ 227B	⑭ 246D	
$ 0024	4 0034	D 0044	T 0054	d 0064	t 0074	± 00B1	≼ 227C	⑮ 246E	
% 0025	5 0035	E 0045	U 0055	e 0065	u 0075	» 00BB	≽ 227D	⑯ 246F	
& 0026	6 0036	F 0046	V 0056	f 0066	v 0076	، 060C	① 2460	⑰ 2470	
' 0027	7 0037	G 0047	W 0057	g 0067	w 0077	؛ 061B	② 2461	⑱ 2471	
(0028	8 0038	H 0048	X 0058	h 0068	x 0078	؟ 061F	③ 2462	⑲ 2472	
) 0029	9 0039	I 0049	Y 0059	i 0069	y 0079	ـ 0640	④ 2463	⑳ 2473	
* 002A	: 003A	J 004A	Z 005A	j 006A	z 007A	″ 1425	⑤ 2464	╳ 2573	

表 K.1（续）

<table>
<tr><td>+
002B</td><td>;
003B</td><td>K
004B</td><td>[
005B</td><td>k
006B</td><td>{
007B</td><td>…
2026</td><td>⑥
2465</td><td></td></tr>
<tr><td>,
002C</td><td><
003C</td><td>L
004C</td><td>\
005C</td><td>l
006C</td><td>|
007C</td><td>‹
2039</td><td>⑦
2466</td><td></td></tr>
<tr><td>-
002D</td><td>=
003D</td><td>M
004D</td><td>]
005D</td><td>m
006D</td><td>}
007D</td><td>›
203A</td><td>⑧
2467</td><td></td></tr>
<tr><td>.
002E</td><td>>
003E</td><td>N
004E</td><td>^
005E</td><td>n
006E</td><td>~
007E</td><td>№
2116</td><td>⑨
2468</td><td></td></tr>
<tr><td>/
002F</td><td>?
003F</td><td>O
004F</td><td>_
005F</td><td>o
006F</td><td></td><td>Ⅰ
2160</td><td>⑩
2469</td><td></td></tr>
</table>

K.2 说明

表 K.1 中的 138 个维吾尔文、哈萨克文、柯尔克孜文引用符号，分别引用自 GB 13000.1—1993 的 10 个块(Block)，块名称、块名称(中文)及引用符号数，见表 K.2。

表 K.2 维吾尔文、哈萨克文、柯尔克孜文引用符号的块名称、块名称(中文)及引用字符数

序号	块名称	块名称(中文)	引用字符数
1	Basic Latin	基本拉丁文	95
2	Latin-1 Supplement	拉丁文-1 补充	6
3	Arabic	阿拉伯文	4
4	Unified Canadian Aboriginal Syllabics	加拿大土著统一音节	1
5	General Punctuation	广义标点	3
6	Letterlike Symbols	类似字母的符号	1
7	Number Forms	数字形式	3
8	Mathematical Operators	数学运算符	4
9	Enclosed Alphanumerics	带括号的字母数字	20
10	Box Drawing	制表符	1

表 K.1 中的 138 个维吾尔文、哈萨克文、柯尔克孜文引用符号，其 GB 13000.1—1993 编码及名称，见表 K.3。

表 K.3 维吾尔文、哈萨克文、柯尔克孜文引用符号的 GB 13000.1—1993 编码及其名称

编 码	名 称
0020	SPACE
0021	EXCLAMATION MARK
0022	QUOTATION MARK
0023	NUMBER SIGN

表 K.3（续）

编　码	名　　　称
0024	DOLLAR SIGN
0025	PERCENT SIGN
0026	AMPERSAND
0027	APOSTROPHE
0028	LEFT PARENTHESIS
0029	RIGHT PARENTHESIS
002A	ASTERISK
002B	PLUS SIGN
002C	COMMA
002D	HYPHEN-MINUS
002E	FULL STOP
002F	SOLIDUS
0030	DIGIT ZERO
0031	DIGIT ONE
0032	DIGIT TWO
0033	DIGIT THREE
0034	DIGIT FOUR
0035	DIGIT FIVE
0036	DIGIT SIX
0037	DIGIT SEVEN
0038	DIGIT EIGHT
0039	DIGIT NINE
003A	COLON
003B	SEMICOLON
003C	LESS-THAN SIGN
003D	EQUALS SIGN
003E	GREATER-THAN SIGN
003F	QUESTION MARK
0040	COMMERCIAL AT
0041	LATIN CAPITAL LETTER A
0042	LATIN CAPITAL LETTER B
0043	LATIN CAPITAL LETTER C
0044	LATIN CAPITAL LETTER D
0045	LATIN CAPITAL LETTER E
0046	LATIN CAPITAL LETTER F

表 K.3（续）

编　码	名　　　称
0047	LATIN CAPITAL LETTER G
0048	LATIN CAPITAL LETTER H
0049	LATIN CAPITAL LETTER I
004A	LATIN CAPITAL LETTER J
004B	LATIN CAPITAL LETTER K
004C	LATIN CAPITAL LETTER L
004D	LATIN CAPITAL LETTER M
004E	LATIN CAPITAL LETTER N
004F	LATIN CAPITAL LETTER O
0050	LATIN CAPITAL LETTER P
0051	LATIN CAPITAL LETTER Q
0052	LATIN CAPITAL LETTER R
0053	LATIN CAPITAL LETTER S
0054	LATIN CAPITAL LETTER T
0055	LATIN CAPITAL LETTER U
0056	LATIN CAPITAL LETTER V
0057	LATIN CAPITAL LETTER W
0058	LATIN CAPITAL LETTER X
0059	LATIN CAPITAL LETTER Y
005A	LATIN CAPITAL LETTER Z
005B	LEFT SQUARE BRACKET
005C	REVERSE SOLIDUS
005D	RIGHT SQUARE BRACKET
005E	CIRCUMFLEX ACCENT
005F	LOW LINE
0060	GRAVE ACCENT
0061	LATIN SMALL LETTER A
0062	LATIN SMALL LETTER B
0063	LATIN SMALL LETTER C
0064	LATIN SMALL LETTER D
0065	LATIN SMALL LETTER E
0066	LATIN SMALL LETTER F
0067	LATIN SMALL LETTER G
0068	LATIN SMALL LETTER H
0069	LATIN SMALL LETTER I

表 K.3（续）

编　码	名　　　　称
006A	LATIN SMALL LETTER J
006B	LATIN SMALL LETTER K
006C	LATIN SMALL LETTER L
006D	LATIN SMALL LETTER M
006E	LATIN SMALL LETTER N
006F	LATIN SMALL LETTER O
0070	LATIN SMALL LETTER P
0071	LATIN SMALL LETTER Q
0072	LATIN SMALL LETTER R
0073	LATIN SMALL LETTER S
0074	LATIN SMALL LETTER T
0075	LATIN SMALL LETTER U
0076	LATIN SMALL LETTER V
0077	LATIN SMALL LETTER W
0078	LATIN SMALL LETTER X
0079	LATIN SMALL LETTER Y
007A	LATIN SMALL LETTER Z
007B	LEFT CURLY BRACKET
007C	VERTICAL LINE
007D	RIGHT CURLY BRACKET
007E	TILDE
00A5	YEN SIGN
00A6	BROKEN BAR
00A7	SECTION SIGN
00AB	LEFT-POINTING DOUBLE ANGLE QUOTATION MARK
00B1	PLUS-MINUS SIGN
00BB	RIGHT-POINTING DOUBLE ANGLE QUOTATION MARK
060C	ARABIC COMMA
061B	ARABIC SEMICOLON
061F	ARABIC QUESTION MARK
0640	ARABIC TATWEEL
1425	CANADIAN SYLLABICS FINAL DOUBLE ACUTE
2026	HORIZONTAL ELLIPSIS
2039	SINGLE LEFT-POINTING ANGLE QUOTATION MARK
203A	SINGLE RIGHT-POINTING ANGLE QUOTATION MARK

表 K.3（续）

编　码	名　　　称
2116	NUMERO SIGN
2160	ROMAN NUMERAL ONE
2164	ROMAN NUMERAL FIVE
2169	ROMAN NUMERAL TEN
227A	PRECEDES
227B	SUCCEEDS
227C	PRECEDES OR EQUAL TO
227D	SUCCEEDS OR EQUAL TO
2460	CIRCLED DIGIT ONE
2461	CIRCLED DIGIT TWO
2462	CIRCLED DIGIT THREE
2463	CIRCLED DIGIT FOUR
2464	CIRCLED DIGIT FIVE
2465	CIRCLED DIGIT SIX
2466	CIRCLED DIGIT SEVEN
2467	CIRCLED DIGIT EIGHT
2468	CIRCLED DIGIT NINE
2469	CIRCLED NUMBER TEN
246A	CIRCLED NUMBER ELEVEN
246B	CIRCLED NUMBER TWELVE
246C	CIRCLED NUMBER THIRTEEN
246D	CIRCLED NUMBER FOURTEEN
246E	CIRCLED NUMBER FIFTEEN
246F	CIRCLED NUMBER SIXTEEN
2470	CIRCLED NUMBER SEVENTEEN
2471	CIRCLED NUMBER EIGHTEEN
2472	CIRCLED NUMBER NINETEEN
2473	CIRCLED NUMBER TWENTY
2573	BOX DRAWINGS LIGHT DIAGONAL CROSS

ICS 43.040.40
T 24

中华人民共和国国家标准

GB 21670—2008

乘用车制动系统技术要求及试验方法

Technical requirements and testing methods for passenger car braking systems

2008-04-25 发布　　2008-11-01 实施

中华人民共和国国家质量监督检验检疫总局
中国国家标准化管理委员会　发布

前　言

本标准为全文强制。

本标准与 ECE R13-H 法规《乘用车制动系统型式批准的统一规定》的一致性程度为非等效。与 ECE R13-H 相比的技术差异和主要编辑性修改如下：

——删除 ECE R13-H 附件 1、附件 2 有关型式批准的内容；

——将 ECE R13-H 附件 3、附件 4、附件 5 和附件 6 的内容编入本标准正文部分；

——鉴于部分最高设计车速较低的车辆受加速性能限制而不能达到规定试验车速，允许该类车辆以试验时所能达到的最高车速进行发动机脱开的 0-型试验；

——增加“车型批准和扩展”的要求；

——提供完整的试验方法；

——将本标准所涉及的符号和定义汇总作为本标准的附录 A；

——将 ECE R13-H 附件 3-附录 1 作为本标准的附录 B；

——将 ECE R13-H 附件 7 作为本标准的附录 C；

——将 ECE R13-H 附件 8 作为本标准的附录 D；

——在附录 E 中提供推荐性的试验报告及相关图表要求。

新认证车自本标准实施之日起开始执行本标准，在生产车自本标准实施之日起 12 个月后开始执行本标准。

在 GB 12676—1999 修订版实施之前，M_1 类车辆可在本标准与 GB 12676—1999 间选择使用。

本标准附录 A、附录 B、附录 C 和附录 D 为规范性附录，附录 E 为资料性附录。

本标准由国家发展和改革委员会提出。

本标准由全国汽车标准化技术委员会(SAC/TC 114)归口。

本标准主要起草单位：中国汽车技术研究中心、东风本田汽车有限公司、一汽-丰田汽车有限公司、上海大众汽车有限公司、奇瑞汽车有限公司、广州本田汽车有限公司、北京现代汽车有限公司、华晨宝马汽车有限公司。

本标准参加起草单位：重庆汽车研究所、海南汽车试验研究所、长安汽车(集团)有限责任公司、哈飞汽车股份有限公司、江铃汽车股份有限公司。

本标准主要起草人：金约夫、王兆、刘地、谢晋中、耿磊、李普明、袁永斌、张善谦。

本标准参加起草人：汤跃进、高全均、高翔、宋萱、董波、陈振日、罗春燕、张华滨、万发明。

本标准为首次发布。

乘用车制动系统技术要求及试验方法

1 范围

本标准规定了乘用车制动系统的结构、性能要求和试验方法。

本标准适用于 GB/T 15089 规定的 M_1 类车辆。

2 规范性引用文件

下列文件中的条款通过本标准的引用而成为本标准的条款。凡是注日期的引用文件，其随后所有的修改单(不包括勘误的内容)或修订版均不适用于本标准，然而，鼓励根据本标准达成协议的各方研究是否可使用这些文件的最新版本。凡是不注日期的引用文件，其最新版本适用于本标准。

GB 4094 汽车操纵件、指示器及信号装置的标志[GB 4094—1999，eqv 93/91/EEC(78/316/EEC)]

GB/T 5620 道路车辆 汽车和挂车制动名词术语及其定义(GB/T 5620—2002，idt ISO 611：1994)

GB 12981 机动车辆制动液(GB 12981—2003，ISO 4925：1978，MOD)

GB/T 14168 汽车 制动液类别图形标志(GB/T 14168—1993，eqv ISO 9128：1987)

GB/T 15089 机动车辆及挂车分类

GB/T 17619 机动车电子电器组件的电磁辐射抗扰性限值和测量方法

GB 18655 用于保护车载接收机的无线电骚扰特性的限值和测量方法(GB 18655—2002，idt IEC/CISPR 25：1995)

3 术语和定义

GB/T 5620 中确定的以及下列术语和定义适用于本标准。

3.1 基本术语和定义

3.1.1

车型 vehicle type

在以下主要方面不存在差异的车辆：

——最大设计总质量；

——轴荷分配；

——最高设计车速；

——制动装备的类型，特别是有无挂车制动系统，或有无电力制动系；

——车轴的数目和布置；

——发动机型式；

——变速器挡数与速比；

——主传动比；

——轮胎尺寸。

3.1.2

制动装备 braking equipment

使行驶中的车辆逐渐减速或停车，或使已经停驶的车辆保持静止状态的零部件组合，由控制装置、传输装置和制动器本身组成。

3.1.3

控制装置 control device

由驾驶员直接操纵向传输装置提供制动或控制所需能量的部件。这些能量可以是驾驶员的体力或来自驾驶员控制的其他能源,也可以是不同能量的组合。

3.1.4

传输装置 transmission device

处于控制装置和制动器之间并使二者实现功能连接的零部件组合。传输装置可为机械式、液压式、气压式、电力式或混合式。制动力由驾驶员体力以外的能源提供或助力时,应将储能器视为传输装置的一部分。

传输装置具有两种独立的功能:控制传输和能量传输。本标准单独使用“传输”一词时,同时具有“控制传输”和“能量传输”两种意义。

3.1.4.1

控制传输装置 control transmission device

传输装置中控制制动器工作的零部件组合,具有控制功能和必要的储能器。

3.1.4.2

能量传输装置 energy transmission device

向制动器提供其功能所需能量的零部件组合,包括制动器工作所需的储能器。

3.1.5

制动器 brake

产生与车辆运动趋势相反的力的部件,包括摩擦式制动器(制动力由车上具有相对运动的两个部件摩擦产生)、电力制动器(制动力由车上具有相对运动但互不接触的两个部件间的电磁作用产生)、液力制动器(制动力由位于车辆的两个部件间、具有相对运动的液体产生)和发动机缓速器(通过人为增加发动机制动作用并传递至车轮来产生制动力)。

3.1.6

不同类型的制动装备 different types of braking equipment

在以下主要方面存在差异的制动装备:

——零部件的特性不同;

——零部件构成材料的特性不同,或零部件的外形或尺寸不同;

——零部件的组合方式不同。

3.1.7

制动装备的零部件 component of the braking equipment

可组装构成制动装备的单个零部件。

3.1.8

渐进分级制动/可调节制动 progressive and graduated braking/modulatable braking

制动作用期间,驾驶员可在正常操纵范围内随意操纵控制装置,以足够的精度调整制动力大小,使制动力随操纵幅度的大小而线性(单调函数)增加或减少。

3.1.9

空载 unladen condition

整车整备质量加 110 kg。

3.1.10

满载 laden condition

车辆装载至最大设计总质量,特殊说明除外。

3.1.11

轴荷分配　the distribution of mass among the axles

车辆及其装载质量的重力作用在车轴间的分配。

3.1.12

轮/轴荷　wheel/axle load

在接触面内、路面对某车轴的一个/全部车轮的垂直静态反力。

3.1.13

最大静态轮/轴荷　maximum stationary wheel/axle load

车辆在满载条件下的静态轮/轴荷。

3.1.14

储能式液压制动装备　hydraulic braking equipment with stored energy

由存储在储能器中的压力液体供能的制动装备，压力液体由装备限压装置的液压泵供给，限压值由制造商规定。

3.1.15

促动　actuation

控制装置的作用和释放。

3.1.16

电力再生式制动系　electric regenerative braking，RBS

在减速过程中将车辆的动能转化为电能的制动系。

3.1.16.1

电力再生式制动控制装置　electric regenerative braking control

调节电力再生式制动系制动作用的装置。

3.1.16.2

A型电力再生式制动系　electric regenerative braking of category A

不属于行车制动系的电力再生式制动系。

3.1.16.3

B型电力再生式制动系　electric regenerative braking of category B

属于行车制动系的电力再生式制动系。

3.1.17

动力电池　traction battery；power battery

用来存贮车辆驱动电机所需能量的动力电池组。

3.1.18

荷电状态　electric state of charge，SOC

动力电池中的电能与该动力电池可以储存的最大电能的瞬时比。

3.1.19

相位制动　phased braking

两个或两个以上的制动源采用同一个控制装置时，通过延后其他制动源来给予某个制动源以优先权，使其在其他制动源工作之前增加必要的控制动作。

3.1.20

自动控制制动　automatically commanded braking

当复合电子控制系统根据对车辆信息评价的结果断定达到“启动条件”时，无需驾驶员直接操纵，自动操纵制动系或某车轴的制动器进行制动，使车辆减速。

3.1.21

选择制动　selective braking

复合电子控制系统以自动方式对单个制动器进行制动,通过减速对车辆状态进行调整。

3.1.22

标称值　nominal value

给各车辆制动系统的输入-输出传递函数分别赋值所得到的基准制动性能,用来表征车辆自身所能产生的制动强度与制动输入变量水平之间的关系。

3.1.23

车轮抱死　wheel locking

在车速大于15 km/h时,车轮的转速为零或车轮的滑移率为100%的持续时间大于等于100 ms;对在低附着系数路面上进行的ABS试验,该时间为500 ms。

3.1.24

横摆角　yaw angle

车辆停止行驶时的中心线与行驶基准线所构成的夹角。

3.1.25

防抱制动系统　antilock braking system,ABS

制动过程中,能自动控制车辆的一个或几个车轮在其旋转方向上的滑移程度的系统。

3.1.26

传感器　sensor

用于识别车辆的运动状态或车轮的旋转状态,并将这些信息传递给控制器的部件。

3.1.27

控制器　controller

用于处理传感器供给的信息,并发出指令给调节器的部件。

3.1.28

调节器　modulator

用于按收到的控制器指令调节产生制动力的制动压力的部件。

3.1.29

直接控制车轮[1)]　directly controlled wheel

至少根据车轮自身传感器提供的数据来调节制动力的车轮。

3.1.30

间接控制车轮[1)]　indirectly controlled wheel

根据其他车轮的传感器提供的数据来调节制动力的车轮。

3.1.31

全循环　full cycling

防抱系统反复调节制动力以防止直接控制车轮抱死。在制动至停车过程中只进行一次调节的不符合该定义。

3.1.32

开启压力　cut-in pressure

储能装置自动与能源接通以补充能量时的系统工作压力。

---

1) 高选控制的防抱系统可认为包括直接控制车轮和间接控制车轮。低选控制的防抱系统,其所有装备传感器的车轮均视为直接控制车轮。

3.1.33

关闭压力　cut-out pressure

储能装置自动断开能源以切断能量供应时的系统工作压力。

3.2 复合电子车辆控制系统术语和定义

3.2.1

安全概念　safety concept

为确保在电路失效时仍能安全工作而在系统(如电子单元)设计时针对系统完整性所采取的措施。维持部分工作或为重要车辆功能提供备用系统都属于安全概念的范畴。

3.2.2

电子控制系统　electronic control system

通过电子数据处理,协作实现预定车辆控制功能的单元组合。该系统通常由软件控制,由传感器、电子控制单元(ECU)和执行器等独立的功能部件构成并通过传输装置连接。该系统可包括机械、电子-气压、电子-液压元件。

3.2.3

复合电子车辆控制系统　complex electronic vehicle control system

遵循上层电子控制系统/功能可控制下层电子控制系统/功能进行超驰控制的控制体系的电子控制系统;受控制的功能成为复合系统的一部分。

3.2.4

上层控制　higher-level control

利用附加处理和/或感应装置命令车辆控制系统改变正常功能以调整车辆状态的系统/功能。这允许复合系统根据感应情况决定优先顺序并自动改变其控制目标。

3.2.5

单元　unit

系统部件的最小部分,可组合构成可识别、分析或更换的一个单独实体。

3.2.6

传输连接　transmission links

为在分散的单元之间传送信号、工作数据或能量供应所采用的相互连接方式。该装置通常为电动,但某些部分也可以是机械式、气压或液压或光学的。

3.2.7

控制范围　range of control

系统能实施控制的范围,是一个输出变量。

3.2.8

有效工作范围　boundary of functional operation

系统能保持控制的外部物理界线的范围。

4 结构和功能要求

4.1 制动装备

4.1.1 总体要求

4.1.1.1 制动装备的设计、制造和安装应保证车辆在正常使用中,无论受到何种振动,都能满足本标准的要求。

4.1.1.2 制动装备的设计、制造和安装应使其具有抗腐蚀和抗老化能力。

4.1.1.3 制动摩擦衬片不应含有石棉。

4.1.1.4 制动装备的效能不应受磁场或电场的不利影响。

4.1.1.5 在平板式或滚筒式制动试验台架上应能产生最大静态制动力。

4.1.1.6 在不降低制动性能的前提下，失效检测信号可短暂中断控制传输的指令信号，中断时间应小于10 ms。

4.1.2 制动装备的功能

4.1.2.1 行车制动系

不论车速高低、载荷大小，车辆上坡还是下坡，行车制动系应能控制车辆行驶，使其安全、迅速、有效地停驻；应保证驾驶员在其座位上、双手不离开转向盘就能进行可调节制动。

4.1.2.2 应急制动系

当行车制动系仅发生一处失效时，应急制动系应能在适当的距离内将车辆停驻；应保证驾驶员在其座位上、双手不离开转向盘就能进行可调节制动。

4.1.2.3 驻车制动系

驻车制动系的工作部件由纯机械装置锁住，即使驾驶员离开，车辆也能在上、下坡道上保持静止状态。驾驶员应能在其座位上实现制动操作。

4.1.3 附录D的要求适用于所有复合电子车辆控制系统的安全方面，该系统提供或构成了包括利用制动系进行自动控制制动或选择制动在内的制动功能的部分控制传输。

对利用制动系实现更上层目标的系统或功能，只有当其对制动系产生直接影响时才须符合附录D的规定。装备该类系统的制动系，在进行试验时不应关闭该系统。

4.2 制动系的特性

4.2.1 车辆所装备的制动系应满足行车制动、应急制动和驻车制动系的要求。

4.2.2 满足下列条件时，行车制动、应急制动和驻车制动系可共用部件：

4.2.2.1 至少具备两个相互独立且驾驶员在正常驾驶位置易于操纵的控制装置。各控制装置应在解除制动时完全回位。该要求不适用于靠机械方式锁止在制动位置的驻车制动控制装置。

4.2.2.2 行车制动系和驻车制动系的控制装置应相互独立。

4.2.2.3 行车制动系控制装置与传输装置各部件间的连接效能，不应在使用一段时间后降低。

4.2.2.4 驻车制动系应确保在车辆行驶时也能进行驻车制动。该要求可通过辅助控制装置利用全部或部分行车制动系来满足。

4.2.2.5 在不违反4.1.2.3要求的前提下，如传输装置任何部分发生失效时仍能满足应急制动要求，则行车制动系和驻车制动系的传输装置可共用部件。

4.2.2.6 除制动器和4.2.2.10所述零部件外的任何零部件发生断裂或行车制动系发生其他任何失效（故障、储存的能量部分或全部泄漏），未受失效影响的那部分行车制动系应能在规定的应急制动条件下使车辆停驻。

4.2.2.7 当行车制动系由驾驶员体力在储能器助力下操纵时，即使助力失效，也应保证能由驾驶员体力在未受失效影响的储能器（如有）助力下实现应急制动，但施加在行车制动控制装置上的力不应超过规定的最大值。

4.2.2.8 当行车制动力及其传输仅由驾驶员控制的储能器提供时，至少应有两个完全独立且分别具有独立传输装置的储能器。每个储能器可只作用于两个或几个车轮的制动器，其选择应确保在不影响车辆稳定性的前提下达到规定的应急制动效能。此外，每个储能器都应安装4.2.14规定的报警装置。

4.2.2.9 当行车制动力及其传输仅由一个储能器提供时，如仅靠驾驶员体力操纵行车制动控制装置能达到规定的应急制动性能并满足4.2.5的要求，则认为传输装置只需一个储能器即可。

4.2.2.10 制动踏板及其支架、主缸及其活塞、控制阀、制动踏板与主缸或控制阀之间的连接件、轮缸及其活塞、制动杠杆凸轮总成等零部件具有足够的强度且便于维护，并至少与转向连接件等其他重要零部件具有相同的安全特征，应视为不易失效的零部件。这些零部件失效将导致车辆不能达到规定的应急制动性能，应用金属材料或与金属材料性能相当的材料制造，且在制动系正常工作中不应产生明显变形。

4.2.3 液压传输装置发生部分失效时，最迟应于主缸出口处测得的制动装备正常和失效部分的压差超过 1.55 MPa 时点亮红色报警信号，指示给驾驶员。作为替代，也可采用在储液罐的液面低于制造商规定水平时点亮红色信号的报警装置。报警信号应保持点亮直至失效消失或点火开关关闭；报警信号即使在白天也应清晰可见；驾驶员可很容易地在驾驶位置检查报警信号工作是否正常。报警装置的部件发生失效时不应导致制动装备的效能完全丧失。进行驻车制动时也应指示给驾驶员，可采用同一个报警信号。

4.2.4 当利用除驾驶员体力之外的其他能源时，不必具有一个以上能源（液压泵、空压机等），但能源装置的驱动方式应安全可靠。

4.2.4.1 当制动系传输装置任何部分失效时，应继续向未受失效影响的部分供能，确保以规定的应急制动效能使车辆停驻。该要求应利用在车辆静止时易于启动的装置或以自动方式来实现。

4.2.4.2 位于该装置下游的储能装置应确保在能量供应失效时，在 5.4.1.2 规定的条件下对行车制动控制装置进行 4 次全行程促动后，进行第 5 次制动时仍能以规定的应急制动效能使车辆停驻。

4.2.4.3 对储能式液压制动系，如满足 5.4.1.3 的要求，则认为符合上述规定。

4.2.5 应在不使用下述自动装置的情况下满足 4.2.2、4.2.3 和 4.2.4 的要求，该自动装置通常处于备用状态、只在制动系失效时才起作用因而其失效经常被忽略。

4.2.6 行车制动系应作用于车辆的所有车轮并使制动力在车轴间合理分配。

4.2.7 对装备 B 型电力再生式制动系的车辆，如满足下面两个条件，可适当延后其他制动能源的制动输入，使电力再生式制动系单独起作用。

4.2.7.1 只要满足 5.1.3.2 或 5.6.3.3（包括电机接合的情形）中任意一条，由动力电池荷电状态变化等所引起电力再生式制动系输出力矩的固有变化可通过适当的相位关系变化自动补偿。

4.2.7.2 考虑到实际的轮胎/路面附着条件，应在必要时自动对车辆的所有车轮进行制动，确保达到与驾驶员制动操作相对应的制动强度。

4.2.8 行车制动系的制动力应在同一车轴（桥）的车轮之间、相对于车辆纵向中心面对称分配。

对可能导致制动力分配不平衡的补偿和功能（如防抱死），应予以声明。

4.2.8.1 在所有载荷状态下，当电控传输装置对制动系故障或性能劣化的补偿超过下面的界限时，应以 4.2.21.1.2 规定的黄色报警信号指示给驾驶员。

4.2.8.1.1 车轴的横向制动压力差：

a) 车辆减速度≥2 m/s^2 时，取较高值的 25%；

b) 车辆减速度<2 m/s^2 时，取 2 m/s^2 时对应值的 25%。

4.2.8.1.2 车轴的单个补偿值

a) 车辆减速度≥2 m/s^2 时，取标称值的 50%；

b) 车辆减速度<2 m/s^2 时，取 2 m/s^2 时标称值的 50%。

4.2.8.2 只有在 10 km/h 以上车速开始制动时才允许进行上述补偿。

4.2.9 电控传输装置发生故障时不应违背驾驶员意图而进行制动。

4.2.10 行车制动、应急制动和驻车制动系应作用在通过具有足够强度的连接件与车轮相连接的制动表面上。

制动力由摩擦式制动系和 B 型电力再生式制动系共同提供的车轴，如摩擦式制动系能持久保持并进行 4.2.7.1 的补偿，则允许断开电力再生式制动系。

短暂断开的瞬间，不完全补偿也可接受；但在 1 s 内应至少达到完全补偿值的 75%。

但在所有情况下，永久连接的摩擦式制动源都应保证行车制动和应急制动系能以规定的效能继续工作。

驻车制动系制动表面的脱开只能由驾驶员在驾驶位置通过一个不因泄漏而起作用的系统进行

控制。

4.2.11 制动器磨损应易于通过手动或自动调整装置来补偿。传输装置及制动器的部件和控制装置应具有一定的储备行程，可在必要时以合适的方式进行补偿，确保在制动器发热或制动摩擦衬片磨损到一定程度时仍能有效地制动，而无需立即进行间隙调整。

4.2.11.1 行车制动器的磨损应能自动调整。磨损自动调整装置应确保制动器加热冷却后仍能有效地制动，特别是保证车辆能在5.1.5规定的试验（Ⅰ型试验）后正常行驶。

4.2.11.2 行车制动系制动摩擦衬片的磨损应便于从车辆外部或车辆下部、利用适当的检查孔或其他方法等车辆正常配备的工具或设备进行检查。检查时，允许拆除车轮。也可在摩擦衬片需要更换时通过声学或光学报警装置指示给驾驶位置的驾驶员。可选用4.2.21.1.2规定的黄色信号作为报警信号。

4.2.12 对液压传输制动系，储液罐的加注口应易于接近；储液罐的设计和构造应确保无需打开储液罐，即可很容易地进行液面检查；储液罐的最低容量应相当于靠储液罐工作的所有轮缸或制动钳活塞从全新摩擦衬片/衬块、完全收缩状态移动到摩擦衬片/衬块完全磨损、完全作用状态所产生的液体体积。如不能满足最低容量要求，应在储液罐液面下降可能导致制动系失效时，通过4.2.21.1.1规定的红色报警信号指示给驾驶员。

4.2.13 液压传输制动系应按GB 12981和GB/T 14168标示相应的制动液级别标志和图形标志，并以不易擦除的方式固定在储液罐加注口中心100 mm范围内、便于观察的位置。制造商也可提供其他信息。

4.2.14 报警装置

4.2.14.1 对依靠储能进行行车制动的车辆，如不利用储能就不能达到规定的应急制动性能，应安装报警装置；当制动系任一部分储能下降至不论车辆载荷状态如何、在不给储能器补充能量的情况下，行车制动系经过4次全行程促动后仍能进行第5次制动且达到规定的应急制动性能（制动系的传输装置无故障且各制动器调节到最小间隙）所需的能量水平时，报警装置发出光学或声学信号。报警装置应与回路直接、永久相连。当发动机在正常工作条件下运转且制动系无故障时，除发动机起动后给储能装置充能期间外，报警装置不应发出信号。应采用4.2.21.1.1规定的红色信号作为光学报警信号。

4.2.14.2 对只有满足5.4.1.3的要求方可认为符合4.2.4.1规定的车辆，报警装置除具有光学信号外，还应安装一个声学信号。如这两个信号都满足上述要求，且声学信号不在光学信号之前起动，则不要求这两个信号同时工作。应采用4.2.21.1.1规定的红色信号作为光学报警信号。

4.2.14.3 在驻车制动作用期间或自动变速器换挡杆处于"驻车"位置时，声学信号装置可不起作用。

4.2.15 在不违背4.1.2.3要求的前提下，如辅助能源是制动系工作所必需的，则储能装置应保证：即使发动机停机或能源的驱动方式发生失效，仍能使车辆在规定的条件下停驻。

当驻车制动由驾驶员体力在伺服机构助力下操纵时，应确保即使伺服机构失效也能进行驻车制动；必要时可采用独立于伺服机构的储能装置，可以是行车制动系的储能器。

4.2.16 对气压或液压辅助设备的能量供应应确保其工作时达到规定的减速度，即使在能源装置损坏的情况下，辅助设备的工作也不会导致向制动系供能的储能器的能量下降至4.2.14规定的水平以下。

4.2.17 如乘用车允许牵引装备电力行车制动系的挂车，应满足下列要求：

4.2.17.1 乘用车供电系统（发电机和蓄电池）应有足够的容量向电力制动系供电。发动机以制造商推荐怠速运行并打开制造商作为车辆标准配置提供的所有电器设备，当电力制动系耗电量最大（电流为15 A）时，在连接端测得的电路电压不应低于9.6 V。即使在过载时也不应发生电路短路。

4.2.17.2 乘用车行车制动系应由至少两个独立单元构成。发生失效时，未受失效影响的单元应能部分或全部促动挂车制动器。

4.2.17.3 只有电力制动系的启动电路与制动灯并联且制动灯开关和电路能承受额外负载时，才允许利用制动灯开关和电路启动电力制动系。

4.2.18 对装备电力再生式制动系的车辆的附加要求

4.2.18.1 装备A型电力再生式制动系的车辆，其电力再生式制动系只能通过加速踏板或在空挡位置启动。

4.2.18.2 装备B型电力再生式制动系的车辆

4.2.18.2.1 行车制动系不能通过除自动方式以外的其他方式部分或完全断开。这不宜视作违背4.2.10的要求。

4.2.18.2.2 行车制动系应只有一个控制装置。

4.2.18.2.3 行车制动系不应受电机脱开或所使用挡位的不利影响。

4.2.18.2.4 制动系电动部件的工作由行车制动控制装置发出的信息及由此产生的车轮制动力之间的关系保证。该关系失效将导致不能满足5.5或5.6有关车轴间制动力分配的要求，最迟应在控制装置起动时用光学信号指示给驾驶员；只要该故障存在且"接触"开关处于"运行"位置，报警信号应一直点亮。

4.2.18.3 同时具有A型和B型电力再生式制动系的车辆应满足除4.2.18.1外的所有相关规定。在此情况下，电力再生式制动系可通过加速踏板或在空挡位置启动。此外，操纵行车制动控制装置时不应削弱加速踏板松开所产生的制动作用。

4.2.18.4 电力制动系的工作不应受磁场或电场的不利影响，按GB/T 17619的规定进行验证；同时，对制动装备进行骚扰试验时应符合GB 18655的规定。

4.2.18.5 对装备防抱制动系统的车辆，由防抱制动系统控制电力制动系。

4.2.18.6 动力电池的荷电状态按附录B规定的方法确定[2)]。

4.2.19 对装备电控传输装置的驻车制动系的特殊要求

4.2.19.1 在电控传输失效时，应防止因违背驾驶员意图而促动驻车制动系。

4.2.19.2 当电控传输内部、除供电线路外的电控单元外部线路发生损坏或控制装置失效时，仍能从驾驶位置进行驻车制动并使满载车辆在8%的上、下坡道保持静止。如能达到上述性能且驻车制动一旦作用便不受点火开关状态的影响，一直保持工作状态，则允许在车辆静止状态下自动进行驻车制动；当驾驶员重新开动车辆时，驻车制动应立即自动解除。可通过发动机/手动变速器或自动变速器(驻车挡)或在其辅助下达到上述性能。必要时，也可利用随车工具和辅助设备解除驻车制动。

4.2.19.2.1 电控传输内部线路损坏或驻车制动系控制装置失效时，应通过4.2.21.1.2规定的黄色报警信号指示给驾驶员。由驻车制动系电控传输装置内部线路损坏引起的失效，应在失效发生时立即以黄色报警信号指示给驾驶员。

4.2.19.2.2 控制装置失效或除供电线路外的电控单元外部线路发生损坏时，只要点火(起动)开关处于"ON"(运行)位置(包括关闭后至少10 s内)且控制装置处于"驻车"状态，应通过4.2.21.1.1规定的红色闪烁信号指示给驾驶员。如驻车制动通过满足4.2.21.2全部要求的、单独的红色信号指示，应采用驻车制动信号代替闪烁信号指示上述失效。

4.2.19.3 如驻车制动系电控传输装置的能量足以在车辆正常的电力负荷下促动驻车制动系，可由驻车制动电控传输装置向辅助设备供能。如行车制动系也使用该储能器，应满足4.2.20.6的要求。

4.2.19.4 关闭控制制动装备电能的点火/起动开关或拔掉钥匙后仍能进行驻车制动，但不能解除制动。

4.2.20 装备电控传输装置的行车制动系的特殊要求

4.2.20.1 解除驻车制动后，即使关闭点火/起动开关或拔掉钥匙，行车制动系应至少能产生与规定的0-型试验要求相当的制动力。宜理解为行车制动系的能量传输装置具有足够的能量。

4.2.20.2 电控传输装置发生除能量供应外的单个暂时(<40 ms)失效(如非传输信号或数据错误)时，不应对行车制动性能产生显著影响。

---

2) 经检测机构同意，如车载能源可对动力电池充电并调节其荷电状态，可不要求车辆进行荷电状态评价。

4.2.20.3 影响到本标准规定的系统功能和性能的电控传输装置[3]（不包括储能器）失效，应通过4.2.21.1.1和4.2.21.1.2规定的相应红色或黄色信号指示给驾驶员。如失效导致车辆不能达到规定的行车制动性能，应采用红色报警信号指示；对电路连续性受损导致的失效，应在失效发生时立即指示给驾驶员；在失效状态下按5.2.2操纵行车制动控制装置，应能达到规定的应急制动性能。

4.2.20.4 电控传输装置能源失效时，从额定能量水平开始，对行车制动连续进行20次全行程促动后，行车制动系仍能进行全行程制动。试验过程中，每次制动操作都应全行程制动20 s，然后释放5 s。宜理解为传输装置的能量在上述试验过程中足以保证行车制动的完全作用。该要求并不违背5.4的规定。

4.2.20.5 当动力电池电压下降至制造商规定水平时，应采用4.2.21.1.1规定的红色报警信号指示。在报警信号点亮后进行行车制动时，应能达到5.2.2规定的应急制动性能。当动力电池电压低于该水平时，将不能保证规定的行车制动性能或导致双回路或多回路中的每条独立回路不能单独达到规定的应急制动性能。宜理解为行车制动系的能量传输装置具有足够的能量。

4.2.20.6 如辅助设备和电控传输装置由同一个储能器供能，能量供应应能防止储能器在辅助设备工作时放电或在电压超过4.2.20.5规定的临界水平时自动切断辅助装置的预定部分以防止储能器进一步放电，确保在发动机以不超过80%最大功率转速运行时达到规定的减速度；可通过计算或实际试验进行验证。该条款不适用于不使用电能也能达到规定减速度的车辆。

4.2.20.7 当辅助装置由电控传输装置供能时应满足下列要求：

4.2.20.7.1 如车辆在行驶中发生能源失效，当操纵控制装置时，储能器的能量应足以促动制动器。

4.2.20.7.2 如在车辆静止且驻车制动状态下发生能源失效，储能器在制动期间也应有足够的能量用于灯光信号装置。

4.2.21 以下条款规定了乘用车制动装备发生某些规定失效（或故障）时向驾驶员指示的光学报警信号的一般要求。除4.2.21.5的规定外，这些信号仅用于本标准规定的用途。

4.2.21.1 乘用车应具有指示制动失效或故障的光学报警信号，且报警信号应符合GB 4094和本标准的规定。

4.2.21.1.1 红色报警信号用于指示本标准规定的、导致不能达到规定的行车制动性能或使两条独立行车制动回路中的至少一条不能工作的制动装备失效，例如：

a） 行车制动回路失效；
b） 制动液泄漏报警，包括压差报警和低液面报警；
c） 控制装置失效或除供电线路外的电控单元外部线路发生损坏；
d） 当动力电池电压下降至制造商规定水平；
e） 驻车制动。

4.2.21.1.2 黄色报警信号可用于指示电子检测到的、但未用4.2.21.1.1所述的红色报警信号指示的制动装备故障，例如：

a） 电控传输装置对制动系故障或性能劣化的补偿超过规定界限；
b） 制动摩擦衬片需要更换；
c） 电控传输内部线路损坏或驻车制动系控制装置失效；
d） 影响到防抱制动系统功能和性能要求的电路失效或传感器工作不正常；
e） 制动力分配系统发生失效（机械式除外）；
f） B型电力再生式制动系发生失效。

4.2.21.1.3 必要时还应采用声学报警信号，例如：

3） 在统一的试验规程达成协议之前，制造商应向检测机构提供控制传输装置潜在失效及效果分析。这些信息应经检测机构和制造商协商一致。

a） 制动摩擦衬片需要更换；

b） 传输失效条件下不能满足继续供能要求的动力制动系。

4.2.21.2 报警信号即使在白天也清晰可见；便于驾驶员在驾驶位置检查信号的状态是否正常；报警装置的部件发生失效，不应导致制动系统的性能损失。

4.2.21.3 除特殊说明外，本标准规定的失效或故障发生时，最迟应在相应的制动控制装置起动时，通过报警信号指示给驾驶员；只要失效/故障存在且点火（起动）开关处于"开"（运行）位置，报警信号应一直指示（持续点亮而非闪烁）。

4.2.21.4 上述报警信号应在车辆及制动系的电动设备通电时点亮。应在车辆静止时确认制动系未发生失效或故障，然后熄灭报警信号。对车辆静止状态下未检测到的特定失效或故障，一旦检测到应予以存储；只要失效或故障存在，报警信号应在发动机起动和点火开关处于"开"（运行）位置予以指示。

4.2.21.5 如满足下列条件，也可采用4.2.21.1.2的黄色信号指示本标准未规定的失效（故障）和有关乘用车制动系或行走系的其他信息：

4.2.21.5.1 车辆静止；

4.2.21.5.2 制动装备首次通电后，信号显示按4.2.21.4所述的程序未检测到本标准规定的失效（或故障）；

4.2.21.5.3 本标准未规定的失效或其他信息只能用闪烁报警信号指示。但报警信号应在车速首次超过10 km/h时熄灭。

4.2.21.6 制动灯点亮指令

4.2.21.6.1 应在驾驶员促动行车制动系时发出指令使制动灯点亮。

4.2.21.6.2 通过自动控制制动系启动行车制动系时应发出上述指令。当车速大于50 km/h时，如产生的减速度小于0.7 m/s^2，可不发出上述指令。

4.2.21.6.3 通过选择制动系启动部分行车制动系时不应发出上述指令。

4.2.21.6.4 在松开加速踏板时产生制动力的电力再生式制动系不应发出上述指令。

5 试验条件及性能要求

5.1 试验条件

5.1.1 总体要求

5.1.1.1 制动系的性能是基于制动距离和充分发出的平均减速度规定的。制动系的性能应通过测定试验中充分发出的平均减速度和与制动初速度有关的制动距离来确定。

5.1.1.2 制动距离是指从驾驶员促动制动系控制装置开始至车辆停止行驶所驶过的距离。初速度是指驾驶员开始促动制动控制装置时的车速。初速度不应低于相应试验规定车速的98%。

充分发出的平均减速度（英文缩写为MFDD，对应符号为d_m，见附录A）应根据车速从v_b到v_e期间行驶的距离平均减速度计算：$d_m=\frac{v_b^2-v_e^2}{25.92(S_e-S_b)}$。其中，车速和距离应在规定试验车速下用精度为±1%的仪器测定。也可用除测量车速和距离外的其他方法测定d_m；在这种情况下，d_m的精度应在±3%内。

5.1.2 确定车辆制动性能的道路试验条件

5.1.2.1 车辆的质量状态应符合各类试验的相应规定，并在试验报告中说明。

5.1.2.2 各类试验应按相应的规定车速进行；如车辆的最高设计车速低于试验规定车速，应以最高设计车速进行试验。

5.1.2.3 试验期间，为达到规定的制动性能而施加在制动控制装置上的力不应超过规定的最大值。

5.1.2.4 除特殊规定外，试验路面应具有良好的附着性能。

5.1.2.5 试验应在风力不致影响试验结果的情况下进行。

5.1.2.6 试验开始时,轮胎应为冷态且处于与车辆静止时车轮实际负载相对应的规定压力。

5.1.2.7 应在车速大于15 km/h时未发生车轮抱死、车辆未偏离3.5 m宽的试验通道、横摆角小于等于15°且无异常振动的情况下达到规定的性能。

5.1.2.8 对完全或部分依靠与车轮永久连接的电机驱动的车辆,所有试验应在电机接合的条件下进行。

5.1.2.9 对5.1.2.8所述的车辆,如装备A型电力再生式制动系,应在5.6.3.2.2规定的低附着系数路面上按5.1.4.3.1的规定进行车辆状态试验;换挡或松开加速踏板的瞬间不应影响车辆状态。

5.1.2.10 在5.1.2.9规定的试验中,不允许车轮抱死;允许进行转向修正,但转向盘的转角在最初2 s内不应超过120°,总转角不应超过240°。

5.1.2.11 如给电动行车制动器供能的动力电池(或辅助动力电池)只能从独立的外部充电系统充电,则动力电池在制动性能试验中的平均荷电状态不应超过4.2.20.5规定的制动失效报警时荷电状态的5%。

如发生报警,可在试验过程中给动力电池充电,使其荷电状态保持在规定范围内。

5.1.3 制动中的车辆状态要求

5.1.3.1 应在制动试验、特别是高速试验时对车辆的总体状态进行检查。

5.1.3.2 在低附着系数路面上制动时,车辆状态应符合5.5或5.6的有关规定。

对4.2.7所述的制动系,如某车轴的制动由不止一种能源的制动力矩提供且每种能源都与其他能源不同,车辆在其控制策略允许的所有关系下都应满足5.5或5.6的要求[4)]。

5.1.4 0-型试验(冷态制动时的常规性能)

5.1.4.1 总体要求

5.1.4.1.1 制动开始前,在制动摩擦衬片内部或制动盘或制动鼓的制动摩擦面上测得的最热的车轴的行车制动器的平均温度应在65℃～100℃之间。

5.1.4.1.2 试验应在下列条件下进行:

5.1.4.1.2.1 车辆满载,轴荷分配符合制造商规定。如有几种不同的轴荷分配方案,则车辆最大设计总质量的轴间分配应使各轴轴荷与其最大设计轴荷成正比。

5.1.4.1.2.2 还应在车辆空载条件下重复各项试验。除驾驶员外,前排座椅上可坐一人记录试验结果。

5.1.4.1.2.3 对装备电力再生式制动系的车辆,其要求视电力再生式制动系的类型而定。

A型电力再生式制动系如具有单独的控制装置,在0-型试验中不得使用该装置。

B型电力再生式制动系所产生的制动力不应超过系统设计所保证的最低水平。如动力电池处于下列荷电状态之一,则认为其满足条件:

a) 制造商在车辆说明书中推荐的荷电状态;

b) 如制造商未提供具体的推荐意见,荷电状态不应低于95%;

c) 车辆自动控制充电所能达到荷电状态的最高水平。

5.1.4.1.2.4 在空载及满载条件下进行试验时,车辆都应同时满足制动距离和充分发出的平均减速度两项要求,但不必对两项参数都进行实际测定。

5.1.4.1.2.5 道路应水平;除特殊说明外,包括熟悉车辆所需制动在内,每次试验最多进行6次制动。

5.1.4.2 进行发动机脱开的0-型试验时,行车制动性能应符合表2中a)项规定。试验应以规定速度进行,但允许试验车速与规定车速之间有一定的误差。车辆应达到规定的最低性能。

5.1.4.3 进行发动机接合的0-型试验时,行车制动性能应符合表2中b)项的规定。

5.1.4.3.1 试验应在发动机接合的情况下、以表2中b)项规定的车速进行。车辆应达到规定的最低

4) 制造商应向检测机构提供自动控制策略所允许的制动曲线族。检测机构可对这些曲线进行验证。

性能。如车辆最高设计车速≤125 km/h，则不进行该项试验。

5.1.4.3.2 应测定实际的最佳性能且车辆状态应符合 5.1.3.2 的规定。如最高设计车速高于 200 km/h，试验车速应为 160 km/h。

5.1.5 Ⅰ-型试验(衰退和恢复试验)

5.1.5.1 加热过程

5.1.5.1.1 车辆满载，在表 1 规定的条件下，连续进行“制动-解除制动”操作，对车辆的行车制动系进行试验。

表 1 加热试验条件

v_1/(km/h)	v_2/(km/h)	Δt/s	N/次
$80\% v_{max} \leqslant 120$	$\frac{1}{2}v_1$	45	15

5.1.5.1.2 如因车辆特性而不能满足规定的 Δt，可增大循环周期。在任何情况下，除车辆制动和加速所需的时间外，每个循环还应留有 10 s 的时间来稳定车速 v_1。

5.1.5.1.3 可预先进行两次试验以确定合适的控制力；试验时，应调整控制力使每次制动都能达到 3 m/s² 的平均减速度。

5.1.5.1.4 制动期间，变速器应一直处于最高挡(超速挡除外)。

5.1.5.1.5 为在制动后恢复车速，应采用能在最短的时间内(以发动机和变速器所允许的最大加速度)加速至 v_1 的挡位。

5.1.5.1.6 对不能独立进行制动器加热循环的车辆，应按规定车速进行第一次制动；此后相继进行的每个试验循环，应以所能达到的最大加速度加速，在每个 45 s 循环周期结束时达到的车速下进行制动。

5.1.5.1.7 对装备 B 型电力再生式制动系的车辆，动力电池在试验开始时的荷电状态应确保电力再生式制动系产生的制动力不超过系统设计所保证的最低水平。如动力电池处于 5.1.4.1.2.3 所列的荷电状态之一，则认为满足该要求。

5.1.5.2 热态性能

5.1.5.2.1 Ⅰ-型试验结束时，应在发动机脱开的情况下，以与 0-型试验相同的条件(平均控制力不应大于实际使用的平均控制力，温度条件可不同)测定行车制动系的热态制动性能。

5.1.5.2.2 热态性能不应低于规定性能的 75%(对应的制动距离为 $0.1v+0.0080v^2$，充分发出的平均减速度为 4.82 m/s²)，也不应低于发动机脱开的 0-型试验数据的 60%。

5.1.5.2.3 对装备 A 型电力再生式制动系的车辆，制动期间应一直保持最高挡；如电力再生式制动系具有单独的控制装置，试验时不应使用该装置。

5.1.5.2.4 对装备 B 型电力再生式制动系的车辆，按 5.1.5.1.6 完成加热循环后，如不能达到表 2 中 a)项规定的车速，应以制动器加热循环结束时车辆所达到的最高车速进行热态性能试验。

为进行对比，还应在与热态试验相同的车速下进行冷态制动试验；应将动力电池荷电状态调整至适当水平，使电力再生式制动系产生的制动力与热态试验接近。

恢复过程和试验完成后，应允许进一步冷却制动摩擦衬片，然后进行第二次冷态试验，并对照 5.1.5.2.2或 5.1.5.2.5，将第二次冷态试验性能与热态性能进行对比。

5.1.5.2.5 对达到 5.1.5.2.2 所述发动机脱开的 0-型试验性能 60%、但达不到规定性能 75%的车辆，应以不超过 5.2 规定的控制力进一步进行热态性能试验。两次试验的结果都应记入试验报告。

5.1.5.3 热态性能试验结束后，立即在发动机接合的情况下、以 3 m/s² 的平均减速度、从50 km/h的车速进行 4 次停车制动。各次制动的起点之间允许有 1.5 km 的距离。每次制动结束后，立即在最短的时间内加速至50 km/h并保持该车速直至进行下次制动。

为完成恢复过程，装备 B 型电力再生式制动系的车辆可对动力电池充电或换装荷电状态符合

5.1.4.1.2.3规定的同型号动力电池。

5.1.5.4　恢复过程结束时，应在与发动机脱开的0-型试验相同的条件(温度条件可不同)下、以不超过相应0-型试验的平均控制力测定行车制动系的恢复性能。

恢复性能不应低于发动机脱开的0-型试验结果的70%，也不应高于150%。

5.1.5.4.1　装备B型电力再生式制动系的车辆应在无电力再生式制动部件参与制动即5.1.5.4所述的条件下进行恢复试验。

对制动摩擦衬片进一步磨合后，在没有电力再生式制动作用的条件下，采用与恢复试验相同的车速进行发动机/电机脱开的0-型试验，并对比试验结果。

恢复性能不应低于上述最后一次0-型试验结果的70%，也不应高于150%。

5.2　性能要求

5.2.1　行车制动系

5.2.1.1　应按表2所列条件对行车制动系进行试验。因最高设计车速限制而不能达到规定车速的车辆，可以试验时所能达到的最高车速进行试验。

表2　0-型试验条件

a)　发动机脱开的0-型试验	V	100 km/h
	$S\leqslant$	$0.1v+0.0060v^2$
	$d_m\geqslant$	6.43 m/s^2
	F	65 N～500 N
b)　发动机接合的0-型试验	V	$80\%v_{max}\leqslant160$ km/h
	$S\leqslant$	$0.1v+0.0067v^2$
	$d_m\geqslant$	5.76 m/s^2
	F	65 N～500 N

5.2.1.2　对允许挂接无制动挂车的乘用车，列车在满载和空载条件下的最低0-型试验性能不应低于5.4 m/s^2。

乘用车列车的制动性能应根据乘用车满载时在发动机脱开的0-型试验下所能达到的最大制动性能进行计算，而无需实际挂接无制动挂车进行试验，公式为：$d_{M+R}=d_M\times\frac{P_M}{P_M+P_R}$

5.2.2　应急制动系

5.2.2.1　应急制动性能应以100 km/h的初速度，按发动机脱开的0-型试验条件进行试验；作用在行车制动控制装置上的力不应低于65 N，也不应超过500 N。因最高设计车速限制而不能达到规定试验车速的车辆，可以试验时所能达到的最高车速进行试验。

5.2.2.2　应急制动的制动距离不应超过$0.1v+0.0158v^2$(m)，充分发出的平均减速度不小于2.44 m/s^2(与制动距离公式的第二项对应)。

5.2.2.3　应模拟行车制动系的实际失效状态进行应急制动效能试验。

5.2.2.4　装备电力再生式制动系的车辆，还应在以下两种失效状态下检查制动性能：

a)　行车制动系输出的电动部件完全失效；

b)　失效状态导致电动部件产生最大制动力。

5.2.3　驻车制动系

5.2.3.1　驻车制动系应能使满载车辆在坡度为20%的上、下坡道上保持静止。

5.2.3.2　对允许挂接挂车的乘用车，其驻车制动系应确保列车能在12%的上、下坡道上保持静止。

5.2.3.3　如采用手控装置，控制力不应超过400 N。

5.2.3.4　如采用脚控装置，控制力不应超过500 N。

5.2.3.5　允许通过多次促动驻车制动系来达到规定的性能。

5.2.3.6 采用满载车辆，以 30 km/h 的初速度进行发动机脱开的 0-型试验，对 4.2.2.4 的要求进行检查。驻车制动作用期间充分发出的平均减速度和停车前的瞬时减速度都不应小于 1.5 m/s^2，作用在驻车制动控制装置上的力不应超过规定值。

5.3 响应时间

5.3.1 行车制动系完全或部分依靠驾驶员体力以外的其他能源的车辆，应满足下列要求：

5.3.1.1 紧急制动时，从开始操纵控制装置至最不利的车轴上的制动力达到表 2 规定制动效能所经历的时间不应超过 0.6 s。

5.3.1.2 装备液压制动系的车辆进行紧急制动时，如车辆减速度或最不利的制动轮缸内的压力能在 0.6 s 内达到规定性能对应的水平，则认为其满足 5.3.1.1 的要求。

5.4 储能式液压制动系—关于能源和储能装置(储能器)的规定

5.4.1 储能装置(储能器)的容量

5.4.1.1 总体要求

5.4.1.1.1 如制动装备需要使用液压产生的储能，车辆应安装满足 5.4.1.2 或 5.4.1.3 容量要求的储能装置(储能器)。

5.4.1.1.2 如在制动系没有任何储能的情况下操纵行车制动控制装置至少能达到规定的应急制动性能，则不要求储能装置具有规定的容量。

5.4.1.1.3 检查是否满足 5.4.1.2、5.4.1.3 和 5.4.2 的要求时，应尽可能将制动器间隙调小。进行 5.4.1.2 的检查，全行程促动的频率应确保各次促动之间至少有 60 s 的时间间隔。

5.4.1.2 储能式液压制动系应满足下列要求：

5.4.1.2.1 对行车制动进行 8 次全行程促动后，在进行第 9 次制动时仍能达到规定的应急制动性能。

5.4.1.2.2 应按下列要求进行试验：

a) 应从符合制造商规定但不超过开启压力的压力开始试验。[5)]

b) 不应给储能装置补充能量，并断开辅助设备的储能装置。

5.4.1.3 储能式液压制动系如不能满足 4.2.4.1 的要求，但满足下列要求，可视其满足 4.2.4.1 的要求。

5.4.1.3.1 发生传输失效时，经过 8 次全行程促动后，在进行第 9 次制动时仍能达到规定的应急制动性能。

5.4.1.3.2 应按下列要求进行试验：

a) 能源静止或以与发动机怠速对应的速度运行，使传输装置失效。失效发生前，储能装置处于制造商规定的压力，但不超过开启压力。

b) 应断开辅助设备及其储能装置。

5.4.2 液压能源的容量

5.4.2.1 测量条件

在测定时间 t_{0-1} 的试验中，能源应以发动机最大功率转速或超速调节器允许的转速对应的流量供能。

在测定时间 t_{0-1} 的试验中，不应断开辅助设备的储能装置，自动断开除外。

5.4.2.2 结果说明

对所有车辆，时间 t_{0-1} 都不应超过 20 s

5.4.3 报警装置的特性

发动机静止，从符合制造商规定但不超过开启压力的压力开始，对行车制动进行 2 次全行程促动后，报警装置不应报警。

---

5) 初始能量水平应在型式批准文件中说明。

5.5 车轴间的制动力分配

未安装防抱制动系统的车辆应满足本条款的全部要求。如采用专门装置，该装置应能自动工作。

5.5.1 制造商应按下列公式计算并绘制满载和空载条件下前轴和后轴的附着系数利用曲线：

$$前轴：f_1=\frac{T_1}{N_1}=\frac{T_1}{P_1+Z\times\frac{h}{E}\times P\times g}$$

$$后轴：f_2=\frac{T_2}{N_2}=\frac{T_2}{P_2-Z\times\frac{h}{E}\times P\times g}$$

5.5.1.1 空载是指包括车辆行驶所必备的物质和驾驶员；对满载状态，如车辆有几种不同的载荷分配方式，应考虑前轴荷最重的情况。

5.5.1.2 对装备B型电力再生式制动系的车辆，如电力再生制动性能受荷电状态影响，绘制曲线时应考虑电力制动部件所产生的制动力最小和最大两种状态。装备防抱制动系统且电力制动的车轮由防抱制动系统控制的车辆不适用该要求而应采用5.6的要求。

5.5.2 在车辆所有载荷状态下，当制动强度 z 处于0.15～0.80之间时，后轴附着系数利用曲线不应位于前轴上方；当附着系数 k 在0.2～0.8之间时，制动强度 $z\geqslant0.1+0.7(k-0.2)$（见图1）。作为生产一致性检查时的替代要求，当制动强度在0.15～0.8之间时，后轴曲线应位于直线 $z=0.9k$ 以下（见图2）。

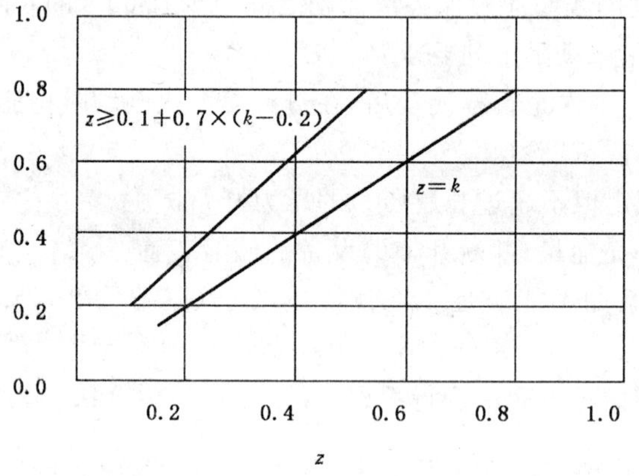

图 1

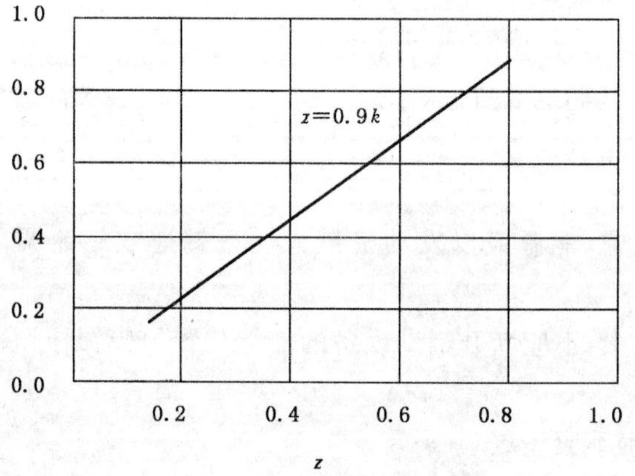

图 2

5.5.3 制动力分配系统失效时应满足的要求

对通过专门装置（如由车辆悬架机械控制系统）满足制动力分配要求的车辆，当该装置的控制系统失效（如断开控制连接）时，在发动机脱开的0-型试验条件下仍能以不超过 $0.1v+0.0100\,v^2$(m)的制动距离和不低于 3.86 m/s^2 的充分发出的平均减速度使车辆停驻。

5.5.4 车轮抱死顺序试验

5.5.4.1 本试验的目的是确保在制动强度处于 0.15～0.80 之间发生车轮抱死的路面上进行试验时，两个前轮发生抱死时的减速度小于两个后轮。其中，前轮和后轮同时抱死是指当车速大于 30 km/h 时后轴最后一个(第二个)车轮抱死和前轴最后一个(第二个)车轮抱死的时间间隔小于 0.1 s。

5.5.4.2 车辆状态

a) 车辆载荷：满载和空载。

b) 变速器位置：发动机脱开。

5.5.4.3 试验条件和规程

a) 初始制动器温度：最热的车轴上平均温度在 65℃～100℃之间。

b) 试验车速：制动强度≤0.50 时为 65 km/h；
制动强度>0.50 时为 100 km/h。

c) 控制力

1) 由熟练驾驶员或机械式制动踏板促动装置来施加和控制控制力；

2) 控制力应以线性速度增加，确保第一次踩下制动踏板后不少于 0.5 s 但不超过 1.5 s 内发生第一根车轴抱死；

3) 当第二根车轴抱死或控制力达到 1 kN 或第一根车轴抱死时间达到 0.1 s 这三种情形中任何一种先发生时即松开踏板。

d) 车轮抱死：只考虑车速超过 15 km/h 时发生的车轮抱死。

e) 试验路面：在制动强度处于 0.15～0.80 之间发生车轮抱死的路面上进行试验。

f) 数据记录：应在整个试验过程中自动连续同步记录下列信息，使各变量按时间顺序实时对应。

1) 车速；

2) (通过对车速微分得出的)车辆瞬态制动强度；

3) 制动控制力(或液压管路压力)；

4) 各车轮的角速度。

g) 各试验应重复进行一次以确认车轮的抱死顺序，若其中一次试验结果不符合要求，应在相同条件下进行第 3 次试验来最终决定其是否符合要求。

5.5.4.4 性能要求

a) 当车辆制动强度在 0.15～0.8 之间时，两个后轮不应在两个前轮抱死之前抱死。

b) 在按上面规定的程序进行试验时，若在车辆制动强度处于 0.15～0.80 之间时车辆符合下列情形之一，则认为其满足车轮抱死顺序的要求：

1) 无车轮抱死；

2) 前轴两个车轮抱死，后轴没有或只有一个车轮抱死；

3) 两个车轴同时抱死。

c) 如车轮在制动强度小于 0.15 或大于 0.80 时开始抱死，则试验无效，宜另选路面重新进行试验。

d) 不论车辆满载或空载，若在制动强度处于 0.15～0.80 之间时后轴两个车轮抱死但前轴没有或只有一个车轮抱死，则未通过车轮抱死顺序试验。对此类情况，应进行扭矩轮试验以确定计算附着系数利用曲线所需的客观制动器外部因数。

5.5.5 扭矩轮试验

本试验的目的是测定制动器外部因数并据此确定制动强度范围在 0.15～0.80 之间时前轴和后轴的附着系数利用率。

5.5.5.1 车辆状态

a) 车辆载荷:满载和空载。

b) 变速器位置:发动机脱开。

5.5.5.2 试验条件和规程

a) 初始制动器温度:最热的车轴上平均温度在65℃～100℃之间。

b) 试验车速:100 km/h 和 50 km/h。

c) 控制力:在 100 km/h 试验车速下,控制力以 100 N/s～150 N/s 的速度线性增加;在 50 km/h 试验车速下,控制力以100 N/s～200 N/s的速度线性增加,直至第一根车轴抱死或控制力达到 1 kN 这两种情形之一发生。

d) 制动器冷却:两次制动期间,以最高 100 km/h 的速度行驶直至达到 5.5.5.2a)规定的初始制动器温度。

e) 试验次数:车辆空载时,分别以 100 km/h 和 50 km/h 的车速进行 5 次制动试验,两种车速试验交替进行;车辆满载时,以每种车速连续进行 5 次制动试验,一种车速试验结束后再进行另一车速试验。

f) 试验路面:在能提供良好附着条件的路面上进行试验。

g) 应记录的数据:下列信息应在整个试验过程中自动连续同步记录,使各变量按时间顺序实时对应。

  1) 车速;

  2) 制动控制力;

  3) 各车轮的角速度;

  4) 各车轮的制动力矩;

  5) 各制动回路的液压管路压力,包括位于比例阀或限压阀下游的至少一个前轮和一个后轮上的传感器;

  6) 车辆减速度。

h) 取样速度:所有数据采集和记录设备在所有通道内都应至少达到 40 Hz 的取样速度。

i) 确定前轴与后轴制动压力比:确定在整个管路压力范围内前轴与后轴的制动压力比。除具有可变制动比例系统的车辆外,应通过静态试验确定。如车辆具有可变制动比例系统,应在车辆满载和空载条件下进行动态试验。分别在每种载荷条件下按本附录规定的相同的初始条件以 50 km/h 的车速进行 15 次紧急制动。

5.5.5.3 数据推导

a) 在各数据通道内,用 5 点中央平移法对 5.5.5.2 e)规定的各次制动的数据进行筛选。

b) 对 5.5.5.2 e)规定的各次制动,确定最能描述各制动车轮上测得的力矩和作用在该车轴上的管路压力之间函数关系的线性最小二乘法方程的斜率(制动器外部因数)和压力轴截距(制动器释放压力)。进行回归分析时仅采用车辆减速度在 0.15 g～0.80 g 范围内收集的数据所得出的输出力矩。

c) 对 5.5.5.3 b)的试验结果进行平均,计算前轴平均制动器外部因数和各次制动的制动器释放压力。

d) 对 5.5.5.3 b)的试验结果进行平均,计算后轴平均制动器外部因数和各次制动的制动器释放压力。

e) 利用 5.5.5.2 i)确定的前后制动器管路压力关系和动态车轮滚动半径计算各车轴的制动力与前轴制动管路压力间的函数关系。

f) 利用下面的公式计算车辆的制动强度与前轴制动管路压力的函数关系。

$$z=\frac{T_1+T_2}{P\times g}$$

其中，z 为给定前轴制动管路压力下的制动强度；

T_1、T_2 与前轴制动管路压力相对应的前轴和后轴制动力；

P 为车辆质量。

g) 利用下列公式计算各轴利用的附着系数与制动强度的函数关系：

$$f_1=\frac{T_1}{P_1+\frac{z\times h\times P\times g}{E}} \qquad f_2=\frac{T_2}{P_2-\frac{z\times h\times P\times g}{E}}$$

h) 绘制满载和空载条件下 f_1 和 f_2 与 z 的函数关系，即车辆的附着系数利用曲线，应满足 5.5.2 的要求。

5.6 装备防抱制动系统的车辆的试验要求

5.6.1 防抱制动系统的类型

a) 1 类防抱制动系统

装备 1 类防抱制动系统的车辆应满足 5.6 的全部有关要求。

b) 2 类防抱制动系统

装备 2 类防抱制动系统的车辆应满足 5.6 中除 5.6.3.3.5 外的全部有关要求。

c) 3 类防抱制动系统

装备 3 类防抱制动系统的车辆应满足 5.6 中除 5.6.3.3.4 和 5.6.3.3.5 之外的全部有关要求。在这些车辆上，没有直接控制车轮的车轴应符合 5.5 对附着系数利用和车轮抱死顺序的规定，而非 5.6.3.2 对附着系数利用的要求。如附着系数利用曲线的相对位置不能满足5.5.2 的要求，应在 5.5.2 规定的有关制动强度和载荷条件下检查确认至少一根后轴的车轮未在前轴车轮之前抱死。这些要求可通过调节行车制动控制力在高附着系数(约为 0.8)和低附着系数(最大为 0.3)路面上检查。

5.6.2 一般要求

5.6.2.1 任何影响到 5.6 规定的系统功能和性能要求的电路失效或传感器工作不正常，包括供电线路、控制器的外部线路、控制器和调节器的失效，应通过 4.2.21.1.2 规定的黄色报警信号指示给驾驶员。

5.6.2.2 对在静态条件下不能检测到的传感器异常，应在车速超过 10 km/h 之前进行检测[6)]。但由于静态条件下车轮不转动，传感器不能产生车速信号，为防止发出错误的报警信号，可推迟检测但应在车速超过 15 km/h 之前确认传感器工作正常。

5.6.2.3 当车辆静止、防抱制动系统通电时，电控的压力调节阀应至少循环一次。

5.6.2.4 只影响防抱制动功能的单个电路功能失效发生时，应通过上述黄色报警信号指示，且行车制动性能不应低于发动机脱开的 0-型试验规定性能的 80%，其对应的制动距离为 $0.1v+0.0075v^2$(m)，充分发出的平均减速度为 5.15 m/s^2。

5.6.2.5 防抱制动系统的工作不应受磁场或电场的不利影响[7)]，按 GB/T 17619 的规定进行验证；同时，对制动装备进行骚扰试验时应符合 GB 18655 的规定。

5.6.2.6 不应用手动装置来切断或改变防抱制动系统的控制模式[8)]。

---

6) 若不存在故障，在车速达到 10 km/h 或 15 km/h 之前报警信号熄灭，当车辆静止时报警信号可能重新点亮。

7) 在统一的试验规程达成之前，制造商应向检测机构提供其试验规程和结果。

8) 如改变控制模式后能满足车辆所装备的防抱制动系统所属类型的全部要求，则认为改变防抱制动系统控制模式的装置不受5.6.2.6的限制。

5.6.3 特殊规定

5.6.3.1 能量消耗

装备防抱制动系统的车辆应采用下列试验来验证行车制动系能在长时间全行程制动时保持其性能。

5.6.3.1.1 试验条件

5.6.3.1.1.1 储能装置的初始能量水平应符合制造商规定。至少能保证车辆满载时达到规定的行车制动效能。应断开气压辅助设备的储能装置。

5.6.3.1.1.2 在附着系数小于等于 0.3[9] 的路面上,用满载车辆以不低于 50 km/h 的初速度全行程制动,在整个制动时间 t 内,间接控制车轮消耗的能量应考虑在内,且所有直接控制车轮应处于防抱制动系统的控制下。

5.6.3.1.1.3 使发动机停止运转,或切断对储能装置的供能。

5.6.3.1.1.4 在车辆静止状态下,对行车制动控制装置连续进行 4 次全行程促动。

5.6.3.1.1.5 应保证满载车辆在进行第 5 次制动时至少能达到规定的应急制动性能。

5.6.3.1.2 附加要求

5.6.3.1.2.1 应按 5.6.6.1.1 所述方法用试验车辆测量路面附着系数。

5.6.3.1.2.2 制动试验应在发动机脱开且以怠速运转的情况下,用满载车辆进行试验。

5.6.3.1.2.3 制动时间 $t=\frac{v_{\max}}{7}$,t 不应小于 15 s,$v_{\max}$ 上限为 160 km/h。

5.6.3.1.2.4 如一次制动的时间达不到 t 值,允许最多分 4 个阶段进行制动。各阶段制动之间不应补充能量。从第 2 阶段起,对应于开始制动时的能量消耗,从 5.6.3.1.1.4、5.6.3.1.1.5 和 5.6.3.1.2.5 规定的 4 次全行程促动中减去 1 次;该规定对 5.6.3.1.1 规定试验的第 2、3、4 各阶段制动均适用。

5.6.3.1.2.5 在车辆静止状态下进行 4 次全行程促动后,如储能装置内的能量大于等于满载车辆应急制动所要求的能量水平,应认为满足 5.6.3.1.1.5 规定的性能要求。

5.6.3.2 附着系数利用率

5.6.3.2.1 防抱制动系统的附着系数利用率应考虑实际制动距离要超过理论最小值。若满足 $\varepsilon \geqslant 0.75$ 这一条件,则认为防抱制动系统符合要求,ε 为 5.6.4.1.2 定义的附着系数利用率。

5.6.3.2.2 附着系数利用率 ε 应在附着系数小于等于 0.3 和约为 0.8(干路面)的两种路面上以 50 km/h的初速度进行测定。为消除制动器温度不同的影响,建议先测定 z_{AL} 再测定 k。

5.6.3.2.3 测定附着系数 k 的试验程序和附着系数利用率 ε 的计算公式见 5.6.4。

5.6.3.2.4 装备 1、2 类防抱制动系统的车辆,应对整车的附着系数利用率进行检验,装备 3 类防抱制动系统的车辆,只要求至少装备一个直接控制车轮的车轴(桥)满足这一要求。

5.6.3.2.5 应在车辆满载和空载两种状态下,检验 $\varepsilon \geqslant 0.75$ 这一条件[10]。

在高附着系数路面上进行满载试验时,如规定的控制力不能使防抱制动系统实现全循环,可省略该试验。

对空载试验,如全力[11]制动时不能实现全循环,可将控制力增加到 1 000 N;如超过 1 000 N 还不足以使系统全循环,可省略该试验。

5.6.3.3 附加检查

应在发动机脱开,车辆满载和空载两种条件下进行下列附加检查。

---

9) 在这样的路面普遍适用之前,可采用磨损到限值的轮胎,附着系数最高可为 0.4,由负责型式试验的检测机构斟酌决定,并记录实际值、轮胎型号及路面情况。

10) 在制定统一的试验规程之前,为确定车辆自动功能提供的不同的制动力分配方案的效果,本条款要求的试验应在装备电力再生式制动系的车辆上重复一次。

11) "全力"是指第 5 章规定的该车型的最大控制力;如要求使防抱系统工作,可采用更大的力。

5.6.3.3.1 在5.6.3.2.2规定的路面上，以40 km/h和$v=0.8v_{max}\leqslant120$ km/h的初速度全力制动时，由防抱制动系统直接控制的车轮不应抱死。

5.6.3.3.2 在试验车轴从高附着系数(k_H)路面驶向低附着系数路面(k_L)时全力制动，直接控制车轮不应抱死，其中$k_H\geqslant0.5$且$k_H/k_L\geqslant2$[12]。行驶车速和进行制动的时机应确保防抱制动系统能在高附着系数路面上全循环，车辆以5.6.3.3.1规定的高、低两种初速度从高附着系数路面驶入低附着系数路面。

5.6.3.3.3 在车辆从低附着系数(k_L)路面驶向高附着系数(k_H)路面时全力制动，车辆的减速度应在合适的时间内上升到一个适当大的值，同时车辆不应偏离原来的行驶路线，其中$k_H\geqslant0.5$和$k_H/k_L\geqslant2$。行驶车速和制动时机应确保防抱制动系统能在低附着系数路面上全循环，车辆以大约50 km/h的速度从一种路面行驶入另一种路面。

5.6.3.3.4 对装备1、2类防抱制动系统的车辆，当其左右两轮分别位于附着系数不同(k_H和k_L)的两种路面时，以50 km/h的初速度突然全力制动，直接控制的车轮不应抱死。其中，$k_H\geqslant0.5$且$k_H/k_L\geqslant2$。

5.6.3.3.5 此外，装备1类防抱制动系统的满载车辆，在5.6.3.3.4规定的条件下，应满足5.6.5规定的制动强度。

5.6.3.3.6 在进行5.6.3.3.1～5.6.3.3.5规定的试验时，不允许车轮抱死。当车速低于15 km/h时，允许车轮抱死；间接控制车轮在任何车速下都允许抱死，但不应影响车辆的行驶稳定性和转向能力：车辆的横摆角小于等于15°且不应偏离3.5 m宽的试验通道。

5.6.3.3.7 在进行5.6.3.3.4和5.6.3.3.5规定的试验时，允许进行转向修正，但转向盘的转角在最初2s内不应超过120°，总转角不应超过240°。试验开始时，车辆的纵向中心平面应通过高低附着系数路面的交界线。试验期间，车轮的任何部分均不应越过交界线。

5.6.4 附着系数利用率

5.6.4.1 测量方法

5.6.4.1.1 附着系数(k)的测定

5.6.4.1.1.1 附着系数应在无车轮抱死的前提下，由最大制动力除以被制动车轴(桥)的相应动态载荷的商来确定。

5.6.4.1.1.2 以50 km/h的初速度，只对试验车辆的单根车轴(桥)进行制动。为达到最大制动性能，制动力应在该车轴的车轮间均匀分配。当车速处于20 km/h～40 km/h之间时防抱制动系统应脱开或不工作。

5.6.4.1.1.3 应逐次增加管路压力的方法进行多次试验来确定车辆的最大制动强度z_{max}。每次试验时，应保持输入力不变。制动强度应根据车速从40 km/h降到20 km/h所经历的时间t计算：$z=0.566/t$。

a) 当车速低于20 km/h时车轮允许抱死。

b) 从t的最小测量值t_{min}开始，在t_{min}(包括t_{min})和$1.05t_{min}$之间选择3个t值，取其算术平均值t_m(如不能取得3个t值，可用t_{min}代替t_m)来计算最大制动强度：$z=\frac{0.566}{t}$。5.6.4.1.3的要求仍适用。

5.6.4.1.1.4 制动力应根据测得的制动强度和未制动车轮的滚动阻力来计算，驱动桥和非驱动桥的滚动阻力分别为其静载轴荷的0.015倍和0.010倍。

5.6.4.1.1.5 车轴(桥)的动载轴荷应按5.5的公式给出。

5.6.4.1.1.6 k值应四舍五入为3位小数。

---

12) k_H是高附着系数，k_L是低附着系数。

5.6.4.1.1.7　然后，按5.6.4.1.1.1～5.6.4.1.1.6的规定对其他车轴重复进行试验。

5.6.4.1.1.8　例如，对后轮驱动的双轴车，前轴(1)制动时，附着系数 k 由下式算出：

$$k_f = \frac{z_m \times P \times g - 0.015 \times F_2}{F_1 + \frac{h}{E} \times z_m \times P \times g}$$

5.6.4.1.1.9　由前轴确定 k_f 值，由后轴确定 k_r 值。

5.6.4.1.2　附着系数利用率(ε)的确定

5.6.4.1.2.1　附着系数利用率 ε 的定义为防抱制动系统工作时的最大制动强度(z_{AL})和附着系数(k_M)的商，即 $\varepsilon = z_{AL}/k_M$。

5.6.4.1.2.2　应在防抱制动系统全循环的情况下，按照5.6.4.1.1.3测定在55 km/h的初速度下、速度从45 km/h下降至15 km/h时的时间，根据3次试验的平均值，计算最大制动强度(z_{AL})：$z_{RAL} = \frac{0.849}{t_m}$。

5.6.4.1.2.3　附着系数 k_M 应以动态轴荷加权确定：$k_M = \frac{k_f \times F_{fdyn} + k_r \times F_{rdyn}}{P \times g}$

式中：$F_{fdyn} = F_f + \frac{h}{E} \times z_{AL} \times P \times g$　　$F_{rdyn} = F_r - \frac{h}{E} \times z_{AL} \times P \times g$

5.6.4.1.2.4　对于装备1、2类防抱制动系统的车辆，z_{AL} 值应在防抱制动系统工作时对整车进行测定，附着系数利用率(ε)由5.6.4.1.2.1中的同一个公式算出。

5.6.4.1.2.5　对装备3类防抱制动系统的车辆，将对至少有一个直接控制车轮的每根车轴(桥)测量 z_{AL} 值。例如，对防抱制动系统只作用在后轴(桥)(2)上的后轮驱动双轴车，附着系数利用率(ε)由下式算出：

$$\varepsilon_2 = \frac{z_{AL} \times P \times g - 0.010F_1}{k_2\left(F_2 - \frac{h}{E} \times z_{AL} \times P \times g\right)}$$

应对至少有一个直接控制车轮的每根车轴(桥)进行计算。

5.6.4.1.3　ε 值应四舍五入为2位小数。如 ε>1.00，应重新测量附着系数。允许误差为10%。

5.6.5　在不同附着系数路面上的制动性能

5.6.5.1　5.6.3.3.5所述的制动强度可参照在进行试验的两种路面上测得的附着系数来计算。这两种试验路面应满足5.6.3.3.4规定的条件。

5.6.5.2　高、低附着系数路面的附着系数(k_H 和 k_L)应按5.6.4.1.1测定。

5.6.5.3　满载车辆的制动强度(z_{MALS})应为：

$$z_{MALS} \geqslant 0.75\,\frac{4k_L + k_H}{5}, z_{MALS} \geqslant k_L$$

5.6.6　低附着系数路面的选择方法

5.6.6.1　应按5.6.3.1.1.2的规定向检测机构提供所选路面附着系数的详细情况。

5.6.6.1.1　数据应包括车速约为40 km/h时的附着系数-滑移率(0～100%)曲线。

5.6.6.1.1.1　曲线的最大值以 k_{peak} 表示，滑移率为100%时的值以 k_{lock} 表示。

5.6.6.1.1.2　R 为 k_{peak} 与 k_{lock} 的比值：$R = \frac{k_{peak}}{k_{lock}}$。

5.6.6.1.1.3　R 值应四舍五入为1位小数。

5.6.6.1.1.4　试验用路面的 R 值应在1.0～2.0之间[13)]。

5.6.6.2　试验之前，应确认所选择的路面符合要求，并记录：

---

13)　在这样的试验路面普遍应用之前，比值 R 达到2.5是可接受的，但需经检测机构同意。

——R 值的测定方法；

——车型；

——轴荷和轮胎（采用不同的载荷状态和轮胎试验，检测机构将根据试验结果判定其是否可以代表申请型式批准的车型）。

5.6.6.2.1 R 值应在试验报告中说明。每年至少用代表车型对路面标定一次，以检验 R 的稳定性。

6 车型批准和扩展

6.1 车型批准

对于申请批准的一组车型，选择具有下列特征的一辆或者多辆车辆作为其代表，进行本标准规定的全部试验。

6.1.1 质量参数

a) 在最大设计总质量中选择具有最大值的车辆；

b) 对于允许挂接挂车的乘用车，还应在最大允许挂接质量中选择具有最大值的车辆（考虑转移到乘用车上的垂直载荷）。

6.1.2 空载轴荷

选择前轴荷/后轴荷之比最大的车辆。

6.1.3 悬架型式

选择具有不同类型悬架的车辆（对于零件不同、具有相同型式的悬架视为相同类型）。

6.1.4 轴距和轮距

选择具有最小轴距及最小轮距的车辆。

6.1.5 最高车速

选择能达到发动机接合的 0-型试验车速和Ⅰ-型衰退试验所需车速的车辆。

6.1.6 发动机

选择装备最小制动作用发动机的车辆。

6.1.7 传输系统及总传输比

选择装备使发动机制动作用最小的传输系统的车辆。

6.1.8 制动系

a) 选择具有最长管路系统（包括每条管路）的车辆；

b) 选择具有不同制动器类型的车辆；

c) 选择采用不同制动力传递和控制方式的车辆；

d) 选择具有不同制动回路布置方式的车辆。

6.1.9 储能装置容量

a) 充能试验时选择储能装置容量最大的车辆；

b) 其他试验时选择储能装置容量最小的车辆。

6.1.10 能量来源

选择具有最小能源供给或/和最小助力的车辆。

6.1.11 轮胎

a) 选择轮胎滚动半径最大的车辆；

b) 选择轮胎断面宽度最小的车辆。

6.2 已批准车型的扩展

6.2.1 对已批准车型进行了与制动系统相关的更改，应申请扩展。

6.2.2 已批准车型的扩展符合 6.1 的原则时，应准予扩展。

6.2.3 已批准车型的扩展超出 6.1 规定的范围时，应重新进行试验。

7 试验方法

本标准要求先进行静态检查、后进行动态试验。动态试验时，推荐先进行空载试验、后进行满载试验。Ⅰ-型试验应在其他所有动态试验项目完成后进行。

在静态试验和动态试验开始前，可根据制造商的意见对自动磨损补偿装置进行手动调节，但在动态试验项目过程中不应进行手动调节。无论何时，制动器调整都不应导致其在非制动状态下发生摩擦或粘合。

试验前，应按制造商规定对车辆进行磨合行驶。如制造商未对磨合行驶做具体规定，可按下列方法进行磨合。

a) 车辆满载，从最高车速的80%（小于等于120 km/h）作为初速度，以3 m/s^2 的减速度开始制动，当速度降至初速度的50%时，松开踏板，将车速加速至初速度，重复试验。

b) 磨合总次数为200次。如因条件限制不能连续完成200次，可根据具体情况调整试验次数。

7.1 试验场地和试验设备

a) 试验场地应具有附着系数约为0.8的高附着系数路面和附着系数小于等于0.3的低附着系数路面。为进行ABS试验，还应具有对开路面和对接路面；

b) 驾驶员在试验过程中可随时检查车速、瞬态减速度和控制力（或管路压力）；

c) 控制力测量仪器/传感器，精度不低于2%；测定和记录车速、制动距离（二者均精确到±1%）、减速度、控制力（或管路压力）和时间的设备；

d) 管路压力表/传感器，精度不低于2%；

e) 各制动器测量摩擦衬片温度的仪器设备，确保在试验过程中（至少）能将最热的车轴上的制动器温度显示给驾驶员，精度不低于5%；

f) 质量测量装置，精度不低于2%；

g) 轮胎压力表，精度不低于2%；

h) 时间测量及显示装置，精度不低于1 s；其中反应时间测量装置的精度不低于0.01 s；

i) 距离测量装置，精度不低于1%；

j) 发动机转速表，精度不低于2%；

k) 对装备电控传输装置的车辆进行试验时，还应准备伏特表。

7.2 试验车辆

确认试验车辆符合6.1的要求。

7.3 静态检查

7.3.1 资料及文件检查

a) 检查制造商有关制动摩擦衬片不含石棉的声明；

b) 确认制造商对失效模拟及其影响进行了说明；

c) 检查制造商有关复合电子车辆控制系统安全方面的说明；

d) 与本标准规定相关的其他资料。

7.3.2 部件检查

7.3.2.1 对制动系进行外观检查，确认行车制动踏板与传输部件间的连接效能不会随着时间的推移而降低。

7.3.2.2 确认制动踏板及其支架、主缸及其活塞、控制阀、制动踏板与主缸或控制阀之间的连接件、轮缸及其活塞、制动杠杆凸轮总成等零部件具有足够的强度且便于维护。

7.3.2.3 确认行车制动作用在所有车轮上。检查系统为双回路并记录其实现方式，确认液压回路的储液罐也是分立的。

7.3.2.4 确认行车制动、应急制动和驻车制动器表面与车轮永久连接。如可断开，应确认只能在换挡等情况时短暂断开。对驻车制动系，仅当驾驶员在驾驶位置通过一个不因泄漏而起作用的系统控制时才允许断开。

如行车制动或应急制动器可以断开，应在动态试验期间确认断开时仍能达到规定的性能。

7.3.3 制动器磨损及调节检查

7.3.3.1 确认行车制动器符合磨损自动调整的规定。如应急制动系和驻车制动系采用单独的部件，应具有手动或自动磨损调整装置；对手动调整，检查其便于维护且无须拆解即可进行调整。检查踏板杠杆比与踏板行程相适应，确认所有制动器调整紧密。

7.3.3.2 确认行车制动系制动摩擦衬片的磨损便于从车辆外部或车辆下部、利用适当的检查孔或其他方法等车辆正常配备的工具或设备进行检查。检查时，允许拆除车轮，但不应拆除制动系统的任何部件。也可安装在摩擦衬片需要更换时指示给驾驶员的声学或光学报警装置，可采用4.2.21.1.2规定的黄色信号。

7.3.4 制动系统结构检查

7.3.4.1 行车制动系检查

确认驾驶员在佩戴固定式安全带、双手握住转向盘的情况下能从驾驶位置促动行车制动踏板；确认行车制动与驻车制动控制装置相互独立；行车制动控制装置在解除制动时能完全回位。

7.3.4.2 驻车制动系检查

确认驾驶员在佩戴固定式安全带的情况下能从驾驶位置促动驻车制动控制装置；确认驻车制动可通过纯机械装置锁止，且在解除制动（如脱开锁止装置）时控制装置能完全回位。

7.3.4.3 应急制动系检查

模拟行车制动失效，确认驾驶员在佩戴固定式安全带、双手握住转向盘的情况下能从驾驶位置全行程促动行车制动踏板。

7.3.5 台架试验

7.3.5.1 车辆满载，储能器处于正常工作状态，将不参加制动作用的车轮固定；逐次增加控制力、管路压力或操纵幅度，并模拟必要的“失效”状态，对各轴进行试验，检查各车轮均能在试验台架允许的条件下取得最大制动力。其中，液压动力制动系应在解除驻车制动的条件下进行试验。

7.3.5.2 检查倒车时也能有效地进行行车制动和驻车制动。

7.3.5.3 对采用电控传输制动系的车辆，确认其储能器恢复正常工作状态；松开驻车制动控制装置，关闭点火开关或拔出钥匙以切断对电控传输装置的供能，对行车制动进行全行程促动，检查各车轮均能达到7.3.5.1测定的最大制动力。

7.3.5.4 根据台架试验的结果，判断行车制动作用对称分布并在车轴间合理分配，确认行车制动和应急制动都是可调节的。

7.3.6 补偿装置

如车辆装备防抱制动系统或牵引力控制系统等可能导致制动力分配不对称或无须驾驶员直接控制而进行制动作用的补偿装置，应检查制造商对此的声明。

7.3.6.1 确认车速小于等于10 km/h时电控传输装置不会进行补偿。在所有载荷条件下，当电控传输对制动系故障或性能劣化进行补偿导致下列情况时，黄色报警信号点亮：

a) 车轴的横向制动压力差：在车辆减速度≥2 m/s² 时，取较高值的25%；在车辆减速度<2 m/s² 时，取2 m/s² 时值的25%。

b) 车轴的单个补偿值：在车辆减速度≥2 m/s² 时，取其标称值的50%；在车辆减速度<2 m/s² 时，取2 m/s² 时标称值的50%。

7.3.6.2 对照设计文件进行检查，确认电子制动力分配系统（EBD）或防抱制动系统等制动力补偿装置发生失效时能通过相应的报警信号指示给驾驶员；导致不能达到规定的行车制动性能的失效，应通过4.2.21.1.1规定的红色信号指示；否则，可采用4.2.21.1.2规定的黄色信号指示。

7.3.7 检查控制力与管路压力比例关系

以合理的增幅对管路压力/控制力进行检查，确保涵盖最大允许控制力；分别记录助力模式和无助力模式下的数据。对助力系统，应在每次促动开始时将储能装置的压力调节至开启压力，正确调整阀门，记录空载条件下比例阀前后的管路压力。

7.3.8 电力再生式制动系检查

7.3.8.1 对装备电力再生式制动系的车辆，确认电力再生式制动系的类型。如电力再生式制动系是行车制动系的一部分，则属于B型；如电力再生式制动系不是行车制动系的一部分，则属于A型。

7.3.8.2 检查A型电力再生式制动系只能通过加速踏板和/或在空挡位置启动；检查B型电力再生式制动系通过行车制动踏板启动，确认不会因摩擦制动而降低电力再生式制动系的制动作用。

7.3.8.3 对装备B型电力再生式制动系和同时具有A型和B型的电力再生式制动系的车辆，检查确认行车制动系只有一个控制装置，且不能通过除自动方式以外的其他方式部分或完全断开行车制动系。如电机可断开，应通过动态试验进一步确认电机断开不会降低行车制动效能；此外，还应检查行车制动性能与变速器挡位无关。

检查电力再生式制动系控制装置受行车制动控制装置的操纵幅度和车轮制动力对应关系的控制，确认检查该关系失效导致不能满足5.5和5.6的相关要求时，最迟在控制装置启动时通过光学报警信号指示给驾驶员；只要失效存在且"接触"开关处于运行位置，报警信号将一直指示。

7.3.8.4 对制造商提供的试验规程和试验结果进行检查，确认电力再生式制动系的工作不受电磁场的不利影响。

7.3.8.5 装备防抱制动系统的车辆，确认由防抱制动系统控制电力再生式制动系。

7.3.9 挂接具备电力制动系挂车的乘用车

7.3.9.1 对挂接具备电力制动系挂车的乘用车，应在发动机怠速运行且所有电器设备工作的条件下，操纵挂车制动系，使其产生最大电流(15 A)消耗，确认挂车连接线路的电压不低于9.6 V；对照设计文件进行检查，确认制动系电路在过载的情况下也不会发生短路。

7.3.9.2 确认乘用车制动回路发生失效时，未失效的部分仍能使挂车电力制动系工作。

7.3.9.3 对利用制动灯开关启动的挂车电力制动系，检查启动电路与制动灯开关并联且制动灯开关和电路能承受额外负载。

7.3.10 采用电控传输的驻车制动系

以下条款适用于通过电控传输实现控制装置和制动器之间功能连接的驻车制动系，也适用于电控传输与其他传输方式并存的情形。

7.3.10.1 (通过断开信号线等方式)确认电控传输失效不会导致驻车制动系误动作。

7.3.10.2 (通过断开电缆等方式)确认电控传输线路损坏时，仍能从驾驶位置进行驻车制动，使车辆在规定坡度上保持静止；如不满足上述要求，可通过发动机和手动变速器或利用自动变速器的驻车挡达到规定的性能。检查失效发生后可解除驻车制动，如需利用辅助装置，应予记录并注明使用方法。

7.3.10.3 (通过断开相关电缆等方式)确认电控传输装置的供电发生损耗或线路损坏时通过4.2.21.1.2规定的黄色报警信号指示。

7.3.10.4 由驻车制动电控传输装置给辅助设备供电的车辆，打开开关并使所有辅助设备工作，确认能进行驻车制动并予以解除。

7.3.10.5 关闭控制制动装备供电的点火/起动开关(必要时拔掉钥匙)，检查仍能进行驻车制动但不能解除制动。

7.3.11 具有电控传输装置的行车制动系

以下条款适用于通过电控传输实现控制装置和制动器之间功能连接的行车制动系，也适用于电控传输与其他传输方式并存的情形。

7.3.11.1 电控传输装置潜在失效影响分析

确认制造商提供了电控传输装置潜在失效影响分析的资料，并对单个短暂失效（时间＜40 ms）和持续失效（时间≥40 ms）进行专门检查，确认分析结果能证明：

a） 单个暂时失效（非传输信号或数据发生错误）不会明显影响行车制动性能。

b） 持续失效导致不能达到规定的行车制动性能时，采用 4.2.21.1.1 规定的红色报警信号指示给驾驶员。电控传输中断导致的失效，应在失效发生时立即通过报警信号指示。

c） 发生持续失效但不妨碍达到规定的行车制动性能时，通过 4.2.21.1.2 规定的黄色报警信号指示给驾驶员。

d） 对照设计文件进行检查或根据制造商提供的资料判断失效检测信号是否能中断电控传输的指令信号。如能中断，确认只是短暂中断（＜10 ms）且不会影响制动性能。

7.3.11.2 电控传输能源失效

确认电控传输的电能水平处于制造商声明的标称值，可将该值作为动力电池额定电压。在发动机运转但不给动力电池充电的情况下全行程促动行车制动 20 次。每次制动时，应全行程制动 20 s，释放 5 s，然后再进行一次制动，检查传输装置剩余的电能足以全行程促动行车制动器。对液压传输与电控传输并存的制动系，还应对液压能源失效和储能进行检查。

7.3.11.3 检查制造商对不能保证行车制动性能或至少两个独立的行车制动回路不能达到应急制动性能的动力电池最高电压做了声明。通过使动力电池部分放电或连接台式电源来代替动力电池，逐渐降低动力电池电压并记录 4.2.21.1.1 规定的红色报警信号点亮时的实际电压。使用台式电源时，应确认其具有足够的功率；利用车辆现有电线时，移除动力电池端子进行供电并检测输出电压。实际的记录电压不应高于动力电池额定电压。此外，还应在该电压水平下进行动态试验，确认行车制动电控传输装置中剩余的电能足以达到应急制动性能。

7.3.11.4 如辅助设备或驻车制动系的电能来自行车制动系的电控传输的储能装置，应进行下列检查：

发动机转速能维持电控传输的电能水平但不高于 80％最大功率转速；打开开关，使上述所有辅助设备工作；记录发动机运转和辅助设备工作时的动力电池电压。需通过动态试验验证在该电压水平（见下注）下仍能达到规定的行车制动性能；动力电池（储能装置）放电以后，应进行动态试验来验证在不使用电能的情况下仍能达到规定的减速度。也可通过计算进行检验。

7.3.11.5 如辅助设备的电能来自行车制动电控传输的储能装置，应在车辆静止、发动机运转但动力电池不充电的情况下，检查车辆处于驻车制动状态，对行车制动进行全行程制动，确认制动灯保持指示状态且所有车灯（前照灯、前后雾灯、转向灯）在制动期间都正常工作。

7.3.11.6 对照设计文件进行检查，确认行车制动电控传输发生故障不会导致违背驾驶员意图而进行制动。

7.3.12 储液罐/主缸检查

7.3.12.1 检查确认储液罐易于接近，通过采用透明材料、安装低液面指示器或其他方式实现在不打开储液罐的情况下即可对液面进行检查。如采用透明材料，应确认所有颜色的液体都清晰可见。

7.3.12.2 确认车辆装备在液压传输失效或储液罐液面低于规定水平时向驾驶员指示的红色报警信号，检查报警信号即使在白天也清晰可见，便于在驾驶位置对报警信号的工作状态进行检查。此外，还应确认车辆装备驻车制动指示信号。

7.3.12.3 为对工作状态进行检查，模拟行车制动失效和制动液泄漏，确认报警信号最迟在制动踏板作用时指示，检查报警装置的零部件发生失效不会导致制动性能的完全丧失，只要失效/故障存在且点火开关处于“开”（运行）位置上，报警装置将一直点亮。

7.3.12.3.1 对压差报警装置，在主缸的两个出口各连接一个压力表/传感器（一个在主制动回路，另一个在应急制动回路）。模拟行车制动的一条回路失效，记录报警信号点亮时两个出口的压差；确认压差不超过 1.55 MPa。模拟另一条回路失效，重复该过程。

7.3.12.3.2 对液面报警装置，确认报警信号在储液罐的任一部分液面下降至制造商规定的水平时予以指示。

7.3.12.4 如未安装液面指示器，应对储液罐的最低容量即制动摩擦衬片最大磨损所产生的最大排液量进行检查：使车辆处于水平路面，确认制动液面恰好位于储液罐一侧指示的最高水平；抽取制动液，直至液面恰好盖住主缸输入口；测量抽取的液体体积，检查其等于或大于计算得出的储液罐的最低总容量。

7.3.12.4.1 对采用盘式制动器的车轴，用全新摩擦衬片的厚度（最大衬块厚度）减去完全磨损摩擦衬片的厚度（制造商声明的最小衬块厚度），再加上制动盘的最大许可磨损尺寸，乘以支架一侧的活塞总面积，将结果乘以轮缸数即可得到该轴的最大排液量。

7.3.12.4.2 对采用鼓式制动器的车轴，用单个活塞的最大缩回量 $\Delta x \approx \frac{r \cdot \Delta d}{\sqrt{r^2 - L^2}} + s$ 乘以活塞面积和轮缸数，得出单根车轴的最大排液量，根据两根车轴的最大排液量计算储液罐的最低总容量。

7.3.13 报警信号与车辆自检

7.3.13.1 确认车辆电力装置充电时点亮红色或（4.2.21.1.2 规定的）黄色（如适用）报警信号。检查报警信号在车辆静止且未检测到故障时自动熄灭。

7.3.13.2 对装备 ABS 的车辆，检查安装了专门的黄色报警信号装置，该信号即使在白天也清晰可见，当防抱制动系统失效时，应向驾驶员报警。

当车辆静止、防抱制动系统通电时，报警信号点亮。系统自检，若不存在故障，报警信号熄灭。在检查过程中，电控的压力调节阀应至少循环一次。对在静态条件下不能检测到的传感器异常，应在车速大于 10 km/h 之前进行检测。但由于静态条件下车轮不转动，传感器不能产生车速信号，为防止发出错误的报警信号，可推迟检测但应在车速大于 15 km/h 之前确认传感器工作正常。

7.3.13.3 制动灯点亮指令

7.3.13.3.1 应在驾驶员促动行车制动系时发出指令使制动灯点亮。

7.3.13.3.2 通过自动控制制动系启动行车制动系时应发出上述指令。当车速大于 50 km/h 时，如产生的减速度小于 0.7 m/s^2，则可不发出上述指令。

7.3.13.3.3 通过选择制动系启动部分行车制动系时不应发出上述指令。

7.3.13.3.4 在松开加速踏板时产生制动力的电力再生式制动系不应发出上述指令。

7.3.13.4 检查防抱制动系统的控制模式不能用手动装置来切断或改变。

7.3.14 确认制动液的标志符合 GB 12981 和 GB/T 14168，并以不易擦除的方式固定在储液罐加注口附近 100 mm 以内、便于观察的位置上。

7.3.15 储能和供能检查

7.3.15.1 对助力制动系和动力制动系的能源装置进行检查，确认其工作安全可靠。

7.3.15.2 助力制动系

根据制造商提供的资料确定仅靠驾驶员体力是否能达到规定的应急制动性能。

7.3.15.2.1 对仅靠驾驶员体力即可达到应急制动性能的车辆，应模拟助力失效进行动态试验。

7.3.15.2.2 对必须借助其他能量才能达到应急制动性能的车辆，应模拟传输装置部分失效，确认未受失效影响的部分不仅能维持现有能量水平，而且能继续补充能量，并按 7.3.15.2.3 进行储能检查。

7.3.15.2.3 能源失效条件下的储能检查

a） 断开辅助装置及其储能器，将压力调节至符合制造商规定但不高于开启压力。

b） 通过启动电磁阀使泵输出至储液罐等方法使能量供应失效。

c） 对行车制动进行 4 次全行程促动，记录储能器的剩余压力；进行第 5 次制动并记录可获得的管路压力。每次制动期间至少有 1 min 的间隔。

7.3.15.3 动力制动系

7.3.15.3.1 检查其至少有两个分别具有储能装置且分别作用于至少两个车轮上的独立回路，通过模拟传输装置部分失效，确认未受失效影响的部分不仅能维持现有压力，而且可以补充能量，并按7.3.15.3.2进行储能检查。

7.3.15.3.2 能源失效条件下的储能检查

a) 断开辅助装置及其储能器，将压力调节至符合制造商规定但不高于开启压力。

b) 通过启动电磁阀使泵输出至储液罐等方法使能量供应失效。

c) 对行车制动进行4次全行程促动，记录储能器的剩余压力；进行第5次制动并记录可获得的管路压力。各次制动期间至少有1 min的间隔。

7.3.15.4 储能式液压制动系

7.3.15.4.1 能源失效条件下的储能检查

a) 断开辅助装置及其储能器，将压力调节至符合制造商规定但不高于开启压力。

b) 不补充能量，对行车制动进行8次全行程促动，记录储能器的剩余压力；进行第9次制动并记录可获得的管路压力。各次制动期间至少有1 min的间隔。

7.3.15.4.2 对不满足7.3.15.2.2或7.3.15.3.1要求的车辆，应模拟管路失效导致能源失效时的储能检查

a) 断开辅助装置及其储能器，将压力调节至符合制造商规定但不高于开启压力。

b) 能源静止或发动机以怠速运转。

c) 模拟传输失效，对行车制动进行8次全行程制动并记录储能器的剩余压力，进行第9次制动并记录可获得的管路压力。

7.3.15.5 储能装置的报警条件检查

起动发动机，增压并记录关闭压力(p_1)；逐步减压并记录开启压力。如开启压力与制造商规定的最低压力不同，还应记录最低压力，并确认最低压力不高于实际测量的开启压力。

7.3.15.5.1 对系统进行检查，确认除压力表外还装备光学或声学低压报警装置，且报警装置与每条回路永久相连，光学信号符合4.2.21.1.1的规定。

a) 发动机正常运行且制动系无故障时，确认除发动机起动后给储能装置通电期间外，报警装置不报警。

b) 消耗能量至报警信号点亮，在不补充能量的情况下，进行4次全行程行车制动并记录储能器的剩余压力；进行第5次制动并记录可获得的管路压力。

7.3.15.5.2 对7.3.15.4.2所述车辆，确认除压力表外还装备光学和声学报警信号，且光学信号先于或与声学信号同时报警；光学信号应符合4.2.21.1.1的规定，在点火开关打开(如运行状态)时保持点亮。

7.3.15.5.3 当应用驻车制动且/或自动变速器操纵杆位于“驻车”挡时，声学报警装置不工作。

7.3.16 如通过真空或液压助力等来加强驻车制动作用，检查在不使用助力的情况下仍可以进行驻车制动，必要时可利用通常不用于该用途(如用于行车制动)的存储能量。

7.3.17 能源的容量检查

7.3.17.1 对系统补充充能至关闭压力(p_1)，停止充能，进行4次全行程行车制动，记录剩余压力(p_2)。

7.3.17.2 在不向储能装置补充能量的情况下，将系统压力调节至p_2。发动机以最大功率转速或超速调节器允许的最大转速运行，给系统补充能量，记录最不利的储能装置的压力上升至p_1所需要的时间；检查该时间等于或小于20 s。除自动断开外，本试验不应断开辅助设备的供能装置。

7.3.17.3 发动机停机，从符合制造商规定但不超过开启压力开始，对行车制动系进行2次全行程促动，确认报警装置不报警。

7.3.18 辅助设备

检查确定采用制动储能装置供能的辅助设备；在未充能的情况下将储能装置调整到开启压力，打开上述所有辅助装置使其工作，检查制动系统储能装置的压力未下降至报警装置工作压力水平以下。

7.3.19 驻车制动性能

7.3.19.1 通过行车制动使车辆在20%的坡道静止并保持下坡状态，施加驻车制动并保持至少5 min，记录最大控制力，解除行车制动，确认在此条件下测定的最大控制力不超过400 N(手控)或500 N(脚控)。本试验允许通过多次操纵驻车制动以达到规定的驻车制动保持力，但各次操纵的控制力均在规定范围内。

7.3.19.2 在20%的坡道上保持上坡状态，重复7.3.19.1。

7.3.19.3 对驻车制动系采用电控传输的车辆，断开驻车制动系的电控传输，重复7.3.19.1和7.3.19.2。如驻车制动系在这种情况下不能工作，应进行附加检查：

a) 对手动变速器车辆，在发动机静止、离合器接合的情况下，仅通过采用合适的挡位(如最低挡)即可使车辆保持在上、下坡道上。

b) 对自动变速器车辆，确认车辆在变速器位于“驻车”挡时可在上、下坡道上停驻。

7.3.19.4 对允许挂接挂车的乘用车，采用下列方法进行附加试验，确认仅靠乘用车的驻车制动能使列车在12%的上、下坡道上保持静止。

7.3.19.4.1 实车法(推荐方法)

通过挂接合适的挂车使列车达到最大设计总质量，在12%的坡道上按7.3.19.1和7.3.19.2进行试验，确认驻车制动控制力在规定范围内，检查仅靠牵引车的驻车制动能使列车在上、下坡道上保持静止。

7.3.19.4.2 模拟法

如车辆不能加载至GTM，可用乘用车代替乘用车列车，计算GTM在12%坡度上的驻车制动性能。模拟试验时所要求的坡度$=\frac{GTM\times 12}{GVM}\%$。如不能提供计算得出的坡道，应选择接近该坡度的、更陡的坡道，按7.3.19.1和7.3.19.2进行试验。

7.3.19.5 如没有合适的路面进行7.3.19.1和7.3.19.4所述试验，可在水平路面上通过牵引试验模拟坡道驻车制动，对驻车制动性能进行检查。

7.4 动态试验

7.4.1 总体要求

7.4.1.1 动态试验应在风力不致影响试验结果的情况下进行。

7.4.1.2 除特殊说明外，试验开始时最热的车轴上的行车制动器的平均温度在65℃～100℃之间。

7.4.1.3 试验应在规定车速(v)下进行，实际试验车速与规定车速的误差不应超过±2%。试验时，应将车辆加速之规定车速以上5 km，松开加速踏板，在车速下降至试验规定车速时进行制动。如最高设计车速低于规定试验车速，应以车辆可持续保持的最高车速进行试验。

7.4.1.4 除特殊声明外，所有动态试验的制动操作应在最短的时间内达到预定的控制力或管路压力限值。

7.4.1.5 车辆在制动前沿试验通道中线行驶，在制动过程中保持稳定，横摆角应小于等于15°，不应偏离3.5 m宽的试验通道，也不应发生异常振动。

7.4.2 车辆准备

7.4.2.1 按规定加载车辆：

a) 空载是指车辆处于整备质量状态，除驾驶员外，前排座椅上可坐一人记录试验结果。

b) 满载是指包括驾驶员、试验记录人员和所有必需的试验设备的质量在内，将车辆加载至最大设计总质量，确保质量分配符合制造商规定。如有几种不同的质量分配方案，应采用前后轴质量分配之比最大者。

7.4.2.2 核对轮胎尺寸和型号，并检查轮胎处于相应载荷的推荐压力。

7.4.2.3 校准所有试验设备。

7.4.3 空载—基本性能试验

7.4.3.1 发动机脱开的0-型试验

7.4.3.1.1 本试验的规定车速为100 km/h，因最高设计车速限制而不能达到规定车速的车辆，可以试验时所能达到的最高车速进行试验。试验时，首先确认最热的车轴上的行车制动器的平均温度处于65℃～100℃；在附着条件良好($\mu \geqslant 0.8$)的水平路面上，将车辆加速至试验规定车速以上5 km/h，脱开挡位，在车速下降至试验规定车速时全力进行行车制动。

对电机与车轮永久连接的电动车辆，若没有离合器/空挡，所有试验(脱开或接合试验)都应在电机接合的条件下进行。

7.4.3.1.2 重复7.4.3.1.1，确认车辆在未发生车轮抱死的情况下所能达到的最佳制动性能符合要求；包括熟悉车辆所需制动在内，每次试验最多进行6次制动，最多重复5次。

对在最高压力处取得临界结果的液压动力制动系的车辆，应进行进一步的试验以确认当储能器充能到开启压力时管路压力能达到最低性能。

7.4.3.2 发动机接合的0-型试验

本试验仅适用于最高车速 $v_{max}>125$ km/h的车辆，试验规定车速 $v=80\%v_{max}\leqslant 160$ km/h；对最高车速 $v_{max}>200$ km/h的车辆，试验车速应为160 km/h。

7.4.3.2.1 首先确认最热的车轴上的行车制动器的平均温度处于65℃～100℃；在附着条件良好的水平路面上将车辆加速至试验规定车速以上5 km/h，采用相应的最高挡行驶，松开加速踏板但保持挡位不变，在车速下降至试验规定车速时进行行车制动。采用的制动控制力(或管路压力)与7.4.3.1.1所述发动机脱开的0-型试验接近。制动控制力应在整个制动过程中保持恒定，确保达到最大的制动强度但不会发生车轮抱死。

7.4.3.2.2 对电机与车轮永久连接且装备A-型电力再生式制动系的电动车辆应在低附着系数路面($\mu \leqslant 0.3$)上进行上述试验。试验过程中，检查车辆状况不受挡位变换、加速踏板松开和其他瞬间状态的影响。试验允许进行转向修正，但转向盘的转角在最初2 s内不应超过120°，总转角不应超过240°。

7.4.3.2.3 重复7.4.3.2.1，确认车辆在未发生车轮抱死的情况下所能达到的最佳制动性能符合要求，最多重复5次。

7.4.4 空载—失效试验

参照制造商有关失效模拟的说明及静态试验结果，依次选择并模拟相应的失效条件，按7.4.3.1.1和7.4.3.1.2进行发动机脱开的0-型试验。因最高设计车速限制而不能达到规定车速的车辆，可以试验时所能达到的最高车速进行试验。

7.4.4.1 模拟行车制动系的一条回路失效，使失效回路的管路压力在整个试验过程中保持为零，确认能达到规定的应急制动性能。

7.4.4.2 对7.3.15.2.1所述车辆，通过消耗助力装置所存储的能量依次模拟助力装置失效，在能量消耗完毕的同时将助力器从能源上断开，立即进行发动机脱开的0-型试验，确认能达到规定的应急制动性能。

7.4.4.3 对7.3.15.2.2和7.3.15.3.1所述车辆，依次模拟各条回路失效，在静态试验所测定的管路压力下进行发动机脱开的0-型试验，确认车辆能达到规定的应急制动性能。

7.4.4.4 对7.3.15.2.3、7.3.15.3.2、7.3.15.4.1和7.3.15.5.1所述车辆，维持失效状态，在静态试验所测定的管路压力下进行发动机脱开的0-型试验，确认车辆能达到规定的应急制动性能。

7.4.4.5 对7.3.15.4.2所述车辆，维持失效状态，在静态试验所测定的管路压力下进行发动机脱开的0-型试验，确认车辆能达到规定的应急制动性能。

7.4.4.6 可将辅助能源装置充能至正常的工作水平，然后使发动机停止运转或断开从发动机供应的能量，进行发动机脱开的0-型试验，确认能达到规定的行车制动性能。

7.4.4.7 对装备ABS的车辆，依次断开电源、传感器和控制器的电路，使防抱制动系统不工作，确认行车制动性能不低于发动机脱开的0-型试验规定性能的80%。

7.4.4.8　通过断开可变制动力分配系统的控制连接等方式，确定可能发生的分配失效模式，并将其调整至最恶劣状态，进行发动机脱开的0-型试验，确认车辆充分发出的平均减速度不小于3.86 m/s^2。如制动力分配失效可能导致其控制的车轴完全制动，还应对制动稳定性进行检查。

感载比例阀、电子制动力分配系统(EBD)以及控制制动力分配的其他装置(如G阀或减压阀)应参照本条款进行试验。

7.4.4.9　对行车制动系具有电控传输的车辆，进行下列附加试验：

7.4.4.9.1　通过断开电线等方式，模拟行车制动电控传输的持续失效，进行电机脱开的0-型试验，确认车辆能达到规定的应急制动性能，并按4.2.21.1.1的规定点亮相应的报警信号(不满足行车制动性能时点亮红色报警信号，其他为黄色)。

7.4.4.9.2　调节动力电池电压至7.3.11.3确定的荷电状态并阻止动力电池充电，检查动力电池未对非关键性的辅助设备(包括外部照明装置)充电，进行脱开的0-型试验，确认能达到规定的应急制动性能。

7.4.4.10　对行车制动系具有电动部件的电动车辆，进行下列附加试验：

7.4.4.10.1　通过断开电源等方式，模拟行车制动的电动部件失效，进行电机脱开的0-型试验，确认车辆能达到规定的应急制动性能。

7.4.4.10.2　如行车制动的电动部件失效会导致制动器的完全作用，应安装一个能在车辆运行期间安全工作的失效开关。通过断开电线等方式，模拟电控传输装置失效，操纵失效开关进行电机脱开的0-型试验，确认车辆能达到规定的应急制动性能。

7.4.5　空载—ABS试验

7.4.5.1　低附着系数路面上附着系数利用率的测定

试验应在附着系数小于等于0.3的低附着系数路面上进行。

为消除制动器温度不同的影响，建议在测定k之前先测定z_{AL}。

7.4.5.1.1　对装备1、2类防抱制动系统的车辆，使全部车轮制动，测定最大制动强度z_{AL}；对装备3类防抱制动系统的车辆，对至少有一个直接控制车轮的每根车轴(桥)分别测定z_{AL}。

接通防抱制动系统，踩下制动踏板，确认每个制动器都正常工作。

以55 km/h的初速度制动，测定速度从45 km/h下降至15 km/h时的时间；制动过程中，保证防抱制动系统全循环。

根据3次试验的平均值，计算最大制动强度$z_{AL}=\dfrac{0.849}{t_m}$。

7.4.5.1.2　附着系数(k_M或k_i)的测定

7.4.5.1.2.1　脱开防抱制动系统或使其不工作，仅对试验车辆的单根车轴(桥)进行制动。试验初速度为50 km/h；为达到最佳性能，制动力应在该车轴的车轮之间平均分配。

7.4.5.1.2.2　制动强度z_m的测定

本试验中，控制力在制动作用期间保持不变，车速低于20 km/h时允许车轮抱死。应逐次增加管路压力，进行多次试验，测定车速从40 km/h下降至20 km/h所经历的时间t。从t的最小值t_{min}开始，在t_{min}(包括t_{min})和1.05 t_{min}之间选择3个t值，取其算术平均值t_m(若不能得到3个t值，可用t_{min}代替t_m)计算最大制动强度：$z_M=\dfrac{0.566}{t_m}$。

7.4.5.1.2.3　根据测得的制动强度和非制动车轮的滚动阻力计算制动力及动态轴荷

以后轴驱动的两轴车为例：

前轴制动时，制动力$=z_m\times P\times g-0.015F_2$

前轴动态轴荷$F_{fdyn}=F_f+\dfrac{h}{E}\times z_{AL}\times P\times g$

后轴制动时，制动力$=z_m \times P \times g - 0.010F_1$

后轴动态轴荷 $F_{rdyn}=F_r-\frac{h}{E}\times z_{AL}\times P\times g$

7.4.5.1.2.4 分别计算前、后轴的附着系数和整车附着系数，k 值应圆整到千分位。

前轴附着系数 $k_f=\frac{z_m\times P\times g-0.015F_2}{F_1+\frac{h}{E}\times z_m\times P\times g}$，后轴附着系数 $k_r=\frac{z_m\times P\times g-0.010F_1}{F_2-\frac{h}{E}\times z_m\times P\times g}$

对装备 1、2 类防抱制动系统的车辆，整车附着系数 $k_M=\frac{k_f\times F_{fdyn}+k_r\times F_{rdyn}}{P\times g}$。

7.4.5.1.2.5 对装备 3 类防抱制动系统的车辆，按 7.4.5.1.2.1～7.4.5.1.2.4 要求对至少有一个直接控制车轮的每根车轴(桥)分别测定 k_i。

7.4.5.1.3 附着系数利用率的计算

7.4.5.1.3.1 对装备 1、2 类防抱制动系统的车辆，附着系数利用率 $\varepsilon=\frac{Z_{AL}}{k_M}$。

7.4.5.1.3.2 对装备 3 类防抱制动系统的车辆，对至少有一个直接控制车轮的每根车轴(桥)分别计算 ε。例如，对防抱制动系统只作用在后轴(桥)的后轮驱动双轴车辆，附着系数利用率：

$$\varepsilon_2=\frac{z_{AL}\times P\times g-0.010F_1}{k_2\left(F_2-\frac{h}{E}\times z_{AL}\times P\times g\right)}。$$

7.4.5.1.4 将 ε 圆整到 2 位小数，检查 ε≥0.75；如 ε>1.00，应重新测量附着系数，允许误差为 10%。

7.4.5.2 高附着系数路面上附着系数利用率的测定

参照 7.4.5.1.1、7.4.5.1.2 和 7.4.5.1.3，在附着系数约为 0.8(干路面)的路面上进行试验。

如全力制动时不能实现全循环，可将控制力增加至 1 000 N；如超过 1 000 N 还不足以使系统全循环，则不再进行该试验。

7.4.5.3 附加检查

本试验的目的是验证车轮未抱死且车辆稳定，因此不必制动至车辆停止行驶。

7.4.5.3.1 单一路面试验

在附着系数小于等于 0.3 和约为 0.8(干路面)的两种路面上，以 40 km/h 和 $0.8v_{max}\leqslant 120$ km/h 的初速度急促全力制动。试验过程中，由防抱制动系统直接控制车轮不应抱死。

7.4.5.3.2 对接路面试验($k_H\geqslant 0.5$，$k_H/k_L\geqslant 2$)

7.4.5.3.2.1 高附着系数(k_H)路面到低附着系数路面(k_L)

当试验车轴从高附着系数路面驶向低附着系数路面时，急促全力制动，检查直接控制车轮未抱死。行驶速度和制动时机应确保车辆以 7.4.5.3.1 规定的高、低两种速度从高附着系数路面驶入低附着系数路面，并使防抱制动系统在高附着系数路面上全循环。

7.4.5.3.2.2 低附着系数(k_L)路面到高附着系数(k_H)路面

当车辆从低附着系数路面驶向高附着系数路面时，急促全力制动，检查车辆的减速度在合适的时间内有明显的增加，且车辆未偏离既定行驶路线。行驶速度和制动时机应确保车辆以约为 50 km/h 的速度从低附着系数路面驶入高附着系数路面，并使防抱制动系统在低附着系数路面上全循环。

7.4.5.3.3 对开路面试验($k_H\geqslant 0.5$，$k_H/k_L\geqslant 2$)

本试验适用于装备 1、2 类防抱制动系统的车辆。

试验开始时，车辆的左右车轮分别位于附着系数不同(k_H、k_L)的两种路面上，车辆纵向中心平面通过高低附着系数路面的交界线。

以 50 km/h 的初速度急促全力制动，确认直接控制车轮未发生抱死，轮胎(外胎)的任何部分均未越过此交界线。

试验过程中，允许进行转向修正，但转向盘的转角在最初 2 s 内不应超过 120°，总转角不应超过 240°。

7.4.6　满载—ABS 试验

7.4.6.1　低附着系数路面上附着系数利用率的测定

参照 7.4.5.1 进行试验。

7.4.6.2　高附着系数路面上附着系数利用率的测定

参照 7.4.5.2 进行试验。

如规定的控制力不能使防抱制动系统实现全循环，则不再测定附着系数利用率 ε。

7.4.6.3　附加检查

参照 7.4.5.3 进行试验。对装备 1 类防抱制动系统的车辆，还应在对开路面试验时测定制动强度，确认 $z_{MALS} \geqslant 0.75 \times \frac{4k_L + k_H}{5}$，$z_{MALS} \geqslant k_L$。

7.4.6.4　能耗试验

7.4.6.4.1　确认储能装置的初始能量水平符合制造商规定。

7.4.6.4.2　踩下制动踏板，确认各制动器工作正常；断开气压辅助设备的储能装置。

7.4.6.4.3　发动机脱开并以怠速运转，在附着系数小于等于 0.3 的路面上，以不低于 50 km/h 的初速度全力制动。制动时间 $t = v_{max}/7$，不应小于 15 秒。若一次制动的时间达不到 t 值，可最多分为 4 个阶段进行制动。各阶段制动之间不应补充能量；从第 2 阶段起，为弥补开始制动的能量消耗，应从 7.4.6.4.4 规定的全行程促动中减去一次。

7.4.6.4.4　车辆静止，将储能调节至与制动时间 t 结束时相同的能量水平，使发动机停止运转或切断对储能装置的供能，对行车制动连续进行 4 次全行程促动。

7.4.6.4.5　确认进行第 5 次制动时，车辆至少能达到规定的应急制动效能。可通过在高附着系数路面上的试验检查，也可通过测定第 5 次制动时的管路压力进行判定。

7.4.7　满载—基本性能试验

7.4.7.1　0-型试验

7.4.7.1.1　参照 7.4.3.1～7.4.3.2 进行试验。

7.4.7.1.2　对允许挂接无制动挂车的乘用车，无须实际挂车进行试验，可仅以乘用车进行发动机脱开的 0-型试验，计算乘用车列车满载时充分发出的平均减速度 $d_{M+R} = d_M \frac{P_M}{P_M + P_R}$ m/s²，确认 d_{M+R} 不小于 5.4 m/s²。

其中：

d_M——在发动机脱开的 0-型试验中，乘用车满载时充分发出的平均减速度，m/s²；

P_M——乘用车满载质量，kg；

P_R——可挂接的无制动挂车的满载质量，kg。

7.4.7.2　车辆行驶中的驻车制动

参照 7.4.3.1，以 30 km/h 的初速度施加驻车制动，进行发动机脱开的 0-型试验。控制力不超过 400 N(脚控时为 500 N)且在制动过程中保持恒定。确认充分发出的平均制动减速度和车辆停车前的瞬态减速度不小于 1.5 m/s²。只要有一次试验能达到规定性能，即认为符合要求。

7.4.7.3　响应试验

装备助力制动系且不使用助力就不能达到行车制动性能的车辆，应安装减速度记录设备，驾驶车辆以不超过 20 km/h 的速度进行行车制动。根据记录的减速度，确认从开始促动踏板至达到规定的行车制动减速度的时间不超过 0.6 s。本试验对行车制动控制力没有限制。

7.4.7.4　Ⅰ-型试验

7.4.7.4.1　加热过程

7.4.7.4.1.1 采用最高挡，以 $v_1=80\%v_{max}\leqslant120$ km/h 的初速度进行 2 次发动机脱开的 0-型试验，确定车辆满载时产生 3 m/s^2 的减速度所需的控制力或管路压力。此外，还应确认车速能在规定的时间($\Delta t=45$ s)内从 v_1 下降至 v_2，其中，Δt 是从一次制动操作开始至下一次制动操作开始的时间。

7.4.7.4.1.2 采用最高挡，以 7.4.7.4.1.1 确定的控制力或管路压力，从车速 v_1 开始进行行车制动，使车辆产生 3 m/s^2 的平均减速度；在车速下降至 v_2 时解除制动，选择最有利的挡位使车速恢复到 v_1，在最高挡维持该车速至少 10 s，然后再次制动并确认两次制动开始之间的时间间隔等于 Δt。时间测量装置应在第一次制动操作时启动或重新设置。

7.4.7.4.1.3 重复 7.4.7.4.1.2，直至制动总次数达到 15 次。各次制动操作的控制力应确保产生 3 m/s^2 的平均减速度。

7.4.7.4.1.4 循环时间可能因车辆和试验回路而有所不同。对因车辆性能不足而导致循环周期变化，制动操作之间的时间间隔 Δt 应增加至达到车速 v_1 所需的最短时间，并留出 10 s 的时间来稳定车速。但如循环周期变化是由试验回路危险或特性(如转向或下坡)引起，则 4 次连续制动所经历的整个循环时间应符合规定。而且，所有 15 次制动的整个周期应同以正确的间隔进行的各次制动操作所消耗的时间相对应。

7.4.7.4.1.5 对不能在循环周期内达到规定车速的电动车辆，第一次制动应在规定车速下进行，其后各次制动应立即在最短的时间内加速 45 s 后所达到的车速下进行。

7.4.7.4.2 热态性能

7.4.7.4.2.1 最后一次制动结束后，立即在最短的时间内加速至 0-型试验车速，进行发动机脱开的 0-型试验，所使用的平均控制力不应超过满载 0-型试验中实际使用的控制力，确认车辆在未发生车轮抱死的情况下至少能达到满载 0-型试验实际性能的 60%和 0-型试验规定性能的 75%。如车辆在 0-型试验控制力下能达到车辆 0-型试验实际性能的 60%但不能达到规定性能的 75%，可采用不超过 500 N 的更高的控制力进一步试验。两次试验的结果都应记入试验报告。

7.4.7.4.2.2 不能在循环周期(Δt)内达到规定车速的电动车辆，应在加热循环结束后所能达到的最高车速下进行热态性能试验。为进行对比，还应在恢复试验后以相同的车速进行冷态满载 0-型试验。

对装备 A-型电力再生式制动系的车辆，应连续保持最高挡进行热态性能试验。如电力制动系具有单独的控制装置，应确保未使用该装置。

7.4.7.4.3 恢复过程

热态性能试验结束后，立即在最短的时间内加速至 50 km/h，采用与车速适应的最高挡，以 3 m/s^2 的平均减速度进行行车制动。制动结束后立即在最短的时间内加速至 50 km/h 并保持该车速，在距离上次制动起点 1.5 km 的位置再次以 3 m/s^2 的减速度进行制动。重复该过程，直至总制动次数达到 4 次。时间测量装置应在第一次制动操作时启动或重新设置。

7.4.7.4.4 恢复性能

最后一次制动结束后，立即在最短的时间内加速至 0-型试验车速，进行发动机脱开的 0-型试验，确认车辆在未发生车轮抱死的情况下能达到满载 0-型试验实际性能的 70%但不超过 150%。本试验不受制动器温度要求限制，所使用的平均控制力不超过满载 0-型试验中实际使用的控制力。

7.4.7.4.5 冷态检查

使制动器冷却到环境温度，确认制动器未发生粘合。对装有自动磨损补偿装置的车辆应在最热的制动器冷却降温至 100℃时，检查车轮是否能自由转动。

7.4.7.5 对 7.4.7.4.2.2 所述电动车辆应进行附加满载 0-型试验。首先按 0-型试验要求进行几次制动操作，对制动摩擦衬片进行恢复；然后以与热态性能试验相同的车速进行电机脱开的 0-型试验，确认车辆至少能达到冷态制动实际性能的 60%和与所使用的车速相对应的 0-型试验规定性能的 75%。

7.4.7.6 对装备 B 型电力再生式制动系的车辆的附加试验

7.4.7.6.1 对装备 B 型(或同时具有 A 型和 B 型)电力再生式制动系的车辆，应在 7.3.8.2 静态检查后进行下列附加试验。

在电机接合的情况下，以适度的控制力、从大约 100 km/h 的车速进行行车制动。制动期间，断开与电机的连接，检查行车制动系产生的制动力没有降低。采用类似的试验车速在各挡位依次进行电机接合的制动试验，确认行车制动力与所采用的挡位无关。

7.4.7.6.2　对通过松开加速踏板启动的 A 型和 B 型电力再生式制动系，应在 7.3.8.1 后进行下列附加检查。

在电机接合的情况下，从大约 100 km/h 的车速松开加速踏板来启动电力再生式制动系，轻微施加行车制动，确认电力再生制动作用没有降低。

7.4.7.7　对电控传输的行车制动系的附加检查

7.4.7.7.1　对辅助设备或驻车制动系由行车制动系电控传输装置的动力电池供电的车辆，若7.3.11.4 的静态试验表明需要进行附加检查，应使上述所有辅助设备运转，进行电机脱开的 0-型试验。必要时可通过选择使用辅助设备来控制放电，使制动前的动力电池电压处于 7.3.11.4 所记录的水平，确认车辆能达到规定的行车制动性能。如 7.3.11.4 的试验导致动力电池(储能装置)放电，应在该条件下进行上述电机脱开的 0-型试验。

7.4.7.7.2　对辅助设备由行车制动系电控传输装置的动力电池供电的车辆，应在电池处于充电状态的情况下，以不超过 20 km/h 的车速进行行车制动，确认行车制动系能完全制动。

7.4.8　满载—失效试验

参照 7.4.4 的规定，在满载条件下依次选择并模拟相应的失效条件，进行发动机脱开的 0-型试验，确认车辆在每种失效条件下均达到规定的应急制动性能。

7.4.9　车轴间的制动力分配检查

应通过车轮抱死顺序试验或在必要时进行扭矩轮试验来检查车辆是否满足制动力分配的要求。

7.4.9.1　车轮抱死顺序试验

本试验的试验路面应确保在制动强度处于 0.15～0.80 之间时能发生车轮抱死。试验设备应能自动连续同步记录整个试验过程，以便对车速、通过对车速微分得出的瞬态制动强度、制动控制力(或管路压力)和各车轮的角速度等变量进行实时相互对照。

7.4.9.1.1　满载试验

7.4.9.1.1.1　使车辆在低-μ 路面上以 65 km/h 的车速行驶，以线性速度逐渐施加制动力，使制动操作后 0.5 s～1.5 s 发生第一次车轮抱死，在第二根车轴发生抱死、控制力达到 1 000 N 或第一根车轴抱死时间达到 0.1 s(不论哪根车轴先发生抱死)时解除制动。

7.4.9.1.1.2　本试验需要预先进行一系列制动来确定制动操作速度；必要时可能需要安装机械式制动控制力促动装置，通过调整该装置提供需要的制动操作速度。

7.4.9.1.1.3　各试验应重复进行一次，以确认车轮的抱死顺序；若其中一次试验结果不符合要求，应在相同条件下进行第 3 次试验来最终决定其是否符合要求。

7.4.9.1.1.4　在高-μ 路面上重复 7.4.9.1.1.1～7.4.9.1.1.3，试验车速为 100 km/h。

7.4.9.1.1.5　试验中，若车轮在制动强度小于 0.15 或大于 0.80 时开始抱死，则试验无效，应另选路面重新进行试验；若制动强度处于 0.15～0.80 之间时符合下列条件之一，则认为车辆满足车轮抱死顺序的要求。

a)　无车轮抱死；

b)　前轴两个车轮抱死、后轴没有或只有一个车轮抱死；

c)　两个车轴同时抱死。

7.4.9.1.2　空载试验

参照 7.4.9.1.1，以空载车辆进行试验。

7.4.9.1.3　如试验证明前轮比后轮先抱死或与后轮同时抱死，则认为车辆满足附着系数利用的要求。

否则应重新进行车轮抱死顺序试验或通过扭矩轮试验确定产生附着系数利用曲线的制动器外部因数。

7.4.9.2 **扭矩轮试验**

7.4.9.2.1 空载试验

7.4.9.2.1.1 未安装动态制动比例阀或限压阀的车辆应在整个管路压力范围内进行静态控制力与管路压力关系试验来确定前后制动压力的关系，不必进行本试验。对装备动态制动比例阀或限压阀的车辆，以 50 km/h 的车速在整个管路压力范围内进行 15 次紧急制动，确定前后制动压力的关系。为使质量分配和非悬挂质量与车辆的正常状态相同，最好在安装扭矩轮之前进行试验。

7.4.9.2.1.2 本试验规定车速为 100 km/h。试验时，以高于试验车速 5 km/h 的速度驾驶车辆，以 100 N/s～150 N/s线性速度作用制动踏板。在第一根车轴发生抱死(不论哪根车轴先发生抱死)或制动控制力达到 1 kN 时解除制动。

本试验需要预先进行一系列制动来确定制动操作速度；必要时可能需要安装机械式制动控制力促动装置，通过调整该装置提供需要的制动操作速度。所采用的管路压力范围足以达到 0.15～0.8 的制动强度(z)。

7.4.9.2.1.3 使车辆以最高 100 km/h 的车速行驶，对制动器进行冷却，直至制动器温度处于规定范围。

7.4.9.2.1.4 按照 7.4.9.2.1.2 和 7.4.9.2.1.3，以 50 km/h 的车速和 100 N/s～200 N/s 的制动操作速度进行试验。

7.4.9.2.1.5 分别按照 7.4.9.2.1.2 和 7.4.9.2.1.3 的要求，以 100 km/h 和 50 km/h 的试验车速交替进行试验，在 100 km/h 和 50 km/h 的车速下分别进行 5 次制动操作。各次制动之间进行制动器冷却行驶，确保每次制动时制动器温度处于限值范围内。

7.4.9.2.2 满载试验

按照 7.4.9.2.1.1～7.4.9.2.1.5 进行满载试验。

7.4.9.2.3 数据推导

7.4.9.2.3.1 在每个数据通道内用 5 点中央平移法对全部 20 次制动(两种载荷状态、两种试验车速下分别进行 5 次行驶制动)所获得的试验数据进行筛选。

7.4.9.2.3.2 对各次试验测定并筛选出的每个车轮的制动力矩和管路压力数据，通过最小二乘法进行处理，只采用车辆减速度在 0.15 g～0.8 g 之间的数据，根据回归分析的结果确定斜率(制动器外部因数)和截距(制动器释放/保持压力)。

7.4.9.2.3.3 从 7.4.9.2.3.2 所获得的完整试验结果(空载和满载)中选取前轴结果并进行平均，计算前轴各次制动的平均制动器外部因数和制动器释放压力。

7.4.9.2.3.4 重复 7.4.9.2.3.3，选取后轴结果来计算后轴各次制动的制动器外部因数和制动器释放压力。

7.4.9.2.3.5 根据前轴的制动器外部因数和释放压力及车轮动态滚动半径，计算前轴在整个管路压力范围内对应给定前轴管路压力的制动力；满载和空载条件分别采用不同的数据。

7.4.9.2.3.6 对后轴重复 7.4.9.2.3.5，使用前后管路压力关系计算后轴在整个管路压力范围内对应给定前轴管路压力的制动强度；满载和空载条件分别采用不同的数据。

7.4.9.2.3.7 对空载和满载两种状态，分别计算车辆的制动强度与前管路压力的函数 $z=\dfrac{T_1+T_2}{P\times g}$

7.4.9.2.3.8 对空载和满载两种状态，分别按下面的公式计算各轴利用的附着系数与制动强度的关系：

$$f_1=\frac{T_1}{P_1+\dfrac{z\times h\times P\times g}{E}};\quad f_2=\frac{T_2}{P_2-\dfrac{z\times h\times P\times g}{E}}$$

附 录 A
（规范性附录）
符号和定义

下列符号适用于本标准。

编号	符号	名 称 及 说 明
1	d_m	充分发出的平均减速度，MFDD
2	d_M	乘用车在发动机脱开的0-型试验中充分发出的平均减速度的最大值，m/s^2
3	d_{M+R}	计算得出的乘用车挂接无制动挂车时充分发出的平均减速度，m/s^2
4	Δd	用全新摩擦衬片的厚度（最大摩擦衬片厚度）减去完全磨损的摩擦衬片的厚度（制造商声明的最小摩擦衬片厚度）
5	Δt	制动循环周期，即从一次制动操作开始到下一次制动操作开始为止所持续的时间
6	Δx	活塞的最大缩回量，$\Delta x \approx \frac{r \cdot \Delta d}{\sqrt{r^2 - L^2}} + s$
7	E	轴距
8	ε	车辆的附着系数利用率：防抱制动系统工作时最大制动强度（z_{AL}）和理论附着系数（k）的商
9	ε_i	在 i 轴上测得的 ε 值（装备3类防抱制动系统的机动车辆）
10	ε_H	在高附着系数路面上的 ε 值
11	ε_L	在低附着系数路面上的 ε 值
12	f	控制力
13	f_i	i 轴利用的附着系数，$f_i = T_i / N_i$ 14)
14	F	力（N）
15	F_{dyn}	防抱制动系统工作时的路面法向动态反力
16	F_{idyn}	机动车辆 i 轴上的 F_{dyn}
17	F_i	路面对 i 轴的法向静态反力
18	F_M	路面对机动车辆各车轮的静态法向反力之和
19	F_{Mnd} 15)	路面对机动车辆未制动的从动轴的静态法向反力之和
20	F_{Md}	路面对机动车辆未制动的驱动轴的静态法向反力之和
21	F_{WM}	$0.01\ F_{Mnd} + 0.015\ F_{Md}$
22	g	重力加速度，$g = 9.81\ m/s^2$；在车轮抱死顺序试验中，可取 $g = 10\ m/s^2$
23	h	由制造商规定并经进行试验的检测机构认可的重心高度
24	i	车轴编号（对前轴，$i = 1$；对后轴，$i = 2$）
25	J	车辆的减速度，m/s^2
26	k	轮胎和路面之间的附着系数

14) 车辆的“附着系数利用曲线”是指说明在规定的载荷状态下，各轴利用的附着系数与车辆的制动强度之间关系的曲线。

15) 对两轴机动车辆的 F_{Mnd} 和 F_{Md} 符号可以简化为符号 F_i。

表（续）

编号	符号	名 称 及 说 明
27	k_f	一个前轴的 k 值
28	k_H	高附着系数路面上测定的 k 值
29	k_i	装备3类防抱制动系统的车辆在 i 轴上确定的 k 值
30	k_L	低附着系数路面上测定的 k 值
31	k_{lock}	滑移率为100%时的附着系数值
32	k_M	机动车辆的 k 值
33	k_{peak}	“附着系数-滑移率”曲线的最大值
34	k_r	一个后轴的 k 值
35	L	从活塞中心线到制动鼓中心的距离
36	N	制动次数
37	N_i	制动时路面对 i 轴的法向反力
38	P	单车质量(kg)
39	P_i	路面对 i 轴的静态法向反力
40	P_M	乘用车满载质量
41	P_R	乘用车制造商规定的可挂接的无制动挂车的最大设计总质量
42	p_1	制造商规定的储能装置的最大系统工作压力(关闭压力)
43	p_2	不给储能装置补充能量的情况下，从 p_1 开始、对行车制动进行4次全行程促动后储能装置的压力
44	R	k_{peak} 与 k_{lock} 的比值
45	r	$r=\frac{1}{2}$制动鼓名义尺寸
46	S	制动距离
47	S_b	从 v_0 到 v_b 期间行驶的距离，m
48	S_e	从 v_0 到 v_e 期间行驶的距离，m
49	s	单个制动蹄的活塞因弹簧回弹压力而产生的缩回量
50	T_i	在正常的道路制动条件下，制动器作用于 i 轴的制动力
51	t	时间间隔，s
52	t_m	t 的平均值
53	t_{min}	t 的最小值
54	t_{0-1}	在未进行制动操作的情况下，储能装置的压力从 p_2 上升到 p_1 所需的时间
55	μ	路面附着系数
56	v	试验车速
57	v_b	$0.8v_0$ 时的车速
58	v_e	$0.1v_0$ 时的车速
59	v_{max}	最高设计车速

表（续）

编号	符号	名 称 及 说 明
60	v_0	车辆初速度，km/h
61	v_1	制动开始时的初速度
62	v_2	制动结束时的速度
63	z	制动强度，$z=\frac{J}{g}$
64	z_{AL}	防抱制动系统工作时车辆的制动强度
65	z_m	平均制动强度
66	z_{max}	z 的最大值
67	z_{MALS}	对开路面上机动车辆的 z_{AL}

附 录 B
（规范性附录）
动力电池荷电状态的监测规程

B.1 本规程适用于牵引和再生制动用的车辆动力电池。本规程需要使用双向直流功率表。

B.2 对新动力电池或久置未用的动力电池，应按制造商的建议进行循环试验。试验前，应根据制造商推荐的充电程序将动力电池充满。循环结束后可至少在室温条件下放置 8 h。

B.3 进行 5.1.2.11、5.1.4.1.2.3、5.1.5.1.6、5.1.5.1.7 和 5.1.5.2.4 的制动试验时，应连续记录牵引电机所消耗的电能和电力再生式制动系所提供的电能的差额，并以此确定试验开始或结束时的荷电状态。

B.4 在进行 5.1.5.2.4 的比对试验时，为复制动力电池的荷电状态，可直接将动力电池充电至该荷电状态或首先充电至该状态以上然后以大致恒定的功率对固定负载放电直至达到相应的荷电状态。对仅靠动力电池供电的车辆，可通过车辆行驶来调整荷电状态。对在动力电池部分充电的情况下进行的试验，建议在达到所需的荷电状态后尽快进行。

附 录 C
（规范性附录）
制动摩擦衬片的惯性测功机试验方法

C.1 总体要求

满足本标准的车辆选装其他摩擦衬片时，还应在惯性测功机上进行对比试验，判断选装摩擦衬片在性能上的一致性。必要时，也可进行道路试验。

C.2 试验设备

C.2.1 试验所使用的测功机应满足下列要求：

C.2.1.1 能产生 C.3.1 要求的惯性，能满足 5.1.5 有关Ⅰ-型衰退试验的要求。

C.2.1.2 所安装的制动器应与原车型相同。

C.2.1.3 如采用风冷，应符合 C.3.4。

C.2.2 试验仪器至少能提供下列数据：

C.2.2.1 连续记录制动盘或制动鼓的转速；

C.2.2.2 一次制动过程中所转过的转数，其分辨率不应大于 1/8 转；

C.2.2.3 制动时间；

C.2.2.4 连续记录在摩擦衬片摩擦轨道中心或制动盘或制动鼓或摩擦衬片中间厚度处所测得的温度；

C.2.2.5 连续记录制动控制管路压力或控制力；

C.2.2.6 连续记录制动器输出力矩。

C.3 试验条件

C.3.1 测功机的转动惯量应尽量接近车辆总惯量中由相应车轮制动所引起的那部分惯量，允许误差为±5%，并按下式计算：$I=MR^2$

式中：

I——转动惯量，单位为千克平方米（$kg \cdot m^2$）；

R——动态轮胎滚动半径，单位为米（m）；

M——车辆最大设计总质量中由相应车轮制动的那部分质量。对单端测功机，该质量应由表 2 中 a）项规定的减速度下制动力分配的设计值计算得出。

C.3.2 惯性测功机的初始转速应与表 2 中 a）项规定的车辆线速度相对应，根据轮胎滚动半径确定。

C.3.3 制动摩擦衬片磨合时，应至少有 80% 的贴和面积，磨合温度不应超过 180℃，也可应制造商要求，按其意见进行磨合。

C.3.4 使用风冷时，气流应沿垂直于制动器转动轴的方向通过制动器，流过制动器的冷却气流速度不应大于 10 km/h。冷却气流温度为环境温度。

C.4 试验规程

C.4.1 应提交 5 副制动摩擦衬片样品进行对比试验。这 5 副样品应与相应车型首次批准时资料文件中注明的原始部件相同的 5 副摩擦衬片进行对比试验。

C.4.2 应根据本附录规定的试验规程并按照下列要求所取得的结果进行对比来确定制动摩擦衬片的等效性。

C.4.3 0-型冷态性能试验

C.4.3.1 在初始温度低于100℃时进行三次制动。温度应按C.2.2.4规定测量。

C.4.3.2 在相当于表2中a)项规定车速的初始转速下、以相当于该条款规定减速度的平均制动力矩进行制动。此外,试验还应在最低相当于30%最高车速、最高相当于80%最高车速之间几种不同的转速下进行。

C.4.3.3 在制动输入相同条件下,进行对比试验的摩擦衬片在上述冷态性能试验期间所记录的平均制动力矩同与型式批准申请中所注明部件相同的制动摩擦衬片上记录的平均制动力矩相比,其偏差不应超过±15%。

C.4.4 Ⅰ型试验(衰退试验)

C.4.4.1 加热过程

制动摩擦衬片应按5.1.5.1的方法进行试验。

C.4.4.2 热态性能试验

C.4.4.2.1 完成C.4.4.1要求的试验后,应立即进行5.1.5.2规定的热态制动性能试验。

C.4.4.2.2 在制动输入相同条件下,进行对比试验的摩擦衬片在上述热态性能试验期间所记录的平均制动力矩同与型式批准申请中所注明部件相同的制动摩擦衬片上记录的平均制动力矩相比,其偏差不应超过±15%。

C.5 制动摩擦衬片检查

完成上述各项试验后,应立即对制动摩擦衬片进行目检,以核实这些制动摩擦衬片能否继续正常使用。

附 录 D
（规范性附录）
对复合电子车辆控制系统安全方面的特殊要求

D.1 总体要求

本附录规定了本标准涉及的复合电子车辆控制系统在安全方面的文件、故障策略及确认的特殊要求。电子系统控制的、与安全相关的功能也可通过本标准的相应条款以采用本附录。

本附录未规定“系统”的性能标准，而是规定设计过程中应遵循的方法和型式批准时须向检测机构公开的信息。该信息应证明系统在正常和故障状态下均能满足本标准规定的、所有适用的性能要求。

D.2 文件

D.2.1 要求

制造商应提供相应的文件来说明系统的基本设计、与其他车辆系统的连接方式或如何直接控制输出变量以及制造商对系统功能和安全概念的规定。为进行定期检查，文件还应说明如何对系统当前的工作状态进行检查。文件应简明扼要，并证明设计开发利用了相关系统领域的专业技术。

D.2.1.1 文件分为2部分：

a） 型式批准的正式文件，包括D.2所列、在提交型式批准申请时须向检测机构提供的材料（D.2.4.4所列文件除外）。这将作为D.3规定的确认程序的主要参考依据。

b） 附加材料和D.2.4.4的分析数据，由制造商保管但在型式批准时应予公开、备查。

D.2.2 系统功能说明书

说明书应简要说明系统的所有控制功能和实现目标的方法，包括对控制实施策略的说明。

D.2.2.1 应提供所有输入和感应变量表并限定其工作范围。

D.2.2.2 应提供系统控制的所有输出变量表并说明其在每种情况下是由系统直接控制还是通过其他车辆系统控制，并规定每种变量的控制范围。

D.2.2.3 针对相应的系统性能，说明有效工作范围的界限。

D.2.3 系统布置及示意图

D.2.3.1 零部件明细

明细表应按序号列出所有的系统单元及实现相应控制功能所需的其他车辆系统。

应提供简要的示意图来说明组合中各单元，并标明装备的分布及相互连接关系。

D.2.3.2 单元的功能

简要说明系统各单元的功能及其与其他单元或其他车辆系统连接的信号。可通过带标注的模块图或其他示意图提供，也可借助图表说明。

D.2.3.3 相互连接

分别用电路图、光纤图、管路图和布置简图简要说明电控传输连接、气压或液压传输连接和机械连接装置在系统内部的相互连接。

D.2.3.4 信号流和优先顺序

传输连接和在单元之间传输的信号应有明确的对应关系。

如优先顺序可能成为影响本标准所述性能或安全的问题，应确定多元数据通道内的信号优先顺序。

D.2.3.5 单元的识别

应能清晰明确地识别每个单元（例如，对硬件的标识、对软件内容的标识或软件输出）并提供相应的硬件和文件帮助。如一个单元或计算机集成了多种功能，则只使用一个单独的硬件识别标志，但为清晰和便于解释，在模块图中可用多个模块表示。制造商应利用识别标志确认所提供的装置与相应的文件一致。

识别标志标明了硬件和软件的版本，如软件版本变化引起本标准所述单元的功能改变，应对识别标志作相应改变。

D.2.4　制造商的安全概念

D.2.4.1　制造商应说明：在无故障条件下，实现系统目标所选择的策略不会损害本标准所述系统的安全运行。

D.2.4.2　至于系统使用的软件，则应解释其概要结构并注明所使用的设计方法和工具。制造商应准备在需要时说明设计开发过程中通过何种方法确定系统逻辑的实现途径。

D.2.4.3　制造商应向检测机构解释为确保系统在故障状态下安全运行而在设计时采取的预防措施。系统失效时可采取如下预防措施：

a)　利用部分系统以维持工作；

b)　切换到独立的备用系统；

c)　关闭上层功能。

发生失效时，应通过报警信号或讯息显示等指示给驾驶员。若系统不是由驾驶员通过关掉切断开关或通过专用开关切断特殊功能来使系统停止工作，只要失效仍然存在就应继续报警。

D.2.4.3.1　如在发生特定失效时选择维持部分性能的运行模式，应说明条件并界定其效果。

D.2.4.3.2　如选择第二种（备用系统）方式来实现车辆控制系统的目标，应对切换机制的原理、冗余度逻辑及水平和备份系统检查特征进行说明并界定后备系统的效果。

D.2.4.3.3　如选择关闭上层功能，应禁止与该功能有关的所有相应的输出控制信号，以此来限制过渡干扰。

D.2.4.4　通过分析从总体上说明当影响车辆控制性能或安全的特定失效发生时系统如何应对，以此来支持上述文件。

可采用失效模式及效果分析（FMEA）、失效树分析（FTA）或适合系统安全分析的其他类似方法。

采用的分析方法由制造商确定和保管，并应在型式批准时对检测机构公开备查。

文件应详细说明监测参数并规定每种失效状态下向驾驶员和/或服务/技术人员发出的报警信号。

D.3　确认和试验

D.3.1　应按 D.2 所规定的要求进行下列试验对系统功能进行确认：

D.3.1.1　系统功能确认

作为确定正常工作水平的方法，除需要根据本标准或其他标准的型式批准程序进行专门的性能试验外，应对照制造商的基本基准确定车辆系统在非故障状态下的性能。

D.3.1.2　确认 D.2.4 规定的安全概念

为模拟单元内部故障的影响，应通过对电单元或机械元件发出相应的输出信号，来检查系统在受单个单元失效影响时的反应。

确认结果应与失效分析的结论一致，总体效果应确保有充分的安全概念和良好的执行效果。

附 录 E
（资料性附录）
试验报告及相关图表要求

E.1 车辆参数和试验数据处理

E.1.1 车辆参数

项 目	处 理 方 式
最高车速/(km/h)	取整数值
质量/kg	取整数值
轮胎气压/kPa	取整数值
轴距/mm	取整数值
质心高度(空载/满载)/mm	取整数值
制动器尺寸/mm	取整数值

E.1.2 试验数据

项 目	处 理 方 式
制动初速度/(km/h)	取小数点后一位
制动距离/m	取小数点后一位
制动距离限值	S＝修正制动距离,m; S_a＝实测制动距离,m; v_s＝额定制动初速度,km/h; v_a＝实测制动初速度,km/h; 保留一位小数
充分发出的平均减速度/(m/s^2)	保留两位小数
减速度/(m/s^2)	保留一位小数
控制力	以 5 N 为单位取整
牵引力	以 100 N 为单位取整
制动强度 z_p(单车)	$z_P=T_P/P_U$; z_p＝制动强度; T_p＝牵引力; P_u＝10×(整车质量)(N); 保留两位小数
制动强度 z_p(列车)	$z_P=T_P/P_U$; z_p＝制动强度; T_p＝牵引力; P_u＝10×(列车质量)(N); 保留两位小数
响应时间/s	保留一位小数

表（续）

项 目	处 理 方 式
制动压力与制动力的转换	$B=P\cdot\pi\cdot D_w^2\cdot BEF\cdot r/(4\cdot R)$； B：制动力，N； P：制动管路压力，MPa； π：3.141 6； D_w：轮缸内径，m； BEF：制动器外部因数； r：制动器有效半径，mm； R：轮胎滚动半径，mm； 数据取整
达到截止压力的时间/s	保留一位小数
发动机转速	以 100 r/min 为单位取整
电流	以 0.5 A 为单位取值
电压	以 0.05 V 为单位取值
制动时间/s	保留两位小数
t_m/s	保留两位小数
z_m/s	保留三位小数
z_{AL}/s	保留三位小数
k_f，k_r/s	保留三位小数
k_M/s	保留三位小数
k_L/s	保留三位小数
k_H/s	保留三位小数
z_{MALS}/s	保留三位小数
$0.75(4k_L+k_H)/5$/s	保留三位小数
E/s	保留两位小数
制动力矩/(N·m)	取整数值
制动力/N	取整数值
制动压力	以 0.5 MPa 为单位取值

E.2 车辆基本信息

E.2.1 试验车辆

车型：____________ VIN：__________

最高车速：__________

最大设计总质量/kg：__________ 整车整备质量/kg：__________

轴间质量分配(最大值)：前轴/kg：__________ 后轴/kg：__________

整车质量(满载)：______ 前轴/kg：______ 后轴/kg：______

整车质量(空载)：______ 前轴/kg：______ 后轴/kg：______

挂车最大质量(挂车无制动)/kg：__________

轮胎尺寸：前轮：__________ 后轮：____________

轮胎气压：前轮/kPa：________　后轮/kPa：________

轴距/mm：________

质心高度/mm：满载：________　空载：________

E.2.2　制动系统

a)　行车制动系

控制系统和制动轮：________

制动力控制系统类型：________

ABS制造商：________　型号：________　型式：________

制动助力器类型：液压助力________

制动器类型：前：________　后：________

制动鼓直径或制动盘有效直径：前：________　后：________

摩擦衬片尺寸：前：________　后：________

摩擦衬片材质：前：________　后：________

b)　驻车制动系

类型：________

制动轮：________　控制方式：________

制动鼓直径或制动盘有效直径：前：________　后：________

摩擦衬片尺寸：前：________　后：________

摩擦衬片材质：前：________　后：________

E.2.3　试验环境

天气：________　风向：________　风速/(m/s)：________

试验路面状况：

高附着系数路面：________　低附着系数路面：________

E.2.4　试验设备

车速测量设备：________　制动距离测量设备：________

减速度测量设备：________　控制力测量设备：________

E.2.5　附图

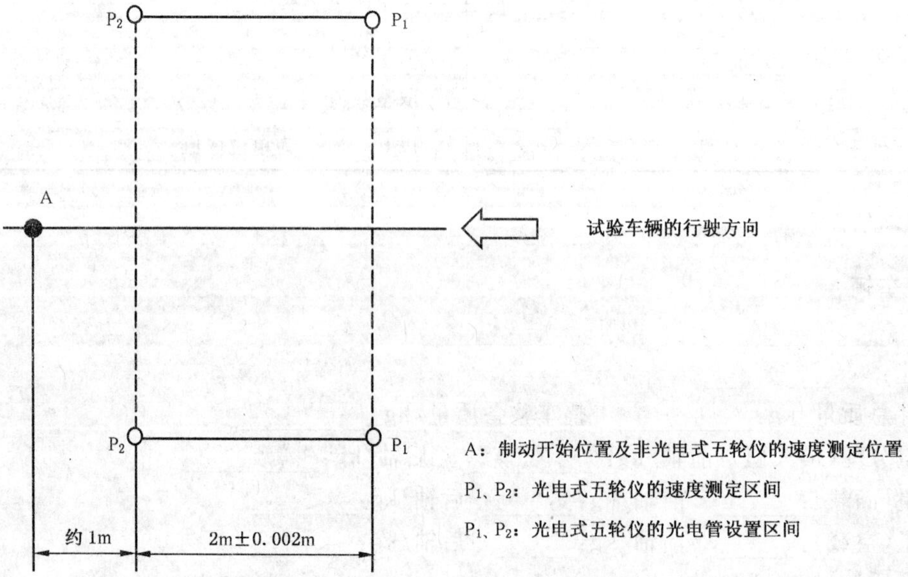

图 E.1　速度测定区间

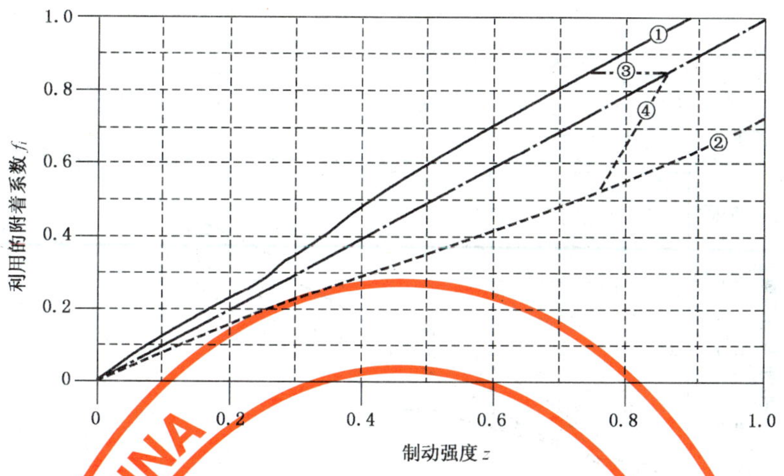

①f_1——前轴(无 ABS);

②f_2——后轴(无 ABS);

③f_1——前轴(有 ABS);

④f_2——后轴(有 ABS)。

图 E.2　附着系数利用曲线(有、无 ABS 示例)

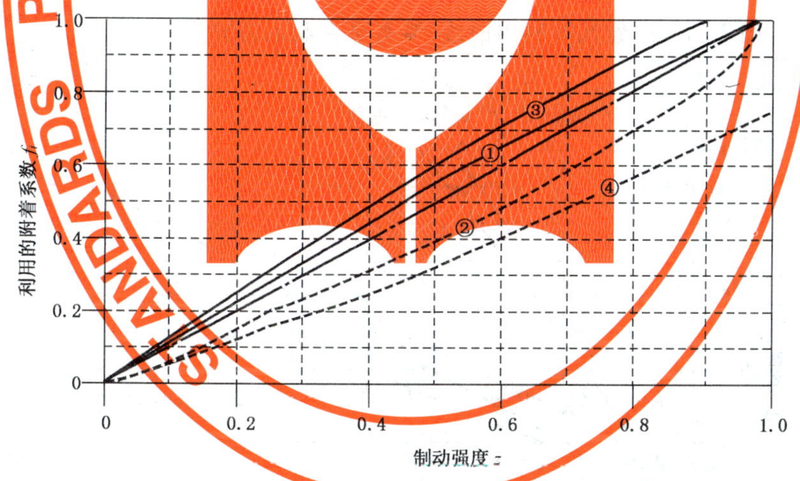

①f_1——前轴(空载);

②f_2——后轴(空载);

③f_1——前轴(满载);

④f_2——后轴(满载)。

图 E.3　附着系数利用曲线(空载、满载示例)

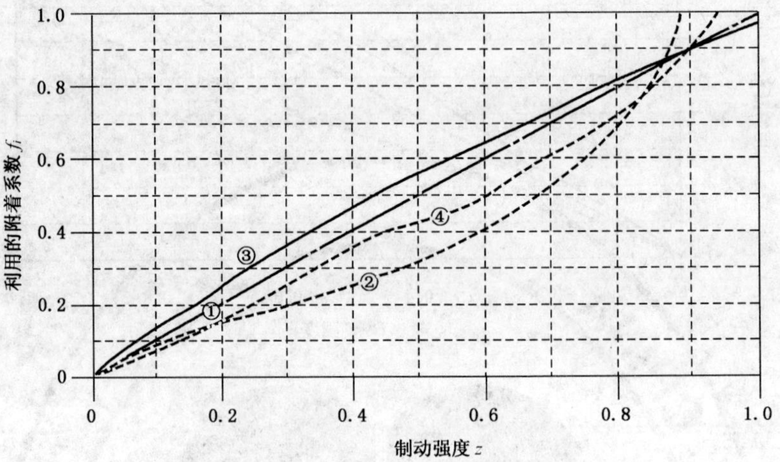

①f_1——前轴(空载)；

②f_2——后轴(空载)；

③f_1——前轴(满载)；

④f_2——后轴(满载)。

图 E.4 附着系数利用曲线(装有可变制动力分配系统的示例)

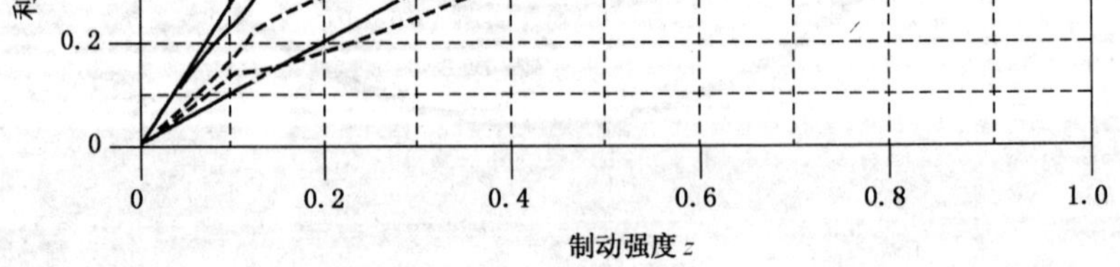

①f_1——前轴(空载)；

②f_2——后轴(空载)；

③f_1——前轴(满载)；

④f_2——后轴(满载)。

图 E.5 附着系数利用曲线(X 布置的制动系统失效示例)

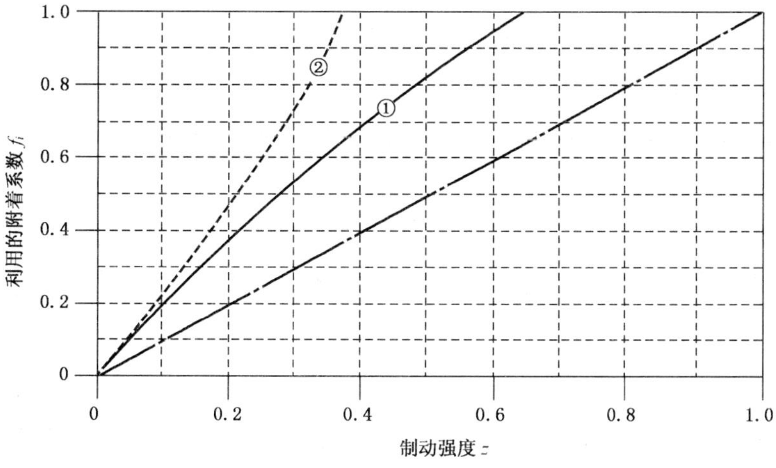

①f_1——前轴(后轴失效)；

②f_2——后轴(前轴失效)。

图 E.6　附着系数利用曲线(H 布置的制动系统失效示例)

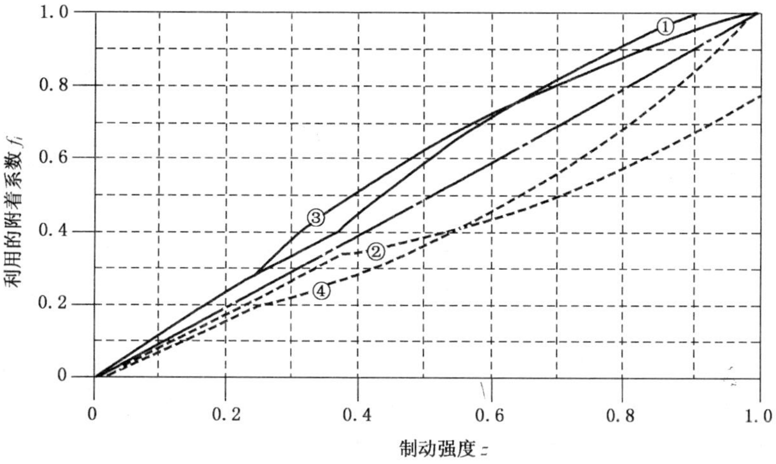

①f_1——A 车前轴；

②f_2——A 车后轴；

③f_1——B 车前轴；

④f_2——B 车后轴。

图 E.7　附着系数利用曲线(A 车、B 车示例)

E.3 试验结果

E.3.1 基本性能试验

E.3.1.1 行车制动系试验

E.3.1.1.1 发动机脱开的0-型试验

表 E.1 发动机脱开的0-型试验

载荷状态	规定车速/(km/h)	试验车速/(km/h)	制动距离		充分发出的平均减速度/(m/s²)	控制力/N	车辆状态			
			实测值/m	限值/m			车速大于15 km/h时车轮抱死	超出3.5 m通道	横摆角超过15°	异常振动
满载										
空载										
挂接无制动挂车的乘用车充分发出的平均减速度 d_{M+R}=____ m/s²。										

E.3.1.1.2 发动机接合的0-型试验

表 E.2 发动机接合的0-型试验

载荷状态	规定车速/(km/h)	试验车速/(km/h)	制动距离		充分发出的平均减速度/(m/s²)	控制力/N	车辆状态			
			实测值/m	限值/m			车速大于15 km/h时车轮抱死	超出3.5 m通道	横摆角超过15°	异常振动
满载										
空载										

E.3.1.1.3 发动机停机或能源驱动装置失效时的0-型试验

表 E.3 发动机停机或能源驱动装置失效时的0-型试验

被试车辆状态(□发动机停止 □能源驱动装置停止)

规定车速/(km/h)	试验速度/(km/h)	制动距离		充分发出的平均减速度/(m/s^2)	控制力/N	车辆状态			
		实测值/m	限值/m			车速大于15 km/h时车轮抱死	超出3.5 m通道	横摆角超过15°	异常振动

E.3.1.1.4 Ⅰ-试验(衰退和恢复试验)

表 E.4-1 加热过程

额定车速		制动间隔/(s或m)
初速度/(km/h)	末速度/(km/h)	

表 E.4-2 热态性能试验

规定车速/(km/h)	试验次数	试验车速/(km/h)	制动距离		充分发出的平均减速度/(m/s^2)	控制力/N	车辆状态			
			实测值/m	限值/m			车速大于15 km/h时车轮抱死	超出3.5 m通道	横摆角超过15°	异常振动
	1									
	2									
要求值的60%:停止距离____m和充分发出的平均减速度____ m/s^2。										
要求值的75%:停止距离____m和充分发出的平均减速度4.82 m/s^2 以上。										

表 E.4-3 恢复过程

规定车速/(km/h)

表 E.4-4 恢复性能试验

规定车速/(km/h)	试验次数	试验车速/(km/h)	制动距离		充分发出的平均减速度/(m/s^2)	控制力/N	车辆状态			
			实测值/m	限值/m			车速大于15 km/h时车轮抱死	超出3.5 m通道	横摆角超过15°	异常振动
	1									
	2									
停止距离范围:____m~____m或充分发出的平均减速度范围:____ m/s^2~____ m/s^2。										

表 E.4-5 Ⅰ-型试验后的制动摩擦衬片及行驶状态检查

制动摩擦衬片：	□粘合　□未发生粘合；
被试车辆的行驶状态：	□符合　□不符合。

E.3.1.2 失效试验

E.3.1.2.1 制动液泄漏试验

表 E.5 制动液泄漏试验

（失效状态：□左前轮　□右前轮　□左后轮　□右后轮）

载荷状态	规定车速/(km/h)	试验车速/(km/h)	制动距离		充分发出的平均减速度/(m/s^2)	控制力/N	车辆状态			
			实测值/m	限值/m			车速大于15 km/h时车轮抱死	超出3.5 m通道	横摆角超过15°	异常振动
满载										
空载										

E.3.1.2.2 能源失效试验

表 E.6-1 能源失效试验（无需助力即可实现应急制动的助力制动系）

载荷状态	规定车速/(km/h)	试验车速/(km/h)	制动距离		充分发出的平均减速度/(m/s^2)	控制力/N	车辆状态			
			实测值/m	限值/m			车速大于15 km/h时车轮抱死	超出3.5 m通道	横摆角超过15°	异常振动
满载										
空载										

表 E.6-2 能源失效试验(借助助力方可实现应急制动的助力制动系)

载荷状态	规定车速/(km/h)	试验车速/(km/h)	制动距离		充分发出的平均减速度/(m/s^2)	控制力/N	车辆状态			
			实测值/m	限值/m			车速大于15 km/h时车轮抱死	超出3.5 m通道	横摆角超过15°	异常振动
满载										
空载										

表 E.6-3 能源失效试验(动力制动系)

载荷状态	规定车速/(km/h)	试验车速/(km/h)	制动距离		充分发出的平均减速度/(m/s^2)	控制力/N	车辆状态			
			实测值/m	限值/m			车速大于15 km/h时车轮抱死	超出3.5 m通道	横摆角超过15°	异常振动
满载										
空载										

E.3.1.2.3 可变制动力分配系统失效试验

表 E.7 制动力分配系统失效试验

载荷状态	规定车速/(km/h)	试验车速/(km/h)	制动距离		充分发出的平均减速度/(m/s²)	控制力/N	车辆状态			
			实测值/m	限值/m			车速大于15 km/h时车轮抱死	超出3.5 m通道	横摆角超过15°	异常振动
满载										
空载										

E.3.1.3 报警信号试验

E.3.1.3.1 制动液泄漏报警试验

表 E.8-1 制动液泄漏报警试验

报警信号颜色	报警信号位置	响应

E.3.1.3.2 能源失效报警试验

表 E.8-2 能源失效报警试验

光学报警信号			声学报警信号	
报警信号颜色	报警信号位置	响应	音量	响应

E.3.1.3.3 可变制动力分配系统报警试验

表 E.8-3 可变制动力分配系统报警试验

报警信号颜色	报警信号位置	响应

E.3.1.4 驻车制动试验

E.3.1.4.1 静态试验

表 E.9-1 驻车制动坡道试验(上坡/下坡)

坡度	控制力/N	停止状态
%		
%		

表 E.9-2 驻车制动牵引试验(向前/向后)

控制力/N	牵引力/N	制动强度 z_P	
		单车	列车

E.3.1.4.2 动态试验

表 E.10 驻车制动动态试验

规定车速/(km/h)	试验车速/(km/h)	制动距离		充分发出的平均减速度/(m/s²)	车辆停止前的瞬时减速度/(m/s²)	控制力/N
		实测值/m	限值/m			

E.3.1.4.3 驻车制动报警试验

表 E.11 驻车制动报警试验

报警信号位置	响 应

E.3.1.5 响应时间试验

E.3.1.5.1 制动分泵(气室)或气控液压助力器

表 E.12-1 制动分泵(气室)或气控液压助力器

被测车轴			操作时间
时间/s			

E.3.1.5.2 通过软管接头连接的挂车

表 E.12-2 通过软管接头连接的挂车

	饱和压力的 75%	操作时间
时间/s		

E.3.1.6 对电控传输车辆的附加要求—补偿试验

表 E.13-1 横向制动力补偿试验

载荷状态	制动初速度/(km/h)	制动压力/MPa				减速度/(m/s²)	报警信号		
		前轴		后轴			颜色	位置	响应
		左	右	左	右				
满载						( )≥2 m/s²			
						( )<2 m/s²			
空载						( )≥2 m/s²			
						( )<2 m/s²			

表 E.13-2 单根车轴的补偿试验

载荷状态	制动初速度/(km/h)	制动压力/MPa				减速度/(m/s^2)	报警信号		
		前轴		后轴			颜色	位置	响应
		左	右	左	右				
满载						$(\ \ )\geqslant 2\ m/s^2$			
						$(\ \ )<2\ m/s^2$			
空载						$(\ \ )\geqslant 2\ m/s^2$			
						$(\ \ )<2\ m/s^2$			

表 E.13-3 电控传输报警装置响应确认试验

报警信号颜色	报警信号位置	响应

E.3.1.7 挂车牵引装置试验

表 E.14-1 能量供给试验—挂车电压供给试验

控制力/N	端电压/V	可变电阻能耗/A

表 E.14-2 过载短路试验

控制力/N	可变电阻能耗/A	回路短路

E.3.1.8 装备电控传输装置的驻车制动试验

表 E.15-1 电控传输制动系统线路(故障)试验(上坡/下坡)

坡度	故障状态	控制力/N	停止状态	解除驻车制动
	线路破损			
	控制装置失效			
	线路破损			
	控制装置失效			

表 E.15-2 装备电控传输装置的驻车制动系的报警装置检查

电控传输装置损坏或控制装置失效		
报警信号颜色	报警信号位置	响应
除控制装置和能量供给失效以外的电控装置外部线路损坏		
报警信号颜色	报警信号位置	响应

E.3.1.9 向外部装置供能的试验

E.3.1.9.1 静态试验

表 E.16-1 坡道试验法(上坡/下坡)

坡度	控制力/N	停止状态
%		
%		

表 E.16-2 牵引试验(前进、后退)

控制力/N	牵引力/N	制动强度 z_P	
		乘用车单车	乘用车列车

E.3.1.9.2 动态试验

表 E.17 动态试验

规定车速/(km/h)	试验车速/(km/h)	制动距离		充分发出的平均减速度/(m/s^2)	车辆停止前的瞬时减速度/(m/s^2)	控制力/N
		实测值/m	限值/m			

E.3.1.9.3 关闭点火开关或拔出钥匙试验

表 E.18-1 静态试验(上坡、下坡)

坡度	控制力/N	停止状态
%		
%		

表 E.18-2 驻车制动功能试验

试验结束后驻车制动系的工作状态:□符合　　□不符合。

E.3.1.10 装备电控传输装置的行车制动系试验

E.3.1.10.1 关闭点火开关或拔出钥匙试验

表 E.19 关闭点火开关或拔出钥匙试验

控制力/N	制动压力/MPa	制动力/N	0-型试验得到的制动力/N

E. 3. 1. 10. 2　电控传输装置失效试验

表 E. 20-1　电控传输装置失效试验

载荷状态	规定车速/(km/h)	试验车速/(km/h)	制动距离		充分发出的平均减速度/(m/s^2)	控制力/N	车辆状态			
			实测值/m	限值/m			车速大于15 km/h时车轮抱死	超出3.5 m通道	横摆角超过15°	异常振动
满载										
空载										

表 E. 20-2　电控传输装置持续失效时的报警装置试验

报警信号颜色	报警信号位置	响应

表 E. 20-3　电控传输装置的能源失效试验

控制力/N	制动压力/MPa	制动力/N	常态(正常)制动力/N
100			
200			
300			
400			
500			

E. 3. 1. 10. 3　动力电池电压降试验

表 E. 21-1　动力电池电压降试验

载荷状态	规定车速/(km/h)	试验车速/(km/h)	制动距离		充分发出的平均减速度/(m/s^2)	控制力/N	车辆状态			
			实测值/m	限值/m			车速大于15 km/h时车轮抱死	超出3.5 m通道	横摆角超过15°	异常振动
满载										

表 E.21-1（续）

载荷状态	规定车速/(km/h)	试验车速/(km/h)	制动距离		充分发出的平均减速度/(m/s^2)	控制力/N	车辆状态			
			实测值/m	限值/m			车速大于15 km/h时车轮抱死	超出3.5 m通道	横摆角超过15°	异常振动
空载										

表 E.21-2　动力电池电压降低报警装置功能试验

报警信号颜色	报警信号位置	响应

E.3.1.10.4　从行车制动装置到辅助设备的能源供给试验（外部装置的能源供给试验）

表 E.22-1　全部辅助装置工作时的确认（根据外部装置动作的试验）

发动机转速/(r/min)	控制力/N	制动压力/MPa	制动力/N	0-型试验得到的制动力/N

表 E.22-2　临界电压确认（电能中断试验）

发动机转速/(r/min)	控制力/N	制动压力/MPa	制动力/N	0-型试验得到的制动力/N

E.3.1.10.5　储能器容量检查

表 E.23-1　车辆行驶中的能源失效试验

控制力/N	制动压力/MPa	制动力/N	0-型试验得到的制动力/N

表 E.23-2　车辆静止时的能源失效试验（上坡/下坡）

坡度	控制力/N	停止状态	制动灯响应
%			
%			

E.3.1.11　装备电力再生式制动系统车辆的附加要求

E.3.1.11.1　发动机接合的0-型试验

表 E.24-1　低附着系数路面的车辆动态检查

载荷状态	规定车速/(km/h)	控制力/N	转向盘转角	车辆状态
				车轮抱死
满载				

表 E.24-1（续）

载荷状态	规定车速/(km/h)	控制力/N	转向盘转角	车辆状态
				车轮抱死
空载				

E.3.1.11.2　Ⅰ-型试验(衰退和恢复试验)

表 E.25-1　B型电力再生式制动系统的加热/冷却后的制动试验

载荷状态	规定车速/(km/h)	试验车速/(km/h)	制动距离		充分发出的平均减速度/(m/s²)	控制力/N	车辆状态			
			实测值/m	限值/m			车速大于15 km/h时车轮抱死	超出3.5 m通道	横摆角超过15°	异常振动

表 E.25-2　热态性能试验时车速未达到规定值时的重新测定

规定车速/(km/h)	试验车速/(km/h)	制动距离		充分发出的平均减速度/(m/s²)	控制力/N	车辆状态			
		实测值/m	限值/m			车速大于15 km/h时车轮抱死	超出3.5 m通道	横摆角超过15°	异常振动

E.3.1.11.3　电动部件全部失效时的制动系统试验

表 E.26　电动部件全部失效时的制动系统试验

载荷状态	规定车速/(km/h)	试验车速/(km/h)	制动距离		充分发出的平均减速度/(m/s²)	控制力/N	车辆状态			
			实测值/m	限值/m			车速大于15 km/h时车轮抱死	超出3.5 m通道	横摆角超过15°	异常振动
满载										

表 E.26（续）

载荷状态	规定车速/(km/h)	试验车速/(km/h)	制动距离		充分发出的平均减速度/(m/s^2)	控制力/N	车辆状态			
			实测值/m	限值/m			车速大于15 km/h时车轮抱死	超出3.5 m通道	横摆角超过15°	异常振动
空载										

E.3.1.11.4 失效导致产生最大制动力时的试验

表 E.27 失效导致产生最大制动力时的试验

载荷状态	规定车速/(km/h)	试验车速/(km/h)	制动距离		充分发出的平均减速度/(m/s^2)	控制力/N	车辆状态			
			实测值/m	限值/m			车速大于15 km/h时车轮抱死	超出3.5 m通道	横摆角超过15°	异常振动
满载										
空载										

E.3.1.11.5 电动部件失效时的警报装置检查

表 E.28 电动部件失效时的警报装置检查

报警信号颜色	报警信号位置	响应

E.3.1.11.6 车辆瞬时状态检查

表 E.29 车辆瞬时状态检查

载荷状态	规定车速/(km/h)	试验速度/(km/h)	转向盘转角	车辆状态	
				车轮抱死	控制装置
满载					变速器　带挡
					变速器　带挡
					变速器　带挡
					变速器　带挡
					变速器　带挡
					变速器　带挡
空载					变速器　带挡
					变速器　带挡
					变速器　带挡
					变速器　带挡
					变速器　带挡
					变速器　带挡

E.3.2 供能和储能装置检查

E.3.2.1 储能装置的容量试验

表 E.30 储能装置的容量试验

载荷状态	规定车速/(km/h)	试验车速/(km/h)	制动距离		充分发出的平均减速度/(m/s^2)	控制力/N	车辆状态			
			实测值/m	限值/m			车速大于15 km/h时车轮抱死	超出3.5 m通道	横摆角超过15°	异常振动
满载										
空载										

E.3.2.2 传输装置失效试验

表 E.31 传输装置失效试验

载荷状态	规定车速/(km/h)	试验车速/(km/h)	制动距离		充分发出的平均减速度/(m/s^2)	控制力/N	车辆状态			
			实测值/m	限值/m			车速大于15 km/h时车轮抱死	超出3.5 m通道	横摆角超过15°	异常振动
满载										
空载										

E.3.2.3 液力能源的容量试验

4次促动后管路压力达到关闭压力所需时间________。

E.3.2.4 能量失效时的报警装置确认试验

表 E.32 能量失效报警检查

光学报警信号			声学报警信号	
报警信号颜色	报警信号位置	响应	音量	响应

E.3.3 制动力分配检查

E.3.3.1 车轮抱死顺序试验

表 E.33-1 高附着系数路面试验

规定车速/(km/h)	试验速度/(km/h)	控制力/N	抱死顺序	抱死状态
			□无抱死 □前轴抱死 □同时抱死	
			□无抱死 □前轴抱死 □同时抱死	
			□无抱死 □前轴抱死 □同时抱死	

表 E.33-2 低附着系数路面试验

规定车速/(km/h)	试验速度/(km/h)	控制力/N	抱死顺序	抱死状态
			□无抱死 □前轴抱死 □同时抱死	
			□无抱死 □前轴抱死 □同时抱死	
			□无抱死 □前轴抱死 □同时抱死	

E.3.3.2 可变制动力分配系统(无 ABS)失效时的制动试验

表 E.34 可变制动力分配系统(无 ABS)失效时的制动试验

载荷状态	规定车速/(km/h)	试验车速/(km/h)	制动距离		充分发出的平均减速度/(m/s^2)	控制力/N	车辆状态			
			实测值/m	限值/m			车速大于15 km/h时车轮抱死	超出3.5 m通道	横摆角超过15°	异常振动
满载										
空载										

E.3.3.3 扭矩轮试验

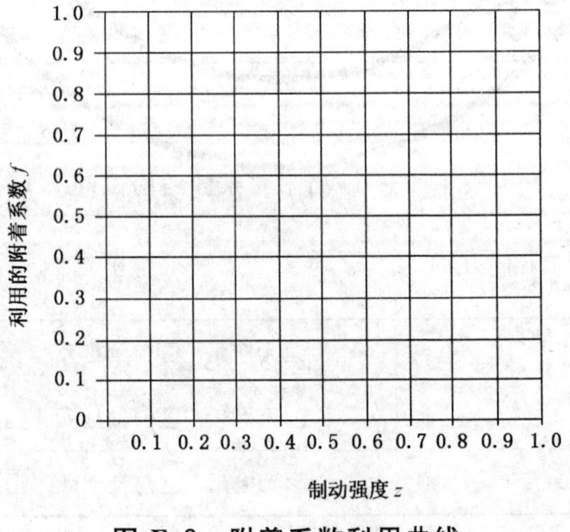

图 E.8 附着系数利用曲线

E.3.4 ABS 试验

E.3.4.1 ABS 报警装置的确认试验

表 E.35 ABS 报警装置的确认试验

报警信号颜色	报警信号位置	响应

E.3.4.2 ABS 失效时的制动性能试验

表 E.36 ABS 失效时的制动性能

载荷状态	规定车速/(km/h)	试验车速/(km/h)	制动距离		充分发出的平均减速度/(m/s^2)	控制力/N	车辆状态			
			实测值/m	限值/m			车速大于15 km/h 时车轮抱死	超出 3.5 m 通道	横摆角超过 15°	异常振动
满载										
空载										

E.3.4.3 能耗试验

表 E.37 能耗试验

载荷状态	规定车速/(km/h)	试验车速/(km/h)	制动距离		充分发出的平均减速度/(m/s^2)	控制力/N	车辆状态			
			实测值/m	限值/m			车速大于15 km/h 时车轮抱死	超出 3.5 m 通道	横摆角超过 15°	异常振动
满载										

E.3.4.4 z_{AL} 测定

表 E.38-1 高附着系数路面试验

载荷状态	试验次数	车速从 45 km/h 降至 15 km/h 的时间/s	控制力/N	t_m	z_{AL}	ε
满载						
空载						

表 E.38-2 低附着系数路面试验

载荷状态	试验次数	车速从 45 km/h 降至 15 km/h 的时间/s	控制力/N	t_m	z_{AL}	ε
满载						
空载						

表 E.38-3 z_{MALS} 测定

试验次数	车速从 45 km/h 降至 15 km/h 的时间/s	控制力/N	t_m	z_{MALS}	车辆状态			
					车速大于 15 km/h 时车轮抱死	超出 3.5 m 通道	横摆角超过 15°	异常振动
z_{MALS}＝____≥0.75($4k_L+k_H$)/5＝0.75(4×____＋____)/5＝(____) z_{MALS}＝____≥k_L＝____								

E.3.4.5 *k* 值测试

表 E.39-1 高附着系数路面试验

载荷状态	制动轴	试验次数	车速从 40 km/h 降至 20 km/h 的时间/s	t_m	z_m	k_f 或 k_r	k_M
满载	前轴						
	后轴						

表 E.39-1（续）

载荷状态	制动轴	试验次数	车速从 40 km/h 降至 20 km/h 的时间/s	t_m	z_m	k_f 或 k_r	k_M
空载	前轴						
	后轴						

表 E.39-2　低附着系数路面试验

载荷状态	制动轴	试验次数	车速从 40 km/h 降至 20 km/h 的时间/s	t_m	z_m	k_f 或 k_r	k_M
满载	前轴						
	后轴						
空载	前轴						
	后轴						

E.3.4.6　对装备 ABS 车辆的附加要求

E.3.4.6.1　车轮抱死判定试验

表 E.40-1　高附着系数路面试验

载荷状态	规定车速/(km/h)	试验速度/(km/h)	控制力/N	车辆状态		
				车速超过 15 km/h 时车轮抱死	超出 3.5 m 通道	横摆角超过 15°
满载						
空载						

表 E.40-2　低附着系数路面试验

载荷状态	规定车速/(km/h)	试验速度/(km/h)	控制力/N	车辆状态		
				车速超过 15 km/h 时车轮抱死	超出 3.5 m 通道	横摆角超过 15°
满载						
空载						

表 E.40-3　对接路面试验(从高附着系数路面到低附着系数路面)试验

载荷状态	规定车速/(km/h)	试验速度/(km/h)	控制力/N	车辆状态		
				车速超过 15 km/h 时车轮抱死	超出 3.5 m 通道	横摆角超过 15°
满载						
空载						

表 E.40-4　对接路面试验(从低附着系数路面到高附着系数路面)试验

载荷状态	规定车速/(km/h)	试验速度/(km/h)	控制力/N	加速度增加	车辆状态		
					车速超过 15 km/h 时车轮抱死	超出 3.5 m 通道	横摆角超过 15°
满载							
空载							

表 E.40-5　对开路面试验

载荷状态	规定车速/(km/h)	试验速度/(km/h)	控制力/N	转向盘转角	车辆状态		
					车速超过 15 km/h 时车轮抱死	超出 3.5 m 通道	横摆角超过 15°
满载							
空载							

E.3.5　制动摩擦衬片的惯性测功机试验

E.3.5.1　试验车辆

车型：______　制动摩擦衬片类型：________　摩擦衬片一致性确认：______

E.3.5.2　试验设备

测功机：________

E.3.5.3 试验结果

表 E.41-1 发动机脱开的 0-型试验(常温时的制动试验)

额定速度/(km/h)	平均制动扭矩/(N·m)	
	一致性确认	制动摩擦衬片类型

表 E.41-2 Ⅰ-型试验(衰退试验)—高温制动试验

额定速度/(km/h)	制动管路压力或制动力/MPa 或 N	平均制动扭矩/(N·m)	
		一致性确认	制动摩擦衬片类型

E.3.5.4 制动摩擦衬片检查

试验后的摩擦衬片状态：__________

E.3.6 适用于复合电子车辆控制系统安全方面的特殊要求

E.3.6.1 试验车辆

车型：__________ VIN：__________

E.3.6.2 复合电子车辆控制系统规范

复合电子控制系统__________

E.3.6.3 试验结果

E.3.6.3.1 常规操作结果确认：__________

E.3.6.3.2 失效影响确认

表 E.42 失效影响确认

故障部位	故障状态	报警响应	响应

E.3.7 抗扰性试验—车辆试验

E.3.7.1 试验车辆

车型：________ VIN：________ ABS 类型：__________

E.3.7.2 试验结果

表 E.43-1 抗扰性试验

○：符合 ×：不符合

试验频率/MHz		27( )	45( )	65( )	90( )	120( )	150( )	190( )	230( )	280( )	380( )	450( )	600( )	750( )	900( )
试验结果	ABS 报警														
	ABS 响应														
试验时天线位置：□被试车辆前方 □被试车辆后方 注：试验所采用的频率与表中数值不同时应在括号中予以记录。															

E.3.8 抗扰性试验—ESA 试验

E.3.8.1 ESA 试验

ABS 类型：__________

E.3.8.2 试验方法

表 E.43-2 试验方法

试验频率/MHz	试 验 方 法
注：试验方法示例：(TEM 单元，天线照射法、场地，BCI，带状线)	

E.3.8.3 试验结果

表 E.43-3 抗扰性试验

○：符合 ×：不符合

试验频率/MHz		27 ( )	45 ( )	65 ( )	90 ( )	120 ( )	150 ( )	190 ( )	230 ( )	280 ( )	380 ( )	450 ( )	600 ( )	750 ( )	900 ( )
试验	ABS 报警														
结果	ABS 响应														
注：试验所采用的频率与表中数值不同时应在括号中予以记录。															